Lehrbuch Analysis

von
Wolfgang Watzlawek

Oldenbourg Verlag München Wien

Prof. Dr. Wolfgang Watzlawek ist am Fachbereich für Mathematik und Statistik an der Universität Konstanz tätig.

Bibliografische Information der Deutschen Nationalbibliothek

Die Deutsche Nationalbibliothek verzeichnet diese Publikation in der Deutschen Nationalbibliografie; detaillierte bibliografische Daten sind im Internet über <http://dnb.d-nb.de> abrufbar.

Rosenheimer Straße 145, D-81671 München
Telefon: (089) 45051-0
oldenbourg.de

Lektorat: Margit Roth
Herstellung: Anna Grosser
Coverentwurf: Kochan & Partner, München
Illustration: E. Watzlawek, Allensbach
Coverausführung: Gerbert-Satz, Grasbrunn
Gedruckt auf säure- und chlorfreiem Papier
Gesamtherstellung: Druckhaus „Thomas Müntzer“ GmbH, Bad Langensalza

ISBN 978-3-486-57927-7

Vorwort

Dies ist ein Buch für Anfänger, (aber nicht nur). Beim ersten Durchblättern mag es dennoch eher abstrakt wirken, denn es enthält keine Abbildungen. Der Text gibt jedoch eine als sanft zu bezeichnende Einführung in die wichtigsten Grundbegriffe, Methoden und Ergebnisse der Analysis, so wie sie von Studierenden verschiedener Studiengänge benötigt werden. Er beruht auf Skripten zu Vorlesungen für das erste Studienjahr, die ich mehrfach an der Universität Konstanz gehalten habe.
Selbstverständlich werden in einer Vorlesung viele Dinge durch Skizzen an der Tafel erläutert, diese haben jedoch häufig einen spontanen Charakter und sind daher nur bedingt in ein Buch aufnehmbar. Es sei daher dem Leser, der das Buch neben einer einführenden Vorlesung verwendet, empfohlen, angeregt durch Skizzen des Dozenten sich selbst durch Skizzen zunächst abstrakte Dinge zu veranschaulichen. Dieses aktive Erarbeiten trägt viel zum Verständnis bei, so wie es ohnedies unerlässlich ist, bei der Lektüre viele Einzelheiten mit Papier und Bleistift eigenständig neu zu entdecken. Da der Umgang mit Computeralgebra-Systemen heute ebenfalls zum Ausbildungsstandard gehört, ergibt sich damit zusätzlich die Möglichkeit einer Visualisierung. Zum Entdecken mit Papier und Bleistift gehört auch das Durcharbeiten der Aufgaben, die jeweils am Ende des Kapitels zu finden sind.
Das Buch hat nicht den Umfang wie andere häufig zwei- oder gar dreibändige Werke, die als Einführung in die Analysis dienen. Es werden Schritt für Schritt, beginnend mit den Zahlen, die wichtigsten Dinge entwickelt, aber es gibt kaum ergänzende Ausflüge zu Ergebnissen, die nicht zum Grundkanon gehören, obwohl sie trotzdem wichtige Einsichten liefern könnten. Zunächst werden keine Vorkenntnisse erwartet, die über die Kenntnisse aus der Schule hinausgehen, später wird jedoch auf Begriffe und Ergebnisse aus der linearen Algebra zurückgegriffen, die üblicherweise im ersten Semester behandelt werden.

Mit so einer Einführung den Interessen von Studierenden verschiedener Studiengänge gerecht zu werden, ist eine Aufgabe, die Kompromisse erfordert. So sind einige Teile des letzten Kapitels von solchen Kompromissen geprägt. Bei der Integration von Funktionen mehrerer Variabler wäre der geeignete Rahmen für die Behandlung des Transformationssatzes das Lebesgue-Integral und für die Behandlung des Gaußschen Integralsatzes der Differentialformen-Kalkül. Für das Lebesgue-Integral und den Differentialformen-Kalkül ist jedoch in einer Einführung für Studierende des ersten Studienjahres kaum Raum. Nicht zuletzt wegen der Studierenden der Physik kann aber auf eine Diskussion des Transformationssatzes und des Gaußschen Integralsatzes nicht verzichtet werden, und ich habe eine Darstellung gewählt, die diesen Studierenden entgegenkommen dürfte. Das Arbeiten mit Polarkoordinaten und Kugelkoordinaten nimmt relativ breiten Raum ein und auf die doch recht technischen Beweise allgemeiner Fassungen dieser zwei Sätze wurde verzichtet. Trotzdem werden aber auch alle Begriffsbildungen entwickelt, die für das Verständnis von allgemeineren Situationen von Bedeutung sind. Ich hoffe, damit die Interessen von Studierenden der Mathematik und der Physik angemessen berücksichtigt zu haben.

Auch dieses Vorwort soll mit einem Dank enden, zunächst an meine Frau, aus vielerlei Gründen, sodann an die Studierenden, deren Zustimmung zu den Vorlesungsskripten mich ermuntert hat, auf dieser Grundlage ein Buch zu entwerfen, und schließlich an Frau Margit Roth vom Oldenbourg-Verlag, denn ohne ihr Engagement würde es dieses Buch wohl nicht geben. Das einzige Bild in diesem Buch, der oben sichtbare Elefant, wurde von meiner Frau geschaffen und zur Verfügung gestellt, er diente während der vielen Stunden am Computer als Bildschirmhintergrund.

Allensbach, im Oktober 2006 Wolfgang Watzlawek

Inhaltsverzeichnis

1 Über Zahlen und andere Grundbegriffe

1.1 Einführung

Wer dieses Buch zum ersten Mal in die Hand nimmt, hat natürlich bereits gewisse Vorstellungen von Zahlen; er oder sie rechnet selbstverständlich mit ihnen, auch etwa mit $\sqrt{2}$ oder mit der Zahl π. Und doch sind dies zwei Beispiele von Zahlen, die nicht auf natürliche Weise etwas mit dem naiven Zählen zu tun haben. Zur $\sqrt{2}$ kommt man, wenn man unter Berücksichtigung des Satzes von Pythagoras die Länge d der Diagonalen eines Quadrats mit Seitenlänge Eins berechnen möchte, denn danach gilt ja $d^2 = 1 + 1 = 2$. Nun ist es aber gar nicht möglich, (und dies war bereits im alten Griechenland bekannt), eine in gewissem Sinn bekannte Zahl d zu finden, die die Gleichung $d^2 = 2$ erfüllt. Welche Zahlen wird man dabei als irgendwie bekannt ansehen? Sicherlich die Zahlen 1,2,3,..., die man auch als *natürlich* bezeichnet, aber auch die Brüche m/n, wobei m und n eine natürliche Zahl ist. (Auch die so gewohnten Dezimalzahlen wie etwa 9,4278 sind solche Brüche.) Wir werden nun zeigen, dass gilt:

Es gibt keine natürlichen Zahlen m und n, für die $(\frac{m}{n})^2 = 2$ gilt.

Dies kann man folgendermaßen einsehen, (und dies ist auch schon der erste *Beweis* in diesem Buch):
Es sei angenommen, dass es einen Bruch m/n gibt, für den $(\frac{m}{n})^2 = 2$ gilt. Wenn uns diese Annahme zu einem Widerspruch führt, so war sie falsch und somit kann es keinen Bruch mit dieser Eigenschaft geben. Hat man einen Bruch vorliegen, für den $(\frac{m}{n})^2 = 2$ gilt, so kann man offenbar annehmen, dass er gekürzt sei, d.h. dass m und n teilerfremd sind. Die Annahme, dass $m^2 = 2n^2$ gilt, schließt aber aus, dass m eine ungerade Zahl ist. Denn wäre m ungerade, also von der Form $m = 2k - 1$, wobei k wieder eine natürliche Zahl ist, so wäre $m^2 = 4(k^2 - k) + 1$, somit ebenfalls ungerade. Wegen $m^2 = 2n^2$ muss aber m^2 gerade sein. Es muss also $m = 2r$ gelten, wobei r eine natürliche Zahl ist. Daraus folgt aber weiter $4r^2 = 2n^2$, somit $n^2 = 2r^2$. Wie wir soeben gesehen haben, muss aber damit auch n eine gerade Zahl sein, was der Tatsache widerspricht, dass m und n teilerfremd sind. □

(Es ist sehr gebräuchlich, das Ende eines Beweises mit einem Zeichen zu markieren, wie hier mit □.)

Es ist somit nicht möglich, bei einem Quadrat das Verhältnis der Länge der Diagonalen zur Seitenlänge als einen Bruch zu schreiben. Bezeichnet man alle Brüche der Form p/q, wobei q eine natürliche Zahl und p eine natürliche Zahl, Null oder eine negative Zahl $-1, -2, -3, \ldots$ sein kann, als ***rationale Zahlen***, so ist also festzuhalten, dass der Bereich der rationalen Zahlen schon für eine so direkt von der Anschauung herkommende Aufgabe nicht ausreichend ist. Man beachte, das wir nun bei der Einführung des Begriffs der rationalen Zahlen schon stillschweigend angenommen haben, dass wir wüssten, was mit den negativen Zahlen $-1, -2, -3, \ldots$ gemeint ist. Diese negativen Zahlen sind aber offenbar nicht so direkt aus dem Zählvorgang entstanden wie die natürlichen Zahlen $1, 2, 3, \ldots$ Sie werden eingeführt, weil man sonst Aufgaben wie das Finden einer Zahl x, die die Gleichung $3 + x = 2$ erfüllt, nicht lösen könnte. Man beachte, dass auch die Brüche m/n benötigt werden, um Gleichungen $n \cdot x = m$ für beliebige natürliche Zahlen m und n lösen zu können.

Damit sind wir nun auf ein wichtiges Prinzip gestoßen: Ausgehend von den natürlichen Zahlen werden immer größere Bereiche von Zahlen eingeführt, um gewisse Probleme lösen zu können. So führen die Schwierigkeiten mit der Gleichung $x^2 = 2$ dazu, den Bereich der rationalen Zahlen noch zu erweitern, und zwar zu einem Bereich, den man den Bereich der ***reellen*** Zahlen nennt. Dabei kommt es gar nicht so darauf an, was man sich unter so einer als reell bezeichneten Zahl vorzustellen hat, sondern nur darauf, was man damit tun kann und darf. Tatsächlich gibt es verschiedene Konstruktionen, die ausgehend von den rationalen Zahlen den Bereich der reellen Zahlen liefern, wobei dann die reellen Zahlen durch ganz verschiedene mathematische Objekte dargestellt werden. Dies legt es nahe, die Struktur des Bereiches als wesentlich anzusehen.

Bis jetzt haben wir bei unserer Argumentation nur auf die Möglichkeiten zurückgegriffen, rationale Zahlen addieren, subtrahieren, multiplizieren und dividieren zu können. Man kann aber rationale Zahlen auch noch mit einander vergleichen, d.h. man kann sagen, dass die eine größer oder kleiner als die andere ist. Bei den rationalen Zahlen hat man also nicht nur eine algebraische Struktur, (Operationen der Addition und Multiplikation), sondern auch eine Ordnungsstruktur, (beruhend auf dem Größenvergleich), vorliegen. Auch beim Arbeiten mit dieser Struktur erweist sich nun der Bereich der rationalen Zahlen in gewissem Sinn als zu klein. Um diese Problematik gründlich diskutieren zu können, müssen wir unsere Argumentationsweise etwas präziser gestalten. Dem wird der nächste Abschnitt dienen.

1.2 Einige Grundbegriffe, rationale Zahlen

1.2.1 Über Mengen

Es ist zweckmäßig, Aussagen mit Hilfe des Mengenbegriffs zu formulieren. Dabei gehen wir, was Mengen angeht, von einer in vieler Hinsicht als naiv zu bezeichnenden Betrachtungsweise aus, d.h. wir bilden Mengen im Sinne der Ende des 19. Jahrhunderts von Georg Cantor gegebenen Definition:

Unter einer Menge verstehen wir jede Zusammenfassung von bestimmten wohlunterschiedenen Objekten unserer Anschauung oder unseres Denkens zu einem Ganzen.

So können wir von der Menge aller Europäer, die zwanzig Jahre alt sind, oder von der Menge aller natürlichen Zahlen sprechen. Für diese können wir notieren

$$\mathbb{N} := \{1, 2, 3, \ldots\}. \tag{1.1}$$

Die Bezeichnung $\mathbb{N}$ für die Menge der natürlichen Zahlen ist dabei weitgehend Standard. (Zu beachten ist allerdings, dass häufig auch die Zahl Null zu $\mathbb{N}$ hinzugenommen wird.) Der Doppelpunkt nach $\mathbb{N}$ besagt dabei, dass wir die Notation $\mathbb{N}$ durch (1.1) definieren. Bei $\{1, 2, 3, \ldots\}$ geben die geschweiften Klammern an, dass wir eine Menge bilden, deren ***Elemente*** durch $1, 2, 3, \ldots$ gegeben sind. Ein gewisser Schönheitsfehler ist dabei offenbar, dass wir nicht alle Elemente explizit hinschreiben können. Wir müssen uns deshalb noch mit der Frage auseinandersetzen, was hier eigentlich mit $\ldots$ gemeint ist. Dass etwa die Zahl 11 ein Element von $\mathbb{N}$ ist, notieren wir mit $11 \in \mathbb{N}$. Es bedeutet also stets $a \in M$, dass a Element der Menge M ist.

Wichtig ist, dass wir auch eine Menge betrachten dürfen, die gar keine Elemente enthält, die sogenannte ***leere Menge***, für die die Notation $\emptyset$ üblich ist.

Zwei Mengen A und B werden, (wie zu erwarten), als gleich angesehen, wenn sie die gleichen Elemente enthalten, d.h., wenn alle Elemente von A auch Elemente von B sind und umgekehrt. Diese Aussage kann man besonders einfach fassen unter Verwendung des Begriffs der ***Teilmenge***. Eine Menge A wird als Teilmenge der Menge B bezeichnet, wofür wir die Notation $A \subset B$ verwenden, wenn jedes Element von A auch Element von B ist. Dies lässt offenbar auch zu, dass A und B im Sinne der obigen Begriffsbildung gleich sind, somit ist jede Menge Teilmenge von sich selber.
Damit können wir nun festhalten:

Es gilt $A = B$ genau dann, wenn $A \subset B$ und $B \subset A$ gilt.

Kürzer verwendet man dafür auch die folgende Notation:

$$A = B \iff (A \subset B) \wedge (B \subset A).$$

Der Doppelpfeil steht dabei für *genau dann*; er besagt, dass, wenn die Aussage $A = B$ richtig ist, auch die rechts stehende Aussage richtig ist, und umgekehrt. In der rechts stehenden Aussage steht $\wedge$ für *und*, d.h. dass $A \subset B$ und $B \subset A$ gleichzeitig gelten sollen.

Da die leere Menge $\emptyset$ ja keine Elemente enthält, kann die Bedingung, dass jedes Element der leeren Menge auch Element einer gegebenen Menge A sein soll, als in trivialer Weise erfüllt angesehen werden, d.h. aber, dass für jede Menge A gilt $\emptyset \subset A$. Diese Auffassung erweist sich als äußerst zweckmäßig, wenn man Durchschnitte von Mengen betrachtet. Man kann eine Teilmenge M einer gegebenen nicht leeren Menge A bilden, indem man Elemente von A mit einer gewissen Eigenschaft zur Menge M zusammenfasst. So kann man z.B. die Menge der geraden natürlichen Zahlen bilden. Dafür notiert man folgendermaßen:

$$M = \{n \in \mathbb{N} : n \text{ ist gerade}\}.$$

Damit ist auch die folgende Definition des ***Durchschnitts*** $A \cap B$ zweier Mengen A und B klar:

$$A \cap B := \{x \in A : x \in B\}.$$

Die Definition zeigt, dass stets $A \cap B \subset A$ gilt. Da es aber vorkommen kann, dass es keine Elemente von A gibt, die auch zu B gehören, kann $A \cap B$ gleich der leeren Menge sein, und dies zeigt die Zweckmäßigkeit von $\emptyset \subset A$. Zwei Mengen mit leerem Durchschnitt bezeichnet man als ***disjunkt***. Bemerkt sei noch, dass immer $A \cap B = B \cap A$ gilt.

Man kann aber ausgehend von gegebenen Mengen noch auf andere Weise neue Mengen bilden. Sind A und B gegebene Mengen, so kann man die ***Vereinigung von A und B*** bilden, die als $A \cup B$ notiert wird, und die genau alle Elemente von A und alle Elemente von B als Elemente besitzt. Dies kann man mit dem Zeichen $\vee$ für *oder* auch notieren als

$$x \in A \cup B \Longleftrightarrow x \in A \vee x \in B.$$

Dabei ist zu beachten, dass, wenn $A \cap B \neq \emptyset$ ist, die Elemente von $A \cap B$ auch nur einmal als Element von $A \cup B$ auftreten. Also etwa $\{1, 2\} \cup \{2, 3\} = \{1, 2, 3\}$.
Wichtig ist auch, dass man alle Teilmengen einer gegebenen Menge A als Elemente einer neuen Menge nehmen kann, die man als ***Potenzmenge*** bezeichnet, und die wir mit $P(A)$ notieren. Da stets $\emptyset \subset A$ gilt, ist immer $\emptyset$ ein Element der Potenzmenge. So gilt etwa $P(\emptyset) = \{\emptyset\}$ und, wenn $A = \{a, b\}$ ist, $P(A) = \{\emptyset, \{a\}, \{b\}, \{a, b\}\}$.

1.2.2 Zur Ordnung der rationalen Zahlen

Nach der Bereitstellung der Begriffe aus der Mengenlehre können wir die Diskussion der rationalen Zahlen wieder aufgreifen, wobei wir nun stets die übliche Notation $\mathbb{Q}$ für die Menge der rationalen Zahlen verwenden. Sind $x = p/q$ und $y = r/s$ aus $\mathbb{Q}$, (wobei $q, s \in \mathbb{N}$ gilt, p und r aber aus $\{0, 1, -1, 2, -2, 3, -3, \ldots\}$ sein können), so bezeichnet man bekanntlich x als kleiner als y, wenn für die Zahlen $p \cdot s$ und $r \cdot q$ gilt, dass $p \cdot s$ kleiner als $r \cdot q$ ist. (Dabei ist zu beachten, dass dies nur deshalb eine sinnvolle Definition ist, weil eine andere Darstellung von x bzw. von y als Bruch zu keiner Veränderung der Situation führt. Dies kann man sich aber leicht überlegen.) Wie üblich verwenden wir für diese *Ordnung* im Bereich der rationalen Zahlen die Notation $x < y$. Die Notation $x \leq y$ wird bekanntlich verwendet, wenn $x < y \vee x = y$ gilt.

Unter Benützung dieser Ordnungsstruktur können wir nun die folgenden Mengen bilden:

$$A := \{x \in \mathbb{Q} : x > 0 \wedge x^2 < 2\},$$

$$B := \{x \in \mathbb{Q} : x > 0 \wedge x^2 > 2\}.$$

Es gilt dann einerseits $A \cap B = \emptyset$, andererseits aber $x < y$ für alle $x \in A$ und $y \in B$. Die erste dieser zwei Behauptungen ist nach unserem gewohnten Umgang mit rationalen Zahlen trivial, weil $a < b$ und $b < a$ nicht gleichzeitig für zwei rationale Zahlen a und b gelten kann, die zweite Behauptung kann man folgendermaßen beweisen:
Wir schließen wieder in einer Weise, die man als *indirekt* bezeichnet, d.h. wir nehmen an, dass es ein $\xi \in A$ und ein $\eta \in B$ geben würde mit $\eta \leq \xi$, und zeigen, dass dies zu einem Widerspruch führt. Aus $\eta \leq \xi$ folgt $\eta^2 = \eta \cdot \eta \leq \eta \cdot \xi \leq \xi^2$. Damit wäre aber $\xi^2 \geq \eta^2 > 2$ im Widerspruch zu $\xi^2 < 2$.

Wenn für ein $y \in \mathbb{Q}$ gilt $x \leq y$ für alle $x \in A$, sagt man, dass y eine ***obere Schranke*** von A ist. Alle rationalen Zahlen $y \in \mathbb{Q}$ mit $y > 0$ und $y^2 > 2$ sind also obere Schranken von A. Es stellt sich nun die Frage, ob es eine kleinste obere Schranke von A gibt, wobei keineswegs davon auszugehen ist, dass diese zu B gehören müsste. Hier gilt nun das folgende Resultat, das die zweite bereits kurz angesprochene Unzulänglichkeit der Menge der rationalen Zahlen zeigt:

Satz 1.1

Zur Menge $A = \{x \in \mathbb{Q} : x > 0 \wedge x^2 < 2\}$ gibt es in $\mathbb{Q}$ keine kleinste obere Schranke.

Beweis:
Die Beweisführung ist wieder indirekt, d.h. wir nehmen an, dass wir eine kleinste obere Schranke $s \in \mathbb{Q}$ hätten. Wir werden daraus erschließen, dass dann $s^2 = 2$ gelten müsste, was ja aber, wie wir gesehen haben, für keine rationale Zahl gelten kann. Dabei werden wir die folgenden zwei Ergebnisse benützen:

(a) Zu jedem $x \in A$ gibt es ein $y \in A$ mit $x < y$.
(b) Zu jedem $u \in B = \{x \in \mathbb{Q} : x > 0 \wedge x^2 > 2\}$ gibt es ein $v \in B$ mit $v < u$.

Wenn wir den Nachweis von (a) und (b) im Moment zurückstellen, so können wir damit den Beweis des Satzes rasch zu Ende führen.
Sei also $s \in \mathbb{Q}$ eine kleinste obere Schranke von A. Da ja dann $0 < x \leq s$ für alle $x \in A$ gilt, muss $s > 0$ sein. Für s gibt es drei Möglichkeiten: (i) $s^2 < 2$, also $s \in A$, (ii) $s^2 > 2$, also $s \in B$, (iii) $s^2 = 2$. Unter Verwendung von (a) kann man leicht erschließen, dass (i) nicht in Frage kommt. Denn nach (a) muss es, wenn $s \in A$ ist, ein $y \in A$ geben mit $s < y$. Damit wäre aber s keine obere Schranke zu A. Analog gibt es nach (b), wenn $s \in B$ ist, ein $v \in B$ mit $v < s$. Da jedes Element von B aber eine obere Schranke von A ist, wäre damit s keine kleinste obere Schranke. Damit müsste aber (iii), also $s^2 = 2$ gelten, womit der Beweis des Satzes beendet ist.
Nachweis von (a): Dies kann mit einem direkten Beweis erledigt werden, d.h. wir geben zu einem beliebig gewählten $x \in A$ explizit ein $y \in A$ an, für das $x < y$ gilt. Offenbar ist dazu eine positive Zahl $h \in \mathbb{Q}$ anzugeben, die so klein ist, dass für $y := x + h$ immer noch gilt $y^2 < 2$. Ist h so klein, dass $0 < h < 1$ gilt, so gilt $h^2 < h$ und wir können notieren

$$y^2 = x^2 + 2xh + h^2 < x^2 + (2x+1)h.$$

Um $y^2 < 2$ zu erreichen, muss man damit h nur so wählen, dass $(2x+1)h < 2 - x^2$ ist. Dies ist der Fall, wenn wir definieren

$$h := \begin{cases} \frac{1}{2} & \text{falls } 2 - x^2 > 2x + 1, \\ \frac{1}{2}\frac{2-x^2}{2x+1} & \text{falls } 2 - x^2 \leq 2x + 1. \end{cases}$$

Nachweis von (b): Wir geben zu einem beliebig gewählten $u \in B$ explizit ein $v \in B$ an, für das $v < u$ gilt. Und zwar hat man das schon erreicht, wenn man

$$v := u - \frac{u^2 - 2}{2u}$$

setzt. Es ist klar, dass dann $v < u$ erfüllt ist. Da man auch schreiben kann $v = \frac{u}{2} + \frac{1}{u}$, gilt offenbar $v > 0$. Schließlich zeigt die Rechnung

$$v^2 = u^2 - (u^2 - 2) + \frac{(u^2-2)^2}{(2u)^2} = 2 + \frac{(u^2-2)^2}{(2u)^2},$$

dass $v^2 > 2$ gilt. □

Dieser Beweis zeigt, dass es Zusammenhänge gibt zwischen dem Problem mit dem Objekt $\sqrt{2}$ und dem zuletzt diskutierten Problem mit der kleinsten oberen Schranke. In beiden Fällen wird man versuchen, die Schwierigkeiten zu beseitigen, indem man von der Menge der rationalen Zahlen zu einem größeren Bereich von als Zahlen zu bezeichnenden Objekten übergeht, und es ist wegen des beobachteten Zusammenhangs denkbar, dass man durch Lösen des einen Problems auch das andere Problem bereinigen kann. Es wird sich tatsächlich zeigen, dass es ausreicht, mit einem größeren Bereich zu arbeiten, in dem keine Probleme mit kleinsten oberen Schranken mehr auftreten. Wir werden so einen Bereich zur Vermeidung relativ langwieriger Konstruktionsprozesse axiomatisch einführen, d.h. wir werden nicht sagen, mit welchen Objekten wir Rechenoperationen ausführen, es reicht uns, all das an Struktur zur Verfügung zu haben, was wir von Zahlen erwarten. Dabei ist es natürlich erstrebenswert, dass man, um eines der erwähnten Probleme in den Griff zu bekommen, nicht auf etwas verzichten muss, was man vom Umgang mit den rationalen Zahlen gewohnt ist. Dies ist keineswegs selbstverständlich, denn wir werden später sehen, dass man bei der Erweiterung des Bereichs der reellen Zahlen zu den komplexen Zahlen nicht alles erhalten kann.

Für diesen axiomatischen Zugang werden wir also zunächst die Regeln, nach denen wir mit den rationalen Zahlen umgehen, überschaubar und möglichst präzise zusammenfassen. Bei den gewohnten Rechenoperationen der Addition oder der Multiplikation wird ja jeweils einem Paar von rationalen Zahlen eine rationale Zahl als Summe oder als Produkt zugeordnet. Zur präzisen Fassung so einer Operation führen wir den Begriff des kartesischen Produkts und den Begriff der Abbildung ein.

1.2.3 Über Relationen und Abbildungen

Sind zwei beliebige Mengen A und B gegeben, so können wir aus Elementen $a \in A$ und $b \in B$ ***geordnete Paare*** (a, b) bilden. Der Zusatz 'geordnet' ist insbesondere im Fall $A = B$ wichtig, denn es soll dann $(a, b) \neq (b, a)$ sein, wenn $a \neq b$ ist. Wir definieren daher allgemein

$$(a, b) = (a', b') :\Longleftrightarrow (a = a') \wedge (b = b').$$

Das ***kartesische Produkt*** $A \times B$ der Mengen A und B ist dann die Menge aller geordneten Paare (a, b) mit $a \in A$ und $b \in B$. Da wir, wenn etwa $A = \emptyset$ ist, gar kein geordnetes Paar (a, b) mit $a \in A \wedge b \in B$ bilden können, gilt stets $\emptyset \times B = \emptyset$. Entsprechend gilt aber auch stets $A \times \emptyset = \emptyset$. Folglich gilt immer $A \times \emptyset = \emptyset \times A$. Im allgemeinen sind aber die Mengen $A \times B$ und $B \times A$ verschieden. Dies zeigt schon das Beispiel $A = \{1\}$, $B = \{2\}$. Es ist dann $A \times B = \{(1, 2)\}$ und $B \times A = \{(2, 1)\}$.

Es ist häufig so, dass unter den geordneten Paaren $(a, b) \in A \times B$ solche von besonderem Interesse sind, bei denen eine gewisse Beziehung zwischen a und b besteht. Ist etwa $D := \{1, 2, \ldots, 10\}$, so könnten z.B. die Paare $(n, m) \in D \times D$ wichtig sein, für die $n \leq m$ gilt. Die Menge $M := \{(n, m) \in D \times D : n \leq m\}$ ist dann eine echte Teilmenge von $D \times D$, d.h. es gilt $M \subset D \times D \wedge M \neq D \times D$. Denn es gilt offenbar $(8, 7) \notin M$. Vor diesem Hintergrund ist es verständlich, dass man allgemein jede Teilmenge $R \subset A \times B$ als eine ***Relation*** bezeichnet. Es ist ersichtlich, dass es dabei besonders interessante und ziemlich uninteressante Relationen geben kann.

Ein besonders wichtiger Typ von Relationen sind solche, für die gilt, dass *es zu jedem* $a \in A$ *genau ein* $b \in B$ *gibt mit* $(a, b) \in R$. (Ein Beispiel für so eine Relation ist etwa $R = \{(x, y) \in \mathbb{Q} \times \mathbb{Q} : y = x^2\}$.)
Solche Relationen $R \subset A \times B$ nennt man ***Abbildungen*** (von A nach B), man spricht auch von ***Funktionen***. Die Verwendung des Begriffs *Abbildung* für solche Relationen wird einsichtig, wenn man zu einer anderen recht gewohnten Notation übergeht:
Ist $F \subset X \times Y$ eine Abbildung von X nach Y, so kann man ja ein beliebiges $x \in X$ hernehmen und es gibt dann genau ein $y \in Y$ mit $(x, y) \in F$. Notiert man dieses eindeutig bestimmte $y \in Y$ als $F(x)$, so hat man die bekannte Notation $y = F(x)$ für $x \in X$. Dem angepasst verwendet man dann für die Abbildung F die Notation

$$\begin{aligned} F : X &\to Y \quad . \\ x &\mapsto F(x) \end{aligned}$$

Verwendet man diese Notation, so nennt man die Menge $F \subset X \times Y$ den ***Graphen*** der Abbildung F. Kehren wir nun mit dieser Notation zur oben bereits als Beispiel angegebenen Abbildung

$$\begin{aligned} f : \mathbb{Q} &\to \mathbb{Q} \\ x &\mapsto x^2 \end{aligned}$$

zurück, so ist festzuhalten, dass es zu $y = 2 \in \mathbb{Q}$ kein $x \in \mathbb{Q}$ gibt mit $y = f(x)$. Betrachtet man zu einer gegebenen Abbildung $F : X \to Y$ die Menge

$$F(X) := \{y \in Y : \text{Es gibt ein } x \in X \text{ mit } y = F(x)\},$$

die man aus offensichtlichen Gründen das ***Bild*** von X unter F oder den ***Wertebereich*** von F nennt, so gilt also $f(\mathbb{Q}) \neq \mathbb{Q}$. Die Abbildung f ist damit nicht *surjektiv* im Sinne der folgenden Definition:

*Eine Abbildung $F : X \to Y$ heißt **surjektiv**, wenn $F(X) = Y$ gilt.*

Bei der Abbildung f ist noch ein weiteres Phänomen zu beobachten:
Es gilt $f(-1) = f(1)$, es gibt also $x, x' \in \mathbb{Q}$ mit $x \neq x'$ und $f(x) = f(x')$. Die Abbildung ist damit auch nicht *injektiv* im Sinne der folgenden Definition:

*Eine Abbildung $F : X \to Y$ heißt **injektiv**, wenn es zu jedem $y \in Y$ höchstens ein $x \in X$ gibt mit $y = F(x)$.*

Es gibt aber Abbildungen, die sowohl surjektiv, als auch injektiv sind. Ist X eine nichtleere Menge, so kann man die ***identische Abbildung*** $id_X : X \to X$ definieren durch $id_X(x) := x$ für alle $x \in X$. Diese ist offenbar injektiv und surjektiv, also *bijektiv* im Sinne der folgenden Definition:

*Eine Abbildung $F : X \to Y$ heißt **bijektiv**, wenn sie injektiv und surjektiv ist.*

Für die Bijektivität einer Abbildung ergibt sich direkt aus der Definition auch eine andere Charakterisierung:

Eine Abbildung $F : X \to Y$ ist genau dann bijektiv, wenn es zu jedem $y \in Y$ genau ein $x \in X$ gibt mit $y = F(x)$.

Diese Charakterisierung zeigt, dass man bei einer bijektiven Abbildung $F : X \to Y$ die ***Umkehrabbildung*** $F^{-1} : Y \to X$ dadurch definieren kann, dass $F^{-1}(y) := x$ sein soll, wenn $x \in X$ das eindeutig zu y gegebene Element aus X ist, für das $F(x) = y$ gilt. Offenbar gilt dann sowohl $F(F^{-1}(y)) = y$ für alle $y \in Y$ als auch $F^{-1}(F(x)) = x$ für alle $x \in X$. Auch ist die Umkehrabbildung $F^{-1} : Y \to X$ ebenfalls bijektiv. Die Surjektivität ist dabei klar, von der Injektivität kann man sich aber auch sofort überzeugen. Man muss zeigen, dass aus $F^{-1}(y_1) = F^{-1}(y_2)$ immer $y_1 = y_2$ folgt. Wie soeben notiert gilt aber $y_1 = F(F^{-1}(y_1)) = F(F^{-1}(y_2)) = y_2$.

Es ist zweckmäßig, die Tatsache, dass $F(F^{-1}(y)) = y$ für alle $y \in Y$ gilt, anders zu notieren, indem man den Begriff der ***Komposition von Abbildungen*** verwendet. Sind $f : A \to B$ und $g : B \to C$ Abbildungen, so kann man eine Abbildung $h : A \to C$ definieren durch $h(x) := g(f(x))$ für alle $x \in A$. Diese nennt man die Komposition von g mit f, (man spricht auch von der Hintereinanderausführung der zwei Abbildungen), und es ist die Notation $h = g \circ f$ üblich. Dies ist auch sehr suggestiv, denn es gilt ja $(g \circ f)(x) = g(f(x))$ für alle $x \in A$. Offenbar kann man damit schreiben $F \circ F^{-1} = id_Y$ und $F^{-1} \circ F = id_X$.

Für spätere Überlegungen sei noch bemerkt, dass die Komposition $g \circ f$ von zwei bijektiven Abbildungen $f : A \to B$ und $g : B \to C$ stets ebenfalls bijektiv ist. Denn ist $c \in C$ beliebig gegeben, so gibt es genau ein $b \in B$ mit $g(b) = c$. Zu diesem b gibt es aber auch genau ein $a \in A$ mit $f(a) = b$. Damit gilt $(g \circ f)(a) = g(f(a)) = c$ und somit ist $g \circ f$ surjektiv. Würde es noch ein $a' \in A$ mit $(g \circ f)(a') = c$ geben, so wäre $g(f(a)) = g(f(a'))$, somit $f(a) = f(a')$, was im Fall $a \neq a'$ der Injektivität von f widersprechen würde. Damit ist $g \circ f$ auch injektiv.

1.2.4 Der geordnete Körper der rationalen Zahlen

Wie bereits angekündigt beschreiben wir nun die bekannten Rechenoperationen der Addition und der Multiplikation von rationalen Zahlen als Abbildungen

$$+ : \mathbb{Q} \times \mathbb{Q} \to \mathbb{Q}, \qquad \cdot : \mathbb{Q} \times \mathbb{Q} \to \mathbb{Q} \quad ,$$
$$(a, b) \mapsto a + b \qquad (a, b) \mapsto a \cdot b$$

für die folgendes gilt:

(K1) $(a + b) + c = a + (b + c)$ *für alle* $a, b, c \in \mathbb{Q}$.

(K2) $a + b = b + a$ *für alle* $a, b \in \mathbb{Q}$.

(K3) Es gibt genau ein Element, die Null, so dass $a + 0 = a$ *für alle* $a \in \mathbb{Q}$ *gilt.*

(K4) Zu jedem $a \in \mathbb{Q}$ *gibt es genau ein* $b \in \mathbb{Q}$, *so dass* $a + b = 0$ *gilt.*

(K5) $(a \cdot b) \cdot c = a \cdot (b \cdot c)$ *für alle* $a, b, c \in \mathbb{Q}$.

(K6) $a \cdot b = b \cdot a$ *für alle* $a, b \in \mathbb{Q}$.

(K7) Es gibt genau ein von 0 verschiedenes Element, die Eins, so dass $a \cdot 1 = a$ *für alle* $a \in \mathbb{Q}$ *gilt.*

(K8) Zu jedem $a \in \mathbb{Q}$ *mit* $a \neq 0$ *gibt es genau ein* $b \in \mathbb{Q}$, *so dass* $a \cdot b = 1$ *gilt.*

(K9) $a \cdot (b + c) = (a \cdot b) + (a \cdot c)$ *für alle* $a, b, c \in \mathbb{Q}$.

Die Gültigkeit von (K1) bis (K9) besagt, dass $\mathbb{Q}$ mit den zwei Operationen $+$ und $\cdot$ die algebraische Struktur eines ***Körpers*** hat. Man beachte, dass bei so einer Struktur die Existenz von zwei verschiedenen Elementen gefordert wird; es muss entsprechend (K3) ein *neutrales Element* bezüglich der Operation $+$ und entsprechend (K7) ein neutrales Element bezüglich der Operation $\cdot$ geben, und, wie in (K7) gefordert, müssen diese verschieden sein.

Tatsächlich kann man bereits die Menge $\{0, 1\}$ zu einem Körper machen. Man muss nur definieren

$$0 + 0 := 0, \quad 0 + 1 := 1, \quad 1 + 0 := 1, \quad 1 + 1 := 0,$$

$$0 \cdot 0 := 0, \quad 0 \cdot 1 := 0, \quad 1 \cdot 0 := 0, \quad 1 \cdot 1 := 1.$$

Für die Gültigkeit von (K1) und (K5) sagt man einfacher, dass die zwei Operationen $+$ und $\cdot$ ***assoziativ*** sind, für (K2) und (K6), dass sie ***kommutativ*** sind. Bei (K9) spricht man von der Gültigkeit des ***Distributivgesetzes***.

Zur algebraischen Struktur des Körpers der rationalen Zahlen kommt nun noch die Struktur einer 'Ordnung' hinzu, die es ermöglicht, eine Zahl als kleiner als eine andere zu bezeichnen. Auch für den Umgang mit diesem Größenvergleich gelten bekanntlich gewisse Regeln, und auch diese werden wir jetzt genauer herausarbeiten.

Eine Relation $R \subset X \times X$ bezeichnet man als
reflexiv, wenn $(x, x) \in R$ für alle $x \in X$ gilt,
symmetrisch, wenn für alle $x, y \in X$ aus $(x, y) \in R$ auch $(y, x) \in R$ folgt,
antisymmetrisch, wenn für alle $x, y \in X$ aus $(x, y) \in R \wedge (y, x) \in R$ folgt $x = y$,
transitiv, wenn für alle $x, y, z \in X$ aus $(x, y) \in R \wedge (y, z) \in R$ folgt $(x, z) \in R$

Ist eine Relation $R \subset X \times X$ reflexiv, antisymmetrisch und transitiv, so bezeichnet man sie als ***Ordnungsrelation***. Offensichtlich trifft dies alles zu, wenn wir $R \subset \mathbb{Q} \times \mathbb{Q}$ mit dem für rationale Zahlen gewohnten $x \leq y$ definieren durch $(x, y) \in R :\Longleftrightarrow x \leq y$.

Wir können aber auch sofort eine andere, ebenfalls sehr wichtige Ordnungsrelation angeben: Sei M eine beliebige Menge und die Relation $R \subset P(M) \times P(M)$ definiert durch $(A, B) \in R :\Longleftrightarrow A \subset B$. Ist etwa $M = \{a, b\}$, so gilt weder $(\{a\}, \{b\}) \in R$ noch $(\{b\}, \{a\}) \subset R$, d.h die zwei Elemente $\{a\}, \{b\} \in P(M)$ sind bezüglich dieser Ordnungsrelation nicht ***vergleichbar***. Bei zwei rationalen Zahlen x und y gilt aber immer $x \leq y \vee y \leq x$. Hier sind also alle Elemente miteinander vergleichbar. Man spricht in diesem Fall davon, dass eine ***totale Ordnung*** vorliegt.
Die ***geordnete Menge*** $(\mathbb{Q}, \leq)$ ist also total geordnet, die geordnete Menge $(P(M), \subset)$ jedoch im allgemeinen nicht.

Betrachtet man nun den Körper $(\mathbb{Q}, +, \cdot)$, versehen mit der üblichen Ordnungsrelation $\leq$, so gelten für das Zusammenspiel der algebraischen Operationen und der Ordnung die folgenden wohl vertrauten Aussagen, bei denen wir die Notation

$$x < y :\Longleftrightarrow (x \leq y \wedge x \neq y)$$

verwenden:

(O-K1) Für alle $x, y \in \mathbb{Q}$ folgt aus $x < y$, dass für alle $r \in \mathbb{Q}$ auch $x + r < y + r$ gilt.
(O-K2) Für alle $x, y \in \mathbb{Q}$ folgt aus $0 < x$ und $0 < y$, dass auch $0 < x \cdot y$ gilt.

Der früher schon für Teilmengen von $\mathbb{Q}$ verwendete Begriff der oberen Schranke lässt sich ganz analog allgemein für geordnete Mengen fassen. Dabei ist es zweckmäßig, auch bei beliebigen Ordnungsrelationen $R \subset X \times X$, (wobei X irgendeine Menge sein kann), die bei den rationalen Zahlen gewohnte Notation mit $\leq$ zu verwenden, d.h. allgemein für $x, y \in X$ zu definieren

$$x \leq y :\Longleftrightarrow (x, y) \in R.$$

Ist $M \subset X$ eine beliebige nichtleere Teilmenge von X, so nennt man ein Element $s \in X$, für das $x \leq s$ für alle $x \in M$ gilt, ***obere Schranke*** von (oder auch für) M. Analog spricht man von einer ***unteren Schranke***, wenn $s \leq x$ für alle $x \in M$ gilt. Gibt es ein Element $m \in M$, für das $m \leq x$ für alle $x \in M$ gilt, so nennt man m das ***Minimum von*** M. (Man beachte, dass es wegen der Antisymmetrie der Ordnungsrelation R höchstens ein Minimum von M geben kann. Wären $m, m' \in M$ mit $m \leq x$ und $m' \leq x$ für alle $x \in M$, so würde insbesondere $m \leq m'$ und $m' \leq m$ gelten, woraus $m = m'$ folgt.) Entsprechend bezeichnet man ein Element $a \in M$ als ***Maximum von*** M, wenn $x \leq a$ für alle $x \in M$ gilt. Als Notationen werden wir $\min M$ und $\max M$ verwenden.

Ist eine nichtleere Teilmenge M von X nach oben beschränkt, d.h. gibt es ein obere Schranke $s \in X$ für M, so ist die Menge

$$S := \{s \in X : s \text{ ist obere Schranke von } M\}$$

eine nichtleere Teilmenge von X und existiert dazu $\min S$, so bezeichnet man dieses Minimum (natürlich) als ***kleinste obere Schranke*** von M oder als das ***Supremum*** von M. Ganz entsprechend spricht man bei nach unten beschränkten Mengen von der ***größten unteren Schranke*** oder dem ***Infimum*** von M.

Satz 1.1 von Abschnitt 1.2.2 hat uns gezeigt, dass es nichtleere nach oben beschränkte Teilmengen von $\mathbb{Q}$ gibt, zu denen kein Supremum in $\mathbb{Q}$ existiert. Der geordnete Körper $\mathbb{Q}$ ist damit nicht *ordnungsvollständig* im Sinne der folgenden Definition:

Eine total geordnete Menge X nennt man ***ordnungsvollständig****, wenn zu jeder nichtleeren nach oben beschränkten Teilmenge M von X $\sup M \in X$ existiert.*

Spricht man von 'ordnungsvollständig', so ist es naheliegend, zu erwarten, dass auch zu jeder nichtleeren nach unten beschränkten Teilmenge M das Infimum $\inf M$ existiert. Das ist tatsächlich auch sichergestellt; wir formulieren und beweisen dazu das folgende Lemma:

Lemma 1.1

Sei X eine ordnungsvollständige total geordnete Menge und M eine nichtleere nach unten beschränkte Teilmenge von X. Dann existiert $\inf M \in X$.

Beweis:
Sei $M \subset X$ nichtleere nach unten beschränkte Menge. Dann ist die Menge der unteren Schranken von M, also die Menge

$$S := \{s \in X : s \leq x \text{ für alle } x \in M\}$$

nicht leer und natürlich nach oben beschränkt. Damit existiert $m := \sup S \in X$. Da ja alle Elemente von M obere Schranken von S sind und m die kleinste obere Schranke von S ist, muss $m \leq x$ für alle $x \in M$ gelten. Damit ist aber $m \in S$ und somit sogar $m = \max S$. Offenbar muss dann $m = \inf M$ sein. □

1.3 Die reellen Zahlen

1.3.1 Axiomatischer Zugang

Die bisherigen Überlegungen haben gezeigt, dass es zur Behebung der Schwierigkeiten, die sich beim Arbeiten im Rahmen der rationalen Zahlen ergeben haben, sinnvoll sein sollte, statt mit dem geordneten Körper $\mathbb{Q}$ mit einem größeren geordneten Körper zu arbeiten, der ordnungsvollständig ist. Wir werden nun sehen, dass es dabei gar nicht darauf ankommt, was wir uns unter den Elementen so eines ordnungsvollständigen geordneten Körpers vorzustellen haben

Sei also $(K, +, \cdot)$ ein Körper, also eine Menge K mit zwei Operationen $+ : K \times K \to K$ und $\cdot : K \times K \to K$, für die die gleichen Rechenregeln (K1) bis (K9) gelten, wie wir sie für die rationalen Zahlen notiert haben. Auch sei auf K eine Ordnungsrelation $\leq$ definiert, so dass $(K, \leq)$ zu einer total geordneten, ordnungsvollständigen Menge wird, und es sollen für das Zusammenspiel von $+$, $\cdot$ und $\leq$ wieder die gleichen Rechenregeln (O-K1) und (O-K2) wie für die rationalen Zahlen gelten.

Ist $x \in K$ ein beliebiges Element des Körpers, so können wir $x^2 := x \cdot x$ definieren. Es gilt dann immer $0 \leq x^2$. Um dies beweisen zu können, benötigen wir noch einige kleine Vorüberlegungen. Dabei ist zu beachten, dass wir nur auf die Struktur von $(K, +, \cdot, \leq)$ zurückgreifen dürfen. Für die erste Überlegung benötigen wir sogar nur die Körperstruktur.
In (K4) wird gefordert, dass zu jedem Element $a \in K$ genau ein bezüglich der Operation $+$ *inverses Element* existiert, das wir nun einfach mit $-a$ bezeichnen. Es soll also immer $a + (-a) = 0$ gelten. Insbesondere gibt es das Element $-1 \in K$ und wir können das Element $(-1) \cdot a$ bilden. Wir werden dafür künftig unter Weglassen des Multiplikationspunktes einfach $(-1)a$ schreiben und entsprechend notieren, dass

$$(-1)a = -a \quad \text{für alle} \quad a \in K \tag{1.2}$$

gilt. Dies ist folgendermaßen zu sehen: Es gilt $0a = a0 = a(0+0) = a0 + a0$. Setzt man $b := a0$, so gilt also $b = b + b$ Da dann aber

$$b = b + (b + (-b)) = (b + b) + (-b) = b + (-b) = 0$$

folgt, wissen wir, dass immer $0a = 0$ gilt. Aus $a = 1a$ folgt damit

$$a + (-1)a = (1 + (-1))a = 0a = 0,$$

was aber bedeutet, dass $(-1)a = -a$ sein muss.
Als nächstes zeigen wir, dass gilt: *Ist* $a < 0$, *so gilt* $0 < -a$.
Dazu greifen wir auf (O-K1) zurück. Danach können wir notieren

$$0 = a + (-a) < 0 + (-a) = -a.$$

Damit sind wir in der Lage, zu zeigen, dass

$$0 < a^2 \quad \text{für alle} \quad a \in K \text{ mit } a \neq 0 \tag{1.3}$$

gilt. (Man beachte, dass nach den soeben durchgeführten Überlegungen $0 \cdot 0 = 0$ gilt, weshalb die Annahme $a \neq 0$ für die Gültigkeit von (1.3) wesentlich ist.) Da K total geordnet ist und $a \neq 0$ gelten soll, muss $0 < a$ oder $a < 0$ gelten. Ist $0 < a$, so folgt $0 < a^2$ sofort aus (O-K2). Ist aber $a < 0$, so gilt $0 < -a$ und somit $0 < (-a)(-a)$. Nach (1.2) gilt

$$(-a)(-a) = ((-1)a)((-1)a) = ((-1)(-1))a^2.$$

Damit folgt (1.3), wenn $(-1)(-1) = 1$ gilt. Da aber $(-1) + 1 = 0$ gilt, ist $-(-1) = 1$ und unter Verwendung von (1.2) folgt $(-1)(-1) = -(-1) = 1$.

Es stellt sich nun die Frage, ob es zu jedem Element a des geordneten Körpers mit $a > 0$ ein Element $b \in K$ mit $0 < b$ gibt, so dass $a = b^2$ gilt. Wir wissen, dass dies für den geordneten Körper $\mathbb{Q}$ nicht richtig ist, aber bei einem ordnungsvollständigen geordneten Körper ist die als Wurzelziehen bekannte Operation bei Elementen a mit $0 < a$ immer möglich.

Dies nachzuweisen, erfordert noch einige Arbeit, wobei wir im nächsten Schritt sehen werden, dass wir die uns wohlvertrauten natürlichen Zahlen nun als eine Teilmenge von K auffassen können. Wir definieren dazu:

Eine Menge $M \subset K$ heißt ***induktiv****, wenn des Element 1 zu M gehört und aus $x \in M$ stets $x + 1 \in M$ folgt.*

Es gibt offenbar induktive Teilmengen von K, ganz K ist nämlich eine. Damit ist es sinnvoll, zu definieren:

$$\mathbb{N} := \{x \in K : x \in M \text{ für alle induktiven Mengen } M \in P(K)\}. \tag{1.4}$$

Wir haben hier nun bewusst die gleiche Notation wie in (1.1) benützt, weil die so gewonnene Menge tatsächlich in unserem neuen Kontext als Menge der natürlichen Zahlen anzusehen sein wird. Dabei ist es von grundlegender Bedeutung, dass die so definierte Menge $\mathbb{N}$ selber wieder induktiv ist. Dies ist rasch zu sehen: Da $1 \in M$ für jede induktive Menge gilt, ist 1 auch Element von $\mathbb{N}$. Ist x ein Element von $\mathbb{N}$, so gilt $x \in M$ für alle induktiven Mengen M, also auch $x + 1 \in M$ und somit $x + 1 \in \mathbb{N}$.
Damit ist aber $\mathbb{N}$ die kleinste induktive Teilmenge von K. Denn ist M irgendeine induktive Teilmenge, so gilt für alle $x \in \mathbb{N}$ ja $x \in M$, somit $\mathbb{N} \subset M$.

Bezeichnen wir nun vorübergehend die uns seit Jahren bekannte und in (1.1) notierte Menge der natürlichen Zahlen mit $\mathbb{N}_{nat}$, so kann man eine Abbildung j von $\mathbb{N}_{nat}$ nach $\mathbb{N}$ angeben, indem man in als *rekursiv* bezeichneter Weise $j(1) := 1$, $j(2) := 1 + 1$ und $j(n) := j(n-1) + 1$ für $n = 3, 4, \ldots$ definiert. Hier sind die Punkte ... wieder etwas unpräzise, weil wir die Menge $\mathbb{N}_{nat}$ ja auch entsprechend unpräzise eingeführt haben. Man könnte sie aber auch mit Hilfe von Axiomen einführen und damit eine solidere Grundlage schaffen. Dass tatsächlich sichergestellt ist, dass stets $j(n) \in \mathbb{N}$ ist, liegt offenbar daran, dass $\mathbb{N}$ induktiv ist. Da $\mathbb{N}$ die kleinste induktive Menge ist, muss die Bildmenge $j(\mathbb{N}_{nat})$ mit $\mathbb{N}$ übereinstimmen. Denn offenbar ist $j(\mathbb{N}_{nat})$ selbst eine induktive Menge und somit gilt $\mathbb{N} \subset j(\mathbb{N}_{nat}) \subset \mathbb{N}$. Es sei darauf verzichtet, zu begründen, dass die Abbildung j sogar bijektiv ist, denn für uns reicht es, zu wissen, dass wir künftig einfach $2 \in \mathbb{N}$ etc. schreiben dürfen, indem wir statt $j(2)$ einfach wieder 2 schreiben. Die Menge $\mathbb{N}$ der natürlichen Zahlen wird aber ab sofort durch (1.4) definiert sein, wobei wir jedoch in gewohnter Weise mit den Zahlen $2, 3$ etc. rechnen dürfen. Dies hat nicht zuletzt den Vorteil, dass wir nicht mehr wie in (1.1) Punkte ... schreiben müssen, um die Menge der natürlichen Zahlen zu beschreiben. Diese Punkte wurden nun ersetzt durch die Formulierung, dass $\mathbb{N}$ eine induktive Menge ist.

Das folgende so bekannt erscheinende Resultat müssen wir, da $\mathbb{N}$ jetzt durch (1.4) definiert ist, beweisen:

Lemma 1.2

Für alle $n \in \mathbb{N}$ gilt $1 \leq n$.

Beweis:
Wir betrachten die Menge $M := \{n \in \mathbb{N} : 1 \leq n\}$. Es ist dies eine Teilmenge von $\mathbb{N}$ mit $1 \in M$. Können wir noch zeigen, dass, wenn $n \in M$ ist, auch $n + 1 \in M$ ist, so ist M induktiv und somit muss $M = \mathbb{N}$ gelten, womit $1 \leq n$ für alle $n \in \mathbb{N}$ gilt.
Sei also $n \in M$ beliebig gegeben. Aus $1 = 1^2$ folgt $0 < 1$ und damit nach (O-K1) weiter $n < n + 1$. Da $n \in M$ ist, gilt aber $1 \leq n$ und somit aufgrund der Transitivität der Ordnungsrelation $1 \leq n + 1$, d.h. $n + 1 \in M$. □

Der Beweis hat wesentlich darauf beruht, dass $\mathbb{N}$ die kleinste induktive Menge ist. Damit war er das erste Beispiel eines Beweises durch *vollständige Induktion*. Dieses Beweisprinzip werden wir später immer wieder einsetzen. Wir kehren nun aber zum ordnungsvollständigen geordneten Körper K zurück und notieren ein wichtiges Resultat, das letztlich schon Archimedes bekannt war. Dabei verwenden wir erstmals die Notation $a > 0$ entsprechend der folgenden Definition:

$$x > 0 :\Longleftrightarrow 0 < x.$$

Auch schreiben wir zur Vereinfachung $x - y := x + (-y)$.

Satz 1.2

Sei $a \in K$ mit $a > 0$. Dann gibt es zu jedem $b \in K$ ein $n \in \mathbb{N}$ mit $b < na$.

Beweis:
Es ist offenbar ausreichend, zu zeigen, dass die Menge

$$M := \{x \in K : \text{Es gibt ein } n \in \mathbb{N} \text{ mit } x = na\}$$

nicht nach oben beschränkt ist. Dies wird indirekt erledigt: Sei angenommen, dass M nach oben beschränkt ist. Da K ordnungsvollständig ist, existiert $s := \sup M \in K$. Trivialerweise gilt dann $na \leq s$ für alle $n \in \mathbb{N}$. Da s aber die kleinste obere Schranke ist und $s - a < s$ gilt, (denn es ist $0 < a$ und damit nach (O-K1) $s - a = (s - a) + 0 < (s - a) + a = s$), kann $s - a$ keine obere Schranke von M sein. Es muss daher ein $m \in \mathbb{N}$

geben mit $ma > s - a$. Daraus folgt $(m+1)a > s$. Da auch $m+1 \in \mathbb{N}$ und somit $(m+1)a \in M$ ist, steht dies aber im Widerspruch dazu, dass s obere Schranke von M ist. □

Im Zusammenhang mit diesem Resultat spricht man auch von einem ***archimedisch angeordneten*** Körper. Aus diesem Satz ergeben sich weitere wichtige Folgerungen, die im nächsten Korollar festgehalten seien. Wir verwenden dabei die Notation a^{-1} für das bezüglich der Operation $\cdot$ inverse Element zu einem Element $a \neq 0$, d.h. es gilt $aa^{-1} = 1$. Wegen $n \geq 1$ für alle $n \in \mathbb{N}$ existiert für alle $n \in \mathbb{N}$ das Element $n^{-1} \in K$.

Korollar 1.1

Es gilt:
(a) Die Menge $\mathbb{N} \subset K$ ist nicht nach oben beschränkt.
(b) Zu jedem $a \in K$ mit $a > 0$ gibt es ein $n \in \mathbb{N}$ mit $n^{-1} < a$.

Beweis:
Zu (a): Wäre $\mathbb{N}$ nach oben beschränkt, so würde es ein Element $s \in K$ geben mit $n \leq s$ für alle $n \in \mathbb{N}$. Zu $1 > 0$ muss es aber ein $m \in \mathbb{N}$ geben mit $m = m \cdot 1 > s$. Damit führt die Annahme, dass $\mathbb{N}$ nach oben beschränkt ist, zu einem Widerspruch.
Zu (b): Zu $a > 0$ gibt es ein $n \in \mathbb{N}$ mit $na > 1$. Da $n > 0$ ist, ist aber auch $n^{-1} > 0$. Denn wäre $n^{-1} < 0$, so wäre $-n^{-1} > 0$ und nach (O-K2) damit $-1 = n(-n^{-1}) > 0$ im Widerspruch zu $1 > 0$. Damit folgt $(na-1)n^{-1} > 0$, somit $a > n^{-1}$. □

Damit können wir das angekündigte Resultat zum 'Wurzelziehen' beweisen:

Satz 1.3

Sei $(K, +, \cdot, \leq)$ ein ordnungsvollständiger geordneter Körper, sei $a \in K$ mit $0 \leq a$. Dann gibt es genau ein $b \in K$ mit $0 \leq b$, so dass $b^2 = a$ gilt.

Beweis:
Sei zuerst gezeigt, dass für zwei beliebige Elemente $x, y \in K$ gilt

$$x^2 - y^2 = (x-y)(x+y).$$

Unter Verwendung von (K9) erhält man

$$(x-y)(x+y) = (x-y)x + (x-y)y = x^2 + (-y)x + xy + (-y)y.$$

Es ist aber $(-y)x + xy = x(-y+y) = x0 = 0$ und $(-y)y = (-1)yy = (-1)y^2 = -y^2$ und somit $x^2 - y^2 = (x-y)(x+y)$.
Als nächstes überlegen wir uns, dass für beliebige $x, y \in K$ aus $xy = 0$ immer folgt, dass $x = 0 \vee y = 0$ gelten muss. Wäre nun $x > 0 \wedge y > 0$, so wäre nach (O-K2) auch $xy > 0$. Wäre $x < 0 \wedge y < 0$, so wäre $-x > 0 \wedge -y > 0$ und somit $(-x)(-y) > 0$, woraus sofort $xy > 0$ folgt. Wäre schließlich $x > 0 \wedge y < 0$, so wäre $x(-y) > 0$, woraus $xy < 0$ folgt.
Daraus folgt sofort, dass nur mit $b = 0$ gelten kann $b^2 = 0$. Wir können nun aber auch

für beliebiges $a > 0$ zeigen, dass es höchstens ein $b > 0$ geben kann mit $b^2 = a$. Wir nehmen dazu an, dass $b > 0$ und $c > 0$ gegeben seien mit $b^2 = a$ und $c^2 = a$, und müssen erschließen, dass dann schon $b = c$ sein muss. Aus $b^2 = a \wedge c^2 = a$ folgt $b^2 - c^2 = 0$, also $(b-c)(b+c) = 0$. Damit muss $b - c = 0 \vee b + c = 0$ sein. Ist $b - c = 0$, so folgt sofort $c = c + (b - c) = b$. Der Fall $b + c = 0$ kann aber nicht eintreten, wenn $b > 0 \wedge c > 0$ ist, denn nach (O-K1) gilt dann ja $b + c > b + 0 = b > 0$.
Damit ist nun noch die Existenz eines Elements $b > 0$ mit $b^2 = a$ nachzuweisen. Dazu werden wir wesentlich auf die Ordnungvollständigkeit des geordneten Körpers zurückgreifen. Sei

$$M := \{x \in K : 0 \leq x \wedge x^2 \leq a\}.$$

Wegen $0 \leq a$ ist sicher $0 \in M$, also $M \neq \emptyset$. Die Menge M ist aber auch nach oben beschränkt. Und zwar muss für alle $x \in M$ gelten $x \leq 1 + a$. Um dies zu sehen, überlegen wir uns zunächst, dass aus $0 \leq \alpha < \beta$ immer folgt $\alpha^2 < \beta^2$. Aus $\alpha < \beta$ folgt $\gamma := \beta - \alpha > \alpha - \alpha = 0$. Damit ist

$$\beta^2 = (\alpha + \gamma)^2 = \alpha^2 + \alpha\gamma + \gamma\alpha + \gamma^2 > \alpha^2,$$

weil $\alpha\gamma + \gamma\alpha + \gamma^2 \geq \gamma^2 > 0$ ist. Wäre nun $x > 1 + a$, so wäre $x^2 > (1+a)^2$, somit aber auch $x^2 > 1 + a + a + a^2 \geq 1 + a > a$ im Widerspruch zu $x^2 \leq a$. (Man beachte, dass wir beim letzten Schluss wieder $1 > 0$ verwendet haben.)
Damit existiert nun $b := \sup M$ und wir müssen noch zeigen, dass $b^2 = a$ gelten muss. Wäre dies nicht richtig, so müsste, da ja K total geordnet ist, $b^2 < a$ oder $b^2 > a$ gelten. Wir werden zeigen, dass dies in beiden Fällen einen Widerspruch zu $b = \sup M$ liefern würde. Die Argumentation verläuft dabei ganz ähnlich wie beim Beweis von Satz 1.1 aus Abschnitt 1.2.2.
Wir zeigen, dass im Fall $b^2 < a$ noch ein $x \in M$ existiert mit $b < x$, was dem widerspricht, dass b obere Schranke von M sein soll. Sei also $b^2 < a$. Dann müssen wir nur ein $c \in K$ angeben mit $b < b + c \wedge (b+c)^2 \leq a$. Es reicht, ein $c > 0$ anzugeben mit $cb + bc + c^2 < a - b^2$. Schreiben wir unter Benützung von $1 + 1 = 2$ wie gewohnt $b + b = 1 \cdot b + 1 \cdot b = (1+1)b = 2b$, so soll also $c(2b + c) < a - b^2$ sein. Dies kann man aber mit einem $n \in \mathbb{N}$ erreichen. Da stets $n \geq 1$ gilt, ist stets $n^{-1} \leq 1$. Denn es ist ja $n^{-1} > 0$ und somit $n^{-1}(n-1) \geq 0$. Daraus folgt $1 \geq n^{-1}$. Damit ist es nun ausreichend, ein $n \in \mathbb{N}$ zu finden, für das $n^{-1}(2b+1) < a - b^2$ gilt. Nach Satz 1.2 gibt es aber ein $n \in \mathbb{N}$ mit $2b + 1 < n(a - b^2)$. (Man könnte auch mit der Aussage (b) von Korollar 1.1 argumentieren.)
Wir zeigen abschließend, dass im Fall $a < b^2$ ein $y \in K$ existiert mit $y < b$ und $x \leq y$ für alle $x \in M$. Dies steht im Widerspruch dazu, dass b kleinste obere Schranke von M ist. Tatsächlich kann man wieder mit einem $n \in \mathbb{N}$ erreichen, dass $x \leq b - n^{-1}$ für alle $x \in M$ gilt. Man muss nur ein $n \in \mathbb{N}$ finden, für das $a < (b - n^{-1})^2$ gilt. Denn dann gilt ja

$$x^2 \leq a < (b - n^{-1})^2 \quad \text{für} \quad x \in M,$$

woraus nach den Überlegungen von oben folgt $x \leq b - n^{-1}$. Es soll also

$$2bn^{-1} - n^{-1}n^{-1} < b^2 - a$$

gelten. Dafür ist ausreichend $2bn^{-1} < b^2 - a$, also $2b < (b^2 - a)n$, was aber wieder nach Satz 1.2 erreichbar ist. □

Die bisherigen Überlegungen haben gezeigt, dass es die Elemente eines ordnungsvollständigen geordneten Körpers sind, mit denen man arbeiten sollte, wenn man die beim Umgang mit rationalen Zahlen festgestellten Probleme vermeiden möchte. Dies wird nicht zuletzt dadurch nahegelegt, dass wir die natürlichen Zahlen passend als Teilmenge dieses Körpers auffassen konnten und wir uns an vielen Stellen davon überzeugt haben, dass gewohnte Rechenregeln sich aus den dem geordneten Körper K zu Grunde liegenden Axiomen ergeben. Wir können aber sogar die rationalen Zahlen als Teilmenge von K wiederfinden. Zunächst definiert man die Menge $\mathbb{Z}$ der ***ganzen Zahlen*** durch

$$\mathbb{Z} := \mathbb{N} \cup \{0\} \cup \{a \in K : \text{Es gibt ein } n \in \mathbb{N} \text{ mit } a = -n\}.$$

Sodann definiert man $\mathbb{Q}$ als Teilmenge von K durch

$$\mathbb{Q} := \{x \in K : \text{Es gibt ein } p \in \mathbb{Z} \text{ und ein } q \in \mathbb{N} \text{ mit } x = pq^{-1}\}.$$

Da man dann mit der gleichen Argumentation, wie wir sie ganz am Anfang geführt haben, auch in diesem Kontext sehen kann, dass die Gleichung $b^2 = 2$ keine Lösung aus $\mathbb{Q}$ haben kann, ist also die Menge $K \setminus \mathbb{Q} := \{x \in K : x \notin \mathbb{Q}\}$ nicht leer. Man nennt ihre Elemente ***irrationale Zahlen***.
(Die Notation $A \setminus B$ wird allgemein für die ***Differenzmenge*** verwendet, die die Elemente von A umfasst, die nicht in B liegen. Ist $A \subset X$, so bezeichnet man $X \setminus A$ als ***Komplement*** von A in X.)

Insgesamt sollte nun die Vorgangsweise verständlich sein, dass man die ***reellen Zahlen*** $\mathbb{R}$ einführt als die Elemente eines ordungsvollständigen geordneten Körpers. Dies hat natürlich beim bisher erreichten Stand der Überlegungen die Konsequenz, dass wir gar nicht wissen, wie wir so einen ordnungsvollständigen geordneten Körper finden, d.h. konkret konstruieren könnten. Im Buch von Rudin [7] wird eine Konstruktionsmöglichkeit beschrieben, die auf dem Begriff des *Dedekindschen Schnitts* aufbaut. Die Elemente des dabei konstruierten Körpers erscheinen dann recht abstrakt und erinnern wenig an übliche Vorstellungen von Zahlen.

Wir werden also bei den weiteren Überlegungen immer die Notation $\mathbb{R}$ für einen ordnungsvollständigen geordneten Körper verwenden. Zunächst werden wir noch einige wichtige Ergebnisse über $\mathbb{N} \subset \mathbb{R}$ und $\mathbb{Q} \subset \mathbb{R}$ gewinnen.

Lemma 1.2 hat gezeigt, dass jede nichtleere Menge $A \subset \mathbb{N}$ nach unten beschränkt ist. Damit existiert aber $\inf A \in \mathbb{R}$. Dieses Infimum ist jedoch immer schon ein Minimum. Für den Beweis dieser Tatsache benötigen wir noch ein anderes sehr mit unserer Vorstellung von natürlichen Zahlen übereinstimmendes Ergebnis, das im nächsten Satz unter (a) notiert ist.
Zum Beweis dieses Resultats setzen wir das früher schon angesprochene ***Beweisprinzip der vollständigen Induktion*** in der folgenden häufig verwendeten Form ein:
Es sei die Aufgabe gegeben, nachzuweisen, dass für alle $n \in \mathbb{N}$ eine gewisse Aussage $A(n)$ richtig ist. Das bedeutet, dass zu zeigen ist, dass die Menge

$$M := \{n \in \mathbb{N} : \text{ Es gilt } A(n)\}$$

gleich $\mathbb{N}$ ist. Da $\mathbb{N}$ die kleinste induktive Menge ist, reicht es dafür aus, nachzuweisen, dass M induktiv ist. Dies erledigt man in zwei Schritten:

(1) Man zeigt, dass $1 \in M$ ist. (Man nennt dies den Induktionsanfang.)
(2) Man zeigt, dass, wenn die Aussage $A(n)$ für ein beliebiges $n \in \mathbb{N}$ richtig ist, die Aussage $A(n+1)$ für $n+1$ richtig ist. Denn das bedeutet, dass aus $n \in M$ immer $n+1 \in M$ folgt. (Man nennt dies den Schluss von n auf $n+1$.)

Satz 1.4

(a) Für alle $n \in \mathbb{N}$ ist die Menge $\{k \in \mathbb{N} : n < k < n+1\}$ leer.
(b) Sei $A \subset \mathbb{N}$ nicht leer. Dann gibt es ein $n \in A$ mit $n \leq k$ für alle $k \in A$.

Beweis:
Zu (a): Vergleicht man mit den Vorbemerkungen zur vollständigen Induktion, so ist als Aussage $A(n)$ jetzt offenbar die Aussage 'Die Menge $\{k \in \mathbb{N} : n < k < n+1\}$ ist leer' zu nehmen. Als Induktionsanfang ist also zu zeigen, dass $\{k \in \mathbb{N} : 1 < k < 2\} = \emptyset$ gilt. Dazu ist es offenbar ausreichend, nachzuweisen, dass

$$\mathbb{N} \subset \{1\} \cup \{x \in \mathbb{R} : x \geq 2\}$$

gilt. Dies folgt aber bekanntlich, wenn man zeigen kann, dass die Menge

$$B := \{1\} \cup \{x \in \mathbb{R} : x \geq 2\}$$

induktiv ist. Da ja nach Definition $1 \in B$ ist, ist noch zu überlegen, dass aus $x \in B$ immer auch $x+1 \in B$ folgt. Ist $x = 1$, so ist $x+1 = 2$ und somit auch $x+1 \in B$. Ist aber $x \geq 2$, so ist $x+1 \geq 2+0 = 2$ und somit auch $x+1 \in B$.
Nun der Schluss von n auf $n+1$: Sei $n \in \mathbb{N}$ beliebig mit $\{k \in \mathbb{N} : n < k < n+1\} = \emptyset$. Wir zeigen dann, dass die Annahme, dass $\{k \in \mathbb{N} : n+1 < k < n+2\} \neq \emptyset$ gelte, zu einem Widerspruch führt. Sei also angenommen, dass es ein $m \in \mathbb{N}$ gibt mit $n+1 < m < n+2$. Dann folgt $n < m+(-1) < n+1$. Wenn wir noch zeigen können, dass auch $m+(-1) \in \mathbb{N}$ sein muss, sind wir also fertig.
Es wird daher erneut mit Hilfe von vollständiger Induktion gezeigt, dass für alle $m \in \mathbb{N}$ gilt $m-1 \in \mathbb{N} \cup \{0\}$. Man beachte, dass $m-1 = 0$ genau dann eintritt, wenn $m = 1$ ist. Damit ist aber auch der Induktionsanfang klar. Für den Schluss von m auf $m+1$ sei $m \in \mathbb{N}$ beliebig mit $m-1 \in \mathbb{N} \cup \{0\}$. Dann gilt aber $(m+1)-1 = m+(1-1) = m \in \mathbb{N}$ und es ist alles gezeigt.
Zu (b): Da $A \neq \emptyset$ ist, gibt es ein $m \in A$. Betrachten wir nun die Menge S aller unteren Schranken von A, d.h.

$$S := \{n \in \mathbb{N} : n \leq k \text{ für alle } k \in A\},$$

so ist $1 \in S$. Es ist aber $m+1 \notin S$, weil ja $m < m+1$ ist. Damit ist aber $S \neq \mathbb{N}$. Daraus folgt, dass S nicht induktiv sein kann, es also ein $n_0 \in S$ geben muss, für das $n_0 + 1 \notin S$ ist. Ist aber $n_0 + 1 \notin S$, so muss es aufgrund der Definition von S ein $k_0 \in A$ geben mit $k_0 < n_0 + 1$. Da nun aber $n_0 \in S$ ist, gilt $n_0 \leq k_0$, was nach (a) zusammen mit $k_0 < n_0 + 1$ liefert, dass $k_0 = n_0$ sein muss. Damit ist $k_0 \in A \cap S$, somit ist $k_0 \in A$ mit der Eigenschaft, dass $k_0 \leq k$ für alle $k \in A$ gilt. □

Aus Satz 1.4 ergeben sich wichtige Konsequenzen, die im nächsten Satz formuliert seien. Dabei verwenden wir erstmals einfach die Sprechweise *zu jedem* $\varepsilon > 0$, die später noch häufig auftauchen wird und womit gemeint ist 'zu jedem $\varepsilon \in \mathbb{R}$ mit $\varepsilon > 0$'.

Satz 1.5

(a) Zu jedem $a \in \mathbb{R}$ gibt es genau ein $r \in \mathbb{Z}$ mit $r \leq a < r+1$.
(b) Sind $a, b \in \mathbb{R}$ mit $a < b$, so gibt es ein $r \in \mathbb{Q}$ mit $a < r < b$.
(c) Zu jedem $x \in \mathbb{R}$ und jedem $\varepsilon > 0$ gibt es ein $r \in \mathbb{Q}$ mit $x - \varepsilon < r < x + \varepsilon$.

Beweis:
Zu (a): Sei zuerst überlegt, dass es höchstens eine solche ganze Zahl $r \in \mathbb{Z}$ geben kann. Seien also $r, r' \in \mathbb{Z}$ mit $r \leq a < r+1$ und $r' \leq a < r'+1$. Wäre dann ohne Einschränkung der Allgemeinheit $r' > r$, so wäre ja, (man beachte die Aussage (a) von Satz 1.4), $r' \geq r+1$ und es würde $a < r+1 \leq r' \leq a$ folgen, was nicht möglich ist, da $a < a$ ja $a \neq a$ bedeuten würde. Damit kann nur $r' = r$ sein.
Zum Nachweis der Existenz so einer Zahl $r \in \mathbb{Z}$ betrachten wir zunächst den Fall $a > 0$. Da die Menge $\mathbb{N} \subset \mathbb{R}$ nach Korollar 1.1 nicht nach oben beschränkt ist, ist die Menge $M := \{k \in \mathbb{N} : k > a\}$ nicht leer. Mit $n := \min M$ gilt dann offenbar $n - 1 \leq a < n$. Ist $a = 0$, so kann man sofort $0 \leq 0 < 1$ notieren, somit ist noch der Fall $a < 0$ zu behandeln. Dazu verwenden wir das früher bewiesene Resultat, dass aus $a < 0$ stets folgt $-a > 0$. Damit können wir im Fall $a < 0$ folgendermaßen argumentieren: Wir betrachten die Menge $M_1 := \{k \in \mathbb{N} : k \geq -a\}$, die wiederum nicht leer ist. Mit $m := \min M_1$ gilt dann $m - 1 < -a \leq m$, woraus weiter folgt $-(m-1) > a \geq -m$.
Zu (b): Nach Voraussetzung ist $b - a > 0$. Nach Satz 1.2 gibt es also ein $n \in \mathbb{N}$ mit $n(b-a) > 1$. Wir können daher zunächst notieren $nb > na + 1$. Nach (a) gibt es weiter ein $p \in \mathbb{Z}$ mit $p - 1 \leq na < p$. Damit erhalten wir insgesamt $na < p \leq na + 1 < nb$. Offenbar folgt daraus sofort die Behauptung mit $r = n^{-1}p$.
Zu (c): Da wegen $\varepsilon > 0$ gilt $x - \varepsilon < x + \varepsilon$, muss man nur (b) anwenden mit $a = x - \varepsilon$ und $b = x + \varepsilon$. □

Nach (a) gibt es zu jeder reellen Zahl a genau eine ganze Zahl r, für die $r \leq a < r+1$ gilt. Diese bezeichnet man als die ***größte ganze Zahl kleiner gleich*** a, man notiert sie meistens als $[a]$.
Die Aussage (c) werden wir so formulieren können, dass bei jeder reellen Zahl in einem noch zu präzisierenden Sinn beliebig nah rationale Zahlen liegen. Das ist im Fall, dass r sogar eine rationale Zahl ist, als trivial anzusehen, aber im Fall, dass $r \in \mathbb{R}$ nicht rational, also eine irrationale Zahl ist, ein sehr wichtiges Resultat, weil man danach irrationale Zahlen wie etwa $\sqrt{2}$ näherungsweise durch rationale Zahlen ersetzen kann. Dies ist natürlich von großer Bedeutung für numerische Berechnungen; und wir werden uns auch noch mit der Frage befassen, wie man rationale Näherungswerte zu $\sqrt{2}$ finden kann.
Zur Präzisierung der Sprechweise *nahe dabei liegen* sei zunächst überlegt, dass

$$\inf\{\varepsilon \in \mathbb{R} : \varepsilon > 0\} = 0 \tag{1.5}$$

gilt. Die Menge $M := \{\varepsilon \in \mathbb{R} : \varepsilon > 0\}$ ist nach unten beschränkt, somit existiert $\sigma := \inf M$ und es muss $\sigma \geq 0$ gelten. Somit ist noch auszuschließen, dass $\sigma > 0$ gilt. Wäre $\sigma > 0$, so würde es nach der Aussage (b) von Korollar 1.1 ein $n \in \mathbb{N}$ geben mit $n^{-1} < \sigma$, was aber wegen $n^{-1} > 0$ im Widerspruch stünde zu $\sigma = \inf M$. Damit gibt es also bei der Aussage (c) gewissermaßen beliebig kleine $\varepsilon > 0$. Um davon zu 'beliebig nah' zu kommen, führen wir noch Abstände zwischen reellen Zahlen ein mit Hilfe des Betrages einer reellen Zahl. Für diesen Begriff benötigt man nicht die Ordnungsvollständigkeit der reellen Zahlen, daher sei er für einen beliebigen geordneten Körper eingeführt.

Sei also $(K, +, \cdot, \leq)$ ein geordneter Körper. Dann definieren wir die Abbildung $|\,.\,| : K \to K$, genannt ***Betrag***, durch

$$|x| := \begin{cases} x, & \text{falls } x > 0, \\ 0, & \text{falls } x = 0, \\ -x, & \text{falls } x < 0, \end{cases}$$

und die Abbildung sign: $K \to K$, genannt ***Signum***, durch

$$\text{sign}x := \begin{cases} 1, & \text{falls } x > 0, \\ 0, & \text{falls } x = 0, \\ -1, & \text{falls } x < 0. \end{cases}$$

Für das Arbeiten mit diesen Abbildungen, insbesondere für das Rechnen mit Beträgen gelten die folgenden oft benötigten Aussagen:

Satz 1.6

Sei $(K, +, \cdot, \leq)$ ein geordneter Körper, seien $x, y, a \in K$ und $\varepsilon \in K$ mit $\varepsilon > 0$. Dann gilt:
(i) $x = |x| \,\text{sign}(x)$, $|x| = x \,\text{sign}(x)$.
(ii) $|x| = |-x|$, $x \leq |x|$.
(iii) $|xy| = |x|\,|y|$.
(iv) $|x| \geq 0$, und es gilt $|x| = 0$ genau dann, wenn $x = 0$ ist.
(v) $|x - a| < \varepsilon$ ist äquivalent dazu, dass $a - \varepsilon < x < a + \varepsilon$ gilt.
(vi) Dreiecksungleichung: $|x + y| \leq |x| + |y|$.
(vii) $|x - y| \geq \big|\,|x| - |y|\,\big|$.

Beweis:
(i) ergibt sich unmittelbar aus den Definitionen von Betrag und Signum.
Zu (ii): Ist $x > 0$, so ist $|x| = x$ und $|-x| = -(-x) = x$, also gilt $|x| = |-x|$. Die anderen Fälle erledigt man genauso. Die Ungleichung $x \leq |x|$ ist im Fall $x \geq 0$ völlig trivial, ist aber $x < 0$, so ist $x = -|x|$ und damit $x = -|x| \leq 0 \leq |x|$.
Zu (iii): Ist $x > 0$ und $y > 0$, so gilt $|xy| = xy = |x|\,|y|$. Ist aber $x = 0$ oder $y = 0$, so ist $|xy| = 0 = |x|\,|y|$. Ist $x < 0$ und $y > 0$, so ist $|xy| = -(xy) = x(-y) = |x|\,|y|$. Ist schließlich $x < 0$ und $y < 0$, so ist $|xy| = xy = (-x)(-y) = |x|\,|y|$.
Zu (iv): Dass stets $|x| \geq 0$ gilt, ergibt sich unmittelbar aus der Definition. Klar ist auch, dass $|x| \neq 0 \iff x \neq 0$ gilt. Damit gilt auch die zweite Behauptung.
Zu (v): Sei zunächst $a = 0$ angenommen. Dann ist die Aussage im Fall $x = 0$ trivialerweise richtig. Ist aber $x > 0$ und gilt $|x| < \varepsilon$, so gilt natürlich $-\varepsilon < 0 < x < \varepsilon$, und aus $x < \varepsilon$ folgt trivialerweise $|x| < \varepsilon$. Ist jedoch $x < 0$ und gilt $|x| < \varepsilon$, so gilt $-x < \varepsilon$, also $-\varepsilon < x < 0 < \varepsilon$; umgekehrt folgt aus $-\varepsilon < x$ ja $-x < \varepsilon$, also $|x| < \varepsilon$. Ist nun $a \neq 0$, so erhält man zunächst $|x - a| < \varepsilon \iff -\varepsilon < x - a < \varepsilon$, woraus sofort die Behauptung

folgt.
Zu (vi): Ist $x + y \geq 0$, so folgt die Behauptung sofort unter Verwendung von (ii) aus $|x + y| = x + y \leq |x| + |y|$. Ist aber $x + y < 0$, so ist $-(x + y) > 0$ und wir können notieren

$$|x + y| = |-(x + y)| = |(-x) + (-y)| \leq |-x| + |-y| = |x| + |y|.$$

Zu (vii): Aus $x = (x - y) + y$ folgt nach der Dreiecksungleichung $|x| = |(x - y) + y| \leq |x - y| + |y|$, also $|x| - |y| \leq |x - y|$. Vertauscht man die Rollen von x und y, so erhält man entsprechend $|y| - |x| \leq |y - x| = |x - y|$. Damit gilt $-|x - y| \leq |x| - |y| \leq |x - y|$ und die Behauptung folgt nach (v). □

Die Bezeichnung *Dreiecksungleichung* wird erst richtig verständlich, wenn man die Punkte einer Ebene mit den Elementen von $\mathbb{R} \times \mathbb{R} =: \mathbb{R}^2$ identifiziert und dann eine entsprechende Ungleichung für die Abstände der Eckpunkte eines Dreiecks formuliert werden kann. Später werden wir darauf zurückkommen. Letztlich ist aber die Gültigkeit der Dreiecksungleichung (vi) wesentlich dafür, dass wir den *Abstand* $d(x, y)$ zweier reeller Zahlen x, y definieren durch

$$d(x, y) := |x - y|. \tag{1.6}$$

Schreiben wir nun unter Verwendung von Aussage (v) von Satz 1.6 die Aussage (c) von Satz 1.5 als $|x - r| < \varepsilon$, so erhalten wir zusammen mit (1.5) wie angekündigt, dass bei jeder irrationalen Zahl beliebig nah rationale Zahlen liegen. Dafür ist auch die Sprechweise üblich, dass $\mathbb{Q}$ eine ***dichte Teilmenge*** von $\mathbb{R}$ ist, oder, dass $\mathbb{Q}$ ***dicht in*** $\mathbb{R}$ liegt. Nach diesem Resultat liegt nun die Frage nahe, wie viele Elemente zu $\mathbb{Q}$ hinzukommen mussten, um zum ordnungsvollständigen Körper $\mathbb{R}$ zu kommen. Die Diskussion dieser Frage führt offenbar zur Problematik, zwei Mengen in ihrer *Mächtigkeit* zu unterscheiden, die beide zunächst naiv *unendlich viele* Elemente enthalten. Im nächsten Abschnitt werden wir dazu die geeigneten Begriffe bereitstellen.

1.3.2 Zur Mächtigkeit von Mengen, Überabzählbarkeit von $\mathbb{R}$

Am einfachsten kann man überprüfen, dass die Mengen $X = \{1, 2, 3\}$ und $Y = \{a, b, c\}$ gleich viele Elemente haben, indem man der Zahl 1 das Element a, der Zahl 2 das Element b und der Zahl 3 das Element c zuordnet. Man könnte aber genauso auch der 1 das Element b, der 2 das Element c und der 3 das Element a zuordnen. In beiden Fällen gibt man eine bijektive Abbildung $f : X \to Y$ an.

Allgemein bezeichnet man nun zwei Mengen A und B als ***gleichmächtig***, wenn es eine bijektive Abbildung von A auf B gibt. Eine nichtleere Menge A heißt ***endlich***, wenn es ein $n \in \mathbb{N}$ und eine bijektive Abbildung von $\{k \in \mathbb{N} : k \leq n\}$ auf A gibt. Auch die leere Menge werden wir als endlich bezeichnen. Es gibt aber auch Mengen, die nicht im Sinne dieser Definition endlich sind, diese bezeichnen wir als ***unendlich***. Wie zu erwarten ist die Menge der natürlichen Zahlen in diesem Sinn unendlich. Um dies beweisen zu können, müssen wir noch etwas Vorarbeit leisten:

Lemma 1.3

Ist m eine natürliche Zahl und $f : \{k \in \mathbb{N} : k \leq m\} \to \{k \in \mathbb{N} : k \leq m\}$ eine injektive Abbildung, so muss diese bereits bijektiv sein.

Beweis:
Im Fall $m = 1$ ist die Behauptung trivial. Damit haben wir bereits den Anfang eines Induktionsschlusses. Zur Vereinfachung der Notation setzen wir $A_n := \{k \in \mathbb{N} : k \leq n\}$ für $n \in \mathbb{N}$ und nehmen für den Schluss von m auf $m + 1$ also an, dass jede injektive Abbildung $f : A_m \to A_m$ schon bijektiv sein muss. Sei nun $g : A_{m+1} \to A_{m+1}$ eine injektive Abbildung. Sei $g(m + 1) = r$ und $B := A_{m+1} \setminus \{r\}$. Definieren wir nun $h : B \to A_m$ durch $h(k) := k$ für $k = 1, \ldots, r - 1$, (ist $r = 1$, so tritt dieser Fall nicht ein), und $h(k) := k - 1$ für $k = r + 1, \ldots, m + 1$, (ist $r = m + 1$, so tritt dieser Fall nicht ein), so ist h injektiv. Damit ist auch die Abbildung $f : A_m \to A_m$, die durch $f(k) = h(g(k))$ für $k \in A_m$ definiert ist, injektiv. (Denn aus $f(k) = f(k')$ würde folgen $g(k) = g(k')$ und somit $k = k'$.) Nach Induktionsannahme ist also f surjektiv, woraus folgt, dass schon g surjektiv und somit bijektiv sein muss. Denn wäre g nicht surjektiv, so würde es ein $s \in B$ geben, das nicht als Bild unter g auftritt. Dann würde aber auch $h(s) \in A_m$ nicht als Bild unter f auftreten, was der Bijektivität von f widersprechen würde. □

Bemerkung: Die im Beweis definierte Abbildung $f : A_m \to A_m$ kann man wieder suggestiv unter Benützung der Komposition von Abbildungen notieren, wenn man noch den Begriff der ***Einschränkung einer Abbildung*** verwendet. Ist $F : X \to Y$ eine Abbildung und $A \subset X$ eine nichtleere Teilmenge von X, so kann man die Einschränkung $F|_A : A \to X$ von F auf A definieren durch $F|_A(x) = F(x)$ für $x \in A$. Offenbar können wir mit dieser Begriffsbildung für $f : A_m \to A_m$ notieren $f = h \circ g|_{A_m}$.

Satz 1.7

Die Menge $\mathbb{N}$ ist unendlich.

Beweis:
Um zu zeigen, dass $\mathbb{N}$ eine unendliche Menge ist, reicht es wegen der Bijektivität der Umkehrabbildung aus, nachzuweisen, dass es keine bijektive Abbildung $f : \mathbb{N} \to A_m$ geben kann.
Wir zeigen also, dass die Annahme, dass es ein $n \in \mathbb{N}$ gibt, zu dem eine bijektive Abbildung $f : \mathbb{N} \to A_n$ existiert, zu einem Widerspruch führt. Sei also f so eine Abbildung. Davon ausgehend betrachten wir dann die Einschränkung von f auf A_n, also die Abbildung $f|_{A_n} : A_n \to A_n$, die durch $f|_{A_n}(m) := f(m)$ für $m \in A_n$ definiert ist. Auch $f|_{A_n}$ ist dann injektiv, nach dem letzten Lemma also bijektiv. Ist nun $k \in A_n$ das Bild von $n + 1$ unter f, also $f(n + 1) = k$, so muss es wegen der Bijektivität von $f|_{A_n}$ auch ein $m \in A_n$ geben mit $f(m) = f|_{A_n}(m) = k$. Damit ist $f(m) = f(n + 1) = k$, aber $m \neq n + 1$, was der Injektivität von f widerspricht. □

Es ist klar, dass nichtleere Teilmengen von $\mathbb{N}$ existieren, die endlich sind. Es gibt aber auch nichtleere Teilmengen, die von $\mathbb{N}$ verschieden, jedoch trotzdem unendlich, und zwar sogar gleichmächtig wie $\mathbb{N}$ sind. Sei etwa $M \subset \mathbb{N}$ die Menge aller geraden natürlichen

Zahlen, also die Menge aller Vielfachen von 2. Definiert man dann $f : \mathbb{N} \to M$ durch $f(n) := 2n$, so ist diese Abbildung tatsächlich bijektiv.
Dieses Resultat entspricht nicht den naiven Erfahrungen, dass man, wenn man bei einer Menge einige Elemente weglässt, eine Menge mit weniger Elementen erhalten müsste. Hier hat man offenbar alle ungeraden Zahlen weggelassen, und trotzdem bleiben noch im oben formulierten Sinn gleich viele Elemente wie bei $\mathbb{N}$ übrig. Dies zeigt, mit welcher Vorsicht man bei Schlüssen mit unendlichen Mengen vorgehen muss. Dies wird auch dadurch bestätigt, dass es unendliche Mengen gibt, die nicht gleichmächtig sind. Bevor wir dies diskutieren, zeigen wir ein auf den ersten Blick selbstverständliches Resultat, das mit einer ähnlichen Technik bewiesen wird wie Lemma 1.3.

Lemma 1.4

Jede Teilmenge einer endlichen Menge ist endlich.

Beweis:
Sei M eine endliche Menge. Die Teilmenge $\emptyset \subset M$ ist dann ebenfalls endlich. Auch ist dies offenbar richtig für alle einelementigen Teilmengen. Damit ist die Behauptung aber richtig für alle einelementigen Mengen M, d.h. für alle Mengen M, zu denen es eine bijektive Abbildung $f : A_1 \to M$ gibt. Davon ausgehend können wir wieder einen Induktionsschluss durchführen. Sei die Behauptung richtig für alle Mengen M, zu denen es eine bijektive Abbildung $f : A_m \to M$ gibt. Sei dann M eine Menge, zu der es eine bijektive Abbildung $f : A_{m+1} \to M$ gibt. Ist dann $B \in P(M)$, so ist im Fall $B = \emptyset$ und im Fall $B = M$ die Menge B sicher endlich. Sei also $B \subset M$ nichtleer und $B \neq M$. Dann gibt es ein $a \in M$ mit $a \notin B$. Wir dürfen annehmen, dass für die bijektive Abbildung $f : A_{m+1} \to M$ gilt $f(m+1) = a$. Wäre nämlich $a = f(k)$ mit einem $k \neq m+1$ und $f(m+1) = b \neq a$, so könnten wir eine bijektive Abbildung $g : A_{m+1} \to M$ dadurch definieren, dass wir $g(j) = f(j)$ für $j \in A_{m+1} \setminus \{k, m+1\}$ und $g(k) = b$, $g(m+1) = a$ setzen. Sei also $f(m+1) = a$. Dann ist die Abbildung $f|_{A_m}$ eine bijektive Abbildung von A_m auf $M \setminus \{a\}$. Nun ist aber $B \subset M \setminus \{a\}$ und damit nach Induktionsannahme B endlich. □

Dieses Resultat zeigt, dass für jede unendliche Menge M auch die Potenzmenge $P(M)$ unendlich sein muss. Denn wäre $P(M)$ endlich, so wäre ja jede Teilmenge endlich, damit wäre auch die Menge $B := \{\{x\} : x \in M\} \subset P(M)$ endlich. Es würde also für ein $m \in \mathbb{N}$ eine bijektive Abbildung $f : B \to A_m$ geben. Nun ist aber die durch $j(x) := \{x\}$ für $x \in M$ definierte Abbildung $j : M \to B$ bijektiv, somit ist auch die Abbildung $j \circ f : M \to A_m$ bijektiv. Es müßte also dann M selber endlich sein.

Es sind also die Mengen $\mathbb{N}$ und $P(\mathbb{N})$ beide unendlich; sie sind aber nicht gleichmächtig, wie der folgende Satz zeigt:

Satz 1.8

Sei A eine nichtleere Menge. Dann gibt es keine surjektive Abbildung $\Phi : A \to P(A)$.

Beweis:
Sei $\Phi : A \to P(A)$ eine beliebige Abbildung. Können wir zeigen, dass es dann eine

Menge $B \in P(A)$ geben muß mit $B \notin \Phi(A)$, so sind wir fertig. Wir geben nun so eine Menge explizit an:

$$B := \{a \in A : a \notin \Phi(a)\}. \tag{1.7}$$

Wir zeigen, dass die Annahme, dass es ein $b \in A$ gibt mit $B = \Phi(b)$ zu einem Widerspruch führt. Sei also $b \in A$ mit $B = \Phi(b)$. Dann gibt es zwei Möglichkeiten:(i) Es ist $b \in B$, (ii) Es ist $b \notin B$. Wir zeigen, dass beide Möglichkeiten zu einem Widerspruch führen.
Es gelte (i): Aus $b \in B$ folgt $b \in \Phi(b)$, nach (1.7) damit aber $b \notin B$, womit der Widerspruch erreicht ist.
Es gelte (ii): Aus $b \notin B$ folgt $b \notin \Phi(b)$, nach (1.7) damit aber $b \in B$, womit ebenfalls der Widerspruch erreicht ist. □

Die Beobachtung, dass eine unendliche Menge nicht die gleiche Mächtigkeit wie $\mathbb{N}$ haben muss, gibt nun Anlaß zu folgender Definition:
Eine Menge M heißt ***abzählbar unendlich***, falls es eine bijektive Abbildung $f : M \to \mathbb{N}$ gibt. Eine Menge wird als ***abzählbar*** bezeichnet, wenn sie abzählbar unendlich oder endlich ist. Schließlich bezeichnet man eine Menge als ***überabzählbar***, wenn sie nicht abzählbar ist.
Wir wissen nun, dass $P(\mathbb{N})$ überabzählbar ist, im Gegensatz dazu ist aber das kartesische Produkt $\mathbb{N} \times \mathbb{N}$ abzählbar. Es gilt sogar allgemeiner:

Satz 1.9

Sind die Mengen A und B abzählbar unendlich, so ist auch die Menge $A \times B$ abzählbar unendlich.

Beweis:
Es sei zuerst gezeigt, dass die Menge $\mathbb{N} \times \mathbb{N}$ abzählbar unendlich ist. Dazu ist eine bijektive Abbildung $\Phi : \mathbb{N} \times \mathbb{N} \to \mathbb{N}$ anzugeben. Dies kann auf verschiedene Weise geschehen; es sei hier ein Weg beschritten, der direkt mit dem sogenannten *Cauchyschen Diagonalverfahren* zusammenhängt.
Sei für $r \in \mathbb{N} \setminus \{1\}$ die Menge X_r definiert durch

$$X_r := \{(m, n) \in \mathbb{N} \times \mathbb{N} : m + n = r\}.$$

Würde man alle Paare (m, n) in ein quadratisches Schema eintragen, und zwar in der ersten Zeile alle Paare $(1, n)$ mit $n \in \mathbb{N}$, in der zweiten Zeile alle Paare $(2, n)$ mit $n \in \mathbb{N}$ und so fort, so würde jede Menge X_r genau die Paare umfassen, die auf eine schräg nach unten verlaufenden Diagonalen liegen, daher *Diagonalverfahren*. Es gibt für die Paare $(m, n) \in X_r$ nur $r - 1$ verschiedene Möglichkeiten, nämlich wegen $n = r - m$ die Möglichkeiten $m = 1 \wedge n = r - 1$ mit aufsteigendem m bis $m = r - 1 \wedge n = 1$.
Offenbar ist $X_r \cap X_s = \emptyset$ für $r \neq s$ und $\mathbb{N} \times \mathbb{N}$ gleich der Vereinigung aller Mengen X_r. Jeder Menge X_r ordnen wir nun eine Menge natürlicher Zahlen zu, und zwar

$$Y_r := \{\frac{1}{2}(r-2)(r-1) + j : j = 1, \ldots, r-1\}.$$

(Man beachte, dass $\frac{1}{2}(r-2)(r-1)$ immer aus $\mathbb{N} \cup \{0\}$ ist, weil ja $r-2$ oder $r-1$ eine gerade Zahl sein muss.) Es bietet sich an, für jedes $r \in \mathbb{N} \setminus \{1\}$ eine bijektive Abbildung $j_r : X_r \to Y_r$ zu definieren durch

$$j_r((m,n)) := \frac{1}{2}(r-2)(r-1) + m \quad \text{für} \quad (m,n) \in X_r.$$

Mit Hilfe dieser Abbildungen gelingt die Konstruktion von Φ, wenn man noch weiß, dass auch die Mengen Y_r paarweise disjunkt sind und ihre Vereinigung ganz $\mathbb{N}$ ergibt. Ist $x \in Y_r$ und $y \in Y_s$ mit $r \neq s$, so dürfen wir ohne Einschränkung der Allgemeinheit annehmen, dass $r < s$ ist. Es gilt dann sicher $x < y$, wenn man zeigen kann, dass

$$\frac{1}{2}(r-2)(r-1) + r - 1 < \frac{1}{2}(s-2)(s-1) + 1$$

gilt. Dies ist aber richtig, weil sogar im Fall $s = r+1$ gilt

$$\frac{1}{2}(s-2)(s-1) + 1 = \frac{1}{2}(r-1)r + 1 = \left(\frac{1}{2}(r-1)(r-2) + r - 1\right) + 1.$$

Dies zeigt $Y_r \cap Y_s = \emptyset$ für $r < s$, es zeigt aber zusätzlich noch, dass für alle $k \in \mathbb{N} \setminus \{1\}$ gilt

$$\bigcup_{r=2}^{k} Y_r = \{j \in \mathbb{N} : j \leq \frac{1}{2}(k-2)(k-1) + k - 1\}.$$

(Dabei ist $\bigcup_{r=2}^{k} Y_r = \{j \in \mathbb{N} :$ Es gibt ein $r \in \{2, \ldots, k\}$ mit $(m,n) \in Y_r\}$.) Da aber für jede natürliche Zahl n gilt $\frac{1}{2}(n-1)n + n \geq n$, folgt daraus, dass tatsächlich die Vereinigung aller Mengen Y_r ganz $\mathbb{N}$ ergibt.
Definieren wir nun $\Phi : \mathbb{N} \times \mathbb{N} \to \mathbb{N}$ durch

$$\Phi((m,n)) := \frac{1}{2}(m+n-2)(m+n-1) + m \quad \text{für} \quad (m,n) \in \mathbb{N} \times \mathbb{N},$$

so gilt offenbar $\Phi((m,n)) = j_r((m,n))$ für alle $(m,n) \in X_r$. Aufgrund der oben nachgewiesenen Eigenschaften der Mengen X_r und Y_r ist damit Φ injektiv und surjektiv.
Seien nun A und B beliebige abzählbar unendliche Mengen und $f : A \to \mathbb{N}$ und $g : B \to \mathbb{N}$ bijektive Abbildungen. Es sei dann mit der oben konstruierten Abbildung Φ die Abbildung $h : A \times B \to \mathbb{N}$ definiert durch

$$h((x,y)) := \Phi((f(x), g(y)) \quad \text{für} \quad (x,y) \in A \times B.$$

Diese Abbildung ist bijektiv, weil sie die Komposition von zwei bijektiven Abbildungen ist. Denn $\Phi : \mathbb{N} \times \mathbb{N} \to \mathbb{N}$ ist bijektiv, es ist aber auch, wie man leicht sehen kann, die durch $\psi((x,y)) := (f(x), g(y))$ für $(x,y) \in A \times B$ definierte Abbildung $\psi : A \times B \to \mathbb{N} \times \mathbb{N}$ bijektiv. □

Sehr einfach ist zu sehen, dass auch die Vereinigung von zwei disjunkten abzählbar unendlichen Mengen wieder abzählbar unendlich ist. Sind nämlich $f : A \to \mathbb{N}$ und $g : B \to \mathbb{N}$ bijektive Abbildungen, so erhält man, wenn $A \cap B = \emptyset$ ist, eine bijektive Abbildung $\varphi : A \cup B \to \mathbb{N}$, wenn man definiert

$$\varphi(x) := 2f(x), \text{ falls } x \in A, \quad \varphi(x) := 2g(x) - 1, \text{ falls } x \in B.$$

Sind A und B nicht disjunkt, so folgt das gleiche Resultat unter Benützung des folgenden Satzes, der es uns auch erlauben wird, zu erschließen, dass $\mathbb{Q}$ abzählbar unendlich ist.

Satz 1.10

Jede unendliche Teilmenge einer abzählbar unendlichen Menge ist abzählbar unendlich.

Beim Beweis dieses Satzes werden wir auf die Möglichkeit einer ***rekursiven Definition*** zurückgreifen, die unmittelbar mit dem Prinzip der vollständigen Induktion zusammenhängt. Es geht dabei darum, eine Abbildung $\varphi : \mathbb{N} \to X$, ($X$ eine beliebige nichtleere Menge), dadurch zu definieren, dass man $\varphi(1) = x_1 \in X$ angibt und eine für alle $n \in \mathbb{N}$ einsetzbare Vorschrift verwendet, nach der man $\varphi(n+1)$ festlegt, wenn man $\varphi(n)$ kennt. Um zu zeigen, dass dies tatsächlich eine geeignete Vorgangsweise ist, notieren wir die Vorschrift als Abbildung $V : X \to X$.
Rasch zu sehen ist, dass es höchstens eine Abbildung $\varphi : \mathbb{N} \to X$ geben kann, so dass $\varphi(1) = x_1$ und $\varphi(n+1) = V(\varphi(n))$ für alle $n \in \mathbb{N}$ gilt. Sei dazu angenommen, dass $\psi : \mathbb{N} \to X$ eine Abbildung mit den gleichen Eigenschaften wäre. Dann gilt ja $\varphi(1) = \psi(1)$ und wir können mit Hilfe von vollständiger Induktion erschließen, dass $\varphi(n) = \psi(n)$ für alle $n \in \mathbb{N}$ gelten muss. Denn gilt $\varphi(n) = \psi(n)$, so folgt ja $\varphi(n+1) = V(\varphi(n)) = V(\psi(n)) = \psi(n+1)$.
Zum Nachweis der Existenz einer Abbildung φ mit den notierten Eigenschaften zeigen wir zunächst, dass die Behauptung richtig ist, dass für alle $n \in \mathbb{N}$ eine Abbildung $\varphi_n : A_n \to X$ existiert mit $\varphi_n(1) = x_1$, $\varphi_n(k+1) = V(\varphi_n(k))$ für $k = 1, \dots, n-1$ und $\varphi_n|_{A_k} = \varphi_k$ für alle $k < n$. (Dabei ist wieder $A_n = \{k \in \mathbb{N} : k \leq n\}$.) Offenbar ist φ_1 durch $\varphi_1(1) := x_1$ zu definieren. Die Behauptung können wir davon ausgehend durch vollständige Induktion beweisen. Denn existiert nach Induktionsannahme φ_n, so können wir $\varphi_{n+1} : A_{n+1} \to X$ definieren durch $\varphi_{n+1}(k) := \varphi_n(k)$ für $k < n+1$ und $\varphi_{n+1}(n+1) = V(\varphi_n(n))$. Offenbar hat dann φ_{n+1} die geforderten Eigenschaften. Damit können wir aber abschließend die Abbildung $\varphi : \mathbb{N} \to X$ definieren durch $\varphi(n) := \varphi_n(n)$ für $n \in \mathbb{N}$.
Es sei daran erinnert, dass wir in Abschnitt 1.3.1 bei der Diskussion, was die Menge $\mathbb{N}$ mit der naiv gewohnten Menge der natürlichen Zahlen zu tun hat, bereits mit einer nach diesem Prinzip der rekursiven Definition konstruierten Abbildung gearbeitet haben.

Beweis von Satz 1.10:
Ist X eine abzählbar unendliche Menge, so gibt es eine bijektive Abbildung $f : X \to \mathbb{N}$. Ist nun A eine Teilmenge von X, so erhält man ebenfalls eine bijektive Abbildung $g : A \to f(A)$, wenn man $g(x) := f(x)$ für $x \in A$ definiert. Ist A unendlich, so muss damit auch $f(A)$ unendlich sein. Können wir nun zeigen, dass die unendliche Teilmenge $f(A)$ von $\mathbb{N}$ abzählbar unendlich sein muss, also eine bijektive Abbildung $h : f(A) \to \mathbb{N}$ existieren muss, so ist $h \circ g : A \to \mathbb{N}$ eine bijektive Abbildung und somit A abzählbar unendlich. Es reicht also aus, nachzuweisen, dass jede unendliche Menge $M \subset \mathbb{N}$ abzählbar unendlich sein muss. Dies kann man folgendermaßen erledigen:
Nach Satz 1.4 (b) enthält jede nichtleere Teilmenge von $\mathbb{N}$ ein eindeutig bestimmtes kleinstes Element. Auf der Grundlage dieses Resultats konstruieren wir eine bijektive

Abbildung $\varphi : \mathbb{N} \to M$, indem wir zunächst setzen

$$\varphi(1) := \min M$$

und weiter $\varphi(n)$ für $n \in \mathbb{N}\setminus\{1\}$ rekursiv dadurch definieren, dass wir, wenn $\varphi(n)$ bereits bekannt ist, die Menge $M_n := \{m \in M : m > \varphi(n)\}$ betrachten und

$$\varphi(n+1) := \min M_n$$

definieren. Dies ist sinnvoll, wenn man weiß, dass die so rekursiv erhaltenen Mengen M_n alle nicht leer sein müssen. Da aber M nach Voraussetzung unendlich sein soll, ist für beliebiges $k \in \mathbb{N}$ die Menge $B_k = \{m \in M : m > k\}$ nichtleer. Denn wäre für ein k die Menge B_k leer, so wäre $m \leq k$ für alle $m \in M$ und damit wäre M als Teilmenge einer endlichen Menge endlich.
Aufgrund der Definition ist klar, dass stets $\varphi(n+1) > \varphi(n)$ gilt, und wegen Satz 1.4 (a) können wir notieren $\varphi(n+1) \geq \varphi(n) + 1$ für alle $n \in \mathbb{N}$. Aus der Gültigkeit von $\varphi(n+1) > \varphi(n)$ für alle $n \in \mathbb{N}$ erhält man durch einen einfachen Induktionsschluss, dass sogar $\varphi(n+k) > \varphi(n)$ für alle $n, k \in \mathbb{N}$ gilt. Dies zeigt, dass die Abbildung φ injektiv ist.
Zum Nachweis der Surjektivität von φ zeigen wir zuerst, dass

$$\varphi(n) \geq n \quad \text{für alle} \quad n \in \mathbb{N} \tag{1.8}$$

gilt. Für $n = 1$ ist dies trivial und für beliebiges n erhalten wir die Aussage mit Hilfe eines Induktionsschlusses. Gilt sie für n, so können wir nämlich notieren

$$\varphi(n+1) \geq \varphi(n) + 1 \geq n + 1.$$

Sei nun $k \in M$ beliebig gegeben. Um zu zeigen, dass es ein $j \in \mathbb{N}$ gibt mit $\varphi(j) = k$, betrachten wir die Menge

$$K := \{n \in \mathbb{N} : \varphi(n) \geq k\}.$$

Wegen (1.8) ist sicher K nicht leer. Es existiert daher $j := \min K$. Im Fall $j = 1$ können wir notieren

$$\min M \leq k \leq \varphi(j) = \min M,$$

somit gilt $k = \varphi(1)$. Es liegt also dann der Fall $k = \min M$ vor. Ist aber $k > \min M$, so muss nach dieser Überlegung $j \neq 1$, also $j \geq 2$ sein. Damit können wir aber notieren

$$\varphi(j-1) < k \leq \varphi(j),$$

was aber aufgrund der vorgenommenen rekursiven Definition der Abbildung φ bedeutet, dass $\varphi(j) = k$ sein muss. □

Sind nun A und B zwei abzählbar unendliche Mengen mit $A \cap B \neq \emptyset$, so definieren wir, wenn wieder $f : A \to \mathbb{N}$ und $g : B \to \mathbb{N}$ bijektive Abbildungen sind, eine Abbildung $\varphi : A \cup B \to \mathbb{N}$ durch

$$\varphi(x) := 2f(x), \text{ falls } x \in A, \quad \varphi(x) := 2g(x) - 1, \text{ falls } x \in B \setminus A.$$

Es ist dann sicher φ injektiv, somit erhält man dadurch eine bijektive Abbildung von $A \cup B$ auf $\varphi(A \cup B)$ und nach Satz 1.10 muss damit $A \cup B$ endlich oder abzählbar unendlich sein. Der Fall, dass $A \cup B$ endlich ist, scheidet aber aus, da dann auch $A \subset A \cup B$ und $B \subset A \cup B$ endlich sein müssten.

Mit Hilfe von Satz 1.9 und Satz 1.10 kann man rasch sehen, dass die Menge der rationalen Zahlen abzählbar unendlich ist:

Es zeigt die durch $f(k) := k + 1$ für $k \in \mathbb{N} \cup \{0\}$ definierte Abbildung $f : \mathbb{N} \cup \{0\} \to \mathbb{N}$, dass auch $\mathbb{N} \cup \{0\}$ abzählbar unendlich ist. Die Abbildung $x \mapsto -x$ zeigt, dass die Menge der negativen ganzen Zahlen abzählbar unendlich ist, und damit ist die Menge der ganzen Zahlen als Vereinigung der Menge der negativen ganzen Zahlen und der Menge $\mathbb{N} \cup \{0\}$ ebenfalls abzählbar unendlich.
Nach Satz 1.9 ist also die Menge $\mathbb{Z} \times \mathbb{N}$ abzählbar unendlich. Können wir nun eine injektive Abbildung $f : \mathbb{Q} \to \mathbb{Z} \times \mathbb{N}$ angeben, so folgt, da ja $\mathbb{Q}$ sicherlich unendlich und damit auch $f(\mathbb{Q})$ unendlich ist, dass $\mathbb{Q}$ abzählbar unendlich ist.
Wir definieren dazu $f(0) := (0, 1) \in \mathbb{Z} \times \mathbb{N}$ und, wenn $r = p/q$ mit $p \in \mathbb{Z} \setminus \{0\}$ und $q \in \mathbb{N}$ ist, wobei der Bruch nicht gekürzt werden kann, $f(r) := (p, q)$. Diese Abbildung ist injektiv, denn aus $f(r) = f(r')$ folgt wegen $(p, q) = (p', q')$ weiter $p = p' \wedge q = q'$, also $r = r'$.

Im Gegensatz zur Abzählbarkeit von $\mathbb{Q}$ ist aber die Menge der reellen Zahlen überabzählbar. Beim Beweis dieses wichtigen Resultats werden wir mit *abgeschlossenen Intervallen* reeller Zahlen arbeiten. Später werden auch *offene* Intervalle eine wichtige Rolle spielen, aber im Moment kommen wir mit dem folgenden Begriff aus:
Sind $a, b \in \mathbb{R}$ mit $a < b$, so ist das ***abgeschlossene Intervall*** $[a, b]$ definiert durch

$$[a, b] := \{x \in \mathbb{R} : a \leq x \leq b\}.$$

Satz 1.11

$\mathbb{R}$ ist überabzählbar.

Beweis:
Es reicht aus, zu zeigen, dass, wenn $f : \mathbb{N} \to \mathbb{R}$ eine beliebige Abbildung ist, diese nicht surjektiv sein kann. Sei also so eine Abbildung gegeben und sei zur Vereinfachung $x_n := f(n)$ für $n \in \mathbb{N}$ gesetzt. Wir konstruieren nun ein $x \in \mathbb{R}$, für das $x \neq x_n$ für alle $n \in \mathbb{N}$, also $x \notin f(\mathbb{N})$ gelten muss.
Wir betrachten dazu zunächst das Intervall $[a_1, b_1] := [x_1 + 1, x_1 + 2]$. (Man beachte, dass $x_1 + 1 < x_1 + 2$ ist, weil $1 < 1 + 1$ ist.) Da $x_1 < x_1 + 1$ ist, ist sicher $x_1 \notin [a_1, b_1]$. Davon ausgehend definieren wir nun rekursiv Intervalle $[a_n, b_n]$ für $n = 2, 3, \ldots$ durch

$$[a_{n+1}, b_{n+1}] := [a_n, \frac{1}{4}(3a_n + b_n)], \quad \text{falls } x_{n+1} \geq \frac{1}{2}(a_n + b_n)$$

bzw.

$$[a_{n+1}, b_{n+1}] := [\frac{1}{4}(a_n + 3b_n), b_n], \quad \text{falls } x_{n+1} < \frac{1}{2}(a_n + b_n).$$

Für die Endpunkte a_n und b_n dieser Intervalle gilt nun stets $a_n \leq a_{n+1} < b_{n+1} \leq b_n$. Dies zeigt ausgehend von $a_1 < b_1$ ein Induktionsschluss. Denn ist $a_n < b_n$, so gilt sowohl

$$a_n < \frac{4}{4}a_n + \frac{1}{4}(b_n - a_n) = \frac{1}{4}(3a_n + b_n) < \frac{1}{4}(3b_n + b_n) = b_n$$

als auch

$$a_n = \frac{1}{4}(a_n + 3a_n) < \frac{1}{4}(a_n + 3b_n) < \frac{1}{4}(b_n + 3b_n) = b_n.$$

Es gilt aber auch

$$\frac{1}{4}(3a_n + b_n) < \frac{1}{4}(2a_n + 2b_n) = \frac{1}{2}(a_n + b_n)$$

und entsprechend $\frac{1}{2}(a_n + b_n) < \frac{1}{4}(a_n + 3b_n)$. Damit ist aber $x_{n+1} \notin [a_{n+1}, b_{n+1}]$ für $n \in \mathbb{N}$. Ist nun A die Menge aller auftretenden Endpunkte a_n, so ist A sicher nach oben beschränkt, und zwar ist ja sogar jedes der b_n eine obere Schranke von A. Da $\mathbb{R}$ ordnungsvollständig ist, existiert $\sup A \in \mathbb{R}$ und es muss offenbar $\sup A \leq b_n$ für alle $n \in \mathbb{N}$ gelten. Da natürlich auch $a_n \leq \sup A$ für alle n gelten muss, ist $\sup A \in [a_n, b_n]$ für alle $n \in \mathbb{N}$. Da aber nach Konstruktion $x_n \notin [a_n, b_n]$ für alle $n \in \mathbb{N}$ gilt, muss $\sup A \neq x_n$ für alle $n \in \mathbb{N}$ sein. □

Unter Benützung der behandelten Resultate über abzählbar unendliche Mengen ergibt sich noch eine interessante Folgerung zur Menge der irrationalen Zahlen:

Korollar 1.2

$\mathbb{R} \setminus \mathbb{Q}$ ist überabzählbar.

Beweis:
Es ist $\mathbb{R} = \mathbb{Q} \cup (\mathbb{R} \setminus \mathbb{Q})$. Wäre also $\mathbb{R} \setminus \mathbb{Q}$ abzählbar unendlich, so wäre auch $\mathbb{R}$ abzählbar unendlich im Widerspruch zu Satz 1.11. Entsprechend könnte man auch schließen, wenn $\mathbb{R} \setminus \mathbb{Q}$ endlich wäre. Denn die disjunkte Vereinigung einer endlichen Menge A und einer abzählbar unendlichen Menge B ist immer abzählbar unendlich.
Sind nämlich $f : A \to \{n \in \mathbb{N} : n \leq k\}$ und $g : B \to \mathbb{N}$ bijektive Abbildungen, so erhält man eine bijektive Abbildung $h : A \cup B \to \mathbb{N}$, wenn man

$$h(x) := f(x) \text{ für } x \in A, \quad h(x) := g(x) + k \text{ für } x \in B$$

definiert. □

1.3.3 n-te Wurzeln

Nach Satz 1.3 hat im Körper der reellen Zahlen die Gleichung $b^2 = a$ mit $a > 0$ genau eine Lösung $b > 0$. Definieren wir nun n-te Potenzen von Elementen $x \in \mathbb{R}$, oder allgemeiner von Elementen eines Körpers rekursiv durch

$$x^0 := 1, \quad x^1 := x, \quad x^{n+1} := x \cdot x^n \text{ für } n \in \mathbb{N},$$

so stellt sich allgemeiner die Frage nach der Existenz von n-ten Wurzeln, d.h. nach der Lösbarkeit von Gleichungen $x^n = a$ bei gegebenem $a > 0$. Auch hier wird es sich zeigen, dass stets genau eine Lösung $x > 0$ existiert. Es ist daher gerechtfertigt, von der n-ten Wurzel aus a zu sprechen. Üblich ist dafür die Notation $a^{1/n}$ oder $\sqrt[n]{a}$.

Dass zu gegebenem $a > 0$ höchstens eine Lösung $x > 0$ der Gleichung $x^n = a$ existieren kann, ergibt sich aus dem folgenden Lemma:

Lemma 1.5

Seien $n \in \mathbb{N}$ und $x, y \in \mathbb{R}$ mit $0 < x < y$. Dann gilt auch $0 < x^n < y^n$.

Beweis:
Offenbar kann man den Beweis sofort mit Hilfe eines Induktionsschlusses erledigen, wenn man weiß, dass aus $0 < x < y$ und $0 < r < s$ immer folgt $0 < rx < sy$.
Dies ergibt sich aber folgendermaßen: Aus $0 < y - x$ und $0 < r$ folgt $0 < ry - rx$, also $0 < rx < ry$. Aus $0 < s - r$ und $0 < y$ folgt entsprechend $0 < ry < sy$, woraus man insgesamt $0 < rx < sy$ erhält. □

Bevor wir den Nachweis der Existenz von $a^{1/n}$ führen können, müssen wir noch etwas Vorarbeit leisten, und zwar benötigen wir den sogenannten ***binomischen Lehrsatz***.
Dazu führen wir für $n \in \mathbb{N} \cup \{0\}$ und Elemente $a_0, \ldots, a_n$ eines Körpers K die Notation der Summe $\sum_{k=0}^{n} a_k$ ein, und zwar rekursiv durch

$$\sum_{k=0}^{0} a_k := a_0, \quad \sum_{k=0}^{1} a_k = a_0 + a_1$$

und für $n \geq 2$

$$\sum_{k=0}^{n} a_k := \left(\sum_{k=0}^{n-1} a_k \right) + a_n.$$

Man kann damit aber auch, wenn $m \in \mathbb{N}$ mit $m \leq n$ ist, die Summe $\sum_{k=m}^{n} a_k$ definieren, indem man $b_k := a_{k+m}$ für $k = 0, \ldots, n - m$ setzt und dann $\sum_{k=m}^{n} a_k := \sum_{k=0}^{n-m} b_k$ definiert. Dies liefert dann die häufig verwendete Formel

$$\sum_{k=m}^{n} a_k = \sum_{k=0}^{m-n} a_{k+m} \tag{1.9}$$

Entsprechend definiert man Produkte $\prod_{k=0}^{n} a_k$und $\prod_{k=m}^{n} a_k$.
Für den binomischen Lehrsatz benötigen wir noch die ***Binomialkoeffizienten*** $\binom{n}{m}$, die für $n, m \in \mathbb{N} \cup \{0\}$ definiert sind durch

$$\binom{n}{m} := \frac{n!}{m!(n-m)!}, \quad \text{falls } m \leq n$$

und $\binom{n}{m} := 0$, falls $m > n$. Dabei ist die als *n-Fakultät* bezeichnete Zahl $n!$ rekursiv definiert durch $0! := 1$, $1! := 1$, $(n + 1)! := n!(n + 1)$ für $n \geq 2$. Man sieht leicht, dass für $n \in \mathbb{N}$ gilt $n! = \prod_{k=1}^{n} k$.
Speziell gilt

$$\binom{n}{0} = 1 \quad \text{und} \quad \binom{n}{n} = 1.$$

Ein einfache, aber dennoch wichtige Tatsache über Binomialkoeffizienten sei im nächsten Lemma festgehalten:

Lemma 1.6

Für $n, m \in \mathbb{N}$ mit $m \leq n$ gilt

$$\binom{n}{m-1} + \binom{n}{m} = \binom{n+1}{m}. \tag{1.10}$$

Beweis:
Nach der Definition ist

$$\begin{aligned}\binom{n}{m-1} + \binom{n}{m} &= \frac{n!}{(m-1)!(n-m+1)!} + \frac{n!}{m!(n-m)!} \\ &= \frac{n!}{m!(n+1-m)!}(m + (n+1-m)).\end{aligned}$$

Wegen

$$\frac{n!}{m!(n+1-m)!}(m + (n+1-m)) = \frac{(n+1)!}{m!(n+1-m)!}$$

ist damit schon (1.10) bewiesen. □

Die Formel (1.10) erlaubt es offenbar, beginnend mit $n = 1$ die Binomialkoeffizienten rekursiv zu berechnen. Schreibt man dabei die Binomialkoeffizienten nach wachsendem n reihenweise untereinander, so entsteht das sogenannte *Pascalsche Dreieck*. Von Interesse ist, dass diese rekursive Berechnung zeigt, dass alle Binomialkoeffizienten ganze Zahlen sein müssen.

Doch nun zum ***binomischen Lehrsatz***:

Satz 1.12

Sei K ein Körper, seien $a, b \in K$. Dann gilt für $n \in \mathbb{N}$

$$(a+b)^n = \sum_{k=0}^{n} \binom{n}{k} a^{n-k} b^k.$$

Beweis:
Für $n = 1$ ist die Behauptung trivialerweise richtig. (Der Fall $n = 2$ ist offenbar auch wohlbekannt, denn $\binom{2}{1} = 2$.) Der Beweis wird nun mit Hilfe von vollständiger Induktion geführt. Sei also angenommen, dass die Behauptung für irgendein n richtig sei. Für den Schluss von n auf $n+1$ notieren wir dann

$$\begin{aligned}(a+b)^{n+1} &= (a+b)(a+b)^n = (a+b)\sum_{k=0}^{n} \binom{n}{k} a^{n-k} b^k \\ &= \sum_{k=0}^{n} \binom{n}{k} a^{n-k+1} b^k + \sum_{k=0}^{n} \binom{n}{k} a^{n-k} b^{k+1}.\end{aligned}$$

Bezeichnen wir bei den letzten zwei Summen die erste mit S_1 und die zweite mit S_2, so erhalten wir für S_2, wenn wir entsprechend (1.9) $k = j - 1$ setzen, wobei dann natürlich der Summationsindex j alle Zahlen von 1 bis $n + 1$ durchlaufen muss,

$$S_2 = \sum_{j=1}^{n+1} \binom{n}{j-1} a^{n-(j-1)} b^j .$$

Da es nun aber ganz unwichtig ist, mit welchem Buchstaben wir den Summationsindex notieren, erhalten wir, wenn wir bei S_2 einfach statt j wieder k schreiben

$$\begin{aligned} S_1 + S_2 &= \sum_{k=0}^{n} \binom{n}{k} a^{n-k+1} b^k + \sum_{k=1}^{n+1} \binom{n}{k-1} a^{n-k+1} b^k \\ &= a^{n+1} + \sum_{k=1}^{n} \left(\binom{n}{k} + \binom{n}{k-1} \right) a^{n-k+1} b^k + \binom{n}{n} b^{n+1} . \end{aligned}$$

Mit (1.10) folgt

$$S_1 + S_2 = a^{n+1} + \sum_{k=1}^{n} \binom{n+1}{k} a^{n+1-k} b^k + \binom{n}{n} b^{n+1} .$$

Berücksichtigt man nun noch, dass

$$a^{n+1} = \binom{n+1}{0} a^{n+1} b^0 \quad \text{und} \quad \binom{n}{n} b^{n+1} = \binom{n+1}{n+1} a^0 b^{n+1}$$

gilt, so folgt schließlich

$$(a+b)^{n+1} = \sum_{k=0}^{n+1} \binom{n+1}{k} a^{(n+1)-k} b^k ,$$

womit der Satz bewiesen ist. □

Damit können wir nun wie angekündigt zeigen:

Satz 1.13

Sei $n \in \mathbb{N}$ und $a \in \mathbb{R}$ mit $a > 0$. Dann gibt es genau ein $x \in \mathbb{R}$ mit $x > 0$ und $x^n = a$.

Beweis:
Es ist nur noch die Existenz nachzuweisen. Dabei reicht es, den Fall $n \geq 2$ zu betrachten. Nach unseren früheren Überlegungen ist es naheliegend, die gesuchte Lösung von $x^n = a$ als Supremum der Menge

$$A := \{x \in \mathbb{R} : x > 0 \wedge x^n < a\}$$

zu suchen. Diese Menge ist nicht leer. Denn setzt man $t := a(1+a)^{-1}$, so ist, weil ja $(1+a)^{-1} < 1$ und $a < 1+a$ ist, einerseits $t < a$ und andererseits $0 < t < 1$, woraus $t^2 < t$ und durch Induktion weiter $t^n < t$ folgt. Damit ist aber $t^n < a$ und somit $t \in A$. Die Menge A ist aber auch nach oben beschränkt. Denn setzt man $\tau := 1 + a$, so ist einerseits $\tau > a$ und andererseits $\tau > 1$, woraus $\tau^n > \tau$ folgt, somit $\tau^n > a$. Damit ist aber τ obere Schranke von A. Denn würde es ein $x \in A$ geben mit $\tau < x$, so würde nach Lemma 1.5 $x^n > \tau^n$ folgen, was wegen $x^n < a$ im Widerspruch zu $\tau^n > a$ stünde. Damit existiert nun $y := \sup A \in \mathbb{R}$. Wir werden nun zeigen, dass $y^n = a$ gelten muss, indem wir nachweisen, dass die zwei Fälle $y^n < a$ und $y^n > a$ nicht auftreten können. (Man beachte, dass $\mathbb{R}$ total geordnet ist.)
Sei also angenommen, dass $y^n < a$ sei. Da $1 + y > y$ ist, gilt $(1+y)^n > y^n$. Damit ist dann aber $(a - y^n)((1+y)^n - y^n)^{-1} > 0$ und nach Korollar 1.1 (b) gibt es ein $m \in \mathbb{N}$ mit

$$1/m < (a - y^n)((1+y)^n - y^n)^{-1}.$$

Sei zur Vereinfachung $h := 1/m$ gesetzt. Dann ist $0 < h < 1$, somit $h^k \leq h$ für alle $k \in \mathbb{N}$ und man erhält unter Benützung des binomischen Lehrsatzes

$$\begin{aligned}(y+h)^n &= \sum_{k=0}^{n} \binom{n}{k} y^{n-k} h^k \\ &\leq y^n + h \sum_{k=1}^{n} \binom{n}{k} y^{n-k} = y^n + h((1+y)^n - y^n) < y^n + a - y^n = a.\end{aligned}$$

Dies bedeutet, dass $y + h \in A$ ist. Wegen $y < y + h$ ist damit y keine obere Schranke von A, was $y = \sup A$ widerspricht.
Sei nun angenommen, dass $y^n > a$ ist. In diesem Fall arbeiten wir (analog zu oben mit h) mit einem $\eta \in \mathbb{R}$ mit $0 < \eta < 1$, $\eta < y$ und $\eta < (y^n - a)((1+y)^n - y^n)^{-1}$. Unter Benützung des binomischen Lehrsatzes erhält man dann

$$\begin{aligned}(y-\eta)^n &= \sum_{k=0}^{n} \binom{n}{k} y^{n-k} (-1)^k \eta^k \geq y^n - \eta \sum_{k=1}^{n} \binom{n}{k} y^{n-k} \\ &= y^n - \eta((1+y)^n - y^n) > y^n - (y^n - a) = a.\end{aligned}$$

Damit ist $(y - \eta)^n > x^n$ für alle $x \in A$. Dies ist nur möglich, wenn $y - \eta > x$ für alle $x \in A$ gilt. Damit ist dann $y - \eta$ eine obere Schranke von A, was im Widerspruch dazu steht, dass y die kleinste obere Schranke von A sein soll. □

Haben nun Gleichungen $x^n = a$ im Fall $a > 0$ im geordneten Körper $\mathbb{R}$ immer eine Lösung, so ist bereits die Gleichung $x^2 = a$ im Fall $a < 0$ im Körper $\mathbb{R}$ nie lösbar. Denn es ist bekanntlich immer $x^2 \geq 0$. Dies ist Grund genug, den Körper $\mathbb{R}$, der ja selber eine Erweiterung des Körpers $\mathbb{Q}$ darstellt, noch einmal zu erweitern, um auch solche Gleichungen lösbar zu machen. Da dann ja, wenn man auch die Ordnung erweitern würde, negative Quadrate existieren müssten, ist klar, dass man bei dieser Erweiterung nicht erreichen kann, dass der größere Körper weiter ein geordneter Körper bleibt. Mit der Erweiterung von $\mathbb{R}$ zum größeren Körper der *komplexen Zahlen*, für den die Notation $\mathbb{C}$ üblich ist, werden wir uns im nächsten Abschnitt beschäftigen.

1.4 Die komplexen Zahlen

Man erhält den Körper $\mathbb{C}$ der komplexen Zahlen, indem man $\mathbb{R} \times \mathbb{R} =: \mathbb{R}^2$ auf geeignete Weise mit einer Körperstruktur versieht. Es sind also eine Addition und eine Multiplikation von Elementen $(a, b) \in \mathbb{R}^2$ so zu definieren, dass die Körperaxiome gelten. Man definiert unter Benützung der Addition reeller Zahlen

$$(a, b) + (c, d) := (a + c, b + d) \quad \text{für} \quad (a, b), (c, d) \in \mathbb{R}^2.$$

Dies ist genau die Addition, die bei der Bildung des Vektorraums $\mathbb{R}^2$ in der linearen Algebra benützt wird. Wesentlich für das Problem der Lösbarkeit quadratischer Gleichungen ist aber, dass man die Multiplikation unter Benützung der Addition und der Multiplikation reeller Zahlen definiert durch

$$(a, b) \cdot (c, d) := (ac - bd, ad + bc) \quad \text{für} \quad (a, b), (c, d) \in \mathbb{R}^2.$$

Speziell gilt dann ja $(0, 1) \cdot (0, 1) = (-1, 0)$. Damit wird aber das Paar $(0, 1)$ zur Lösung der Gleichung $x^2 = -1$, wenn man die reelle Zahl -1 identifiziert mit dem Element $(-1, 0)$ des neu konstruierten Körpers, der nun ein Erweiterungskörper von $\mathbb{R}$ sein soll. Um also den Körper $\mathbb{R}$ als Teil des Körpers $\mathbb{C}$ auffassen zu können, wird man die durch $\varphi(a) := (a, 0)$ für $a \in \mathbb{R}$ definierte Abbildung $\varphi : \mathbb{R} \to \mathbb{R}^2$ verwenden. Diese ist offenbar injektiv, so dass man zunächst als Menge $\mathbb{R}$ mit der Menge $\varphi(\mathbb{R})$ identifizieren kann. Da aber $\mathbb{C}$ ein Erweiterungskörper von $\mathbb{R}$ sein soll, ist es noch wesentlich, dass die Körperstruktur von $\mathbb{R}$ mit der Addition und Multiplikation der Elemente von $\varphi(\mathbb{R})$ in dem Sinn identisch ist, dass

$$\varphi(a + b) = \varphi(a) + \varphi(b) \quad \text{und} \quad \varphi(ab) = \varphi(a)\varphi(b)$$

für $a, b \in \mathbb{R}$ gilt. Das kann man aber sofort nachprüfen:

$$\varphi(a + b) = (a + b, 0) = (a, 0) + (b, 0) = \varphi(a) + \varphi(b),$$

$$\varphi(ab) = (ab, 0) = (a, 0)(b, 0) = \varphi(a)\varphi(b).$$

Man kann auch sofort nachrechnen, dass im $\mathbb{R}^2$ das Element $(0, 0)$ neutrales Element bezüglich der Addition und $(1, 0)$ neutrales Element bezüglich der Multiplikation ist. Als inverses Element zu (a, b) bezüglich der Addition tritt offenbar das Element $(-a, -b)$ auf.

Die Existenz eines inversen Elements bezüglich der Multiplikation zu $(a, b) \neq (0, 0)$ ist nicht so evident. Ist $(a, b) \neq (0, 0)$, so gilt ja $a^2 + b^2 > 0$. Damit kann man das Paar $(a(a^2+b^2)^{-1}, -b(a^2+b^2)^{-1}) \in \mathbb{R}^2$ betrachten, und dieses ist tatsächlich invers zu (a, b). Dies zeigt die Rechnung

$$(a, b)\left(\frac{a}{a^2 + b^2}, -\frac{b}{a^2 + b^2}\right) = \left(\frac{a^2}{a^2 + b^2} + \frac{b^2}{a^2 + b^2}, -\frac{ab}{a^2 + b^2} + \frac{ab}{a^2 + b^2}\right) = (1, 0).$$

Auf den Nachweis, dass die Addition und die Multiplikation kommutative und assoziative Operationen sind, für die das Distributivgesetz gilt, sei hier verzichtet. Wir gehen also davon aus, dass wir auf diese Weise einen Körper $\mathbb{C}$ erhalten haben, in den $\mathbb{R}$ mit

Hilfe der Abbildung φ *eingebettet* ist.
Die Elemente von $\mathbb{C}$ nennt man ***komplexe Zahlen***. Für komplexe Zahlen ist nun eine andere Schreibweise üblich als die hier zunächst verwendete Notation als Paare reeller Zahlen. Da $(b,0)(0,1) = (0,b)$ gilt, kann man für alle $(a,b) \in \mathbb{R}^2$ notieren

$$(a,b) = (a,0) + (0,b) = (a,0) + (b,0)(0,1).$$

Wege der Identifikation der reellen Zahl a bzw. b mit dem Paar $(a,0)$ bzw. $(b,0)$ schreibt man dies mit $i := (0,1)$ als

$$(a,b) = a + bi.$$

Dies ist die übliche Notation für komplexe Zahlen. Sie hat den Vorzug, dass man unter Berücksichtigung von $i^2 = (0,1)(0,1) = (-1,0) = -1$ wie gewohnt multiplizieren kann:

$$(a+bi)(c+di) = ac + adi + bci + bdi^2 = (ac - bd) + (ad + bc)i.$$

Dies entspricht der oben notierten Definition der Multiplikation der Paare des $\mathbb{R}^2$.
Ist $z := a + bi \in \mathbb{C}$, so bezeichnet man a als den ***Realteil von*** z und b als den ***Imaginärteil von*** z. Für den Realteil verwendet man die Notation Rez und für den Imaginaärteil Imz. Schließlich bezeichnet man, wenn $z = a + bi \in \mathbb{C}$ gegeben ist, die Zahl

$$\overline{z} := a - bi$$

als die ***konjugiert komplexe Zahl***. Definiert man noch für eine komplexe Zahl $z \in \mathbb{C}$ den ***Betrag*** $|z|$ durch

$$|z| := \sqrt{(\mathrm{Re}z)^2 + (\mathrm{Im}z)^2},$$

so stimmt offenbar dieser Betrag im Fall einer reellen Zahl, d.h. wenn $\mathrm{Im}z = 0$ ist, mit dem in Abschnitt 1.3 definierten Betrag einer reellen Zahl überein. Denn es ist, wenn $x \in \mathbb{R}$ mit $x < 0$ ist und wir mit $|x|$ den früher definierten Betrag notieren, $\sqrt{x^2} = -x = |x|$.
Hatten wir in Abschnitt 1.3 den Betrag benützt, um Abstände zwischen reellen Zahlen zu messen, so ist dies nun auf die gleiche Weise auch für komplexe Zahlen sinnvoll. Denn es gilt ebenfalls die Dreiecksungleichung, die man nun tatsächlich mit Hilfe von Eckpunkten eines Dreiecks anschaulich machen kann, weil man auf bekannte Weise Paare $(a,b) \in \mathbb{R}^2$ mit Punkten einer Ebene identifizieren kann. Die Gültigkeit der Dreiecksungleichung ist eine der Aussagen des nächsten Satzes, in dem verschiedene Dinge zum Arbeiten mit komplexen Zahlen zusammengetragen sind.

Satz 1.14

Für $z, w \in \mathbb{C}$ gilt:
(i) $\overline{z+w} = \overline{z} + \overline{w}$, $\overline{zw} = \overline{z}\,\overline{w}$, $\overline{\overline{z}} = z$, $z\overline{z} = |z|^2$.
(ii) $|zw| = |z|\,|w|$.
(iii) $|\mathrm{Re}z| \le |z|$, $|\mathrm{Im}z| \le |z|$, $|\overline{z}| = |z|$.
(iv) $|z| = 0 \Longleftrightarrow z = 0$.
(v) $|z+w| \le |z| + |w|$, $\quad |z - w| \ge \big|\,|z| - |w|\,\big|$.
(vi) $z^{-1} = |z|^{-2}\overline{z}$, falls $z \ne 0$.

Beweis:
(i): Sei $z = a + bi$, $w = c + di$. Dann ist

$$\overline{z + w} = a + c - (b + d)i = (a - bi) + (c - di) = \overline{z} + \overline{w}$$

und entsprechend

$$\overline{zw} = (ac - bd) - (ad + bc)i = (a - bi)(c - di) = \overline{z}\,\overline{w}.$$

Schließlich ist $\overline{\overline{z}} = \overline{a - bi} = a + bi = z$ und

$$z\overline{z} = (a + bi)(a - bi) = a^2 + b^2 + (-ab + ab)i = a^2 + b^2 = |z|^2.$$

(ii): Es ist unter Verwendung von (i)

$$|zw|^2 = zw\,\overline{zw} = z\bar{z}w\bar{w} = |z|^2|w|^2.$$

(iii) Es ist für $a, b \in \mathbb{R}$ sicher $\sqrt{a^2} \leq \sqrt{a^2 + b^2}$ und $\sqrt{b^2} \leq \sqrt{a^2 + b^2}$. Daraus folgt sofort $|\mathrm{Re}z| \leq |z|$ und $|\mathrm{Im}z| \leq |z|$. Schließlich ist $|\bar{z}| = \sqrt{a^2 + (-b)^2} = \sqrt{a^2 + b^2} = |z|$.
(iv) Ist $|z| = 0$, so ist $a^2 + b^2 = 0$, woraus $a = 0 \wedge b = 0$, also $z = 0$ folgt. Die umgekehrte Richtung ist trivial.
(v) Offenbar gilt für jede komplexe Zahl $z + \bar{z} = 2\mathrm{Re}z$. Verwendet man dies, so ergibt sich die Dreiecksungleichung aus der folgenden Rechnung

$$\begin{aligned}
|z + w|^2 &= (z + w)\overline{(z + w)} = (z + w)(\overline{z} + \overline{w}) \\
&= z\overline{z} + z\overline{w} + w\overline{z} + w\overline{w} = |z|^2 + z\overline{w} + \overline{z\overline{w}} + |w|^2 \\
&= |z|^2 + 2\mathrm{Re}(z\overline{w}) + |w|^2 \leq |z|^2 + 2|z\overline{w}| + |w|^2 \\
&= |z|^2 + 2|z|\,|w| + |w|^2 = (|z| + |w|)^2.
\end{aligned}$$

Die *umgekehrte Dreiecksungleichung* $|z - w| \geq \big|\,|z| - |w|\,\big|$ kann man mit ganz entsprechenden Argumenten beweisen, man kann aber auch auf die beim Beweis der Aussage (vii) von Satz 1.6 verwendete Argumentation zurückgreifen. Dies hat den Vorteil, dass dabei sichtbar wird, dass man nur die Dreiecksungleichung und nicht die eigentliche Definition des Betrages benötigt. (Dies ist von Interesse bei der später noch wichtigen Betrachtung von *Normen.*) Man argumentiert dabei folgendermaßen: Es ist nach der Dreiecksungleichung $|z| = |(z - w) + w| \leq |z - w| + |w|$, also $|z| - |w| \leq |z - w|$. Durch Vertauschen der Rollen von z und w erhält man $|w| - |z| \leq |z - w|$, was wegen Aussage (v) von Satz 1.6 die Behauptung liefert.
(vi) Nach (i) ist $z\bar{z} = |z|^2$. Ist $z \neq 0$, so kann man wegen (iv) schreiben $z(\bar{z}|z|^{-2}) = 1$, woraus sich sofort die Behauptung ergibt. □

War für uns die Gewinnung von Lösungen der Gleichung $x^2 + 1 = 0$ Ausgangspunkt für die Konstruktion des Körpers der komplexen Zahlen, so zeigt es sich, dass dieser Körper schon groß genug ist, um zu jeder algebraischen Gleichung $\sum_{k=0}^{n} a_k x^k = 0$ mit $n \in \mathbb{N}$ und komplexen Koeffizienten a_k, für die $a_n \neq 0$ gilt, Lösungen finden zu können, (Man beachte, dass die angegebene Gleichung keine Lösung haben wird, wenn $a_k = 0$ für $k = 1, \ldots, n$ und $a_0 \neq 0$ gilt.) Diese wichtige Tatsache ist Gegenstand des sogenannten *Fundamentalsatzes der Algebra*, den wir allerdings mit den bisher zur Verfügung stehenden Mitteln noch nicht beweisen können. Er ist aber unter Benützung von relativ elementaren Resultaten der Analysis beweisbar, (siehe z.B. Hildebrandt [6], Bd. 1).

Aufgaben

1. Seien A, B und C Mengen. Man zeige, dass $A \times (B \cap C) = (A \times B) \cap (A \times C)$ und $A \times (B \cup C) = (A \times B) \cup (A \times C)$ gilt.

2. Sind A und B Mengen, so ist $A \setminus B = \{x \in A : x \notin B\}$. Man zeige, dass
$$(A \setminus B) \cap (A \cap B) = \emptyset, \quad (A \setminus B) \cup (A \cap B) = A, \quad A \setminus (A \setminus B) = A \cap B$$
gilt.

3. Seien A und B nichtleere Mengen und seien $f : A \to B$ und $g : B \to A$ Abbildungen mit $g \circ f = \mathrm{id}_A$. Man zeige, dass dann f injektiv und g surjektiv ist.

4. Man gebe zwei Abbildungen $f : \mathbb{Z} \to \mathbb{Z}$ und $g : \mathbb{Z} \to \mathbb{Z}$ an, so dass $f \circ g \neq g \circ f$ gilt.

5. Seien X und Y Mengen, sei $f : X \to Y$ eine Abbildung. Gilt dann für beliebige $A, B \in P(X)$
(a) $f(A \cup B) = f(A) \cup f(B)$,
(b) $f(A \cap B) = f(A) \cap f(B)$?

6. Sei m eine natürliche Zahl. Man zeige:
(a) Ist $m \geq 2$, so gilt $m^n > n$ für alle $n \in \mathbb{N}$.
(b) Ist $m \geq 3$, so gilt $m^n > n^2$ für alle $n \in \mathbb{N}$.

7. (a) Man zeige, dass für alle $n \in \mathbb{N}$ gilt
$$\sum_{k=1}^{n} k^2 = \frac{1}{6} n(n+1)(2n+1).$$
(b) Sei $n \in \mathbb{N}$ und seien $a_1, \ldots, a_{n+1} \in \mathbb{R}$. Man finde eine Formel für die Summe $\sum_{k=1}^{n} (a_k - a_{k-1})$ und beweise sie mit vollständiger Induktion.
(c) Sei $n \in \mathbb{N}$. Man berechne die Summe
$$\sum_{k=1}^{n} \frac{1}{k(k+1)}.$$

8. Sei $m \in \mathbb{N}$.
(a) Man zeige, dass für alle $n \in \mathbb{N}_0$ die Menge $\{k \in \mathbb{N} : k \cdot m > n\}$ nicht leer ist und ein kleinstes Element a_n besitzt.
(b) Man gebe eine obere und eine untere Schranke für die Menge aller Zahlen $n - (a_n - 1) \cdot m$ mit $n \in \mathbb{N}_0$ an.
(c) Man zeige, dass es für alle $n \in \mathbb{N}_0$ genau ein Paar $(q, r) \in \mathbb{N}_0 \times \mathbb{N}_0$ mit $0 \leq r < m$ gibt, so dass $n = q \cdot m + r$ gilt.

9. (a) Sei M eine nichtleere Menge und sei $x \in M$. Man zeige, dass die Potenzmenge $P(M \setminus \{x\})$ und die Menge $\{A \in P(M) : x \in A\}$ gleichmächtig sind.
(b) Man zeige, dass für alle $n \in \mathbb{N}$ gilt: Ist M eine Menge mit n Elementen, so besitzt die Potenzmenge $P(M)$ genau 2^n Elemente.

10. Auf $(\mathbb{R} \times \mathbb{R}) \setminus \{(0,0)\}$ sei die Relation R definiert durch

$$((x_1, y_1), (x_2, y_2)) \in R :\Longleftrightarrow \text{Es gibt ein } \lambda > 0 \text{ mit } (x_2, y_2) = (\lambda x_1, \lambda y_1).$$

Man prüfe nach, ob diese Relation reflexiv, symmetrisch oder transitiv ist.

11. Man zeige, dass für beliebige $x, y \in \mathbb{R}$ gilt
(a) $|x| + |y| + \big|\,|x| - |y|\,\big| = |x - y| + |x + y|$,
(b) $\max\{x, y\} = \frac{1}{2}(x + y + |x - y|)$,
(c) $\min\{x, y\} = \frac{1}{2}(x + y - |x - y|)$.

12. Sei $M \subset \mathbb{R}$ nichtleer und es gelte $\inf M > 0$. Man zeige, dass dann die Menge

$$B_M := \{y \in \mathbb{R} : \text{Es gibt ein } x \in M \text{ mit } y = \frac{1}{x}\}$$

nach oben beschränkt ist und $\sup B_M = \frac{1}{\inf M}$ gilt.

13. Sei $\rho \in \mathbb{Q} \setminus \{0\}$ und $x \in \mathbb{R} \setminus \mathbb{Q}$. Man überlege sich, ob dann $\rho + x$ und ρx rational oder irrational sind.

14. Man stelle die folgenden komplexen Zahlen in der Form $a + bi$ mit $a, b \in \mathbb{R}$ dar:

$$(2 + 3i)(1 - i), \quad (-i)^2, \quad \frac{1}{2i - 1}, \quad (-\frac{1}{2} + \frac{\sqrt{3}}{2}i)^3.$$

15. Sei

$$\mathbb{Q}[\sqrt{2}\,] := \{x \in \mathbb{R} : \text{Es gibt } (a, b) \in \mathbb{Q} \times \mathbb{Q} \text{ mit } x = a + b\sqrt{2}\}.$$

(a) Man zeige, dass $\mathbb{Q}[\sqrt{2}\,]$ mit den Operationen der Addition und der Multiplikation reeller Zahlen ein Körper ist.
(b) Man versehe $\mathbb{Q} \times \mathbb{Q}$ so mit einer Addition und Multiplikation, dass $\mathbb{Q} \times \mathbb{Q}$ mit diesen Operationen mit dem Körper $\mathbb{Q}[\sqrt{2}\,]$ identifiziert werden kann.

16. Sei

$$\mathbb{Q}[i] := \{z \in \mathbb{C} : \text{Es gibt } (a, b) \in \mathbb{Q} \times \mathbb{Q} \text{ mit } z = a + bi\}.$$

(a) Man zeige, dass es zu jedem $z \in \mathbb{C}$ und jedem $\varepsilon > 0$ ein $\zeta \in \mathbb{Q}[i]$ gibt mit $|z - \zeta| < \varepsilon$.
(b) Seien $f : \mathbb{C} \to \mathbb{C}$ und $g : \mathbb{C} \to \mathbb{C}$ Funktionen, für die

$$|f(z) - g(z')| \leq |z - z'| \quad \text{und} \quad |g(z) - g(z')| \leq |z - z'| \quad \text{für} \quad z, z' \in \mathbb{C}$$

gilt. Man zeige, dass dann aus der Gültigkeit von $f(z) = g(z)$ für alle $z \in \mathbb{Q}[i]$ schon $f = g$ folgt.

2 Folgen und Reihen

Fragen der Konvergenz von Folgen und unendlichen Reihen sind von zentraler Bedeutung in der Analysis. Dabei ist es nicht ausreichend, nur Folgen von reellen oder komplexen Zahlen zu betrachten. Wir werden daher schrittweise zu allgemeineren Situationen übergehen.

2.1 Über reelle und komplexe Zahlenfolgen

In Abschnitt 1.3.2 haben wir beim Beweis von Satz 1.11 bereits mit Folgen gearbeitet, ohne dass wir diesen Begriff explizit verwendet haben. So haben wir rekursiv für $n \in \mathbb{N}$ abgeschlossene Intervalle $[a_n, b_n]$ definiert. Damit haben wir aber auch jedem $n \in \mathbb{N}$ eine reelle Zahl a_n bzw. eine reelle Zahl b_n zugeordnet. Damit haben wir aber mit drei verschiedenen Folgen gearbeitet, die wegen $[a_n, b_n] \in P(\mathbb{R})$ und $a_n \in \mathbb{R}$, bzw. $b_n \in \mathbb{R}$ schon zeigen, dass es zweckmäßig ist, den Folgenbegriff gleich in folgender Allgemeinheit zu definieren:

Ist X eine nichtleere Menge, so bezeichnet man jede Abbildung $f : \mathbb{N} \to X$ als eine ***Folge in*** X.

Ist speziell $X = \mathbb{R}$, so spricht man von einer reellen ***Zahlenfolge*** oder einfach von einer reellen Folge, im Fall $X = \mathbb{C}$ von einer komplexen Folge.

Denkt man an die Einführung von Abbildungen als spezielle Relationen, so ist letztlich eine Folge identisch mit der Menge von Paaren $\{(n, f(n)) : n \in \mathbb{N}\} \subset \mathbb{N} \times X$. Man hat natürlich die gleiche Information, wenn man bei einer Folge nicht die Paare, sondern jeweils nur die zweiten Komponenten $f(n)$ angibt. Dementsprechend verwendet man die Notation $(f(n))_{n\in\mathbb{N}}$ für eine Folge. Meist verwendet man sogar eine Notation mit Indizierung, d.h. man schreibt $(x_n)_{n\in\mathbb{N}}$, wobei dann $x_n = f(n)$ gilt. Die Elemente x_n bezeichnet man dann auch als Folgenglieder. Man beachte, dass die Abbildung f keineswegs injektiv sein muss, ja es kann sogar $f(n) = f(1)$ für alle n gelten; in diesem Fall spricht man von einer konstanten Folge.

Das Beispiel einer konstanten Folge zeigt deutlich, dass man bei einer Folge zwischen der Angabe aller Folgenglieder in der Form $(x_n)_{n\in\mathbb{N}}$ und der Menge $f(\mathbb{N})$ streng unterscheiden muss. Noch klarer wird dies, wenn man die folgenden zwei reellen Folgen $(x_n)_{n\in\mathbb{N}}$ und $(y_n)_{n\in\mathbb{N}}$ betrachtet:

$$\begin{aligned} x_1 &= -1, \quad x_n = 1 \quad \text{für} \quad n \geq 2, \\ y_n &= -1, \quad \text{falls } n \text{ ungerade}, \quad y_n = 1, \quad \text{falls } n \text{ gerade}. \end{aligned}$$

Diese zwei Folgen sind offenbar, wenn man an die Menge von Paaren denkt, sehr verschieden, als Menge $f(\mathbb{N})$ erhält man aber in beiden Fällen die Menge $\{-1, 1\} \subset \mathbb{R}$.

Die Folgen $(x_n)_{n\in\mathbb{N}}$ und $(y_n)_{n\in\mathbb{N}}$ unterscheiden sich auch deutlich in Fragen der Konvergenz. Um klar zu machen, was damit gemeint ist, sei noch eine weitere reelle Zahlenfolge $(\xi_n)_{n\in\mathbb{N}}$ betrachtet:

$$\xi_n = (-1)^n \frac{1}{n} \quad \text{für } n \in \mathbb{N}.$$

Wie bei der Folge $(y_n)_{n\in\mathbb{N}}$ haben hier die Folgenglieder wechselndes Vorzeichen, aber während die y_n immer den Abstand Eins von Null haben, nimmt der Abstand der ξ_n von Null bei wachsendem n ab, und zwar wird er, wenn man an die Überlegungen von Abschnitt 1.3.1 denkt, beliebig klein.
Wir hatten damals ja gesehen, dass $\inf\{\varepsilon \in \mathbb{R} : \varepsilon > 0\} = 0$ ist und zu jedem $\varepsilon > 0$ ein $n \in \mathbb{N}$ existiert mit $\frac{1}{n} < \varepsilon$. Dann gilt sogar $\frac{1}{k} < \varepsilon$ für alle $k \geq n$, denn aus $k > n$ folgt immer $\frac{1}{k} < \frac{1}{n}$. (Dies zeigt die Ungleichung $0 < (k-n)k^{-1}n^{-1} = n^{-1} - k^{-1}$.) Dass der Abstand der ξ_n von Null bei wachsendem n beliebig klein wird, steckt also in der folgenden Aussage:
Zu jedem $\varepsilon > 0$ gibt es ein $n_0 \in \mathbb{N}$, so dass $|\xi_n| < \varepsilon$ gilt für alle $n \in \mathbb{N}$ mit $n \geq n_0$.
Dementsprechend definieren wir nun, was die Konvergenz einer reellen Zahlenfolge $(a_n)_{n\in\mathbb{N}}$ gegen die Zahl $\alpha \in \mathbb{R}$ bedeuten soll:

Die reelle Zahlenfolge $(a_n)_{n\in\mathbb{N}}$ heißt ***konvergent*** *gegen $\alpha \in \mathbb{R}$, wenn es zu jedem $\varepsilon > 0$ ein $n_0 \in \mathbb{N}$ gibt, so dass $|a_n - \alpha| < \varepsilon$ gilt für alle $n \in \mathbb{N}$ mit $n \geq n_0$.*

Diese für die Analysis ganz wesentliche Definition wird in ihrer Struktur immer erhalten bleiben, wenn wir später den Konvergenzbegriff auf allgemeinere Situationen ausdehnen.

Ist die Folge gegen kein $\alpha \in \mathbb{R}$ konvergent, so bezeichnet man sie als ***divergent***.

Ist die Folge $(a_n)_{n\in\mathbb{N}}$ konvergent gegen α, so bezeichnet man α als den ***Grenzwert*** der Folge $(a_n)_{n\in\mathbb{N}}$. Man notiert dies meist in der Form

$$\lim_{n\to\infty} a_n = \alpha$$

oder auch als

$$a_n \to \alpha \quad \text{für } n \to \infty.$$

Von *dem* Grenzwert zu sprechen, ist natürlich nur gerechtfertigt, wenn es zu jeder Folge höchstens einen Grenzwert geben kann. Davon kann man sich aber leicht überzeugen: Sei angenommen, dass α und β die Forderung erfüllen, die bei der Konvergenz gegen α bzw. gegen β gestellt werden. Es soll also zu jedem $\varepsilon > 0$ ein n_0 und ein m_0 geben, so dass $|a_n - \alpha| < \varepsilon$ für alle $n \geq n_0$ und $|a_n - \beta| < \varepsilon$ für alle $n \geq m_0$ gilt. Sei $k := \max\{n_0, m_0\}$. Dann folgt nach der Dreiecksungleichung

$$|\alpha - \beta| = |(\alpha - a_k) + (a_k - \beta)| \leq |\alpha - a_k| + |a_k - \beta| < 2\varepsilon.$$

Da $\varepsilon > 0$ beliebig war, ist dies nur möglich, wenn $|\alpha - \beta| = 0$ ist. Denn wäre $|\alpha - \beta| > 0$, so wäre $\inf\{\varepsilon \in \mathbb{R} : \varepsilon > 0\} \geq \frac{1}{2}|\alpha - \beta| > 0$ im Widerspruch zu $\inf\{\varepsilon \in \mathbb{R} : \varepsilon > 0\} = 0$. Aus $|\alpha - \beta| = 0$ folgt aber nach Satz 1.6 von Abschnitt 1.3.1, dass $\alpha = \beta$ sein muss.

Man beachte, dass bei dieser Überlegung drei Eigenschaften des durch $d(x, y) = |x - y|$ definierten Abstandes reeller Zahlen eingegangen sind. Nämlich, dass aus $d(x, y) = 0$

immer folgt $x = y$, dass stets $d(x, y) = d(y, x)$ gilt, und dass die Dreiecksungleichung gilt. Auf mehr als diese drei Eigenschaften haben wir nicht zurückgegriffen. Da man für komplexe Zahlen auch mit Hilfe des Betrages eine Abstandsfunktion $d(z, \zeta) := |z - \zeta|$ definieren kann, die nach unseren Ergebnissen zum Betrag komplexer Zahlen ebenfalls diese drei Eigenschaften hat, ist es mehr als naheliegend, die Konvergenz komplexer Zahlenfolgen ganz entsprechend zu definieren:

Die komplexe Zahlenfolge $(z_n)_{n\in\mathbb{N}}$ heißt konvergent gegen $\zeta \in \mathbb{C}$, wenn es zu jedem $\varepsilon > 0$ ein $n_0 \in \mathbb{N}$ gibt, so dass $|z_n - \zeta| < \varepsilon$ gilt für alle $n \in \mathbb{N}$ mit $n \geq n_0$.

Ganz genauso wie im reellen Fall erhält man dann, dass es höchstens einen Grenzwert ζ zu einer gegebenen Folge $(z_n)_{n\in\mathbb{N}}$ geben kann.

Da die Situationen formal so gleich sind, werden wir in vielen Fällen reelle und komplexe Zahlenfolgen gleichzeitig diskutieren und dann von einer Folge in $\mathbb{K}$ sprechen, wobei $\mathbb{K} = \mathbb{R}$ oder $\mathbb{K} = \mathbb{C}$ sein kann. Auch was den Betrag angeht, ist dabei die Situation völlig unproblematisch, da im Fall einer komplexen Zahl z mit $\mathrm{Im}z = 0$ der Betrag der komplexen Zahl ohnedies in den Betrag der reellen Zahl $\mathrm{Re}z$ übergeht.

Ist also nach den Überlegungen von oben die Folge $(\xi_n)_{n\in\mathbb{N}}$ konvergent gegen $0 \in \mathbb{R}$ - man spricht in diesem Fall einfach von einer ***Nullfolge***, so ist die oben notierte Folge $(y_n)_{n\in\mathbb{N}}$ nicht konvergent, d.h. es gibt kein $a \in \mathbb{R}$ mit $x_n \to a$ für $n \to \infty$. Dies wird sich rasch aus dem folgenden Lemma ergeben:

Lemma 2.1

Ist die Folge $(a_n)_{n\in\mathbb{N}}$ in $\mathbb{K}$ konvergent, so gibt es zu jedem $\varepsilon > 0$ ein $n_0 \in \mathbb{N}$, so dass $|a_n - a_m| < \varepsilon$ gilt für alle $n, m \in \mathbb{N}$ mit $n \geq n_0$ und $m \geq n_0$.

Beweis:
Sei $a := \lim_{n\to\infty} a_n$. Ist dann $\varepsilon > 0$ beliebig gegeben, so gibt es dazu ein $n_0 \in \mathbb{N}$, so dass $|a_n - a| < \frac{\varepsilon}{2}$ für alle $n \geq n_0$ gilt. Aufgrund der Dreiecksungleichung gilt dann, wenn $n \geq n_0$ und $m \geq n_0$ ist,

$$|a_n - a_m| = |(a_n - a) + (a - a_m)| \leq |a_n - a| + |a - a_m| < \frac{\varepsilon}{2} + \frac{\varepsilon}{2} = \varepsilon. \qquad \square$$

Bei der Folge $(y_n)_{n\in\mathbb{N}}$ gilt nun aber $|y_{2k} - y_{2k+1}| = 2$ für alle $k \in \mathbb{N}$. Damit kann es zu $\varepsilon = 1$ kein $n_0 \in \mathbb{N}$ geben, so dass $|y_n - y_m| < 1$ für alle n, m mit $n \geq n_0$ und $m \geq n_0$ gilt. Damit ist die Folge $(y_n)_{n\in\mathbb{N}}$ nicht konvergent, sie ist somit divergent.

Die in Lemma 2.1 notierte Eigenschaft einer Folge ist so wichtig, dass man dafür eine eigene Bezeichnung hat:

Eine Folge $(a_n)_{n\in\mathbb{N}}$ in $\mathbb{K}$ heißt ***Cauchy-Folge****, wenn es zu jedem $\varepsilon > 0$ ein $n_0 \in \mathbb{N}$ gibt, so dass $|a_n - a_m| < \varepsilon$ gilt für alle $n, m \in \mathbb{N}$ mit $n \geq n_0$ und $m \geq n_0$.*

Lemma 2.1 besagt also, dass aus der Konvergenz eine Zahlenfolge immer folgt, dass sie eine Cauchy-Folge sein muss. Man drückt dies auch so aus, dass es *notwendig* für die Konvergenz einer Folge ist, dass sie eine Cauchy-Folge ist. Es stellt sich die Frage, ob die Eigenschaft einer Folge, Cauchy-Folge zu sein, schon sicherstellt, dass die Folge konvergent ist. Oder anders ausgedrückt, ob die Eigenschaft, eine Cauchy-Folge zu sein, auch *hinreichend* für die Konvergenz einer Folge ist. Es ist ein wesentliches Resultat der Analysis, das wiederum eng mit der Ordnungsvollständigkeit des Körpers $\mathbb{R}$ zusammenhängt, dass diese Umkehrung von Lemma 2.1 für reelle oder komplexe Zahlenfolgen tatsächlich richtig ist. In allgemeineren Situationen, bei denen wir ebenfalls mit Folgen arbeiten werden, ist dies aber nicht immer richtig!

Nach der Definition der Konvergenz ist klar, dass konstante Folgen immer konvergent sind. Gilt $a_n = a$ für alle $n \in \mathbb{N}$, so gilt $\lim_{n\to\infty} a_n = a$. Denn es gilt ja offenbar $|a_n - a| = 0$ für alle $n \in \mathbb{N}$.
Damit ist aber auch die oben angegebene Folge $(x_n)_{n\in\mathbb{N}}$ mit $x_1 = -1$, $x_n = 1$ für $n \geq 2$ konvergent und es gilt $\lim_{n\to\infty} x_n = 1$. Denn man kann bei einer Folge endlich viele Folgenglieder einfach weglassen ohne am Konvergenzverhalten etwas zu ändern. Dies sei im folgenden Lemma in einer präzisen Formulierung festgehalten:

Lemma 2.2

Sei $(a_n)_{n\in\mathbb{N}}$ eine gegebene Folge in $\mathbb{K}$ und μ eine gegebene natürliche Zahl. Ist dann die Folge $(b_n)_{n\in\mathbb{N}}$ definiert durch $b_n := a_{\mu+n}$ für $n \in \mathbb{N}$, so gilt eine der folgenden zwei Aussagen:
(i) $(a_n)_{n\in\mathbb{N}}$ und $(b_n)_{n\in\mathbb{N}}$ sind konvergent und es gilt $\lim_{n\to\infty} a_n = \lim_{n\to\infty} b_n$.
(ii) $(a_n)_{n\in\mathbb{N}}$ und $(b_n)_{n\in\mathbb{N}}$ sind divergent.

Beweis:
Sei zuerst angenommen, dass $(a_n)_{n\in\mathbb{N}}$ konvergent ist mit Grenzwert $\alpha \in \mathbb{K}$. Es gibt also zu jedem $\varepsilon > 0$ ein $n_0 \in \mathbb{N}$ mit $|a_n - \alpha| < \varepsilon$ für alle $n \geq n_0$. Da $b_n = a_{\mu+n}$ ist, gilt dann aber auch $|b_n - \alpha| < \varepsilon$ für alle $n \geq n_0$. Also gilt dann auch $\lim_{n\to\infty} b_n = \alpha$.
Sei nun angenommen, dass $(b_n)_{n\in\mathbb{N}}$ konvergent ist mit Grenzwert $\alpha \in \mathbb{K}$. Es gibt also zu jedem $\varepsilon > 0$ ein $m_0 \in \mathbb{N}$ mit $|b_n - \alpha| < \varepsilon$ für alle $n \geq m_0$. Dann gilt aber auch $|a_n - \alpha| < \varepsilon$ für alle $n \geq \mu + m_0$. Dies zeigt $\lim_{n\to\infty} a_n = \alpha$.
Ist also eine der zwei Folgen konvergent, so ist auch die zweite konvergent mit dem gleichen Grenzwert. Dies zeigt aber auch, dass aus der Divergenz der einen auch die Divergenz der anderen Folge folgt. □

Lemma 2.2 zeigt, dass zwei Folgen, die sich nur in endlich vielen Folgengliedern unterscheiden, das gleiche Konvergenzverhalten zeigen. Damit ist es aber auch sinnvoll, Folgen zu betrachten, bei denen die Indizierung der Folgenglieder nicht mit 1, sondern mit einem $k > 1$ beginnt, also Folgen, die in der Form $(a_n)_{n\geq k}$ notiert sind.
Ein einfaches Beispiel so einer Folge wäre etwa $((n-3)^{-2})_{n\geq 4}$. Das Konvergenzverhalten dieser Folge ist nach Lemma 2.2 identisch mit dem der Folge $(a_n)_{n\in\mathbb{N}}$, die definiert ist durch $a_n = 0$ für $n = 1, 2, 3$ und $a_n = (n-3)^{-2}$ für $n \geq 4$. Für diese Folge gilt aber $\lim_{n\to\infty} a_n = 0$. Denn ist $\varepsilon > 0$ gegeben, so gibt es ja ein $n_0 \in \mathbb{N}$ mit $n^{-1} < \varepsilon$ für alle $n \geq n_0$. Damit gilt aber, wenn wir auf $n \leq n^2$ und damit $n^{-1} \geq n^{-2}$ für $n \in \mathbb{N}$ zurückgreifen, $|a_n| = (n-3)^{-2} \leq (n-3)^{-1} < \varepsilon$ für alle $n \geq n_0 + 3$. Die Folge $((n-3)^{-2})_{n\geq 4}$ ist also eine Nullfolge.

Bei dieser Überlegung haben wir mit $(n-3)^{-2} \leq (n-3)^{-1}$ eine Schlussweise benützt, die allgemeiner geeignet ist, nachzuweisen, dass eine gegebene Folge eine Nullfolge ist.

Lemma 2.3

Sei $(b_n)_{n\in\mathbb{N}}$ eine Folge in $\mathbb{R}$ mit $b_n \geq 0$ für alle $n \in \mathbb{N}$, für die $b_n \to 0$ für $n \to \infty$ gilt. Dann gilt: Ist $(a_n)_{n\in\mathbb{N}}$ eine Folge in $\mathbb{K}$, zu der es ein $k \in \mathbb{N}$ gibt, so dass $|a_n| \leq b_n$ für alle $n \in \mathbb{N}$ mit $n \geq k$ gilt, so gilt auch $a_n \to 0$ für $n \to \infty$.

Beweis:
Zu $\varepsilon > 0$ gibt es ein $n_0 \in \mathbb{N}$, so dass $|b_n| < \varepsilon$ für alle $n \geq n_0$ gilt. Dabei dürfen wir offenbar annehmen, dass $n_0 \geq k$ ist. Wegen $|b_n| = b_n$ folgt dann

$$|a_n| \leq b_n < \varepsilon \quad \text{für} \quad n \geq n_0.$$

Damit gilt $a_n \to 0$ für $n \to \infty$. □

Daraus ergibt sich etwa die folgende nützliche Folgerung:

Korollar 2.1

Sei $(a_n)_{n\in\mathbb{N}}$ eine Folge in $\mathbb{K}$ mit $\lim_{n\to\infty} a_n = 0$ und sei $(b_n)_{n\in\mathbb{N}}$ eine Folge in $\mathbb{K}$, zu der es ein Konstante $\rho \geq 0$ gibt mit $|b_n| \leq \rho$ für alle $n \in \mathbb{N}$. Definiert man dann die Folge $(c_n)_{n\in\mathbb{N}}$ durch $c_n := a_n b_n$ für $n \in \mathbb{N}$, so ist auch die Folge $(c_n)_{n\in\mathbb{N}}$ eine Nullfolge.

Beweis:
Sei zuerst der Fall betrachtet, dass $(b_n)_{n\in\mathbb{N}}$ eine konstante Folge ist, also etwa $b_n = b \in \mathbb{K}$ für alle $n \in \mathbb{N}$. Ist $b = 0$, so ist die damit gebildete Folge $(c_n)_{n\in\mathbb{N}}$ eine konstante Folge mit $c_n = 0$ für alle n und damit ist $(c_n)_{n\in\mathbb{N}}$ trivialerweise eine Nullfolge. Sei also $b \neq 0$. Ist $\varepsilon > 0$ gegeben, so gibt es ein $n_0 \in \mathbb{N}$ mit $|a_n| < |b|^{-1}\varepsilon$ für alle $n \geq n_0$. Damit gilt dann $|c_n| = |a_n|\,|b| < \varepsilon$ für alle $n \geq n_0$, also $c_n \to 0$ für $n \to \infty$.
Ist nun $(b_n)_{n\in\mathbb{N}}$ eine beliebige Folge, die betragsmäßig beschränkt ist, für die also etwa $|b_n| \leq \rho$ für alle n gilt, so ist nach dem ersten Teil des Beweises die Folge $(\rho a_n)_{n\in\mathbb{N}}$ eine Nullfolge. Damit ist aber, wie die Definition sofort zeigt, auch die Folge $(\rho|a_n|)_{n\in\mathbb{N}}$ eine Nullfolge. Wegen der Abschätzung $|a_n b_n| \leq \rho|a_n|$ für $n \in \mathbb{N}$ ist damit nach Lemma 2.3 die Folge $(c_n)_{n\in\mathbb{N}}$ eine Nullfolge. □

Dazu zwei einfache Beispiele:
(1) Die Folge $(\frac{1}{n}i^n)_{n\in\mathbb{N}}$ ist ein Nullfolge. Denn für die komplexe Zahl i gilt ja $|i| = 1$ und durch einen einfachen Induktionsschluss erhält man daraus unter Verwendung von Satz 1.14 (ii), dass $|i^n| = 1$ für alle $n \in \mathbb{N}$ gilt. Da die Folge $(1/n)_{n\in\mathbb{N}}$ eine Nullfolge ist, folgt nach Korollar 2.1 $\lim_{n\to\infty} \frac{1}{n}i^n = 0$.
(2) Ist $c_n := \frac{1}{n} - \frac{1}{n^2}$, so ist die Folge $(c_n)_{n\in\mathbb{N}}$ eine Nullfolge. Denn es gilt ja $c_n = a_n b_n$ mit $a_n = \frac{1}{n}$ und $b_n = 1 - \frac{1}{n}$ und es ist die Folge $(a_n)_{n\in\mathbb{N}}$ eine Nullfolge und die Folge $(b_n)_{n\in\mathbb{N}}$ betragsmäßig beschränkt. Offenbar gilt ja $|1 - \frac{1}{n}| \leq 1$ für alle $n \in \mathbb{N}$.

Bei Beispiel (2) hätte man auch noch anders argumentieren können, denn die Folge $(1 - \frac{1}{n})_{n\in\mathbb{N}}$ ist ebenfalls konvergent, und zwar gilt $\lim_{n\to\infty}(1 - \frac{1}{n}) = 1$. (Dies sieht man sofort unter Rückgriff auf die Definition der Konvergenz.) Damit hat man es bei Beispiel (2) mit einer Folge zu tun, die durch die Bildung von Produkten der Folgenglieder zweier konvergenter Folgen entstanden ist. Dafür gilt aber ein allgemeineres Resultat, das wir nun im nächsten Satz zusammen mit anderen wichtigen Resultaten zum Arbeiten mit konvergenten Folgen festhalten werden. Vorher eine kleine Vorüberlegung:

Lemma 2.4

Ist $(a_n)_{n\in\mathbb{N}}$ eine konvergente Folge in $\mathbb{K}$, so ist sie beschränkt, d.h. es gibt ein $\rho > 0$ mit $|a_n| \leq \rho$ für alle $n \in \mathbb{N}$.

Beweis:
Ist $\alpha = \lim_{n\to\infty} a_n$, so gibt es ein $m \in \mathbb{N}$ mit $|a_n - \alpha| < 1$ für alle $n \geq m$. Wegen $||a_n| - |\alpha|| \leq |a_n - \alpha|$ folgt daraus $|a_n| - |\alpha| \leq 1$, somit $|a_n| \leq 1 + |\alpha|$ für $n \geq m$. Ist $m = 1$, so ist man damit fertig. Ist aber $m > 1$, so sei M die größte der endlich vielen reellen Zahlen $|a_1|, \ldots, |a_{m-1}|$. (Dass es so eine gibt, kann man leicht mit Hilfe eines Induktionsschlusses zeigen.) Dann kann man abschätzen $|a_n| \leq 1 + \alpha + M$ für alle $n \in \mathbb{N}$. □

Satz 2.1

Seien $(a_n)_{n\in\mathbb{N}}$ und $(b_n)_{n\in\mathbb{N}}$ konvergente Folgen in $\mathbb{K}$, seien $a := \lim_{n\to\infty} a_n$ und $b := \lim_{n\to\infty} b_n$, sei $\alpha \in \mathbb{K}$. Dann sind auch die Folgen $(\alpha a_n)_{n\in\mathbb{N}}$, $(a_n + b_n)_{n\in\mathbb{N}}$ und $(a_n b_n)_{n\in\mathbb{N}}$ konvergent und es gilt

$$\lim_{n\to\infty}(\alpha a_n) = \alpha a, \quad \lim_{n\to\infty}(a_n + b_n) = a + b, \quad \lim_{n\to\infty}(a_n b_n) = ab.$$

Ist $b \neq 0$, so gibt es ein $m \in \mathbb{N}$ mit $b_n \neq 0$ für alle $n \geq m$, und definiert man die Folge $(c_n)_{n\in\mathbb{N}}$ durch $c_n := 1/b_{n+m}$ für $n \in \mathbb{N}$, so ist auch die Folge $(c_n)_{n\in\mathbb{N}}$ konvergent und es gilt $\lim_{n\to\infty} c_n = 1/b$.

Beweis:
Für den Beweis der ersten Behauptung argumentiert man wie zu Beginn des Beweises von Korollar 2.1. Ist $\alpha = 0$, so ist die Folge (αa_n) die konstante Folge, deren Glieder alle gleich Null sind, und diese ist trivialerweise gegen Null konvergent, damit gilt $\lim(\alpha a_n) = 0 = \alpha a$. Ist aber $\alpha \neq 0$ und $\varepsilon > 0$ gegeben, so wird $n_0 \in \mathbb{N}$ so gewählt, dass $|a_n - a| < |\alpha|^{-1}\varepsilon$ für alle $n \geq n_0$ gilt. Dann gilt offenbar $|\alpha a_n - \alpha a| < \varepsilon$ für $n \geq n_0$. Damit gilt aber $\alpha a_n \to \alpha a$ für $n \to \infty$.
Der Beweis der zweiten Behauptung ist ähnlich einfach: Sei $\varepsilon > 0$ beliebig gegeben. Dann gibt es dazu ein $n_1 \in \mathbb{N}$ mit $|a_n - a| < \varepsilon/2$ für $n \geq n_1$ und ein $n_2 \in \mathbb{N}$ mit $|b_n - b| < \varepsilon/2$ für $n \geq n_2$. Ist dann $n_0 := \max\{n_1, n_2\}$, so gilt

$$|(a_n + b_n) - (a + b)| \leq |a_n - a| + |b_n - b| < \frac{\varepsilon}{2} + \frac{\varepsilon}{2} = \varepsilon$$

für alle $n \geq n_0$. Damit gilt $a_n + b_n \to a + b$.
Für den Beweis der dritten Behauptung greift man auf das Ergebnis des letzten Lemmas zurück. Danach sind die Folgen (a_n) und (b_n) beschränkt, es gibt also ein $K > 0$ mit $|a_n| \leq K$, $|b_n| \leq K$ für alle $n \in \mathbb{N}$. Auch können wir annehmen, dass $|a| \leq K$ gilt. Ist

dann $\varepsilon > 0$ gegeben, so gibt es ein $n_0 \in \mathbb{N}$ mit $|a_n - a| < (2K)^{-1}\varepsilon$ und $|b_n - b| < (2K)^{-1}\varepsilon$ für $n \geq n_0$. Dann folgt

$$\begin{aligned} |(a_n b_n) - (ab)| &= |(a_n - a)b_n + a(b_n - b)| \leq |a_n - a|\,|b_n| + |a|\,|b_n - b| \\ &\leq K(2K)^{-1}\varepsilon + K(2K)^{-1}\varepsilon = \varepsilon \end{aligned}$$

für $n \geq n_0$. Somit gilt $a_n b_n \to ab$.
Sei nun $b \neq 0$. Wegen $b_n \to b$ gibt es dann ein $m \in \mathbb{N}$ mit $|b_n - b| < |b|/2$ für $n \geq m$. Ist nun $b > 0$, so folgt daraus $0 < b - (b/2) < b_n$ für $n \geq m$. Ist aber $b < 0$, so können wir $b_n < b + (|b|/2) = -|b|/2 < 0$ für $n \geq m$ notieren. Damit ist in jedem Fall $|b_n| > |b|/2$ und somit $b_n \neq 0$ für $n \geq m$. Somit ist die Definition $c_n := b_{n+m}^{-1}$ für $n \in \mathbb{N}$ sinnvoll. Sei nun $\varepsilon > 0$ beliebig gegeben. Dann gibt es ein $k_0 \in \mathbb{N}$ mit $|b_{m+k} - b| < (|b|^2/2)\varepsilon$ für alle $k \geq k_0$. Wir können damit für $k \geq k_0$ abschätzen

$$|b_{m+k}^{-1} - b^{-1}| = |(b - b_{m+k})(b_{m+k}b)^{-1}| < \frac{|b|^2}{2}\,\varepsilon\,\frac{2}{|b|^2} = \varepsilon,$$

und es gilt somit $c_n \to b^{-1}$ für $n \to \infty$. □

Nach dem letzten Resultat drängt sich die Frage auf, was man sagen kann, wenn man bei einer reellen Nullfolge $(a_n)_{n\in\mathbb{N}}$, für die $a_n \neq 0$ für alle $n \in \mathbb{N}$ gilt, zur Folge $(c_n)_{n\in\mathbb{N}}$ mit $c_n = a_n^{-1}$ übergeht. Wie die zwei Nullfolgen $(n^{-1})_{n\in\mathbb{N}}$ und $(-n^{-1})_{n\in\mathbb{N}}$, die ja dann zu den beiden Folgen $(n)_{n\in\mathbb{N}}$ und $(-n)_{n\in\mathbb{N}}$ führen, schon nahelegen, sind dabei zwei verschiedene Situationen zu betrachten. Man kommt dabei zu folgenden Aussagen:

(a) Gibt es ein $k \in \mathbb{N}$ mit $a_n > 0$ für alle $n \geq k$, so gibt es zu jedem $r > 0$ ein $n_0 \in \mathbb{N}$, so dass $c_n > r$ für alle $n \geq n_0$ gilt.
Für diesen Sachverhalt verwendet man die Notation $\lim_{n\to\infty} c_n = \infty$ *oder* $c_n \to \infty$.

(b) Gibt es ein $k \in \mathbb{N}$ mit $a_n < 0$ für alle $n \geq k$, so gibt es zu jedem $r > 0$ ein $n_0 \in \mathbb{N}$, so dass $c_n < -r$ für alle $n \geq n_0$ gilt.
Für diesen Sachverhalt verwendet man die Notation $\lim_{n\to\infty} c_n = -\infty$ *oder* $c_n \to -\infty$.

Dies kann man folgendermaßen erschließen: Gibt es ein $k \in \mathbb{N}$ mit $a_n > 0$ für alle $n \geq k$, so gibt es zu jedem $r > 0$ ein $n_0 \in \mathbb{N}$ mit $0 < a_n < r^{-1}$ für alle $n \geq n_0$. Daraus folgt dann $c_n = a_n^{-1} > r$ für $n \geq n_0$. Gibt es aber ein $k \in \mathbb{N}$ mit $a_n < 0$ für alle $n \geq k$, so gibt es zu jedem $r > 0$ ein $n_0 \in \mathbb{N}$ mit $0 < -a_n = |a_n| < r^{-1}$ für alle $n \geq n_0$. Daraus folgt dann $|a_n|^{-1} > r$, also $c_n = a_n^{-1} = -|a_n|^{-1} < -r$ für alle $n \geq n_0$.

Die bisher benützte Notation $n \to \infty$ ist voll verträglich mit der nun eingeführten Notation $c_n \to \infty$. Denn setzt man $c_n := n$ für $n \in \mathbb{N}$, so gilt tatsächlich in dem nun erklärten Sinn $c_n \to \infty$. Dies folgt sofort aus Satz 1.2.

Zu den bisherigen Feststellungen gibt es auch eine Umkehrung:

Ist $(c_n)_{n\in\mathbb{N}}$ eine reelle Folge mit $c_n \neq 0$ für alle $n \in \mathbb{N}$ und gilt $\lim_{n\to\infty} c_n = \infty$ oder $\lim_{n\to\infty} c_n = -\infty$, so ist die durch $a_n := c_n^{-1}$ definierte Folge $(a_n)_{n\in\mathbb{N}}$ eine Nullfolge.

Auch hier ist der Beweis sehr kurz: Wegen $\lim_{n\to\infty} c_n = \infty$ oder $\lim_{n\to\infty} c_n = -\infty$ können wir davon ausgehen, dass zu jedem $r > 0$ ein $n_0 \in \mathbb{N}$ existiert mit $|c_n| > r^{-1}$ für alle $n \geq n_0$. Daraus folgt aber $|a_n| < r$ für alle $n \geq n_0$. Somit ist $(a_n)_{n\in\mathbb{N}}$ eine Nullfolge.

Nach Lemma 2.4 ist jede konvergente Folge beschränkt, aber umgekehrt kann man aus der Beschränktheit einer Folge nicht auf die Konvergenz schließen. Ein einfaches Beispiel dazu ist die beschränkte Folge $((-1)^n)_{n\in\mathbb{N}}$. Ist jedoch eine reelle Zahlenfolge zusätzlich zur Beschränktheit noch *monoton*, so folgt daraus schon die Konvergenz. Dabei bezeichnet man eine Folge $(a_n)_{n\in\mathbb{N}}$ in $\mathbb{R}$ als ***monoton wachsend***, wenn $a_n \leq a_{n+1}$ für alle $n \in \mathbb{N}$ gilt. Man bezeichnet sie als ***monoton fallend***, wenn $a_n \geq a_{n+1}$ für alle $n \in \mathbb{N}$ gilt. (Von *strenger* Monotonie spricht man, wenn sogar $a_n < a_{n+1}$ bzw. $a_n > a_{n+1}$ gilt.) Als Grenzwert erhält man in dieser Situation die kleinste obere bzw. die größte untere Schranke der Menge der Folgenglieder. Wir führen daher noch die Notationen

$$\sup_{n\in\mathbb{N}} a_n := \inf\{\rho \in \mathbb{R} : a_n \leq \rho \text{ für alle } n \in \mathbb{N}\},$$

$$\inf_{n\in\mathbb{N}} a_n := \sup\{\rho \in \mathbb{R} : a_n \geq \rho \text{ für alle } n \in \mathbb{N}\}$$

ein.

Satz 2.2

Ist die reelle Zahlenfolge $(a_n)_{n\in\mathbb{N}}$ monoton wachsend und nach oben beschränkt, d.h. gibt es ein $\rho \in \mathbb{R}$ mit $a_n \leq \rho$ für alle $n \in \mathbb{N}$, so ist sie konvergent und es gilt $\lim_{n\to\infty} a_n = \sup_{n\in\mathbb{N}} a_n$.

Ist die reelle Zahlenfolge $(a_n)_{n\in\mathbb{N}}$ monoton fallend und nach unten beschränkt, d.h. gibt es ein $\rho \in \mathbb{R}$ mit $a_n \geq \rho$ für alle $n \in \mathbb{N}$, so ist sie konvergent und es gilt $\lim_{n\to\infty} a_n = \inf_{n\in\mathbb{N}} a_n$.

Beweis:
Sei $(a_n)_{n\in\mathbb{N}}$ eine monoton wachsende nach oben beschränkte reelle Folge. Es ist dann die Menge $A := \{\rho \in \mathbb{R} : a_n \leq \rho \text{ für alle } n \in \mathbb{N}\}$ nicht leer und nach unten beschränkt. Wegen der Ordnungsvollständigkeit von $\mathbb{R}$ existiert also $s := \inf A$. Zu jedem $\varepsilon > 0$ muss dann ein $n_0 \in \mathbb{N}$ existieren mit $0 \leq s - a_{n_0} < \varepsilon$. (Denn sonst würde ein $s' < s$ existieren mit $a_n \leq s'$ für alle $n \in \mathbb{N}$.) Wegen $a_n \geq a_{n_0}$ für alle $n \geq n_0$ gilt dann auch $0 \leq s - a_n \leq s - a_{n_0} < \varepsilon$ für $n \geq n_0$. Damit gilt $|s - a_n| < \varepsilon$ für $n \geq n_0$, und somit ist die Folge (a_n) konvergent mit Grenzwert $s = \sup_{n\in\mathbb{N}} a_n$. Für eine monoton fallende und nach unten beschränkte Folge schließt man ganz entsprechend. □

Unter Benützung dieses Resultats kann man rasch den sogenannten *Satz von Bolzano-Weierstraß* erhalten, aus dem dann folgen wird, dass jede Cauchy-Folge in $\mathbb{R}$ schon konvergent sein muss. Wir benötigen dazu noch den Begriff der *Teilfolge* einer Folge:

Ist eine Folge $(x_n)_{n\in\mathbb{N}}$ in der Menge X gegeben, also eine Abbildung $f : \mathbb{N} \to X$ mit $x_n = f(n)$ für alle n, und ist $g : \mathbb{N} \to \mathbb{N}$ eine Abbildung mit $g(n) < g(n+1)$ für alle $n \in \mathbb{N}$, so definiert auch die Abbildung $f \circ g : \mathbb{N} \to X$ eine Folge, deren Folgenglieder offenbar alle mit gewissen x_n übereinstimmen, wobei aber i.a. nicht alle x_n wirklich auftreten. Man nennt sie daher ***Teilfolge***. Schreibt man $g(k) =: n_k$ für $k \in \mathbb{N}$, so kann man die neue Folge offenbar notieren als $(x_{n_k})_{k\in\mathbb{N}}$. Dies wird für uns die übliche Notation sein.

Man sieht sofort, dass zu divergenten Folgen durchaus konvergente Teilfolgen existieren können. So ist die Teilfolge $((-1)^{2k})_{k\in\mathbb{N}}$ der Folge $((-1)^n)_{n\in\mathbb{N}}$ als konstante Folge konvergent, die Folge $((-1)^n)_{n\in\mathbb{N}}$ aber divergent.
Teilfolgen konvergenter Folgen sind jedoch immer konvergent, und dies auch noch zum gleichen Grenzwert:

Lemma 2.5

Sei $(a_n)_{n\in\mathbb{N}}$ eine konvergente Folge in $\mathbb{K}$ mit $\lim_{n\to\infty} a_n = a$. Dann ist auch jede Teilfolge $(a_{n_k})_{k\in\mathbb{N}}$ von $(a_n)_{n\in\mathbb{N}}$ konvergent und es gilt $\lim_{k\to\infty} a_{n_k} = a$.

Beweis:
Sei $\varepsilon > 0$ gegeben. Dann gibt es ein $m \in \mathbb{N}$ mit $|a_n - a| < \varepsilon$ für alle $n \geq m$. Da stets $n_{k+1} > n_k$ gelten soll, liefert ein einfacher Induktionsschluss, dass stets $n_k \geq k$ gelten muss. Damit gilt aber $n_k \geq m$ für alle $k \geq m$. Somit ist $|a_{n_k} - a| < \varepsilon$ für alle $k \geq m$, d.h. es gilt $a_{n_k} \to a$ für $k \to \infty$. □

Wir haben schon gesehen, dass es zu nicht konvergenten Folgen durchaus konvergente Teilfolgen geben kann, allerdings gibt es auch divergente Folgen, zu denen keine konvergente Teilfolge existiert. Ein Beispiel dafür ist die Folge $(n)_{n\in\mathbb{N}}$, die unbeschränkt ist und für die auch jede Teilfolge unbeschränkt ist.
Der ***Satz von Bolzano-Weierstraß*** sichert aber für beschränkte reelle Folgen die Existenz von konvergenten Teilfolgen:

Satz 2.3

Zu jeder beschränkten Folge in $\mathbb{R}$ gibt es eine konvergente Teilfolge.

Beweis:
Nach dem Resultat von Satz 2.2 reicht es aus, zu zeigen, dass zu jeder beschränkten Folge in $\mathbb{R}$ eine monoton wachsende oder eine monoton fallende Teilfolge existieren muss. Sei also $(a_n)_{n\in\mathbb{N}}$ eine beschränkte reelle Zahlenfolge. Wir betrachten dann die Menge

$$M := \{n \in \mathbb{N} : \text{ Es gilt } a_m < a_n \text{ für alle } m > n\}.$$

Ist die Menge M unendlich, so muss sie ja abzählbar unendlich sein und mit einer bijektiven Abbildung $\varphi : \mathbb{N} \to M$ können wir schreiben $M = \{\varphi(k) : k \in \mathbb{N}\}$. Wir können dabei sogar auf ganz bestimmte Weise so eine bijektive Abbildung φ konstruieren. Wir setzen unter Berücksichtigung von Satz 1.4 (b) $\varphi(1) := \min M$ und weiter rekursiv $\varphi(k+1) := \min M \setminus \{\varphi(1), \ldots, \varphi(k)\}$. (Dieses Verfahren kann nicht abbrechen, da M ja unendlich sein soll.) Es ist klar, dass dann φ injektiv ist. Da nach der Definition $\varphi(k) < \varphi(k+1)$ für alle $k \in \mathbb{N}$ gilt, ist die Menge $\varphi(\mathbb{N})$ unbeschränkt und es kann kein $n \in M$ geben, das von den $\varphi(k)$ nicht erfasst wird; somit ist φ auch surjektiv. Schreibt man unter Verwendung der so konstruierten Abbildung φ nun $n_k := \varphi(k)$ für $k \in \mathbb{N}$, so gilt ja $n_k < n_{k+1}$ und somit ist $(a_{n_k})_{k\in\mathbb{N}}$ eine Teilfolge von $(a_n)_{n\in\mathbb{N}}$, für die nach der Definition der Menge A gilt $a_{n_{k+1}} < a_{n_k}$ für alle $k \in \mathbb{N}$. Wir haben damit tatsächlich eine monoton fallende Teilfolge gefunden.

Liegt der andere Extremfall vor, dass M leer ist, so muss es zu jedem $m \in \mathbb{N}$ ein $n(m) > n$ geben mit $a_{n(m)} \geq a_m$. Dies ausnützend können wir aber rekursiv eine monoton wachsende Teilfolge bilden beginnend mit a_{n_1}, das zu $a_{n_1} \geq a_1$ gehört, und rekursiv so fortfahrend, dass, wenn a_{n_k} bekannt ist, $a_{n_{k+1}} \geq a_{n_k}$ gelten soll.
Bleibt als letzte Möglichkeit, dass M eine nichtleere endliche Menge ist. Dann gibt es aber ein $m \in \mathbb{N}$, so dass alle $n \in \mathbb{N}$ mit $n \geq m$ nicht in M liegen. Dies erlaubt es aber, startend mit a_m wie im Fall, dass M leer ist, eine monoton wachsende Teilfolge zu bilden. □

Wie angekündigt werden wir nun unter Verwendung des Satzes von Bolzano-Weierstraß zeigen, dass in $\mathbb{R}$ jede Cauchy-Folge schon konvergent sein muss. Dazu noch eine kleine Vorüberlegung:

Lemma 2.6

Sei $(a_n)_{n\in\mathbb{N}}$ eine reelle Cauchy-Folge. Dann gilt: Gibt es eine Teilfolge $(a_{n_k})_{k\in\mathbb{N}}$, die gegen $a \in \mathbb{R}$ konvergiert, so ist die Folge $(a_n)_{n\in\mathbb{N}}$ selber konvergent und es gilt $\lim_{n\to\infty} a_n = a$.

Beweis:
Sei $\varepsilon > 0$ gegeben. Da $(a_n)_{n\in\mathbb{N}}$ Cauchy-Folge ist, gibt es dazu ein $n_0 \in \mathbb{N}$, so dass $|a_n - a_m| < \varepsilon/2$ für alle $n, m \geq n_0$ gilt. Da $a_{n_k} \to a$ für $k \to \infty$ gilt, gibt es aber auch ein $k_0 \in \mathbb{N}$, so dass $|a_{n_k} - a| < \varepsilon/2$ für alle $k \geq k_0$ gilt. Dabei dürfen wir ohne Einschränkung der Allgemeinheit annehmen, dass $n_{k_0} \geq n_0$ ist. Damit können wir dann abschätzen

$$|a_n - a| \leq |a_n - a_{n_{k_0}}| + |a_{n_{k_0}} - a| < \frac{\varepsilon}{2} + \frac{\varepsilon}{2} = \varepsilon$$

für alle $n \geq n_0$. Somit gilt $\lim_{n\to\infty} a_n = a$. □

Satz 2.4

Jede Cauchy-Folge in $\mathbb{R}$ ist konvergent.

Beweis:
Sei $(a_n)_{n\in\mathbb{N}}$ eine Cauchy-Folge in $\mathbb{R}$. Dann muss sie beschränkt sein. Denn es gibt ja ein $n_0 \in \mathbb{N}$ mit $|a_n - a_m| < 1$ für alle $n, m \geq n_0$. Damit kann man für $n \geq n_0$ unter Benützung der Dreiecksungleichung abschätzen

$$|a_n| = |(a_n - a_{n_0}) + a_{n_0}| \leq |a_n - a_{n_0}| + |a_{n_0}| < 1 + |a_{n_0}|.$$

Es gilt dann aber

$$|a_n| \leq 1 + \sum_{k=1}^{n_0} |a_k| \quad \text{für alle} \quad n \in \mathbb{N}.$$

Da die Folge $(a_n)_{n\in\mathbb{N}}$ also beschränkt ist, existiert dazu nach dem Satz von Bolzano-Weierstraß eine konvergente Teilfolge. Nach dem letzten Lemma ist damit aber die Folge $(a_n)_{n\in\mathbb{N}}$ selber konvergent. □

Die Gültigkeit dieses Satzes ist eines der wesentlichen Ergebnisse zu $\mathbb{R}$, wobei hier die Messung von Abständen mit Hilfe des Betrages der entscheidende Ausgangspunkt war. Wir werden später dies einordnen können in einen allgemeineren Kontext und dann von der *Vollständigkeit des Raumes* $\mathbb{R}$ sprechen. Rasch zu sehen ist, dass auch $\mathbb{C}$ in diesem Sinn vollständig ist. Es wird sich dies aus der folgenden Charakterisierung der Konvergenz komplexer Zahlenfolgen ergeben:

Lemma 2.7

Eine komplexe Zahlenfolge $(a_n)_{n\in\mathbb{N}}$ ist genau dann konvergent gegen $a \in \mathbb{C}$, wenn die Folge $(\operatorname{Re} a_n)_{n\in\mathbb{N}}$ gegen $\operatorname{Re} a$ und die Folge $(\operatorname{Im} a_n)_{n\in\mathbb{N}}$ gegen $\operatorname{Im} a$ konvergiert.

Beweis:
Sei zuerst angenommen, dass $(a_n)_{n\in\mathbb{N}}$ gegen $a \in \mathbb{C}$ konvergiert. Zu jedem $\varepsilon > 0$ gibt es also ein $n_0 \in \mathbb{N}$ mit $|a_n - a| < \varepsilon$ für $n \geq n_0$. Nach Satz 1.14 (iii) von Abschnitt 1.4 gilt damit aber auch $|\operatorname{Re} a_n - \operatorname{Re} a| < \varepsilon$ und $|\operatorname{Im} a_n - \operatorname{Im} a| < \varepsilon$ für $n \geq n_0$. Damit gilt $\operatorname{Re} a_n \to \operatorname{Re} a$ und $\operatorname{Im} a_n \to \operatorname{Im} a$ für $n \to \infty$.
Sei nun für die umgekehrte Richtung angenommen, dass es zu jedem $\varepsilon > 0$ ein $n_0 \in \mathbb{N}$ gibt mit $|\operatorname{Re} a_n - \operatorname{Re} a| < \varepsilon/\sqrt{2}$ und $|\operatorname{Im} a_n - \operatorname{Im} a| < \varepsilon/\sqrt{2}$ für $n \geq n_0$. (Wir dürfen hier ohne Einschränkung der Allgemeinheit annehmen, dass dies mit dem gleichen n_0 für die Realteile und die Imaginärteile gilt.) Dann folgt

$$|a_n - a| = \sqrt{(\operatorname{Re}(a_n - a))^2 + (\operatorname{Im}(a_n - a))^2} < \varepsilon$$

für $n \geq n_0$ und somit $a_n \to a$ in $\mathbb{C}$. □

Satz 2.5

Jede Cauchy-Folge in $\mathbb{C}$ ist konvergent.

Beweis:
Sei $(a_n)_{n\in\mathbb{N}}$ eine Cauchy-Folge in $\mathbb{C}$. Dann zeigen die Abschätzungen

$$|\operatorname{Re} a_n - \operatorname{Re} a_m| \leq |a_n - a_m| \quad \text{und} \quad |\operatorname{Im} a_n - \operatorname{Im} a_m| \leq |a_n - a_m|,$$

dass die Folgen $(\operatorname{Re} a_n)_{n\in\mathbb{N}}$ und $(\operatorname{Im} a_n)_{n\in\mathbb{N}}$ Cauchy-Folgen in $\mathbb{R}$ sind. Nach Satz 2.4 gibt es also ein $a \in \mathbb{R}$ mit $\operatorname{Re} a_n \to a$ und ein $b \in \mathbb{R}$ mit $\operatorname{Im} a_n \to b$ für $n \to \infty$. Nach dem letzten Lemma gilt dann $a_n \to a + bi$ für $n \to \infty$. □

Die nun zusammengetragenen Ergebnisse über reelle und komplexe Folgen reichen aus, um einige für den weiteren Ausbau der Analysis wichtige Folgen diskutieren zu können. Insbesondere werden wir dabei auf die ungemein wichtige *Eulersche Zahl* e stoßen.

2.2 Einige wichtige Folgen, die Zahl e

Es sei zuerst eine einfache Ungleichung notiert, die als ***Bernoullische Ungleichung*** bekannt ist:

Für $a \geq 0$ und $n \in \mathbb{N}$ gilt $(1+a)^n \geq 1 + na$.

Dies ergibt sich sofort aus dem binomischen Lehrsatz. Danach gilt für $a \geq 0$

$$(1+a)^n = \sum_{k=0}^{n} \binom{n}{k} a^k \geq 1 + \binom{n}{1} a = 1 + na.$$

Man kann zum Beweis auch einen Induktionsschluss benützen. Dann erhält man die Ungleichung leicht für alle $a > -1$.

Mit Hilfe dieser Ungleichung ist rasch zu sehen, dass die Folge $(\rho^n)_{n\in\mathbb{N}}$ eine Nullfolge ist, wenn $0 < \rho < 1$ gilt. Denn dann ist ja $\rho^{-1} > 1$, d.h. es gibt ein $a > 0$ mit $\rho^{-1} = 1+a$ und nach der Bernoullischen Ungleichung gilt dann

$$\left(\frac{1}{\rho}\right)^n = (1+a)^n \geq 1 + na > na \quad \text{für} \quad n \in \mathbb{N}.$$

Daraus folgt $0 < \rho^n < \frac{1}{a}\frac{1}{n}$. Nach Lemma 2.3 von Abschnitt 2.1 ist also $(\rho^n)_{n\in\mathbb{N}}$ eine Nullfolge.
Ist $\rho = 1$, so ist die Folge $(\rho^n)_{n\in\mathbb{N}}$ eine konstante Folge und somit ebenfalls konvergent. Ist aber $\rho > 1$, so ist die Folge $(\rho^n)_{n\in\mathbb{N}}$ divergent und im Sinne der früher eingeführten Begriffsbildung gilt $\lim_{n\to\infty} \rho^n = \infty$. Denn ist $\rho > 1$, so gilt für $\sigma := \rho^{-1}$ ja $0 < \sigma < 1$ und damit ist die Folge $(\sigma^n)_{n\in\mathbb{N}}$ eine Nullfolge. Nach unseren früheren Überlegungen folgt daraus tatsächlich $\lim_{n\to\infty} \rho^n = \infty$.

Ist nun allgemeiner $\alpha \in \mathbb{C}$, so ist im Fall $|\alpha| < 1$ die Folge $(\alpha^n)_{n\in\mathbb{N}}$ ebenfalls eine Nullfolge. Dies folgt aus Lemma 2.3 von Abschnitt 2.1. Denn es gilt ja $|\alpha^n| = |\alpha|^n$ und die Folge $(|\alpha|^n)_{n\in\mathbb{N}}$ ist wegen $|\alpha| < 1$ eine Nullfolge. Im Fall $|\alpha| = 1$ kann die Folge bereits divergent sein, wie etwa das Beispiel $\alpha = i$ zeigt. Es ist nämlich $i^2 = -1$, $i^3 = -i$, $i^4 = 1$, $i^5 = i$ usw. Im Fall $|\alpha| > 1$ liegt immer Divergenz vor, weil ja dann $\lim_{n\to\infty} |\alpha|^n = \infty$ gilt und somit die Folge $(\alpha^n)_{n\in\mathbb{N}}$ nicht beschränkt ist.
Was im Fall $|\alpha| = 1$ geschieht, kann man aber noch genauer diskutieren, wenn man berücksichtigt, dass ja, wenn die Folge $(\alpha^n)_{n\in\mathbb{N}}$ konvergent ist, nach Lemma 2.2 von Abschnitt 2.1 auch die Folge $(\alpha^{n+1})_{n\in\mathbb{N}}$ konvergent sein muss, und zwar mit dem gleichen Grenzwert. Ist $\lim_{n\to\infty} \alpha^n = a$, so gilt also unter Berücksichtigung von Satz 2.1

$$a = \lim_{n\to\infty} \alpha^n = \lim_{n\to\infty} \alpha^{n+1} = \alpha \lim_{n\to\infty} \alpha^n = \alpha a.$$

Diese Gleichung lässt nur zwei Möglichkeiten zu: $a = 0$ oder $\alpha = 1$. Die erste Möglichkeit scheidet aber aus, wenn $|\alpha| = 1$ ist, weil ja dann $|\alpha^n| = 1$ für alle n gilt und somit die Folge sicher keine Nullfolge sein kann. Damit kann aber Konvergenz nur im Fall $\alpha = 1$ vorliegen. Wegen der Wichtigkeit dieser Folge seien die Ergebnisse unserer Überlegungen zusammenfassend im folgenden Satz festgehalten:

Satz 2.6

Für $\alpha \in \mathbb{C}$ gilt :
Die Folge $(\alpha^n)_{n\in\mathbb{N}}$ ist eine Nullfolge, wenn $|\alpha| < 1$ ist, es gilt $\alpha^n \to 1$, wenn $\alpha = 1$ ist, und die Folge $(\alpha^n)_{n\in\mathbb{N}}$ ist divergent, wenn $|\alpha| \geq 1 \wedge \alpha \neq 1$ gilt.

Ist $|\alpha| > 1$, so ist also die Folge $(\alpha^{-n})_{n\in\mathbb{N}}$ eine Nullfolge. Dies bleibt nach Korollar 2.1 von Abschnitt 2.1 erhalten, wenn man mit einer beschränkten Folge $(b_n)_{n\in\mathbb{N}}$ zur Folge $(\alpha^{-n}b_n)_{n\in\mathbb{N}}$ übergeht. Für die Folge $(\alpha^{-n})_{n\in\mathbb{N}}$ gilt jedoch mehr. Für $k \in \mathbb{N}$ ist die Folge $(n^k)_{n\in\mathbb{N}}$ nicht beschränkt, trotzdem gilt immer noch

$$\lim_{n\to\infty} \frac{n^k}{\alpha^n} = 0 \quad \text{für } k \in \mathbb{N} \text{ und } \alpha \in \mathbb{C} \text{ mit } |\alpha| > 1. \tag{2.1}$$

Zum Nachweis von (2.1) setzen wir $b := |\alpha|^{-1}$ und $x_n := n^k b^n$. Dann gilt für $n \in \mathbb{N}$

$$x_{n+1}x_n^{-1} = \left(\frac{n+1}{n}\right)^k b = \left(1 + \frac{1}{n}\right)^k b.$$

Aus $1/n \to 0$ für $n \to \infty$ folgt aber nach unseren Ergebnissen zu konvergenten Folgen, dass $(1 + (1/n))^k \to 1$ für $n \to \infty$ gilt. Damit gilt $x_{n+1}x_n^{-1} \to b$ für $n \to \infty$, wobei die Folge $(x_{n+1}x_n^{-1})_{n\in\mathbb{N}}$ monoton fallend ist. Sei nun $\beta := (1/2)(b+1)$. Wegen $b < 1$ gilt offenbar $b < \beta < 1$. Es gibt dann ein $m \in \mathbb{N}$ mit $b \leq x_{n+1}x_n^{-1} < \beta$ für alle $n \geq m$. Daraus folgt $x_{m+1} < \beta x_m$, weiter $x_{m+2} < \beta x_{m+1} < \beta^2 x_m$, und mit Hilfe von vollständiger Induktion erhält man, dass $x_n < \beta^{n-m}x_m$ für $n > m$ gilt. Damit kann man aber für $n \geq m$ abschätzen

$$|n^k\alpha^{-n}| = x_n < \beta^{n-m}x_m = \left(\frac{x^m}{\beta^m}\right)\beta^n.$$

Da wegen $|\beta| < 1$ aber die Folge $(\beta^n)_{n\in\mathbb{N}}$ eine Nullfolge ist, folgt daraus (2.1).

Unter Benützung von (2.1) werden wir nun zeigen, dass auch die Folge $(\sqrt[n]{n})_{n\in\mathbb{N}}$ konvergent ist und

$$\lim_{n\to\infty} \sqrt[n]{n} = 1 \tag{2.2}$$

gilt. Wir verwenden dabei (2.1) für die spezielle Situation, dass $k = 1$ und $\alpha = 1 + \varepsilon$ mit einem $\varepsilon > 0$ ist. Es muss dann ein $m \in \mathbb{N}$ geben, so dass $n(1+\varepsilon)^{-n} < 1$ für alle $n \geq m$ gilt. Dies kann man auch als $1 \leq n < (1+\varepsilon)^n$ für alle $n \geq m$ notieren. Daraus folgt aber $1 \leq n^{1/n} < 1 + \varepsilon$ für $n \geq m$, also $0 \leq n^{1/n} - 1 \leq \varepsilon$ für $n \geq m$. Damit gilt aber (2.2).

Unter Benützung von (2.2) kann man rasch sehen, dass für beliebiges $a > 0$ gilt

$$\lim_{n\to\infty} \sqrt[n]{a} = 1. \tag{2.3}$$

Wir werden dabei auf das folgende nützliche Resultat zurückgreifen:

Lemma 2.8

Seien $(a_n)_{n\in\mathbb{N}}$ und $(b_n)_{n\in\mathbb{N}}$ konvergente reelle Folgen mit $\lim_{n\to\infty} a_n = \lim_{n\to\infty} b_n$ und $a_n \leq b_n$ für alle $n \in \mathbb{N}$. Dann gilt:
Ist $(c_n)_{n\in\mathbb{N}}$ eine reelle Folge, für die $a_n \leq c_n \leq b_n$ für alle $n \in \mathbb{N}$ gilt, so ist auch die Folge $(c_n)_{n\in\mathbb{N}}$ konvergent und es gilt $\lim_{n\to\infty} c_n = \lim_{n\to\infty} a_n = \lim_{n\to\infty} b_n$.

Beweis:
Sei $\alpha := \lim_{n\to\infty} a_n = \lim_{n\to\infty} b_n$. Dann können wir notieren

$$a_n - \alpha \leq c_n - \alpha \leq b_n - \alpha \quad \text{für alle} \quad n \in \mathbb{N}.$$

Nun gibt es zu jedem $\varepsilon > 0$ ein $n_0 \in \mathbb{N}$ mit $|a_n - \alpha| < \varepsilon$ und $|b_n - \alpha| < \varepsilon$ für $n \geq n_0$. Damit gilt aber auch $-\varepsilon < a_n - \alpha$ und $b_n - \alpha < \varepsilon$ für alle $n \geq n_0$ und es folgt $-\varepsilon < c_n - \alpha < \varepsilon$ für $n \geq n_0$. Da dies nach Satz 1.6 von Abschnitt 1.3.1 gleichbedeutend ist mit $|c_n - \alpha| < \varepsilon$, ist damit alles gezeigt. □

Die Gültigkeit von (2.3) kann man damit folgendermaßen nachweisen:
Ist $a > 0$ gegeben, so gibt es ein $k \in \mathbb{N}$ und ein $m \in \mathbb{N}$ mit $\frac{1}{k} \leq a \leq m$. Damit gilt aber $\frac{1}{n} \leq a \leq n$ für alle $n \geq k + m =: n_0$. Daraus folgt weiter

$$\frac{1}{n^{1/n}} \leq a^{1/n} \leq n^{1/n} \quad \text{für} \quad n \geq n_0.$$

Da nun aber $\lim_{n\to\infty} n^{1/n} = 1$ und folglich auch $\lim_{n\to\infty} n^{-(1/n)} = 1$ gilt, ergibt sich daraus unter Berücksichtigung von Lemma 2.8 und Lemma 2.1 die Gültigkeit von (2.3).

Oft ist es nützlich, ein etwas allgemeineres Resultat zu konvergenten reellen Folgen $(a_n)_{n\in\mathbb{N}}$ und $(b_n)_{n\in\mathbb{N}}$ zur Verfügung zu haben, für die $a_n \leq b_n$ für alle n gilt. Hier überträgt sich die Ungleichung auf die Grenzwerte, wobei auch dann, wenn sogar schärfer $a_n < b_n$ für alle n gilt, die Grenzwerte gleich sein können. Dies zeigt das einfache Beispiel der konstanten Folge $a_n = 0$ und der Folge $b_n = 1/n$ für alle n. Es gilt dann $a_n < b_n$ für alle n, aber $\lim_{n\to\infty} a_n = 0 = \lim_{n\to\infty} b_n$. Wir werden das folgende Lemma sogar noch etwas allgemeiner formulieren und dabei den Fall von Folgen mit erfassen, für die $\lim_{n\to\infty} a_n = \infty$ gilt.

Lemma 2.9

Sind $(a_n)_{n\in\mathbb{N}}$ und $(b_n)_{n\in\mathbb{N}}$ reelle Folgen, für die $a_n \leq b_n$ für alle $n \in \mathbb{N}$ gilt, so gilt:

(a) Sind die Folgen $(a_n)_{n\in\mathbb{N}}$ und $(b_n)_{n\in\mathbb{N}}$ konvergent, so gilt $\lim_{n\to\infty} a_n \leq \lim_{n\to\infty} b_n$.

(b) Gilt $\lim_{n\to\infty} a_n = \infty$, so gilt auch $\lim_{n\to\infty} b_n = \infty$.

Beweis:
Zu (a): Sei $a = \lim_{n\to\infty} a_n$ und $b = \lim_{n\to\infty} b_n$. Setzt man dann $\xi_n := (b_n - b) + (a - a_n)$ für $n \in \mathbb{N}$, so gibt es aufgrund der Abschätzung $|\xi_n| \leq |b_n - b| + |a - a_n|$ zu jedem $\varepsilon > 0$ ein $n_0 \in \mathbb{N}$ mit $|\xi_n| < \varepsilon$ für $n \geq n_0$. Da aber nach Voraussetzung $0 \leq b_n - a_n$ für alle $n \in \mathbb{N}$ gilt, können wir notieren

$$a - b \leq (a - b) + (b_n - a_n) = \xi_n \leq |\xi_n| < \varepsilon \quad \text{für} \quad n \geq n_0.$$

Damit ist $a - b < \varepsilon$ für alle $\varepsilon > 0$, was wegen (1.5) impliziert, dass $a - b \leq 0$, also $\lim_{n\to\infty} a_n \leq \lim_{n\to\infty} b_n$ sein muss.
Zu (b): Gilt $\lim_{n\to\infty} a_n = \infty$, so gibt es zu jedem $r > 0$ ein $n_0 \in \mathbb{N}$ mit $a_n > r$ für alle $n \geq n_0$. Wegen $a_n \leq b_n$ gilt dann auch $b_n > r$ für alle $n \geq n_0$. Damit gilt aber $\lim_{n\to\infty} b_n = \infty$. □

Am Ende von Abschnitt 1.3.1 haben wir festgestellt, dass die Menge der rationalen Zahlen eine dichte Teilmenge von $\mathbb{R}$ ist. Im Kontext von Folgen können wir dazu nun notieren:

Korollar 2.2

Zu jeder reellen Zahl $\rho \in \mathbb{R}$ gibt es eine Folge $(r_n)_{n\in\mathbb{N}}$ in $\mathbb{Q}$, die gegen ρ konvergiert.

Beweis:
Ist ρ selbst eine rationale Zahl, so kann man als geeignete Folge $(r_n)_{n\in\mathbb{N}}$ rationaler Zahlen offenbar die konstante Folge $r_n = \rho$ für alle $n \in \mathbb{N}$ nehmen, die ja trivialerweise gegen ρ konvergiert. (Dieser Fall zeigt aber auch sofort, dass so eine gegen ρ konvergierende Folge rationaler Zahlen keineswegs eindeutig bestimmt ist, z.B. könnte man auch $r_n = \rho + \frac{1}{n}$ für $n \in \mathbb{N}$ wählen.)
Ist aber ρ irrational, so greifen wir auf das Ergebnis von Satz 1.5 (c) zurück. Danach gibt es zu jedem $n \in \mathbb{N}$ eine Zahl $r_n \in \mathbb{Q}$ mit $0 < |\rho - r_n| < \frac{1}{n}$. Auf diese Weise haben wir dann bereits eine Folge $(r_n)_{n\in\mathbb{N}}$ in $\mathbb{Q}$ gefunden mit $r_n \to \rho$ für $n \to \infty$. Denn die Folge $(1/n)_{n\in\mathbb{N}}$ ist ja eine Nullfolge und daher muss wegen $0 < |\rho - r_n| < \frac{1}{n}$ für alle n nach Lemma 2.8 auch die Folge $(|\rho - r_n|)_{n\in\mathbb{N}}$ eine Nullfolge sein. Es gibt also zu jedem $\varepsilon > 0$ ein $n_0 \in \mathbb{N}$ mit $|\rho - r_n| < \varepsilon$ für alle $n \geq n_0$. Daher gilt $\lim_{n\to\infty} r_n = \rho$. □

Für Quadratwurzeln positiver reeller Zahlen, (wie etwa für die irrationale Zahl $\sqrt{2}$), ist schon seit Jahrtausenden ein Verfahren bekannt, wie man so eine approximierende Folge rationaler Zahlen r_n finden kann. Man spricht dabei vom ***babylonischen Wurzelziehen***, gebräuchlich ist auch die Bezeichnung ***Verfahren von Heron***. Die Idee ist dabei sehr einfach, sie beruht auf der folgenden Feststellung:

Lemma 2.10

Für zwei reelle Zahlen $a > 0$ und $b > 0$ gilt genau dann $b^2 = a$, wenn

$$b = \frac{1}{2}\left(b + \frac{a}{b}\right) \tag{2.4}$$

gilt.

Beweis:
Aus $b^2 = a$ folgt ja, wenn $b > 0$ ist, $b = \frac{a}{b}$. Damit gilt aber

$$b = \frac{1}{2}(b + b) = \frac{1}{2}\left(b + \frac{a}{b}\right).$$

Gilt umgekehrt (2.4), so folgt $b^2 = \frac{1}{2}(b^2 + a)$, also $b^2 = a$. □

Nun wird man meist in der Lage sein, zu gegebenem $a > 0$ einen groben Näherungswert für $\sqrt{a}$ zu erraten. Sei dieser mit b_0 bezeichnet. Wenn man nicht zufällig mit b_0 schon die gesuchte Quadratwurzel gefunden hat, wird dann b_0 nicht die Gleichung (2.4) erfüllen. Bildet man also

$$\frac{1}{2}\left(b_0 + \frac{a}{b_0}\right) =: b_1,$$

so wird $b_1 \neq b_0$ gelten und es wird auch b_1 nur einen Näherungswert darstellen. Die Idee beim babylonischen Wurzelziehen ist nun, so rekursiv fortzufahren, d.h. für $n \in \mathbb{N} \cup \{0\}$ zu definieren

$$b_{n+1} := \frac{1}{2}\left(b_n + \frac{a}{b_n}\right), \tag{2.5}$$

und dabei zu hoffen, immer bessere Näherungswerte zu erhalten. Testet man dies etwa für die bekannte Zahl $\sqrt{4}$ ausgehend vom (offenbar gar nicht besonders guten) Näherungswert $b_0 = 2,5$, so erhält man

$$b_2 = 2,05, \quad b_2 = 2,00609, \quad b_3 = 2,000000093;$$

man ist also bereits mit b_3 schon sehr nahe an den richtigen Wert herangekommen. Zu beachten ist, dass die Zahlen b_n alle rational sind, wenn man mit einer rationalen Zahl b_0 startet. Die Zahlen b_n werden dann also, wenn sie gegen $\sqrt{a}$ konvergieren, eine Folge in $\mathbb{Q}$ bilden, die gegen die (z.B. im Fall $a = 2$ irrationale) Zahl $\sqrt{a}$ konvergiert.

Satz 2.7

Sei $a > 0$, sei $b_0 > 0$ beliebig gewählt und davon ausgehend die Folge $(b_n)_{n\in\mathbb{N}}$ rekursiv durch (2.5) definiert. Dann gilt: Die Folge $(b_n)_{n\in\mathbb{N}}$ ist monoton fallend und es gilt $\lim_{n\to\infty} b_n = \sqrt{a}$.

Beweis:
Ist $b_0 = \sqrt{a}$, so ist nach Lemma 2.10 die Folge $(b_n)_{n\in\mathbb{N}}$ eine konstante Folge mit $b_n = \sqrt{a}$ für alle n und es gilt daher die Behauptung des Satzes.
Sei nun angenommen, dass $b_0 \neq \sqrt{a}$ ist. Dann gibt es immer noch die zwei Möglichkeiten (a) $0 < b_0 < \sqrt{a}$ und (b) $b_0 > \sqrt{a}$. In beiden Fällen gilt aber dann $b_1 \geq \sqrt{a}$. Denn es gilt für beliebiges $b_n > 0$ immer, wenn b_{n+1} durch (2.5) definiert ist, $b_{n+1} \geq \sqrt{a}$.
Um dies zu sehen, gehen wir davon aus, dass sicherlich $(b_n - \frac{a}{b_n})^2 \geq 0$ gilt. Damit gilt

$$b_n^2 - 2a + \left(\frac{a}{b_n}\right)^2 \geq 0, \quad \text{also} \quad \frac{1}{4}b_n^2 - \frac{a}{2} + \frac{1}{4}\left(\frac{a}{b_n}\right)^2 \geq 0.$$

Damit gilt

$$\frac{1}{4}b_n^2 + \frac{a}{2} + \frac{1}{4}\left(\frac{a}{b_n}\right)^2 \geq a, \quad \text{also} \quad \frac{1}{4}\left(b_n + \frac{a}{b_n}\right)^2 \geq a.$$

Dies bedeutet aber offenbar $b_{n+1}^2 \geq a$, somit $b_{n+1} \geq \sqrt{a}$.
Wir haben damit auch schon gezeigt, dass die Folge $(b_n)_{n\in\mathbb{N}}$ nach unten beschränkt ist.

Sie wird daher konvergent sein, wenn wir noch nachweisen können, dass sie monoton fallend ist. Dazu gehen wir davon aus, dass ja $b_n^2 \geq a$ für alle n gilt. Daraus folgt nämlich $b_n \geq \frac{a}{b_n}$ und somit

$$b_{n+1} = \frac{1}{2}\left(b_n + \frac{a}{b_n}\right) \leq \frac{1}{2}(b_n + b_n) = b_n.$$

Sei also nun $\rho := \lim_{n\to\infty} b_n$. Wegen $b_n \geq \sqrt{a}$ für alle n muss dann $\rho \geq \sqrt{a}$ gelten. Nach Satz 2.1 gilt weiter

$$\lim_{n\to\infty} \frac{1}{b_n} = \frac{1}{\rho}.$$

Auch gilt nach Lemma 2.2 $\lim_{n\to\infty} b_{n+1} = \rho$. Damit können wir aber unter Verwendung der Ergebnisse von Satz 2.1 rechnen

$$\rho = \lim_{n\to\infty} b_{n+1} = \frac{1}{2}\lim_{n\to\infty}\left(b_n + \frac{a}{b_n}\right) = \frac{1}{2}\left(\lim_{n\to\infty} b_n + a \lim_{n\to\infty}\frac{1}{b_n}\right) = \frac{1}{2}\left(\rho + \frac{a}{\rho}\right).$$

Nach Lemma 2.10 gilt damit $\rho = \sqrt{a}$. □

Beim Beispiel $a = 4$ haben wir gesehen, dass schon wenige Folgenglieder b_n ausreichten, um eine gute Näherung für $\sqrt{a}$ zu erhalten. Diese als schnell zu bezeichnende Konvergenz lässt sich nun sogar allgemein bestätigen. Es gilt für den Fehler $b_n - \sqrt{a}$

$$\begin{aligned} b_{n+1} - \sqrt{a} &= \frac{1}{2}\left(b_n + \frac{a}{b_n}\right) - \sqrt{a} \\ &= \frac{1}{2b_n}(b_n^2 + a - 2b_n\sqrt{a}) = \frac{1}{2b_n}(b_n - \sqrt{a})^2 \leq \frac{1}{2\sqrt{a}}(b_n - \sqrt{a})^2. \end{aligned}$$

Diese Abschätzung zeigt, dass der Fehler $b_n - \sqrt{a}$ mit wachsendem n quadratisch abnimmt!

Später werden wir in anderem Kontext noch einmal auf das babylonische Wurzelziehen zurückkommen und es dabei als einen Spezialfall eines viel allgemeineren Verfahrens erkennen. Im Moment wenden wir uns anderen Folgen zu, deren Grenzwert uns die Eulersche Zahl e liefern wird.

Satz 2.8

Für $n \in \mathbb{N}$ sei

$$a_n = \left(1 + \frac{1}{n}\right)^n, \quad b_n = \left(1 + \frac{1}{n}\right)^{n+1}.$$

Dann gilt:
(a) $a_n < b_n$ für alle $n \in \mathbb{N}$.
(b) Die Folge $(a_n)_{n\in\mathbb{N}}$ ist monoton wachsend.
(c) Die Folge $(b_n)_{n\in\mathbb{N}}$ ist monoton fallend.
(d) Die Folge $(b_n - a_n)_{n\in\mathbb{N}}$ ist eine Nullfolge.

Beweis:
Zu (a): Aus $1 + \frac{1}{n} > 1$ für alle n folgt $b_n = a_n(1 + \frac{1}{n}) > a_n$.
Zu (b): Da nach dem binomischen Lehrsatz gilt

$$a_n = \sum_{k=0}^{n} \binom{n}{k} \left(\frac{1}{n}\right)^k, \quad a_{n+1} = \sum_{k=0}^{n+1} \binom{n+1}{k} \left(\frac{1}{n+1}\right)^k,$$

ist es ausreichend, nachzuweisen, dass für $n \in \mathbb{N}$

$$\sum_{k=1}^{n} \binom{n}{k} \frac{1}{n^k} \leq \sum_{k=1}^{n+1} \binom{n+1}{k} \frac{1}{(n+1)^k}$$

gilt. Dies folgt aber daraus, dass sogar

$$\binom{n}{k} \frac{1}{n^k} \leq \binom{n+1}{k} \frac{1}{(n+1)^k} \tag{2.6}$$

für $n \in \mathbb{N}$ und $k = 1, \ldots, n$ gilt. Unter Verwendung des in Abschnitt 1.3.3 eingeführten Produktzeichens können wir notieren

$$\binom{n}{k} \frac{1}{n^k} = \frac{1}{k!} \frac{n!}{(n-k)!} \frac{1}{n^k} = \frac{1}{k! n^k} \prod_{j=1}^{k} (n - k + j) = \frac{1}{k!} \prod_{j=1}^{k} \left(1 - \frac{k-j}{n}\right).$$

Entsprechend erhält man

$$\binom{n+1}{k} \frac{1}{(n+1)^k} = \frac{1}{k!} \prod_{j=1}^{k} \left(1 - \frac{k-j}{n+1}\right).$$

Da $1 - \frac{k-j}{n+1} \geq 1 - \frac{k-j}{n}$ für $j = 1, \ldots, k$ gilt, folgt daraus (2.6).
Zu (c): Hier argumentiert man anders als beim Beweis von (a), weil man nun eine Summe mit mehr Summanden nach oben durch eine Summe mit weniger Summanden abschätzen muss. Wir greifen dabei auf die zu Anfang dieses Abschnitts notierte Bernoullische Ungleichung zurück. Danach gilt für $n \geq 2$, (man beachte den damaligen Beweis),

$$\left(1 + \frac{1}{n^2 - 1}\right)^n > 1 + \frac{n}{n^2 - 1} > 1 + \frac{n}{n^2} = 1 + \frac{1}{n}.$$

Damit ist für $n \geq 2$

$$1 + \frac{1}{n} < \left(\frac{n^2}{n^2 - 1}\right)^n = \left(\frac{n}{n-1}\right)^n \cdot \left(\frac{n+1}{n}\right)^{-n} = \left(1 + \frac{1}{n-1}\right)^n \cdot \left(1 + \frac{1}{n}\right)^{-n}.$$

Schreibt man dies als

$$\left(1 + \frac{1}{n}\right)^{n+1} < \left(1 + \frac{1}{n-1}\right)^n \quad \text{für} \quad n \geq 2,$$

so ist damit offenbar $b_{n+1} < b_n$ für $n \in \mathbb{N}$ nachgewiesen.
Zu (d): Da ja für $n \in \mathbb{N}$ gilt $a_n < b_n \leq b_1$, können wir notieren

$$0 < b_n - a_n = \left(1 + \frac{1}{n}\right)^{n+1} - \left(1 + \frac{1}{n}\right)^n = a_n \cdot \frac{1}{n} \leq b_1 \cdot \frac{1}{n}.$$

Da die Folge $(b_1 \frac{1}{n})_{n \in \mathbb{N}}$ eine Nullfolge ist, ist also nach Lemma 2.3 die Folge $(b_n - a_n)_{n \in \mathbb{N}}$ eine Nullfolge. □

Die Ungleichungen $a_n < b_1$ und $b_n > a_1$ für alle $n \in \mathbb{N}$ zeigen, dass die monoton wachsende Folge $(a_n)_{n \in \mathbb{N}}$ nach oben und die monoton fallende Folge $(b_n)_{n \in \mathbb{N}}$ nach unten beschränkt ist. Damit sind aber beide Folgen konvergent; sei $\alpha := \lim_{n \to \infty} a_n$ und $\beta := \lim_{n \to \infty} b_n$. Aus $a_n < b_n$ für alle n folgt nach Lemma 2.9 $\alpha \leq \beta$. Es gilt aber sogar $\alpha = \beta$, denn es gilt nach Aussage (d) von Satz 2.8

$$\beta - \alpha = \lim_{n \to \infty} b_n - \lim_{n \to \infty} a_n = \lim_{n \to \infty} (b_n - a_n) = 0.$$

Für den gemeinsamen Grenzwert ist nun die Notation e üblich, d.h. wir definieren

$$e := \lim_{n \to \infty} \left(1 + \frac{1}{n}\right)^n = \lim_{n \to \infty} \left(1 + \frac{1}{n}\right)^{n+1}.$$

Die reelle Zahl e nennt man die ***Eulersche Zahl***. Wir werden sehen, dass sie irrational ist. Aufgrund unserer Ergebnisse lässt sie sich relativ leicht nach unten und nach oben durch rationale Zahlen abschätzen. Es gilt ja stets $a_n < e < b_n$ und dies liefert mit $n = 6$ die Abschätzung $2,52 < e < 2,95$. Dies ist offensichtlich noch eine recht grobe Näherung, und in der Tat sind die Folgen $(a_n)_{n \in \mathbb{N}}$ und $(b_n)_{n \in \mathbb{N}}$ schlecht geeignet, um rasch eine gute Näherung zu erhalten. Wir werden später die Zahl e noch auf andere Weise als einen Grenzwert gewinnen, (und zwar mit Hilfe einer konvergenten Reihe), und dies wird viel bessere Möglichkeiten zur Berechnung von Näherungswerten liefern. Damit kann man etwa den Näherungswert $2,71828$ finden.

2.3 Über Folgen im $\mathbb{R}^n$ und in metrischen Räumen

Wie bereits angekündigt, werden wir nun den Konvergenzbegriff für Folgen in allgemeineren Situationen diskutieren. Wir beginnen mit einem Umfeld, das aus der linearen Algebra vertraut sein sollte, und werden anschließend zu recht allgemeinen Strukturen übergehen, die dem Bereich der *Topologie* zuzuordnen sind, und es ebenfalls gestatten, von der Konvergenz von Folgen zu sprechen.

2.3.1 Folgen im $\mathbb{R}^n$

Bildet man das kartesische Produkt $\mathbb{R}^3 := (\mathbb{R} \times \mathbb{R}) \times \mathbb{R}$, so sind die Elemente von $\mathbb{R}^3$ zunächst unter Verwendung von geordneten Paaren gegeben in der Form $((x_1, x_2), x_3)$. Es gilt ja dann $((x_1, x_2), x_3) = ((y_1, y_2), y_3)$ genau dann, wenn $(x_1, x_2) = (y_1, y_2)$ und $x_3 = y_3$ gilt, was gleichbedeutend mit $x_k = y_k$ für $k = 1, 2, 3$ ist. Es ist deshalb nicht zweckmäßig, die Notation mit einer doppelten Klammerung zu benützen, und es ist üblich, einfach die Notation eines *geordneten Tripels* (x_1, x_2, x_3) zu verwenden, und dann wie bei geordneten Paaren zwei solche Tripel (x_1, x_2, x_3) und (y_1, y_2, y_3) genau dann als gleich anzusehen, wenn $x_k = y_k$ für $k = 1, 2, 3$ gilt.

Es ist klar, dass man ausgehend vom kartesischen Produkt rekursiv $\mathbb{R}^n$ für $n \in \mathbb{N}$ definieren kann. Die soeben für den Fall $n = 3$ durchgeführte Überlegung zeigt, dass es dabei günstiger ist, die Elemente von $\mathbb{R}^n$ als geordnete $n-$Tupel $(x_1, \ldots, x_n)$ zu notieren.

Direkter kommt man zu den geordneten $n-$Tupeln reeller Zahlen, wenn man Abbildungen $\varphi : \{k \in \mathbb{N} : k \leq n\} \to \mathbb{R}$ betrachtet. Da so eine Abbildung eindeutig festgelegt ist durch die Bilder $\varphi(k)$ mit $k = 1, \ldots, n$, (die ja nicht verschieden sein müssen), ist φ offenbar identifizierbar mit dem $n-$Tupel $(\varphi(1), \ldots, \varphi(n))$. Dies entspricht offenbar genau der Vorgangsweise bei Folgen, bei denen man dann auch nur die Folgenglieder geordnet notiert hat. Dieser Zugang hat den Vorteil, dass man ihn auch benützen kann zur Definition von *Familien*. Ist J eine beliebige Menge, (die Mächtigkeit spielt keine Rolle), so betrachtet man Abbildungen $\varphi : J \to \mathbb{R}$, und notiert diese als Familie $(x_j)_{j \in J}$, wobei wieder $x_j = \varphi(j)$ ist. Es ist klar, dass man diese Begriffsbildung verwenden kann nicht nur für Familien reeller Zahlen, sondern auch für Familien von Elementen einer anderen Menge A. Man spricht dann von einer *Familie in A über der Indexmenge J.*

Für die n-Tupel $(x_1, \ldots, x_n) \in \mathbb{R}^n$ führt man zwei Operationen ein, und zwar eine *Addition* $\mathbb{R}^n \times \mathbb{R}^n \to \mathbb{R}^n$ und eine *Multiplikation mit Skalaren* $\mathbb{R} \times \mathbb{R}^n \to \mathbb{R}^n$. Diese sind definiert durch

$$(x_1, \ldots, x_n) + (y_1, \ldots, y_n) := (x_1 + y_1, \ldots, x_n + y_n) \quad \text{für} \quad (x_1, \ldots, x_n), (y_1, \ldots, y_n) \in \mathbb{R}^n,$$

$$\alpha(x_1, \ldots, x_n) := (\alpha x_1, \ldots, \alpha x_n) \quad \text{für} \quad \alpha \in \mathbb{R},\ (x_1, \ldots, x_n) \in \mathbb{R}^n.$$

Da die Operationen mit Hilfe der gewohnten Operationen in $\mathbb{R}$ definiert sind, überzeugt man sich leicht davon, dass die Addition kommutativ und assoziativ ist und für das Zusammenspiel beider Operationen die Aussagen

$$(\alpha + \beta)x = (\alpha x) + (\beta x), \quad \alpha(x + y) = (\alpha x) + (\beta y),$$

$$\alpha(\beta x) = (\alpha\beta)x, \quad 1x = x$$

für $x, y \in \mathbb{R}^n$, $\alpha, \beta \in \mathbb{R}$ gelten. Außerdem ist das Tupel mit $x_j = 0$ für $j = 1, \ldots n$ das neutrale Element bezüglich der Addition und das Tupel $(-x_1, \ldots, -x_n)$ invers zum Tupel $(x_1, \ldots, x_n)$. Wie üblich schreibt man daher $-(x_1, \ldots, x_n) := (-x_1, \ldots, -x_n)$. Man hat damit durch $\mathbb{R}^n$ mit diesen zwei Operationen einen $\mathbb{R}-$ Vektorraum vorliegen. Das Studium von Vektorräumen ist Gegenstand der linearen Algebra und es sei an einige Dinge erinnert, die üblicherweise in einer Einführung in die lineare Algebra diskutiert werden:

Identifiziert man wie gewohnt die Paare $(x_1, x_2) \in \mathbb{R}^2$ mit den Punkten der Ebene unter Verwendung eines kartesischen Koordinatensystems, so entspricht die soeben definierte Addition der Addition der den Punkten zugeordneten Vektoren, die anschaulich vom Punkt $(0, 0)$ zu den einzelnen Punkten zeigen. Die Multiplikation mit dem Skalar $\alpha \in \mathbb{R}$ entspricht der Verlängerung (oder Verkürzung) des durch (x_1, x_2) gegebenen Vektors um den Faktor α. (Ist $\alpha < 0$, so kommt es dabei zu einer *Spiegelung* am Ursprung $(0, 0)$.) Den Vektoren ordnet man eine Länge zu, die unter Berücksichtigung des Satzes von Pythagoras gegeben ist durch

$$\|(x_1, x_2)\| := \sqrt{x_1^2 + x_2^2}.$$

Als Abstand zweier Punkte (x_1, x_2) und (y_1, y_2) der Ebene erhält man ebenfalls nach Pythagoras $\sqrt{(x_1 - y_1)^2 + (x_2 - y_2)^2}$ und dies ist offenbar identisch mit der Länge des Vektors $(x_1, x_2) - (y_1, y_2) = (x_1 - y_1, x_2 - y_2)$.

Dies überträgt sich alles auf den $\mathbb{R}^n$. Insbesondere definiert man die ***euklidische Norm*** $\|x\|$ eines Vektors $x = (x_1, \ldots, x_n) \in \mathbb{R}^n$ durch

$$\|x\| := \left(\sum_{k=1}^{n} x_k^2 \right)^{1/2}.$$

Sie steht in engem Zusammenhang mit dem sogenannten (euklidischen) ***Skalarprodukt*** von Vektoren des $\mathbb{R}^n$, das definiert ist durch

$$\langle x, y \rangle := \sum_{k=1}^{n} x_k y_k \quad \text{für} \quad x = (x_1, \ldots, x_n),\ y = (y_1, \ldots, y_n) \in \mathbb{R}^n.$$

Offenbar gilt ja damit $\|x\|^2 = \langle x, x \rangle$ für alle $x \in \mathbb{R}^n$. Dies nützt man aus, um zu zeigen, dass für die euklidische Norm die Dreiecksungleichung $\|x + y\| \leq \|x\| + \|y\|$ gilt. (Man beachte, dass diese im Fall $n = 2$ identisch ist mit der Dreiecksungleichung für den Betrag komplexer Zahlen, die bereits in Satz 1.14 notiert wurde.)

Für den Beweis der Dreiecksungleichung ist es zweckmäßig, zuerst die (auch allgemeiner für Skalarprodukte wichtige) ***Cauchy-Schwarzsche Ungleichung*** zu beweisen:

Lemma 2.11

Für $x, y \in \mathbb{R}^n$ gilt $|\langle x, y \rangle| \leq \|x\|\,\|y\|$.

Beweis:
Da man etwa in der linearen Algebra die Cauchy-Schwarzsche Ungleichung allgemein für Skalarprodukte auf $\mathbb{R}-$ oder $\mathbb{C}-$Vektorräumen beweist, sei hier ein Beweis angegeben, bei dem man auf die Definition des euklidischen Skalarprodukts zurückgreift.
Wir beginnen mit der Feststellung, dass für alle $\xi \geq 0$ und $\eta \geq 0$ gilt $4\xi\eta \leq (\xi + \eta)^2$. Dies folgt sofort daraus, dass ja immer $(\xi - \eta)^2 \geq 0$ gilt, woraus $\xi^2 + 2\xi\eta + \eta^2 \geq 4\xi\eta$ folgt. Damit können wir notieren

$$\sqrt{\xi\eta} \leq \frac{1}{2}(\xi + \eta) \quad \text{für} \quad \xi \geq 0,\ \eta \geq 0. \tag{2.7}$$

Die Ungleichung $|\langle x, y \rangle| \leq \|x\|\,\|y\|$ ist trivialerweise richtig, wenn $\|x\| = 0$ oder $\|y\| = 0$ ist, denn dann ist $x_k = 0$ oder $y_k = 0$ für $k = 1, \ldots, n$ und damit auch $\langle x, y \rangle = 0$. Sei also angenommen, dass $\|x\| \neq 0 \wedge \|y\| \neq 0$ ist. Wegen

$$|\langle x, y\rangle| = \left|\sum_{k=1}^{n} x_k y_k\right| \leq \sum_{k=1}^{n} |x_k|\,|y_k|$$

reicht es dann aus,

$$\sum_{k=1}^{n} \frac{|x_k|}{\|x\|} \frac{|y_k|}{\|y\|} \leq 1 \tag{2.8}$$

nachzuweisen. Zur Vereinfachung setzen wir $a_k := \|x\|^{-1}|x_k|$ und $b_k := \|y\|^{-1}|y_k|$ für $k = 1, \ldots, n$. Offenbar gilt dann $\sum_{k=1}^{n} a_k^2 = 1$ und $\sum_{k=1}^{n} b_k^2 = 1$ und wir können unter Verwendung von (2.7) abschätzen

$$\sum_{k=1}^{n} a_k b_k = \sum_{k=1}^{n} (a_k^2 b_k^2)^{1/2} \leq \sum_{k=1}^{n} \frac{1}{2}(a_k^2 + b_k^2) \leq \frac{1}{2} 2 = 1.$$

Damit ist (2.8) und somit die Cauchy-Schwarzsche Ungleichung bewiesen. □

Wie angekündigt können wir nun rasch die Gültigkeit der Dreiecksungleichung für die euklidische Norm nachweisen. Sind $x = (x_1, \ldots, x_n)$ und $y = (y_1, \ldots, y_n)$ zwei Vektoren des $\mathbb{R}^n$, so gilt

$$\begin{aligned}\|x + y\|^2 &= \sum_{k=1}^{n} (x_k + y_k)^2 = \sum_{k=1}^{n} x_k^2 + 2\sum_{k=1}^{n} x_k y_k + \sum_{k=1}^{n} y_k^2 \\ &= \|x\|^2 + 2\langle x, y\rangle + \|y\|^2 \leq \|x\|^2 + 2\|x\|\,\|y\| + \|y\|^2 = (\|x\| + \|y\|)^2.\end{aligned}$$

Daraus folgt offenbar

$$\|x + y\| \leq \|x\| + \|y\|.$$

Definieren wir nun den Abstand zweier Punkte $x = (x_1, \ldots, x_n)$ und $(y_1, \ldots, y_n)$ des $\mathbb{R}^n$ durch

$$d(x, y) := \|x - y\|,$$

so hat die damit definierte Abbildung $d : \mathbb{R}^n \times \mathbb{R}^n \to \mathbb{R}$ Eigenschaften, wie man sie von einer *Distanzfunktion* erwartet: Es gilt

(D1) $d(x, y) = 0$ genau dann, wenn $x = y$ gilt;
(D2) $d(x, y) = d(y, x)$ für alle x, y;
(D3) $d(x, z) \leq d(x, y) + d(y, z)$ für alle x, y, z.

Die Gültigkeit von (D1) ergibt dabei sofort daraus, dass $\sum_k (x_k - y_k)^2 = 0$ genau dann gilt, wenn $x_k - y_k = 0$ für $k = 1, \ldots, n$ gilt. (D2) folgt aus $(x_k - y_k)^2 = (y_k - x_k)^2$ für $k = 1, \ldots, n$ und (D3) schließlich folgt aus der Dreiecksungleichung für die euklidische Norm:

$$d(x, z) = \|x - z\| = \|(x - y) + (y - z)\| \leq \|x - y\| + \|y - z\| = d(x, y) + d(y, z).$$

Da wir bei der Diskussion von reellen und komplexen Zahlenfolgen gesehen haben, dass bei der Gewinnung von wichtigen Aussagen über konvergente Folgen die Gültigkeit von (D1), (D2) und (D3) von grundlegender Bedeutung war, werden sich viele früher bewiesene Dinge auf konvergente Folgen im $\mathbb{R}^n$ übertragen lassen, wenn man definiert:

Eine Folge $(\xi_k)_{k\in\mathbb{N}}$ in $\mathbb{R}^n$ heißt konvergent gegen $\xi \in \mathbb{R}^n$, wenn es zu jedem $\varepsilon > 0$ ein $k_0 \in \mathbb{N}$ gibt, so dass $\|\xi_k - \xi\| < \varepsilon$ gilt für alle $k \in \mathbb{N}$ mit $k \geq k_0$.

Wie früher sieht man nun, dass jede konvergente Folge im $\mathbb{R}^n$ eine Cauchy-Folge sein muss, d.h. dass zu jedem $\varepsilon > 0$ ein $k_0 \in \mathbb{N}$ existiert mit $\|\xi_k - \xi_j\| < \varepsilon$ für alle $j, k \in \mathbb{N}$ mit $j, k \geq k_0$. Es stellt sich natürlich wieder die Frage, ob jede Cauchy-Folge schon konvergent sein muss. Auch hier ist die Antwort positiv, wie man recht leicht sieht unter Verwendung des nächsten Lemmas.

Lemma 2.12

Eine Folge $(\xi_k)_{k\in\mathbb{N}}$ mit $\xi_k = (\xi_{k,1}, \ldots, \xi_{k,n}) \in \mathbb{R}^n$ für $k \in \mathbb{N}$ ist genau dann konvergent gegen $\xi = (\xi_1, \ldots, \xi_n) \in \mathbb{R}^n$, wenn $\lim_{k\to\infty} \xi_{k,j} = \xi_j$ für $j = 1, \ldots, n$ gilt.

Beweis:
Sei zuerst angenommen, dass $\xi_k \to \xi$ für $k \to \infty$ gilt. Dann gibt es zu jedem $\varepsilon > 0$ ein $k_0 \in \mathbb{N}$ mit $\|\xi_k - \xi\| < \varepsilon$ für $k \geq k_0$. Die Definition der euklidischen Norm zeigt, dass $|\xi_{k,j} - \xi_j| \leq \|\xi_k - \xi\|$ für $k \in \mathbb{N}$ und $j = 1, \ldots, n$ gilt. Damit gilt für jedes feste $j \in \{1, \ldots, n\}$ auch $|\xi_{k,j} - \xi_j| < \varepsilon$ für $k \geq k_0$. Dies bedeutet aber, dass $\xi_{k,j} \to \xi_j$ für alle $j \in \{1, \ldots, n\}$ gilt.
Sei nun angenommen, dass $\xi_{k,j} \to \xi_j$ für alle $j \in \{1, \ldots, n\}$ gilt. Dann gibt es zu jedem $j \in \{1, \ldots, n\}$ und jedem $\varepsilon > 0$ ein $k_0(j, \varepsilon)$ mit $|\xi_{k,j} - \xi_j| < \varepsilon/\sqrt{n}$ für $k \geq k_0(j, \varepsilon)$. Ist nun $\kappa(\varepsilon) \in \mathbb{N}$ so gewählt, dass $\kappa(\varepsilon) \geq k_0(j, \varepsilon)$ für $j = 1, \ldots, n$ gilt, so folgt

$$\|\xi_k - \xi\| = \left(\sum_{j=1}^{n} (\xi_{k,j} - \xi_j)^2\right)^{1/2} < \left(\sum_{j=1}^{n} \left(\frac{\varepsilon}{\sqrt{n}}\right)^2\right)^{1/2} = \varepsilon$$

für $k \geq \kappa(\varepsilon)$. Damit gilt aber $\xi_k \to \xi$ für $k \to \infty$. □

Satz 2.9

Sei $n \in \mathbb{N}$ und $(\xi_k)_{k\in\mathbb{N}}$ eine Cauchy-Folge im $\mathbb{R}^n$. Dann gibt es ein $x \in \mathbb{R}^n$ mit $\xi_k \to x$ für $k \to \infty$.

Beweis:
Da man für jedes $j \in \{1, \ldots, n\}$ und $k, m \in \mathbb{N}$ abschätzen kann $|\xi_{k,j} - \xi_{m,j}| \leq \|\xi_k - \xi_m\|$, ist klar, dass für jedes $j \in \{1, \ldots, n\}$ die Folge $(\xi_{k,j})_{k\in\mathbb{N}}$ eine Cauchy-Folge in $\mathbb{R}$ ist. Es gibt somit zu jedem j ein $\rho_j \in \mathbb{R}$ mit $\xi_{k,j} \to \rho_j$ für $k \to \infty$. Nimmt man diese ρ_j als Komponenten des Vektors x, setzt man also $x := (\rho_1, \ldots, \rho_n)$, so gilt nach Lemma 2.12 offenbar $\xi_k \to x$ für $k \to \infty$. □

Ähnlich einfach kann man unter Benützung von Lemma 2.12 die Aussage des Satzes von Bolzano-Weierstraß auf den $\mathbb{R}^n$ übertragen:

Satz 2.10

Sei $n \in \mathbb{N}$ und $(\xi_k)_{k\in\mathbb{N}}$ eine beschränkte Folge im $\mathbb{R}^n$, (es gibt also ein $M > 0$ mit $\|\xi_k\| \leq M$ für alle $k \in \mathbb{N}$). Dann existiert eine konvergente Teilfolge.

Beweis:
Im Fall $n = 1$ ist der Satz identisch mit dem Satz von Bolzano-Weierstraß für reelle Zahlenfolgen. Davon ausgehend kann man den Satz mit Hilfe von vollständiger Induktion beweisen. Sei also angenommen, dass er für beschränkte Folgen im $\mathbb{R}^n$ richtig sei, und sei eine beschränkte Folge $(\xi_k)_{k\in\mathbb{N}}$ im $\mathbb{R}^{n+1}$ gegeben. Setzt man dann $y_k := (\xi_{k,1}, \ldots, \xi_{k,n}) \in \mathbb{R}^n$, so gilt offenbar $\|y_k\| \leq \|\xi_k\|$ und somit ist $(y_k)_{k\in\mathbb{N}}$ eine beschränkte Folge im $\mathbb{R}^n$. Nach Induktionsannahme existiert also eine konvergente Teilfolge $(y_{k_j})_{j\in\mathbb{N}}$. Es gelte also $y_{k_j} \to \eta \in \mathbb{R}^n$ für $j \to \infty$. Betrachtet man nun die Folge $(\xi_{k_j,n})_{j\in\mathbb{N}}$, so ist diese eine beschränkte Folge in $\mathbb{R}$, es gibt somit dazu eine konvergente Teilfolge $(\xi_{k_{j_m},n})_{m\in\mathbb{N}}$. Es gelte etwa $\xi_{k_{j_m},n} \to \rho \in \mathbb{R}$ für $m \to \infty$. Es gilt dann nach Lemma 2.5 auch $y_{k_{j_m}} \to \eta$ für $m \to \infty$. Lemma 2.12 zeigt nun schließlich, dass die Folge $(\xi_{k_{j_m}})_{m\in\mathbb{N}}$ gegen $(\eta_1, \ldots, \eta_n, \rho) \in \mathbb{R}^{n+1}$ konvergieren muss. □

Im $\mathbb{R}^n$ ist die bisher benützte Abstandsmessung mit Hilfe der euklidischen Norm keineswegs die einzig mögliche. Man kann z.B. den Abstand zwischen $x = (x_1, \ldots, x_n)$ und $y = (y_1, \ldots, y_n) \in \mathbb{R}^n$ auch messen durch

$$\delta(x,y) := \sup_{j=1,\ldots,n} |x_j - y_j|. \tag{2.9}$$

Auch hierbei gilt offenbar $\delta(x,y) = 0$ genau dann, wenn $x = y$ gilt, und $\delta(x,y) = \delta(y,x)$ für alle $x, y \in \mathbb{R}^n$. Es gilt aber auch die Dreiecksungleichung. Denn für $x, y, z \in \mathbb{R}^n$ und $j = 1, \ldots, n$ gilt ja

$$|x_j - z_j| \leq |x_j - y_j| + |y_j - z_j|,$$

sowie

$$\sup_{j=1,\ldots,n} (|x_j - y_j| + |y_j - z_j|) \leq (\sup_{j=1,\ldots,n} |x_j - y_j|) + (\sup_{j=1,\ldots,n} |y_j - z_j|), \tag{2.10}$$

woraus $\delta(x,z) = \sup_{j=1,\ldots,n} |x_j - z_j| \leq \delta(x,y) + \delta(y,z)$ folgt.
Die Gültigkeit von (2.10) ist dabei sehr rasch einzusehen: Ist $a = \sup_{j=1,\ldots,n} |x_j - y_j|$ und $b = \sup_{j=1,\ldots,n} |y_j - z_j|$, so gilt natürlich $|x_j - y_j| + |y_j - z_j| \leq a + b$ für $j = 1, \ldots, n$ und daraus folgt $\sup_{j=1,\ldots,n}(|x_j - y_j| + |y_j - z_j|) \leq a + b$, also (2.10).

Damit ist es auf jeden Fall auch sinnvoll, von der Konvergenz einer Folge im $\mathbb{R}^n$ bezüglich δ zu sprechen, und es ist auf den ersten Blick keineswegs klar, ob es Folgen im $\mathbb{R}^n$ geben könnte, die bezüglich δ konvergent, aber im üblicherweise betrachteten $\mathbb{R}^n$, d.h. mit der auf der euklidischen Norm basierenden Abstandsmessung d, nicht konvergent sind. Tatsächlich ist aber jede bezüglich δ konvergente Folge auch bezüglich d konvergent und umgekehrt. Dies zeigt das folgende Lemma, wenn man noch die Aussage von Lemma 2.12 berücksichtigt.

Lemma 2.13

Ist $(\xi_k)_{k\in\mathbb{N}}$ eine Folge in $\mathbb{R}^n$ und $\xi \in \mathbb{R}^n$, so gilt $\delta(\xi_k, \xi) \to 0$ für $k \to \infty$ genau dann, wenn $\lim_{k\to\infty} \xi_{k,j} = \xi_j$ für alle $j \in \{1, \dots, n\}$ gilt.

Beweis:
Wegen $|\xi_{k,j} - \xi_j| \le \delta(\xi_k, \xi)$ für alle $j \in \{1, \dots, n\}$ folgt für jedes j aus $\delta(\xi_k, \xi) \to 0$ sofort $|\xi_{k,j} - \xi_j| \to 0$ für $k \to \infty$, also $\lim_{k\to\infty} \xi_{k,j} = \xi_j$ für alle $j \in \{1, \dots, n\}$.
Für die umgekehrte Richtung gehen wir davon aus, dass es zu jedem $\varepsilon > 0$ ein $k_0 \in \mathbb{N}$ gibt mit $|\xi_{k,j} - \xi_j| < \varepsilon$ für $k \ge k_0$ und $j = 1, \dots, n$. Dann folgt offenbar $\delta(\xi_k, \xi) < \varepsilon$ für $k \ge k_0$, also $\delta(\xi_k, \xi) \to 0$ für $k \to \infty$. □

Man könnte das Ergebnis, dass d und δ auf dem $\mathbb{R}^n$ zum gleichen Konvergenzbegriff führen, auch damit begründen, dass die euklidische Norm $\| \; \|$ und die ***Supremumsnorm*** $\|x\|_\infty := \sup_{j=1,\dots,n} |x_j|$ äquivalent sind in dem Sinn, dass sie sich gegenseitig abschätzen lassen, d.h. dass es Konstanten $M > 0$ und $N > 0$ gibt, so dass

$$M\|x\|_\infty \le \|x\| \le N\|x\|_\infty$$

für alle $x \in \mathbb{R}^n$ gilt. Man überlegt sich leicht, dass sogar

$$\|x\|_\infty \le \|x\| \le \sqrt{n}\|x\|_\infty \quad \text{für} \quad x \in \mathbb{R}^n$$

gilt. (Siehe den Beweis von Lemma 2.12.)

Die Abstandsmessung mit Hilfe der Supremumsnorm wird häufig auch verwendet, wenn man gewisse Mengen, genauer Vektorräume betrachtet, deren Elemente Abbildungen sind. So etwa, wenn man die Menge aller Abbildungen einer nichtleeren Menge M nach $\mathbb{R}$ betrachtet, die beschränkt sind. Ist $\mathrm{Abb}(M, \mathbb{R})$ die Menge aller Abbildungen $f : M \to \mathbb{R}$, so sei also

$$F_b(M, \mathbb{R}) := \{f \in \mathrm{Abb}(M, \mathbb{R}) : \text{Es gibt ein } \rho_f > 0 \text{ mit } |f(x)| \le \rho_f \text{ für alle } x \in M\}.$$

Ganz genauso könnte man $F_b(M, \mathbb{C})$ definieren und wir werden daher bei den weiteren Überlegungen $F_b(M, \mathbb{K})$ notieren, wobei $\mathbb{K} = \mathbb{R}$ oder $\mathbb{K} = \mathbb{C}$ sein kann.
Für $f \in F_b(M, \mathbb{K})$ gilt offenbar $\|f\|_\infty := \sup_{x\in M} |f(x)| \le \rho_f$, und für f und g aus $F_b(M, \mathbb{K})$ können wir abschätzen

$$|f(x) + g(x)| \le |f(x)| + |g(x)| \le \|f\|_\infty + \|g\|_\infty \quad \text{für} \quad x \in M,$$

woraus weiter

$$\sup_{x\in M} |f(x) + g(x)| \le \|f\|_\infty + \|g\|_\infty \tag{2.11}$$

folgt. Definiert man also als Abstand zwischen f und g

$$d(f, g) := \sup_{x\in M} |f(x) - g(x)|,$$

so gilt die Dreiecksungleichung

$$d(f, g) \le d(f, h) + d(h, g) \quad \text{für} \quad f, g, h \in F_b(M, \mathbb{K}).$$

Dies folgt aus (2.11), wenn man von $d(f,g) = \sup_{x\in M} |(f(x) - h(x)) + (h(x) - g(x))|$ ausgeht.
Aus $d(f,g) = 0$ folgt auch, dass $f = g$, d.h. $f(x) = g(x)$ für alle $x \in M$ gelten muss. Denn ist $\sup_{x\in M} |f(x) - g(x)| = 0$, so muss offenbar $f(x) - g(x) = 0$ für alle $x \in M$ gelten. Schließlich gilt $d(f,g) = d(g,f)$. Es ist daher sinnvoll, ausgehend von d die Konvergenz von Folgen in $F_b(M,\mathbb{K})$ zu diskutieren. Um dies hervorzuheben, schreiben wir $(F_b(M,\mathbb{K}), d)$. Wichtig ist, dass nun auch hierbei gilt:

Satz 2.11

Ist $(f_n)_{n\in\mathbb{N}}$ eine Cauchy-Folge in $(F_b(M,\mathbb{K}), d)$, so gibt es ein $g \in F_b(M,\mathbb{K})$ mit $d(f_n, g) \to 0$ für $n \to \infty$.

Beweis:
Ist $(f_n)_{n\in\mathbb{N}}$ eine Cauchy-Folge in $(F_b(M,\mathbb{K}), d)$, so gibt es zu jedem $\varepsilon > 0$ ein $n_0 \in \mathbb{N}$ mit $\|f_n - f_k\|_\infty < \varepsilon$ für alle $n, k \geq n_0$. Dann gilt ja auch $|f_n(x) - f_k(x)| < \varepsilon$ für jedes $x \in M$, wenn $n, k \geq n_0$ ist. Dies zeigt, dass für jedes $x \in M$ die Folge $(f_n(x))_{n\in\mathbb{N}}$ eine Cauchy-Folge in $\mathbb{K}$ ist. Damit gibt es aber zu jedem $x \in M$ ein $\alpha_x \in \mathbb{K}$ mit $f_n(x) \to \alpha_x$ für $n \to \infty$. Definieren wir damit $f(x) := \alpha_x$ für $x \in M$, so ist noch zu zeigen, dass $f \in F_b(M,\mathbb{K})$ ist und $\|f_n - f\|_\infty \to 0$ für $n \to \infty$ gilt.
Sei $\varepsilon > 0$ gegeben. Schätzen wir nun für ein beliebiges $x \in M$ ab

$$|f_n(x)-f(x)| \leq |f_n(x)-f_k(x)|+|f_k(x)-f(x)| \leq \|f_n-f_k\|_\infty+|f_k(x)-f(x)|,$$

so gibt es ja ein n_0 mit $\|f_n - f_k\|_\infty < \varepsilon/2$ für alle $n, k \geq n_0$ und sicherlich weiter auch ein $k \geq n_0$ mit $|f_k(x) - f(x)| < \varepsilon/2$. Damit ergibt sich, dass sogar $\|f_n - f\|_\infty < \varepsilon$ für alle $n \geq n_0$ gilt. Somit ist nur noch zu überlegen, dass $f \in F_b(M,\mathbb{K})$ ist. Dies erhält man aber aufgrund der letzten Überlegung auch fast unmittelbar: $\|f_{n_0} - f\|_\infty < \varepsilon$ bedeutet, dass $|f_{n_0}(x) - f(x)| < \varepsilon$ für alle $x \in M$ gilt. Damit gilt $|\,|f_{n_0}(x)| - |f(x)|\,| < \varepsilon$ und somit $|f(x)| < \|f_{n_0}\|_\infty + \varepsilon$ für alle $x \in M$. □

Damit haben wir ein weiteres Beispiel für eine mathematische Struktur gefunden, die man als *vollständigen metrischen Raum* bezeichnet. Dieser Begriffsbildung wenden wir uns im nächsten Abschnitt zu.

2.3.2 Folgen in metrischen Räumen

Bei einem *metrischen Raum* versieht man eine Menge nicht mit einer algebraischen Struktur oder einer Ordnungsstruktur, sondern mit einer Struktur, die es erlaubt, Abstände zwischen den Elementen der Menge zu messen, und zwar in einer Weise, wie sie uns nach dem letzten Abschnitt eigentlich schon gut bekannt ist.
Als ***Metrik auf der Menge*** M bezeichnet man jede Abbildung $d : M \times M \to \mathbb{R}$, die folgende (uns schon vertrauten) Bedingungen erfüllt:

(M1) Es ist $d(x,y) \geq 0$ für alle $(x,y) \in M \times M$ und es gilt $d(x,y) = 0$ genau dann, wenn $x = y$ gilt.

(M2) Es gilt $d(x,y) = d(y,x)$ für alle $(x,y) \in M \times M$.

(M3) Es gilt $d(x,y) \leq d(x,z) + d(z,y)$ für alle $x, y, z \in M$.

Ist eine Menge M mit einer Metrik d versehen, so bezeichnet man das Paar (M, d) als ***metrischen Raum***. Jede nichtleere Menge kann man auf ganz einfache Weise zu einem metrischen Raum machen, indem man sie mit der sogenannten ***diskreten Metrik*** versieht, die definiert ist durch

$$d(x,x) := 0 \quad \text{für alle} \quad x \in M, \quad d(x,y) := 1 \quad \text{für alle} \quad x,y \in M \quad \text{mit} \quad x \neq y.$$

Diese Definition eines Abstands zwischen den Elementen von M ist nicht besonders interessant, aber sie genügt tatsächlich den Forderungen (M1), (M2) und (M3). Offenbar ist die Gültigkeit von (M1) und (M2) klar, die Gültigkeit der Dreiecksungleichung ergibt sich folgendermaßen:
Seien $x, y, z \in M$ beliebig gegeben. Gilt $x = y$, so gilt $d(x, y) = 0$ und es folgt (M3) für beliebiges $z \in M$. Gilt aber $x \neq y$, so muss $x \neq z \vee y \neq z$ gelten und somit ist $d(x, z) + d(z, y) \geq 1$. Damit gilt auch in diesem Fall (M3).

Dieses Beispiel deutet bereits an, dass man einen vielfältig einsetzbaren Rahmen zur Verfügung hat, wenn man Fragen der Konvergenz nun im allgemeineren Kontext von Folgen in metrischen Räumen behandelt.

In Verallgemeinerung der geometrischen Verhältnisse, die wir vom $\mathbb{R}^3$ her kennen, ist es üblich, bei einem metrischen Raum (M, d) die Menge

$$U(x_0, r) := \{x \in M : d(x_0, x) < r\},$$

wobei $x_0 \in M$ und $r > 0$ beliebig gegeben sind, als *offene Kugel mit Radius r um den Punkt x_0* zu bezeichnen.
Im $\mathbb{R}^3$ mit der euklidischen Metrik ist dies wirklich eine Menge von der Gestalt einer Kugel, da sie alle Punkte umfasst, die von x_0 einen Abstand kleiner als r haben. Versieht man jedoch den $\mathbb{R}^3$ mit der in (2.9) definierten Metrik δ, so umfasst die *Kugel* $U(0,1)$ alle Punkte, die geometrisch zum achsenparallelen Würfel mit Mittelpunkt im Ursprung $0 = (0,0,0)$ und Kantenlänge zwei gehören, wobei die Oberfläche des Würfels nicht dazu gehört. In diesem Fall erinnert uns also die 'Kugel' $U(0,1)$ geometrisch keineswegs an eine Kugel, trotzdem ist diese Bezeichnung sinnvoll, weil die Menge $U(0,1)$ durch die gleiche Vorschrift gebildet wurde. Noch ungewohnter wird übrigens das Bild, wenn man eine Menge M mit der diskreten Metrik versieht: Ist $r > 1$, so gilt stets $U(x_0, r) = M$.

In gewisser Weise veranschaulichen kann man sich auch die Menge $U(0,1) \subset F_b(\mathbb{R}, \mathbb{R})$, wenn man $F_b(\mathbb{R}, \mathbb{R})$ wie im letzten Abschnitt diskutiert mit der Metrik

$$d(f, g) := \sup_{x \in \mathbb{R}} |f(x) - g(x)|$$

versieht. Dabei ist nun natürlich der Mittelpunkt $0 \in F_b(\mathbb{R}, \mathbb{R})$ die konstante Funktion $f(x) = 0$ für alle $x \in \mathbb{R}$. Ist $g \in U(0,1)$, so muss ja $\sup_{x \in \mathbb{R}} |g(x)| < 1$ sein. Für den Graphen $\{(x, y) \in \mathbb{R}^2 : y = g(x)\}$ der Funktion g bedeutet dies, dass er wie üblich veranschaulicht in der $(x, y)-$ Ebene zwischen den zwei Parallelen zur $x-$Achse verlaufen muss, die durch die Punkte $(0, -1)$ und $(0, 1)$ verlaufen. Es verlaufen allgemeiner immer die Graphen von Funktionen, die zu einer Kugel $U(f_0, r)$ gehören, anschaulich in einem Streifen konstanter Breite um den Graphen der Funktion f_0.

Häufig ist es von Interesse, bei einem gegebenen metrischen Raum (M, d) auch eine nichtleere Teilmenge $A \subset M$ mit $A \neq M$ mit der Struktur eines metrischen Raumes zu versehen, indem man einfach die Metrik d einschränkt, d.h. man definiert einfach $d_A(x,y) := d(x,y)$ für $(x,y) \in A \times A$. Es ist sofort zu sehen, dass d_A wiederum die Axiome (M1), (M2) und (M3) erfüllt. Man bezeichnet d_A als die von d ***induzierte Metrik***.

So kann man z.B. die Menge $\mathbb{Q} \subset \mathbb{R}$ mit der von der üblichen Metrik auf $\mathbb{R}$ induzierten Metrik versehen, d.h. es ist dann $d_{\mathbb{Q}}(r,s) = |r-s|$ für $(r,s) \in \mathbb{Q} \times \mathbb{Q}$. In diesem Fall ist offensichtlich, was gemeint ist, wenn man eine Folge in $\mathbb{Q}$ als Cauchy-Folge bezeichnet. Und hier ist nun festzustellen, dass es im Gegensatz zu $\mathbb{R}$ im metrischen Raum $(\mathbb{Q}, d_{\mathbb{Q}})$ Cauchy-Folgen gibt, die in $(\mathbb{Q}, d_{\mathbb{Q}})$ nicht konvergent sind. Man kann so eine Folge unter Benützung des babylonischen Wurzelziehens finden, aber auch mit der folgenden Vorgangsweise, bei der man ebenfalls ausnützt, dass $\sqrt{2} \notin \mathbb{Q}$ ist:
Man geht zunächst in $\mathbb{R}$ von der Folge $(x_n)_{n\in\mathbb{N}} := (\sqrt{2} - \frac{1}{n})_{n\in\mathbb{N}}$ aus. Diese konvergiert in $\mathbb{R}$ gegen $\sqrt{2}$. Denn es gilt ja $|x_n - \sqrt{2}| = \frac{1}{n}$ für alle n. Zu jedem x_n gibt es, da $\mathbb{Q}$ in $\mathbb{R}$ dicht liegt, ein $r_n \in \mathbb{Q}$ mit $|x_n - r_n| < \frac{1}{n}$. Die Folge $(r_n)_{n\in\mathbb{N}}$ ist dann ebenfalls in $\mathbb{R}$ konvergent gegen $\sqrt{2}$. Denn es gilt ja

$$|r_n - \sqrt{2}| \leq |r_n - x_n| + |x_n - \sqrt{2}| < \frac{2}{n} < \varepsilon,$$

wenn $n \geq n_0$ ist mit $1/n_0 < \varepsilon/2$. Damit ist die Folge (r_n) eine Cauchy-Folge in $\mathbb{R}$ und somit auch in $\mathbb{Q}$. Wäre sie jetzt in $\mathbb{Q}$ konvergent, etwa gegen $a \in \mathbb{Q}$, so wäre sie auch in $\mathbb{R}$ konvergent gegen a, somit wäre $a = \sqrt{2}$ im Widerspruch zu $\sqrt{2} \notin \mathbb{Q}$.

Nach diesen Beispielen sind nun wohl die folgenden Definitionen sehr naheliegend:

Eine Folge $(x_n)_{n\in\mathbb{N}}$ im metrischen Raum (M,d) heißt konvergent gegen $x_0 \in M$, wenn zu jedem $\varepsilon > 0$ ein $n_0 \in \mathbb{N}$ existiert mit $x_n \in U(x_0, \varepsilon)$ für alle $n \geq n_0$.

Eine Folge $(x_n)_{n\in\mathbb{N}}$ im metrischen Raum (M,d) heißt Cauchy-Folge, wenn es zu jedem $\varepsilon > 0$ ein $n_0 \in \mathbb{N}$ gibt, so dass $d(x_n, x_m) < \varepsilon$ für alle $n, m \geq n_0$ gilt.

*Ein metrischer Raum (M,d) heißt **vollständig**, wenn jede Cauchy-Folge $(x_n)_{n\in\mathbb{N}}$ in M konvergent ist.*

In der Analysis hat man es häufig mit vollständigen metrischen Räumen zu tun, die, (ganz so wie beim $\mathbb{R}^n$), so entstehen, dass sie zunächst $\mathbb{K}$-Vektorräume sind und mit einer Norm versehen werden, die dann auf natürliche Weise zu einer Metrik führt. Dazu die folgenden Definitionen, (bei der der Begriff des Vektorraums als aus der linearen Algebra bekannt vorausgesetzt ist, siehe z.B. Grauert-Grunau [4]):

*Sei X ein $\mathbb{K}$-Vektorraum. Eine Abbildung $\| \ \| : X \to \mathbb{R}$ heißt **Norm auf** X, wenn gilt:*
(1) Es gilt $\|x\| \geq 0$ für alle $x \in X$ und es gilt $\|x\| = 0$ genau dann, wenn $x = 0$ ist.
(2) Es gilt $\|\alpha x\| = |\alpha| \, \|x\|$ für alle $\alpha \in \mathbb{K}$ und $x \in X$.
(3) Es gilt $\|x + y\| \leq \|x\| + \|y\|$ für alle $x, y \in X$.

*Ist auf einem $\mathbb{K}$-Vektorraum X eine Norm $\| \ \|$ gegeben, so nennt man das Paar $(X, \| \ \|)$ einen **normierten Raum**.*

Ist ein normierter Raum $(X, \| \ \|)$ gegeben, so definiert man genau in der Weise, wie wir es schon in Spezialfällen kennen, eine Metrik auf X durch

$$d(x,y) := \|x - y\| \quad \text{für} \quad x, y \in X.$$

Die Forderungen (1), (2) und (3) an die Norm implizieren dann die Forderungen (M1), (M2) und (M3) an die Metrik. (So folgt etwa (M3) so wie früher bereits notiert aus $\|x - y\| = \|(x - z) + (z - y)\| \leq \|x - z\| + \|z - y\|$.)

Wird der normierte Raum $(X, \| \;\|)$ auf diese Weise zu einem vollständigen metrischen Raum, so bezeichnet man den normierten Raum selber als vollständig. Einen vollständigen normierten Raum nennt man ***Banachraum***.
Der $\mathbb{R}^n$ mit der euklidischen Norm, aber auch $F_b(M, \mathbb{K})$ mit der Supremumsnorm sind Beispiele für Banachräume. Denn $F_b(M, \mathbb{K})$ wird zu einem $\mathbb{K}$-Vektorraum, wenn man die Operationen der Addition und der Multiplikation mit Skalaren definiert durch

$$(f + g)(x) := f(x) + g(x) \quad \text{für} \quad f, g \in F_b(M, \mathbb{K}),\ x \in M,$$

$$(\alpha f)(x) := \alpha f(x) \quad \text{für} \quad \alpha \in \mathbb{K},\ f \in F_b(M, \mathbb{K}),\ x \in M.$$

Wir werden später noch weitere Banachräume kennenlernen. Auch werden wir im nächsten Abschnitt Reihen im Rahmen von Banachräumen diskutieren. Vorher seien aber noch zwei Dinge über Folgen in normierten Räumen festgehalten, die immer wieder benützt werden, so anschließend beim Nachweis, dass auf dem $\mathbb{R}^n$ alle Normen äquivalent sind. Dies hat zur Folge, dass man, wenn man den $\mathbb{R}^n$ mit irgendeiner Norm versieht, immer einen Banachraum erhält.

Lemma 2.14

Sei $(X, \| \;\|)$ ein normierter Raum und $(x_n)_{n\in\mathbb{N}}$ eine konvergente Folge in X. Dann gilt:
(a) Die Folge $(\|x_n\|)_{n\in\mathbb{N}}$ ist konvergent und es gilt $\lim_{n\to\infty} \|x_n\| = \|\lim_{n\to\infty} x_n\|$.
(b) Es gibt ein $M > 0$ mit $\|x_n\| \leq M$ für alle $n \in \mathbb{N}$.

Beweis:
Zu (a): Grundlage ist die *umgekehrte Dreiecksungleichung*

$$|\,\|x\| - \|y\|\,| \leq \|x - y\| \quad \text{für} \quad x, y \in X,$$

die man genauso beweist wie beim Betrag reeller oder komplexer Zahlen. (Siehe den Beweis von Satz 1.14.)
Gilt $x_n \to y \in X$, so liefert diese die Abschätzung $|\,\|x_n| - \|y\|\,| \leq \|x_n - y\|$, die zeigt, dass es zu jedem $\varepsilon > 0$ ein $n_0 \in \mathbb{N}$ gibt mit $|\,\|x_n| - \|y\|\,| < \varepsilon$ für $n \geq n_0$. Damit gilt $\lim_{n\to\infty} \|x_n\| = \|y\|$.
Zu (b): Da nach Lemma 2.4 jede konvergente reelle Folge beschränkt ist, folgt (b) sofort aus (a). □

Satz 2.12

Sei $n \in \mathbb{N}$, sei $\| \;\|$ eine Norm auf dem $\mathbb{R}^n$ und $\| \;\|_2$ die euklidische Norm auf dem $\mathbb{R}^n$. Dann gibt es Konstanten $M > 0$ und $N > 0$ mit

$$M\|x\|_2 \leq \|x\| \leq N\|x\|_2 \quad \text{für alle} \quad x \in \mathbb{R}^n.$$

Beweis:
Ist wie üblich $e_k = (e_{k,1}, \ldots, e_{k,n}) \in \mathbb{R}^n$ der Vektor mit $e_{k,j} = 0$, falls $j \neq k$, und $e_{k,k} = 1$, so gilt bekanntlich für jeden Vektor $x = (x_1, \ldots, x_n) \in \mathbb{R}^n$ die Darstellung $x = \sum_{k=1}^n x_k e_k$. Damit kann man unter Benützung der Eigenschaften der Norm $\| \ \|$ und der Cauchy-Schwarzschen Ungleichung abschätzen

$$\|x\| = \left\| \sum_{k=1}^n x_k e_k \right\| \leq \sum_{k=1}^n |x_k| \|e_k\| \leq \|x\|_2 \left(\sum_{k=1}^n \|e_k\|^2 \right)^{1/2} .$$

Dies zeigt die Gültigkeit von $\|x\| \leq N\|x\|_2$ für alle $x \in \mathbb{R}^n$.
Den Nachweis der Gültigkeit einer Ungleichung $M\|x\|_2 \leq \|x\|$ für alle $x \in \mathbb{R}^n$ führen wir indirekt. Wir nehmen also an, dass es kein $M > 0$ geben würde, so dass so eine Ungleichung gilt. Dann muss es aber zu jedem $m \in \mathbb{N}$ einen Vektor $\xi_m \in \mathbb{R}^n$ geben mit

$$\frac{1}{m}\|\xi_m\|_2 > \|\xi_m\|.$$

Damit muss sicher $\|\xi_m\|_2 > 0$ für alle $m \in \mathbb{N}$ gelten und wir können zu den Vektoren $y_m := \|\xi_m\|_2^{-1}\xi_m$ übergehen, für die dann $\|y_m\|_2 = 1$ und weiterhin $\frac{1}{m}\|y_m\|_2 > \|y_m\|$ für alle $m \in \mathbb{N}$ gilt. Nach Satz 2.10 muss dann zur Folge $(y_m)_{m\in\mathbb{N}}$ eine (bezüglich der euklidischen Norm) konvergente Teilfolge $(y_{m_k})_{k\in\mathbb{N}}$ existieren. Sei $\eta := \lim_{k\to\infty} y_{m_k}$. Da wir nach dem ersten Teil des Beweises abschätzen können

$$\|y_{m_k} - \eta\| \leq N\|y_{m_k} - \eta\|_2,$$

gilt auch $y_{m_k} \to \eta$ im Raum $(\mathbb{R}, \| \ \|)$. Nach Lemma 2.14 folgt weiter

$$\lim_{k\to\infty} \|y_{m_k}\| = \|\eta\| \quad \text{und} \quad \lim_{k\to\infty} \|y_{m_k}\|_2 = \|\eta\|_2.$$

Wegen $\|y_{m,k}\|_2 = 1$ für alle k gilt damit $\|\eta\|_2 = 1$, also $\eta \neq 0$ und weiter $\|\eta\| > 0$. Nun gilt nach der Konstruktion der Folge $(y_{m,k})_{k\in\mathbb{N}}$ aber $\frac{1}{m_k} > \|y_{m_k}\|$ für alle $k \in \mathbb{N}$, woraus $\lim_{k\to\infty} \|y_{m_k}\| = 0$ folgt. Dies widerspricht $\lim_{k\to\infty} \|y_{m_k}\| = \|\eta\| > 0$. □

Korollar 2.3

Ist $\| \ \|$ eine beliebige Norm auf dem $\mathbb{R}^n$, so ist der Raum $(\mathbb{R}^n, \| \ \|)$ ein Banachraum.

Beweis:
Sei $(x_m)_{m\in\mathbb{N}}$ eine Cauchy-Folge im normierten Raum $(\mathbb{R}^n, \| \ \|)$. Nach Satz 2.12 gilt eine Abschätzung $M\|x_m - x_k\|_2 \leq \|x_m - x_k\|$. Diese zeigt, dass die Folge $(x_m)_{m\in\mathbb{N}}$ dann auch eine Cauchy-Folge im Raum $(\mathbb{R}^n, \| \ \|_2)$ ist. Dieser ist vollständig, also gibt es ein $y \in \mathbb{R}^n$ mit $\|x_m - y\|_2 \to 0$ für $m \to \infty$. Die Abschätzung $\|x_m - y\| \leq N\|x_m - y\|_2$ zeigt, dass dann auch $\|x_m - y\| \to 0$ für $m \to \infty$ gilt. □

2.4 Reihen

Unendliche Reihen sind ganz wesentlich in der Analysis, denn sie dienen auch zur Definition wichtiger Funktionen wie etwa der *Exponentialfunktion*, mit der wir uns daher auch in diesem Abschnitt zum ersten Mal befassen werden.

2.4.1 Zur Konvergenz von Reihen

Es sei die Diskussion begonnen mit einem einfachen, aber dennoch sehr wichtigen Beispiel einer unendlichen Reihe.
Sei $a \in \mathbb{R}$ mit $0 \leq a < 1$. Definieren wir dann unter Verwendung der Notation $\mathbb{N}_0 := \mathbb{N} \cup \{0\}$

$$s_n := \sum_{k=0}^{n} a^k \quad \text{für} \quad n \in \mathbb{N}_0,$$

so werden mit zunehmendem n immer mehr Summanden a^k aufsummiert; man spricht daher davon, dass die s_n die ***Partialsummen*** *der unendlichen Reihe* $\sum_{k=0}^{\infty} a^k$ sind, wobei die Notation $\sum_{k=0}^{\infty} a^k$ in diesem Moment für uns nur rein formalen Charakter haben kann. Dies ändert sich jedoch, wenn die Folge $(s_n)_{n\in\mathbb{N}_0}$ konvergent ist. Dann können wir nämlich $\sum_{k=0}^{\infty} a^k$ als reelle Zahl auffassen, die durch

$$\sum_{k=0}^{\infty} a^k := \lim_{n\to\infty} s_n$$

definiert ist. In diesem Fall spricht man davon, dass die ***Reihe*** $\sum_{k=0}^{\infty} a^k$ ***konvergent*** ist, und bezeichnet die reelle Zahl $\sum_{k=0}^{\infty} a^k$ als ihren Wert.
Es ist klar, dass die Reihe als ***divergent*** bezeichnet wird, wenn die Folge der Partialsummen nicht konvergent ist. Aufgrund unserer Ergebnisse über reelle Folgen ist leicht zu sehen, dass im Fall $0 \leq a < 1$ die Folge $(s_n)_{n\in\mathbb{N}_0}$ tatsächlich konvergent ist. Da $a \geq 0$ ist, ist stets $a^k \geq 0$ und damit gilt offenbar $s_n \geq s_{n-1}$ für alle $n \in \mathbb{N}$. Die Folge $(s_n)_{n\in\mathbb{N}_0}$ ist also monoton wachsend, sie ist aber auch nach oben beschränkt. Denn zunächst ist für $n \in \mathbb{N}_0$

$$s_n \cdot a = a \cdot \sum_{k=0}^{n} a^k = \sum_{k=1}^{n+1} a^k = s_{n+1} - 1 = s_n + a^{n+1} - 1,$$

woraus sofort

$$s_n = \frac{1 - a^{n+1}}{1 - a} \quad \text{für} \quad n \in \mathbb{N}_0 \tag{2.12}$$

folgt. Wegen $0 \leq a < 1$ gilt aber auch $a^{n+1} < 1$ für alle $n \in \mathbb{N}_0$ und somit gilt $s_n \leq \frac{1}{1-a}$ für alle $n \in \mathbb{N}_0$. Damit existiert $\lim_{n\to\infty} s_n$ und somit ist die als ***geometrische Reihe*** bezeichnete Reihe $\sum_{k=0}^{\infty} a^k$ konvergent. Wir können aber auch leicht ihren Wert angeben. Denn es gilt ja wegen $0 \leq a < 1$ nach unseren früheren Resultaten

$$0 = a \lim_{n\to\infty} a^n = \lim_{n\to\infty} a^{n+1},$$

und es folgt aus (2.12) somit $\lim_{n\to\infty} s_n = \frac{1}{1-a}$. Wir können also notieren

$$\sum_{k=0}^{\infty} a^k = \frac{1}{1-a} \quad \text{für} \quad 0 \leq a < 1.$$

Ist $a \geq 1$, so ist die Folge $(s_n)_{n\in\mathbb{N}_0}$ natürlich ebenfalls monoton wachsend, aber sie ist auch unbeschränkt, denn es gilt offenbar $s_n \geq n+1$ für alle n. Im Sinne unserer früheren Begriffsbildung können wir damit notieren $s_n \to \infty$ für $n \to \infty$. Die geometrische Reihe ist also divergent, wenn $a \geq 1$ ist.

In jedem normierten Raum $(X, \| \, \|)$ kann man auf analoge Weise Reihen $\sum_{k=0}^{\infty} a_k$ diskutieren, wobei die a_k dann Vektoren aus X sind. Denn aufgrund der Vektorraum-Struktur ist ja die Bildung der Partialsummen $s_n = \sum_{k=0}^{n} a_k$ sinnvoll und die Frage der Konvergenz der Folge der Partialsummen lässt sich bezüglich der durch die Norm gegebenen Metrik diskutieren. Man wird auch in diesem Kontext davon sprechen, dass die Reihe konvergent ist, wenn die Folge der Partialsummen konvergent ist. Erste wichtige Aussagen dazu sind im nächsten Satz festgehalten.

Satz 2.13

Sei $(X, \| \, \|)$ ein normierter Raum, seien $a_k \in X$ für $k \in \mathbb{N}$. Dann gilt:
(a) Ist die Reihe $\sum_{k=1}^{\infty} a_k$ konvergent, so gilt $\|a_k\| \to 0$ für $k \to \infty$.
(b) Ist $(X, \| \, \|)$ sogar vollständig, also ein Banachraum, so ist die Reihe $\sum_{k=1}^{\infty} a_k$ genau dann konvergent, wenn es zu jedem $\varepsilon > 0$ ein $n_0 \in \mathbb{N}$ gibt mit $\|\sum_{k=n}^{m} a_k\| < \varepsilon$ für alle $n, m \in \mathbb{N}$ mit $m \geq n \geq n_0$.
(c) Ist $(X, \| \, \|)$ vollständig und die Reihe $\sum_{k=1}^{\infty} \|a_k\|$ in $\mathbb{R}$ konvergent, so ist die Reihe $\sum_{k=1}^{\infty} a_k$ in $(X, \| \, \|)$ konvergent.

Beweis:
Zu (a): Ist die Folge $(s_n)_{n\in\mathbb{N}}$ der Partialsummen konvergent, so ist sie eine Cauchy-Folge, d.h. zu $\varepsilon > 0$ gibt es ein $n_0 \in \mathbb{N}$ mit $\|s_n - s_m\| < \varepsilon$ für $n, m \geq n_0$. Für $n > n_0$ gilt damit insbesondere $\|s_n - s_{n-1}\| < \varepsilon$. Dies ist aber gleichbedeutend mit $\|a_n\| < \varepsilon$ für $n > n_0$. Damit gilt $\|a_k\| \to 0$ für $k \to \infty$.
Zu (b): Sei zuerst angenommen, dass die Reihe $\sum_{k=1}^{\infty} a_k$ konvergent ist. Dann folgt, (ohne dass man hierfür die Vollständigkeit des Raumes $(X, \| \, \|)$ benötigen würde), wie bei (a) $\|s_n - s_m\| < \varepsilon$ für $n, m \geq n_0$. Für $m \geq n \geq n_0$ gilt aber $\|s_n - s_m\| = \|\sum_{k=n}^{m} a_k\|$. Damit ist die eine Richtung gezeigt.
Für die andere Richtung wird nun die Vollständigkeit des Raumes benötigt. Gibt es zu jedem $\varepsilon > 0$ ein $n_0 \in \mathbb{N}$ mit $\|\sum_{k=n}^{m} a_k\| < \varepsilon$ für $m \geq n \geq n_0$, so ist nach der soeben durchgeführten Überlegung die Folge $(s_n)_{n\in\mathbb{N}}$ eine Cauchy-Folge. Ist $(X, \| \, \|)$ vollständig, so ist die Folge $(s_n)_{n\in\mathbb{N}}$ also konvergent, somit die Reihe $\sum_{k=1}^{\infty} a_k$ konvergent.
Zu (c): Ist die Reihe $\sum_{k=1}^{\infty} \|a_k\|$ in $\mathbb{R}$ konvergent, so ist die Folge $(\sum_{k=1}^{n} \|a_k\|)_{n\in\mathbb{N}}$ eine reelle Cauchy-Folge, es gibt also zu jedem $\varepsilon > 0$ ein $n_0 \in \mathbb{N}$ mit

$$\left| \sum_{k=1}^{n} \|a_k\| - \sum_{k=1}^{m} \|a_k\| \right| < \varepsilon \quad \text{für} \quad n, m \geq n_0.$$

Unter Verwendung der Dreiecksungleichung folgt daraus

$$\left\| \sum_{k=n+1}^{m} a_k \right\| < \varepsilon \quad \text{für} \quad m > n \geq n_0.$$

Dies zeigt, dass die Folge $\left(\sum_{k=1}^{n} a_k\right)_{n\in\mathbb{N}}$ eine Cauchy-Folge in $(X, \| \ \|)$ ist. Ist der Raum vollständig, so ist also die Reihe $\sum_{k=1}^{\infty} a_k$ konvergent. □

Man sieht rasch an Hand eines einfachen Beispiels, dass das in Teil (a) des letzten Satzes angegebene Kriterium tatsächlich nur notwendig und nicht hinreichend für die Konvergenz einer Reihe ist.
Wir betrachten dazu die sogenannte ***harmonische Reihe*** $\sum_{k=1}^{\infty} \frac{1}{k}$.
Da die Folge $(1/k)_{k\in\mathbb{N}}$ eine Nullfolge ist, ist bei dieser Reihe das notwendige Kriterium von Satz 2.13 (a) erfüllt. Die Reihe ist aber nicht konvergent, denn die Folge der Partialsummen ist keine Cauchy-Folge. Dies zeigt die für alle $m \in \mathbb{N}$ gültige Abschätzung

$$s_{2m} - s_m = \sum_{k=m+1}^{2m} \frac{1}{k} > m \cdot \frac{1}{2m} = \frac{1}{2}.$$

Die Divergenz der harmonischen Reihe hat die Konsequenz, dass das hinreichende Kriterium von Satz 2.13 (c) nicht einsetzbar ist, um die Konvergenz der ***alternierenden Reihe*** $\sum_{k=1}^{\infty}(-1)^k \frac{1}{k}$ zu zeigen. Es gibt jedoch ein anderes hinreichendes Kriterium für solche alternierenden Reihen, das als ***Leibniz-Kriterium*** bekannt ist:

Satz 2.14

Sei $(a_k)_{k\in\mathbb{N}}$ eine monoton fallende Nullfolge in $\mathbb{R}$ mit $a_k \geq 0$ für alle $k \in \mathbb{N}$. Dann ist die alternierende Reihe $\sum_{k=1}^{\infty}(-1)^k a_k$ konvergent.

Beweis:
Für die Partialsummen s_n der Reihe $\sum_{k=1}^{\infty}(-1)^k a_k$ können wir für alle $m \in \mathbb{N}$ notieren

$$s_{2m+2} - s_{2m} = -a_{2m+1} + a_{2m+2} \leq 0,$$

$$s_{2m+1} - s_{2m-1} = a_{2m} - a_{2m+1} \geq 0.$$

Es ist also die Folge $(s_{2m})_{m\in\mathbb{N}}$ monoton fallend und die Folge $(s_{2m-1})_{m\in\mathbb{N}}$ monoton wachsend. Da für alle $k \in \mathbb{N}$ gilt $s_{k+1} = s_k + (-1)^{k+1} a_{k+1}$, gilt offenbar $s_{2m+1} \leq s_{2m}$ für alle $m \in \mathbb{N}$, woraus weiter

$$s_{2m+1} \leq s_2, \quad s_{2m} \geq s_1 \quad \text{für alle} \quad m \in \mathbb{N}$$

folgt. Damit sind aber die monotonen Folgen $(s_{2m})_{m\in\mathbb{N}}$ und $(s_{2m-1})_{m\in\mathbb{N}}$ konvergent. Aus der Tatsache, dass die Folge $(a_k)_{k\in\mathbb{N}}$ eine Nullfolge ist, folgt weiter, dass die zwei Grenzwerte der Folgen $(s_{2m})_{m\in\mathbb{N}}$ und $(s_{2m-1})_{m\in\mathbb{N}}$ gleich sein müssen. Dies zeigt die Rechnung

$$0 = \lim_{m\to\infty} a_{2m+1} = \lim_{m\to\infty}(s_{2m} - s_{2m+1}) = \lim_{m\to\infty} s_{2m} - \lim_{m\to\infty} s_{2m+1}.$$

Bezeichnen wir den gemeinsamen Grenzwert mit s, so gibt es zu jedem $\varepsilon > 0$ ein $n_0 \in \mathbb{N}$, so dass $|s_{2m} - s| < \varepsilon$ für alle m mit $2m \geq n_0$ und $|s_{2j+1} - s| < \varepsilon$ für alle j mit $2j+1 \geq n_0$ gilt. Damit gilt aber $|s_n - s| < \varepsilon$ für alle $n \geq n_0$ und es ist somit die Folge $(s_n)_{n\in\mathbb{N}}$ und also die Reihe $\sum_{k=1}^{\infty}(-1)^k a_k$ konvergent. □

Bezeichnet man eine Reihe $\sum_{k=1}^{\infty} a_k$ in einem normierten Raum als ***absolut konvergent***, wenn die Reihe $\sum_{k=1}^{\infty} \|a_k\|$ in $\mathbb{R}$ konvergent ist, so können wir nun festhalten, dass die alternierende Reihe $\sum_{k=1}^{\infty}(-1)^k \frac{1}{k}$ zwar konvergent, jedoch nicht absolut konvergent ist. Andererseits besagt die Aussage (c) von Satz 2.13, dass im Fall eines vollständigen normierten Raumes aus der absoluten Konvergenz immer die Konvergenz einer Reihe folgt. Dies nützt man immer wieder aus, um Konvergenzfragen bei konkret gegebenen Reihen zu klären. Ein sehr wichtiges Beispiel dazu wird im nächsten Abschnitt behandelt.

2.4.2 Die Exponentialfunktion

Im folgenden Satz wird zum ersten Mal eine konvergente Reihe dazu dienen, eine Funktion $f : \mathbb{R} \to \mathbb{R}$ zu definieren.

Satz 2.15

Für alle $x \in \mathbb{R}$ ist die Reihe $\sum_{k=0}^{\infty} \frac{1}{k!} x^k$ absolut konvergent.
Definiert man die ***Exponentialfunktion*** $\exp : \mathbb{R} \to \mathbb{R}$ durch

$$\exp(x) := \sum_{k=0}^{\infty} \frac{1}{k!} x^k \quad \text{für} \quad x \in \mathbb{R},$$

so gilt $\exp(1) = e$.

Beweis:
Ist $x = 0$, so ist $x^k = 0$ für $k \in \mathbb{N}$ und damit ist die Reihe $\sum_{k=0}^{\infty} \frac{1}{k!} x^k$ konvergent, ja sogar absolut konvergent, weil $x^0 = 1$ ist.
Sei nun $x \in \mathbb{R} \setminus \{0\}$. Da die Folge $(|x|/n)_{n \in \mathbb{N}}$ eine Nullfolge ist, gibt es ein $n_0 \in \mathbb{N}$ mit $\frac{|x|}{n} < \frac{1}{2}$ für $n \geq n_0$. Damit kann man aber auch für alle $k \in \mathbb{N}$ abschätzen

$$\left| \frac{x^{n_0+k}}{(n_0+k)!} \right| = \frac{|x|^{n_0}}{(n_0)!} \prod_{j=1}^{k} \frac{|x|}{n_0+j} \leq \left(\frac{1}{2}\right)^k \frac{|x|^{n_0}}{(n_0)!}.$$

Für $m > n \geq n_0$ folgt damit

$$\sum_{k=n}^{m} \frac{1}{k!} |x|^k \leq \frac{|x|^{n_0}}{(n_0)!} \sum_{k=n}^{m} \left(\frac{1}{2}\right)^{k-n_0}.$$

Da nach unseren früheren Ergebnissen die geometrische Reihe $\sum_{k=0}^{\infty}(1/2)^k$ konvergent ist, zeigt dies, dass die Folge der Partialsummen der Reihe $\sum_{k=0}^{\infty}(1/k!)|x|^k$ eine Cauchy-Folge ist. Damit ist aber die Reihe $\sum_{k=}^{\infty}(1/k!)x^k$ absolut konvergent und es kann die Exponentialfunktion wie oben angegeben definiert werden.
Es ist noch zu zeigen, dass $\exp(1) = e$ gilt, d.h. es ist zu zeigen

$$\lim_{n\to\infty} \sum_{k=0}^{n} \frac{1}{k!} = \lim_{n\to\infty} \left(1 + \frac{1}{n}\right)^n.$$

Nach dem binomischen Lehrsatz gilt für $n \geq 1$

$$\left(1+\frac{1}{n}\right)^n = \sum_{k=0}^{n} \binom{n}{k} \frac{1}{n^k} = \sum_{k=0}^{n} \frac{n!}{k!(n-k)!} \frac{1}{n^k}.$$

Da nun aber für $k \geq 1$ gilt

$$\frac{n!}{(n-k)!} \frac{1}{n^k} = \prod_{j=0}^{k-1} \frac{n-j}{n} = \prod_{j=0}^{k-1} \left(1 - \frac{j}{n}\right) \leq 1,$$

folgt

$$\left(1+\frac{1}{n}\right)^n \leq \sum_{k=0}^{n} \frac{1}{k!} \quad \text{für} \quad n \geq 1.$$

Somit gilt

$$e = \lim_{n\to\infty} \left(1+\frac{1}{n}\right)^n \leq \lim_{n\to\infty} \sum_{k=0}^{n} \frac{1}{k!} = \exp(1).$$

Zur Gewinnung der umgekehrten Ungleichung notieren wir unter Verwendung der Zwischenresultate von soeben für $n \geq m$ bei beliebig gewähltem $m \in \mathbb{N}$

$$\sum_{k=0}^{n} \frac{1}{k!} \frac{n!}{(n-k)!} \frac{1}{n^k} \geq 1 + \sum_{k=1}^{m} \frac{1}{k!} \prod_{j=0}^{k-1} \left(1 - \frac{j}{n}\right).$$

Damit folgt

$$\lim_{n\to\infty} \left(1+\frac{1}{n}\right)^n \geq 1 + \sum_{k=1}^{m} \frac{1}{k!} \prod_{j=0}^{k-1} \lim_{n\to\infty} \left(1 - \frac{j}{n}\right) = 1 + \sum_{k=0}^{m} \frac{1}{k!}.$$

Da dies aber für beliebiges $m \in \mathbb{N}$ gilt, folgt $e \geq \sum_{k=0}^{\infty} \frac{1}{k!} = \exp(1)$.
Insgesamt haben wir damit $e = \exp(1)$ erhalten. □

Am Ende von Abschnitt 2.2 wurde bereits erwähnt, dass sich auf der Grundlage einer Reihe eine bessere Möglichkeit zur näherungsweisen Berechnung der Zahl e ergeben würde. Die Reihendarstellung $e = \exp(1)$ eröffnet tatsächlich diese Möglichkeit. Und zwar zeigt dies eine genügend gute Abschätzung der Differenz $e - \sum_{k=0}^{n}(1/k!)$.

Um diese zu gewinnen, setzen wir $s_n := \sum_{k=0}^{n} \frac{1}{k!}$, und notieren unter Berücksichtigung der Tatsache, dass die Partialsummen s_n monoton wachsend sind,

$$\begin{aligned} 0 < e - s_n &= \lim_{m\to\infty} s_m - s_n = \lim_{m\to\infty} (s_m - s_n) = \lim_{m\to\infty} \sum_{k=n+1}^{m} \frac{1}{k!} \\ &= \lim_{m\to\infty} \frac{1}{(n+1)!} \left(1 + \sum_{k=n+2}^{m} \prod_{j=n+2}^{k} \frac{1}{j}\right). \end{aligned}$$

Es gilt aber

$$\prod_{j=n+2}^{k} \frac{1}{j} \leq \frac{1}{(n+2)^{k-(n+1)}} < \frac{1}{(n+1)^{k-(n+1)}}$$

und nach den Ergebnissen zur geometrischen Reihe, wenn $n \in \mathbb{N}$ ist,

$$\lim_{m\to\infty} \left(1 + \sum_{k=n+2}^{m} \frac{1}{(n+1)^{k-(n+1)}}\right) = \lim_{m\to\infty} \sum_{j=0}^{m-(n+1)} \frac{1}{(n+1)^j} = \frac{1}{1-\frac{1}{n+1}} = \frac{n+1}{n}.$$

Damit erhält man nun für $n \in \mathbb{N}$ die Abschätzung

$$0 < e - s_n \leq \frac{1}{(n+1)!} \frac{n+1}{n} = \frac{1}{n!n}. \tag{2.13}$$

Da $n!$ rasch wächst, zeigt dies, dass man nur s_n mit recht kleinem n, also wenige Summanden der Reihe benötigt, um eine rationale Zahl zu erhalten, die eine gute Näherung für e darstellt. Die Abschätzung (2.13) erlaubt es jetzt aber auch, zu erschließen, dass die Zahl e irrational ist.

Satz 2.16

Es ist $e \in \mathbb{R} \setminus \mathbb{Q}$.

Beweis:
Wir zeigen, dass die Annahme, dass $e \in \mathbb{Q}$ ist, es also $p, q \in \mathbb{Q}$ gibt mit $e = p/q$, zu einem Widerspruch führt.
Nach der Ungleichung (2.13) gilt

$$0 < q!(e - s_q) \leq \frac{1}{q}.$$

Ist $e = p/q$, so ist ja $eq \in \mathbb{N}$, somit auch $e(q!) \in \mathbb{N}$. Es ist aber auch $q!s_q \in \mathbb{N}$, denn es gilt

$$q!s_q = \sum_{k=0}^{q} \frac{q!}{k!} = 1 + \sum_{k=0}^{q-1} \prod_{j=1}^{q-k} (k+j).$$

Damit folgt aus $e = p/q$, dass

$$q!(e - s_q) \in \mathbb{N} \wedge 0 < q!(e - s_q) \leq \frac{1}{q} < 1 \tag{2.14}$$

gelte muss. Dass $1/q < 1$ sein muss, ergibt sich daraus, dass wir aufgrund von rationalen Näherungen wissen, dass $e \notin \mathbb{N}$ ist, weshalb $q \neq 1$ sein muss. Die in (2.14) notierte Aussage widerspricht aber der Tatsache, dass die Menge $\{k \in \mathbb{N} : 0 < k < 1\}$ leer ist. (Siehe dazu Satz 1.4.) □

Wir werden später die Exponentialfunktion unter Benützung der gleichen Reihe sogar als Funktion auf $\mathbb{C}$ definieren. Vorher ist es aber zweckmäßig, verschiedene Kriterien bereitzustellen, die es erlauben, die Konvergenz einer Reihe zu erschließen.

2.4.3 Konvergenzkriterien

Häufig kann man ausgehend von der Konvergenz einer Reihe in $\mathbb{R}$ sogar auf die absolute Konvergenz einer Reihe in einem Banachraum schließen, wenn die Reihe in $\mathbb{R}$ eine Majorante ist in folgendem Sinn:
Ist $\sum_{k=1}^{\infty} x_k$ eine Reihe im Banachraum $(X, \|\ \|)$, und $\sum_{k=1}^{\infty} a_k$ eine Reihe in $\mathbb{R}$ mit $a_k \geq 0$ für alle $k \in \mathbb{N}$, so nennt man die Reihe $\sum a_k$ eine ***Majorante*** für $\sum x_k$, wenn es ein $k_0 \in \mathbb{N}$ gibt mit $\|x_k\| \leq a_k$ für alle $k \geq k_0$.

Satz 2.17: *(Majorantenkriterium)*

Gibt es zu einer Reihe $\sum_{k=1}^{\infty} x_k$ im Banachraum $(X, \|\ \|)$ eine konvergente Majorante, so ist die Reihe $\sum_{k=1}^{\infty} x_k$ absolut konvergent.

Beweis:
Sei die Reihe $\sum a_k$ eine konvergente Majorante für die Reihe $\sum x_k$. Insbesondere gelte $\|x_k\| \leq a_k$ für $k \geq k_0$. Da die Reihe $\sum a_k$ konvergiert, gibt es nach Satz 2.13 (b) zu jedem $\varepsilon > 0$ ein $n_0 \geq k_0$ mit

$$0 \leq \sum_{k=n+1}^{m} a_k < \varepsilon \quad \text{für alle} \quad m > n \geq n_0.$$

Da man abschätzen kann

$$\sum_{k=n+1}^{m} \|x_k\| \leq \sum_{k=n+1}^{m} a_k \quad \text{für} \quad m > n \geq n_0,$$

ist also die Folge $\left(\sum_{k=1}^{n} \|x_k\|\right)_{n\in\mathbb{N}}$ eine Cauchy-Folge. Damit ist die Reihe $\sum \|x_k\|$ konvergent und somit die Reihe $\sum x_k$ absolut konvergent. □

Wählt man speziell als Majorante die geometrische Reihe, so erhält man aus dem Majorantenkriterium das *Quotientenkriterium*. Dabei ergibt sich auch ein Kriterium zur Divergenz von Reihen.

Satz 2.18: *(Quotientenkriterium)*

Sei $\sum_{k=1}^{\infty} x_k$ eine Reihe im Banachraum $(X, \|\ \|)$ und es existiere ein $m \in \mathbb{N}$ mit $x_k \neq 0$ für alle $k \geq m$. Dann gilt:

(a) Gibt es ein $\alpha \in \mathbb{R}$ mit $0 < \alpha < 1$, so dass mit einem $k_0 \geq m$ gilt

$$\frac{\|x_{k+1}\|}{\|x_k\|} \leq \alpha \quad \text{für} \quad k \geq k_0,$$

so ist die Reihe $\sum_{k=1}^{\infty} x_k$ absolut konvergent.

(b) Gibt es ein $k_0 \geq m$ mit

$$\frac{\|x_{k+1}\|}{\|x_k\|} \geq 1 \quad \text{für} \quad k \geq k_0,$$

so ist die Reihe $\sum_{k=1}^{\infty} x_k$ divergent.

Beweis:
Zu (a): Nach Voraussetzung gilt

$$\|x_{k_0+j}\| \leq \alpha \|x_{k_0+j-1}\| \quad \text{für} \quad j \in \mathbb{N}.$$

Durch einen einfachen Induktionsschluss erhält man daraus

$$\|x_{k_0+j}\| \leq \alpha^j \|x_{k_0}\| \quad \text{für} \quad j \in \mathbb{N}.$$

Schreibt man dies als

$$\|x_k\| \leq \alpha^{k-k_0} \|x_{k_0}\| \quad \text{für} \quad k \geq k_0,$$

so ist offenbar die Reihe $\sum(\alpha^{-k_0}\|x_{k_0}\|)\alpha^k$ eine Majorante für die Reihe $\sum x_k$. Wegen $0 < \alpha < 1$ ist die Majorante konvergent. Denn ist σ_n eine Partialsumme dieser Reihe und s_n eine Partialsumme der geometrischen Reihe $\sum \alpha^k$, so gilt ja $\sigma_n = \alpha^{-k_0}\|x_{k_0}\|s_n$ und somit $\lim_{n\to\infty} \sigma_n = \alpha^{-k_0}\|x_{k_0}\| \lim_{n\to\infty} s_n$. Nach dem Majorantenkriterium ist damit die Reihe $\sum x_k$ absolut konvergent.
Zu (b): Gilt $\|x_{k+1}\| \geq \|x_k\|$ für $k \geq k_0$, so folgt wieder $\|x_{k_0+j}\| \geq \|x_{k_0}\| > 0$ für $j \in \mathbb{N}$. Damit kann aber die Folge $(\|x_k\|)_{k\in\mathbb{N}}$ keine Nullfolge sein. Nach Satz 2.13 (a) ist also die Reihe $\sum x_k$ nicht konvergent. □

Es gibt Reihen, bei denen auf der Grundlage des Quotientenkriteriums nicht entschieden werden kann, ob die Reihe konvergent oder divergent ist. Die harmonische Reihe ist ein Beispiel dafür. Denn mit $a_k := \frac{1}{k}$ gilt ja

$$\frac{|a_{k+1}|}{|a_k|} = \frac{k}{k+1} = \frac{1}{1+\frac{1}{k}} \to 1 \quad \text{für} \quad k \to \infty.$$

Damit kann es kein α mit $0 < \alpha < 1$ geben, so dass $|a_{k+1}|\,|a_k|^{-1} \leq \alpha$ ab einem gewissen k_0 gilt. Andererseits gilt aber auch immer $|a_{k+1}|\,|a_k|^{-1} < 1$, so dass auch die Bedingung von Teil (b) des Quotientenkriteriums nicht erfüllt ist.
Genau die gleiche Schwierigkeit tritt auf bei der Reihe $\sum_{k=1}^{\infty}(1/k^2)$. Diese ist jedoch im Gegensatz zur harmonischen Reihe konvergent! Dies kann man mit der folgenden Überlegung erschließen:
Für $n \geq 2$ kann man abschätzen

$$\sum_{k=1}^{n} \frac{1}{k^2} \leq 1 + \sum_{k=2}^{n} \frac{1}{k(k-1)} = 1 + \sum_{k=2}^{n} \left(\frac{1}{k-1} - \frac{1}{k}\right) = 1 + \left(1 - \frac{1}{n}\right) = 2 - \frac{1}{n} < 2.$$

Damit ist die Folge der Partialsummen dieser Reihe aber eine monoton wachsende nach oben beschränkte Folge. Folglich ist sie konvergent.

Das Quotientenkriterium ist aber immer wieder gut geeignet, um bei Reihen die Konvergenzfrage zu klären. Als ein Beispiel dafür sei die Reihe $\sum_{k=1}^{n} ka^k$ behandelt, wobei wieder $0 < a < 1$ sei. Schreibt man für $k \in \mathbb{N}$

$$\frac{(k+1)a^{k+1}}{ka^k} = \left(1 + \frac{1}{k}\right) a,$$

so ist für die Anwendung von Satz 2.18 (a) offenbar nur zu überlegen, dass es ein $k_0 \in \mathbb{N}$ und ein $\alpha < 1$ gibt mit $(1 + \frac{1}{k})a \leq \alpha$ für $k \geq k_0$. Dazu sei β mit $1 < \beta < \frac{1}{a}$ beliebig gewählt. Da $1+\frac{1}{k} \to 1$ für $k \to \infty$ gilt, gibt es ein $k_0 \in \mathbb{N}$ mit $1+\frac{1}{k} \leq \beta$ für alle $k \geq k_0$. Es folgt

$$\frac{(k+1)a^{k+1}}{ka^k} \leq \beta a < 1 \quad \text{für} \quad k \geq k_0.$$

Daher ist die Reihe $\sum_{k=1}^{\infty} ka^k$, wobei $0 < a < 1$ ist, konvergent.
Mit Hilfe des Quotientenkriteriums sieht man auch leicht, dass man sogar für $z \in \mathbb{C}$ definieren kann

$$\exp(z) := \sum_{k=0}^{\infty} \frac{1}{k!} z^k.$$

Und zwar ergibt sich die absolute Konvergenz der Reihe für $z \in \mathbb{C} \setminus \{0\}$ aus der einfachen Abschätzung

$$\frac{\frac{1}{(k+1)!}|z|^{k+1}}{\frac{1}{k!}|z|^k} = \frac{|z|}{k+1} \leq \frac{1}{2} \quad \text{für} \quad k \geq 2|z|.$$

Im nächsten Abschnitt werden wir uns allgemeiner mit der Konvergenz von *Potenzreihen* $\sum a_k z^k$, (wobei die Koeffizienten a_k aus $\mathbb{C}$ sind), befassen. Diese Reihen sind ungemein wichtig in der Analysis.

Ein weiteres wichtiges Kriterium zur Diskussion von Reihen ist das sogenannte *Wurzelkriterium*, das ebenfalls eine Folge des Majorantenkriteriums ist.

Satz 2.19: *(Wurzelkriterium)*

Sei $\sum_{k=1}^{\infty} x_k$ eine Reihe im Banachraum $(X, \| \,\|)$. Dann gilt:

(a) Gibt es ein $\alpha \in \mathbb{R}$ mit $0 < \alpha < 1$ und ein $k_0 \in \mathbb{N}$, so dass

$$\|x_k\|^{\frac{1}{k}} \leq \alpha \quad \text{für} \quad k \geq k_0$$

gilt, so ist die Reihe $\sum_{k=1}^{\infty} x_k$ absolut konvergent.

(b) Ist die Menge $\{k \in \mathbb{N} : \|x_k\|^{\frac{1}{k}} \geq 1\}$ unendlich, so ist die Reihe $\sum_{k=1}^{\infty} x_k$ divergent.

Beweis:
Zu (a): Aus $\|x_k\|^{\frac{1}{k}} \leq \alpha$ folgt $\|x_k\| \leq \alpha^k$ für $k \geq k_0$, so dass man die Reihe $\sum \alpha^k$ als Majorante für die Reihe $\sum x_k$ zur Verfügung hat. Wegen $0 < \alpha < 1$ ist diese Majorante aber konvergent, und folglich ist die Reihe $\sum x_k$ absolut konvergent.
Zu (b): Ist die Menge $\{k \in \mathbb{N} : \|x_k\|^{1/k} \geq 1\}$ unendlich, so kann die Folge $(\|x_k\|)_{k\in\mathbb{N}}$ keine Nullfolge sein. Damit kann aber die Reihe $\sum x_k$ nicht konvergent sein.

Auch beim Wurzelkriterium gibt es Fälle, bei denen mit Hilfe dieses Kriteriums nicht entschieden werden kann, ob die Reihe konvergent oder divergent ist. Gilt nämlich $\|x_k\| = \frac{1}{k}$ für $k \in \mathbb{N}$, so ist weder (a) noch (b) anwendbar. Dies ergibt sich daraus, dass, wie wir in Abschnitt 2.2 gesehen haben, $\lim_{k\to\infty} k^{1/k} = 1$ gilt. Damit gilt dann auch $\lim_{k\to\infty} k^{-(1/k)} = 1$, so dass (a) nicht einsetzbar ist. Wegen $k^{-(1/k)} \leq 1$ für alle k ist auch (b) nicht anwendbar. Beispiele für Reihen, bei denen diese Situation vorliegt, sind die harmonische Reihe $\sum_{k=1}^{\infty} k^{-1}$ und die alternierende Reihe $\sum_{k=1}^{\infty}(-1)^k k^{-1}$. Im ersten Fall ist die Reihe divergent und im zweiten konvergent.

Es gibt jedoch Reihen, bei denen das Quotientenkriterium keine Entscheidung ermöglicht, das Wurzelkriterium dagegen schon. Eine solche erhält man, wenn man die reelle Zahlenfolge $(a_k)_{k\in\mathbb{N}}$ betrachtet, die folgendermaßen definiert ist:

$$a_{2j-1} := \frac{1}{2^j}, \quad a_{2j} := \frac{1}{3^j} \quad \text{für} \quad j \in \mathbb{N}.$$

Bildet man damit die Reihe $\sum_{k=1}^{\infty} a_k$, so zeigt das Wurzelkriterium ihre Konvergenz. Denn es ist ja $(3^{-j})^{\frac{1}{2j}} = \frac{1}{\sqrt{3}} < 1$ für alle j und entsprechend

$$\left(\frac{1}{2^j}\right)^{\frac{1}{2j-1}} = \left(\frac{1}{\sqrt{2}(\sqrt{2})^{2j-1}}\right)^{\frac{1}{2j-1}} < \frac{1}{\sqrt{2}}.$$

Beim Quotientenkriterium ist jedoch weder Teil (a) noch Teil (b) einsetzbar, denn es gilt ja

$$\frac{a_{2j}}{a_{2j-1}} = \left(\frac{2}{3}\right)^j < 1 \quad \text{für} \quad j \in \mathbb{N}$$

und

$$\frac{a_{2j-1}}{a_{2j-2}} = \frac{1}{3}\left(\frac{3}{2}\right)^j \quad \text{für} \quad j \in \mathbb{N} \setminus \{1\},$$

was wegen $(3/2)^j \to \infty$ für $j \to \infty$ zeigt, dass (a) nicht anwendbar sein kann.

Für das Wurzelkriterium findet man häufig eine andere Formulierung unter Verwendung des *Limes superior* der Folge $(\|x_k\|^{1/k})_{k\in\mathbb{N}}$. Diese Begriffsbildung ist auch in anderem Kontext bei der Diskussion von reellen Folgen von Interesse, sie sei daher nun kurz diskutiert.

Sei $(a_k)_{k\in\mathbb{N}}$ eine reelle Zahlenfolge. Sei zuerst der Fall diskutiert, dass die Folge nach oben beschränkt ist. Dann existiert für alle $n \in \mathbb{N}$ die reelle Zahl $\sup_{k\geq n} a_k =: \sigma_n$. Ist $m > n$, so ist offenbar $\sup_{k\geq m} a_k \leq \sup_{k\geq n} a_k$, somit ist die Folge $(\sigma_n)_{n\in\mathbb{N}}$ monoton fallend. Ist nun die Folge $(\sigma_n)_{n\in\mathbb{N}}$ auch noch nach unten beschränkt, (das ist sicher der Fall, wenn die Folge $(a_k)_{k\in\mathbb{N}}$ beschränkt ist), so ist sie konvergent und folglich kann man den ***Limes superior*** definieren durch

$$\limsup_{k\to\infty} a_k := \lim_{n\to\infty} \sup_{k\geq n} a_k.$$

Dieser Definition kann man auch noch dann einen Sinn geben, wenn die Folge $(\sigma_n)_{n\in\mathbb{N}}$ nicht nach unten beschränkt ist. Dann muss ja $\sigma_n \to -\infty$ gelten, und in diesem Sinn ist dann auch $\lim_{n\to\infty} \sup_{k\geq n} a_k$ zu verstehen.

Ist die reelle Zahlenfolge $(a_k)_{k\in\mathbb{N}}$ nicht nach oben beschränkt, so ist es offenbar sinnvoll, zu definieren $\limsup_{k\to\infty} a_k := \infty$. (Es gibt jedoch auch die Auffassung, dass in diesem Fall der Limes superior nicht existiert.)
Es sei noch erwähnt, dass man auf ganz analoge Weise den ***Limes inferior*** einführt durch

$$\liminf_{k\to\infty} a_k := \lim_{n\to\infty} \inf_{k\geq n} a_k.$$

In Hinblick auf das Wurzelkriterium ist nun die folgende Charakterisierung des Limes superior von Interesse:

Satz 2.20

Sei $(a_k)_{k\in\mathbb{N}}$ eine reelle Zahlenfolge. Dann gilt:
(a) Für eine Zahl $s \in \mathbb{R}$ gilt genau dann $s = \limsup_{k\to\infty} a_k$, wenn für alle $\rho > s$ die Bedingung $a_k \geq \rho$ höchstens für endlich viele $k \in \mathbb{N}$ und für alle $\sigma < s$ die Bedingung $a_k > \sigma$ für unendlich viele $k \in \mathbb{N}$ erfüllt ist.
(b) Es gilt genau dann $\limsup_{k\to\infty} a_k = \infty$, wenn für alle $\sigma \in \mathbb{R}$ die Bedingung $a_k > \sigma$ für unendlich viele $k \in \mathbb{N}$ erfüllt ist.
(c) Es gilt genau dann $\limsup_{k\to\infty} a_k = -\infty$, wenn für alle $\rho \in \mathbb{R}$ die Bedingung $a_k \geq \rho$ höchstens für endlich viele $k \in \mathbb{N}$ erfüllt ist.

Beweis:
Wir verwenden wieder die Notation $\sigma_n = \sup_{k\geq n} a_k$.

Zu (a): Sei angenommen, dass für die Zahl $s \in \mathbb{R}$ gelte $s = \lim_{n\to\infty} \sigma_n$. Ist dann $\rho > s$, so gibt es ein $n_0 \in \mathbb{N}$ mit $|\sigma_n - s| < \rho - s$ für alle $n \geq n_0$. Wegen $\sigma_n - s \geq 0$ folgt daraus $\sigma_n < \rho$ für $n \geq n_0$. Damit muss aber $a_k < \rho$ für alle $k \geq n_0$ gelten. Folglich kann $a_k \geq \rho$ nur für höchstens endlich viele $k \in \mathbb{N}$ gelten. Ist $\sigma < s$ beliebig gegeben, so gilt, (da ja die Folge $(\sigma_n)_{n\in\mathbb{N}}$ monoton fallend ist), $\sigma_n > \sigma$ für alle n. Ist aber $\sup_{k\geq n} a_k > \sigma$, so muss es ein $k_n \geq n$ geben mit $a_{k_n} > \sigma$. Dies zeigt, dass es unendlich viele a_k mit $a_k > \sigma$ gibt.
Sei nun angenommen, dass die Zahl $s \in \mathbb{R}$ die Eigenschaft hat, dass für alle $\rho > s$ die Bedingung $a_k \geq \rho$ höchstens für endlich viele $k \in \mathbb{N}$ und für alle $\sigma < s$ die Bedingung $a_k > \sigma$ für unendlich viele $k \in \mathbb{N}$ erfüllt ist. Gilt aber $a_k > \sigma$ für unendlich viele $k \in \mathbb{N}$, so gilt sicher $\sigma_n \geq \sigma$ für alle n und somit $\lim_{n\to\infty} \sigma_n \geq \sigma$. Da dies für alle $\sigma < s$ gilt, folgt $\limsup_{k\to\infty} a_k \geq s$. Ist nun $\rho > s$ beliebig gegeben, so gibt es nach Annahme ein $n_0 \in \mathbb{N}$ mit $a_k < \rho$ für alle $k \geq n_0$. Damit ist aber auch $\sup_{k\geq n} a_k \leq \rho$ für alle $n \geq n_0$. Es folgt $\limsup_{k\to\infty} a_k \leq \rho$ und, da $\rho > s$ beliebig war, weiter $\limsup_{k\to\infty} a_k \leq s$. Die zwei gewonnenen Ungleichungen zusammen ergeben $\limsup_{k\to\infty} a_k = s$.

Zu (b): Es ist zu zeigen, dass die Folge $(a_k)_{k\in\mathbb{N}}$ genau dann nicht nach oben beschränkt ist, wenn für alle $\sigma \in \mathbb{R}$ die Bedingung $a_k > \sigma$ für unendlich viele $k \in \mathbb{N}$ erfüllt ist.
Ist die Folge nicht nach oben beschränkt, so gibt es zu jedem $\sigma \in \mathbb{R}$ ein $k \in \mathbb{N}$ mit $a_k > \sigma$. Wäre dies für ein σ_0 nur für endlich viele k, etwa $k_1, \ldots, k_m$ der Fall, so würde es kein $k \in \mathbb{N}$ geben mit $a_k > \sum_{j=1}^{m} |a_{k_j}|$.
Ist aber für alle $\sigma \in \mathbb{R}$ die Bedingung $a_k > \sigma$ für unendlich viele $k \in \mathbb{N}$ erfüllt, so ist die Folge $(a_k)_{k\in\mathbb{N}}$ sicher nicht nach oben beschränkt.

Zu (c): Es ist zu zeigen, dass die Folge $(\sigma_n)_{n\in\mathbb{N}}$ genau dann nicht nach unten beschränkt ist, wenn für alle $\rho \in \mathbb{R}$ die Bedingung $a_k \geq \rho$ höchstens für endlich viele $k \in \mathbb{N}$ erfüllt ist.
Ist die Folge $(\sigma_n)_{n\in\mathbb{N}}$ nicht nach unten beschränkt, so gibt es zu jedem $\rho \in \mathbb{R}$ ein $n_0 \in \mathbb{N}$ mit $\sigma_{n_0} < \rho$. Dann gilt natürlich auch $a_k < \rho$ für alle $k \geq n_0$. Es kann also $a_k \geq \rho$ höchstens für endlich viele k gelten.
Ist aber für alle $\rho \in \mathbb{R}$ die Bedingung $a_k \geq \rho$ höchstens für endlich viele $k \in \mathbb{N}$ erfüllt, so gibt es offenbar zu jedem $\rho \in \mathbb{R}$ ein k mit $a_k < \rho$. Damit ist die Folge $(a_k)_{k\in\mathbb{N}}$ nicht nach unten beschränkt. □

Damit können wir nun die folgende Variante des Wurzelkriteriums beweisen:

Korollar 2.4

Sei $\sum_{k=1}^{\infty} x_k$ eine Reihe im Banachraum $(X, \|\ \|)$ und sei $s := \limsup_{k\to\infty} \|x_k\|^{\frac{1}{k}}$. Dann gilt:

(a) Ist $s < 1$, so ist die Reihe $\sum_{k=1}^{\infty} x_k$ absolut konvergent.

(b) Ist $s > 1$ oder $s = \infty$, so ist die Reihe $\sum_{k=1}^{\infty} x_k$ divergent.

Beweis:
Zu (a): Ist $s < 1$, so gibt es ein $\alpha \in \mathbb{R}$ mit $s < \alpha < 1$. Nach Satz 2.20 (a) gibt es dann ein $k_0 \in \mathbb{N}$ mit $\|x_k\|^{1/k} < \alpha$ für alle $k \geq k_0$. Nach Satz 2.19 ist damit aber die Reihe $\sum x_k$ absolut konvergent.
Zu (b): Ist $s \in \mathbb{R}$ mit $s > 1$, so ist nach Satz 2.20 (a) die Bedingung $\|x_k\|^{1/k} > 1$ für unendlich viele k erfüllt. Nach Satz 2.19 folgt daraus die Divergenz der Reihe $\sum x_k$. Ist $s = \infty$, so ist nach Satz 2.20 (b) ebenfalls die Bedingung $\|x_k\|^{1/k} > 1$ für unendlich viele k erfüllt. □

Der in Korollar 2.4 nicht angesprochene Fall $\limsup_{k\to\infty} \|x_k\|^{\frac{1}{k}} = 1$ erlaubt wieder keine Entscheidung über Konvergenz oder Divergenz der Reihe. Das zeigen erneut die harmonische Reihe $\sum_{k=1}^{\infty}(1/k)$ und die alternierende Reihe $\sum_{k=1}^{\infty}(-1)^k(1/k)$. Denn in beiden Fällen kommt es auf $\limsup |\frac{1}{k}|^{1/k}$ an und es gilt $\limsup |\frac{1}{k}|^{1/k} = 1$. Dies zeigt das folgende einfache Resultat:

Lemma 2.15

Sei $(a_k)_{k\in\mathbb{N}}$ eine konvergente reelle Zahlenfolge. Dann gilt

$$\liminf_{k\to\infty} a_k = \lim_{k\to\infty} a_k = \limsup_{k\to\infty} a_k.$$

Beweis:
Als konvergente Folge ist die Folge $(a_k)_{k\in\mathbb{N}}$ beschränkt, also ist $\liminf_{k\to\infty} a_k \in \mathbb{R}$ und $\limsup_{k\to\infty} a_k \in \mathbb{R}$.
Ist $a := \lim_{k\to\infty} a_k$, so gibt es zu jedem $\varepsilon > 0$ ein $k_0 \in \mathbb{N}$, so dass $a - \varepsilon < a_k < a + \varepsilon$ für alle $k \geq k_0$ gilt. Dann ist aber $\inf_{k\geq k_0} a_k \geq a - \varepsilon$ und $\sup_{k\geq k_0} a_k \leq a + \varepsilon$. Es folgt

$$a - \varepsilon \leq \liminf_{k\to\infty} a_k \leq \limsup_{k\to\infty} a_k \leq a + \varepsilon.$$

Da $\varepsilon > 0$ beliebig war, folgt daraus die Behauptung. □

Es ist einfach, Folgen anzugeben, bei denen der Limes inferior und der Limes superior verschieden sind. Als Beispiel sei hier nur die Folge $(a_k)_{k\in\mathbb{N}}$ mit $a_k = (-1)^k$ angegeben. Für diese gilt offenbar $\liminf_{k\to\infty} a_k = -1$ und $\limsup_{k\to\infty} a_k = 1$.

Im nächsten Abschnitt werden wir das Wurzelkriterium und das Quotientenkriterium zur Diskussion von Potenzreihen heranziehen.

2.4.4 Potenzreihen

Schon die Einführung der Exponentialfunktion hat sichtbar gemacht, dass es sinnvoll ist, sich mit folgendem Problem zu beschäftigen:
Ist $(a_k)_{k\in\mathbb{N}\cup\{0\}}$ eine komplexe Zahlenfolge, so kann man für jedes $z \in \mathbb{C}$ die Reihe $\sum_{k=0}^{\infty} a_k z^k$ bilden, und es stellt sich die Frage, für welche $z \in \mathbb{C}$ diese konvergent sein wird.

So eine Reihe nennt man ***Potenzreihe***, und es geht also letztlich darum, zu klären, für welche $z \in \mathbb{C}$ man mit Hilfe so einer Potenzreihe eine Funktion $z \mapsto \sum a_k z^k \in \mathbb{C}$ definieren kann. Sofort klar ist, dass dies für $z = 0$ immer unproblematisch ist, denn für $z = 0$ ist ein Potenzreihe immer konvergent. (Für $z = 0$ gilt ja für alle Partialsummen der Reihe $s_n = a_0$.)
Ist $z = 0$ die einzige komplexe Zahl, für die die Potenzreihe konvergent ist, so ist die Reihe natürlich für unser Ziel, eine Funktion $z \mapsto \sum a_k z^k \in \mathbb{C}$ zu definieren, nicht sonderlich passend. Es gibt aber tatsächlich solche ungünstig aufgebauten Potenzreihen, z.B. die Reihe $\sum_{k=0}^{\infty} k^k z^k$. Dass diese für kein $z \neq 0$ konvergent ist, folgt rasch mit Hilfe des Wurzelkriteriums. Denn es ist $|k^k z^k|^{1/k} = k|z|$ und für $|z| \neq 0$ gilt $k|z| \to \infty$ für $k \to \infty$, weshalb es ein $k_0 \in \mathbb{N}$ gibt mit $|k^k z^k|^{1/k} \geq 1$ für alle $k \geq k_0$.

Man kann jedoch das Konvergenzverhalten einer Potenzreihe sehr gut in Abhängigkeit von der Koeffizientenfolge $(a_k)_{k\in\mathbb{N}\cup\{0\}}$ beschreiben:

Satz 2.21

Sei $(a_k)_{k\in\mathbb{N}\cup\{0\}}$ eine komplexe Folge. Dann gilt:

(a) Ist $\limsup_{k\to\infty} |a_k|^{\frac{1}{k}} = 0$, so ist die Reihe $\sum_{k=0}^{\infty} a_k z^k$ für alle $z \in \mathbb{C}$ absolut konvergent.

(b) Ist $\limsup_{k\to\infty} |a_k|^{\frac{1}{k}} = \rho > 0$, so ist die Reihe $\sum_{k=0}^{\infty} a_k z^k$ für alle $z \in \mathbb{C}$ mit $|z| < \frac{1}{\rho}$ absolut konvergent und für alle $z \in \mathbb{C}$ mit $|z| > \frac{1}{\rho}$ divergent.

(c) Ist $\limsup_{k\to\infty} |a_k|^{\frac{1}{k}} = \infty$, so ist die Reihe $\sum_{k=0}^{\infty} a_k z^k$ für alle $z \in \mathbb{C} \setminus \{0\}$ divergent.

(d) Existiert $\lim_{k\to\infty} \left|\frac{a_{k+1}}{a_k}\right| = \rho \in \mathbb{R}$, so ist die Reihe $\sum_{k=0}^{\infty} a_k z^k$ im Fall $\rho = 0$ für alle $z \in \mathbb{C}$ absolut konvergent, ist aber $\rho > 0$, so ist die Reihe $\sum_{k=0}^{\infty} a_k z^k$ für alle $z \in \mathbb{C}$ mit $|z| < \frac{1}{\rho}$ absolut konvergent und für alle $z \in \mathbb{C}$ mit $|z| > \frac{1}{\rho}$ divergent.

Beweis:
Zu (a): Ist $\limsup_{k\to\infty} |a_k|^{\frac{1}{k}} = 0$, so gilt für jedes $z \in \mathbb{C}$

$$\limsup_{k\to\infty} |a_k z^k|^{\frac{1}{k}} = \limsup_{k\to\infty} |z||a_k|^{\frac{1}{k}} = 0.$$

(Man beachte, dass $\sup_{k\geq n} |z||a_k|^{\frac{1}{k}} = |z| \sup_{k\geq n} |a_k|^{\frac{1}{k}}$ und nach früheren Resultaten zu konvergenten Folgen $\lim_{n\to\infty} |z| \sup_{k\geq n} |a_k|^{\frac{1}{k}} = |z| \lim_{n\to\infty} \sup_{k\geq n} |a_k|^{\frac{1}{k}}$ gilt.) Nach

Korollar 2.4 (a) ist damit die Reihe $\sum_{k=0}^{\infty} a_k z^k$ absolut konvergent.

Zu (b): Ist $\limsup_{k\to\infty} |a_k|^{\frac{1}{k}} = \rho > 0$, so gilt für beliebiges $z \in \mathbb{C}$

$$\limsup_{k\to\infty} |a_k z^k|^{\frac{1}{k}} = |z|\rho.$$

Ist $|z| < \frac{1}{\rho}$, so ist also $\limsup_{k\to\infty} |a_k z^k|^{\frac{1}{k}} < 1$ und damit ist wieder nach Korollar 2.4 die Reihe $\sum_{k=0}^{\infty} a_k z^k$ absolut konvergent. Ist aber $|z| > \frac{1}{\rho}$, so folgt entsprechend die Divergenz der Reihe.

Zu (c): Ist $\limsup_{k\to\infty} |a_k|^{\frac{1}{k}} = \infty$, so gilt auch für alle $z \neq 0$ $\limsup_{k\to\infty} |a_k z^k|^{\frac{1}{k}} = \infty$ und somit ist nach Korollar 2.4 die Reihe $\sum_{k=0}^{\infty} a_k z^k$ divergent.

Zu (d): Sei zuerst der Fall $\lim_{k\to\infty} |a_{k+1}|/|a_k| = 0$ betrachtet. Für $z \neq 0$ gilt dann

$$\lim_{k\to\infty} \left|\frac{a_{k+1} z^{k+1}}{a_k z^k}\right| = |z| \lim_{k\to\infty} \left|\frac{a_k + 1}{a_k}\right| = 0.$$

Damit gibt es aber ein $k_0 \in \mathbb{N}$ mit

$$\left|\frac{a_k + 1}{a_k}\right| < \frac{1}{2} \quad \text{für} \quad k \geq k_0.$$

Nach Satz 2.18 ist damit die Reihe $\sum_{k=0}^{\infty} a_k z^k$ absolut konvergent, und zwar sogar für alle $z \in \mathbb{C}$, weil dies für $z = 0$ immer richtig ist.

Sei nun $\lim_{k\to\infty} \left|\frac{a_{k+1}}{a_k}\right| = \rho > 0$. Dann ist

$$\lim_{k\to\infty} \left|\frac{a_{k+1} z^{k+1}}{a_k z^k}\right| = |z|\rho. \tag{2.15}$$

Ist $z \in \mathbb{C}$ mit $|z|\rho < 1$, so gibt es wegen (2.15) ein $k_0 \in \mathbb{N}$ mit

$$\left|\frac{a_{k+1} z^{k+1}}{a_k z^k}\right| \leq |z|\rho + \frac{1}{2}(1 - |z|\rho) = \frac{1}{2}(1 + |z|\rho) < 1 \quad \text{für} \quad k \geq k_0.$$

Damit folgt aber wieder die absolute Konvergenz der Reihe $\sum_{k=0}^{\infty} a_k z^k$ nach Satz 2.18. Ist aber $|z|\rho > 1$, so gibt es wegen (2.15) ein $k_0 \in \mathbb{N}$ mit

$$\left|\frac{a_{k+1} z^{k+1}}{a_k z^k}\right| \geq 1 \quad \text{für} \quad k \geq k_0.$$

Nach Satz 2.18 ist damit die Reihe $\sum_{k=0}^{\infty} a_k z^k$ divergent. □

Liegt die Situation von Teil (b) des letzten Satzes vor, so ist die Potenzreihe absolut konvergent für $|z| < \frac{1}{\rho}$ und divergent für $|z| > \frac{1}{\rho}$. Die Frage, was geschieht, wenn $|z| = \frac{1}{\rho}$ ist, bleibt bei diesem Satz unbeantwortet. Tatsächlich lässt sich darauf auch gar keine allgemein gültige Antwort geben.

Dazu seien kurz die folgenden drei Reihen diskutiert:

(1) $\sum_{k=1}^{\infty} z^k$, (2) $\sum_{k=1}^{\infty} \frac{1}{k} z^k$, (3) $\sum_{k=1}^{\infty} \frac{1}{k^2} z^k$.

Unter Benützung des Ergebnisses von Satz 2.21 (d) sieht man bei allen drei Reihen, dass sie für $|z| < 1$ konvergent und für $|z| > 1$ divergent sind. In Hinblick auf das Verhalten im Fall $|z| = 1$ unterscheiden sie sich aber deutlich.
Die Reihe (1) ist stets, wenn $|z| = 1$ ist, divergent, denn die Folge $(z^k)_{k\in\mathbb{N}}$ ist im Fall $|z| = 1$ keine Nullfolge.
Die Reihe (2) ist wegen der Divergenz der harmonischen Reihe ebenfalls divergent, wenn $z = 1$ ist. Ist aber $z = -1$, so ist sie wegen der Konvergenz der alternierenden Reihe $\sum(-1)^k(1/k)$ konvergent. Man kann sogar zeigen, dass sie für alle z mit $|z| = 1 \wedge z \neq 1$ konvergent ist. (Siehe dazu etwa Rudin [7].)
Die Reihe (3) dagegen ist für alle z mit $|z| = 1$ konvergent. Denn es ist ja für all diese z die Reihe $\sum k^{-2}$ eine konvergente Majorante.

Identifiziert man die komplexen Zahlen $z = x+iy$ wieder mit den Paaren $(x, y) \in \mathbb{R}^2$ und veranschaulicht sie damit als Punkte einer Ebene, so ist die Menge der komplexen Zahlen mit $|z| < r$ zu identifizieren mit den Punkten des durch die Ungleichung $x^2 + y^2 < 1$ beschriebenen Kreises vom Radius r und mit Mittelpunkt im Ursprung $(0, 0)$ in der Ebene. Man spricht daher auch vom ***Konvergenzkreis*** einer Potenzreihe, der bestimmt ist durch den durch

$$r = \frac{1}{\limsup\limits_{k\to\infty} |a_k|^{1/k}}$$

gegebenen ***Konvergenzradius***. Bei dieser Formel ist zu beachten, dass $r = 0$ zu setzen ist, wenn $\limsup_{k\to\infty} |a_k|^{1/k} = \infty$ ist, und $r = \infty$, wenn $\limsup_{k\to\infty} |a_k|^{1/k} = 0$ ist. Dies ist offenbar im Einklang mit den Ergebnissen von Satz 2.21.
Häufig formuliert man dann zum Konvergenzverhalten von Potenzreihen folgendermaßen: Eine Potenzreihe ist innerhalb des Konvergenzkreises absolut konvergent, außerhalb des Konvergenzkreises divergent, und für die Punkte auf dem Rand des Konvergenzkreises kann man keine allgemeine Aussage machen.

Das Ergebnis von Satz 2.21 (d) zeigt, dass man, wenn der entsprechende Grenzwert existiert, den Konvergenzradius einer Potenzreihe auch berechnen kann mit Hilfe der Formel

$$r = \lim_{k\to\infty} \left| \frac{a_k}{a_{k+1}} \right|,$$

wobei hier als Grenzwert im Sinne der Diskussion in Abschnitt 2.1 auch ∞ zugelassen ist.

Mit Hilfe dieser Formel kann man z.B. sofort sehen, dass die Potenzreihe $\sum_{k=0}^{\infty} \frac{1}{k!} z^k$ für alle $z \in \mathbb{C}$ konvergiert. Denn es gilt ja

$$\frac{(k+1)!}{k!} = k + 1 \to \infty \quad \text{für} \quad k \to \infty.$$

Damit kann man sogar für $z \in \mathbb{C}$ definieren

$$\exp(z) := \sum_{k=0}^{\infty} \frac{1}{k!} z^k.$$

Es ist klar, dass, wenn $\operatorname{Im} z = 0$ ist, man als Wert dieser Funktion genau $\exp(\operatorname{Re} z)$ mit der in Abschnitt 2.4.2 definierten Exponentialfunktion erhält. Damit hat man also die auf $\mathbb{R}$ definierte Exponentialfunktion $\exp : \mathbb{R} \to \mathbb{R}$ fortgesetzt zu einer Funktion $\exp : \mathbb{C} \to \mathbb{C}$. Mit einer wichtigen Eigenschaft dieser Funktion werden wir uns bald beschäftigen. Wir benötigen dazu aber noch Ergebnisse zur Multiplikation von Reihen.

2.4.5 Zur Addition und Multiplikation von Reihen

Sind $(a_k)_{k\in\mathbb{N}}$ und $(b_k)_{k\in\mathbb{N}}$ Folgen in $\mathbb{K}$, (also in $\mathbb{R}$ oder in $\mathbb{C}$), so kann man die Folge $(a_k+b_k)_{k\in\mathbb{N}}$, aber auch die Folge $(a_kb_k)_{k\in\mathbb{N}}$ bilden. Die so definierte Addition kann man auch sinnvoll benützen, um die Addition der zwei Reihen $\sum a_k$ und $\sum b_k$ zu definieren. Denn gilt etwa $a_k = b_k = 0$ für $k \geq m$, so reduzieren sich ja die zwei Reihen auf die endlichen Summen $\sum_{k=1}^m a_k$ und $\sum_{k=1}^m b_k$ und die Kommutativität und Assoziativität der Addition reeller oder komplexer Zahlen zeigt, dass

$$\sum_{k=1}^m a_k + \sum_{k=1}^m b_k = \sum_{k=1}^m (a_k + b_k)$$

gilt. Damit wird man auch für Reihen allgemein definieren

$$\sum_{k=1}^\infty a_k + \sum_{k=1}^\infty b_k := \sum_{k=1}^\infty (a_k + b_k).$$

Diese Definition ist auch völlig unproblematisch in Hinblick auf die Konvergenz, denn es gilt das folgende einfache Resultat:

Lemma 2.16

Sind die Reihen $\sum_{k=1}^\infty a_k$ und $\sum_{k=1}^\infty b_k$ konvergent, so ist auch die Reihe $\sum_{k=1}^\infty (a_k + b_k)$ konvergent und es gilt für die Werte dieser konvergenten Reihen

$$\sum_{k=1}^\infty (a_k + b_k) = \sum_{k=1}^\infty a_k + \sum_{k=1}^\infty b_k.$$

Beweis:
Setzt man $S_n := \sum_{k=1}^n (a_k + b_k)$, $s_{a,n} := \sum_{k=1}^n a_k$ und $s_{b,n} := \sum_{k=1}^n b_k$, so gilt ja $S_n = s_{a,n} + s_{b,n}$. Da die Folgen $(s_{a,n})_{n\in\mathbb{N}}$ und $(s_{b,n})_{n\in\mathbb{N}}$ konvergent sind, ist damit auch die Folge $(S_n)_{n\in\mathbb{N}}$ konvergent und es gilt $\lim_{n\to\infty} S_n = \lim_{n\to\infty} s_{a,n} + \lim_{n\to\infty} s_{b,n}$. Das ist aber die Behauptung über die Werte der drei Reihen. □

Die Folge $(a_kb_k)_{k\in\mathbb{N}}$ ist jedoch nicht passend, um eine Multiplikation von Reihen zu definieren, die dem entspricht, was bei der Multiplikation von endlichen Summen komplexer Zahlen geschieht. Denn es gilt

$$\left(\sum_{k=1}^n a_k\right)\left(\sum_{j=1}^n b_j\right) = \sum_{k=1}^n \left(\sum_{j=1}^n a_k b_j\right) = \sum_{j=1}^n \left(\sum_{k=1}^n a_k b_j\right),$$

und es werden dabei alle Produkte $a_k b_j$ mit $(k,j) \in \{1,\ldots,n\} \times \{1,\ldots,n\}$ und nicht nur die Produkte $a_k b_k$ mit $k = 1,\ldots,n$ aufsummiert, allerdings bei den zwei Summen in deutlich verschiedener Reihenfolge. Man kann aber natürlich alle Produkte $a_k b_j$ mit $(k,j) \in \{1,\ldots,n\} \times \{1,\ldots,n\}$ noch in anderer Reihenfolge aufsummieren, und zwar etwa in der Form

$$\sum_{m=2}^{2n} \left(\sum_{k+j=m} a_k b_j \right), \tag{2.16}$$

wobei man in der Summe $\sum_{k+j=m} a_k b_j$ sogar alle möglichen Paare (k,j) von Indizes, die $k + j = m$ erfüllen, durchlaufen kann, wenn man $a_k = 0$ und $b_j = 0$ setzt, wenn $k > n$ bzw. $j > n$ ist. Dies ist besonders passend bei der Multiplikation von Summen der Form $\sum \alpha_k z^k$ und $\sum \beta_j z^j$. Denn dann liefert (2.16), wenn man $a_k = \alpha_k z^k$ und $b_j = \beta_j z^j$ setzt, die Summe

$$\sum_m \sum_{k+j=m} \alpha_k \beta_j z^{k+j} = \sum_m \left(\sum_{k+j=m} \alpha_k \beta_j \right) z^m.$$

Dies zeigt, dass eine Summation wie in (2.16) bei einer Übertragung auf den Fall von zwei Potenzreihen als Ergebnis wieder eine Potenzreihe liefern wird!
In Hinblick auf den wichtigen Fall der Potenzreihen definieren wir daher nun für Reihen $\sum_{n=0}^{\infty} a_n$ und $\sum_{n=0}^{\infty} b_n$ mit a_n, $b_n \in \mathbb{C}$ das ***Cauchyprodukt*** durch

$$\left(\sum_{k=0}^{\infty} a_k \right) \left(\sum_{j=0}^{\infty} b_j \right) := \sum_{n=0}^{\infty} \left(\sum_{k+j=n} a_k b_j \right).$$

Diese Definition wird sinnvoll sein, wenn wenigstens in wichtigen Fällen die rechts stehende Reihe ebenfalls konvergent ist und die Gleichung dann auch für die Werte der Reihen gilt. Für absolut konvergente Reihen ist dies auch tatsächlich richtig, (somit auch für Potenzreihen).

Satz 2.22

Seien $a_k \in \mathbb{C}$, $b_k \in \mathbb{C}$ für $k \in \mathbb{N} \cup \{0\}$ und seien die Reihen $\sum_{k=0}^{\infty} a_k$ und $\sum_{k=0}^{\infty} b_k$ absolut konvergent. Definiert man dann

$$c_k := \sum_{j=0}^{k} a_j b_{k-j} \quad \text{für} \quad k \in \mathbb{N} \cup \{0\},$$

so ist auch die Reihe $\sum_{k=0}^{\infty} c_k$ absolut konvergent und es gilt für die Werte der Reihen

$$\sum_{k=0}^{\infty} c_k = \left(\sum_{k=0}^{\infty} a_k \right) \cdot \left(\sum_{k=0}^{\infty} b_k \right). \tag{2.17}$$

Beweis:
Für $n \in \mathbb{N}$ gilt

$$\sum_{k=0}^{n} c_k - \left(\sum_{j=0}^{n} a_j\right) \cdot \left(\sum_{k=0}^{n} b_k\right) = \sum_{k=0}^{n} \sum_{i+j=k} a_i b_j - \sum_{j,k=0}^{n} a_j b_k.$$

Alle in $\sum_{k=0}^{n} \sum_{i+j=k} a_i b_j$ auftretenden Summanden kommen offenbar auch in der Summe $\sum_{j,k=0}^{n} a_j b_k$ vor. Diese zweite Summe umfasst aber mehr Summanden, und zwar treten diejenigen Produkte $a_j b_k$, für die $j + k > n$ ist, zusätzlich auf. Setzt man

$$A(n) := \{(j,k) \in \mathbb{N} \times \mathbb{N} : j \leq n \wedge k \leq n \wedge j + k > n\},$$

so gilt also

$$\sum_{k=0}^{n} c_k - \left(\sum_{j=0}^{n} a_j\right) \cdot \left(\sum_{k=0}^{n} b_k\right) = - \sum_{(j,k) \in A(n)} a_j b_k.$$

Wegen der Bedingung $j + k > n$ folgt aus $(j,k) \in A(n)$, dass $j > \frac{n}{2} \vee k > \frac{n}{2}$ gelten muss. Sei

$$m(n) := \min\{\mu \in \mathbb{N} : \mu > \frac{n}{2}\}.$$

Dann kann man abschätzen

$$\begin{aligned}
\sum_{(j,k) \in A(n)} |a_j b_k| &\leq \left(\sum_{j=m(n)}^{n} |a_j|\right) \left(\sum_{k=0}^{n} |b_k|\right) + \left(\sum_{j=0}^{n} |a_j|\right) \left(\sum_{k=m(n)}^{n} |b_k|\right) \\
&\leq \left(\sum_{j=m(n)}^{\infty} |a_j|\right) \left(\sum_{k=0}^{\infty} |b_k|\right) + \left(\sum_{j=0}^{\infty} |a_j|\right) \left(\sum_{k=m(n)}^{\infty} |b_k|\right).
\end{aligned}$$

Für die weiteren Überlegungen setzen wir

$$\alpha := \sum_{k=0}^{\infty} |a_k|, \quad \beta := \sum_{k=0}^{\infty} |b_k|,$$

und nehmen an, dass $\alpha > 0$ und $\beta > 0$ ist. Ist $\alpha = 0$ oder $\beta = 0$, so ist nämlich die Behauptung des Satzes trivial, weil ja dann $a_k = 0$ oder $b_k = 0$ für alle k gelten muss. Offensichtlich gilt $m(n) \to \infty$ für $n \to \infty$. Damit gibt es aber zu jedem $\varepsilon > 0$ ein $n_0 \in \mathbb{N}$ mit

$$\sum_{j=m(n)}^{\infty} |a_j| < \frac{1}{2\beta}\varepsilon \quad \text{und} \quad \sum_{k=m(n)}^{\infty} |b_k| < \frac{1}{2\alpha}\varepsilon$$

für $n \geq n_0$. Zusammenfassend erhalten wir damit die Abschätzung

$$\left| \sum_{k=0}^{n} c_k - \left(\sum_{j=0}^{n} a_j\right) \left(\sum_{k=0}^{n} b_k\right) \right| < \frac{\varepsilon}{2\beta}\beta + \alpha\frac{\varepsilon}{2\alpha} = \varepsilon \quad \text{für} \quad n \geq n_0.$$

Daraus folgt aber rasch die Konvergenz der Reihe $\sum_{k=0}^{\infty} c_k$ und die Gültigkeit von (2.17). Denn wir können weiter abschätzen

$$\left|\sum_{k=0}^{n} c_k - \left(\sum_{j=0}^{\infty} a_j\right)\left(\sum_{k=0}^{\infty} b_k\right)\right| \leq \left|\sum_{k=0}^{n} c_k - \left(\sum_{j=0}^{n} a_j\right)\left(\sum_{k=0}^{n} b_k\right)\right| + \left|\left(\sum_{j=0}^{n} a_j\right)\left(\sum_{k=0}^{n} b_k\right) - \left(\sum_{j=0}^{\infty} a_j\right)\left(\sum_{k=0}^{\infty} b_k\right)\right|$$

und es gilt wegen

$$\lim_{n\to\infty}\left(\left(\sum_{j=0}^{n} a_j\right)\left(\sum_{k=0}^{n} b_k\right)\right) = \left(\sum_{j=0}^{\infty} a_j\right)\left(\sum_{k=0}^{\infty} b_k\right)$$

auch

$$\left|\left(\sum_{j=0}^{n} a_j\right)\left(\sum_{k=0}^{n} b_k\right) - \left(\sum_{j=0}^{\infty} a_j\right)\left(\sum_{k=0}^{\infty} b_k\right)\right| < \varepsilon \quad \text{für} \quad n \geq n_1.$$

Damit ist nur noch zu zeigen, dass die Reihe $\sum_{k=0}^{\infty} c_k$ sogar absolut konvergent ist. Dies können wir aber mit dem Majorantenkriterium erledigen. Denn wir können die bisherigen Überlegungen auch ausgehend von den konvergenten Reihen $\sum_{k=0}^{\infty} |a_k|$ und $\sum_{k=0}^{\infty} |b_k|$ durchführen und erhalten dann die Konvergenz der Reihe $\sum_{k=0}^{\infty} d_k$, die mit $d_k := \sum_{\mu+\nu=k} |a_\mu|\,|b_\nu|$ gebildet ist. Da aber $|c_k| \leq \sum_{\mu+\nu=k} |a_\mu|\,|b_\nu| = d_k$ gilt, folgt damit die absolute Konvergenz der Reihe $\sum c_k$ nach dem Majorantenkriterium. □

Korollar 2.5

Seien die Potenzreihen $\sum_{k=0}^{\infty} a_k z^k$ und $\sum_{k=0}^{\infty} b_k z^k$ für $|z| < r$ konvergent und sei $f(z) := \sum_{k=0}^{\infty} a_k z^k$ und $g(z) := \sum_{k=0}^{\infty} b_k z^k$ für $|z| < r$. Dann gilt:
Ist die Funktion $h : \{z \in \mathbb{C} : |z| < r\} \to \mathbb{C}$ definiert durch $h(z) := f(z)g(z)$, so gilt

$$h(z) = \sum_{k=0}^{\infty}\left(\sum_{j=0}^{k} a_j b_{k-j}\right) z^k \quad \text{für} \quad |z| < r. \tag{2.18}$$

Beweis:
Da für beide Potenzreihen der Kreis $\{z \in \mathbb{C} : |z| < r\}$ im Konvergenzkreis enthalten sein muss, sind die beiden Potenzreihen in diesem Kreis absolut konvergent. Damit ist Satz 2.22 einsetzbar und die Behauptung ergibt sich daraus, dass das Cauchyprodukt der zwei Potenzreihen genau die in (2.18) notierte Potenzreihe liefert. □

Als erstes Beispiel zur Anwendung des Cauchyprodukts sei gezeigt, dass man unter Benützung von Korollar 2.5 auf ganz einfache Weise eine Darstellung der Funktion

$$h(z) := \frac{1}{(1-z)^2} \quad \text{für} \quad z \in \mathbb{C} \quad \text{mit} \quad |z| < 1$$

in Form einer Potenzreihe erhalten kann. Man geht dazu aus von der geometrischen Reihe $\sum_{k=0}^{\infty} z^k$, die offenbar den Konvergenzradius $r = 1$ hat. Innerhalb des Konvergenzkreises gilt

$$\sum_{k=0}^{\infty} z^k = \frac{1}{1-z}.$$

Dies ergibt sich sofort daraus, dass für $n \in \mathbb{N}$ gilt

$$\sum_{k=0}^{n} z^n = \frac{1-z^{n+1}}{1-z}.$$

(Siehe dazu die Gewinnung der Formel (2.12).) Damit muss nun das Cauchyprodukt der geometrischen Reihe mit sich selbst eine Potenzreihendarstellung für die Funktion h liefern. Man muss dazu offenbar die Koeffizienten $c_k = \sum_{j=0}^{k} a_j b_{k-j}$ mit $a_k = b_k = 1$ für alle k ausrechnen. Dies ergibt $c_k = k+1$ für alle k und somit

$$\frac{1}{(1-z)^2} = \sum_{k=0}^{\infty} (k+1) z^k \quad \text{für} \quad |z| < 1.$$

Als zweites Beispiel sei die sogenannte *Funktionalgleichung* für die Exponentialfunktion gewonnen, die sich als sehr wichtig für weitere Resultate erweisen wird.

Satz 2.23

Für beliebige $z, \zeta \in \mathbb{C}$ gilt

$$\exp(z+\zeta) = \exp(z) \cdot \exp(\zeta). \tag{2.19}$$

Beweis:
Es reicht nach unseren Ergebnissen zum Cauchyprodukt aus, zu zeigen, dass das Cauchyprodukt der zwei (absolut konvergenten) Reihen $\sum_{k=0}^{\infty} \frac{1}{k!} z^k$ und $\sum_{k=0}^{\infty} \frac{1}{k!} \zeta^k$ genau die Reihe $\sum_{k=0}^{\infty} \frac{1}{k!} (z+\zeta)^k$ ergibt, denn diese hat ja den Wert $\exp(z+\zeta)$.
Sei also $a_k := \frac{1}{k!} z^k$ und $b_k := \frac{1}{k!} \zeta^k$ für $k \in \mathbb{N}_0$. Dann gilt

$$c_k = \sum_{j=0}^{k} a_j b_{k-j} = \sum_{j=0}^{k} \frac{1}{j!} z^j \frac{1}{(k-j)!} \zeta^{k-j} = \frac{1}{k!} \sum_{j=0}^{k} \binom{k}{j} z^j \zeta^{k-j}.$$

Nach dem binomischen Lehrsatz gilt damit $c_k = \frac{1}{k!}(z+\zeta)^k$ und somit ergibt das Cauchyprodukt tatsächlich die Reihe $\sum_{k=0}^{\infty} \frac{1}{k!} (z+\zeta)^k$. □

Aus der Funktionalgleichung (2.19) folgt offenbar sofort

$$\exp(2) = \exp(1+1) = \exp(1) \cdot \exp(1) = e^2.$$

Ein einfacher Induktionsschluss liefert dann weiter

$$\exp(n) = e^n \quad \text{für} \quad n \in \mathbb{N}.$$

Für beliebiges $z \in \mathbb{C}$ gilt nach (2.19)

$$1 = \exp(0) = \exp(z - z) = \exp(z) \cdot \exp(-z).$$

Es gilt daher

$$\exp(-z) = \frac{1}{\exp(z)} \quad \text{für} \quad z \in \mathbb{C}.$$

Diese Überlegung zeigt auch, dass $\exp(z) \neq 0$ für alle $z \in \mathbb{C}$ gilt.
Wir können nun auch für $n \in \mathbb{N}$ notieren

$$\exp(-n) = \frac{1}{\exp(n)} = \frac{1}{e^n} = e^{-n}.$$

Damit gilt $\exp(x) = e^x$ für alle $x \in \mathbb{Z}$.
Dies können wir nun sogar verallgemeinern für alle $x \in \mathbb{Q}$. Ist $r \in \mathbb{Q}$, also $r = p/q$ mit $p \in \mathbb{Z}$ und $q \in \mathbb{N}$, so kann man unter Verwendung der Funktionalgleichung (2.19) schreiben

$$(\exp(r))^q = \exp(q \cdot r) = \exp(p) = e^p. \tag{2.20}$$

Nun ist aber $e^p > 0$, allgemeiner gilt sogar $\exp(x) > 0$ für alle $x \in \mathbb{R}$. Für $x \geq 0$ folgt dies sofort aus $\exp(x) = \sum_{k=0}^{\infty} \frac{1}{k!} x^k$ und für $x < 0$ ergibt es sich aus

$$\exp(x) = \exp(-|x|) = \frac{1}{\exp(|x|)} > 0.$$

Damit folgt aber aus (2.20) $\exp(r) = (e^p)^{\frac{1}{q}}$ und man wird nun natürlich definieren $e^r = e^{p/q} := (e^p)^{\frac{1}{q}}$. Hat man dadurch für alle $x \in \mathbb{Q}$ der Gleichung $\exp(x) = e^x$ einen wohl begründeten Sinn gegeben, so ist es naheliegend, noch allgemeiner zu definieren

$$e^z := \exp(z) \quad \text{für} \quad z \in \mathbb{C}.$$

Insbesondere erhält man, wenn $\mathrm{Im} z = 0$ ist, $\exp(z) = \exp(\mathrm{Re} z + i\mathrm{Im} z) = \exp(\mathrm{Re} z)$, so dass man einfach für $x \in \mathbb{R}$ notieren kann $\exp(x) = e^x$. Später werden wir sogar ausgehend von der Funktion $x \mapsto e^x$ allgemeiner a^x für $a > 0$ und $x \in \mathbb{R}$ definieren.

Ist $z = x + iy \in \mathbb{C}$, so liefert die Funktionalgleichung $e^z = e^x \cdot e^{iy}$. Definiert man nun für $y \in \mathbb{R}$

$$\cos y := \mathrm{Re}(e^{iy}), \quad \sin y :== \mathrm{Im}(e^{iy}),$$

so kann man also notieren

$$e^{x+iy} = e^x(\cos y + i \sin y).$$

Es wurden nun die aus der Schule bereits bekannten Funktionen *cos* und *sin* neu eingeführt und es wird noch zu zeigen sein, dass die auf diese Weise definierten Funktionen die Eigenschaften haben, die man von der Schule her mit Cosinus und Sinus verbindet. Leicht zu sehen ist etwa, dass gilt

$$\sin(-y) = -\sin(y), \quad \cos(-y) = \cos(y) \quad \text{für} \quad y \in \mathbb{R}. \tag{2.21}$$

Das ergibt sich folgendermaßen:
Da Konvergenz in $\mathbb{C}$ identisch mit Konvergenz der Realteile und Konvergenz der Imaginärteile ist, (siehe Lemma 2.7), folgt bei Folgen in $\mathbb{C}$ aus $z_n \to \zeta$ immer $\overline{z_n} \to \overline{\zeta}$. Damit folgt aber, wenn $s_n(z)$ die Partialsummen der Reihe $\sum_{k=0}^{\infty} \frac{1}{k!} z^k$ sind, wegen $\overline{s_n(z)} = s_n(\overline{z})$

$$\overline{\exp(z)} = \exp(\overline{z}).$$

Damit gilt aber für $y \in \mathbb{R}$

$$\overline{e^{iy}} = e^{\overline{iy}} = e^{-iy}.$$

Wir können daher notieren $\operatorname{Re}(e^{-iy})$ $=\operatorname{Re}(e^{iy})$ und $\operatorname{Im}(e^{-iy}) = -\operatorname{Im}(e^{iy})$. Das ist aber genau (2.21).

Diese Überlegungen liefern auch noch die Gültigkeit von

$$(\sin(y))^2 + (\cos(y))^2 = 1 \quad \text{für} \quad y \in \mathbb{R}.$$

Denn es gilt ja $\exp(iy)\exp(-iy) = 1$, somit $e^{iy}\overline{e^{iy}} = 1$. Nach Satz 1.14 gilt damit $|e^{iy}|^2 = 1$, somit $(\cos(y))^2 + (\sin(y))^2 = 1$.

Im nächsten Kapitel werden wir die Cosinus-Funktion benützen, um die ebenfalls aus der Schule bekannte Zahl π einzuführen. Wir werden dabei auf eine wichtige Eigenschaft der Cosinus-Funktion zurückgreifen, die man als Stetigkeit bezeichnet. Mit dem ganz zentralen Begriff der Stetigkeit von Abbildungen werden wir uns im nächsten Kapitel beschäftigen.

Aufgaben

1. Sei $(a_n)_{n\in\mathbb{N}}$ eine komplexe Folge. Man zeige:
   (a) Konvergiert die Folge $(a_n)_{n\in\mathbb{N}}$ gegen ein $a \in \mathbb{C} \setminus \{0\}$ und gilt $a_n \neq 0$ für alle $n \in \mathbb{N}$, so gilt $\lim_{n\to\infty} a_{n+1}a_n^{-1} = 1$.
   (b) Konvergiert die rekursiv durch $b_1 := a_1, \quad b_{n+1} := b_n a_{n+1}$ definierte Folge $(b_n)_{n\in\mathbb{N}}$ gegen ein $b \in \mathbb{C} \setminus \{0\}$, so konvergiert die Folge $(a_n)_{n\in\mathbb{N}}$ gegen 1.

2. Man prüfe die folgenden zwei Folgen auf Konvergenz und berechne gegebenenfalls ihren Grenzwert:
   (i) $\left(\frac{23n^7(1+(n!)^{-1})(n^3-n^2)}{(n^3+2)(n^5+(n+1)^{1/2})n^2}\right)_{n\in\mathbb{N}}$, (ii) $\left(\left(1-\frac{1}{n}\right)^n\right)_{n\in\mathbb{N}}$.

3. Seien $a, b \in \mathbb{R}$ mit $a \geq 0$ und $b \geq 0$. Man zeige, dass
   $$\lim_{n\to\infty} \sqrt[n]{a^n + b^n} = \max\{a, b\}$$
   gilt.

4. Sei die Folge $(a_n)_{n\in\mathbb{N}}$ rekursiv definiert durch $a_1 := 2$, $a_{n+1} := \frac{1}{2a_n}(a_n^2 + 1)$. Man zeige, dass die Folge monoton fallend und nach unten beschränkt ist, und bestimme $\lim_{n\to\infty} a_n$.

5. Für $n \in \mathbb{N}$ sei $f_n : \mathbb{C} \to \mathbb{C}$ definiert durch $f_n(z) := z^5 + \frac{1}{n}z - \frac{1}{n}$ und sei $a_n \in \mathbb{C}$ jeweils eine Nullstelle von f_n.
(a) Man zeige, dass die Folge $(a_n)_{n\in\mathbb{N}}$ beschränkt ist.
(b) Man zeige, dass die Folge $(a_n)_{n\in\mathbb{N}}$ konvergent ist und bestimme ihren Grenzwert.

6. Man untersuche die folgenden Reihen auf Konvergenz und absolute Konvergenz:
(i) $\sum_{n=1}^{\infty} \frac{(-1)^n}{n^2}$, (ii) $\sum_{n=1}^{\infty}(-1)^n \frac{n^{1/n}}{n}$, (iii) $\sum_{n=1}^{\infty} \frac{\sqrt{n+1}-\sqrt{n}}{n^{3/4}}$.

7. Sei a_n für $n \in \mathbb{N}_0$ definiert durch $a_0 := 1$, $a_n := 2^{-n}$, falls n eine gerade Zahl ist, und $a_n := 3^{-n}$, falls n eine ungerade Zahl ist. Man zeige, dass die Reihe $\sum_{n=0}^{\infty} a_n$ konvergent ist und bestimme ihren Wert.

8. Sei $(a_n)_{n\in\mathbb{N}}$ eine komplexe Folge. Man zeige, dass die Reihe $\sum_{n=1}^{\infty} a_n$ genau dann absolut konvergent ist, wenn für jede komplexe Zahlenfolge $(b_n)_{n\in\mathbb{N}}$, für die $\sup\{|b_n| : n \in \mathbb{N}\} < \infty$ gilt, die Reihe $\sum_{n=1}^{\infty} b_n a_n$ konvergent ist.

9. Sei $(a_n)_{n\in\mathbb{N}}$ eine monoton fallende Folge reeller Zahlen und die zugehörige Reihe $\sum_{n=1}^{\infty} a_n$ konvergent. Man zeige, dass dann die Folge $(na_n)_{n\in\mathbb{N}}$ eine Nullfolge ist.

10. Sei $(a_n)_{n\in\mathbb{N}_0}$ eine Folge natürlicher Zahlen, für die $a_n \leq n-1$ gilt für alle $n \geq 2$.
(a) Man zeige, dass die Reihe $\sum_{n=0}^{\infty} \frac{a_n}{n!}$ konvergent ist.
(b) Man zeige, dass der Wert der Reihe $\sum_{n=0}^{\infty} \frac{a_n}{n!}$ genau dann rational ist, wenn es ein $m \in \mathbb{N}$ gibt, so dass $a_n = n-1$ gilt für alle $n \geq m$.

11. Seien $a_n \in \mathbb{R}$ mit $a_n > 0$ und $a_{n+1} \geq a_n$ für alle $n \in \mathbb{N}$. Man zeige: Ist die Folge $(a_n)_{n\in\mathbb{N}}$ beschränkt, so konvergiert die Reihe $\sum_{n=1}^{\infty}\left(\frac{a_{n+1}}{a_n} - 1\right)$.

12. Man bestimme den Konvergenzradius für die folgenden Potenzreihen:
(i) $\sum_{n=1}^{\infty} \frac{1}{n2^n} z^n$, (ii) $\sum_{n=0}^{\infty}(2+(-1)^n)^n z^n$, (iii) $\sum_{n=0}^{\infty} \frac{1}{2n+1} z^{2n+1}$.

13. Für welche $z \in \mathbb{C}$ ist die Reihe $\sum_{n=0}^{\infty} \frac{1}{n!}(z)^{n^2}$ konvergent?

14. Sei $(a_n)_{n\in\mathbb{N}_0}$ eine Folge komplexer Zahlen mit $a_n \neq 0$ für alle n, so dass der Grenzwert $\lim_{n\to\infty} \frac{|a_n|}{|a_{n+1}|} =: \alpha$ existiert. Man zeige, dass die Reihen $\sum_{n=1}^{\infty} a_n z^{2n}$ und $\sum_{n=1}^{\infty} a_n z^{2n+1}$ den gleichen Konvergenzradius besitzen, und gebe diesen an.

15. Sei $a_0 = b_0 = 0$ und $a_k = b_0 = (-1)^k \frac{1}{\sqrt{k}}$ für $k \geq 1$. Man zeige, dass das Cauchyprodukt der zwei Reihen $\sum_{k=0}^{\infty} a_k$ und $\sum_{k=0}^{\infty} b_k$ divergent ist.

16. Seien $(a_n)_{n\in\mathbb{N}}$ und $(b_n)_{n\in\mathbb{N}}$ zwei beschränkte Folgen reeller Zahlen. Man zeige, dass gilt:

$$\begin{aligned}\liminf_{n\to\infty} a_n + \liminf_{n\to\infty} b_n &\leq \liminf_{n\to\infty}(a_n + b_n) \leq \liminf_{n\to\infty} a_n + \limsup_{n\to\infty} b_n \\ &\leq \limsup_{n\to\infty}(a_n + b_n) \leq \limsup_{n\to\infty} a_n + \limsup_{n\to\infty} b_n.\end{aligned}$$

3 Stetigkeit

Das Messen von Abständen, wie es in metrischen Räumen möglich ist, erlaubt es, von der Stetigkeit einer Abbildung zu sprechen. Dies ist aber auch noch möglich, wenn Strukturen vorhanden sind, die metrische Räume in passender Weise verallgemeinern. *Topologische Räume* sind Mengen mit solchen Strukturen. Die Behandlung gewisser topologischer Grundbegriffe ist daher ganz natürlich mit der Diskussion stetiger Abbildungen verbunden.

3.1 Stetigkeit von Abbildungen, topologische Grundbegriffe

Benützt man eine Funktion $f : \mathbb{R} \to \mathbb{R}$ zur Beschreibung einer realen Situation und möchte man $f(t_0)$ für ein $t_0 \in \mathbb{R}$ möglichst genau kennen, so wird man bei der angestrebten Berechnung von $f(t_0)$ meist nur mit einem Näherungswert τ von t_0 arbeiten können. Unter praktischen Gesichtspunkten ist es dann wünschenwert, dass sich der Wert $f(\tau)$ zunehmend weniger vom richtigen Wert $f(t_0)$ unterscheidet, wenn τ den Wert t_0 besser annähert. Dies ist aber eine Eigenschaft der Funktion f, die keineswegs selbstverständlich ist und die wir als *Folgenstetigkeit* in der folgenden Weise fassen können:

Seien (X, d_X) und (Y, d_Y) metrische Räume. Eine Abbildung $f : X \to Y$ heißt ***folgenstetig*** *im Punkt $x_0 \in X$, wenn für jede Folge $(x_n)_{n\in\mathbb{N}}$, die gegen x_0 konvergiert, gilt, dass die Folge $(f(x_n))_{n\in\mathbb{N}}$ gegen $f(x_0)$ konvergiert.*

Man beachte, dass man die geforderte Eigenschaft auch so notieren kann, dass

$$\lim_{n\to\infty} f(x_n) = f(\lim_{n\to\infty} x_n)$$

für jede gegen x_0 konvergente Folge $(x_n)_{n\in\mathbb{N}}$ gelten soll.

Ganz einfache Beispiele von Abbildungen, die sogar in allen Punkten von X folgenstetig sind, sind leicht anzugeben:
Ist (X, d_X) ein metrischer Raum, so ist die identische Abbildung id_X in allen Punkten stetig. Denn es gilt ja, wenn $(x_n)_{n\in\mathbb{N}}$ eine beliebige Folge in X ist, immer $\mathrm{id}_X(x_n) = x_n$ für alle $n \in \mathbb{N}$. Damit folgt natürlich aus $x_n \to x_0$ immer $\mathrm{id}_X(x_n) \to x_0 = \mathrm{id}_X(x_0)$.
Sind (X, d_X) und (Y, d_Y) metrische Räume und ist $f : X \to Y$ eine konstante Abbildung, so ist f in allen Punkten von X stetig. Denn gilt $f(x) = \eta$ für alle $x \in X$, so gilt für jede konvergente Folge $(x_n)_{n\in\mathbb{N}}$ in X natürlich $f(x_n) = \eta$ für alle $n \in \mathbb{N}$, woraus $f(x_n) \to \eta = f(\lim_{n\to\infty} x_n)$ folgt.

Rasch zu sehen ist auch, dass Polynomfunktionen $p : \mathbb{C} \to \mathbb{C}$, das sind Funktionen, die definiert sind durch

$$p(z) := \sum_{k=0}^{m} a_k z^k \quad \text{für} \quad z \in \mathbb{C},$$

wobei $m \in \mathbb{N}_0$ ist und die Koeffizienten a_k aus $\mathbb{C}$ sind, immer in allen Punkten folgenstetig sind. Dies folgt aus den früher gewonnenen Ergebnissen zum Arbeiten mit Grenzwerten komplexer Folgen. Danach gilt

$$\lim_{n\to\infty} \sum_{k=0}^{m} a_k z_n^k = \sum_{k=0}^{m} a_k (\lim_{n\to\infty} z_n)^k.$$

Wichtig ist auch die Tatsache, dass bei einem normierten Raum $(X, \| \ \|)$, der wie üblich mit der Metrik $d(x,y) = \|x-y\|$ versehen ist, die durch $f(x) := \|x\|$ definierte Abbildung $f : X \to \mathbb{R}$ in allen Punkten folgenstetig ist. Dies ergibt sich aus der umgekehrten Dreiecksungleichung $|\, \|x\| - \|y\| \,| \leq \|x - y\|$. Danach gilt nämlich, wenn $(x_n)_{n\in\mathbb{N}}$ eine Folge in X ist mit $x_n \to \xi \in X$ für $n \to \infty$,

$$|\, \|x_n\| - \|\xi\| \,| \leq \|x_n - \xi\|,$$

und dies zeigt $\|x_n\| - \|\xi\| \to 0$ für $n \to \infty$, also $f(x_n) \to f(\xi)$.

Genauso einfach ist es aber, Abbildungen anzugeben, die nicht in allen Punkten folgenstetig sind. Dies ist z.B. der Fall bei der durch

$$f(x) := 0 \quad \text{für} \quad x < 0, \qquad f(x) := 1 \quad \text{für} \quad x \geq 0$$

definierten Funktion $f : \mathbb{R} \to \mathbb{R}$. Ist $x_0 < 0$, so ist f in diesem Punkt folgenstetig. Denn ist $(x_n)_{n\in\mathbb{N}}$ eine Folge in $\mathbb{R}$ mit $x_n \to x_0$ für $n \to \infty$, so muss es ja ein $n_0 \in \mathbb{N}$ geben, so dass $|x_n - x_0| < x_0/2$ für $n \geq n_0$ gilt. Dann ist aber $x_n < 0$ für $n \geq n_0$ und somit $f(x_n) = 0$ für $n \geq n_0$. Dies zeigt $f(x_n) \to 0 = f(x_0)$ für $n \to \infty$. Ganz entsprechend zeigt man die Folgenstetigkeit von f in allen Punkten $x_0 > 0$. Im Punkt $x_0 = 0$ jedoch ist die Funktion f nicht folgenstetig. Um dies zu sehen, genügt es, die Folge $(x_n)_{n\in\mathbb{N}}$ mit $x_n = (-1)^n \frac{1}{n}$ zu betrachten. Es gilt ja dann $x_n \to 0$, aber die Folge $(f(x_n))_{n\in\mathbb{N}}$ ist gar nicht konvergent. Denn es ist $x_n > 0$, wenn $n = 2m$ mit $m \in \mathbb{N}$ ist, und somit $f(x_n) = 1$, wenn n gerade ist. Es ist aber $x_n < 0$, wenn n ungerade ist, und dann $f(x_n) = 0$. Die Glieder der Folge $(f(x_n))_{n\in\mathbb{N}}$ sind also abwechselnd 0 und 1, und so eine Folge kann nicht konvergieren.

Es ist jedoch auch nicht schwierig, eine Funktion $f : \mathbb{R} \to \mathbb{R}$ anzugeben, die in keinem Punkt folgenstetig ist! Dies ist der Fall bei der durch

$$f(x) := 0, \quad \text{falls} \quad x \in \mathbb{R} \setminus \mathbb{Q}, \qquad f(x) := 1, \quad \text{falls} \quad x \in \mathbb{Q},$$

definierten Funktion. Ist nämlich $x_0 \in \mathbb{Q}$, so gilt $x_n := x_0 + \sqrt{2}\frac{1}{n} \in \mathbb{R} \setminus \mathbb{Q}$ für alle $n \in \mathbb{N}$. (Denn wäre $x_0 + \sqrt{2}\frac{1}{n} = \rho \in \mathbb{Q}$, so wäre auch $\sqrt{2} = n(\rho - x_0) \in \mathbb{Q}$.) Damit gilt $f(x_n) = 0$ für alle n und somit $f(x_n) \to 0$ für $n \to \infty$. Andererseits gilt aber $x_n \to x_0$ und $f(x_0) = 1$. Ist aber $x_0 \in \mathbb{R} \setminus \mathbb{Q}$, so gibt es bekanntlich eine Folge $(x_n)_{n\in\mathbb{N}}$ mit

$x_n \in \mathbb{Q}$ für alle $n \in \mathbb{N}$ und $x_n \to x_0$ für $n \to \infty$. Dann ist $f(x_n) = 1$ für alle n, also $f(x_n) \to 1$, aber $f(x_0) = 0$.

Es gibt noch andere Möglichkeiten, die Folgenstetigkeit zu überprüfen, denn man kann die Folgenstetigkeit auch noch anders charakterisieren. Dazu verwenden wir den Begriff der *Umgebung eines Punktes*. Dabei greifen wir auf die früher eingeführte Notation $U(x_0, r)$ für eine offene Kugel vom Radius r um den Punkt x_0 zurück, (siehe Abschnitt (2.3.2)).

Sei (X, d) ein metrischer Raum und $x_0 \in X$. Eine Menge $M \subset X$ heißt ***Umgebung*** *von x_0, wenn es ein $r > 0$ gibt, so dass $U(x_0, r) \subset M$ gilt.*

Jede offene Kugel $U(x_0, r)$ selber ist danach offenbar Umgebung von x_0, aber auch ganz X ist Umgebung von x_0.

Satz 3.1

Seien (X, d_X) und (Y, d_Y) metrische Räume, sei $x_0 \in X$. Dann gilt: Eine Abbildung $f : X \to Y$ ist genau dann im Punkt x_0 folgenstetig, wenn es zu jeder Umgebung $V \subset Y$ von $f(x_0)$ eine Umgebung $U \subset X$ von x_0 gibt, so dass $f(U) \subset V$ gilt.

Beweis:
Sei zuerst angenommen, dass es zu jeder Umgebung $V \subset Y$ von $f(x_0)$ eine Umgebung $U \subset X$ von x_0 gibt, so dass $f(U) \subset V$ gilt. Die Folgenstetigkeit von f im Punkt x_0 ergibt sich dann folgendermaßen: Sei $(x_n)_{n\in\mathbb{N}}$ eine beliebige Folge in X mit $x_n \to x_0$ für $n \to \infty$. Dann soll ja $f(x_n) \to f(x_0)$ gelten, Das ist aber richtig, wenn es zu jeder offenen Kugel $U(f(x_0), \varepsilon)$ ein $n_0 \in \mathbb{N}$ gibt mit $f(x_n) \in U(f(x_0), \varepsilon)$ für alle $n \geq n_0$. Sei also so eine Kugel $U(f(x_0), \varepsilon)$ gegeben. Wie erwähnt ist so eine Kugel selber eine Umgebung von $f(x_0)$, also gibt es eine Umgebung M von x_0 mit $f(M) \subset U(f(x_0), \varepsilon)$. Da M eine Umgebung von x_0 ist, gibt es aber eine Kugel $U(x_0, \delta) \subset M$, für die dann natürlich auch $f(U(x_0, \delta)) \subset U(f(x_0), \varepsilon)$ gilt. Aus $x_n \to x_0$ folgt, das es ein $n_0 \in \mathbb{N}$ gibt mit $x_n \in U(x_0, \delta)$ für $n \geq n_0$. Damit gilt dann tatsächlich $f(x_n) \in U(f(x_0), \varepsilon)$ für alle $n \geq n_0$.
Sei nun angenommen, dass f folgenstetig im Punkt x_0 ist. Nehmen wir außerdem an, dass es eine Umgebung V von $f(x_0)$ gibt, so dass es keine Umgebung U von x_0 gibt mit $f(U) \subset V$, so muss dies zu einem Widerspruch führen. Sei also angenommen, dass es eine Umgebung V von $f(x_0)$ gibt, so dass für alle $k \in \mathbb{N}$ gilt

$$f(U(x_0, 1/k)) \cap (Y \setminus V) \neq \emptyset.$$

Es gibt dann zu jedem $k \in \mathbb{N}$ ein $x_k \in X$ mit $d_X(x_k, x_0) < \frac{1}{k}$ und $f(x_k) \notin V$. Damit gilt natürlich $d_X(x_m, x_0) < \frac{1}{k}$ für alle $m \geq k$, was zeigt, dass die Folge $(x_n)_{n\in\mathbb{N}}$ gegen x_0 konvergiert. Ist f folgenstetig im Punkt x_0, so muss also die Folge $(f(x_n))_{n\in\mathbb{N}}$ gegen $f(x_0)$ konvergieren. Dies widerspricht aber der Tatsache, dass $f(x_k) \notin V$ für alle $k \in \mathbb{N}$ gilt. □

Da die Eigenschaft einer Abbildung f, dass es zu jeder Umgebung V von $f(x_0)$ eine Umgebung U von x_0 mit $f(U) \subset V$ gibt, zunächst gar nichts mit Folgen in X und in Y zu tun hat, definiert man die ***Stetigkeit der Abbildung f im Punkt*** x_0 dadurch, dass dies gelten soll. Das ist auch der Stetigkeitsbegriff, der bei der allgemeineren Situation von Abbildungen zwischen topologischen Räumen der passende ist. Wir werden darauf noch kurz eingehen.

Äquivalent zur Charakterisierung mit Hilfe von Umgebungen ist im Fall von Abbildungen zwischen metrischen Räumen eine Charakterisierung der Art 'zu $\varepsilon > 0$ gibt es ein $\delta > 0$ ...', die speziell bei Abbildungen von $\mathbb{R}$ nach $\mathbb{R}$ häufig als Definition der Stetigkeit benützt wird:

Lemma 3.1

Sei $f : X \to Y$ eine Abbildung vom metrischen Raum (X, d_X) in den metrischen Raum (Y, d_Y), sei $x_0 \in X$. Dann sind die folgenden Aussagen äquivalent:
(a) Zu jeder Umgebung V von $f(x_0)$ gibt es eine Umgebung U von x_0 mit $f(U) \subset V$.
(b) Zu jedem $\varepsilon > 0$ gibt es ein $\delta > 0$, so dass $d_Y(f(x), f(x_0)) < \varepsilon$ gilt für alle $x \in X$ mit $d_X(x, x_0) < \delta$.

Beweis:
Aus (a) folgt (b): Ist $\varepsilon > 0$ gegeben, so ist $U(f(x_0), \varepsilon)$ eine Umgebung von $f(x_0)$, also gibt es nach (a) eine Umgebung M von x_0 mit $f(M) \subset U(f(x_0), \varepsilon)$. Da M Umgebung von x_0 ist, gibt es eine Kugel $U(x_0, \delta)$ mit $U(x_0, \delta) \subset M$. Damit gilt dann $f(U(x_0, \delta)) \subset U(f(x_0), \varepsilon)$. Dies bedeutet aber, dass für alle $x \in X$, für die $d_X(x, x_0) < \delta$ gilt, $d_Y(f(x), f(x_0)) < \varepsilon$ gelten muss.
Aus (b) folgt (a): Sei V eine beliebige Umgebung von $f(x_0)$. Dann gibt es eine Kugel $U(f(x_0), \varepsilon) \subset V$. Nach (b) gibt es zu diesem $\varepsilon > 0$ ein $\delta > 0$, so dass $f(x) \in U(f(x_0), \varepsilon)$ ist, wenn $x \in U(x_0, \delta)$ ist. Also gilt $f(U(x_0, \delta)) \subset U(f(x_0), \varepsilon)$. Damit ist aber $U(x_0, \delta)$ eine Umgebung von x_0 mit $f(U(x_0, \delta)) \subset V$. □

Haben wir bisher nur die Stetigkeit einer Abbildung in einzelnen Punkten diskutiert, so sind ja doch häufig Abbildungen stetig in allen Punkten. In diesem Fall bezeichnet man die Abbildung schlichtweg als ***stetig***. In diesem Sinn sind also z.B. alle Polynomfunktionen $p : \mathbb{R} \to \mathbb{R}$ stetige Funktionen. Für in diesem Sinn stetige Abbildungen gibt es noch eine andere sehr wichtige Charakterisierung, die auf dem Begriff der *offenen Menge* aufbaut.

Sei (X, d) ein metrischer Raum. Eine Menge $\Omega \subset X$ heißt ***offen****, wenn es zu jedem $x \in \Omega$ eine offene Kugel $U(x, \varepsilon)$ gibt mit $U(x, \varepsilon) \subset \Omega$.*

Man beachte, dass bei verschiedenen Punkten $x, x' \in \Omega$ i.a. die Radien ε und ε' der Kugeln mit $U(x, \varepsilon) \subset \Omega$ und $U(x', \varepsilon') \subset \Omega$ verschieden sein werden.
Unter Verwendung des Umgebungsbegriffs kann man offenbar festhalten:
Eine Menge $\Omega \subset X$ ist genau dann offen, wenn sie Umgebung all ihrer Punkte ist.

Triviale offene Mengen sind immer $\emptyset$ und X selber. Aber auch jede Kugel $U(x, \varepsilon) \subset X$, (die wir ja schon als offene Kugel bezeichnet haben), ist offen in dem soeben definierten Sinn. Denn ist $y \in U(x, \varepsilon)$ beliebig gegeben, so ist ja $d(x, y) < \varepsilon$. Damit ist aber $\rho := \varepsilon - d(x, y) > 0$ und man sieht rasch, dass für die Kugel $U(y, \rho)$ gilt $U(y, \rho) \subset U(x, \varepsilon)$. Denn ist $\eta \in U(y, \rho)$ beliebig gewählt, so ist ja $d(y, \eta) < \rho$ und die Dreiecksungleichung liefert

$$d(\eta, x) \leq d(\eta, y) + d(y, x) < \rho + d(x, y) = \varepsilon.$$

Damit ist $\eta \in U(x, \varepsilon)$ und somit $U(y, \rho) \subset U(x, \varepsilon)$.
Es ist aber z.B. auch die Menge

$$\Omega := \{(x_1, x_2, x_3) \in \mathbb{R}^3 : x_3 > 0\}$$

offen im $\mathbb{R}^3$ versehen mit der euklidischen Norm. Denn ist $x = (x_1, x_2, x_3) \in \Omega$ beliebig gegeben, so ist $U(x, x_3/2) \subset \Omega$. Dagegen ist die Menge $M = \{(x_1, x_2, x_3) \in \mathbb{R}^3 : x_3 \geq 0\}$ nicht offen! Denn zu allen Punkten $(x_1, x_2, 0) \in M$ kann man keine Kugel $U(x, r)$ finden mit $U(x, r) \subset M$, weil ja jede solche Kugel auch Punkte umfasst, deren dritte Koordinate negativ ist.

Beim folgenden Satz ist zu beachten, dass die Menge $f^{-1}(\Omega)$ so wie in (3.1) angegeben definiert ist, unabhängig davon, ob f bijektiv ist oder nicht. (Die Umkehrabbildung muss also nicht existieren.) Für die Menge $f^{-1}(\Omega)$ ist die Bezeichnung ***Urbild*** von Ω unter f üblich.

Satz 3.2

Seien (X, d_X) und (Y, d_Y) metrische Räume. Dann gilt: Eine Abbildung $f : X \to Y$ ist genau dann stetig, wenn für alle offenen Mengen $\Omega \subset Y$ die Menge

$$f^{-1}(\Omega) := \{x \in X : f(x) \in \Omega\} \tag{3.1}$$

eine offene Teilmenge von X ist.

Beweis:
Sei zuerst angenommen, dass f stetig ist. Sei dann $\Omega \subset Y$ eine beliebige offene Menge. Zu zeigen ist, dass die Menge $f^{-1}(\Omega) \subset X$ offen ist, d.h. dass es zu jedem $x \in X$ mit $f(x) \in \Omega$ eine Kugel $U(x, \delta)$ gibt mit $U(x, \delta) \subset f^{-1}(\Omega)$, d.h. mit $f(U(x, \delta)) \subset \Omega$. Da Ω offen ist, gibt es zum Punkt $f(x) \in \Omega$ eine Kugel $U(f(x), \varepsilon) \subset \Omega$. Da f aber im Punkt x stetig ist, gibt es eine Kugel $U(x, \delta)$ mit $f(U(x, \delta)) \subset U(f(x), \varepsilon)$, also mit $f(U(x, \delta)) \subset \Omega$.
Sei nun angenommen, dass für jede offene Menge $\Omega \subset Y$ die Menge $f^{-1}(\Omega) \subset X$ offen ist. Zu zeigen ist, dass dann f in jedem beliebigen Punkt $x \in X$ stetig ist. Sei also $x \in X$ beliebig gewählt. Es ist zu zeigen, dass es zu jeder Kugel $U(f(x), \varepsilon)$ eine Kugel $U(x, \delta)$ gibt mit $f(U(x, \delta)) \subset U(f(x), \varepsilon)$. Sei also eine Kugel $U(f(x), \varepsilon)$ gegeben. Diese ist offen, also ist $f^{-1}(U(f(x), \varepsilon)) \subset X$ offen. Da ja $x \in f^{-1}(U(f(x), \varepsilon))$ ist, gibt es somit eine Kugel $U(x, \delta) \subset f^{-1}(U(f(x), \varepsilon))$. Damit gilt aber tatsächlich $f(U(x, \delta)) \subset U(f(x), \varepsilon)$ und f ist stetig im Punkt x. □

Ist also nun die Stetigkeit einer Abbildung $f : X \to Y$ dadurch charakterisiert, dass die Urbilder offener Mengen wieder offen sind, so erlaubt dies eine direkte Übertragung auf *topologische Räume*, bei denen man auf einer Menge eine Struktur vorgibt, indem man ein System von Teilmengen als offene Mengen auszeichnet. Dieses System muss gewisse Forderungen erfüllen, die, wie wir sehen werden, beim System der offenen Mengen eines metrischen Raumes immer erfüllt sind. Es muss aber gleich bemerkt werden, dass es topologische Räume gibt, deren System von offenen Mengen nicht durch eine Metrik erzeugt werden kann.

Wir definieren also nun:
Sei X eine Menge und es sei $T \subset P(X)$ mit folgenden Eigenschaften:
(i) $\emptyset \in T$, $X \in T$.
(ii) Ist Λ eine beliebige Indexmenge und $(\Omega_\lambda)_{\lambda\in\Lambda}$ eine Familie in T, so ist

$$\bigcup_{\lambda\in\Lambda} \Omega_\lambda = \{x \in X : \textit{Es gibt ein } \lambda \in \Lambda \textit{ mit } x \in \Omega_\lambda\} \in T.$$

(iii) Ist $n \in \mathbb{N}$ und sind $\Omega_k \in T$ für $k = 1, \ldots, n$, so ist auch

$$\bigcap_{k=1}^{n} \Omega_k \in T.$$

Dann nennt man das Paar (X, T) einen ***topologischen Raum*** *und die Mengen $\Omega \in T$ bezeichnet man als* ***offene Mengen****. Das System T bezeichnet man als* ***Topologie*** *auf X.*

Wie angekündigt gilt:

Lemma 3.2

Sei (X, d) ein metrischer Raum und sei

$$T := \{\Omega \in P(X) : \Omega \text{ ist Umgebung aller ihrer Punkte}\}.$$

Dann ist (X, T) ein topologischer Raum.

Beweis:
Es wurde bereits bemerkt, dass in einem metrischen Raum die leere Menge und der ganze Raum im Sinne der Definition offener Mengen eines metrischen Raumes offen sind, also zum System T gehören. Damit ist noch zu zeigen, dass beliebige Vereinigungen und endliche Durchschnitte von Mengen aus T wieder zu T gehören.
Sei also $(\Omega_\lambda)_{\lambda\in\Lambda}$ eine beliebige Familie in T. Ist dann $x \in \bigcup_{\lambda\in\Lambda} \Omega_\lambda$, so gibt es ein $\lambda_0 \in \Lambda$ mit $x \in \Omega_{\lambda_0}$. Damit gibt es eine Kugel $U(x, \varepsilon) \subset \Omega_{\lambda_0}$. Da dann auch $U(x, \varepsilon) \subset \bigcup_{\lambda\in\Lambda} \Omega_\lambda$ gilt, ist $\bigcup_{\lambda\in\Lambda} \Omega_\lambda$ Umgebung all ihrer Punkte und gehört somit zu T.
Seien nun $\Omega_1, \ldots, \Omega_n \in T$ gegeben und sei $x \in \bigcap_{k=1}^n \Omega_k$. Dann gilt ja $x \in \Omega_k$ für $k = 1, \ldots, n$ und somit gibt es Kugeln $U(x, \varepsilon_k) \subset \Omega_k$ für $k = 1, \ldots, n$. Ist nun ε gleich dem kleinsten der ε_k, so gilt ja $U(x, \varepsilon) \subset U(x, \varepsilon_k) \subset \Omega_k$ für $k = 1, \ldots, n$ und somit gilt $U(x, \varepsilon) \subset \bigcap_{k=1}^n \Omega_k$. Damit gilt $\bigcap_{k=1}^n \Omega_k \in T$. □

Beim Beweis von Satz 1.11 haben wir wesentlich mit abgeschlossenen Intervallen gearbeitet. Dem Begriff *abgeschlossen* können wir nun allgemeiner im Rahmen von topologischen Räumen einen Sinn geben, und es wird sich zeigen, dass abgeschlossene Intervalle tatsächlich in diesem topologischen Sinn abgeschlossen sind.

Sei (X, T) ein topologischer Raum. Eine Menge $A \subset X$ wird als ***abgeschlossen*** *bezeichnet, wenn die Menge $X \setminus A$ offen ist.*

Da $\emptyset = X \setminus X$ und $X = X \setminus \emptyset$ gilt, sind übrigens die leere Menge und der ganze Raum X immer abgeschlossen.

Sind $a, b \in \mathbb{R}$ mit $a < b$ gegeben, so ist die früher als abgeschlossenes Intervall bezeichnete Menge

$$[a, b] = \{x \in \mathbb{R} : a \leq x \leq b\}$$

eine abgeschlossene Menge des metrischen Raumes $\mathbb{R}$. Denn es gilt

$$\mathbb{R} \setminus [a, b] = \{x \in \mathbb{R} : x < a\} \cup \{x \in \mathbb{R} : x > b\}$$

und diese Menge ist die Vereinigung von zwei offenen Mengen. Denn ist

$$(-\infty, a) := \{x \in \mathbb{R} : x < a\},$$

so gilt, wenn $x \in (-\infty, a)$ beliebig gegeben ist, sicher $U(x, \rho) \subset (-\infty, a)$, wenn etwa $\rho := \frac{1}{2}(a - x)$ gewählt ist. Ganz entsprechend sieht man, dass die Menge

$$(b, \infty) := \{x \in \mathbb{R} : x > b\}$$

eine offene Menge ist.
Es ist offenbar auch die Menge

$$(a, b) := \{x \in \mathbb{R} : a < x < b\}$$

eine offene Menge, und hierbei spricht man nun von einem ***offenen Intervall***.

Offenbar sind die offenen Kugeln $U(x, \varepsilon) \subset \mathbb{R}$ solche offenen Intervalle, und zwar gilt $U(x, \varepsilon) = (x-\varepsilon, x+\varepsilon)$. Die abgeschlossenen Intervalle entsprechen nun den abgeschlossenen Kugeln, wenn wir allgemein für einen metrischen Raum (X, d) die ***abgeschlossene Kugel*** $K(x_0, r)$ definieren als

$$K(x_0, r) := \{x \in X : d(x, x_0) \leq r\}.$$

Tatsächlich sind diese Mengen $K(x_0, r)$ abgeschlossen im Sinn unserer Definition, denn die Menge $X \setminus K(x_0, r)$ ist offen. Um dies zu zeigen, müssen wir nachweisen, dass es zu jedem $y \in X \setminus K(x_0, r)$ eine offene Kugel $U(y, \rho)$ gibt mit $U(y, \rho) \subset X \setminus K(x_0, r)$.
Da $y \in X \setminus K(x_0, r)$ ist, ist $d(y, x_0) > r$. Sei $\rho := \frac{1}{2}(d(y, x_0) - r)$. Für beliebiges $\eta \in U(y, \rho)$ gilt dann nach der Dreiecksungleichung

$$\begin{aligned} d(\eta, x_0) \geq d(y, x_0) - d(\eta, y) &> d(y, x_0) - \frac{1}{2}(d(y, x_0) - r) \\ &= \frac{1}{2}(d(y, x_0) + r) > \frac{1}{2}(r + r) = r, \end{aligned}$$

somit ist $\eta \in X \setminus K(x_0, r)$. Damit gilt $U(y, \rho) \subset X \setminus K(x_0, r)$.

Ob eine nichtleere Teilmenge eines metrischen Raumes abgeschlossen ist, kann man auch mit Hilfe einer anderen Charakterisierung abgeschlossener Teilmengen metrischer Räume nachprüfen, die wiederum auf der Betrachtung von Folgen basiert.

Satz 3.3

Sei (X, d) ein metrischer Raum. Dann gilt: Eine Menge $A \subset X$ mit $A \neq \emptyset$ ist genau dann abgeschlossen, wenn für jede Folge $(x_n)_{n \in \mathbb{N}}$ in A, die gegen ein $\xi \in X$ konvergiert, schon gilt, dass $\xi \in A$ sein muss.

Beweis:
Sei zuerst angenommen, dass A abgeschlossen, also $X \setminus A$ offen ist. Ist dann $(x_n)_{n \in \mathbb{N}}$ eine Folge in A mit $x_n \to \xi \in X$ für $n \to \infty$, so ist zu zeigen, dass ξ nicht Element der Menge $X \setminus A$ sein kann. Wir zeigen also, dass die Annahme, das $\xi \in X \setminus A$ wäre, zu einem Widerspruch führt. Aus $\xi \in X \setminus A$ folgt, dass es eine Kugel $U(\xi, \varepsilon)$ gibt mit $U(\xi, \varepsilon) \subset X \setminus A$. Da $x_n \in A$, also $x_n \notin X \setminus A$ für alle $n \in \mathbb{N}$ gilt, wäre dann kein Folgenglied in $U(\xi, \varepsilon)$. Das widerspricht aber offenbar der Konvergenz der Folge $(x_n)_{n \in \mathbb{N}}$ gegen ξ.
Für die umgekehrte Richtung zeigen wir: Ist die Menge $X \setminus A$ nicht offen, so gibt es eine Folge $(x_n)_{n \in \mathbb{N}}$ in A, die gegen ein $\xi \notin A$ konvergiert. Sei also $X \setminus A$ nicht offen. Dann gibt es ein $y \in X \setminus A$, so dass für alle $n \in \mathbb{N}$ die Kugel $U(y, \frac{1}{n})$ nicht in $X \setminus A$ liegt. Es muss also für alle $n \in \mathbb{N}$ ein $x_n \in U(y, \frac{1}{n})$ geben mit $x_n \in A$. Da $x_n \in U(y, \frac{1}{n})$ ist, folgt, dass die Folge $(x_n)_{n \in \mathbb{N}}$ gegen y konvergiert. Wir haben damit tatsächlich eine Folge $(x_n)_{n \in \mathbb{N}}$ in A gefunden, deren Grenzwert nicht in A liegt. □

Es ist naheliegend, dass man unter Benützung dieser Charakterisierung abgeschlossener Mengen und der Folgenstetigkeit leicht sehen kann, dass bei stetigen Abbildungen zwischen metrischen Räumen die Urbilder abgeschlossener Mengen wieder abgeschlossen sind.
Seien also (X, d_X) und (Y, d_Y) metrische Räume und $f : X \to Y$ eine stetige Abbildung. Ist dann $A \subset Y$ abgeschlossen, so betrachten wir zum Nachweis der Abgeschlossenheit des Urbildes $f^{-1}(A)$ eine Folge $(x_n)_{n \in \mathbb{N}}$ in $f^{-1}(A)$ mit $x_n \to \xi \in X$ für $n \to \infty$. Um zu zeigen, dass dann schon $\xi \in f^{-1}(A)$ sein muss, gehen wir zur Folge $(f(x_n))_{n \in \mathbb{N}}$ über, die ja aufgrund der Stetigkeit von f gegen $f(\xi)$ konvergieren muss. Da A abgeschlossen ist, ist aber $f(\xi) \in A$ und somit $\xi \in f^{-1}(A)$.

Das soeben bewiesene Resultat ist auch richtig für stetige Abbildungen $f : X \to Y$ zwischen topologischen Räumen X und Y, wenn man entsprechend Satz 3.2 definiert, dass *$f : X \to Y$ stetig ist, wenn die Urbilder beliebiger offener Mengen $\Omega \subset Y$ offene Mengen von X sind.* Nur muss man den Beweis nun anders führen. Dies gelingt aber unter Benützung der Tatsache, dass eine Menge genau dann abgeschlossen ist, wenn ihr Komplement offen ist.

Nach diesen Resultaten ist nun darauf hinzuweisen, dass bei stetigen Abbildungen keineswegs immer sichergestellt ist, dass die Bilder offener Mengen wieder offen und die Bilder abgeschlossener Mengen wieder abgeschlossen sind.

Schon für die ganz einfache Abbildung $f : \mathbb{R} \to \mathbb{R}$, die durch $f(x) := 1$ für alle $x \in \mathbb{R}$ definiert ist, ist $f(\mathbb{R})$, also das Bild der offenen Menge $\mathbb{R}$, keine offene Teilmenge von $\mathbb{R}$. (Denn offenbar kann die Menge $\{1\}$ keine offene Kugel, d.h. kein offenes Intervall um den Punkt $x = 1$ umfassen.)
Zu der durch $P_1(x_1, x_2) := x_1$ definierten Projektion $P_1 : \mathbb{R}^2 \to \mathbb{R}$ geben wir nun eine abgeschlossene Menge $A \subset \mathbb{R}^2$ an, für die $P_1(A) \subset \mathbb{R}$ nicht abgeschlossen ist. Und zwar

sei

$$A := \{(x_1, x_2) \in \mathbb{R}^2 : x_1 \cdot x_2 = 1\}.$$

Unter Verwendung von Satz 3.3 ist rasch zu sehen, dass diese Menge abgeschlossen ist. Denn ist $(x_n)_{n\in\mathbb{N}}$ eine Folge in A mit $x_n \to \xi \in \mathbb{R}^2$ für $n \to \infty$, so gilt ja $x_{n,1}x_{n,2} = 1$ für alle n und $x_{n,1} \to \xi_1$, $x_{n,2} \to \xi_2$ für $n \to \infty$. Da aus $x_{n,1} \to \xi_1$ und $x_{n,2} \to \xi_2$ bekanntlich $x_{n,1}x_{n,2} \to \xi_1\xi_2$ folgt, muss damit $\xi_1\xi_2 = 1$ und somit $\xi \in A$ gelten. Genauso einfach sieht man, dass P_1 folgenstetig und somit stetig ist. Aber die Menge $P_1(A)$ ist nicht abgeschlossen, denn es gilt

$$P_1(A) = (-\infty, 0) \cup (0, \infty). \tag{3.2}$$

Denn es muss offenbar $0 \notin P_1(A)$ gelten, weil aus $x_1 \cdot x_2 = 1$ natürlich immer folgt, dass $x_1 \neq 0$ sein muss. Ist aber $r \in \mathbb{R} \setminus \{0\}$, so ist $r = P_1((r, \frac{1}{r}))$. Aus (3.2) folgt aber, dass $P_1(A)$ offen und nicht abgeschlossen ist. Denn die Folge $(1/n)_{n\in\mathbb{N}}$ ist eine Folge in $P_1(A)$, die gegen $0 \notin P_1(A)$ konvergiert.

Es gibt jedoch eine Eigenschaft von Mengen, die eine Verschärfung der Abgeschlossenheit darstellt und die unter stetigen Abbildungen erhalten bleibt. Damit werden wir uns im nächsten Abschnitt befassen.

3.2 Kompaktheit

Die Kompaktheit von Mengen spielt eine wichtige Rolle bei der Behandlung von stetigen Abbildungen. Wir beginnen die Diskussion mit der folgenden Definition:

*Sei (X, d) ein metrischer Raum. Eine Menge $K \subset X$ heißt **folgenkompakt**, wenn zu jeder Folge $(x_n)_{n\in\mathbb{N}}$ in K eine Teilfolge $(x_{n_k})_{k\in\mathbb{N}}$ existiert, die gegen ein $\xi \in K$ konvergiert.*

Im allgemeinen haben abgeschlossene Mengen nicht diese Eigenschaft, so z.B. die abgeschlossene Menge $\{x \in \mathbb{R} : x \geq 0\}$, weil es zur Folge $(n)_{n\in\mathbb{N}}$ offenbar keine konvergente Teilfolge gibt. Andererseits sind folgenkompakte Mengen immer abgeschlossen.

Lemma 3.3

Sei (X, d) ein metrischer Raum und $K \subset X$ folgenkompakt. Dann ist K abgeschlossen.

Beweis:
Sei $K \subset X$ folgenkompakt und $(x_n)_{n\in\mathbb{N}}$ eine Folge in K, die gegen ein $\xi \in X$ konvergiert. Zur Folge $(x_n)_{n\in\mathbb{N}}$ gibt es eine Teilfolge $(x_{n_k})_{k\in\mathbb{N}}$, die gegen ein $x_0 \in K$ konvergiert. Da eine Teilfolge den gleichen Grenzwert haben muss wie die konvergente Folge $(x_n)_{n\in\mathbb{N}}$ selber, gilt $x_0 = \xi$ und somit ist $\xi \in K$. Damit ist K abgeschlossen. □

Im Fall des $\mathbb{R}^n$ lassen sich leicht Beispiele folgenkompakter Mengen angeben, denn es gilt in diesem Fall eine sehr gut verwendbare Charakterisierung folgenkompakter Mengen:

Satz 3.4

Für Mengen $K \subset \mathbb{R}^n$, ($n \in \mathbb{N}$ und $\mathbb{R}^n$ mit der euklidischen Norm versehen), gilt: K ist genau dann folgenkompakt, wenn K abgeschlossen und beschränkt ist.

Beweis:
Da wir bereits wissen, dass folgenkompakte Mengen abgeschlossen sein müssen, ist für die eine Richtung nur noch zu zeigen, dass eine folgenkompakte Menge auch beschränkt sein muss. Dies wird indirekt erledigt, d.h. wir zeigen, dass eine nicht beschränkte Menge nicht folgenkompakt sein kann. Sei also angenommen, dass es zur Menge $M \subset \mathbb{R}^n$ kein $\rho > 0$ gibt mit $\|x\| \leq \rho$ für alle $x \in M$. Dann gibt es natürlich zu jedem $m \in \mathbb{N}$ ein $x_m \in M$ mit $\|x_m\| > m$. Zur damit gegebenen Folge $(x_m)_{m\in\mathbb{N}}$ kann es aber keine konvergente Teilfolge geben, denn es kann offenbar keine beschränkte Teilfolge geben. Damit ist M nicht folgenkompakt.
Sei nun angenommen, dass die Menge $K \subset \mathbb{R}^n$ abgeschlossen und beschränkt ist. Sei $(x_m)_{m\in\mathbb{N}}$ eine beliebige Folge in K. Nach Satz 2.10 gibt es dazu eine (in $\mathbb{R}^n$) konvergente Teilfolge. Gelte also $\lim_{k\to\infty} x_{m_k} = \xi$. Da K abgeschlossen ist, muss aber $\xi \in K$ sein. Damit ist K folgenkompakt. □

Dieses Resultat lässt sich nicht allgemein auf normierte Räume übertragen. Daher ist es durchaus von Interesse, noch eine andere Charakterisierung folgenkompakter Mengen zur Verfügung zu haben, die allgemeiner für topologische Räume sinnvoll ist und dann den Begriff einer kompakten Menge liefert. Wir werden uns später noch damit befassen.

Wir bleiben zunächst aber im Rahmen von metrischen Räumen und zeigen, dass für stetige Abbildungen zwischen metrischen Räumen das folgende bereits früher angedeutete Resultat gilt:

Satz 3.5

Seien (X, d_X) und (Y, d_Y) metrische Räume, sei $f : X \to Y$ stetig. Dann gilt: Ist $K \subset X$ folgenkompakt, so ist auch $f(K)$ folgenkompakt.

Beweis:
Sei $K \subset X$ folgenkompakt und $(y_n)_{n\in\mathbb{N}}$ eine Folge in $f(K)$. Dann gibt es zu jedem y_n ein $x_n \in X$ mit $y_n = f(x_n)$. Da K folgenkompakt ist, gibt es eine Teilfolge $(x_{n_k})_{k\in\mathbb{N}}$, die gegen eine $x_0 \in K$ konvergiert. Die Abbildung f ist stetig, also folgenstetig, somit gilt $f(x_{n_k}) \to f(x_0)$ für $k \to \infty$. Damit ist aber die Folge $(y_{n_k})_{k\in\mathbb{N}}$ eine Teilfolge von $(y_n)_{n\in\mathbb{N}}$, die gegen $f(x_0) \in f(K)$ konvergiert. Damit ist $f(K)$ folgenkompakt. □

Dieses Resultat hat eine sehr wichtige Konsequenz für stetige reellwertige Funktionen:

Satz 3.6

Sei (X, d) ein metrischer Raum, sei $K \subset X$ folgenkompakt und mit der von d induzierten Metrik versehen. Dann gilt: Ist $f : K \to \mathbb{R}$ stetig, so gibt es ein $\xi_1 \in K$ mit $f(\xi_1) = \inf_{x\in K} f(x)$ und ein $\xi_2 \in K$ mit $f(\xi_2) = \sup_{x\in K} f(x)$.

Beweis:
Nach Satz 3.5 ist $f(K)$ folgenkompakt, also nach Satz 3.4 abgeschlossen und beschränkt. Wegen der Beschränktheit existiert $\inf f(K) =: m_1$ und $\sup f(K) =: m_2$. Da m_1 größte untere Schranke ist, gibt es eine Folge $(x_n)_{n\in\mathbb{N}}$ in K mit $0 \le f(x_n) - m_1 < \frac{1}{n}$ für alle $n \in \mathbb{N}$. Entsprechend gibt es eine Folge $(y_n)_{n\in\mathbb{N}}$ in K mit $0 \le m_2 - f(y_n) < \frac{1}{n}$. Damit gilt aber $f(x_n) \to m_1$ und $f(y_n) \to m_2$ für $n \to \infty$. Da $f(K)$ abgeschlossen ist, gilt somit $m_1 \in f(K)$ und $m_2 \in f(K)$. Damit gibt es aber ein $\xi_1 \in K$ mit $f(\xi_1) = \inf f(K)$ und ein $\xi_2 \in K$ mit $f(\xi_2) = \sup f(K)$. □

Da $f(\xi_1) = \inf_{x\in K} f(x)$ gilt, ist in diesem Fall $\inf f(K)$ sogar ein Minimum und entsprechend ist $\sup f(K)$ sogar ein Maximum. Dieses *Annehmen von Maximum und Minimum* bei stetigen reellwertigen Funktionen auf folgenkompakten Mengen wird häufig benützt. Es sei dies an Hand eines einfachen Beispiels demonstriert:

Sei $K \subset X$ eine folgenkompakte Teilmenge des metrischen Raumes (X, d) und sei $a \in X \setminus K$. Die Frage ist, ob es dann einen Punkt $b \in K$ kleinsten Abstands von a gibt, d.h. ob es ein $b \in K$ gibt mit $d(b, a) = \inf_{x\in K} d(x, a)$. Die Antwort auf diese Frage ist nach Satz 3.6 positiv, denn die Abbildung $x \in K \mapsto d(x, a) \in \mathbb{R}$ ist stetig. Dies ist eine Folge der Dreiecksungleichung. Sind $x, x' \in K$, so ist $d(x', a) \le d(x', x) + d(x, a)$, also $d(x', a) - d(x, a) \le d(x', x) = d(x, x')$ und entsprechend $d(x, a) - d(x', a) \le d(x, x')$. Damit gilt aber $|d(x', a) - d(x, a)| \le d(x, x')$. Ist $\varepsilon > 0$ gegeben, so gilt also immer $|d(x', a) - d(x, a)| < \varepsilon$, wenn $d(x', x) < \varepsilon$ gilt.

Das letzte Ergebnis zu Stetigkeit der Abbildung $x \in K \mapsto d(x, a) \in \mathbb{R}$ ist bemerkenswert, weil es besagt, dass diese Abbildung sogar gleichmäßig stetig ist im Sinne der folgenden Definition:

Sind (X, d_X) und (Y, d_Y) metrische Räume, so nennt man eine Abbildung $F : X \to Y$ ***gleichmäßig stetig****, wenn es zu jedem $\varepsilon > 0$ ein $\delta > 0$ gibt, so dass $d_Y(f(x), f(x')) < \varepsilon$ gilt für alle $x, x' \in X$ mit $d_X(x, x') < \delta$.*

Es ist klar, dass eine gleichmäßig stetige Abbildung immer in allen Punkten $x \in X$ stetig ist, denn um das zu sehen, muss man ja nur in der gegebenen Definition x festhalten. Offenbar ist es aber dann entscheidend an der gegebenen Definition, dass die Größe δ, die $d_Y(f(x), f(x')) < \varepsilon$ sicherstellt, wenn $d_X(x, x') < \delta$ ist, nicht vom speziellen festgehaltenen x abhängt. Denn im allgemeinen ist so eine Abhängigkeit durchaus gegeben, wie etwa schon das folgende einfache Beispiel zeigt:
Sei das offene Intervall $(0, 1) \subset \mathbb{R}$ mit der von $\mathbb{R}$ induzierten Metrik versehen und sei $f : (0, 1) \to \mathbb{R}$ definiert durch $f(x) := \frac{1}{x}$ für $x \in (0, 1)$. Die üblichen Rechenregeln für reelle Folgen zeigen, dass f in jedem Punkt $x \in (0, 1)$ folgenstetig ist, somit ist f eine stetige Abbildung. Aber f ist nicht gleichmäßig stetig, denn ist etwa $\varepsilon = 1$ gegeben, so gibt es kein $\delta > 0$, so dass $|\frac{1}{x} - \frac{1}{x'}| < 1$ gilt, wenn $|x - x'| < \delta$ ist. Man muss dazu nur mit einem beliebigen $\alpha \in (0, 1/2)$ die Punkte $x_n = \frac{1}{n}$ und $x'_n = x_n + \alpha$, $(n \in \mathbb{N} \setminus \{2\})$, betrachten. Für diese gilt stets $|x_n - x'_n| = \alpha$, aber

$$\left|\frac{1}{x_n} - \frac{1}{x'_n}\right| = \alpha \frac{n}{\frac{1}{n} + \alpha} \to \infty$$

für $n \to \infty$.

So ein Beispiel kann man nicht finden, wenn man stetige reellwertige Funktionen auf dem abgeschlossenen Intervall $[0,1]$ betrachtet, denn das Intervall $[0,1]$ ist folgenkompakt und es gilt das folgende wichtige Resultat:

Satz 3.7

Seien (X, d_X) und (Y, d_Y) metrische Räume und sei $K \subset X$ folgenkompakt. Dann gilt: Ist eine Abbildung $f : K \to Y$ stetig, so ist sie bereits gleichmäßig stetig.

Beweis:
Wir nehmen an, dass eine stetige Abbildung $f : K \to Y$ gegeben sei, die nicht gleichmäßig stetig ist, und zeigen, dass dies zu einem Widerspruch führt.
Ist f nicht gleichmäßig stetig, so gibt es ein $\varepsilon > 0$, so dass zu jedem $\delta > 0$ ein Paar $(x, x') \in K \times K$ existiert mit $d_X(x, x') < \delta$, aber $d_Y(f(x), f(x')) \geq \varepsilon$. Setzt man $\delta_n = \frac{1}{n}$, so gibt es also Paare $(x_n, x'_n) \in K \times K$ mit

$$d_X(x_n, x'_n) < \frac{1}{n} \wedge d_Y(f(x_n), f(x'_n)) \geq \varepsilon \quad \text{für} \quad n \in \mathbb{N}.$$

Da K folgenkompakt ist, gibt es zur Folge $(x_n)_{n\in\mathbb{N}}$ eine Teilfolge $(x_{n_k})_{k\in\mathbb{N}}$, die gegen ein $\xi \in K$ konvergiert. Die Abschätzung

$$d_X(x'_{n_k}, \xi) \leq d_X(x_{n_k}, \xi) + d_X(x_{n_k}, x'_{n_k}) \leq d_X(x_{n_k}, \xi) + \frac{1}{n_k}$$

zeigt nun, das auch $d_X(x'_{n_k}, \xi) \to 0$ für $k \to \infty$ gilt. Es gilt also auch $x'_{n_k} \to \xi$ für $k \to \infty$. Da f stetig ist, folgt

$$f(x_{n_k}) \to f(\xi) \wedge f(x'_{n_k}) \to \xi \quad \text{für} \quad k \to \infty.$$

Damit gibt es aber zum oben betrachteten ε ein $k_0 \in \mathbb{N}$ mit

$$d_Y(f(x_{n_k}), f(\xi)) < \frac{\varepsilon}{2} \wedge d_Y(f(x'_{n_k}), f(\xi)) < \frac{\varepsilon}{2} \quad \text{für} \quad k \geq k_0.$$

Daraus folgt

$$d_Y(f(x_{n_k}), f(x'_{n_k})) \leq d_Y(f(x_{n_k}), f(\xi)) + d_Y(f(x'_{n_k}), f(\xi)) < \varepsilon \quad \text{für} \quad k \geq k_0$$

im Widerspruch zu $d_Y(f(x_n), f(x'_n)) \geq \varepsilon$ für alle $n \in \mathbb{N}$. □

Um die früher angesprochene andere Charakterisierung folgenkompakter Teilmengen metrischer Räume zu gewinnen, müssen wir etwas Vorarbeit leisten.

Lemma 3.4

Sei (X, d) ein metrischer Raum und $K \subset X$ folgenkompakt. Dann gibt es zu jedem $r > 0$ ein $n \in \mathbb{N}$ und $x_1, \ldots, x_n \in K$, so dass

$$K \subset \bigcup_{k=1}^{n} U(x_k, r) \tag{3.3}$$

gilt.

Beweis:
Der Beweis wird indirekt geführt, d.h. wir gehen davon aus, dass eine folgenkompakte Menge $K \subset X$ gegeben sei, die die behauptete Eigenschaft, dass bei beliebigem $r > 0$ eine *Überdeckung* mit offenen Kugeln wie in (3.3) angegeben möglich ist, nicht hat. Dies wird zu einem Widerspruch führen.
Ist so eine Überdeckung durch endlich viele Kugeln mit beliebig vorgegebenem Radius nicht möglich, so gibt es ein $r > 0$, für das dies nicht möglich ist. Dann gibt es aber ein $x_1 \in K$, so dass $K \cap (X \setminus U(x_1, r)) \neq \emptyset$ ist. (Denn sonst wäre ja $K \subset U(x_1, r)$ und (3.3) wäre erfüllt.) Sei $x_2 \in (K \setminus U(x_1, r))$. Sie soeben geführte Argumentation zeigt, dass es weiter ein $x_3 \in (K \setminus (U(x_1, r) \cup U(x_2, r)))$ geben muss. Rekursiv erhalten wir nach diesem Verfahren eine Folge $(x_n)_{n \in \mathbb{N}}$ in K mit $x_{n+1} \notin \bigcup_{k=1}^{n} U(x_k, r)$. (Man beachte, dass das Verfahren nicht abbrechen kann, weil ja sonst einmal $K \subset \bigcup_{k=1}^{n} U(x_k, r)$ gelten müsste). Da K folgenkompakt sein soll, gibt es zur Folge $(x_n)_{n \in \mathbb{N}}$ eine konvergente Teilfolge. Sei $\xi \in K$ Grenzwert so einer konvergenten Teilfolge. Dann gibt es natürlich Folgenglieder x_{n_k} und x_{n_k+j} mit einem $j \in \mathbb{N}$ mit $d(x_{n_k}, \xi) < \frac{r}{2}$ und $d(x_{n_k+j}, \xi) < \frac{r}{2}$. Mit der Dreiecksungleichung folgt $d(x_{n_k}, x_{n_k+j}) < r$, d.h. $x_{n_k+j} \in U(x_{n_k}, r)$, was aber der Konstruktion der Folge $(x_n)_{n \in \mathbb{N}}$ widerspricht. □

Damit können wir das folgende wichtige Resultat zur Existenz von endlichen Teilüberdeckungen zu beliebigen offenen Überdeckungen beweisen:

Satz 3.8

Sei (X, d) ein metrischer Raum und $K \subset X$ folgenkompakt. Dann hat K die folgende Eigenschaft:
Ist $(\Omega_\lambda)_{\lambda \in \Lambda}$ eine Familie offener Mengen $\Omega_\lambda \subset X$, so dass $K \subset \bigcup_{\lambda \in \Lambda} \Omega_\lambda$ gilt, so gibt es eine endliche Menge $M \subset \Lambda$, so dass noch $K \subset \bigcup_{\lambda \in M} \Omega_\lambda$ gilt.

Beweis:
Ist $K \subset X$ folgenkompakt, so gibt es nach Lemma 3.4 zu jedem $m \in \mathbb{N}$ endlich viele offene Kugeln $U(x_j, 1/m)$ mit $x_j \in K$, die eine Überdeckung von K bilden. Wäre nun $(\Omega_\lambda)_{\lambda \in \Lambda}$ eine Familie offener Mengen $\Omega_\lambda \subset X$ mit $K \subset \bigcup_{\lambda \in \Lambda} \Omega_\lambda$, zu der keine endliche Teilüberdeckung existiert, so könnten auch nicht alle der endlich vielen Durchschnitte $K \cap U(x_j, 1/m)$ durch endlich viele der Ω_λ überdeckt werden. Es müsste also zu jedem $m \in \mathbb{N}$ eine offene Kugel $U(x_m, 1/m)$ mit $x_m \in K$ geben, so dass $K \cap U(x_m, 1/m)$ nicht durch endlich viele der Ω_λ überdeckt werden kann. Wir zeigen, dass dies zu einem Widerspruch führt.
Die Mittelpunkte x_m der Kugeln $U(x_m, 1/m)$ bilden eine Folge in K, zu der nach Voraussetzung eine konvergente Teilfolge $(x_{m_k})_{k \in \mathbb{N}}$ existiert. Sei $\lim_{k \to \infty} x_{m_k} =: \xi \in K$. Da $K \subset \bigcup_{\lambda \in \Lambda} \Omega_\lambda$ gilt, gibt es ein $\lambda_0 \in \Lambda$ mit $\xi \in \Omega_{\lambda_0}$. Da Ω_{λ_0} offen ist, gibt es eine Kugel $U(\xi, \varepsilon) \subset \Omega_{\lambda_0}$. Wegen $x_{m_k} \to \xi$ gibt es ein $m_k > 2/\varepsilon$ mit $d(x_{m_k}, \xi) < \varepsilon/2$. Wenn wir dieses m_k nun fixieren, so kann man für $x \in U(x_{m_k}, 1/m_k)$ abschätzen

$$d(x, \xi) \leq d(x, x_{m_k}) + d(x_{m_k}, \xi) < \frac{1}{m_k} + \frac{\varepsilon}{2} < \frac{\varepsilon}{2} + \frac{\varepsilon}{2} = \varepsilon.$$

Damit gilt aber $U(x_{m_k}, 1/m_k) \subset U(\xi, \varepsilon) \subset \Omega_{\lambda_0}$ im Widerspruch zur Konstruktion der Kugeln $U(x_m, 1/m)$. □

Die in diesem Satz notierte Überdeckungseigenschaft dient nun im allgemeineren Rahmen topologischer Räume dazu, den Begriff einer kompakten Menge zu definieren:
*Eine Menge $K \subset X$ heißt **kompakt**, wenn zu jeder offenen Überdeckung eine endliche Teilüberdeckung existiert.*
Im Rahmen von topologischen Räumen ist dies der wichtigere Begriff, der dann übrigens wohl zu unterscheiden ist von der Folgenkompaktheit. Bei metrischen Räumen fallen allerdings die zwei Begriffe zusammen, wie sich aus dem folgenden Lemma ergeben wird.

Lemma 3.5

Sei (X, d) ein metrischer Raum, sei $M \subset X$ und es existiere eine Folge $(x_n)_{n\in\mathbb{N}}$ in M, für die kein $x \in M$ Grenzwert einer Teilfolge $(x_{n_k})_{k\in\mathbb{N}}$ ist. Dann gilt:
(a) Ist $x \in M$, so gibt es eine offene Kugel $U(x, r)$, für die die Menge

$$\{n \in \mathbb{N} : x_n \in U(x, r)\}$$

endlich ist.
(b) M ist nicht kompakt.

Beweis:
Zu (a): Sei $x \in M$ beliebig gewählt. Wir zeigen, dass, wenn es keine offene Kugel mit der behaupteten Eigenschaft gibt, eine Teilfolge $(x_{n_k})_{k\in\mathbb{N}}$ existieren muss, die gegen x konvergiert.
Sei also angenommen, dass jede Kugel $U(x, \rho)$ unendlich viele Folgenglieder umfasst. Es gibt damit ein $n_1 \in \mathbb{N}$ mit $x_{n_1} \in U(x, 1)$ und weiter ein $n_2 > n_1$ mit $x_{n_2} \in U(x, 1/2)$. Rekursiv fortfahrend findet man eine Folge $(n_k)_{k\in\mathbb{N}}$ mit $n_{k+1} > n_k$ für alle k, so dass $x_{n_k} \in U(x, 1/k)$ ist. (Wäre das nicht möglich, so könnte eine der Kugeln $U(x, 1/k)$ nur endlich viele Folgenglieder enthalten.) Die Teilfolge $(x_{n_k})_{k\in\mathbb{N}}$ ist dann tatsächlich gegen x konvergent. Denn ist $\varepsilon > 0$ gegeben, so gibt es ein $k_0 \in \mathbb{N}$ mit $\varepsilon > 1/k_0$ und es gilt für alle $k \geq k_0$

$$x_{n_k} \in U(x, \frac{1}{k}) \subset U(x, \frac{1}{k_0}) \subset U(x, \varepsilon),$$

was ja $x_{n_k} \to x$ bedeutet.
Zu (b): Wir konstruieren eine offene Überdeckung von M, zu der es keine endliche Teilüberdeckung gibt. Nach (a) gibt es zu jedem $x \in M$ eine Kugel $U(x, r_x)$, die nur endlich viele Folgenglieder enthält. (Die Notation r_x soll natürlich darauf hinweisen, dass der Radius vom Punkt x abhängen wird.) Trivialerweise gilt $M \subset \bigcup_{x\in M} U(x, r_x)$. Zur offenen Überdeckung $(U(x, r_x))_{x\in M}$ von M kann es aber keine endliche Teilüberdeckung geben, da, wenn $M \subset \bigcup_{j=1}^{n} U(x_j, r_{x_j})$ gelten würde, M selber nur endlich viele Folgenglieder enthalten könnte, was nicht möglich ist, wenn $(x_n)_{n\in\mathbb{N}}$ eine Folge in M ist. □

Bemerkung: Hat ein $x \in X$ die Eigenschaft, dass in jeder Kugel $U(x, r)$ unendlich viele Glieder einer gegebenen Folge $(x_n)_{n\in\mathbb{N}}$ liegen, so nennt man diesen Punkt auch einen *Häufungspunkt* der Folge $(x_n)_{n\in\mathbb{N}}$. Beim Beweis von Lemma 3.5 haben wir nun mit bewiesen, dass Häufungspunkte von Folgen immer Grenzwerte von konvergenten

Teilfolgen sind. Später werden wir noch mit Häufungspunkten von Mengen arbeiten; diese werden ähnlich definiert sein, trotzdem sind aber die Begriffe zu unterscheiden.

Die Ergebnisse von Satz 3.8 und Lemma 3.5 liefern nun zusammen:

Satz 3.9

Sei (X, d) ein metrischer Raum und $K \subset X$. Dann sind die zwei Aussagen
(a) K ist folgenkompakt.
(b) K ist kompakt.
äquivalent.

Beweis:
Dass (b) aus (a) folgt, war Gegenstand des Satzes 3.8. Dass (a) aus (b) folgt, ergibt sich sofort aus Lemma 3.5. Denn ist K kompakt, so kann es nach diesem Lemma keine Folge in K geben, zu der keine Teilfolge mit Grenzwert in K existiert. Also muss K folgenkompakt sein. □

Aus diesem Resultat folgt natürlich, dass man im Fall von metrischen Räumen Ergebnisse, bei denen wesentlich die Folgenkompaktheit von Mengen eingeht, wie etwa das von Satz 3.5, auch für kompakte Mengen notieren kann. Von Interesse ist, dass man dann auch den Beweis so führen kann, dass man nur auf den Begriff der Kompaktheit zurückgreift. Es sei dies für den Satz 3.5 exemplarisch vorgeführt.

Seien also (X, d_X) und (Y, d_Y) metrische Räume, sei $f : X \to Y$ stetig und $K \subset X$ kompakt. Dann ist zu zeigen, dass auch $f(K)$ kompakt ist, d.h. dass zu jeder offenen Überdeckung $(\Omega_\lambda)_{\lambda\in\Lambda}$ von $f(K) \subset Y$ eine endliche Teilüberdeckung existiert. Dies kann man aber sehr rasch erschließen. Da f stetig ist, sind alle Mengen $f^{-1}(\Omega_\lambda) \subset X$ offen. All diese Mengen bilden aber wiederum eine offene Überdeckung von K. Denn ist $x \in K$ beliebig gewählt, so ist ja $f(x) \in f(K)$ und somit gibt es ein $\lambda_0 \in \Lambda$ mit $f(x) \in \Omega_{\lambda_0}$. Damit gilt aber

$$x \in f^{-1}(\Omega_{\lambda_0}) \subset \bigcup_{\lambda\in\Lambda} f^{-1}(\Omega_\lambda).$$

Da K nach Voraussetzung kompakt ist, gibt es zur offenen Überdeckung $(f^{-1}(\Omega_\lambda))_{\lambda\in\Lambda}$ eine endliche Teilüberdeckung, d.h. eine endliche Menge $M \subset \Lambda$ mit $K \subset \bigcup_{\lambda\in M} f^{-1}(\Omega_\lambda)$. Daraus folgt aber $f(K) \subset \bigcup_{\lambda\in M} \Omega_\lambda$, und somit ist $f(K)$ kompakt.

3.3 Zur Stetigkeit einiger wichtiger Funktionen

Bis jetzt haben wir uns noch wenig mit der Frage der Stetigkeit wichtiger häufig auftretender Funktionen beschäftigt. Da z.B. die Exponentialfunktion mit Hilfe einer Potenzreihe definiert ist, werden wir nun zunächst zeigen, dass Funktionen, die durch eine Potenzreihe gegeben sind, innerhalb des Konvergenzkreises dieser Potenzreihe stetig sind.

Satz 3.10

Sei $\sum_{k=0}^{\infty} a_k z^k$ eine Potenzreihe mit Konvergenzradius $r > 0$ oder $r = \infty$ und sei die Funktion $f : \{z \in \mathbb{C} : |z| < r\} \to \mathbb{C}$ definiert durch $f(z) := \sum_{k=0}^{\infty} a_k z^k$. Dann ist f stetig.

Beweis:
Wir zeigen die Stetigkeit von f in einem beliebigen Punkt $z_0 \in U(0, r)$. Sei $\rho > 0$ so gewählt, dass $|z_0| < \rho < r$ gilt. (Die Modifikationen zum Fall $r = \infty$ sind beim ganzen Beweis offensichtlich.) Dann ist die Reihe $\sum_{k=0}^{\infty} a_k \rho^k$ absolut konvergent, also gibt es zu jedem $\varepsilon > 0$ ein $k_0 \in \mathbb{N}$ mit

$$\sum_{k=k_0+1}^{\infty} |a_k| \rho^k < \frac{\varepsilon}{4}.$$

Setzt man nun $p(z) := \sum_{k=0}^{k_0} a_k z^k$, so kann man also für $|z| \leq \rho$ abschätzen

$$\begin{aligned} |f(z) - f(z_0)| &\leq |p(z) - p(z_0)| + \sum_{k=k_0+1}^{\infty} |a_k||z|^k + \sum_{k=k_0+1}^{\infty} |a_k||z_0|^k \\ &\leq |p(z) - p(z_0)| + 2 \sum_{k=k_0+1}^{\infty} |a_k| \rho^k < |p(z) - p(z_0)| + \frac{\varepsilon}{2}. \end{aligned}$$

Da die Polynomfunktion p im Punkt z_0 stetig ist, gibt es ein $\delta \in (0, \rho - |z_0|)$, so dass $|p(z) - p(z_0)| < \varepsilon/2$ gilt für alle z mit $|z - z_0| < \delta$. Damit erhält man insgesamt

$$|f(z) - f(z_0)| < \varepsilon \quad \text{für alle } z \text{ mit} \quad |z - z_0| < \delta.$$

Damit ist ist aber die Stetigkeit von f im Punkt z_0 gezeigt. □

Wir können damit notieren, dass die Funktion $\exp : \mathbb{C} \to \mathbb{C}$, aber auch die reelle Exponentialfunktion $\exp : \mathbb{R} \to \mathbb{R}$ stetig sind.
Ausgehend von diesem Resultat kann man die Stetigkeit der trigonometrischen Funktionen sin und cos erhalten, indem man diese Funktionen als Hintereinanderausführung von stetigen Abbildungen schreibt und folgendes allgemeine Resultat benützt:

Lemma 3.6

Seien X, Y und Z topologische Räume, seien $f : X \to Y$ und $g : Y \to Z$ stetige Abbildungen. Dann ist auch die Abbildung $g \circ f : X \to Z$ stetig.

Beweis:
Es ist zu zeigen, dass das Urbild $(g \circ f)^{-1}(\Omega) \subset X$ einer beliebigen offenen Menge $\Omega \subset Z$ offen ist. Nun ist

$$(g \circ f)^{-1}(\Omega) = \{x \in X : g(f(x)) \in \Omega\} = \{x \in X : f(x) \in g^{-1}(\Omega)\} = f^{-1}(g^{-1}(\Omega)).$$

Da g stetig ist, ist aber die Menge $g^{-1}(\Omega) \subset Y$ offen. Da f stetig ist, folgt weiter, dass $f^{-1}(g^{-1}(\Omega)) \subset X$ offen ist; damit ist also $(g \circ f)^{-1}(\Omega)$ offen. $\square$

Für $t \in \mathbb{R}$ hatten wir ja definiert

$$\cos t = \mathrm{Re}\,(\exp(it)), \quad \sin t = \mathrm{Im}\,(\exp(it)).$$

Da wir bereits wissen, dass die Exponentialfunktion stetig ist, folgt die Stetigkeit von cos und sin, wenn man zeigen kann, dass die durch

$$\varphi(t) := it \quad \text{für} \quad t \in \mathbb{R}$$

definierte Abbildung $\varphi : \mathbb{R} \to \mathbb{C}$ und die durch

$$\psi_1(z) := \mathrm{Re}\, z, \quad \psi_2(z) := \mathrm{Im}\, z \quad \text{für} \quad z \in \mathbb{C}$$

definierten zwei Abbildungen $\psi_j : \mathbb{C} \to \mathbb{R}$ stetig sind. In allen drei Fällen kann man dies aber sofort sehen, indem man sich von der Folgenstetigkeit überzeugt. Diese folgt mühelos aus unseren Ergebnissen über reelle und komplexe Folgen.

Man kann die Stetigkeit der Sinus- und der Cosinus-Funktion aber auch erschließen, indem man eine Potenzreihendarstellung dieser Funktionen gewinnt. Dies ermöglicht es gleichzeitig, diese Funktionen sogar für komplexe Variablen zu definieren.

Nach unseren früheren Ergebnissen über den Umgang mit Potenzreihen kann man ja für $t \in \mathbb{R}$ rechnen

$$\begin{aligned}\mathrm{Re}\,(\exp(it)) &= \frac{1}{2}(e^{it} + \overline{e^{it}}) = \frac{1}{2}(e^{it} + e^{-it}) \\ &= \frac{1}{2}\left(\sum_{k=0}^{\infty} \frac{1}{k!}(it)^k + \sum_{k=0}^{\infty} \frac{1}{k!}(-1)^k (it)^k\right) = \sum_{m=0}^{\infty} \frac{1}{(2m)!}(-1)^m t^{2m}.\end{aligned}$$

Damit gilt also

$$\cos t = \sum_{m=0}^{\infty} \frac{1}{(2m)!}(-1)^m t^{2m} \quad \text{für} \quad t \in \mathbb{R}.$$

Ganz entsprechend erhält man

$$\sin t = \sum_{m=0}^{\infty} \frac{1}{(2m+1)!}(-1)^m t^{2m+1} \quad \text{für} \quad t \in \mathbb{R}.$$

Bei beiden Funktionen hat man nun offenbar die Einschränkung einer für komplexe z durch die Potenzreihe

$$\sum_{m=0}^{\infty} \frac{1}{(2m)!}(-1)^m z^{2m} \quad \text{bzw.} \quad \sum_{m=0}^{\infty} \frac{1}{(2m+1)!}(-1)^m z^{2m+1}$$

gegebenen Funktion auf $\mathbb{R}$ vorliegen. Bei beiden Potenzreihen kann man sich auch leicht davon überzeugen, das sie den Konvergenzradius $r = \infty$ haben. So kann man z.B. bei der ersten Reihe einfach abschätzen

$$\sum_{m=0}^{\infty} \frac{1}{(2m)!}|(-1)^m z^{2m}| \leq \sum_{m=0}^{\infty} \frac{1}{m!}|z^2|^m.$$

Damit erhält man nun stetige Funktionen von $\mathbb{C}$ nach $\mathbb{C}$, wenn man definiert

$$\cos z := \sum_{m=0}^{\infty} \frac{1}{(2m)!}(-1)^m z^{2m}, \quad \sin z := \sum_{m=0}^{\infty} \frac{1}{(2m+1)!}(-1)^m z^{2m+1} \quad \text{für} \quad z \in \mathbb{C}.$$

Übliches Addieren von Potenzreihen zeigt, dass dann sogar für $z \in \mathbb{C}$ die Formeln

$$e^{iz} = \cos z + i \sin z,$$

$$\cos z = \frac{1}{2}(e^{iz} + e^{-iz}), \quad \sin z = \frac{1}{2i}(e^{iz} - e^{-iz})$$

gelten. Diese Formeln erlauben es, die bekannten *Additionstheoreme* für die Cosinus- und Sinus-Funktion zu gewinnen. So kann man z.B. für $z, \zeta \in \mathbb{C}$ rechnen

$$\begin{aligned} \cos z \, \cos\zeta - \sin z \, \sin\zeta &= \frac{1}{4}\left((e^{iz} + e^{-iz})(e^{i\zeta} + e^{-i\zeta}) + (e^{iz} - e^{-iz})(e^{i\zeta} - e^{-i\zeta})\right) \\ &= \frac{1}{4}\left(2e^{iz}e^{i\zeta} + 2e^{-iz}e^{-i\zeta}\right) = \frac{1}{2}\left(e^{i(z+\zeta)} + e^{-i(z+\zeta)}\right) \\ &= \cos(z + \zeta). \end{aligned}$$

Setzt man in diesem Additionstheorem $\zeta = -z$, so folgt, weil offenbar $\cos(0) = 1$ und $\cos(-z) = \cos(z)$ sowie $\sin(-z) = -\sin(z)$ gilt,

$$(\cos z)^2 + (\sin z)^2 = 1 \quad \text{für} \quad z \in \mathbb{C}. \tag{3.4}$$

Ist $z = t \in \mathbb{R}$, so ist ja $(\cos t, \sin t) \in \mathbb{R}^2$, und die Gleichung (3.4) zeigt, dass bei der bekannten Veranschaulichung der Paare $(\cos t, \sin t) \in \mathbb{R}^2$ als Punkte einer Ebene diese Punkte auf einer Kreislinie vom Radius Eins um den Punkt $(0, 0)$ liegen. Damit ist zum ersten Mal eine Verbindung zum weit verbreiteten Zugang zu diesen Funktionen als *Winkelfunktionen* hergestellt. Dieser Verbindung werden wir noch genauer nachgehen, zunächst sei aber noch diskutiert, dass man auch Punkte einer Hyperbel im $\mathbb{R}^2$ auf ähnliche Weise erhalten kann.
Man definiert dazu die Funktionen

$$\cosh(z) := \frac{1}{2}(e^z + e^{-z}), \quad \sinh(z) := \frac{1}{2}(e^z - e^{-z}) \quad \text{für} \quad z \in \mathbb{C}.$$

Schon in der Notation wird sichtbar, dass man diese zwei Funktionen als ***Cosinus hyperbolicus*** und ***Sinus hyperbolicus*** bezeichnet. Man spricht auch von den ***Hyperbelfunktionen***. Eine einfache Rechnung zeigt, dass nun

$$(\cosh(z))^2 - (\sinh(z))^2 = 1 \quad \text{für} \quad z \in \mathbb{C} \tag{3.5}$$

gilt. Damit liegen für $z = t \in \mathbb{R}$ tatsächlich die Punkte $(\cosh(t), \sinh(t)) \in \mathbb{R}^2$ auf einer Hyperbel.
Auch für diese Funktionen gelten Additionstheoreme, so z.B.

$$\cosh(z + \zeta) = \cosh(z)\cosh(\zeta) + \sinh(z)\sinh(\zeta).$$

Auch das kann man durch eine einfache Rechnung nachprüfen.
Schließlich erhält man mit Hilfe der Potenzreihe für die Exponentialfunktion sofort die folgenden Potenzreihendarstellungen für cosh und sinh:

$$\cosh(z) = \sum_{m=0}^{\infty} \frac{1}{(2m)!} z^{2m}, \quad \sinh(z) = \sum_{m=0}^{\infty} \frac{1}{(2m+1)!} z^{2m+1} \quad \text{für} \quad z \in \mathbb{C}.$$

Im nächsten Abschnitt werden wir uns noch genauer mit den Winkelfunktionen und den Hyperbelfunktionen beschäftigen. Wichtig wird dabei der sogenannte 'Zwischenwertsatz' sein.

3.4 Zum Zwischenwertsatz

Das Resultat des nächsten Satzes zeigt unmittelbar, woher die Bezeichnung ***Zwischenwertsatz*** kommt.

Satz 3.11

Seien $a, b \in \mathbb{R}$ mit $a < b$ und sei $f : [a, b] \to \mathbb{R}$ stetig. Dann gilt:
(a) ist $f(a) < f(b)$, so gibt es zu jedem $\rho \in (f(a), f(b))$ ein $x \in (a, b)$ mit $f(x) = \rho$.
(b) Ist $f(b) < f(a)$, so gibt es zu jedem $\rho \in (f(b), f(a))$ ein $x \in (a, b)$ mit $f(x) = \rho$.

Beweis:
Zu (a): Sei $\rho \in (f(a), f(b))$ beliebig gewählt. Es ist dann die Menge

$$M := \{x \in [a, b] : f(x) < \rho\}$$

nicht leer, weil offenbar $a \in M$ gilt. Da ja $M \subset [a, b]$ ist, ist M nach oben beschränkt und somit existiert $s := \sup M$. Da einerseits b eine obere Schranke ist, andererseits aber $a \in M$ ist, muss $a \leq s \leq b$ gelten, also $s \in [a, b]$. Zu jedem $n \in \mathbb{N}$ gibt es ein $x_n \in M$ mit $s - \frac{1}{n} < x_n \leq s$. Für die Folge $(x_n)_{n \in \mathbb{N}}$ gilt dann $x_n \to s$ für $n \to \infty$. Da f stetig ist, folgt $f(x_n) \to f(s)$ für $n \to \infty$. Wegen $x_n \in M$ gilt ja $f(x_n) < \rho$ für alle n, somit gilt aber für den Grenzwert $f(s) \leq \rho$. Es muss aber sogar $f(s) = \rho$ gelten.
Denn die Annahme, dass $f(s) < \rho$ wäre, führt zu einem Widerspruch. Ist $f(s) < \rho$, so gibt es aufgrund der Stetigkeit von f im Punkt $x = s$ ein $\delta > 0$ mit

$$|f(s) - f(x)| < \frac{1}{2}(\rho - f(s)) \quad \text{für alle} \quad x \in (s - \delta, s + \delta) \cap [a, b].$$

Wegen $f(s) < \rho$ ist aber sicher $s \neq b$, (denn es ist ja $\rho < f(b)$), und somit $s < b$. Wir können daher annehmen, dass $(s, s+\delta) \subset [a, b]$ ist, und es gibt daher ein $\xi \in (s, s+\delta)$ mit

$f(\xi) - f(s) < \frac{1}{2}(\rho - f(s))$, was $f(\xi) < \rho$ impliziert. Damit wäre $\xi \in M$, was $s = \sup M$ widerspricht.
Da wir bei dieser Überlegung auch noch $s < b$ erhalten haben, sind wir fertig, wenn wir noch $a < s$ zeigen können, denn dann ist $s \in (a, b)$. Dies ergibt sich aber sofort aus $f(a) < \rho$, was wegen $f(s) = \rho$ natürlich $a = \rho$ unmöglich macht.
Zu (b): Definiert man $g(x) := -f(x)$ für $[a, b]$, so ist auch g stetig und es gilt außerdem $g(a) = -f(a) < -f(b) = g(b)$. Damit gibt es nach Teil (a) zu jedem $\sigma \in (g(a), g(b))$ ein $x \in (a, b)$ mit $g(x) = \sigma$, also $f(x) = -\sigma$. Ist nun $\rho \in (f(b), f(a))$ beliebig gegeben, so setzt man $\sigma := -\rho$. Dann gilt $\sigma \in (-f(a), -f(b)) = (g(a), g(b))$ und somit gibt es ein $x \in (a, b)$ mit $f(x) = -\sigma = \rho$. □

Die Wichtigkeit dieses Satzes wird bereits deutlich durch die folgenden relativ einfachen Folgerungen:

Korollar 3.1

(a) Seien $a, b \in \mathbb{R}$ mit $a < b$, sei $f : [a, b] \to \mathbb{R}$ stetig und es gelte $f(a) < 0 \wedge f(b) > 0$ oder $f(a) > 0 \wedge f(b) < 0$. Dann gibt es mindestens ein $x \in (a, b)$ mit $f(x) = 0$.

(b) Sei $n \in \mathbb{N}$, seien $a_k \in \mathbb{R}$ für $k = 0, 1, \ldots, 2n-1$ und es gelte $a_{2n-1} \neq 0$. Dann gibt es mindestens ein $\xi \in \mathbb{R}$ mit

$$\sum_{k=0}^{2n-1} a_k \xi^k = 0.$$

(c) Seien $a, b \in \mathbb{R}$ mit $a < b$, sei $f : [a, b] \to \mathbb{R}$ stetig und es gelte $f([a, b]) \subset [a, b]$. Dann gibt es mindestens ein $x \in [a, b]$ mit $f(x) = x$.

Beweis:
Zu (a): Sei zuerst $f(a) < 0 < f(b)$ angenommen. Dann ist ja $0 \in (f(a), f(b))$ und nach dem Zwischenwertsatz gibt es ein $x \in (a, b)$ mit $f(x) = 0$. Gilt aber $f(b) < 0 < f(a)$, so ist $0 \in (f(b), f(a))$ und es folgt genauso die Existenz eines $x \in (a, b)$ mit $f(x) = 0$.
Die Ergebnisse von (b) und von (c) erhält man als Spezialfälle von (a). Da dabei der Beweis von (c) kürzer ist, sei der Beweis von (b) zuletzt behandelt.
Zu (c): Es sei die Funktion $g : [a, b] \to \mathbb{R}$ definiert durch $g(x) := f(x) - x$. Auch g ist stetig. (Man sieht aufgrund der Rechenregeln für konvergente Folgen sofort, dass g folgenstetig ist, wenn f folgenstetig ist.) Nach Voraussetzung soll für alle $x \in [a, b]$ gelten $a \leq f(x) \leq b$. Damit ist aber $f(a) - a \geq 0$ und $f(b) - b \leq 0$ und somit $g(a) \geq 0$ und $g(b) \leq 0$. Im Fall $g(a) = 0$ gilt ja nun $f(a) = a$ und wir haben damit ein $x \in [a, b]$ mit $f(x) = x$ gefunden. Ist aber $g(b) = 0$, so gilt $f(b) = b$ und wir sind ebenfalls fertig. Es ist also noch der Fall $g(a) > 0 \wedge g(b) < 0$ zu diskutieren. In diesem Fall sichert aber Teil (a) die Existenz eines $x \in (a, b)$ mit $g(x) = 0$, also mit $f(x) = x$.
Zu (b): Sei

$$p(x) := \sum_{k=0}^{2m-1} a_k x^k \quad \text{für} \quad x \in \mathbb{R}.$$

Gesucht ist dann offenbar eine Lösung der Gleichung $p(x) = 0$. Da wir offenbar statt dessen auch die Gleichung $-p(x) = 0$ betrachten könnten, dürfen wir ohne Einschränkung der Allgemeinheit annehmen, dass $a_{2n-1} > 0$ gilt. Sei

$$\alpha := \max\{|a_k| : k = 0, \dots, 2n-2\}.$$

Sei $\sigma > 1$ so gewählt, dass $\sigma > (2n-1)a_{2n-1}^{-1}\alpha$ gilt. Dann kann man für $|x| > \sigma$ abschätzen

$$\left|\sum_{k=0}^{2n-2} a_k x^{k-2n+1}\right| \leq \sum_{k=0}^{2n-2} |a_k|\,|x|^{-1} \leq \sum_{k=0}^{2n-2} |a_k|\,\sigma^{-1} \leq (2n-1)\alpha\sigma^{-1} < a_{2n-1}.$$

Damit gilt aber für alle $x \in \mathbb{R}$ mit $|x| > \sigma$

$$\sum_{k=0}^{2n-1} a_k x^{k-2n+1} = a_{2n-1} + \sum_{k=0}^{2n-2} a_k x^{k-2n+1} > 0.$$

Ist nun $x > \sigma$, so ist $x^{2n-1} > 0$ und damit weiter

$$p(x) = x^{2n-1} \sum_{k=0}^{2n-1} a_k x^{k-2n+1} > 0.$$

Entsprechend erhält man offenbar $p(x) < 0$, wenn $x < -\sigma$ ist. Betrachtet man nun die stetige Polynomfunktion p über dem Intervall $[-\sigma-1, \sigma+1]$, so ist $p(-\sigma-1) < 0$ und $p(\sigma+1) > 0$. Nach Teil (a) gibt es daher ein $\xi \in (-\sigma-1, \sigma+1)$ mit $p(\xi) = 0$. □

Man beachte, dass bei Teil (b) von Korollar 3.1 die Voraussetzung, dass die Polynomfunktion p ungeraden Grad $2n-1$ hat, wesentlich ist. Denn schon die Gleichung $x^2 + 1 = 0$ hat ja keine reelle Lösung.

Bei Teil (c) von Korollar 3.1 wird zum ersten Mal eine Aussage über die Existenz eines Fixpunkts einer Abbildung gemacht. Denn ein Punkt $x \in [a, b]$, für den $f(x) = x$ gilt, wird, weil er ja unter der Abbildung f auf sich selber abgebildet wird, als ***Fixpunkt der Abbildung*** f bezeichnet. Bei vielen Problemen der angewandten Analysis sind Ergebnisse über die Existenz von Fixpunkten von großer Bedeutung. Wir werden dazu später noch den wichtigen *Banachschen Fixpunktsatz* behandeln.

Der Zwischenwertsatz erlaubt es, das früher, (genauer in Abschnitt 2.4.5), erhaltene Resultat, dass $\exp(x) > 0$ für alle $x \in \mathbb{R}$ gilt, wesentlich zu verbessern:

Satz 3.12

Die Abbildung $\exp : \mathbb{R} \to \{x \in \mathbb{R} : x > 0\}$ ist bijektiv.

Beweis:
Wir zeigen zunächst, dass die Exponentialfunktion auf $\mathbb{R}$ *streng* monoton wachsend ist, d.h. dass

$$\exp(x) > \exp(\xi) \quad \text{für alle} \quad x, \xi \in \mathbb{R} \quad \text{mit} \quad x > \xi$$

gilt. Dies ergibt sich rasch aus der Funktionalgleichung (2.19). Danach gilt nämlich, wenn $x - \xi > 0$ und damit $\exp(x - \xi) > 1$ ist,

$$\exp(x) = \exp(\xi + (x - \xi)) = \exp(\xi)\exp(x - \xi) > \exp(\xi).$$

Da also die Exponentialfunktion auf $\mathbb{R}$ streng monoton wachsend ist, muss sie auch injektiv sein. Denn offenbar ist damit $\exp(x) = \exp(x')$ nur möglich, wenn $x = x'$ ist. Die Surjektivität von $\exp : \mathbb{R} \to \{x \in \mathbb{R} : x > 0\}$ erschließt man unter Verwendung des Zwischenwertsatzes. Sei $\rho > 0$ gegeben. Wir müssen zeigen, dass es ein $x \in \mathbb{R}$ gibt mit $\rho = \exp(x)$. Dies folgt aber nach dem Zwischenwertsatz, wenn wir zeigen können, dass es ein $\xi > 0$ geben muss mit $\exp(\xi) > \rho$ und ein $\eta \leq 0$ mit $\exp(\eta) < \rho$. Dann muss es nämlich ein $x \in (\eta, \xi)$ geben mit $\exp(x) = \rho$.
Da wir wissen, dass $\exp(0) = 1$ gilt, können wir dabei sofort $\rho \neq 1$ annehmen. Wir behandeln dann zuerst den Fall $\rho > 1$. Wegen $\exp(0) = 1 < \rho$ können wir offenbar $\eta = 0$ wählen. Als $\xi > 0$ kann man aber einfach $\xi = \rho$ wählen, den es gilt ja dann $\exp(\xi) > 1 + \xi > \rho$.
Im Fall $\rho < 1$ kommt wegen $\exp(0) = 1 > \rho$ die Wahl $\xi = 0$ in Frage. Wegen

$$\exp(-\frac{1}{\rho}) = \frac{1}{\exp(\rho^{-1})} < \frac{1}{\rho^{-1}} = \rho$$

kann man als $\eta \leq 0$ schließlich $\eta = -1/\rho$ wählen. □

Zur bijektiven Abbildung $\exp : \mathbb{R} \to \{x \in \mathbb{R} : x > 0\}$ existiert bekanntlich eine bijektive Umkehrabbildung, die als ***Logarithmusfunktion*** bezeichnet wird. Man verwendet die Notation log, (man findet aber relativ häufig auch ln), und mit der Funktion

$$\log : \{x \in \mathbb{R} : x > 0\} \to \mathbb{R}$$

gilt dann

$$\log(\exp(x)) = x \quad \text{für} \quad x \in \mathbb{R},$$

$$\exp(\log(x)) = x \quad \text{für} \quad x > 0.$$

Auch die Logarithmusfunktion ist streng monoton wachsend, denn die Annahme, dass es $x, x' \in \mathbb{R}$ mit $0 < x < x'$ geben würde, so dass $\log(x) \geq \log(x')$ gilt, führt sofort zu einem Widerspruch:
Aus $\log(x) \geq \log(x')$ folgt ja $\exp(\log(x)) \geq \exp(\log(x'))$, also $x \geq x'$ im Widerspruch zur Voraussetzung $x < x'$.

Die Logarithmusfunktion ist ebenfalls stetig. Um dies zu zeigen, nehmen wir an, dass es einen Punkt $\xi > 0$ geben würde, in dem log nicht folgenstetig ist. Wir nehmen also an, dass es eine Folge $(x_n)_{n \in \mathbb{N}}$ mit $x_n > 0$ für alle $n \in \mathbb{N}$ geben würde, die gegen ξ konvergiert, für die aber die Folge $(\log x_n)_{n \in \mathbb{N}}$ nicht gegen $\log \xi$ konvergiert. Es soll also ein $\varepsilon > 0$ geben, so dass für alle $m \in \mathbb{N}$ ein $n_m \geq m$ existiert mit $|\log x_{n_m} - \log \xi| \geq \varepsilon$. Dies impliziert aber, dass $\log x_{n_m} \leq \log(\xi) - \varepsilon$ oder $\log x_{n_m} \geq \log(\xi) + \varepsilon$ gelten muss. Aufgrund der Monotonie der Exponentialfunktion folgt dann

$$x_{n_m} = \exp(\log(x_{n_m})) \leq \exp(\log(\xi) - \varepsilon) \quad \text{oder} \quad x_{n_m} \geq \exp(\log(\xi) + \varepsilon).$$

Unter Verwendung der Funktionalgleichung (2.19) erhält man dann weiter

$$x_{n_m} \leq \xi \frac{1}{\exp(\varepsilon)} \quad \text{oder} \quad x_{n_m} \geq \xi \exp(\varepsilon).$$

Da aber $\exp(\varepsilon) > 1$ und $n_m \to \infty$ für $m \to \infty$ gilt, widerspricht dies offenbar $x_n \to \xi$ für $n \to \infty$.

Wir werden noch sehen, dass dieses Ergebnis ein Spezialfall eines allgemeinen Resultats über Umkehrfunktionen streng monotoner stetiger Funktionen ist. Zunächst sei aber diskutiert, dass man unter Verwendung der Logarithmusfunktion wie in Abschnitt 2.4.5 angekündigt auch a^x für $a > 0$ und $x \in \mathbb{R}$ sinnvoll definieren kann. Klar ist, dass dies so geschehen muss, dass im Fall $a = e$ genau das bekannte $e^x = \exp x$ entsteht. Das ist aber wegen $\log(e) = 1$ sichergestellt, wenn man definiert

$$a^x := \exp(x \log(a)) \quad \text{für} \quad a > 0,\ x \in \mathbb{R}.$$

Die Definition ist aber auch kompatibel mit dem für $n \in \mathbb{N}$ rekursiv definierten a^n. Dies zeigt die Rechnung

$$\exp(n \log(a)) = \exp\left(\sum_{k=1}^{n} \log(a)\right) = (\exp(\log(a)))^n = a^n.$$

Schließlich gilt auch, wenn $x = p/q$ mit $p \in \mathbb{Z}$ und $q \in \mathbb{N}$ ist, $a^x = \left(a^{1/q}\right)^p$. Denn aus

$$\left(\exp(q^{-1} \log(a))\right)^q = \exp(q^{-1} q \log(a)) = \exp(\log(a)) = a$$

folgt ja $\exp(q^{-1} \log(a)) = a^{1/q}$ und somit

$$\exp(pq^{-1} \log(a)) = \left(\exp(q^{-1} \log(a))\right)^p = (a^{1/q})^p.$$

Auch ist noch festzuhalten, dass die Abbildung $x \mapsto \exp(x \log(a))$ als Hintereinanderausführung stetiger Abbildungen selber stetig ist. Damit ist also für jedes feste $a > 0$ die Abbildung $x \mapsto a^x$ stetig.

Bevor wir uns mit der Stetigkeit von Umkehrfunktionen streng monotoner Funktionen beschäftigen, ist es zweckmäßig, den Begriff des Intervalls allgemeiner zu fassen als bisher.

Eine Menge $I \subset \mathbb{R}$ nennen wir ein ***Intervall***, wenn für alle $x, x' \in I$ mit $x < x'$ gilt, dass $\{\xi \in \mathbb{R} : x < \xi < x'\} \subset I$ ist.

Mit diesem Begriff hat man nicht nur die bisher definierten offenen und abgeschlossenen Intervalle erfasst, sondern auch die Mengen $(-\infty, a)$ und (b, ∞). Es gibt aber auch *halboffene Intervalle*

$$(a, b] := \{x \in \mathbb{R} : a < x \leq b\}, \quad [a, b) := \{x \in \mathbb{R} : a \leq x < b\},$$

und die Mengen $[b, \infty) := \{b\} \cup (b, \infty)$, $(-\infty, a] := (-\infty, a) \cup \{a\}$ sind ebenfalls Intervalle. Sogar die Mengen $\emptyset$ und $\mathbb{R}$ selber sind Intervalle.

Stetige reellwertige Funktionen führen immer nichtleere Intervalle in Intervalle über:

Satz 3.13

Sei $I \subset \mathbb{R}$ ein nichtleeres Intervall und sei $f : I \to \mathbb{R}$ stetig. Dann ist auch $f(I) \subset \mathbb{R}$ ein Intervall.

Beweis:
Der Fall, dass $f(I)$ genau eine reelle Zahl umfasst, ist trivial.
Seien $y, y' \in f(I)$ mit $y < y'$. Es gibt dann ein $x \in I$ mit $y = f(x)$ und ein $x' \in I$ mit $y' = f(x')$. Da $y < y'$ sein soll, muss sicher $x \neq x'$ sein. Da I ein Intervall ist, ist dann im Fall $x < x'$ das Intervall $[x, x'] \subset I$ und im Fall $x' < x$ das Intervall $[x', x] \subset I$. Nach dem Zwischenwertsatz gibt es damit zu jedem $\eta \in (y, y')$ im ersten Fall ein $\xi \in (x, x')$ und im zweiten Fall ein $\xi \in (x', x)$ mit $\eta = f(\xi)$. Damit ist aber $\eta \in f(I)$ und somit $f(I)$ ein Intervall. □

Ist $f : I \to \mathbb{R}$ zusätzlich injektiv, so existiert die Umkehrabbildung $f^{-1} : f(I) \to \mathbb{R}$ und ihr Definitionsbereich $f(I)$ ist ebenfalls ein Intervall. Wir zeigen nun, dass sich auch strenge Monotonie und Stetigkeit auf die Umkehrabbildung überträgt.

Satz 3.14

Sei $I \subset \mathbb{R}$ ein Intervall und enthalte mehr als eine reelle Zahl. Dann gilt:
Ist $f : I \to \mathbb{R}$ streng monoton wachsend und stetig, so existiert $f^{-1} : f(I) \to \mathbb{R}$ und ist ebenfalls streng monoton wachsend und stetig.

Beweis:
Ist f streng monoton wachsend, so folgt aus $x < x'$ ja immer $f(x) < f(x')$. Somit kann $f(x) = f(x')$ nur gelten, wenn $x = x'$ ist. Damit ist f injektiv und es existiert somit die Umkehrabbildung $f^{-1} : f(I) \to \mathbb{R}$, (man könnte sogar $f^{-1} : f(I) \to I$ notieren).
Im nächsten Schritt zeigen wir, dass f^{-1} ebenfalls streng monoton wachsend sein muss. Seien also $y, y' \in f(I)$ mit $y < y'$. Wäre dann $f^{-1}(y) \geq f^{-1}(y')$, so wäre, da f streng monoton wachsend ist, auch $f(f^{-1}(y)) \geq f(f^{-1}(y'))$, somit $y \geq y'$ im Widerspruch zu $y < y'$.
Es bleibt noch der Nachweis der Stetigkeit von f^{-1}. Da I mehr als eine reelle Zahl umfasst, muss auch $f(I)$ mehr als eine reelle Zahl umfassen. Wir zeigen, dass die Annahme, dass es ein $y_0 \in f(I)$ gibt, so dass f^{-1} im Punkt y_0 nicht stetig ist, zu einem Widerspruch führt. Es sei also angenommen, dass es ein $\varepsilon > 0$ gibt, so dass zu jedem $n \in \mathbb{N}$ ein $y_n \in f(I)$ existiert mit $|y_n - y_0| < \frac{1}{n}$ und $|f^{-1}(y_n) - f^{-1}(y_0)| \geq \varepsilon$. Gibt es ein $\eta_1 < y_0$ in $f(I)$, so ist $[\eta_1, y_0] \subset f(I)$, gibt es aber ein $\eta_2 > y_0$ in $f(I)$, so ist $[y_0, \eta_2] \subset f(I)$. Damit dürfen wir aber auf alle Fälle ohne Einschränkung der Allgemeinheit annehmen, dass alle y_n in einem kompakten Intervall $[a, b] \subset f(I)$ liegen, für das auch $y_0 \in [a, b]$ gilt. Aufgrund der strengen Monotonie und der Stetigkeit von f muss dann $f([f^{-1}(a), f^{-1}(b)]) = [a, b]$ gelten. Auch muss $f^{-1}(y_n) \in [f^{-1}(a), f^{-1}(b)]$ für alle n gelten. Nach dem Satz von Bolzano-Weierstraß gibt es zur Folge $(f^{-1}(y_n))_{n\in\mathbb{N}}$ eine konvergente Teilfolge $(f^{-1}(y_{n_k}))_{k\in\mathbb{N}}$. Sei $\xi := \lim_{k\to\infty} f^{-1}(y_{n_k})$. Die Stetigkeit von f liefert $f(f^{-1}(y_{n_k}) = y_{n_k} \to f(\xi)$ für $k \to \infty$. Da aber nach Konstruktion der Folge $(y_n)_{n\in\mathbb{N}}$ gilt $y_n \to y_0$ für $n \to \infty$, muss $f(\xi) = y_0$ sein. Damit ist $\xi = f^{-1}(y_0)$ und

wegen $\xi = \lim_{k\to\infty} f^{-1}(y_{n_k})$ gilt also $f^{-1}(y_{n_k}) \to f^{-1}(y_0)$, was aber im Widerspruch zu $|f^{-1}(y_n) - f^{-1}(y_0)| \geq \varepsilon$ für alle $n \in \mathbb{N}$ steht. □

Unter Benützung dieses Resultats kann man z.B. erschließen, dass zur Funktion Sinus hyperbolicus, wenn wir sie nur auf $\mathbb{R}$ betrachten, eine stetige Umkehrfunktion existiert. Zunächst sei gezeigt, dass $\sinh|_{\mathbb{R}}$ streng monoton wachsend ist. Unter Benützung der Funktionalgleichung der Exponentialfunktion kann man leicht nachrechnen, dass für sinh das Additionstheorem

$$\sinh(x+\xi) = \sinh(x)\cosh(\xi) + \cosh(x)\sinh(\xi) \quad \text{für} \quad x, \xi \in \mathbb{R} \tag{3.6}$$

gilt. Ist $\xi > 0$, so gilt ja $e^{\xi} > 1$ und $e^{-\xi} < 1$. Damit gilt aber $\sinh(\xi) > 0$ für $\xi > 0$. Mit (3.5) folgt daraus

$$(\cosh(\xi))^2 = 1 + (\sinh(\xi))^2 > 1 \quad \text{für} \quad \xi > 0.$$

Da offenbar sogar $\cosh(x) > 0$ für alle $x \in \mathbb{R}$ gilt, gilt somit $\cosh(\xi) > 1$ für $\xi > 0$. Als Folge von (3.6) können wir daher notieren

$$\sinh(x+\xi) > \sinh(x)\cosh(\xi) > \sinh(x) \quad \text{für} \quad x \in \mathbb{R},\ \xi > 0.$$

Das besagt aber, dass die Funktion $x \mapsto \sinh(x)$ auf $\mathbb{R}$ streng monoton wachsend ist. Es existiert daher eine auf $\sinh(\mathbb{R})$ definierte Umkehrfunktion. Ihr Definitionsbereich ist aber ebenfalls ganz $\mathbb{R}$.
Um dies nachzuweisen, zeigen wir, dass zu jedem $\rho > 0$ eine $x_0 > 0$ existiert mit $\sinh(x_0) > \rho$. Wegen $\sinh(-x_0) = -\sinh(x_0)$ gilt ja dann auch $\sinh(-x_0) < -\rho$ und somit gibt es nach dem Zwischenwertsatz ein $\xi \in (-x_0, x_0)$ mit $\sinh(\xi) = \rho$. Da auch $\sinh(-\xi) = -\rho$ gilt, ist damit jede reelle Zahl im Bild $\sinh(\mathbb{R})$.
Sei also $\rho > 0$ beliebig gegeben. Da $\exp(\mathbb{R}) = (0, \infty)$ ist, gibt es ein $x_0 > 0$ mit $\exp(x_0) > 2\rho + 1$. Da $\exp(-x_0) \in (0, 1)$ ist, folgt dann

$$\sinh(x_0) = \frac{1}{2}\left(e^{x_0} - e^{-x_0}\right) > \frac{1}{2}(2\rho + 1 - 1) = \rho.$$

Damit existiert zu $\sinh|_{\mathbb{R}}$ eine ebenfalls auf ganz $\mathbb{R}$ definierte, streng monoton wachsende und stetige Umkehrfunktion, die als ***Areasinus hyperbolicus*** bezeichnet und mit arsinh notiert wird.

Für manche Zwecke ist es nützlich, die Funktion arsinh mit Hilfe der Logarithmusfunktion darzustellen. Ist $x \in \mathbb{R}$ gegeben, so ist ja die reelle Zahl $y = \operatorname{arsinh}(x)$ dadurch eindeutig festgelegt, dass $\sinh(y) = x$ gilt. Damit gilt $2x = e^y - e^{-y}$ und weiter

$$(e^y)^2 - 2xe^y - 1 = 0.$$

Wegen $e^y > 0$ folgt daraus $e^y = x + \sqrt{x^2+1}$ und somit gilt

$$\operatorname{arsinh}(x) = \log(x + \sqrt{x^2+1}) \quad \text{für} \quad x \in \mathbb{R}.$$

Für den Cosinus hyperbolicus muss die Situation etwas anders sein, denn es gilt ja $\cosh(-x) = \cosh(x)$ für $x \in \mathbb{R}$, so dass zu $\cosh|_{\mathbb{R}}$ keine Umkehrfunktion existieren kann. Man kann jedoch zeigen, dass cosh auf $[0,\infty)$ streng monoton wachsend ist und dass $\cosh([0,\infty)) = [1,\infty)$ ist. Damit existiert zu $\cosh|_{[0,\infty)}$ die stetige Umkehrfunktion arcosh:$[1,\infty) \to [0,\infty)$, genannt Areacosinus hyperbolicus. Analog zu oben kann man schließlich zeigen, dass

$$\operatorname{arcosh}(x) = \log(x + \sqrt{x^2 - 1}) \quad \text{für} \quad x \geq 1$$

gilt.

Unter Verwendung des Zwischenwertsatzes können wir nun auch die trigonometrischen Funktionen cos und sin genauer diskutieren. Wesentlich ist dabei das folgende Resultat:

Satz 3.15

Es gibt ein $x \in (\sqrt{2}, 2)$ mit $\cos(x) = 0$.

Beweis:
Für $x \in \mathbb{R}$ gilt

$$\cos(x) - 1 = \sum_{k=1}^{\infty} (-1)^k \frac{1}{(2k)!} x^{2k}.$$

Ist nun sogar $x \in (0,3)$, so liegen bei der Reihe $\sum_{k=1}^{\infty} (-1)^k \frac{1}{(2k)!} x^{2k}$ genau die Verhältnisse vor, die zum Leibniz-Kriterium für alternierende Reihen gehören: Ist $a_k := \frac{1}{(2k)!} x^{2k}$ für $k \in \mathbb{N}$, so ist $(a_k)_{k\in\mathbb{N}}$ eine Nullfolge, weil die Potenzreihe $\sum_{k=1}^{\infty} (-1)^k \frac{1}{(2k)!} x^{2k}$ ja absolut konvergent ist. Außerdem ist $a_k \geq 0$ für alle k und die Folge $(a_k)_{k\in\mathbb{N}}$ ist monoton fallend, wenn $x \in (0,3)$ ist. Denn $\frac{1}{(2k)!} x^{2k} \geq \frac{1}{(2k+2)!} x^{2k+2}$ gilt genau dann, wenn $(2k+1)(2k+2) \geq x^{2k}$ ist. Ist nun $x \in (0,3)$, so ist $x \leq 2k+1$ für alle $k \in \mathbb{N}$ und damit gilt natürlich $x^{2k} \leq (2k+1)(2k+2)$.
Beim Beweis von Satz 2.14 hat es sich gezeigt, dass die Teilfolge $(s_{2m-1})_{m\in\mathbb{N}}$ der Folge der Partialsummen monoton wachsend gegen den Wert der alternierenden Reihe konvergiert und die Teilfolge $(s_{2m})_{m\in\mathbb{N}}$ entsprechend monoton fallend. Wendet man dies im Fall $x \in (0,3)$ auf die alternierende Reihe $\sum_{k=1}^{\infty} (-1)^k \frac{1}{(2k)!} x^{2k}$ an, so erhält man die Abschätzung

$$-\frac{1}{2}x^2 < \cos(x) - 1 < -\frac{1}{2}x^2 + \frac{1}{24}x^4 \quad \text{für} \quad x \in (0,3).$$

Ist $0 < x \leq \sqrt{2}$, so ist $1 - \frac{1}{2}x^2 \geq 0$ und somit erhält man nun $\cos(x) > 0$ für $x \in (0, \sqrt{2}]$; ist aber $x = 2$, so ist $1 - \frac{1}{2}x^2 + \frac{1}{24}x^4 = -\frac{1}{3}$, somit $\cos(2) < 0$. Da die Cosinus-Funktion stetig ist, liefert nun Korollar 3.1 (a), dass im Intervall $(\sqrt{2}, 2)$ mindestens eine Nullstelle der Cosinus-Funktion liegen muss. □

Es ist nach diesem Ergebnis die Menge $M := \{x \in (0,2) : \cos(x) = 0\}$ nicht leer. Da sie trivialerweise nach unten beschränkt ist, können wir also definieren

$$\inf\{x \in (0,2) : \cos(x) = 0\} =: \frac{\pi}{2}.$$

Wir haben damit eine reelle Zahl definiert, die wir mit π notieren. Offenbar ist noch zu zeigen, dass diese Zahl übereinstimmen muss mit der allgemein von der Berechnung der Fläche eines Kreises bekannten Zahl *Pi*.

Was man in Erinnerung an Schulkenntnisse erwarten wird, ist, dass $\cos(\pi/2) = 0$ gilt. Dies folgt nun für die oben definierte Zahl $\pi/2$ sofort aufgrund der Stetigkeit der Cosinus-Funktion. Denn, da $\pi/2 = \inf M$ ist, gibt es eine Folge $(x_n)_{n\in\mathbb{N}}$ in M mit $x_n \to \pi/2$ für $n \to \infty$. Damit muss auch $\cos(x_n) \to \cos(\pi/2)$ gelten. Da stets $\cos(x_n) = 0$ gilt, gilt also auch $\cos(\pi/2) = 0$.
Es ist also $\pi/2$ die kleinste positive Nullstelle der Cosinus-Funktion.

Was man ebenfalls erwarten wird, ist, dass $\sin(\pi/2) = 1$ gilt. Wegen $\cos(\pi/2) = 0$ erhält man zunächst aus $(\cos x)^2 + (\sin x)^2 = 1$, dass $\sin(\pi/2) = -1$ oder $\sin(\pi/2) = 1$ gelten muss. Die Gültigkeit von $\sin(\pi/2) = -1$ kann man aber rasch ausschließen. Denn unter Benützung der Potenzreihe für die Sinus-Funktion erhält man analog zu den oben durchgeführten Überlegungen zur Cosinus-Funktion, dass

$$x - \frac{1}{6}x^3 < \sin(x) \quad \text{für} \quad x \in (0,2)$$

gelten muss. Da nun $1 - \frac{1}{6}x^2 > 0$ für $x \in (0,2)$ gilt, folgt $\sin(x) > 0$ für $x \in (0,2)$, weshalb nur $\sin(\pi/2) = 1$ möglich ist.

Ausgehend von den nun erhaltenen Resultaten ist es einfach, die bekannte Periodizität der trigonometrischen Funktionen zu erschließen.
Benützt man für $\sin(x + \frac{\pi}{2})$ und $\cos(x + \frac{\pi}{2})$ die früher bereits diskutierten Additionstheoreme, so folgt unter Berücksichtigung von $\sin(\pi/2) = 1$ und $\cos(\pi/2) = 0$

$$\sin\left(x + \frac{\pi}{2}\right) = \cos(x), \quad \cos\left(x + \frac{\pi}{2}\right) = -\sin(x) \quad \text{für} \quad x \in \mathbb{R}. \tag{3.7}$$

Daraus folgt weiter

$$\sin(x+\pi) = \sin\left((x + \frac{\pi}{2}) + \frac{\pi}{2}\right) = \cos\left(x + \frac{\pi}{2}\right) = -\sin(x)$$

und somit

$$\sin(x + 2\pi) = \sin((x+\pi)+\pi) = -\sin(x+\pi) = \sin(x) \quad \text{für} \quad x \in \mathbb{R}.$$

Das ist aber die 2π-Periodizität der Sinus-Funktion. Ganz entsprechend erhält man

$$\cos(x+\pi) = -\cos(x), \quad \cos(x+2\pi) = \cos(x) \quad \text{für} \quad x \in \mathbb{R}.$$

Man kann aber auch notieren

$$\sin(x) = \sin\left((x - \frac{\pi}{2}) + \frac{\pi}{2}\right) = \cos\left(x - \frac{\pi}{2}\right) = \cos\left(\frac{\pi}{2} - x\right) \quad \text{für} \quad x \in \mathbb{R}. \tag{3.8}$$

Die bisherigen Ergebnisse erlauben es auch, zu erschließen, dass die Cosinus-Funktion auf dem Intervall $(0, \pi/2)$ streng monoton fallend ist.
Sei zuerst noch notiert, dass $x^2/24 < 1/2$ für $x \in (0,2)$ und somit

$$1 - x^2\left(\frac{1}{2} - \frac{x^2}{24}\right) < 1 \quad \text{für} \quad x \in (0,2)$$

gilt. Wegen der früher bereits notierten Abschätzung

$$\cos(x) < 1 - \frac{x^2}{2} + \frac{x^4}{24} \quad \text{für} \quad x \in (0,3)$$

gilt damit sicher $\cos(x) < 1$ für $x \in (0, \pi/2)$. Es gilt aber auch $\cos(x) > 0$ für alle $x \in (0, \pi/2)$. Denn da $\cos(0) = 1$ gilt, und $\pi/2$ die kleinste positive Nullstelle des Cosinus ist, kann aufgrund des Zwischenwertsatzes die Cosinus-Funktion im Intervall $(0, \pi/2)$ keinen negativen Wert annehmen.
Sind nun $x \in (0, \pi/2)$ und $\xi \in (0, \pi/2)$ mit $x < x + \xi \leq \pi/2$ gegeben, so können wir wegen $\cos(\xi) \in (0,1)$ abschätzen

$$\cos(x+\xi) = \cos(x)\cos(\xi) - \sin(x)\sin(\xi) < \cos(x)\cos(\xi) < \cos(x).$$

Denn wegen (3.8) gilt ja auch $\sin(x) > 0$ und $\sin(\xi) > 0$.

Ist also die Cosinus-Funktion auf $(0, \pi/2)$ streng monoton fallend, so zeigt (3.8), dass die Sinus-Funktion über dem gleichen Intervall streng monoton wachsend ist. Aufgrund des Zwischenwertsatzes sind daher die durch $C(x) := \cos(x)$ und $S(x) := \sin(x)$ definierten Abbildungen $C : [0, \pi/2] \to [0,1]$ und $S : [0, \pi/2] \to [0,1]$ bijektiv und es existieren ebenfalls streng monotone Umkehrfunktionen, die ***Arcuscosinus*** und ***Arcussinus*** heißen und mit arccos und arcsin notiert werden.
Beide Arcusfunktionen kann man sogar auf dem Intervall $[-1,1]$ als Umkehrfunktionen zu Cosinus und Sinus definieren. Denn die Gültigkeit von $\cos(x + \frac{\pi}{2}) = -\sin(x)$ zeigt, dass die Cosinusfunktion sogar auf dem Intervall $[0, \pi]$ streng monoton fallend ist und dort alle Werte aus $[-1,1]$ annimmt. Wegen $\sin(-x) = -\sin(x)$ wiederum ist die Sinusfunktion auf $[-\pi/2, \pi/2]$ streng monoton wachsend und nimmt dort alle Werte aus $[-1,1]$ an.

Aufgrund der nun gewonnenen Kenntnisse über die trigonometrischen Funktionen cos und sin können wir jetzt erschließen, dass es in Übereinstimmung mit von der Schule gewohnten Dingen zu jedem Punkt $(x_1, x_2) \in \mathbb{R}^2$ mit $x_1^2 + x_2^2 = 1$ genau ein $t \in [0, 2\pi)$ gibt, so dass $x_1 = \cos t$ und $x_2 = \sin t$ gilt. Dies ist die Grundlage für die Einführung von ***Polarkoordinaten*** in der Ebene $\mathbb{R}^2$.

Seien dazu zunächst die Punkte $(x_1, x_2) \in \mathbb{R}^2$ betrachtet, für die

$$x_1 \geq 0 \wedge x_2 \geq 0 \wedge x_1^2 + x_2^2 = 1$$

gilt. Es ist dann $x_1 \in [0,1]$ und wir können $t := \arccos(x_1)$ setzen. Diese reelle Zahl t ist die einzige aus dem Intervall $[0, \pi/2]$, für die $x_1 = \cos t$ gilt. Da $\cos x < 0$ ist für $x \in (\pi/2, \pi]$, ist es sogar die einzige Zahl aus $[0, \pi]$, für die $x_1 = \cos t$ gilt. Es ist ja dann $\sin t \geq 0$ und somit können wir notieren

$$\sin t = (1 - (\cos t)^2)^{1/2} = (1 - (\cos(\arccos(x_1)))^2)^{1/2} = (1 - x_1^2)^{1/2} = x_2.$$

Da $\sin(t) < 0$ für $t \in (\pi, 2\pi)$ gilt, kann es kein $t \in (0, 2\pi)$ geben mit $\sin(t) = x_2$. Damit ist das angegebene $t = \arccos(x_1)$ tatsächlich die einzige Zahl $t \in [0, 1\pi)$, für die $(x_1, x_2) = (\cos(t), \sin(t))$ gilt.

Eine entsprechende Diskussion ist noch für die in den restlichen drei Quadranten liegenden Punkte der Kreislinie durchzuführen. Sei dies hier nur noch kurz skizziert für den Quadranten, der durch die Ungleichungen $x_1 < 0 \wedge x_2 \geq 0$ beschrieben wird. Wir werden dabei auf das bereits erhaltene Resultat zu den Punkten im ersten Quadranten zurückgreifen. Gilt also $x_1 < 0 \wedge x_2 \geq 0 \wedge x_1^2 + x_2^2 = 1$, so gehen wir zum Punkt (ξ_1, ξ_2) über mit $\xi_1 := x_2$, $\xi_2 := -x_1$. Es gibt ja dann genau ein $\tau \in [0, \pi/2]$ mit $\xi_1 = \cos(\tau)$, $\xi_2 = \sin(\tau)$. Wir haben also $x_2 = \cos(\tau)$, $x_1 = -\sin(\tau)$. Nach den Formeln (3.7) gilt dann $x_1 = \cos(\tau + \frac{\pi}{2})$ und $x_2 = \sin(\tau + \frac{\pi}{2})$, womit wir eine Darstellung in der gewünschten Form mit einem $t = \tau + \pi/2 \in [\pi/2, \pi]$ gefunden haben. Die Eindeutigkeitsfrage ist genau nach dem gleichen Muster wie im ersten Fall zu erledigen.

Der Schritt zur Einführung von ***Polarkoordinaten***, und zwar für alle Punkte $(x_1, x_2) \in \mathbb{R}^2 \setminus \{(0,0)\}$, ist nun einfach:
Ist $(x_1, x_2) \in \mathbb{R}^2$ mit $(x_1, x_2) \neq (0,0)$ beliebig gegeben, so gilt, wenn man wie üblich $\|x\| := (x_1^2 + x_2^2)^{1/2}$ setzt, sicher $(\|x\|^{-1}x_1)^2 + (\|x\|^{-1}x_2)^2 = 1$. Daher gibt es genau ein $t \in [0, 2\pi)$ mit $\|x\|^{-1}x_1 = \cos t$, $\|x\|^{-1}x_2 = \sin t$. Wir erhalten somit für den gegegeben Punkt die Darstellung in Polarkoordinaten

$$x_1 = \|x\| \cos t, \;\; x_2 = \|x\| \sin t.$$

Offenbar kann man dem auch noch im Fall $(x_1, x_2) = (0,0)$, also $\|x\| = 0$, einen Sinn geben, es geht dabei aber die eindeutige Festlegung von t verloren.

Unter Benützung der Periodizität der Sinus-Funktion können wir nun auch ein interessantes Beispiel einer in genau einem Punkt unstetigen Funktion $f : \mathbb{R} \to \mathbb{R}$ diskutieren. Sei mit einem beliebig gewählten $\rho \in \mathbb{R}$

$$f(x) := \sin\left(\frac{1}{x}\right) \quad \text{für} \quad x \neq 0, \quad f(0) = \rho.$$

Es ist $f|_{\mathbb{R}\setminus\{0\}}$ stetig, weil dann die Hintereinanderausführung zweier stetiger Funktionen vorliegt. Im Punkt $x = 0$ ist jedoch die Funktion f nicht folgenstetig, und zwar unabhängig von der speziellen Wahl der Zahl ρ. Betrachtet man nämlich die Nullfolge $((2\pi m)^{-1})_{m\in\mathbb{N}}$, so gilt ja $f((2\pi m)^{-1}) = \sin(2\pi m) = 0$ für alle $m \in \mathbb{N}$ und damit existiert natürlich $\lim_{m\to\infty} f((2\pi m)^{-1}) = 0$. Im Fall $\rho \neq 0$ zeigt dies bereits, dass f im Punkt $x = 0$ nicht folgenstetig ist. Ist aber $\rho = 0$, so betrachten wir noch die Nullfolge $((2\pi m + \pi/2)^{-1})_{m\in\mathbb{N}}$. Dann ist $f((2\pi m + \pi/2)^{-1}) = 1$ für alle m und somit ist $\lim_{m\to\infty} f((2\pi m)^{-1}) \neq \lim_{m\to\infty} f((2\pi m + \pi/2)^{-1})$.

Wir können also feststellen, dass es keine Möglichkeit gibt, die auf $\mathbb{R} \setminus \{0\}$ stetige Funktion $x \mapsto \sin(1/x)$ durch geeignete Festsetzung eines Wertes bei $x = 0$ zu einer stetigen Funktion auf ganz $\mathbb{R}$ fortzusetzen.
Dies sieht jedoch anders aus bei der durch

$$g(x) := x \sin\left(\frac{1}{x}\right) \quad \text{für} \quad x \in \mathbb{R} \setminus \{0\}$$

definierten Funktion. Diese wird zu einer auf ganz $\mathbb{R}$ stetigen Funktion, wenn man $g(0) := 0$ setzt. Um dies zu sehen, ist offenbar nur noch die Stetigkeit im Punkt $x = 0$ nachzuprüfen. Sei $\varepsilon > 0$ gegeben. Ist dann $|x| < \varepsilon$, so kann man abschätzen

$$|g(x) - g(0)| = |g(x)| = |x| \left|\sin\left(\frac{1}{x}\right)\right| \leq |x| < \varepsilon.$$

Dies zeigt die Stetigkeit im Punkt $x = 0$. Man hätte aber auch die Folgenstetigkeit nachprüfen können. Dabei hätte man nur benützen müssen, dass, wenn $(x_n)_{n\in\mathbb{N}}$ eine Nullfolge und $(y_n)_{n\in\mathbb{N}}$ eine beschränkte Folge ist, auch $(x_n y_n)_{n\in\mathbb{N}}$ eine Nullfolge ist.

Mit dem Problem der stetigen Fortsetzung werden wir uns im nächsten Abschnitt noch etwas ausführlicher beschäftigen.

3.5 Stetige Fortsetzung, Grenzwerte von Funktionen

Es sei einführend ein weiteres einfaches Beispiel behandelt. Sei $M := (-1,0)\cup(0,1) \subset \mathbb{R}$ und $f : M \to \mathbb{R}$ definiert durch

$$f(x) := -1 \quad \text{für} \quad x \in (-1,0), \qquad f(x) := 1 \quad \text{für} \quad x \in (0,1).$$

Es sind offenbar $f|_{(-1,0)}$ und $f|_{(0,1)}$ stetig und es stellt sich unmittelbar die Frage, ob man Werte $f(-1)$, $f(0)$ und $f(1)$ so festlegen kann, das dann eine stetige Funktion $f : [-1,1] \to \mathbb{R}$ entsteht. Hat man dies erledigt, so könnte man natürlich noch weiter gehen, und sich fragen, ob eine Fortsetzung zu einer stetigen Funktion auf ganz $\mathbb{R}$ möglich ist. Es zeigt sich jedoch, dass diese zweite Frage sich grundsätzlich von der ersten unterscheidet, und zwar ist bei der Fortsetzung auf $[-1,1]$ höchstens eine stetige Fortsetzung möglich, bei der weiteren Fortsetzung auf ganz $\mathbb{R}$ ist aber eine so große Vielfalt von stetigen Fortsetzungen möglich, dass man nur mehr einen ganz schwachen Zusammenhang mit der ursprünglich gegebenen Funktion erkennen kann.
So kann man z.B. die Funktion g, die für $x \leq 0$ durch $g(x) = 0$ definiert ist, auf ganz $\mathbb{R}$ stetig fortsetzen, indem man $g(x) = x^m$ mit einem beliebigen $m \in \mathbb{N}$, oder $g(x) = ax$ mit einem beliebigen $a \in \mathbb{R}$, oder $g(x) = \rho\sin(x)$ mit einem beliebigen $\rho \in \mathbb{R}$ für $x > 0$ definiert. Offenbar könnte man noch viele weitere Möglichkeiten angeben.

Wir werden daher die Frage der stetigen Fortsetzung nur für solche Punkte diskutieren, die man als Häufungspunkte der Menge bezeichnet, auf der die Funktion ursprünglich gegeben war. Es sei dies gleich für Teilmengen metrischer Räume definiert:

Sei (X,d) ein metrischer Raum und $M \subset X$. Ein Punkt $x \in X$ heißt dann ***Häufungspunkt von*** M, wenn es zu jeder Umgebung U von x ein $y \in M \cap U$ mit $y \neq x$ gibt.

Offenbar sind beim oben notierten Beispiel bei der Menge $M = (-1,0) \cup (0,1) \subset \mathbb{R}$ die Punkte $-1, 0, 1$ Häufungspunkte von M, dagegen sind alle Punkte mit $x < -1 \vee x > 1$ keine Häufungspunkte von M. (Denn Umgebungen $(x-r, x+r)$ mit genügend kleinem $r > 0$ haben dann einen leeren Durchschnitt mit M.) Man beachte, dass aber alle Punkte $x \in (-1,0) \cup (0,1)$ Häufungspunkte sind.

Die Frage der stetigen Fortsetzung in die Punkte $x = -1, 0, 1$ ist nun bei diesem Beispiel sofort zu klären:
Als Wert von $f(-1)$ kommt nur $f(-1) = -1$ in Frage, denn für die gegen -1 konvergente Folge $(-1+\frac{1}{n})_{n\geq 2}$ gilt ja $f(-1+\frac{1}{n}) = -1$ für alle n. Es folgt $\lim_{n\to\infty} f(-1+\frac{1}{n}) = -1$ und die geforderte Folgenstetigkeit lässt damit nur den Wert $f(-1) = -1$ zu. Offenbar ist dann aber auch f stetig im Punkt $x = -1$. Ganz analog findet man, dass genau die

Festsetzung $f(1) = 1$ die stetige Fortsetzung in den Punkt $x = 1$ liefert.
Für $x = 0$ ist dagegen keine stetige Fortsetzung möglich. Denn es gilt ja $f(-\frac{1}{n}) \to -1$ und $f(\frac{1}{n}) \to 1$ für $n \to \infty$, so dass man durch Betrachtung der Folgen $(-1/n)_{n\geq 2}$ und $(1/n)_{n\geq 2}$ zwei sich widersprechende Forderungen zur Erreichung der Folgenstetigkeit im Punkt $x = 0$ erhält.

Dieses Beispiel zeigt bereits die wesentlichen Punkte der Forsetzungsproblematik.
Zunächst ist zu vermerken, dass es zu einem Häufungspunkt x einer Menge $M \subset X$, (X sei wieder ein metrischer Raum), immer Folgen $(x_n)_{n\in\mathbb{N}}$ mit $x_n \in M$, aber $x_n \neq x$ für alle $n \in \mathbb{N}$ gibt, die gegen x konvergieren. Denn zu jeder offenen Kugel $U(x, 1/n)$ muss es ja ein $x_n \in M \cap U(x, 1/n)$ mit $x_n \neq x$ geben, und offenbar konvergiert eine so gewonnene Folge $(x_n)_{n\in\mathbb{N}}$ gegen x.
Soll nun eine gegebene stetige Abbildung $f : M \to Y$, (Y sei ebenfalls ein metrischer Raum), so fortgesetzt werden, dass sie im Häufungspunkt x von M, (wobei $x \notin M$ sei), stetig wird, so muss für $f(x)$ so ein Element $y \in Y$ gewählt werden, dass $f(x_n) \to y$ für jede Folge $(x_n)_{n\in\mathbb{N}}$ in M mit $x_n \neq x$ für alle n gilt, die gegen x konvergiert. Es ist damit der *Grenzwert* $\lim_{\xi\to x} f(\xi)$ als Wert von $f(x)$ zu wählen, (sofern er existiert), wenn man diesen Grenzwert nun sehr naheliegend folgendermaßen definiert:

Seien X und Y metrische Räume, sei $M \subset X$ und sei $x_0 \in X$ ein Häufungspunkt von M. Ist dann $f : M \to Y$ eine Abbildung, so heißt ein $y_0 \in Y$ ***Grenzwert der Funktion*** f für $x \to x_0$, wenn für jede Folge $(x_n)_{n\in\mathbb{N}}$ in M mit $x_n \neq x_0$ für alle n gilt $f(x_n) \to y_0$ für $n \to \infty$. Man verwendet dafür die Notation

$$\lim_{x\to x_0} f(x) = y_0.$$

Da der Grenzwert einer Folge eindeutig bestimmt ist, ist auch der Grenzwert einer Funktion eindeutig bestimmt, wenn er existiert.

Ist $M \subset \mathbb{R}$ und $a \in \mathbb{R}$ ein Häufungspunkt von M mit der Eigenschaft, dass es eine Folge $(x_n)_{n\in\mathbb{N}}$ in M mit $x_n < a$ für alle n gibt, so kann man auch den ***linksseitigen Grenzwert*** $\lim_{x\to a-0} f(x)$ bilden, bei dem man dann nur Folgen $(f(x_n))_{n\in\mathbb{N}}$ benützt, die zu solchen Folgen $(x_n)_{n\in\mathbb{N}}$ mit $x_n < a$ gehören. Entsprechend definiert man den ***rechtsseitigen Grenzwert*** $\lim_{x\to a+0} f(x)$.
Existieren der linksseitige und der rechtsseitige Grenzwert, wobei sie aber verschieden sind, so kann offenbar f im Punkt a nicht stetig sein. Es liegt dann im Punkt a eine *Sprungstelle* vor.

Bei monotonen Funktionen liegen in Hinblick auf linksseitige und rechtsseitige Grenzwerte besonders klare Verhältnisse vor, wie der folgende Satz zeigt:

Satz 3.16

Sei $(a, b) \subset \mathbb{R}$ ein offenes Intervall und sei $f : (a, b) \to \mathbb{R}$ monoton wachsend. Dann existieren in jedem Punkt $y \in (a, b)$ die Grenzwerte $\lim_{x\to y-0} f(x)$ und $\lim_{x\to y+0} f(x)$ und es gilt

$$\lim_{x\to y-0} f(x) \leq f(y) \leq \lim_{x\to y+0} f(x).$$

Die Menge $\{x \in (a, b) : f \text{ ist im Punkt } x \text{ nicht stetig}\}$ ist abzählbar.

Beweis:
Sei $y \in (a,b)$ beliebig gewählt. Da f monoton wachsend ist, gilt $f(x) \leq f(y)$ für alle $x \in (a,y)$. Somit existiert $s := \sup f((a,y))$ und es gilt $s \leq f(y)$. Ist $\varepsilon > 0$ gegeben, so gibt es ein $\xi \in (a,y)$ mit $s - \varepsilon < f(\xi)$ und es gilt damit

$$s - \varepsilon < f(\xi) \leq f(x) \leq s \quad \text{für alle} \quad x \in (\xi, y).$$

Ist nun eine Folge $(x_n)_{n\in\mathbb{N}}$ in (a,y) gegeben mit $x_n \to y$ für $n \to \infty$, so gibt es ein $n_0 \in \mathbb{N}$ mit $x_n \in (\xi, y)$ für $n \geq n_0$. Es folgt $s - \varepsilon < f(x_n) \leq s$ für $n \geq n_0$, und dies besagt, dass der linksseitige Grenzwert $\lim_{x\to y-0} f(x)$ existiert mit $\lim_{x\to y-0} f(x) = s \leq f(y)$.
Für den rechtsseitigen Grenzwert argumentiert man ganz entsprechend.
Für den Nachweis, dass die Menge M der Unstetigkeitsstellen von f höchstens abzählbar unendlich sein kann, greifen wir auf Satz 1.10 zurück. Danach ist es ausreichend, eine injektive Abbildung $\psi : M \to \mathbb{Q}$ zu finden, denn $\mathbb{Q}$ ist ja abzählbar. Wegen der Existenz des linksseitigen und rechtsseitigen Grenzwertes liegt in jedem Punkt $y \in M$ eine Sprungstelle vor, d.h. es gilt $\lim_{x\to y-0} f(x) < \lim_{x\to y+0} f(x)$. Damit gibt es aber auch eine rationale Zahl r_y mit

$$\lim_{x\to y-0} f(x) < r_y < \lim_{x\to y+0} f(x).$$

Betrachtet man nun die Zuordnung $y \in M \mapsto r_y$, so kann man damit eine injektive Abbildung $\psi : M \to \mathbb{Q}$ erhalten. Denn sind $y, \eta \in M$ mit $y < \eta$, so müssen die Intervalle $(\lim_{x\to y-0} f(x), \lim_{x\to y+0} f(x))$ und $(\lim_{x\to \eta-0} f(x), \lim_{x\to \eta+0} f(x))$ disjunkt sein. Denn es muss

$$\lim_{x\to y+0} f(x)) \leq \lim_{x\to \eta-0} f(x)$$

gelten. Dies ist ja gleichbedeutend mit $\inf f((y,b)) \leq \sup f((a,\eta))$, was sich daraus ergibt, das für $y < x < \xi < \eta$ ja gilt $f(x) \leq f(\xi)$. Damit gilt immer $r_y < r_\eta$, wenn $y < \eta$ ist. □

Es ist klar, dass man ein entsprechendes Resultat für monoton fallende Funktionen erhalten kann.

Für reelle Folgen wurde in Abschnitt 2.1 diskutiert, was unter $\lim_{n\to\infty} x_n = \infty$ bzw. $\lim_{n\to\infty} x_n = -\infty$ zu verstehen ist. Es ist klar, dass sich damit auch $\lim_{x\to\infty} f(x)$ und $\lim_{x\to-\infty} f(x)$ erklären lässt, wobei sogar als Grenzwert ∞ und $-\infty$ zugelassen ist. In konkreten Fällen kann es dabei nützlich sein, zu verwenden, dass bei reellen Folgen aus $x_n \to \infty$ folgt $1/x_n \to 0$. Dazu ein einfaches Beispiel:
Ist mit einem $a > 0$ für $x > 0$ die Funktion f definiert durch $f(x) := \frac{x-1}{ax+1}$, so sei der Grenzwert $\lim_{x\to\infty} f(x)$ zu bestimmen. Es ist zweckmäßig, dafür zu schreiben

$$\frac{x-1}{ax+1} = \frac{1-\frac{1}{x}}{a+\frac{1}{x}},$$

denn damit erhält unter Berücksichtigung der Rechenregeln für den Umgang mit konvergenten Folgen

$$\lim_{x\to\infty} \frac{x-1}{ax+1} = \frac{1}{a}.$$

Von größter Wichtigkeit sind Grenzwerte von der Art

$$\lim_{h\to 0}\frac{1}{h}((\xi+h)^2-\xi^2),$$

(wobei $\xi\in\mathbb{R}$ sei); denn solche Grenzwerte spielen eine wesentliche Rolle bei der Differenzierbarkeit von Funktionen, die wir im nächsten Abschnitt diskutieren werden. Bei diesem Beispiel kann man rechnen

$$\frac{1}{h}((\xi+h)^2-\xi^2)=\frac{1}{h}(2\xi h+h^2)=2\xi+h,$$

woraus sofort folgt

$$\lim_{h\to 0}\frac{1}{h}((\xi+h)^2-\xi^2)=2\xi.$$

Setzt man $x=\xi+h$, so kann man dies auch notieren als

$$\lim_{x\to\xi}\frac{1}{x-\xi}(x^2-\xi^2)=2\xi.$$

Schreibt man dies noch als

$$\lim_{x\to\xi}\frac{1}{x-\xi}(x^2-(\xi^2+2\xi(x-\xi))=0,$$

so besagt dies, dass man, wenn man nahe beim Punkt ξ bleibt, die Funktion $f(x)=x^2$ näherungsweise durch die Funktion $g(x):=\xi^2+2\xi(x-\xi)$ ersetzen kann. In der zuerst benützten Notation bedeutet dies, dass man, wenn man $f(\xi+h)$ berechnen möchte, für kleine h näherungsweise den Wert $\xi^2+2\xi h$ nehmen kann und dabei für den Fehler $\rho(h)$ noch gilt

$$\lim_{h\to 0}\frac{1}{h}\rho(h)=0. \tag{3.9}$$

Für dieses Ergebnis ist auch die Notation

$$\rho(h)=o(h)\quad\text{für}\quad h\to 0$$

üblich, wobei das hier auftretende *Klein-o* als ***Landau-Symbol*** bezeichnet wird.

Das lokale Ersetzen von f durch die Funktion g ist nichts anderes als eine *lokale Linearisierung* und dies ist der Grundgedanke, der zum Begriff der Differenzierbarkeit einer Abbildung führt. Wie gut hierbei approximiert werden soll, wird dabei durch (3.9) ausgedrückt. Dies wird daher auch im allgemeineren Kontext auftreten.

Aufgaben

1. Sei $f:\mathbb{R}\to\mathbb{R}$ eine folgenstetige Funktion, für die $f(1)=e$ und

$$f(x+y)=f(x)f(y)\quad\text{für alle}\quad x,y\in\mathbb{Q}$$

gilt. Man zeige, dass dann $f(x)=\exp(x)$ für alle $x\in\mathbb{R}$ gelten muss.

2. Seien X und Y Mengen und $f : X \to Y$ eine Abbildung. Man zeige, dass für $M, N \in P(Y)$ gilt
   (i) $f^{-1}(M \cap N) = f^{-1}(M) \cap f^{-1}(N)$, (ii) $f^{-1}(Y \setminus M) = X \setminus f^{-1}(M)$.

3. Seien (X, d_X) und (Y, d_Y) metrische Räume. Man zeige, dass eine Abbildung $f : X \to Y$ genau dann stetig ist, wenn für alle abgeschlossenen Mengen $A \subset Y$ das Urbild $f^{-1}(A)$ abgeschlossen ist.

4. Man kläre, ob die Menge $(0,1) \times (0,1) \subset \mathbb{R}^2$ offen oder abgeschlossen ist.

5. Sei (X, d) ein metrischer Raum, $K \subset X$ folgenkompakt und $A \subset X$ abgeschlossen. Man zeige: Gilt $A \subset K$, so ist A folgenkompakt.

6. Sei (X, d) ein metrischer Raum und $M \subset X$ eine Menge, die keine Häufungspunkte in X besitzt. Man zeige: Ist $K \subset X$ folgenkompakt, so ist $M \cap K$ eine endliche Menge.

7. Sei $f : \mathbb{R} \to \mathbb{R}$ eine stetige Funktion, für die $f(x) \in \mathbb{Q}$ für alle $x \in \mathbb{R}$ gilt. Man zeige, dass dann f eine konstante Funktion sein muss.

8. Sei $f : \mathbb{R} \to \mathbb{R}$ eine stetige Funktion, die periodisch ist, d.h. es gebe ein $p > 0$ mit $f(x+kp) = f(x)$ für alle $k \in \mathbb{Z}$ und alle $x \in \mathbb{R}$. Man zeige, dass dann f beschränkt und gleichmäßig stetig ist.

9. Sei $f : \mathbb{R} \to \mathbb{R}$ eine Funktion, die stetig im Punkt $0 \in \mathbb{R}$ ist, und für die $f(0) = 1$ und $f(x+y) \le f(x)f(y)$ für alle $x, y \in \mathbb{R}$ gilt. Man zeige, dass dann f eine stetige Funktion ist.

10. Man zeige, dass für alle $t \in \mathbb{R}$ gilt
$$3 + 4\cos(t) + \cos(2t) \ge 0.$$

11. Sei $f : \mathbb{R}^2 \setminus \{(0,0)\} \to \mathbb{R}$ definiert durch
$$f(x,y) := \frac{x^2 y}{x^2 + y^2}.$$
Man bestimme $\lim_{(x,y)\to(0,0)} f(x,y)$.

12. Sei $f : \mathbb{R}^2 \to \mathbb{R}$ definiert durch
$$f(0,0) := 0, \quad f(x,y) := \frac{xy}{x^2+y^2} \quad \text{für} \quad (x,y) \ne (0,0).$$
Man zeige, dass f in allen Punkten $(x,y) \ne (0,0)$ stetig, aber im Punkt $(0,0)$ unstetig ist.

13. (a) Ist $\exp : \mathbb{R} \to \mathbb{R}$ gleichmäßig stetig?
    (b) Sei $n \in \mathbb{N}$ und M eine nichtleere Teilmenge des $\mathbb{R}^n$. Sei $f : \mathbb{R}^n \to \mathbb{R}$ definiert durch $f(x) := \inf_{y \in M} \|x - y\|$. Ist dann f gleichmäßig stetig?

4 Differenzierbarkeit I

Mit diesem Abschnitt beginnen wir mit der Diskussion der Thematik, die traditionell als *Differential- und Integralrechnung* bezeichnet wird. Die Differenzierbarkeit von Abbildungen werden wir dabei in verschiedenem Kontext diskutieren, weshalb hier 'I' in der Überschrift auftritt.

4.1 Der Begriff der Differenzierbarkeit

Am Ende des letzten Abschnitts wurde bereits auf die Idee der lokalen Linearisierung hingewiesen. Wie der nächste Satz zeigt, kann man diese auf verschiedene Weise analytisch fassen. Es wird dabei nun bereits die allgemeinere Situation von Funktionen einer Variablen mit Werten im $\mathbb{R}^m$ betrachtet.

Satz 4.1

Seien $a, b \in \mathbb{R}$ mit $a < b$, sei $m \in \mathbb{N}$ und sei $f : (a,b) \to \mathbb{R}^m$ eine Abbildung. Dann sind für jedes $\xi \in (a,b)$ die folgenden Aussagen äquivalent:

(1) Es gibt ein $v \in \mathbb{R}^m$ und eine Funktion $r : \{h \in \mathbb{R} : \xi + h \in (a,b)\} \to \mathbb{R}^m$, die im Punkt $h = 0$ stetig ist und $r(0) = 0$ erfüllt, so dass

$$f(\xi + h) = f(\xi) + hv + hr(h) \quad \text{für alle} \quad h \in \mathbb{R} \text{ mit } \xi + h \in (a,b)$$

gilt.

(2) Es gibt eine im Punkt ξ stetige Funktion $\varphi : (a,b) \to \mathbb{R}^m$, so dass

$$f(x) - f(\xi) = (x - \xi)\varphi(x) \quad \text{für alle} \quad x \in (a,b)$$

gilt.

(3) Es existiert der Grenzwert

$$\lim_{x \to \xi} \frac{1}{x - \xi}(f(x) - f(\xi)).$$

Beweis:
Wir beginnen damit, zu zeigen, dass aus der Aussage (1) die Aussage (2) folgt:
Seien $v \in \mathbb{R}^m$ und $r : \{h \in \mathbb{R} : \xi + h \in (a,b)\} \to \mathbb{R}^m$ wie in (1) notiert gegeben. Damit definieren wir

$$\varphi(x) := v + r(x - \xi) \quad \text{für} \quad x \in (a,b).$$

Dies ist sinnvoll, weil ja $\xi + (x - \xi) = x \in (a, b)$ für alle $x \in (a, b)$ gilt. Da die Funktion r im Punkt $h = 0$ stetig ist, ist die Funktion φ im Punkt $x = \xi$ stetig. Nach (1) können wir schließlich für $x \in (a, b)$ notieren

$$f(x) - f(\xi) = f(\xi + (x - \xi)) - f(\xi) = (x - \xi)v + (x - \xi)r(x - \xi) = (x - \xi)\varphi(x).$$

Damit gilt tatsächlich die Aussage (2).
Aus (2) folgt (3): Gilt (2), so können wir für jede Folge $(x_n)_{n\in\mathbb{N}}$ in (a, b) mit $x_n \to \xi$ und $x_n \neq \xi$ für alle n notieren

$$\frac{1}{x_n - \xi}(f(x_n) - f(\xi)) = \varphi(x_n).$$

Da φ im Punkt ξ stetig ist, gilt ja $\varphi(x_n) \to \varphi(\xi)$ für $n \to \infty$ und damit

$$\lim_{n\to\infty} \frac{1}{x_n - \xi}(f(x_n) - f(\xi)) = \varphi(\xi).$$

Dies besagt aber, dass (3) gilt.
Aus (3) folgt (1): Gilt (3), so können wir leicht einen Vektor v und eine Funktion r mit den in (1) geforderten Eigenschaften angeben. Wir setzen

$$v := \lim_{x\to\xi} \frac{1}{x - \xi}(f(x) - f(\xi)) \tag{4.1}$$

und

$$r(0) := 0, \quad r(h) := \frac{1}{h}(f((\xi + h) - f(\xi)) - v \quad \text{für} \quad h \neq 0 \wedge \xi + h \in (a, b).$$

Die so definierte Funktion r ist tatsächlich im Punkt $h = 0$ stetig. Denn ist $(h_n)_{n\in\mathbb{N}}$ eine Folge mit $\xi + h_n \in (a, b)$ für alle n und $h_n \to 0$ für $n \to \infty$, so gilt ja $r(h_n) = 0$, wenn $h_n = 0$ ist, für den Fall $h_n \neq 0$ kann aber (4.1) eingesetzt werden; damit erhält man insgesamt $r(h_n) \to 0$ für $n \to \infty$ und somit die Folgenstetigkeit von r im Punkt $h = 0$. Aus der Definition von r folgt sofort, dass $f(\xi + h) = f(\xi) + hv + hr(h)$ für alle h mit $\xi + h \in (a, b)$ gilt. □

Wesentlich für den Begriff der *Ableitung einer Funktion* ist, dass, wenn die Aussage (1) des Satzes gilt, der Vektor $v \in \mathbb{R}^m$ dadurch eindeutig bestimmt ist. Das bedeutet, dass, wenn es auch noch einen Vektor $w \in \mathbb{R}^m$ und eine im Punkt $h = 0$ stetige Funktion s gibt mit $s(0) = 0$, so dass $f(\xi + h) - f(\xi) = hw + hs(h)$ für alle h mit $\xi + h \in (a, b)$ gilt, schon $v = w$ sein muss. Dies ist rasch zu sehen:
Offenbar muss dann $h(v - w) + h(r(h) - s(h)) = 0$ für alle $h \in \mathbb{R}$ mit $\xi + h \in (a, b)$ gelten. Da dabei auch $h \neq 0$ sein kann, folgt $v - w = r(h) - s(h)$. Wegen $\lim_{h\to 0}(r(h) - s(h)) = 0$ folgt daraus $v = w$.

Es ist üblich, für den durch die Gültigkeit von

$$f(\xi + h) = f(\xi) + hv + hr(h) \quad \text{für alle} \quad h \in \mathbb{R} \text{ mit } \xi + h \in (a, b)$$

eindeutig bestimmten Vektor v die Notation $f'(\xi)$ zu verwenden und $f'(\xi)$ als die ***Ableitung von f im Punkt*** ξ zu bezeichnen. In Hinblick auf später noch zu behandelnde allgemeinere Situationen ist es jedoch günstiger, die lineare Abbildung $T : \mathbb{R} \to \mathbb{R}^m$, die mit diesem Vektor v durch

$$T(t) := tv \quad \text{für} \quad t \in \mathbb{R}$$

definiert ist, als die Ableitung zu bezeichnen. Denn das ist der Aussage (1) des Satzes angemessener:
Gilt (1) und ist $\varepsilon > 0$, so gibt es wegen der Stetigkeit der Funktion r im Punkt $h = 0$ ja ein $h_0 > 0$ mit $|r(h)| < \varepsilon$ für $|h| < h_0$, somit gilt

$$\frac{1}{|h|}|f(\xi + h) - (f(\xi) + hv)| < \varepsilon \quad \text{für} \quad 0 < |h| < h_0.$$

Dies ist ganz im Sinne der zum Ende des letzten Kapitels geführten Diskussion eine Aussage über die lokale Approximierbarkeit der Funktion f durch die *affine Abbildung* $h \in \mathbb{R} \mapsto f(\xi) + hv \in \mathbb{R}^m$.

Ist so eine lokale Approximierbarkeit in einem Punkt möglich, so hat dies zur Folge, dass die Funktion auf jeden Fall in diesem Punkt stetig sein muss. Dies sieht man sofort unter Benützung der dann ja gültigen Aussage (2) von Satz 4.1: Gilt $f(x) - f(\xi) = (x - \xi)\varphi(x)$, wobei die Funktion φ im Punkt ξ stetig ist, so ist auch die Funktion $x \mapsto f(\xi) + (x - \xi)\varphi(x)$ und somit die Funktion f im Punkt ξ stetig.
Man sieht jedoch leicht, dass umgekehrt die Stetigkeit von f im Punkt ξ im allgemeinen nicht ausreicht, um so eine lokale Approximierbarkeit durch eine affine Abbildung sicherzustellen. Dies zeigt schon das Beispiel der Funktion $f(x) := |x|$ für $x \in \mathbb{R}$. Diese ist in allen Punkten $\xi \in \mathbb{R}$ stetig, wie die Abschätzung

$$|f(x) - f(\xi)| = \big|\,|x| - |\xi|\,\big| \le |x - \xi|$$

zeigt. Es gilt jedoch im Punkt $\xi = 0$ nicht die Aussage (2) von Satz 4.1. Denn ist $x < 0$, so gilt $f(x) - f(0) = |x| = -x$, und ist $x > 0$, so gilt $f(x) - f(0) = x$. Damit müsste, wenn (2) gilt, für die Funktion φ gelten

$$x\varphi(x) = -x \quad \text{für} \quad x < 0, \quad x\varphi(x) = x \quad \text{für} \quad x > 0.$$

Damit wäre $\varphi(x) = -1$ für $x < 0$ und $\varphi(x) = 1$ für $x > 0$. Damit könnte aber φ nicht im Punkt $x = 0$ stetig sein.

Jede der drei äquivalenten Aussagen (1), (2) und (3) von Satz 4.1 ist nun geeignet, um die ***Differenzierbarkeit*** der Funktion $f : (a, b) \to \mathbb{R}^m$ im Punkt $\xi \in (a, b)$ zu definieren. Der Beweis von Satz 4.1 zeigt, dass für solche Funktionen im Fall der Differenzierbarkeit die Ableitung $f'(\xi)$ durch

$$f'(\xi) = \lim_{x \to \xi} \frac{1}{x - \xi}(f(x) - f(\xi)) \tag{4.2}$$

berechnet werden kann. Wie beim Begriff der Stetigkeit wird die Funktion f als ***differenzierbar*** bezeichnet, wenn sie in allen Punkten differenzierbar ist.

Es ist möglich, dass im Fall $\xi = a$ oder $\xi = b$ der in (4.2) auftretende Grenzwert als rechtsseitiger bzw. als linksseitiger Grenzwert existiert. In diesem Fall spricht man davon, dass die Funktion f im Punkt $\xi = a$ ***rechtsseitig*** bzw. im Punkt $\xi = b$ ***linksseitig differenzierbar*** ist.

Es ist nicht schwierig, erste Beispiele für differenzierbare Funktionen anzugeben. Denkt man an die lokale Approximierbarkeit durch eine affine Abbildung, so ist es naheliegend, dass jede affine Abbildung $f : \mathbb{R} \to \mathbb{R}^m$, die mit vorgegebenen Vektoren $u, v \in \mathbb{R}^m$ definiert ist durch

$$f(x) := u + xv \quad \text{für} \quad x \in \mathbb{R},$$

differenzierbar sein sollte. Davon kann man sich auch sofort überzeugen: Ist $\xi \in \mathbb{R}$ beliebig gewählt, so gilt für $x \in \mathbb{R}$

$$f(x) - f(\xi) = xv - \xi v = (x - \xi)v,$$

somit ist die Aussage (2) von Satz 4.1 erfüllt mit der konstanten Funktion $\varphi(x) := v$ für alle $x \in \mathbb{R}$, die trivialerweise im Punkt ξ stetig ist. Ein Vergleich mit Aussage (1) zeigt, dass dann $f'(\xi) = v$ ist und (1) mit dem *Rest* $r(h) = 0$ erfüllt ist, (was aufgrund der in diesem Fall exakt möglichen Approximation nicht verwunderlich ist).
Ist $v = 0$, also f eine konstante Funktion, so folgt $f'(\xi) = 0$ für alle $\xi \in \mathbb{R}$.

Etwas aufwendiger ist es, nachzuweisen, dass die Exponentialfunktion $\exp : \mathbb{R} \to \mathbb{R}$ differenzierbar ist. Ist $\xi \in \mathbb{R}$ beliebig gewählt, so gilt für $h \in \mathbb{R}$

$$\exp(\xi + h) - \exp(\xi) = \exp(\xi)(\exp(h) - 1).$$

Unter Benützung der Exponentialreihe kann man schreiben

$$\exp(h) - 1 = \sum_{k=1}^{\infty} \frac{1}{k!} h^k = h + \sum_{k=1}^{\infty} \frac{1}{(k+1)!} h^{k+1} = h \left(1 + \sum_{k=1}^{\infty} \frac{1}{(k+1)!} h^k\right).$$

Da auch die Potenzreihe $\sum_{k=1}^{\infty} \frac{1}{(k+1)!} h^k$ für alle $h \in \mathbb{R}$ konvergent ist, erhält man eine stetige Funktion $r : \mathbb{R} \to \mathbb{R}$, wenn man definiert

$$r(h) := \exp(\xi) \sum_{k=1}^{\infty} \frac{1}{(k+1)!} h^k.$$

Für diese gilt offenbar $r(0) = 0$. Mit dieser Funktion kann man nun notieren

$$\exp(\xi + h) - \exp(\xi) = \exp(\xi) \cdot h + hr(h) \quad \text{für} \quad h \in \mathbb{R},$$

was zeigt, dass exp im Punkt ξ differenzierbar ist und die Ableitung dabei gleich $\exp(\xi)$ ist. Dieses Ergebnis notiert man am suggestivsten mit Hilfe des *Differentialoperators* $\frac{d}{dx}$ in der Form

$$\frac{d}{dx} \exp(x) = \exp(x) \quad \text{für} \quad x \in \mathbb{R}.$$

Man beachte, dass man den Operator $\frac{d}{dx}$ formal wie einen Bruch schreibt, man aber, (obwohl es immer wieder geschieht), damit nicht wie mit einem Bruch rechnen sollte. Die Notation $\frac{d}{dx}$ kommt dabei vom in (4.1) bzw. in (8.11) auftretenden ***Differenzenquotienten***

$$\frac{f(x) - f(\xi)}{x - \xi}.$$

Ausgehend von diesen ersten Beispielen kann man rasch die Differenzierbarkeit weiterer Funktionen erschließen, wenn man die Aussagen des folgenden Satzes benützt:

Satz 4.2

Seien $a, b \in \mathbb{R}$ mit $a < b$, sei $\xi \in (a,b)$ und seien die Funktionen $f : (a,b) \to \mathbb{R}$ und $g : (a,b) \to \mathbb{R}$ im Punkt ξ differenzierbar. Dann gilt:
(a) Die durch $(f+g)(x) := f(x) + g(x)$ für $x \in (a,b)$ definierte Funktion $f + g$ ist im Punkt ξ differenzierbar und es gilt

$$(f+g)'(\xi) = f'(\xi) + g'(\xi).$$

(b) Die durch $(f \cdot g)(x) := f(x)g(x)$ für $x \in (a,b)$ definierte Funktion $f \cdot g$ ist im Punkt ξ differenzierbar und es gilt

$$(f \cdot g)'(\xi) = f'(\xi)g(\xi) + f(\xi)g'(\xi). \qquad \text{(Produktregel)}$$

(c) Ist $g(\xi) \neq 0$, so gibt es ein Intervall $(\xi - \delta, \xi + \delta) \subset (a,b)$, so dass man die Funktion $\frac{f}{g}$ durch

$$\left(\frac{f}{g}\right)(x) := \frac{f(x)}{g(x)} \quad \text{für} \quad x \in (\xi - \delta, \xi + \delta)$$

definieren kann. Die Funktion $\frac{f}{g}$ ist dann im Punkt ξ differenzierbar und es gilt

$$\left(\frac{f}{g}\right)'(\xi) = \frac{f'(\xi)g(\xi) - f(\xi)g'(\xi)}{g(\xi)^2}. \qquad \text{(Quotientenregel)}$$

Beweis:
Entsprechend zur Aussage (2) von Satz 4.1 gelte für $x \in (a,b)$

$$f(x) - f(\xi) = (x-\xi)\varphi(x), \quad g(x) - g(\xi) = (x-\xi)\psi(x), \tag{4.3}$$

wobei die Funktionen $\varphi : (a,b) \to \mathbb{R}$ und $\psi : (a,b) \to \mathbb{R}$ im Punkt ξ stetig sind. Es folgt

$$\begin{aligned}(f+g)(x) - (f+g)(\xi) &= f(x) - f(\xi) + g(x) - g(\xi) \\ &= (x-\xi)\varphi(x) + (x-\xi)\psi(x) = (x-\xi)\chi(x)\end{aligned}$$

mit der Funktion $\chi(x) := \varphi(x) + \psi(x)$. Da auch χ im Punkt ξ stetig ist, folgt die Differenzierbarkeit von $f + g$ im Punkt ξ. Unter Verwendung der Aussage (3) folgt

$$(f+g)'(\xi) = \chi(\xi) = \varphi(\xi) + \psi(\xi) = f'(\xi) + g'(\xi).$$

Zum Nachweis der Produktregel schließt man ganz analog. Zunächst ist

$$(f \cdot g)(x) - (f \cdot g)(\xi) = (f(x) - f(\xi))g(\xi) + f(\xi)(g(x) - g(\xi)) + (f(x) - f(\xi))(g(x) - g(\xi)).$$

Unter Verwendung von (4.3) erhält man daraus

$$(f \cdot g)(x) - (f \cdot g)(\xi) = (x-\xi)(\varphi(x)g(\xi) + f(\xi)\psi(x) + (x-\xi)\varphi(x)\psi(x)).$$

Wegen $(x-\xi)\varphi(x)\psi(x) \to 0$ für $x \to \xi$ folgt daraus sofort die Gültigkeit von (b).
Zum Beweis von (c) sei zuerst überlegt, dass es ein $\delta > 0$ geben muss, so dass $g(x) \neq 0$ für alle $x \in (\xi-\delta, \xi+\delta)$ gilt. Da g im Punkt ξ differenzierbar ist, ist g in diesem Punkt auch stetig, somit gibt es ein $\delta > 0$, so dass $|g(x) - g(\xi)| < |g(\xi)|/2$ für alle $x \in (\xi-\delta, \xi+\delta)$ gilt. Dies zeigt, dass $g(x) \neq 0$ für $x \in (\xi-\delta, \xi+\delta)$ gelten muss. Damit ist aber die Funktion f/g wie angegeben sinnvoll definiert für $x \in (\xi-\delta, \xi+\delta)$.
Für den Nachweis der Differenzierbarkeit von f/g im Punkt ξ schreiben wir unter Verwendung von (8.12)

$$\begin{aligned}\frac{f(x)}{g(x)} - \frac{f(\xi)}{g(\xi)} &= \frac{f(x)g(\xi) - f(\xi)g(x)}{g(x)g(\xi)} \\ &= \frac{1}{g(x)g(\xi)}((f(x) - f(\xi))g(\xi) - f(\xi)(g(x) - g(\xi))) \\ &= \frac{1}{g(x)g(\xi)}(x-\xi)(\varphi(x)g(\xi) - f(\xi)\psi(x)).\end{aligned}$$

Wegen $g(x) \to g(\xi)$ für $x \to \xi$ folgt daraus die Differenzierbarkeit im Punkt ξ und die Gültigkeit der Quotientenregel. □

Aus der Produktregel ergeben sich rasch einige einfache, (aber dennoch wichtige), Folgerungen:
Ist f eine konstante Funktion, also etwa $f(x) = \alpha$ für alle $x \in (a, b)$, so gilt $f'(\xi) = 0$, und damit geht die Produktregel in diesem Fall über in

$$(\alpha g)'(\xi) = \alpha g'(\xi).$$

Ist $f(x) = x$ für alle $x \in \mathbb{R}$, so gilt $f'(x) = 1$ für alle $x \in \mathbb{R}$ und man erhält

$$(f \cdot f)'(x) = f(x) + f(x) = 2x,$$

was man suggestiver als $\frac{d}{dx}x^2 = 2x$ schreibt.
Durch einen einfachen Induktionsschluss gewinnt man daraus das Resultat, dass die Funktionen $x \in \mathbb{R} \mapsto x^n$, $(n \in \mathbb{N})$, alle differenzierbar sind und

$$\frac{d}{dx}x^n = nx^{n-1}$$

gilt.
Dies liefert weiter für reelle ***Polynomfunktionen*** $x \in \mathbb{R} \mapsto \sum_{k=0}^m a_k x^k$, wobei $m \in \mathbb{N} \cup \{0\}$ und $a_k \in \mathbb{R}$ für $k = 0, \ldots, m$ gegeben sind, das Ergebnis

$$\frac{d}{dx}\sum_{k=0}^m a_k x^k = \sum_{k=1}^m a_k k x^{k-1}.$$

Später werden wir ein entsprechendes Resultat für Funktionen, die durch Potenzreihen gegeben sind, gewinnen. Es folgt dies aber nicht unmittelbar aus dem Resultat für Polynomfunktionen.

Nach Aussage (c) von Satz 4.2 sind auch die Funktionen $x \in \mathbb{R} \setminus \{0\} \mapsto x^{-n}$, $(n \in \mathbb{N})$, differenzierbar und die Quotientenregel liefert

$$\frac{d}{dx}\left(\frac{1}{x^n}\right) = \frac{-nx^{n-1}}{x^{2n}} = -nx^{-n-1} \quad \text{für} \quad x \neq 0.$$

Mit der Frage der Differenzierbarkeit weiterer wichtiger Funktionen werden wir uns im nächsten Abschnitt beschäftigen.

4.2 Zur Differenzierbarkeit wichtiger Funktionen

Betrachtet man die Funktion $x \mapsto \exp(2x)$, so kann man leicht die Differenzierbarkeit zeigen, indem man die Funktionalgleichung der Exponentialfunktion ausnützt und die Produktregel einsetzt:

$$\frac{d}{dx}\exp(2x) = \frac{d}{dx}(\exp(x)\exp(x)) = 2\exp(x)\exp(x) = 2\exp(2x).$$

Hinter diesem Ergebnis verbirgt sich ein allgemeines Resultat zur Differenzierbarkeit einer Hintereinanderausführung differenzierbarer Funktionen, das als ***Kettenregel*** bekannt ist. Dabei wird im nächsten Satz die einfachste Variante der Kettenregel formuliert, später werden wir die Diskussion noch einmal aufnehmen und dann wird es wichtig sein, Ableitungen als lineare Abbildungen aufzufassen.

Satz 4.3

Seien $a, b, \alpha, \beta \in \mathbb{R}$ mit $a < b$ und $\alpha < \beta$. Seien $f : (a, b) \to \mathbb{R}$ und $g : (\alpha, \beta) \to \mathbb{R}$ gegeben, wobei $f((a, b)) \subset (\alpha, \beta)$ gelte. Dann gilt:
Ist f im Punkt $\xi \in (a, b)$ und g im Punkt $f(\xi) \in (\alpha, \beta)$ differenzierbar, so ist die Funktion $g \circ f : (a, b) \to \mathbb{R}$ ebenfalls im Punkt ξ differenzierbar und es gilt

$$(g \circ f)'(\xi) = g'(f(\xi)) \cdot f'(\xi).$$

Beweis:
Es gilt

$$f(x) = f(\xi) + (x - \xi)\varphi(x) \quad \text{für} \quad x \in (a, b)$$

und

$$g(t) = g(f(\xi)) + (t - f(\xi))\psi(t) \quad \text{für} \quad t \in (\alpha, \beta),$$

wobei $\varphi : (a, b) \to \mathbb{R}$ im Punkt ξ und $\psi : (\alpha, \beta) \to \mathbb{R}$ im Punkt $f(\xi)$ stetig ist. Es folgt

$$\begin{aligned}(g \circ f)(x) - (g \circ f)(\xi) &= g(f(\xi) + (x - \xi)\varphi(x)) - g(f(\xi)) \\ &= (x - \xi)\varphi(x)\psi(f(\xi) + (x - \xi)\varphi(x)) \\ &= (x - \xi)\varphi(x)\psi(f(x)).\end{aligned}$$

Da f im Punkt ξ stetig ist und $\varphi(x) \to f'(\xi)$, sowie $\psi(f(x)) \to g'(f(\xi))$ für $x \to \xi$ gilt, folgt daraus sofort die Behauptung. □

Dieses Resultat kann man bei der Funktion $x \mapsto \exp(2x)$ anwenden, indem man diese Funktion als Hintereinanderausführung der Funktion $x \mapsto 2x$ und der Exponentialfunktion auffasst. Dann ist also $f(x) = 2x$ und $g(t) = \exp(t)$ und die Kettenregel liefert wegen $f'(x) = 2$

$$\frac{d}{dx}(g \circ f)(x) = \exp(2x)f'(x) = 2\exp(2x),$$

also genau das früher erhaltene Ergebnis.
Allgemeiner gilt offenbar für beliebiges $a \in \mathbb{R}$

$$\frac{d}{dx}\exp(ax) = a\exp(ax) \quad \text{für} \quad x \in \mathbb{R}.$$

Dies erlaubt es auch sofort, die für beliebiges $a > 0$ sinnvolle Funktion $x \in \mathbb{R} \mapsto a^x$ zu diskutieren. Denn wir haben ja definiert

$$a^x = \exp(x\log(a)).$$

Damit erhält man nun

$$\frac{d}{dx}(a^x) = (\log(a))\exp(x\log(a)) = (\log(a))a^x.$$

Sehr einfach ergibt sich nun auch die Differenzierbarkeit der Hyperbelfunktionen. Denn man kann unter Verwendung der Kettenregel rechnen

$$\frac{d}{dx}\left(\frac{1}{2}(e^x - e^{-x})\right) = \frac{1}{2}\left(e^x + e^{-x}\right), \quad \frac{d}{dx}\left(\frac{1}{2}(e^x + e^{-x})\right) = \frac{1}{2}\left(e^x - e^{-x}\right)$$

und dies liefert unter Verwendung der Definition der Hyperbelfunktionen

$$\frac{d}{dx}\sinh(x) = \cosh(x), \quad \frac{d}{dx}\cosh(x) = \sinh(x) \quad \text{für} \quad x \in \mathbb{R}.$$

Bei der Frage der Differenzierbarkeit der trigonometrischen Funktionen müssen wir, wenn wir zunächst im Rahmen von reellwertigen Funktionen verbleiben wollen, komplizierter argumentieren. Benützt man das Additionstheorem

$$\cos(x + y) = \cos(x)\cos(y) - \sin(x)\sin(y),$$

so erhält man, wenn $\xi \in \mathbb{R}$ beliebig gegeben ist und $(h_n)_{n\in\mathbb{N}}$ eine Nullfolge ist,

$$\cos(\xi + h_n) - \cos(\xi) = \cos(\xi)(\cos(h_n) - 1) - \sin(\xi)\sin(h_n).$$

Damit wird aber $\cos'(\xi) = -\sin(\xi)$ gelten, wenn

$$\frac{1}{h_n}(\cos(h_n) - 1) \to 0 \quad \text{und} \quad \frac{1}{h_n}\sin(h_n) \to 1$$

für $n \to \infty$ gezeigt werden kann; (man beachte, das man dabei von $h_n \neq 0$ ausgehen kann).
Dies lässt sich nachweisen, wenn man von den Reihendarstellungen

$$\cos(x) = \sum_{m=0}^{\infty} \frac{1}{(2m)!}(-1)^m x^{2m}, \quad \sin(x) = \sum_{m=0}^{\infty} \frac{1}{(2m+1)!}(-1)^m t^{2m+1}$$

ausgeht. Durch

$$f(x) := \sum_{m=0}^{\infty} \frac{1}{(2m+1)!}(-1)^m x^{2m}$$

wird ebenfalls eine auf $\mathbb{R}$ stetige Funktion definiert, weil die Reihe für alle $x \in \mathbb{R}$ konvergent ist. Da offenbar $f(0) = 1$ gilt, erhält man damit

$$\frac{1}{h_n}\sin(h_n) = f(h_n) \to 1 \quad \text{für} \quad n \to \infty.$$

Entsprechend kann man

$$\begin{aligned} \frac{1}{h_n}(\cos(h_n) - 1) &= \frac{1}{h_n}\sum_{m=1}^{\infty} \frac{1}{(2m)!}(-1)^m h_n^{2m} \\ &= \frac{1}{h_n}\sum_{m=0}^{\infty} \frac{1}{(2m+2)!}(-1)^{m+1} h_n^{2m+2} = h_n \sum_{m=0}^{\infty} \frac{1}{(2m+2)!}(-1)^{m+1} h_n^{2m} \end{aligned}$$

schreiben und damit $h_n^{-1}(\cos(h_n) - 1) \to 0$ für $n \to \infty$ erhalten.
Mit der gleichen Argumentation kann man zeigen, dass

$$\sin'(x) = \cos(x) \quad \text{für} \quad x \in \mathbb{R}$$

gilt.
Definiert man die Tangens-Funktion $\tan : (-\pi/2, \pi/2) \to \mathbb{R}$ durch

$$\tan(x) = \frac{\sin(x)}{\cos(x)},$$

so ist nach Satz 4.2 auch diese Funktion differenzierbar und die Quotientenregel liefert

$$\frac{d}{dx}\tan(x) = \frac{1}{(\cos(x))^2}.$$

Wir werden später unter Benützung dieses Resultats sehen, dass auch zur Funktion $\tan : (-\pi/2, \pi/2) \to \mathbb{R}$ eine Umkehrfunktion existiert, die wie bei der Sinus- und der Cosinus-Funktion als ***Arcustangens*** bezeichnet und mit arctan notiert wird.

Es stellt sich nun natürlich die Frage nach der Differenzierbarkeit solcher Umkehrfunktionen. Der folgende Satz gibt eine positive Antwort dazu.

Satz 4.4

Sei $(a,b) \subset \mathbb{R}$ ein offenes Intervall, sei $\xi \in (a,b)$, sei $f : (a,b) \to \mathbb{R}$ stetig, streng monoton wachsend und im Punkt ξ differenzierbar mit $f'(\xi) \neq 0$. Dann ist die Funktion f^{-1} im Punkt $f(\xi)$ differenzierbar und es gilt

$$(f^{-1})'(f(\xi)) = \frac{1}{f'(\xi)}. \tag{4.4}$$

Beweis:
Nach Satz 3.13 und Satz 3.14 ist $f((a,b))$ ein Intervall und $f^{-1} : f((a,b)) \to \mathbb{R}$ stetig. Sei $(y_n)_{n\in\mathbb{N}}$ eine Folge in $f((a,b))$ mit $y_n \neq f(\xi)$ für alle n und $y_n \to f(\xi)$ für $n \to \infty$. Da f^{-1} stetig ist, gilt dann $f^{-1}(y_n) \to f^{-1}(f(\xi)) = \xi$. Aus $y_n \neq f^{-1}(\xi)$ folgt, wenn man $x_n := f^{-1}(y_n)$ definiert, $x_n \neq \xi$ für alle n. Damit gilt aber

$$\lim_{n\to\infty} \frac{1}{x_n - \xi}(f(x_n) - f(\xi)) = f'(\xi) \neq 0.$$

Nun kann man aber schreiben

$$\begin{aligned}\frac{1}{y_n - f(\xi)}(f^{-1}(y_n) - f^{-1}(f(\xi))) &= \frac{1}{f(x_n) - f(\xi)}(x_n - \xi)\\ &= \left(\frac{1}{x_n - \xi}(f(x_n) - f(\xi))\right)^{-1},\end{aligned}$$

und dies impliziert, dass

$$\lim_{n\to\infty} \frac{1}{y_n - f(\xi)}(f^{-1}(y_n) - f^{-1}(f(\xi))) = \frac{1}{f'(\xi)}$$

gilt. Damit ist aber alles gezeigt. □

Ein entsprechendes Resultat gilt natürlich für streng monoton fallende Funktionen, weil bei einer streng monoton fallenden Funktion f die Funktion $-f$ streng monoton wachsend ist.

Satz 4.4 zeigt sofort, dass die Logarithmus-Funktion $\log : (0,\infty) \to \mathbb{R}$ differenzierbar ist. Ist $x = \exp(\xi)$, so gilt wegen $\exp'(\xi) = \exp(\xi)$ nach (4.4)

$$\frac{d}{dx}\log(x) = \frac{1}{\exp(\xi)} = \frac{1}{x}.$$

Wir können also festhalten

$$\log'(x) = \frac{1}{x} \quad \text{für} \quad x > 0.$$

Unter Verwendung der Kettenregel erhält man daraus die Ableitung der mit einem $a \in \mathbb{R}$ definierten Funktion

$$x^a := \exp(a\log(x)) \quad \text{für} \quad x > 0.$$

Es ergibt sich

$$\frac{d}{dx}(x^a) = (\exp(a\log(x)))\frac{a}{x} = ax^{a-1},$$

was offenbar wieder ganz dem früheren Ergebnis für den Fall $a = n \in \mathbb{N}$ entspricht.

Satz 4.4 liefert auch die Differenzierbarkeit der Arcusfunktionen und der Areafunktionen; es sei hier nur für den Arcussinus ausgeführt, wie man die Ableitung erhält. Ist $x \in (-1,1)$ und $x = \sin(\xi)$, so erhält man wegen $\sin'(\xi) = \cos(\xi)$ nach (4.4)

$$\frac{d}{dx}\arcsin(x) = \frac{1}{\cos(\xi)} = \frac{1}{\sqrt{1-\sin^2\xi}} = \frac{1}{\sqrt{1-x^2}}.$$

Die Ableitungen der anderen Funktionen seien hier nur notiert:

$$\begin{aligned}
\frac{d}{dx}\arccos(x) &= -\frac{1}{\sqrt{1-x^2}} \quad \text{für} \quad x \in (-1,1),\\
\frac{d}{dx}\arctan(x) &= \frac{1}{1+x^2} \quad \text{für} \quad x \in \mathbb{R},\\
\frac{d}{dx}\operatorname{arsinh}(x) &= \frac{1}{\sqrt{x^2+1}} \quad \text{für} \quad x \in \mathbb{R},\\
\frac{d}{dx}\operatorname{arcosh}(x) &= \frac{1}{\sqrt{x^2-1}} \quad \text{für} \quad x > 1.
\end{aligned}$$

Abschließend sei noch auf die Differenzierbarkeit der Funktion $x \mapsto \exp(\lambda x)$ in der allgemeineren Situation $\lambda \in \mathbb{C}$ eingegangen. Man sieht leicht, dass die Überlegungen von Satz 4.1, die ja für Funktionen mit Werten im $\mathbb{R}^m$ durchgeführt wurden, auch auf den Fall komplexwertiger Funktionen übertragbar sind. Insbesondere ist auch eine Funktion $f : (a,b) \to \mathbb{C}$ im Punkt $\xi \in (a,b)$ differenzierbar, wenn der Grenzwert $\lim_{x\to\xi}(x-\xi)^{-1}(f(x)-f(\xi))$ existiert. Da Konvergenz von komplexen Folgen genau dann gegeben ist, wenn die Folge der Realteile und die Folge der Imaginärteile konvergent sind, ist also so eine komplexwertige Funktion genau dann im Punkt ξ differenzierbar, wenn $\mathrm{Re}f$ und $\mathrm{Im}f$ im Punkt ξ differenzierbar sind und es gilt

$$f'(\xi) = (\mathrm{Re}f)'(\xi) + i(\mathrm{Im}f)'(\xi).$$

Ist nun $\lambda = \mu + \nu i$, so gilt für $x \in \mathbb{R}$

$$\exp(\lambda x) = \exp(\mu x + i\nu x) = \exp(\mu x)(\cos(\nu x) + i\sin(\nu x)).$$

Damit ist $\mathrm{Re}\exp(\lambda x) = \exp(\mu x)\cos(\nu x)$ und $\mathrm{Im}\exp(\lambda x) = \exp(\mu x)\sin(\nu x)$.
Die Ableitungen dieser reellwertigen Funktionen kann man unter Benützung der Produktregel rasch berechnen:

$$\begin{aligned}
\frac{d}{dx}(\exp(\mu x)\cos(\nu x)) &= \mu\exp(\mu x)\cos(\nu x) - \nu\exp(\mu x)\sin(\nu x),\\
\frac{d}{dx}(\exp(\mu x)\sin(\nu x)) &= \mu\exp(\mu x)\sin(\nu x) + \nu\exp(\mu x)\cos(\nu x).
\end{aligned}$$

Damit folgt

$$\frac{d}{dx}\exp(\lambda x) = \mu\exp(\mu x)(\cos(\nu x) + i\sin(\nu x)) + \nu\exp(\mu x)(i\cos(\nu x) - \sin(\nu x)).$$

Es gilt also

$$\frac{d}{dx}\exp(\lambda x) = (\mu + i\nu)\exp(\mu x)(\cos(\nu x) + i\sin(\nu x)) = \lambda\exp(\lambda x).$$

Das früher für den reellwertigen Fall erhaltene Ergebnis bleibt also formal unverändert gültig.

4.3 Lokale Extrema, Richtungsableitung, Mittelwertsatz

Die Ableitung einer differenzierbaren reellwertigen Funktion ermöglicht es, Informationen dazu zu erhalten, was man den Verlauf der Funktion nennen kann. Wir diskutieren dabei zunächst sogenannte *lokale Extrema*, und zwar in einem Kontext, der den Begriff der *Richtungsableitung* als natürlich erscheinen lässt.

Ist (M, d) ein beliebiger metrischer Raum und darauf eine Funktion $f : M \to \mathbb{R}$ gegeben, so spricht man davon, dass in einem Punkt $\xi \in M$ ein ***lokales Maximum*** von f vorliegt, wenn es ein $\delta > 0$ gibt, so dass

$$f(x) \leq f(\xi) \quad \text{für alle} \quad x \in M \quad \text{mit} \quad d(x, \xi) < \delta$$

gilt. Es ist klar, was entsprechend unter einem lokalen Minimum zu verstehen ist. Von einem lokalen Extremum in einem Punkt ξ sprechen wir nun, wenn im Punkt ξ ein lokales Maximum oder ein lokales Minimum vorliegt. Ist nun speziell M eine offene Teilmenge eines Banachraumes X, so kann man leicht mit Hilfe von Ableitungen ein notwendiges Kriterium dafür angeben, dass in einem Punkt $\xi \in M$ ein lokales Extremum vorliegt.

Dabei benützt man den Begriff der ***Richtungsableitung*** im Punkt ξ in Richtung eines Vektors $v \in X \setminus \{0\}$. Da $M \subset X$ offen sein soll, gibt es zu $\xi \in M$ und $v \in X \setminus \{0\}$ ein $\varepsilon > 0$, so dass $\xi + tv \in M$ ist für alle $t \in \mathbb{R}$ mit $|t| < \varepsilon$. Damit kann man aber eine Abbildung $g_v : (-\varepsilon, \varepsilon) \subset \mathbb{R} \to \mathbb{R}$ definieren durch

$$g_v(t) := f(\xi + tv) \quad \text{für} \quad |t| < \varepsilon.$$

Ist nun g_v im Punkt $t = 0$ differenzierbar, so nennt man die Ableitung $g_v'(0)$ die Richtungsableitung an der Stelle ξ in Richtung v. Wir notieren dafür $D_v f(\xi)$ und können offenbar schreiben

$$D_v f(\xi) = \lim_{t \to 0} \frac{1}{t}(f(\xi + tv) - f(\xi)).$$

Es ist zu beachten, dass man häufig Richtungsableitungen nur in Richtungen v mit $\|v\| = 1$ definiert. Dies ist auch tatsächlich in dem Sinn ausreichend, als stets aus der Existenz einer Richtungsableitung in einer Richtung $v \neq 0$ auch die Existenz der Richtungsableitung in jeder Richtung w mit $w = \lambda v$ mit $\lambda \in \mathbb{R} \setminus \{0\}$ folgt. Denn es gilt ja

$$\lim_{t\to 0} \frac{1}{t}(f(\xi + t\lambda v) - f(\xi)) = \lim_{\tau\to 0} \lambda \frac{1}{\tau}(f(\xi + \tau v) - f(\xi))$$

und damit $D_{\lambda v} f(\xi) = \lambda D_v f(\xi)$. Man kann übrigens leicht Beispiele dafür finden, dass die Existenz der Richtungsableitung nur in gewisse Richtungen, nicht aber für alle Richtungen v gegeben ist. Wir setzen im nächsten Satz nun aber die Existenz von $D_v f(\xi)$ in alle Richtungen $v \neq 0$ voraus.

Satz 4.5

Sei $M \subset X$ eine offene Teilmenge des Banachraumes X, sei $f : M \to \mathbb{R}$ und $\xi \in M$ so, dass für alle $v \in X \setminus \{0\}$ die Richtungsableitung $D_v f(\xi)$ existiert. Dann gilt: Liegt im Punkt ξ ein lokales Extremum vor, so muss $D_v f(\xi) = 0$ für alle $v \in X \setminus \{0\}$ gelten.

Beweis:
Wir können uns auf den Fall beschränken, dass im Punkt ξ ein lokales Maximum vorliegt. (Denn liegt ein lokales Minimum vor, so gehen wir einfach zur Funktion $g(x) := -f(x)$ über, bei der dann im Punkt ξ ein lokales Maximum vorliegt. Wissen wir dann, dass $D_v g(\xi) = 0$ sein muss, so gilt natürlich auch $D_v f(\xi) = 0$.)
Wir gehen also davon aus, dass es ein $\delta > 0$ gibt mit $U(\xi, \delta) \subset M$ und $f(x) \leq f(\xi)$ für alle $x \in X$ mit $\|x - \xi\| < \delta$. Sei $v \in X \setminus \{0\}$ beliebig gegeben. Wir betrachten dann die Funktion $h : (-\delta\|v\|^{-1}, \delta\|v\|^{-1}) \to \mathbb{R}$, die durch

$$h(t) := f(\xi + tv) \quad \text{für} \quad t \in (-\delta\|v\|^{-1}, \delta\|v\|^{-1})$$

definiert ist. Da $D_v f(\xi)$ existiert, existiert dann $h'(0)$. Ist nun $t_n := -\delta(2n\|v\|)^{-1}$ für $n \in \mathbb{N}$, so gilt ja $f(\xi + t_n v) \leq f(\xi)$ für alle n und somit

$$\frac{1}{t_n}(h(t_n) - h(0)) \geq 0 \quad \text{für alle} \quad n \in \mathbb{N},$$

woraus $h'(0) \geq 0$ folgt. Ist aber $\tau_n := \delta(2n\|v\|)^{-1}$ für $n \in \mathbb{N}$, so folgt entsprechend

$$\frac{1}{\tau_n}(h(\tau_n) - h(0)) \leq 0 \quad \text{für alle} \quad n \in \mathbb{N},$$

was $h'(0) \leq 0$ impliziert. Damit folgt insgesamt $h'(0) = 0$ und somit $D_v f(\xi) = 0$. □

Für die weiteren Überlegungen ist der folgende Spezialfall wichtig:

Korollar 4.1

Sei $I \subset \mathbb{R}$ ein offenes Intervall, sei $\xi \in I$ und $f : I \to \mathbb{R}$ im Punkt ξ differenzierbar. Dann gilt: Liegt im Punkt ξ ein lokales Extremum vor, so gilt $f'(\xi) = 0$.

Beweis:
Da $X = \mathbb{R}$ ein eindimensionaler Vektorraum ist, gibt es nur eine wesentliche Richtungsableitung, nämlich $\lim_{t\to 0} \frac{1}{t}(f(\xi + t) - f(\xi))$, und diese stimmt offenbar mit der Ableitung $f'(\xi)$ überein. Daraus folgt sofort die Behauptung. □

Es ist zu beachten, dass es zum Resultat von Korollar 4.1 keine Umkehrung gibt, d.h. es kann $f'(\xi) = 0$ sein, ohne dass im Punkt ξ ein lokales Extremum vorliegt. Ein einfaches Beispiel dafür ist die Funktion $f(x) := x^3$ für $x \in \mathbb{R}$, für die ja $f'(0) = 0$ gilt.

Für Funktionen $f : [a, b] \subset \mathbb{R} \to \mathbb{R}$ können wir nun schon eine recht allgemeine Form des sogenannten *Mittelwertsatzes der Differentialrechnung* gewinnen:

Satz 4.6

Seien $a, b \in \mathbb{R}$ mit $a < b$, seien $f : [a, b] \to \mathbb{R}$ und $g : [a, b] \to \mathbb{R}$ stetig und im offenen Intervall (a, b) differenzierbar. Dann gibt es ein $x \in (a, b)$ mit

$$(f(b) - f(a))g'(x) = (g(b) - g(a))f'(x). \tag{4.5}$$

Beweis:
Sei

$$h(t) := (f(b) - f(a))g(t) - (g(b) - g(a))f(t) \quad \text{für} \quad t \in [a, b].$$

Dann ist h stetig auf $[a, b]$ und differenzierbar in (a, b). Außerdem gilt

$$h(a) = f(b)g(a) - g(b)f(a), \quad h(b) = -f(a)g(b) + g(a)f(b),$$

somit $h(a) = h(b)$. Da offenbar

$$h'(t) = (f(b) - f(a))g'(t) - (g(b) - g(a))f'(t) \quad \text{für} \quad t \in (a, b)$$

gilt, folgt (4.5), wenn wir zeigen können, dass es ein $x \in (a, b)$ geben muss mit $h'(x) = 0$. Dafür sind nun verschiedene Fälle zu unterscheiden.
Ist h eine konstante Funktion, so ist nichts mehr zu zeigen, weil dann ja $h'(t) = 0$ für alle $t \in (a, b)$ gilt. Ist aber h nicht konstant, so muss es ein $\tau \in (a, b)$ geben mit $h(\tau) \neq h(a)$.
Sei zuerst angenommen, dass gilt:
(i) Es gibt ein $\tau \in (a, b)$ mit $h(\tau) > h(a)$. Da h auf dem Intervall $[a, b]$ stetig ist, gibt es bekanntlich ein $x \in [a, b]$ mit $h(x) = \max\{h(t) : t \in [a, b]\}$. Da aber $h(\tau) > h(a) = h(b)$ gilt, ist dabei nur möglich, dass $x \in (a, b)$ ist. Nach Korollar 4.1 muss damit aber $h'(x) = 0$ gelten.
Sei nun angenommen, dass gilt:
(ii) Es gibt ein $\tau \in (a, b)$ mit $h(\tau) < h(a)$. In diesem Fall kann man wie im ersten Fall argumentieren, indem man nun benützt, dass es ein $x \in [a, b]$ geben muss mit $h(x) = \min\{h(t) : t \in [a, b]\}$. □

Aus diesem Resultat kann man durch Spezialisierung zwei Aussagen gewinnen, die in der Literatur als ***Satz von Rolle*** und im engeren Sinn als ***Mittelwertsatz der Differentialrechnung*** bekannt sind:

Korollar 4.2

Seien $a, b \in \mathbb{R}$ mit $a < b$, sei $f : [a, b] \to \mathbb{R}$ stetig und im offenen Intervall (a, b) differenzierbar. Dann gilt:
(a) (Mittelwertsatz): Es gibt ein $x \in (a, b)$, so dass

$$f(b) - f(a) = (b - a)f'(x) \tag{4.6}$$

gilt.
(b) (Satz von Rolle): Ist $f(a) = f(b)$, so gibt es ein $x \in (a, b)$ mit $f'(x) = 0$.

Beweis:
Zu (a): Setzt man $g(x) := x$ für $x \in [a, b]$, so erfüllen die Funktionen f und g die Voraussetzungen von Satz 4.6 und (4.5) geht dabei unmittelbar in (4.6) über.
Zu (b): Gilt $f(a) = f(b)$, so folgt nach (a), dass es ein $x \in (a, b)$ geben muss mit $(b - a)f'(x) = 0$, woraus sofort $f'(x) = 0$ folgt. □

Aus (4.6) folgen rasch weitere wichtige Resultate:

Korollar 4.3

Seien $a, b \in \mathbb{R}$ mit $a < b$, sei $f : (a, b) \to \mathbb{R}$ differenzierbar. Dann gilt:
(a) Ist $f'(x) \geq 0$ für alle $x \in (a, b)$, so ist f monoton wachsend.
(b) Ist $f'(x) = 0$ für alle $x \in (a, b)$, so ist f konstant.
(c) Ist $f'(x) \leq 0$ für alle $x \in (a, b)$, so ist f monoton fallend.

Beweis:
Zu (a): Seien $x, \xi \in (a, b)$ mit $x < \xi$ beliebig gewählt. Dann ist f auf dem Intervall $[x, \xi]$ stetig und in (x, ξ) differenzierbar. Also gibt es entsprechend (4.6) ein $\tau \in (x, \xi)$ mit $f(\xi) - f(x) = (\xi - x)f'(\tau)$. Da nach Voraussetzung aber $f'(\tau) \geq 0$ sein muss, folgt $f(\xi) - f(x) \geq 0$. Damit ist f aber monoton wachsend.
Zu (b): Schließt man wie bei (a), so muss nun ja $f'(\tau) = 0$ sein, woraus $f(\xi) = f(x)$ folgt. Damit ist f konstant.
Zu (c): Man schließt wieder wie bei (a) unter Benützung von $f'(\tau) \leq 0$. □

Damit können wir nun die früher bereits erwähnte Tatsache beweisen, dass zur Tangens-Funktion eine Umkehrfunktion existiert:
Es war ja $\tan'(x) = (\cos(x))^{-2}$ für $x \in (-\pi/2, \pi/2)$. Folglich ist $\tan'(x) > 0$ für alle $x \in (-\pi/2, \pi/2)$. Dies bedeutet aber, dass die Tangens-Funktion eine streng monoton wachsende Funktion ist. Denn sind $x_1, x_2 \in (-\pi/2, \pi/2)$ mit $x_1 < x_2$, so gilt nach dem Mittelwertsatz $f(x_2) - f(x_1) = f'(\xi)(x_2 - x_1) > 0$. Damit ist die Tangens-Funktion injektiv.

Der Mittelwertsatz der Differentialrechnung kann nicht problemlos auf Abbildungen $f : [a, b] \to \mathbb{R}^n$ mit $n > 1$ übertragen werden. Schon für den Fall $n = 2$ lässt sich leicht ein Beispiel angeben, das zeigt, dass eine Aussage wie in (4.6) nicht mehr erwartet werden kann. Sei

$$f(x) := (\cos x, \sin x) \in \mathbb{R}^2 \quad \text{für} \quad x \in [0, 2\pi].$$

Man beachte, dass man dabei das Bild $f(x)$ eigentlich als Spaltenvektor schreiben müsste. Dementsprechend schreiben wir nun auch $f'(x)$ als Zeilenvektor, es gilt somit $f'(x) = (-\sin x, \cos x)$. Damit ist aber $f'(x) \neq (0,0)$ für alle $x \in (0, 2\pi)$. Andererseits gilt aber aufgrund der Periodizität der trigonometrischen Funktionen $f(0) = f(2\pi)$. Würde nun (4.6) gelten, so müsste es ein $x \in (0, 2\pi)$ geben mit $f'(x) = 0$, was ja nicht möglich ist.

Es gibt jedoch ein Resultat, das den Mittelwertsatz in gewissem Sinn ersetzt. Statt einer Gleichung tritt dabei eine Abschätzung auf.

Satz 4.7

Sei $I \subset \mathbb{R}$ ein offenes Intervall, seien $x, \xi \in I$ mit $x < \xi$ und sei $f : I \to \mathbb{R}^n$ differenzierbar. Dann gilt

$$\|f(x) - f(\xi)\| \leq (\sup_{t \in [x,\xi]} \|f'(t)\|)|x - \xi|. \tag{4.7}$$

Beweis:
Ist $f(x) = f(\xi)$, so ist (4.7) trivialerweise richtig. Es ist somit nur, wenn $f(\xi) \neq f(x)$ ist, etwas zu beweisen.
Sei also $\eta := f(\xi) - f(x) \neq 0$. Mit dem bereits in Abschnitt 2.3.1 betrachteten euklidischen Skalarprodukt auf dem $\mathbb{R}^n$ sei dann die Funktion $\varphi : [0,1] \to \mathbb{R}$ definiert durch

$$\varphi(t) := \langle \eta, f(x + t(\xi - x)) \rangle \quad \text{für} \quad t \in [0,1].$$

Da bei einer stetigen Funktion f auch alle Komponenten $f_j : I \to \mathbb{R}$, $(j = 1, \ldots, n)$, stetige Funktionen sind, ist auch φ stetig. Außerdem zeigt die Kettenregel, dass φ auf $(0,1)$ sogar differenzierbar ist. Entsprechend (4.6) gibt es also ein $\tau \in (0,1)$ mit

$$\varphi(1) - \varphi(0) = \varphi'(\tau).$$

Nach Definition von η gilt ja

$$\varphi(1) - \varphi(0) = \langle f(\xi) - f(x), f(\xi) - f(x) \rangle = \|f(\xi) - f(x)\|^2.$$

Wegen $\varphi(t) = \sum_{k=1}^n \eta_k f_k(x + t(\xi - x))$ gilt

$$\varphi'(\tau) = \sum_{k=1}^n \eta_k f_k'(x + \tau(\xi - x))(\xi - x).$$

Dies können wir aber wieder schreiben als

$$\varphi'(\tau) = \langle \eta, (\xi - x) f'(x + \tau(\xi - x)) \rangle.$$

Schätzen wir nun ab $\|(\xi - x) f'(x + \tau(\xi - x))\| \leq |\xi - x| \sup_{t \in [x,\xi]} \|f'(t)\|$, so folgt unter Verwendung der Cauchy-Schwarzschen Ungleichung

$$|\varphi'(\tau)| \leq \|\eta\| \, |\xi - x| \sup_{t \in [x,\xi]} \|f'(t)\|.$$

Insgesamt können wir daher notieren

$$|\varphi(1) - \varphi(0)| = \|\eta\|^2 \leq \|\eta\| \, |\xi - x| \sup_{t \in [x,\xi]} \|f'(t)\|,$$

woraus wegen $\|\eta\| \neq 0$ sofort die Ungleichung (4.7) folgt. □

Der Mittelwertsatz in der Form von Satz 4.6 ist geeignet, ein Verfahren zu gewinnen, das es erlaubt, die Frage der stetigen Fortsetzbarkeit bei Funktionen zu klären, bei denen auf den ersten Blick unklare Verhältnisse vorliegen. Es geht dabei um die Berechnung von Grenzwerten $\lim_{x \to x_0}(f(x)/g(x))$, wenn $f(x_0) = 0$ und $g(x_0) = 0$ ist. Sind f und g stetig, so würde man ja bei rein formalem Rechnen dann beim Bruch $0/0$ landen. Dieser ist aber zunächst als unbestimmt anzusehen, wie bereits das folgende einfache Beispiel zeigt:
Sei $a \in \mathbb{R}$ beliebig und $f(x) := ax$, $g(x) := x$ für $x \in \mathbb{R}$. Betrachtet man dann die durch $x_n := 1/n$ definierte Folge $(x_n)_{n \in \mathbb{N}}$, so gilt ja $\lim_{n \to \infty} f(x_n) = 0$ und $\lim_{n \to \infty} g(x_n) = 0$, aber $\lim_{n \to \infty}(f(x_n)/g(x_n)) = a$, so dass dem Bruch $0/0$ je nach f und g jede beliebige Zahl $a \in \mathbb{R}$ entsprechen kann.
Eine Möglichkeit, in solchen und ähnlich gelagerten Fällen doch den Wert so eines Grenzwertes zu finden, liefern nun die sogenannten ***Regeln von de l'Hospital***, die es in verschiedenen Varianten gibt.

4.4 Zu den Regeln von de l'Hospital

Bei der folgenden Variante der Regeln von de l'Hospital wird im Sinne der Diskussion von Abschnitt 3.5 als Grenzwert einer Funktion auch $+\infty$ und $-\infty$ zugelassen.

Satz 4.8

Seien $a, b \in \mathbb{R}$ mit $a < b$, seien $f, g : [a, b) \to \mathbb{R}$ differenzierbar und es gelte $g(x) \neq 0$ und $g'(x) \neq 0$ für alle $x \in [a, b)$ sowie $\lim_{x \to b} f(x) = 0$ und $\lim_{x \to b} g(x) = 0$.
Dann gilt: Existiert $\lim_{x \to b}(f'(x)/g'(x))$, wobei als Grenzwert auch ∞ oder $-\infty$ auftreten darf, so gilt

$$\lim_{x \to b} \frac{f(x)}{g(x)} = \lim_{x \to b} \frac{f'(x)}{g'(x)}.$$

Beweis:
Setzt man $f(b) := 0$ und $g(b) := 0$, so werden f und g zu stetigen Funktionen auf $[x, b]$, wenn $x \in [a, b)$ beliebig gewählt ist. Damit ist der Mittelwertsatz in seiner allgmeinen Form (Satz 4.6) einsetzbar und wir können für $x \in (a, b)$ notieren

$$\frac{f(x)}{g(x)} = \frac{f(b) - f(x)}{g(b) - g(x)} = \frac{f'(\xi)}{g'(\xi)},$$

wobei ξ ein Punkt aus (x, b) ist. Da mit $x \to b$ auch $\xi \to b$ gilt, ergibt sich daraus sofort die Behauptung. □

Es ist einfach, ein entsprechendes Resultat für rechtsseitige Grenzwerte zu gewinnen. Damit können auch beidseitige Grenzwerte nach dieser Regel berechnet werden.

Sei der Einsatz dieses Ergebnisses an einem einfachen Beispiel demonstriert:
Seien $n, m \in \mathbb{N}$, sei $b \in \mathbb{R} \setminus \{0\}$ und sei der Grenzwert

$$\lim_{x \to b} \frac{x^n - b^n}{x^m - b^m}$$

zu berechnen, wobei hier offenbar sogar ein beidseitiger Grenzwert betrachtet werden kann. Mit $g(x) = x^m - b^m$ gilt ja $g'(x) = mx^{m-1} \neq 0$ für $x \neq 0$ und somit gilt nach der Regel von de l'Hospital

$$\lim_{x \to b} \frac{x^n - b^n}{x^m - b^m} = \lim_{x \to b} \frac{nx^{n-1}}{mx^{m-1}} = \frac{n}{m} b^{n-m}.$$

Da ja, wenn für eine reelle Folge $(x_n)_{n \in \mathbb{N}}$ mit $x_n > 0$ für alle n gilt $x_n \to \infty$ für $n \to \infty$, die Folge $(1/x_n)_{n \in \mathbb{N}}$ eine Nullfolge ist, kann man mit Hilfe einer Substitution $y = 1/x$ auch Grenzwerte $\lim_{x \to \infty}(f(x)/g(x))$ unter geeigneten Voraussetzungen durch Zurückgreifen auf Satz 4.8 berechnen. Dies sei in der folgenden Regel von de l'Hospital festgehalten:

Korollar 4.4

Sei $b \in \mathbb{R}$, seien $f : (b, \infty) \to \mathbb{R}$ und $g : (b, \infty) \to \mathbb{R}$ differenzierbar und es gelte $g(x) \neq 0$ und $g'(x) \neq 0$ für $x > b$ sowie $\lim_{x \to \infty} f(x) = 0$ und $\lim_{x \to \infty} g(x) = 0$. Dann gilt:
Existiert $\lim_{x \to \infty}(f'(x)/g'(x))$, wobei als Grenzwert auch ∞ oder $-\infty$ auftreten darf, so gilt

$$\lim_{x \to \infty} \frac{f(x)}{g(x)} = \lim_{x \to \infty} \frac{f'(x)}{g'(x)}.$$

Beweis:
Unter Benützung der Funktionen f und g kann man Funktionen $\varphi : (0, \infty) \to \mathbb{R}$ und $\gamma : (0, \infty) \to \mathbb{R}$ definieren durch

$$\varphi(y) := f(b + \frac{1}{y}), \quad \gamma(y) := g(b + \frac{1}{y}).$$

Der Grenzwert $\lim_{y \to 0}(\varphi(y)/\gamma(y))$ wird genau dann existieren, wenn der Grenzwert $\lim_{x \to \infty}(f(x)/g(x))$ existiert, und im Fall der Existenz werden die Grenzwerte übereinstimmen. Für den Grenzwert $\lim_{y \to 0}(\varphi(y)/\gamma(y))$ ist aber Satz 4.8 einsetzbar. Denn auch φ und γ sind differenzierbar. Nach der Kettenregel gilt

$$\frac{d}{dy}\varphi(y) = -\frac{1}{y^2} f'(b + \frac{1}{y}), \quad \frac{d}{dy}\gamma(y) = -\frac{1}{y^2} g'(b + \frac{1}{y}) \quad \text{für} \quad y > b,$$

somit gilt auch $\gamma'(y) \neq 0$ für $y > b$. Existiert nun $\lim_{x \to \infty}(f'(x)/g'(x))$, so existiert auch $\lim_{y \to 0}(\varphi'(y)/\gamma'(y))$ und die zwei Grenzwerte stimmen überein. Nach Satz 4.8 existiert damit $\lim_{y \to 0}(\varphi(y)/\gamma(y))$ und es ergibt sich sofort die Behauptung. □

Eine weitere Variante der Regel von de l'Hospital betrifft Grenzwerte $\lim_{x\to b}(f(x)/g(x))$, bei denen $\lim_{x\to b} f(x) = \infty$ und $\lim_{x\to b} g(x) = \infty$ gilt. Auch solche Grenzwerte kann man durch Differenzieren von Zähler und Nenner berechnen, wenn dann der Grenzwert existiert.

Satz 4.9

Seien $a, b \in \mathbb{R}$ mit $a < b$, seien $f, g : [a, b) \to \mathbb{R}$ differenzierbar und es gelte $g(x) \neq 0$ und $g'(x) \neq 0$ für alle $x \in [a, b)$ sowie $\lim_{x\to b} f(x) = \infty$ und $\lim_{x\to b} g(x) = \infty$. Dann gilt: Existiert $\lim_{x\to b}(f'(x)/g'(x))$, so gilt

$$\lim_{x\to b} \frac{f(x)}{g(x)} = \lim_{x\to b} \frac{f'(x)}{g'(x)}.$$

Beweis:
Für beliebige $x, y \in (a, b)$ mit $x < y$ gilt nach Satz 4.6

$$\frac{f(y) - f(x)}{g(y) - g(x)} = \frac{f'(\xi)}{g'(\xi)}$$

mit einem $\xi \in (x, y)$. Wegen $f(y) \to \infty$ für $y \to b$ gibt es sicher ein $\eta \in (x, b)$ mit $|f(x)/f(y)| < 1$ für $y \in (\eta, b)$. Für solche y kann man damit aber notieren

$$\frac{f(y)}{g(y)} = \frac{1 - (g(x)/g(y))}{1 - (f(x)/f(y))} \cdot \frac{f'(\xi)}{g'(\xi)}.$$

Existiert nun $\lim_{t\to b}(f'(t)/g'(t)) =: \alpha \in \mathbb{R}$, so gibt es zu jedem $\varepsilon > 0$ ein $\delta > 0$, so dass $|f'(t)/g'(t) - \alpha| < \varepsilon/2$ gilt, wenn $b - t < \delta$ ist. Damit können wir aber, wenn nur x genügend nahe bei b fest gewählt ist, notieren

$$\begin{aligned} \left|\frac{f(y)}{g(y)} - \alpha\right| &\leq \left|\frac{f(y)}{g(y)} - \frac{f'(\xi)}{g'(\xi)}\right| + \left|\frac{f'(\xi)}{g'(\xi)} - \alpha\right| \\ &= \left|\frac{1 - (g(x)/g(y))}{1 - (f(x)/f(y))} - 1\right| \left|\frac{f'(\xi)}{g'(\xi)}\right| + \left|\frac{f'(\xi)}{g'(\xi)} - \alpha\right| < \varepsilon, \end{aligned}$$

wenn nun noch y nahe bei b liegt. Denn für festes x gilt wegen $g(y) \to \infty$ und $f(y) \to \infty$ ja $g(x)/g(y) \to 0$ und $f(x)/f(y) \to 0$ für $y \to b$. Damit gilt $\lim_{y\to b}(f(y)/g(y)) = \alpha$. □

Unter Benützung dieser verschiedenen Varianten der Regeln von de l'Hospital kann man durch geschickte Vorgangsweise auch noch Grenzwerte berechnen, bei denen zunächst die Schwierigkeiten von anderer Natur sind. Es sei dies an Hand von zwei Beispielen demonstriert:
(a) Gesucht sei das Verhalten von $x \log x$ für $x \to 0$, (natürlich von rechts). Formal führt dies zunächst auf das Ergebnis $0 \cdot (-\infty)$. Schreibt man aber $x \log x = (\log x)/(1/x)$, so liegt offenbar so ein Problem mit unbestimmtem Bruch $\frac{-\infty}{\infty}$ vor und unter Verwendung von de l'Hospital können wir rechnen

$$\lim_{x\to 0} x \log x = \lim_{x\to 0} \frac{\log x}{1/x} = \lim_{x\to 0} \frac{1/x}{-1/x^2} = \lim_{x\to 0}(-x) = 0,$$

(wobei natürlich die Rechnung eigentlich erst gerechtfertigt ist, wenn man weiß, dass der letzte Grenzwert existiert).
(b) Für $x > 0$ ist $f(x) := x^x$ bekanntlich sinnvoll definiert. Wie sieht es mit dem Verhalten von f für $x \to 0$ aus? Diese Frage ist unter Benützung von (a) leicht zu beantworten, denn es ist ja $x^x = \exp(x \log x)$ und damit können wir aufgrund der Stetigkeit der Exponentialfunktion schreiben

$$\lim_{x\to 0} x^x = \lim_{x\to 0} \exp(x \log x) = \exp(\lim_{x\to 0} x \log x) = e^0 = 1.$$

Es kann auch vorkommen, dass man bei der Bildung von $\lim_{x\to b}(f'(x)/g'(x))$ ebenfalls einen Grenzwert vorliegen hat, dessen Existenz man erst mit Hilfe der Regeln von de l'Hospital erkennen kann. Das bedeutet, dass es erforderlich sein kann, mehrfach hintereinander diese Regeln einzusetzen, um erschließen zu können, dass $\lim_{x\to b}(f(x)/g(x))$ existiert. So eine Situation liegt z.B. vor, wenn man das Verhalten der Funktion

$$h(x) := \frac{1}{\sin(x)} - \frac{1}{x}, \quad x \in (0, \pi)$$

für $x \to 0$ kennen möchte. Schreibt man hier zunächst

$$h(x) = \frac{x - \sin(x)}{x \sin(x)},$$

so liegt offenbar eine Grenzwertbildung vor, für die die Regeln von de l'Hospital sich anbieten. Mit $f(x) := x - \sin(x)$ und $g(x) := x \sin(x)$ gilt ja

$$\frac{f'(x)}{g'(x)} = \frac{1 - \cos(x)}{\sin(x) + x\cos(x)},$$

womit man tatsächlich für $x \to 0$ wieder so eine unbestimmte Situation $0/0$ vorliegen hat. Verwendet man nun aber hier erneut die Regel von de l'Hospital, so erhält man den Grenzwert

$$\lim_{x\to 0} \frac{\sin(x)}{2\cos(x) - x\sin(x)} = 0.$$

Damit existiert aber auch der Grenzwert $\lim_{x\to 0} h(x)$ und es gilt

$$\lim_{x\to 0} \left(\frac{1}{\sin(x)} - \frac{1}{x} \right) = 0.$$

Man beachte, dass wir hier nun zum ersten Mal auch die Funktionen f' und g' erneut differenziert haben, wir also *Ableitungen zweiter Ordnung* von f und g gebildet haben. Mit der Frage der mehrfachen Differenzierbarkeit von Funktionen werden wir uns in einem späteren Abschnitt noch ausführlich beschäftigen.

In Abschnitt 4.2 wurde kurz auf die Differenzierbarkeit von komplexwertigen Funktionen eingegangen. Bei den behandelten Varianten der Regeln von de l'Hospital wurden aber immer nur reellwertige Funktionen betrachtet. Tatsächlich greifen die Regeln nicht in dieser Form, wenn man komplexwertige Funktionen f und g vorliegen hat. Dies zeigt

das folgende Beispiel:
Sei $f(x) := x$, $g(x) := x\exp(-i/x)$ für $x \in (0,\infty)$. Offenbar gilt $\lim_{x\to 0} f(x) = 0$, es gilt aber auch $\lim_{x\to 0} g(x) = 0$, denn es gilt ja $x\exp(-i/x) = x\cos(1/x) + ix\sin(1/x)$ und, wie die Diskussion im letzten Teil von Abschnitt 3.4 gezeigt hat, $x\cos(1/x) \to 0$ und $x\sin(1/x) \to 0$ für $x \to 0$. Da nun $f(x)/g(x) = \exp(i/x) = \cos(1/x) + i\sin(1/x)$ für $x > 0$ gilt, existiert der Grenzwert $\lim_{x\to 0}(f(x)/g(x))$ nicht. Es gilt jedoch wegen $f'(x) = 1$ und $g'(x) = (1 + (i/x))\exp(-i/x)$

$$\lim_{x\to 0} \frac{f'(x)}{g'(x)} = \lim_{x\to 0} \frac{x}{x+i} e^{i/x} = 0.$$

Es wäre also in diesem Fall falsch, aus der Existenz des Grenzwerts $\lim_{x\to 0} \frac{f'(x)}{g'(x)}$ auf die Existenz des Grenzwerts $\lim_{x\to 0} \frac{f(x)}{g(x)}$ zu schließen.

Bevor wir uns später erneut mit Aspekten der Differenzierbarkeit befassen, ist es zweckmäßig, zuerst die Integration von Funktionen zu diskutieren, denn es wird sich zeigen, dass es eine wichtige Verbindung zwischen diesen beiden Dingen gibt, obwohl die Fragestellungen, von denen man zunächst ausgeht, völlig unterschiedlich sind.

Aufgaben

1. Man berechne die folgenden Grenzwerte:
   (1) $\lim_{x\to 0} x \sin \frac{1}{x}$, (2) $\lim_{x\to\infty} x \sin \frac{1}{x}$, (3) $\lim_{x\to\infty} \frac{x}{2x+\sin x}$,
   (4) $\lim_{x\to 0} \frac{1}{x^2}(\exp(x^2) - 1)$, (5) $\lim_{x\to\infty} \frac{1}{\exp(x-1)}(e^x - 1)$.

2. Seien $a, b \in \mathbb{R}$ mit $a < b$, sei die Abbildung $f : (a,b) \to \mathbb{R}^m$ im Punkt $\xi \in (a,b)$ differenzierbar. Man zeige, dass es ein Intervall $(\xi - \delta, \xi + \delta) \subset (a,b)$ und ein $c \geq 0$ gibt mit
$$\|f(x) - f(\xi)\| \leq c|x - \xi| \quad \text{für alle} \quad x \in (\xi - \delta, \xi + \delta).$$

3. Seien $a, b \in \mathbb{R}$ mit $a < b$ und sei $f : [a,b] \to \mathbb{R}$ differenzierbar. Man zeige:
   (a) Hat f ein lokales Minimum im Punkt a, so ist $f'(a) \geq 0$.
   Hat f ein lokales Minimum im Punkt b, so ist $f'(b) \leq 0$.
   (b) Ist $f'(a) < f'(b)$, so gibt es zu jedem $c \in (f'(a), f'(b))$ ein $t \in (a,b)$ mit $f'(t) = c$.

4. Seien die Funktionen $f : (-1,1) \to \mathbb{R}$ und $g : (-1,1) \to \mathbb{R}$ differenzierbar und es gelte $f(x) \cdot g(x) = x$ für alle $x \in (-1,0) \cup (0,1)$. Man zeige: Ist $f(0) = 0$, so folgt $g(0) \neq 0$.

5. Man zeige: Sind die Funktionen $f_k : \mathbb{R} \to \mathbb{R}$, $(k = 1, \ldots, n)$, differenzierbar und ist $\xi \in \mathbb{R}$ mit $(f_1 \cdot \ldots \cdot f_n)(\xi) \neq 0$, so gilt
$$\frac{(f_1 \cdot \ldots \cdot f_n)'(\xi)}{(f_1 \cdot \ldots \cdot f_n)(\xi)} = \sum_{k=1}^{n} \frac{f_k'(\xi)}{f_k(\xi)}.$$

6. Sei $m \in \mathbb{N}$ und f eine Abbildung $f : (-1, 1) \to \mathbb{R}^m$. Man zeige:

   (a) Gibt es ein $K > 0$ und ein $\alpha > 1$, so dass $\|f(t)\| \leq K|t|^\alpha$ für $t \in (-1, 1)$ gilt, so ist f im Punkt $t = 0$ differenzierbar.
   (b) Gilt $f(0) = 0$ und gibt es ein $K > 0$ und ein $\alpha \in (0, 1)$ mit $\|f(t)\| \geq K|t|^\alpha$ für $t \in (-1, 1)$, so ist f im Punkt $t = 0$ nicht differenzierbar.

7. Seien $a, b \in \mathbb{R}$ mit $a < b$, sei $\xi \in (a, b)$ und sei $f : (a, b) \to \mathbb{R}$ im Punkt ξ differenzierbar. Man zeige, dass dann gilt

$$f'(\xi) = \lim_{h \to 0} \frac{1}{2h}(f(\xi + h) - f(\xi - h)).$$

   Folgt umgekehrt aus der Existenz des Grenzwerts $\lim_{h \to 0} \frac{1}{2h}(f(\xi + h) - f(\xi - h))$ die Differenzierbarkeit von f im Punkt ξ ?

8. Sei die Funktion $g : [-1, 1] \to \mathbb{R}$ beschränkt, d.h. es gelte $|g(x)| \leq K$ für alle $x \in [-1, 1]$. Man zeige: Ist $f : [-1, 1] \to \mathbb{R}$ definiert durch $f(x) := x^2 g(x)$ für $x \in [-1, 1]$, so existiert $f'(0)$. Man gebe $f'(0)$ an.

9. Seien $a, b \in \mathbb{R}$ mit $a < b$ und seien $f : (a, b) \to \mathbb{R}$ und $g : (a, b) \to \mathbb{R}$ differenzierbar, sei $h(x) := \max\{f(x), g(x)\}$ für $x \in (a, b)$. Man zeige:

   (a) Ist $f(\xi) \neq g(\xi)$, so ist die Funktion h im Punkt ξ differenzierbar.
   (b) Ist $f(\xi) = g(\xi)$, so ist die Funktion h genau dann im Punkt ξ differenzierbar, wenn $f'(\xi) = g'(\xi)$ gilt.

10. Man zeige unter Verwendung des Mittelwertsatzes:

    (a) Für alle $\alpha > 0$ und alle $x \geq 1$ gilt $\log x \leq \frac{1}{\alpha}(x^\alpha - 1)$.

    (b) Für alle $x \geq 0$ gilt $\sqrt{1 + x} \leq 1 + \frac{x}{2}$.

11. Es sei $f : \mathbb{R} \to \mathbb{R}$ differenzierbar und es gelte $f'(x) = f(x)$ für alle $x \in \mathbb{R}$ und $f(0) = 1$. Man zeige, dass dann $f(x) = \exp(x)$ für alle $x \in \mathbb{R}$ gelten muss.

12. Für $x > 1$ sei $f(x) := x + \sin(x)\cos(x)$ und $g(x) := f(x)\exp(\sin(x))$. Man kläre, ob die Grenzwerte $\lim_{x \to \infty}(f(x)/g(x))$ und $\lim_{x \to \infty}(f'(x)/g'(x))$ existieren.

13. Sei $a \in (0, 1]$ und $b \in \mathbb{R}$, sei $p(x) := ax^3 - 3ax + b$ für $x \in [-a, a]$. Man zeige, dass es höchstens ein $\xi \in [-a, a]$ geben kann mit $p(\xi) = 0$.

14. Seien $a, b \in \mathbb{R}$ mit $a < b$, sei $f : [a, b] \to \mathbb{R}$ stetig und in (a, b) differenzierbar. Man zeige: Gilt $f'(x_1) \leq f'(x_2)$ für alle $x_1, x_2 \in (a, b)$ mit $x_1 < x_2$, so gilt $f((1 - \lambda)x + \lambda y) \leq (1 - \lambda)f(x) + \lambda f(y)$ für alle $x, y \in [a, b]$ und $\lambda \in (0, 1)$. (Eine Funktion mit dieser Eigenschaft nennt man *konvex*.)

15. Seien $a, b \in \mathbb{R}$ mit $a < b$, sei $f : [a, b) \to \mathbb{R}$ stetig und in (a, b) differenzierbar. Man zeige: Existiert $\lim_{x \to a+0} f'(x) =: \alpha$, so existiert auch $\lim_{x \to a+0} \frac{1}{x-a}(f(x) - f(a))$ und es gilt $\lim_{x \to a+0} \frac{1}{x-a}(f(x) - f(a)) = \alpha$. ($f$ ist also an der Stelle $x = a$ rechtsseitig differenzierbar.)

5 Integration I

Integration ist eng verknüpft mit den Bemühungen, Flächen, Volumina oder Längen zu messen. Diese Aufgabe ist nun, wenn man sie genügend allgemein behandeln möchte, ganz und gar nicht trivial, und wir werden mit einem recht einfachen Zugang beginnen, der mit dem Namen Riemann verbunden ist. Es muss allerdings gleich betont werden, dass das Riemann-Integral für viele Dinge nicht ausreichend ist, es ist daher für einen vertieften Ausbau der Analysis wesentlich, das allgemeinere Lebesgue-Integral zu benützen.

5.1 Das Riemann-Integral

Die Idee, die zum Riemann-Integral führt, ist bei der folgenden einfachen Situation leicht zu erläutern:
Sei $[a, b] \subset \mathbb{R}$ ein beschränktes abgeschlossenes Intervall und sei $f : [a, b] \to \mathbb{R}$ gegeben, so dass $f(t) \geq 0$ für $t \in [a, b]$ gilt. Ist dann f nicht identisch Null und etwa sogar stetig, so wird sich anschaulich im $\mathbb{R}^2$ zwischen dem Graphen von f und der $x-$Achse ein Bereich befinden, dessen Fläche natürlich durch f bestimmt ist, also ausgehend von f zu berechnen sein sollte. Eine Näherung kann man wohl finden, indem man die Fläche in parallel zur $y-$Achse liegende Streifen zerlegt, und man dann jeden dieser Streifen ersetzt durch ein Rechteck ähnlicher Fläche, wobei aber offenbar nicht eindeutig festgelegt ist, welchen Funktionswert von f man dabei als Höhe des Rechtecks zu nehmen hat. Man wird also von einer Zerlegung

$$a = t_0 < t_1 < \ldots < t_{n-1} < t_n = b$$

des Intervalls $[a, b]$ ausgehen und einen Näherungswert Φ_n für die gesuchte Fläche notieren als

$$\Phi_n = \sum_{k=1}^{n} f(\tau_k)(t_k - t_{k-1}), \tag{5.1}$$

wobei $\tau_k \in [t_{k-1}, t_k]$ noch geeignet gewählt werden können. Es bietet sich dabei natürlich an, die t_k äquidistant zu wählen, d.h. $t_k = a + (k/n)(b - a)$, aber es wird sich zeigen, dass dies nicht wesentlich ist. Man wird nun hoffen, dass man immer bessere Näherungswerte für die gesuchte Fläche bekommt, wenn man die maximale Breite der Streifen immer kleiner wählt.

Diese Idee werden wir nun benützen, um das Riemann-Integral allgemeiner sogar für geeignete Funktionen $f : [a, b] \to X$ einzuführen, wobei X ein beliebiger vollständiger normierter Raum ist. Dabei verlangen wir zunächst von f nur sehr wenig, nämlich, dass

f beschränkt ist in dem Sinn, dass es ein $M > 0$ gibt mit $\|f(t)\| \leq M$ für alle $t \in [a, b]$. (Dabei ist $\| \ \|$ die Norm auf X.) Ausgehend von einer Zerlegung $Z := \{t_0, \dots, t_n\}$ mit $a = t_0 < t_1 < \dots < t_{n-1} < t_n = b$ des Intervalls $[a, b]$ bilden wir dann wie oben die ***Riemannsche Summe***

$$S(Z, f, \tau) := \sum_{k=1}^{n} (t_k - t_{k-1}) f(\tau_k), \tag{5.2}$$

wobei jeweils $\tau_k \in [t_{k-1}, t_k]$ sei und $\tau = \{\tau_1, \dots, \tau_n\}$ ist. (Man beachte, dass wir nun im Unterschied zu (5.1) $(t_k - t_{k-1}) f(\tau_k)$ notieren, weil ja der Vektor $f(\tau_k) \in X$ mit dem Skalar $(t_k - t_{k-1})$ multipliziert wird.) Der Wert so einer Riemannschen Summe hängt offenbar i.a. sowohl von der gerade gewählten Zerlegung des Intervalls, (die gewählten Punkte t_k müssen wie oben bemerkt nicht einmal äquidistant liegen), als auch von den gewählten τ_k ab. Daher wurde auch die Notation $S(Z, f, \tau)$ gewählt. Da wir ausgehend von diesen Riemannschen Summen durch immer 'feinere' Zerlegungen, (also durch wachsende Zahl der Punkte), zum Integral kommen wollen, ist es unser Ziel, genau ein $x \in X$ zu finden, das durch solche Riemannschen Summen beliebig genau approximiert werden kann. Dies erfordert einige Vorarbeit.

Ein Maß dafür, wie 'fein' eine Zerlegung $Z := \{t_0, t_1, \dots, t_n\} \subset [a, b]$ des Intervalls $[a, b]$ ist, ist offenbar die Zahl

$$\Delta(Z) := \max\{t_k - t_{k-1} : k = 1, \dots, n\}.$$

Wir bezeichnen nun eine Zerlegung Z' als Verfeinerung der Zerlegung Z, wenn $Z \subset Z'$ ist, (wenn also im Fall $Z \neq Z'$ zu den Teilungspunkten von Z weitere Teilungspunkte hinzugekommen sind); offenbar gilt dann $\Delta(Z') \leq \Delta(Z)$.
Da wir bei der Bildung der Riemannschen Summe noch gewisse Freiheiten bei der Wahl der τ_k haben, ordnen wir einer Zerlegung Z noch die Größe

$$\sigma(Z, f) := \sum_{k=1}^{n} (t_k - t_{k-1}) \sup\{\|f(t) - f(\tau)\| : t, \tau \in [t_{k-1}, t_k]\}$$

zu, die offenbar ein Maß dafür ist, wie stark sich verschiedene Wahlen der τ_k bei der Bildung der Riemannschen Summe auswirken können. (Man beachte, dass $\sigma(Z, f)$ immer endlich ist, weil ja $\|f(t) - f(\tau)\| \leq 2M$ für alle t und τ gilt.) Je kleiner $\sigma(Z, f)$ ist, desto besser wird wohl die gewählte Zerlegung Z für unsere Aufgabe geeignet sein. Dass zunehmende Verfeinerung zum Ziel führen kann, zeigt nun das folgende Lemma.

Lemma 5.1

Ist $Z \subset Z'$, so gilt $\sigma(Z', f) \leq \sigma(Z, f)$.

Beweis:
Sei $Z = \{t_0, t_1, \dots, t_n\}$ und $Z' = \{t'_0, t'_1, \dots, t'_m\}$, (wobei wir $n < m$ annehmen dürfen). Ist dann $I_k := [t_{k-1}, t_k]$ für $k = 1, \dots, n$ und $I'_j := [t'_{j-1}, t'_j]$ für $j = 1, \dots, m$, so gibt es

zu jedem Intervall I'_j genau ein Intervall I_k mit $I'_j \subset I_k$. Definiert man also die Zahlen $\varepsilon_{j,k}$ für $j = 1, \dots, m$ und $k = 1, \dots, n$ durch

$$\varepsilon_{j,k} := 1 \quad \text{falls} \quad I'_j \subset I_k, \qquad \text{und sonst} \quad \varepsilon_{j,k} := 0,$$

so gilt sicher $\sum_{k=1}^{n} \varepsilon_{j,k} = 1$ für jedes $j \in \{1, \dots, m\}$. Auch gilt für jedes $k \in \{1, \dots, n\}$

$$\sum_{j=1}^{m} \varepsilon_{j,k}(t'_j - t'_{j-1}) = t_k - t_{k-1}.$$

Setzt man nun noch zur Abkürzung

$$\delta(f, I_k) := \sup\{\|f(t) - f(\tau)\| : t, \tau \in [t_{k-1}, t_k]\},$$

so folgt aus $I'_j \subset I_k$ natürlich $\delta(f, I'_j) \le \delta(f, I_k)$ und wir können notieren

$$\begin{aligned}
\sum_{j=1}^{m}(t'_j - t'_{j-1})\delta(f, I'_j) &= \sum_{j=1}^{m}\left(\sum_{k=1}^{n} \varepsilon_{j,k}\right)(t'_j - t'_{j-1})\delta(f, I'_j) \\
&\le \sum_{j=1}^{m}\sum_{k=1}^{n} \varepsilon_{j,k}(t'_j - t'_{j-1})\delta(f, I_k) \\
&= \sum_{k=1}^{n}\left(\sum_{j=1}^{m} \varepsilon_{j,k}(t'_j - t'_{j-1})\right)\delta(f, I_k) \\
&= \sum_{k=1}^{n}(t_k - t_{k-1})\delta(f, I_k).
\end{aligned}$$

Das bedeutet aber $\sigma(Z', f) \le \sigma(Z, f)$. □

Es kann nun durchaus sein, dass trotz zunehmender Verfeinerung der Zerlegungen $\sigma(Z, f)$ nicht abnimmt. Ein Beispiel dafür ist die durch

$$g(t) := 1 \quad \text{für} \quad t \in \mathbb{Q} \cap [0,1], \qquad g(t) = 0 \quad \text{für} \quad t \in (\mathbb{R} \setminus \mathbb{Q}) \cap [0,1]$$

definierte Funktion $g : [0,1] \to \mathbb{R}$. Denn wie klein auch immer ein Intervall $I \subset [0,1]$ ist, es gilt immer $\delta(g, I) = 1$, und somit gilt für alle Zerlegungen Z des Intervalls $[0,1]$ offenbar $\sigma(Z, g) = 1$.
Im Gegensatz dazu gilt aber für stetige Funktionen:

Lemma 5.2

Ist $f : [a,b] \to X$ stetig, so gibt es zu jedem $\varepsilon > 0$ eine Zerlegung Z von $[a,b]$ mit $\sigma(Z, f) \le \varepsilon$.

Beweis:
Sei $\varepsilon > 0$ gegeben. Wir nützen jetzt aus, dass f sogar gleichmäßig stetig ist. (Es ist

ja $[a,b] \subset \mathbb{R}$ folgenkompakt und wir haben seinerzeit, (Satz 3.7), sogar Abbildungen in einen metrischen Raum betrachtet.)
Es gibt damit ein $\eta > 0$, so dass $\|f(t) - f(\tau)\| < \varepsilon(b-a)^{-1}$ für alle $t, \tau \in [a,b]$ mit $|t-\tau| < \eta$ gilt. Ist nun Z eine Zerlegung von $[a,b]$ mit $\Delta(Z) < \eta$, so folgt, dass für jedes zu dieser Zerlegung gehörende Intervall I_k gilt $\delta(f, I_k) \leq \varepsilon(b-a)^{-1}$. Damit kann man abschätzen

$$\sum_k (t_k - t_{k-1})\delta(f, I_k) \leq \frac{\varepsilon}{b-a} \sum_k (t_k - t_{k-1}) = \varepsilon.$$

Somit gilt $\sigma(Z, f) \leq \varepsilon$. □

Dass dieses Resultat für den Zugang zum Integral über die Riemannschen Summen wichtig ist, zeigt das nächste Lemma, bei dem wir wieder nur die Beschränktheit von $\|f\|$ voraussetzen.

Lemma 5.3

Sind Z und Z' Zerlegungen von $[a,b]$ mit $Z \subset Z'$ und sind $S(Z, f, \tau)$ bzw. $S(Z', f, \tau')$ Riemannsche Summen, die zu Z bzw. Z' gehören, so gilt

$$\|S(Z, f, \tau) - S(Z', f, \tau')\| \leq \sigma(Z, f).$$

Beweis:
Wir verwenden die gleichen Bezeichnungen wie beim Beweis von Lemma 5.1. Damit gilt

$$\begin{aligned} S(Z, f, \tau) - S(Z', f, \tau') &= \sum_{k=1}^{n} (t_k - t_{k-1}) f(\tau_k) - \sum_{j=1}^{m} (t'_j - t'_{j-1}) f(\tau'_j) \\ &= \sum_{k=1}^{n} \left(\sum_{j=1}^{m} \varepsilon_{j,k} (t'_j - t'_{j-1}) \right) f(\tau_k) - \sum_{j=1}^{m} \left(\sum_{k=1}^{n} \varepsilon_{j,k} \right) (t'_j - t'_{j-1}) f(\tau'_j) \\ &= \sum_{k=1}^{n} \sum_{j=1}^{m} \varepsilon_{j,k} (t'_j - t'_{j-1}) (f(\tau_k) - f(\tau'_j)). \end{aligned}$$

Wegen der Definition der $\varepsilon_{j,k}$ gilt die Abschätzung

$$\begin{aligned} \sum_{k=1}^{n} \sum_{j=1}^{m} \varepsilon_{j,k} (t'_j - t'_{j-1}) \|f(\tau_k) - f(\tau'_j)\| &\leq \sum_{k=1}^{n} \left(\sum_{j=1}^{m} \varepsilon_{j,k} (t'_j - t'_{j-1}) \right) \delta(f, I_k) \\ &= \sum_{k=1}^{n} (t_k - t_{k-1}) \delta(f, I_k), \end{aligned}$$

woraus sofort die Behauptung folgt. □

Daraus ergibt sich nun der folgende, für die Definition des Riemann-Integrals grundlegende Satz, (bei dem wesentlich eingehen wird, dass der normierte Raum X vollständig ist).

Satz 5.1

Sei X ein Banachraum und $f : [a,b] \to X$ mit $\|f(t)\| \leq M$ für alle $t \in [a,b]$. Dann gilt: Gibt es zu jedem $\varepsilon > 0$ eine Zerlegung Z von $[a,b]$, so dass $\sigma(Z,f) \leq \varepsilon$ gilt, so gibt es genau ein $S \in X$, so dass für alle Zerlegungen Z von $[a,b]$ und jede zu Z gehörende Riemannsche Summe $S(Z,f,\tau)$ gilt $\|S(Z,f,\tau) - S\| \leq \sigma(Z,f)$.

Beweis:
Wir zeigen zuerst, dass es höchstens ein $S \in X$ mit der geforderten Eigenschaft geben kann.
Sei also $S \in X$ und $S' \in X$ mit $\|S(Z,f,\tau) - S\| \leq \sigma(Z,f)$ und $\|S(Z,f,\tau) - S'\| \leq \sigma(Z,f)$ für alle Zerlegungen Z und alle Riemann-Summen $S(Z,f,\tau)$ dazu. Dann kann man ja unter Benützung der Dreiecksungleichung abschätzen

$$\|S - S'\| \leq \|S - S(Z,f,\tau)\| + \|S(Z,f,\tau) - S'\| \leq 2\sigma(Z,f).$$

Nach Voraussetzung gibt es aber zu jedem $\varepsilon > 0$ eine Zerlegung Z mit $2\sigma(Z,f) \leq \varepsilon$. Damit gilt $\|S - S'\| \leq \varepsilon$ für alle $\varepsilon > 0$. Daraus folgt $\|S - S'\| = 0$ und somit $S = S'$.
Nun zur Existenz so eines $S \in X$: Nach Voraussetzung gibt es eine Folge $(Z_n)_{n\in\mathbb{N}}$ von Zerlegungen von $[a,b]$ mit $\sigma(Z_n,f) < 1/n$ für alle $n \in \mathbb{N}$. Sei nun jeweils zu Z_n eine Riemannsche Summe $R_n(f) := S(Z_n,f,\tau^{(n)})$ gegeben, (etwa $\sum_k (t_k - t_{k-1}) f(t_{k-1})$). Zu zwei solchen Zerlegungen Z_n und Z_m sei noch die Zerlegung $Z_{n,m} := Z_n \cup Z_m$ betrachtet und dazu sei $R_{n,m}(f)$ auch jeweils eine Riemannsche Summe. Nach Lemma 5.3 gilt dann

$$\begin{aligned}\|R_n(f) - R_m(f)\| &\leq \|R_n(f) - R_{n,m}(f)\| + \|R_{n,m}(f) - R_m(f)\| \\ &\leq \sigma(Z_n,f) + \sigma(Z_m,f) < \frac{1}{n} + \frac{1}{m}.\end{aligned}$$

Ist $\varepsilon > 0$ gegeben, so gilt also $\|R_n(f) - R_m(f)\| < \varepsilon$, wenn $n > (2/\varepsilon)$ und $m > (2/\varepsilon)$ ist. Dies zeigt, dass die Folge $(R_n(f))_{n\in\mathbb{N}}$ ein Cauchy-Folge in X ist. Da X vollständig ist, gibt es also ein $S \in X$ mit $\|R_n(f) - S\| \to 0$ für $n \to \infty$.
Im letzten Schritt müssen wir nun noch zeigen, dass für jede Zerlegung Z und jede zugehörige Riemannsche Summe $S(Z,f,\tau) =: R(f)$ gilt $\|R(f) - S\| \leq \sigma(Z,f)$. Dazu gehen wir davon aus, dass für jedes $n \in \mathbb{N}$ gilt

$$\|R(f) - R_n(f)\| \leq \sigma(Z,f) + \sigma(Z_n,f).$$

Dies sieht man genauso wie oben für $\|R_n(f) - R_m(f)\|$, indem man noch die Zerlegung $Z \cup Z_n$ verwendet. Wegen $\sigma(Z_n,f) \to 0$ und $\|R_n(f) - S\| \to 0$ für $n \to \infty$ folgt damit, dass es zu jedem $\eta > 0$ ein $n_0 \in \mathbb{N}$ gibt mit

$$\|R(f) - S\| \leq \|R(f) - R_n(f)\| + \|R_n(f) - S\| \leq \sigma(Z,f) + \eta \quad \text{für} \quad n \geq n_0.$$

Da hier η beliebig ist, gilt also tatsächlich $\|R(f) - S\| \leq \sigma(Z,f)$. □

Für Funktionen, für die die Voraussetzungen von Satz 5.1 zutreffen, können wir damit bereits das ***Riemann-Integral*** $\int_a^b f(t)dt$ definieren als dieses eindeutig bestimmte Element $S \in X$. Dementsprechend werden wir eine beschränkte Funktion $f : [a,b] \to X$ als

Riemann-integrierbar über $[a,b]$ bezeichnen, wenn es zu jedem $\varepsilon > 0$ eine Zerlegung Z von $[a,b]$ gibt mit $\sigma(Z,f) \leq \varepsilon$.
Nach Lemma 5.2 ist damit jede stetige Funktion $f : [a,b] \to X$ Riemann-integrierbar! Denn ist f stetig, so ist auch die Funktion $g : t \in [a,b] \mapsto \|f(t)\| \in \mathbb{R}$ stetig, (die umgekehrte Dreiecksungleichung zeigt nämlich, dass die Abbildung $x \in X \mapsto \|x\| \in \mathbb{R}$ stetig ist), damit ist aber g beschränkt und somit gibt es ein $M > 0$ mit $\|f(t)\| \leq M$ für alle $t \in [a,b]$.

Für den Fall $X = \mathbb{R}$ läßt sich leicht eine etwas andere Charakterisierung der Riemann-Integrierbarkeit einer beschränkten Funktion angeben, die häufig als Zugang zum Riemann-Integral für reellwertige Funktionen verwendet wird. Es gilt nämlich im Fall einer beschränkten Funktion $f : [a,b] \to \mathbb{R}$ für jedes beliebige Teilintervall $[\alpha,\beta] \subset [a,b]$

$$\sup\{|f(t) - f(\tau)| : t,\tau \in [\alpha,\beta]\} = \sup_{t\in[\alpha,\beta]} f(t) - \inf_{t\in[\alpha,\beta]} f(t).$$

Sind nämlich $t,\tau \in [\alpha,\beta]$ beliebig gewählt, so ist $f(t) \leq \sup_{t\in[\alpha,\beta]} f(t) =: M$ und $f(\tau) \geq \inf_{t\in[\alpha,\beta]} f(t) =: m$. Damit ist $f(t) - f(\tau) \leq M - m$. Da man bei dieser Abschätzung natürlich die Rollen von $f(t)$ und $f(\tau)$ vertauschen kann, gilt auch $-(f(t) - f(\tau)) \leq M - m$ und somit $|f(t) - f(\tau)| \leq M - m$. Somit gilt

$$\sup\{|f(t) - f(\tau)| : t,\tau \in [\alpha,\beta]\} \leq \sup_{t\in[\alpha,\beta]} f(t) - \inf_{t\in[\alpha,\beta]} f(t).$$

Zum Nachweis der umgekehrten Ungleichung betrachtet man eine Folge $(t_n)_{n\in\mathbb{N}}$ in $[\alpha,\beta]$ mit $f(t_n) \to M$ und eine Folge $(\tau_n)_{\in\mathbb{N}}$ mit $f(\tau_n) \to m$ für $n \to \infty$. Aus der Abschätzung

$$f(t_n) - f(\tau_n) \leq |f(t_n) - f(\tau_n)| \leq \sup\{|f(t) - f(\tau)| : t,\tau \in [\alpha,\beta]\}$$

folgt dann durch Grenzübergang $M - m \leq \sup\{|f(t) - f(\tau)| : t,\tau \in [\alpha,\beta]\}$.

Ist nun eine Zerlegung $Z = \{t_0,\ldots,t_n\}$ des Intervalls $[a,b]$ gegeben, so gilt, wenn man $m_k := \inf_{t\in[t_{k-1},t_k]} f(t)$ und $M_k := \sup_{t\in[t_{k-1},t_k]} f(t)$ für $k = 1,\ldots,n$ setzt,

$$\sigma(Z,f) = \sum_{k=1}^{n}(t_k - t_{k-1})(M_k - m_k) = \sum_{k=1}^{n} M_k(t_k - t_{k-1}) - \sum_{k=1}^{n} m_k(t_k - t_{k-1}).$$

Es ist nun üblich, die Summen

$$O(Z,f) := \sum_{k=1}^{n} M_k(t_k - t_{k-1}) \quad \text{bzw.} \quad U(Z,f) := \sum_{k=1}^{n} m_k(t_k - t_{k-1})$$

als ***Obersumme*** bzw. ***Untersumme*** zu bezeichnen. Man beachte, dass dies bei einer nicht stetigen Funktion nicht Riemannsche Summen im Sinn der Definition (5.2) sein müssen, und dass diese Summen nur im Fall einer reellwertigen Funktion sinnvoll sind. Damit gilt

$$\sigma(Z,f) = O(Z,f) - U(Z,f)$$

und es ergibt sich die folgende Charakterisierung Riemann-integrierbarer reellwertiger Funktionen:

Korollar 5.1

Eine beschränkte Funktion $f : [a, b] \to \mathbb{R}$ ist genau dann Riemann-integrierbar, wenn es zu jedem $\varepsilon > 0$ eine Zerlegung Z von $[a, b]$ gibt mit $O(Z, f) - U(Z, f) < \varepsilon$.

Die bisherigen Ergebnisse liefern noch kaum Informationen dazu, wie man ein Integral $\int_a^b f(t)dt$ wenigstens näherungsweise berechnen könnte. So ist noch nicht klar, ob man so vorgehen könnte, dass man äquidistante Zerlegungen Z_n des Intervalls $[a, b]$ mit $t_k - t_{k-1} = (b - a)/n$ und zugehörige Riemannsche Summen betrachtet, und dadurch dann bei genügend großem n eine Näherung gewünschter Genauigkeit erhalten könnte. Wir werden aber nun sehen, dass dies tatsächlich eine sinnvolle Vorgehensweise wäre. Das erfordert etwas Vorarbeit.

Lemma 5.4

Sei $Z = \{t_0, \ldots, t_n\}$ eine Zerlegung von $[a, b]$ und Z' eine Zerlegung, für die

$$\Delta(Z') \leq \min\{t_k - t_{k-1} : k = 1, \ldots, n\}$$

gilt. Für jede beschränkte Funktion $f : [a, b] \to X$ gilt dann

$$\sigma(Z', f) \leq 3\sigma(Z, f).$$

Beweis:
Seien I_k die Teilintervalle, die zur Zerlegung Z gehören, und I'_j die Teilintervalle, die zu Z' gehören. Da jetzt ja Z' keine Verfeinerung von Z sein muss, definieren wir etwas anders als früher

$$\varepsilon_{j,k} := 1, \text{ falls } I'_j \cap I_k \neq \emptyset, \quad \varepsilon_{j,k} := 0, \text{ falls } I'_j \cap I_k = \emptyset.$$

Wegen der Forderung $\Delta(Z') \leq \min\{t_k - t_{k-1} : k = 1, \ldots, n\}$ kann es zu einem fest gewählten I'_j höchstens zwei aufeinanderfolgende Teilintervalle von Z, also etwa I_k und I_{k+1} geben, die einen nichtleeren Durchschnitt mit I'_j haben. Für Punkte t und τ aus I'_j gibt es dann drei Möglichkeiten: (i) Beide Punkte sind in I_k, (ii) beide Punkte sind in I_{k+1}, (iii) $t \in I_k$ und $\tau \in I_{k+1}$, oder umgekehrt. Sei wieder wie früher

$$\delta(f, I_k) := \sup\{\|f(t) - f(\tau)\| : t, \tau \in [t_{k-1}, t_k]\}.$$

Da man im Fall (iii) ja abschätzen kann

$$\|f(t) - f(\tau)\| \leq \|f(t) - f(t_k)\| + \|f(t_k) - f(\tau)\| \leq \delta(f, I_k) + \delta(f, I_{k+1}),$$

ist die Abschätzung

$$\|f(t) - f(\tau)\| \leq \delta(f, I_k) + \delta(f, I_{k+1}) = \sum_{\nu=1}^{n} \varepsilon_{j,\nu}\delta(f, I_\nu)$$

sicher in allen drei Fällen richtig. Damit können wir aber notieren

$$\delta(f, I'_j) \leq \sum_{k=1}^{n} \varepsilon_{j,k}\delta(f, I_k). \tag{5.3}$$

Betrachten wir nun aber ein Intervall I_k, so wird dieses durch die Vereinigung aller I'_j, für die $\varepsilon_{j,k} = 1$ ist, überdeckt, so dass man, weil ja zwei der überdeckenden Intervalle über I_k hinausreichen können, notieren kann, (es sei wieder $Z' = \{t'_0, \ldots, t'_m\}$),

$$\sum_{j=1}^{m} \varepsilon_{j,k}(t'_j - t'_{j-1}) \leq (t_k - t_{k-1}) + 2\max\{t_j - t'_{j-1} : j = 1, \ldots, m\} \leq 3(t_k - t_{k-1}). \tag{5.4}$$

Mit (5.3) und (5.4) kann man nun abschätzen

$$\sum_{j=1}^{m}(t_j - t'_{j-1})\delta(f, I'_j) \leq \sum_{j=1}^{m}\sum_{k=1}^{n} \varepsilon_{j,k}(t'_j - t'_{j-1})\delta(f, I_k) \leq 3\sum_{k=1}^{n}(t_k - t_{k-1})\delta(f, I_k).$$

Das ist aber die Behauptung $\sigma(Z', f) \leq 3\sigma(Z, f)$. □

Daraus folgt nun rasch:

Satz 5.2

Sei unter den Voraussetzungen von Satz 5.1 $S = \int_a^b f(t)dt$.
Dann gibt es zu jedem $\varepsilon > 0$ ein $\eta > 0$, so dass für jede Zerlegung Z von $[a, b]$ mit $\Delta(Z) < \eta$ und jede dazu gehörige Riemannsche Summe $S(Z, f, \tau)$ gilt

$$\|S(Z, f, \tau) - S\| < \varepsilon.$$

Beweis:
Nach Voraussetzung gibt es zu jedem $\varepsilon > 0$ eine Zerlegung Z_ε von $[a, b]$ mit $\sigma(Z_\varepsilon, f) < \varepsilon/3$. Ist dann η das Minimum der Längen aller zu Z_ε gehörenden Teilintervalle, so gilt nach Lemma 5.4 $\sigma(Z, f) \leq 3\sigma(Z_\varepsilon, f) < \varepsilon$, wenn Z eine Zerlegung von $[a, b]$ mit $\Delta(Z) < \eta$ ist. Ist dann $S(Z, f, \tau)$ eine beliebige zur Zerlegung Z gehörende Riemannsche Summe, so gilt nach Satz 5.1 $\|S(Z, f, \tau) - S\| \leq \sigma(Z, f) < \varepsilon$. □

Speziell erhält man aus diesem Satz, dass man tatsächlich stets Näherungen zum Integral erhalten kann, indem man $[a, b]$ immer feiner äquidistant einteilt. Denn es gilt:

Korollar 5.2

Sei unter den Voraussetzungen von Satz 5.1 $S = \int_a^b f(t)dt$.
Dann gilt: Wählt man eine Folge $(Z_n)_{n\in\mathbb{N}}$ von Zerlegungen des Intervalls $[a, b]$ mit $\Delta(Z_n) \to 0$ für $n \to \infty$ und ist $R_n(f)$ jeweils eine zu Z_n gehörende Riemannsche Summe, so gilt $\lim_{n\to\infty} R_n(f) = S$.

Beweis:
Sei $\varepsilon > 0$ beliebig gegeben und dazu η entsprechend Satz 5.2. Wegen $\Delta(Z_n) \to 0$ gibt es dann ein $n_0 \in \mathbb{N}$ mit $\Delta(Z_n) < \eta$ für alle $n \geq n_0$. Nach Satz 5.2 gilt dann $\|R_n(f) - S\| < \varepsilon$ für alle $n \geq n_0$. Damit gilt aber $R_n(f) \to S$ für $n \to \infty$. □

Bei reellwertigen Funktionen kann man auch die Unter- und Obersummen als Näherungen zum Integral benützen:

Korollar 5.3

Sei $f : [a,b] \to \mathbb{R}$ Riemann-integrierbar und $(Z_n)_{n\in\mathbb{N}}$ eine Folge von Zerlegungen des Intervalls $[a,b]$ mit $\Delta(Z_n) \to 0$ für $n \to \infty$. Dann gilt

$$\lim_{n\to\infty} O(Z_n, f) = \lim_{n\to\infty} U(Z_n, f) = \int_a^b f(t)dt.$$

Beweis:
Ist $\varepsilon > 0$ beliebig gegeben, so gibt es nach dem Beweis von Korollar 5.2 ein $n_0 \in \mathbb{N}$ mit

$$|R_n(f) - \int_a^b f(t)dt| < \varepsilon/2 \quad \text{für} \quad n \geq n_0$$

und alle zu Z_n gehörenden Riemann-Summen $R_n(f)$. Sei $Z_n = \{t_{n,0}, \ldots, t_{n,N(n)}\}$ und $M_{n,k} = \sup_{t\in[t_{n,k-1},t_{n,k}]} f(t)$, so dass damit

$$O(Z_n, f) = \sum_{k=1}^{N(n)} M_{n,k}(t_{n,k} - t_{n,k-1})$$

gilt. Da es zu jedem $k \in \{1, \ldots, N(n)\}$ ein $\tau_{n,k} \in [t_{n,k-1}, t_{n,k}]$ gibt mit

$$0 \leq M_{n,k} - f(\tau_{n,k}) \leq (2N(n)(b-a))^{-1}\varepsilon,$$

gibt es zur Zerlegung Z_n eine Riemannsche Summe $R_n^\varepsilon(f)$ mit

$$0 \leq O(Z_n, f) - R_n^\varepsilon(f) \leq \varepsilon/2.$$

Damit kann man dann abschätzen

$$|O(Z_n, f) - \int_a^b f(t)dt| \leq |O(Z_n, f) - R_n^\varepsilon(f)| + |R_n^\varepsilon(f) - \int_a^b f(t)dt| < \varepsilon \quad \text{für} \quad n \geq n_0.$$

Für die Untersummen zeigt man die Behauptung ganz entsprechend. □

Auch eine Korollar 5.1 verallgemeinernde Charakterisierung Riemann-integrierbarer reellwertiger Funktionen lässt sich nun leicht gewinnen:

Korollar 5.4

Eine beschränkte Funktion $f : [a,b] \to \mathbb{R}$ ist genau dann Riemann-integrierbar, wenn es zu jedem $\varepsilon > 0$ ein $\eta > 0$ gibt, so dass $O(Z,f) - U(Z,f) < \varepsilon$ gilt für jede Zerlegung Z von $[a,b]$ mit $\Delta(Z) < \eta$.

Beweis:
Ein Vergleich mit Korollar 5.1 zeigt, dass nur noch zu zeigen ist, dass aus der Riemann-Integrierbarkeit folgt, dass es zu jedem $\varepsilon > 0$ ein $\eta > 0$ gibt, so dass $O(Z,f) - U(Z,f) < \varepsilon$ gilt für jede Zerlegung Z von $[a,b]$ mit $\Delta(Z) < \eta$. (Denn die umgekehrte Richtung ergibt sich daraus, dass es zu jedem $\eta > 0$ ja sogar eine äquidistante Zerlegung Z von $[a,b]$ gibt mit $\Delta(Z) < \eta$.)
Sei also f Riemann-integrierbar und $\varepsilon > 0$. Nach Satz 5.2 gibt es dann ein $\eta > 0$, so dass für jede Zerlegung Z von $[a,b]$ mit $\Delta(Z) < \eta$ und jede zugehörige Riemannsche Summe $R(f)$ gilt $|R(f) - \int_a^b f(t)dt| < \varepsilon/4$. Sei also Z eine beliebige solche Zerlegung und sei, (siehe den Beweis von Korollar 5.3), $R_o(f)$ eine Riemannsche Summe zu Z mit $O(Z,f) - R_o(f) \leq \varepsilon/4$ und entsprechend $R_u(f)$ eine Riemannsche Summe zu Z mit $|U(Z,f) - R_u(f)| \leq \varepsilon/4$. Wegen

$$\begin{aligned} O(Z,f) - U(Z,f) \;\leq\; & |O(Z,f) - R_o(f)| + \left| R_o(f) - \int_a^b f(t)dt \right| \\ & + \left| \int_a^b f(t)dt - R_u(f) \right| + |R_u(f) - U(Z,f)| \end{aligned}$$

folgt nun sofort die Behauptung. □

Wir wissen bereits, dass jede stetige Funktion $f : [a,b] \to X$ Riemann-integrierbar ist und damit das Integral $\int_a^b f(t)dt$ entsprechend Korollar 5.2 'berechnet' werden kann. Schwächere Eigenschaften von f sind jedoch noch für die Riemann-Integrierbarkeit ausreichend, wie das folgende nützliche Lemma zeigt:

Lemma 5.5

Sei $f : [a,b] \to X$ beschränkt und stetig mit Ausnahme von endlich vielen Punkten, d.h. es gibt $\{\tau_1, \dots, \tau_m\} \subset [a,b]$, so dass f in allen Punkten $t \in [a,b] \setminus \{\tau_1, \dots, \tau_m\}$ stetig ist. Dann ist f Riemann-integrierbar.

Beweis:
Sei wieder $\|f(t)\| \leq M$ für alle $t \in [a,b]$. Sei $\varepsilon > 0$ beliebig gegeben. Durch äquidistante Unterteilung des Intervalls $[a,b]$ können wir dann sicher eine Zerlegung $Z = \{t_0, \dots, t_n\}$ von $[a,b]$ finden mit $n > 2m$ und $8Mm|\Delta(Z)| < \varepsilon$. Sei A die Menge aller Teilintervalle $I_k = [t_{k-1}, t_k]$, für die $I_k \cap \{\tau_1, \dots, \tau_m\} = \emptyset$ gilt. Wegen $n > 2m$ ist sicher $A \neq \emptyset$, weil offenbar jeder Punkt τ_j höchstens in zwei Intervallen I_k liegen kann und damit höchstens $2m$ Intervalle I_k Punkte τ_j enthalten können. Die Funktion f ist auf jedem

Intervall $I_k \in A$ stetig, somit gibt es zu jedem Intervall $I_k \in A$ eine Zerlegung $Z(I_k)$, so dass für die Einschränkung $f|_{I_k}$ von f auf I_k gilt

$$\sigma(Z(I_k), f|_{I_k}) \leq \frac{\varepsilon}{2} \frac{t_k - t_{k-1}}{b-a}.$$

Unter Benützung der Zerlegung Z und aller Zerlegungen $Z(I_k)$ mit $I_k \in A$ bilden wir nun eine neue Zerlegung Z' von $[a, b]$ durch

$$Z' := Z \cup \bigcup_{I_k \in A} Z(I_k).$$

Wegen $\|f(t) - f(\tau)\| \leq 2M$ für alle t, τ kann man damit unter Berücksichtigung von Lemma 5.1 abschätzen

$$\sigma(Z', f) \leq \sum_{I_k \in A} \sigma(Z(I_k), f|_{I_k}) + 2m(2M)\Delta(Z) < \frac{\varepsilon}{2} + \frac{\varepsilon}{2} = \varepsilon.$$

Somit ist f Riemann-integrierbar. □

Bei diesem Beweis wurde von der Integrierbarkeit über gewisse Teilintervalle auf die Integrierbarkeit über $[a, b]$ geschlossen. Noch einfacher ist zu sehen, dass aus der Integrierbarkeit einer Funktion $f : [a, b] \to X$ immer die Integrierbarkeit über ein beliebiges Teilintervall $[c, d] \subset [a, b]$, (d.h. die Integrierbarkeit von $f|_{[c,d]}$), folgt: Sei $\varepsilon > 0$ beliebig gegeben. Dann gibt es eine Zerlegung Z von $[a, b]$ mit $\sigma(Z, f) \leq \varepsilon$. Sind nun die Punkte c und d bereits Teilungspunkte von Z, so gilt natürlich

$$\sigma(Z \cap [c, d], f|_{[c,d]}) \leq \sigma(Z, f) \leq \varepsilon$$

und man hat damit eine Zerlegung Z_1 von $[c, d]$ gefunden mit $\sigma(Z_1, f) \leq \varepsilon$. Sind aber nicht beide Punkte Teilungspunkte von Z, so geht man zunächst zu einer Verfeinerung Z' von Z über, indem man c und (oder) d als Teilungspunkte hinzunimmt. Da ja dann $\sigma(Z', f) \leq \sigma(Z, f) \leq \varepsilon$ gilt, kommt man nun zum Ziel, indem man ausgehend von Z' wie soeben die Zerlegung Z_1 von $[c, d]$ gewinnt.

Sind $f : [a, b] \to X$ und $g : [a, b] \to X$ Riemann-integrierbare Funktionen, so ist auch die durch $(f + g)(t) := f(t) + g(t)$ für $t \in [a, b]$ definierte Funktion beschränkt, (weil ja $\|(f + g)(t)\| \leq \|f(t)\| + \|g(t)\|$ gilt). Die Abschätzung

$$\|(f + g)(t) - (f + g)(\tau)\| \leq \|f(t) - f(\tau)\| + \|g(t) - g(\tau)\|$$

zeigt aber auch, dass für jede Zerlegung Z von $[a, b]$ gilt

$$\sigma(Z, f + g) \leq \sigma(Z, f) + \sigma(Z, g).$$

Damit ist auch $f + g$ Riemann-integrierbar. Klar ist auch, dass für zu einer Zerlegung Z gehörende Riemannsche Summen gilt $S(Z, f + g, \tau) = S(Z, f, \tau) + S(Z, g, \tau)$. Da das Integral als Grenzwert einer Folge von Riemannschen Summen erhalten werden kann, gilt also

$$\int_a^b (f + g)(t)dt = \int_a^b f(t)dt + \int_a^b g(t)dt.$$

Ganz genauso kann man auch sehen, dass bei Multiplikation mit einem Skalar α, ($\alpha \in \mathbb{R}$ oder $\alpha \in \mathbb{C}$), gilt

$$\int_a^b (\alpha f)(t)dt = \alpha \int_a^b f(t)dt.$$

(Die Riemann-integrierbaren Funktionen $f : [a, b] \to \mathbb{C}$ bilden also auf natürliche Weise einen Vektorraum, auf dem $f \mapsto \int_a^b f(t)dt$ ein lineares Funktional ist.)

Etwas schwieriger ist zu sehen, dass aus der Integrierbarkeit von $f : [a, b] \to X$ auch die Integrierbarkeit der durch $t \mapsto \|f(t)\|$ für $t \in [a, b]$ definierten Funktion $\|f\| : [a, b] \to \mathbb{R}$ folgt, wobei dann die wichtige Abschätzung

$$\left\| \int_a^b f(t)dt \right\| \leq \int_a^b \|f(t)\|dt \tag{5.5}$$

gilt. Um dies zu zeigen, geht man von der umgekehrten Dreiecksungleichung

$$|\, \|x\| - \|y\| \,| \leq \|x - y\| \quad \text{für} \quad x, y \in X$$

aus. Danach gilt für jedes Teilintervall $I \subset [a, b]$

$$\begin{aligned} \delta(\|f\|, I) &= \sup\{|\, \|f(t)\| - \|f(\tau)\| \,| : t, \tau \in I\} \\ &\leq \sup\{\|f(t) - f(\tau)\| : t, \tau \in I\} = \delta(f, I). \end{aligned}$$

Da daraus weiter $\sigma(Z, \|f\|) \leq \sigma(Z, f)$ für jede Zerlegung Z von $[a, b]$ folgt, ist damit die Integrierbarkeit von $\|f\|$ gezeigt.
Nachweis von (5.5): Ist $(Z_n)_{n \in \mathbb{N}}$ eine Folge von Zerlegungen von $[a, b]$ mit $\Delta(Z_n) \to 0$ für $n \to \infty$, so gilt ja, wenn $R_n(f)$ zugehörige Riemannsche Summen sind, $R_n(f) \to \int_a^b f(t)dt$ und somit auch $\|R_n(f)\| \to \left\| \int_a^b f(t)dt \right\|$. Da aber auch $R_n(\|f\|) \to \int_a^b \|f(t)\|dt$ und $\|R_n(f)\| \leq R_n(\|f\|)$ gilt, folgt daraus sofort (5.5).

Ist $f : [a, b] \to X$ Riemann-integrierbar und gilt $\|f(t)\| \leq M$ für $t \in [a, b]$, so gilt für jede Riemann-Summe $R(\|f\|)$ offenbar die Abschätzung $R(\|f\|) \leq M(b - a)$ und damit weiter $\int_a^b \|f(t)\|dt \leq M(b - a)$. Zusammen mit (5.5) ergibt dies

$$\left\| \int_a^b f(t)dt \right\| \leq M(b - a). \tag{5.6}$$

Seien nun zwei wichtige Resultate für reellwertige Riemann-integrierbare Funktionen notiert.

Ist $f(t) \geq 0$ für alle $t \in [a, b]$, so gilt auch $\int_a^b f(t)dt \geq 0$.

Dies folgt sofort daraus, dass in diesem Fall offenbar für alle Riemannschen Summen gilt $R(f) \geq 0$.
Für stetige reellwertige Funktionen kann man (5.6) verschärfen zum sogenannten ***Mittelwertsatz der Integralrechnung***:

Lemma 5.6

Ist $f : [a,b] \to \mathbb{R}$ stetig, so gibt es ein $\tau \in [a,b]$ mit

$$\int_a^b f(t)dt = f(\tau)(b-a).$$

Beweis:
Sei $m \leq f(t) \leq M$ für $t \in [a,b]$. Dann folgt nach unseren bisherigen Ergebnissen

$$0 \leq \int_a^b (f(t)-m)dt = \int_a^b f(t)dt - m\int_a^b dt = \int_a^b f(t)dt - m(b-a).$$

Es gilt also $m(b-a) \leq \int_a^b f(t)dt$. Entsprechend sieht man, dass $\int_a^b f(t)dt \leq M(b-a)$ gilt. Damit gibt es aber ein $\mu \in [m,M]$ mit $\int_a^b f(t) = \mu(b-a)$. Nach dem Zwischenwertsatz gibt es weiter ein $\tau \in [a,b]$ mit $\mu = f(\tau)$. Damit ist alles gezeigt. □

Das folgende sehr nützliche und wohl auch nicht unerwartete Resultat ist dagegen wieder allgemein für Banachraum-wertige Funktionen gültig.

Lemma 5.7

Seien $a,b,c \in \mathbb{R}$ mit $a < b < c$ und sei $f : [a,c] \to X$ über $[a,b]$ und $[b,c]$ Riemann-integrierbar. Dann ist f auch über $[a,c]$ Riemann-integrierbar und es gilt

$$\int_a^c f(t)dt = \int_a^b f(t)dt + \int_b^c f(t)dt. \tag{5.7}$$

Beweis:
Nach Voraussetzung ist $\|f\|$ über $[a,b]$ und über $[b,c]$ beschränkt. Daraus folgt natürlich sofort die Beschränktheit über $[a,c]$. Die Integrierbarkeit von f über $[a,c]$ ergibt sich nun folgendermaßen: Sei $\varepsilon > 0$ gegeben. Dann gibt es dazu eine Zerlegung Z_1 von $[a,b]$ mit $\sigma(Z_1, f|_{[a,b]}) \leq \varepsilon/2$ und eine Zerlegung Z_2 von $[b,c]$ mit $\sigma(Z_2, f|_{[b,c]}) \leq \varepsilon/2$. Betrachtet man dann die Zerlegung $Z := Z_1 \cup Z_2$ von $[a,b]$, so gilt offenbar

$$\sigma(Z,f) = \sigma(Z_1, f|_{[a,b]}) + \sigma(Z_2, f|_{[b,c]}) \leq \varepsilon.$$

Damit existiert $\int_a^c f(t)dt$ und wir müssen noch die Gültigkeit von (5.7) nachweisen. Wir betrachten dazu eine Folge $(Z_{1,n})_{n\in\mathbb{N}}$ von Zerlegungen von $[a,b]$ und eine Folge $(Z_{2,n})_{n\in\mathbb{N}}$ von Zerlegungen von $[b,c]$ mit $\Delta(Z_{1,n}) \to 0$ und $\Delta(Z_{2,n}) \to 0$ für $n \to \infty$. Für zugehörige Riemannsche Summen $R_{1,n}(f|_{[a,b]})$ und $R_{2,n}(f|_{[b,c]})$ gilt ja dann $R_{1,n}(f|_{[a,b]}) \to \int_a^b f(t)dt$ und $R_{2,n}(f|_{[b,c]}) \to \int_b^c f(t)dt$ für $n \to \infty$. Definiert man nun die Folge $(Z_n)_{n\in\mathbb{N}}$ von Zerlegungen von $[a,c]$ durch $Z_n := Z_{1,n} \cup Z_{2,n}$, so gilt offenbar auch $\Delta(Z_n) \to 0$ für $n \to \infty$ und es gilt also für jede Folge zugehöriger Riemannscher Summen $R_n(f) \to \int_a^c f(t)dt$. Speziell können wir aber die Riemannschen Summen

$$R_n(f) := R_{1,n}(f|_{[a,b]}) + R_{2,n}(f|_{[b,c]})$$

wählen. Daraus folgt sofort (5.7). □

Die Formel (5.7) kann man nun sogar unproblematisch für beliebige $a, b, c \in \mathbb{R}$, von denen man nicht weiß, dass $a < b < c$ gilt, verwenden, wenn man noch zusätzlich zu den bisher verwendeten Notationen

$$\int_b^a f(t)dt := -\int_a^b f(t)dt, \quad \text{falls } a < b \text{ und } f \text{ über } [a,b] \text{ integrierbar,}$$

und

$$\int_a^b f(t)dt := 0, \quad \text{falls} \quad a = b,$$

definiert.
So gilt dann im Fall $a < c < b$ zunächst unter Verwendung von (5.7)

$$\int_a^b f(t)dt = \int_a^c f(t)dt + \int_c^b f(t)dt,$$

was wir nun auch schreiben können als

$$\int_a^c f(t)dt = \int_a^b f(t)dt - \int_c^b f(t)dt = \int_a^b f(t)dt + \int_b^c f(t)dt.$$

Es ist klar, warum man in diesem Zusammenhang auch vom *orientierten Riemann-Integral* spricht.

Zum Abschluss dieses Abschnitts seien noch zwei wichtige Spezialfälle kurz diskutiert, nämlich der Fall $X = \mathbb{C}$ und $X = \mathbb{R}^m$ mit $m > 1$.

Korollar 5.5

(a) Eine Funktion $f : [a, b] \to \mathbb{C}$ ist genau dann Riemann-integrierbar, wenn die Funktionen $\mathrm{Re}f : [a, b] \to \mathbb{R}$ und $\mathrm{Im}f : [a, b] \to \mathbb{R}$ Riemann-integrierbar sind. Im Fall der Integrierbarkeit gilt

$$\int_a^b f(t)dt = \int_a^b \mathrm{Re}f(t)dt + i\int_a^b \mathrm{Im}f(t)dt. \tag{5.8}$$

(b) Eine Abbildung $f : t \in [a, b] \mapsto (f_1(t), \dots, f_m(t)) \in \mathbb{R}^m$ ist genau dann Riemann-integrierbar, wenn alle Funktionen $f_k : [a, b] \to \mathbb{R}$, $(k = 1, \dots, m)$ Riemann-integrierbar sind. Im Fall der Riemann-Integrierbarkeit gilt

$$\int_a^b f(t)dt = \left(\int_a^b f_1(t)dt, \dots, \int_a^b f_m(t)dt\right).$$

Beweis:
(a) Sei zuerst angenommen, dann f Riemann-integrierbar ist. Zu $\varepsilon > 0$ gibt es also eine

Zerlegung des Intervalls $[a,b]$ mit $\sigma(Z,f) < \varepsilon$. Wegen $|\mathrm{Re}f(t) - \mathrm{Re}f(\tau)| \leq |f(t) - f(\tau)|$ und $|\mathrm{Im}f(t) - \mathrm{Im}f(\tau)| \leq |f(t) - f(\tau)|$ für alle $t, \tau \in [a,b]$ gilt dann auch $\sigma(Z, \mathrm{Re}f) < \varepsilon$ und $\sigma(Z, \mathrm{Im}f) < \varepsilon$. Damit sind auch $\mathrm{Re}f$ und $\mathrm{Im}f$ Riemann-integrierbar. Die Gültigkeit von (5.8) ergibt sich nun rasch unter Verwendung einer gegen $\int_a^b f(t)dt$ konvergierenden Folge von Riemann-Summen unter Berücksichtigung der Tatsache, dass Konvergenz in $\mathbb{C}$ gleichbedeutend ist mit Konvergenz der Realteile und der Imaginärteile. (Argumentation wie beim Integral einer Summe von Funktionen.) Sind aber umgekehrt $\mathrm{Re}f$ und $\mathrm{Im}f$ Riemann-integrierbar, so kann man ja abschätzen

$$|f(t) - f(\tau)| \leq |\mathrm{Re}f(t) - \mathrm{Re}f(\tau)| + |\mathrm{Im}f(t) - \mathrm{Im}f(\tau)| \quad \text{für} \quad t, \tau \in [a,b],$$

was $\sigma(Z,f) \leq \sigma(Z, \mathrm{Re}f) + \sigma(Z, \mathrm{Im}f)$ und damit die Riemann-Integrierbarkeit von f liefert.

(b) Die Argumentation läuft ganz entsprechend wie bei Teil (a), wobei zu berücksichtigen ist, dass Konvergenz im $\mathbb{R}^m$ gleichbedeutend mit komponentenweiser Konvergenz ist. □

Bis jetzt haben wir noch kein Riemann-Integral wirklich berechnet. Das wäre zwar möglich unter Verwendung von Riemann-Summen, meist greift man dazu aber auf den Hauptsatz der Differential- und Integralrechnung zurück, dem wir uns nun zuwenden.

5.2 Hauptsatz der Differential- und Integralrechnung

Wir beginnen mit der auch in anderem Kontext wichtigen Feststellung, dass grob gesprochen Integration glättet, d.h. dass die Funktion $t \mapsto \int_a^t f(\tau)d\tau$ in gewissem Sinn bessere Eigenschaften haben kann als die Funktion f selber. Wir können dabei von einer Funktion f ausgehen, die auf einem beliebigen Intervall $J \subset \mathbb{R}$ definiert ist, (es ist also z.B. auch $J = [0, \infty)$ zugelassen), aber auf jedem kompakten, d.h. beschränkten und abgeschlossenen Teilintervall $I \subset J$ Riemann-integrierbar ist. So eine Funktion nennen wir ***lokal integrierbar***.

Satz 5.3

Sei $J \subset \mathbb{R}$ ein Intervall, sei $f : J \to X$ lokal integrierbar, sei $a \in J$ beliebig gewählt und $F : J \to X$ definiert durch $F(t) := \int_a^t f(\tau)d\tau$. Dann ist F stetig.

Beweis:
Sei $t_0 \in J$ beliebig gewählt. Nach unseren früheren Ergebnissen können wir dann für jedes $t \in J$ notieren

$$F(t) - F(t_0) = \int_a^t f(\tau)d\tau - \int_a^{t_0} f(\tau)d\tau = \int_{t_0}^t f(\tau)d\tau. \tag{5.9}$$

Ist nun $I \subset J$ ein kompaktes Intervall mit $t \in I$ und $t_0 \in I$, so gilt nach (5.6), wenn $M = \sup\{\|f(s)\| : s \in I\}$ ist, (es ist $M < \infty$, da $f|_I$ als integrierbar vorausgesetzt ist),

$$\|F(t) - F(t_0)\| \leq M|t - t_0|.$$

Diese Abschätzung zeigt aber die Stetigkeit von F im Punkt t_0. □

Weiß man von f noch mehr, nämlich die Stetigkeit in einem Punkt t_0, so hat F sogar noch weitergehende Eigenschaften:

Satz 5.4

Sei $J \subset \mathbb{R}$ ein Intervall, sei $f : J \to X$ lokal integrierbar, sei $a \in J$ beliebig gewählt und $F : J \to X$ definiert durch $F(t) := \int_a^t f(\tau)d\tau$. Dann gilt: Ist f im Punkt $t_0 \in J$ stetig, so ist F im Punkt t_0 differenzierbar und es gilt $F'(t_0) = f(t_0)$.

Beweis:
Sei f im Punkt $t_0 \in J$ stetig und $\varepsilon > 0$ gegeben. Dann gibt es ein $\eta > 0$ mit $\|f(t) - f(t_0)\| < \varepsilon$ für alle $t \in J$ mit $|t - t_0| < \eta$. Integriert man die konstante Abbildung $t \in J \mapsto f(t_0) \in X$, so erhält man $\int_{t_0}^t f(\tau)d\tau = (t - t_0)f(t_0)$, und zwar nach unseren Konventionen sogar für alle $t \in J$ mit $|t - t_0| < \eta$. Damit können wir für $|t - t_0| < \eta$ abschätzen

$$\|F(t) - F(t_0) - (t - t_0)f(t_0)\| = \left\| \int_{t_0}^t f(\tau)d\tau - \int_{t_0}^t f(t_0)d\tau \right\| \leq \varepsilon |t - t_0|.$$

Daraus folgt sofort die Differenzierbarkeit von F im Punkt t_0 und $F'(t_0) = f(t_0)$. (Ist t_0 Randpunkt von J, so liegt offenbar nur einseitige Differenzierbarkeit vor.) □

Ist speziell f in allen Punkten von J stetig, so ist $F : J \to X$ eine differenzierbare Abbildung mit $F'(t) = f(t)$ für alle $t \in J$. Man spricht daher davon, dass man mit F eine ***Stammfunktion*** zu f gefunden hat. Da mit dieser Stammfunktion ja (5.9) gilt, haben wir damit ein erstes Resultat dazu, dass man den Wert eines Integrals durch Auswerten einer Stammfunktion an den Enden des Integrationsintervalls erhalten kann. Tatsächlich gilt (5.9) sogar mit jeder Stammfunktion. Um dieses meist zusammen mit Satz 5.4 als ***Hauptsatz der Differential- und Integralrechnung*** bezeichnete Resultat für den Fall von Funktionen mit Werten im $\mathbb{R}^n$ erhalten zu können, greifen wir auf den Mittelwertsatz der Differentialrechnung in der Form von Satz 4.7 zurück.

Satz 5.5

Sei $f : [a, b] \to \mathbb{R}^n$ stetig und sei $F : [a, b] \to \mathbb{R}^n$ mit $F'(t) = f(t)$ für alle $t \in [a, b]$. Dann gilt

$$\int_{t_1}^{t_2} f(t)dt = F(t_2) - F(t_1) \quad \text{für} \quad t_1, t_2 \in [a, b].$$

Beweis:
Sei $G(t) := \int_a^t f(\tau)d\tau$ für $t \in [a, b]$. Nach Satz 5.4 gilt dann $G'(t) = f(t)$ für alle t und $G(t_2) - G(t_1) = \int_{t_1}^{t_2} f(\tau)d\tau$. Sei $H(t) := F(t) - G(t)$ für $t \in [a, b]$. Da dann $H'(t) = 0$ ist, folgt aus Satz 4.7, dass $H(t) = H(t')$ für alle $t, t' \in [a, b]$ gelten muss, (zunächst

im offenen Intervall, aber die Stetigkeit von H liefert dies auch in den Randpunkten). Damit ist $F(t) = G(t) + H(a)$ und es folgt $F(t_2) - F(t_1) = G(t_2) - G(t_1) = \int_{t_1}^{t_2} f(\tau)d\tau$ für $t_1, t_2 \in [a, b]$. □

Satz 5.5 zeigt, dass es für die Berechnung von Integralen von großem Interesse ist, Stammfunktionen finden zu können. Mit dieser Problematik werden wir uns noch in einem eigenen Abschnitt beschäftigen, zunächst sei aber gezeigt, wie das Zusammenwirken zwischen Integration und Differentiation es ermöglicht, ein Ergebnis zur 'gliedweisen' Differentiation von Reihen zu beweisen, das insbesondere bei Potenzreihen einsetzbar ist.

Wir beginnen mit einem Resultat zur Integration, das zeigt, dass bei Funktionen-Folgen unter gewissen Voraussetzungen Integral und Limes vertauscht werden dürfen.

Lemma 5.8

Sei X ein Banachraum, seien $f_n : [a, b] \to X$, $(n \in \mathbb{N})$, und $f : [a, b] \to X$ Riemann-integrierbar und es gelte $\sup\{\|f_n(t) - f(t)\| : t \in [a, b]\} \to 0$ für $n \to \infty$. Dann gilt

$$\int_a^b f(t)dt = \lim_{n\to\infty} \int_a^b f_n(t)dt.$$

Beweis:
Nach (5.6) können wir für $n \in \mathbb{N}$ abschätzen

$$\begin{aligned}\left\| \int_a^b f_n(t)dt - \int_a^b f(t)dt \right\| &= \left\| \int_a^b (f_n - f)(t)dt \right\| \\ &\le (b-a)\sup\{\|f_n(t) - f(t)\| : t \in [a, b]\}.\end{aligned}$$

Daraus folgt wegen $\sup\{\|f_n(t) - f(t)\| : t \in [a, b]\} \to 0$ für $n \to \infty$ offenbar sofort die Behauptung. □

Beim nächsten Satz verwenden wir die (als Standard anzusehende) Notation $C^1(J, \mathbb{R})$ für die Menge der über dem Intervall J differenzierbaren reellwertigen Funktionen, für die auch die Funktion $f' : J \to \mathbb{R}$, die jedem $x \in J$ die Ableitung $f'(x)$ zuordnet, eine stetige Funktion ist.

Satz 5.6

Sei $J \subset \mathbb{R}$ ein Intervall und $(f_n)_{n\in\mathbb{N}}$ eine Folge in $C^1(J, \mathbb{R})$, für die für alle $x \in J$ die Grenzwerte $\lim_{n\to\infty} f_n(x)$ und $\lim_{n\to\infty} f_n'(x)$ existieren, wobei bei den Funktionen f_n' die Konvergenz sogar gleichmäßig sein soll in dem Sinn, dass zu jedem $\varepsilon > 0$ ein $n_0 \in \mathbb{N}$ existiert mit $|f_n'(x) - \lim_{n\to\infty} f_n'(x)| < \varepsilon$ für alle $n \ge n_0$ und alle $x \in J$. Definiert man dann $f : J \to \mathbb{R}$ durch $f(x) := \lim_{n\to\infty} f_n(x)$ für $x \in J$, so ist auch $f \in C^1(J, \mathbb{R})$ und es gilt $f'(x) = \lim_{n\to\infty} f_n'(x)$ für $x \in J$.

Beweis:
Sei $g : J \to \mathbb{R}$ definiert durch $g(x) := \lim_{n\to\infty} f_n'(x)$ für $x \in J$. Die vorausgesetzte gleichmäßige Konvergenz der Folge $(f_n')_{n\in\mathbb{N}}$ hat die wichtige Konsequenz, dass die Funktion g stetig ist.
Um dies zu sehen, gehen wir von einem beliebigen Punkt $\xi \in J$ und einem $\varepsilon > 0$ aus. Nach Voraussetzung gibt es dann ein $n_0 \in \mathbb{N}$ mit $|f_n'(x) - g(x)| < \varepsilon/3$ für $n \geq n_0$ und alle $x \in J$. Da die Funktion f_{n_0}' im Punkt ξ stetig ist, gibt es ein $\delta > 0$ mit $|f_{n_0}'(x) - f_{n_0}'(\xi)| < \varepsilon/3$ für alle $x \in J$ mit $|x - \xi| < \delta$. Damit kann man dann für alle $x \in J$ mit $|x - \xi| < \delta$ abschätzen

$$\begin{aligned} |g(x) - g(\xi)| &\leq |g(x) - f_{n_0}'(x)| + |f_{n_0}'(x) - f_{n_0}'(\xi)| + |f_{n_0}'(\xi) - g(\xi)| \\ &< \frac{\varepsilon}{3} + \frac{\varepsilon}{3} + \frac{\varepsilon}{3} = \varepsilon. \end{aligned}$$

Dies zeigt die Stetigkeit von g im Punkt ξ.
Da g eine stetige Funktion ist, ist sie auch Riemann-integrierbar und es gilt nach Lemma 5.8 für beliebig gewähltes $a \in J$ und $x \in J$ unter Benützung von Satz 5.5

$$\int_a^x g(\xi)d\xi = \lim_{n\to\infty} \int_a^x f_n'(\xi)d\xi = \lim_{n\to\infty} (f_n(x) - f_n(a)) = f(x) - f(a).$$

Nach Satz 5.4 ist aber die Funktion $G : x \mapsto \int_a^x g(\xi)d\xi$ differenzierbar und es gilt $G'(x) = g(x)$. Damit ist aber auch f differenzierbar und es gilt $f'(x) = g(x)$ für $x \in J$. Damit ist alles gezeigt. □

Im Zuge des letzten Beweises haben wir gesehen, dass die Grenzfunktion einer gleichmäßig konvergenten Folge stetiger Funktionen ebenfalls stetig ist. Das folgende einfache Beispiel zeigt, dass dabei die vorausgesetzte gleichmäßige Konvergenz wichtig war:
Seien die Funktionen $f_n : [0,1] \to \mathbb{R}$ definiert durch $f_n(x) := x^n$ für $n \in \mathbb{N}$ und $x \in [0,1]$. Es gilt dann

$$\lim_{n\to\infty} f_n(x) = 0 \quad \text{für} \quad x \in [0,1), \qquad \lim_{n\to\infty} f_n(1) = 1.$$

Definiert man nun $f(x) := 0$ für $x \in [0,1)$ und $f(1) := 1$, so gilt damit punktweise $f_n(x) \to f(x)$ für $x \in [0,1]$, die Grenzfunktion f ist aber offenbar im Punkt $x = 1$ nicht stetig.

Die Wichtigkeit der in Satz 5.6 geforderten gleichmäßigen Konvergenz der Folge $(f_n')_{n\in\mathbb{N}}$ wird durch das folgende Beispiel demonstriert:
Sei für $n \in \mathbb{N}$ die Funktion $f_n : \mathbb{R} \to \mathbb{R}$ definiert durch

$$f_n(x) := \frac{x}{1 + n^2x^2} \quad \text{für} \quad x \in \mathbb{R}.$$

Diese Funktionen sind alle aus $C^1(\mathbb{R}, \mathbb{R})$, als Ableitung erhält man nach den bekannten Rechenregeln

$$f_n'(x) = \frac{1 - n^2x^2}{(1 + n^2x^2)^2} \quad \text{für} \quad x \in \mathbb{R}.$$

Damit gilt $f_n'(0) = 1$ für alle $n \in \mathbb{N}$.
Offenbar gilt nun $\lim_{n\to\infty} f_n(x) = 0$ für alle $x \in \mathbb{R}$, als punktweise Grenzfunktion tritt

also die Funktion f auf, für die $f(x) = 0$ für alle $x \in \mathbb{R}$ gilt. Diese Grenzfunktion ist trivialerweise differenzierbar mit $f'(x) = 0$ für alle $x \in \mathbb{R}$, aber es gilt

$$f'(0) = 0 \neq 1 = \lim_{n\to\infty} f_n'(0).$$

Das angekündigte Resultat zur gliedweisen Differentiation von Reihen ergibt sich aus Satz 5.6, wenn man bedenkt, dass der Wert einer konvergenten Reihe als Grenzwert der Folge der Partialsummen definiert ist.

Korollar 5.6

(a) Sei $J \subset \mathbb{R}$ ein Intervall und $(f_n)_{n\in\mathbb{N}_0}$ eine Folge in $C^1(J,\mathbb{R})$, für die für alle $x \in J$ die Reihe $\sum_{n=0}^{\infty} f_n(x)$ konvergent und die Reihe $\sum_{n=0}^{\infty} f_n'(x)$ in J gleichmäßig konvergent ist. Dann ist die Funktion $x \mapsto \sum f_n(x)$ stetig differenzierbar und es gilt

$$\frac{d}{dx}\left(\sum_{n=0}^{\infty} f_n(x)\right) = \sum_{n=0}^{\infty} f_n'(x) \quad \text{für} \quad x \in J.$$

(b) Sei $\sum_{k=0}^{\infty} a_k x^k$ eine Potenzreihe mit Konvergenzradius $r \neq 0$ und damit die Funktion f definiert durch $f(x) := \sum_{k=0}^{\infty} a_k x^k$ für $x \in (-r,r)$.

Dann ist $f \in C^1((-r,r),\mathbb{R})$, (bzw. $C^1((-r,r),\mathbb{C})$, wenn die Koeffizienten komplex sind), und es gilt $f'(x) = \sum_{k=1}^{\infty} k a_k x^{k-1}$ für $x \in (-r,r)$.

Beweis:
(a) Das Ergebnis folgt aus Satz 5.6 angewandt auf die Folge $(s_n)_{n\in\mathbb{N}_0}$ der Partialsummen der Reihe $\sum_n f_n$, wenn man berücksichtigt, dass $s_n'(x) = \sum_{k=0}^{n} f_n'(x)$ gilt.
(b) Es genügt zu zeigen, dass bei passender Interpretation ein Spezialfall von (a) vorliegt.
Dazu sei zuerst überlegt, dass die Reihe $\sum_{k=1}^{\infty} k a_k x^k$ ebenfalls den Konvergenzradius r hat. Wegen $k|a_k| \geq |a_k|$ für alle $k \in \mathbb{N}$ ist klar, dass der Konvergenzradius nicht größer als r sein kann. Der Konvergenzradius kann aber auch nicht kleiner sein. Denn dies könnte nach der bekannten Formel für den Konvergenzradius einer Potenzreihe nur sein, wenn $\limsup_{k\to\infty}(k|a_k|)^{1/k} > \limsup_{k\to\infty}|a_k|^{1/k}$ wäre. Man sieht aber leicht, dass dies wegen $k^{1/k} \to 1$ für $k \to \infty$ nicht möglich ist. Damit hat aber auch die uns interessierende Reihe $\sum_{k=1}^{\infty} k a_k x^{k-1}$ den Konvergenzradius r.
Sei nun $\xi \in (-r,r)$ beliebig gewählt. Ist dann dazu $\rho \in (|\xi|, r)$ beliebig gewählt, so ist die Reihe $\sum_{k=1}^{\infty} k a_k x^{k-1}$ für $x \in [-\rho,\rho]$ gleichmäßig konvergent. Dies folgt wegen der Abschätzung $|k a_k x^{k-1}| \leq |k a_k|\rho^{k-1}$ für $|x| \leq \rho$ unter Verwendung des Majorantenkriteriums aus der Konvergenz der Reihe $\sum_{k=1}^{\infty} k|a_k|\rho^{k-1}$. Damit liegen aber über dem Intervall $J := [-\rho,\rho]$ die Verhältnisse von Teil (a) vor und es folgt insbesondere $f'(\xi) = \sum_{k=1}^{\infty} k a_k \xi^{k-1}$. Da $\xi \in (-r,r)$ beliebig gewählt war, ist damit alles gezeigt. □

Die soeben geführte Argumentation zeigt wegen Lemma 5.8 aber auch, dass man bei der Integration von durch Potenzreihen gegebenen Funktionen mit gliedweiser Integration arbeiten kann.

Es gilt daher, wenn $f(t) = \sum_{k=0}^{\infty} a_k t^k$ für $t \in (-r, r)$ ist, für $\tau \in (0, r)$

$$\int_0^\tau f(t)dt = \sum_{k=0}^{\infty} a_k \int_0^\tau t^k dt = \sum_{k=0}^{\infty} a_k \frac{1}{k+1} \tau^{k+1},$$

denn es ist ja $t \mapsto \frac{1}{k+1} t^{k+1}$ eine Stammfunktion zu $t \mapsto t^k$.

5.3 Zur Berechnung von Integralen

Sehr häufig wird bei Integralen mit einer Technik gearbeitet, die als ***partielle Integration*** bekannt ist. Diese beruht letztlich darauf, dass man die Produktregel der Differentiation geeignet einsetzt.

Satz 5.7

Sind f und g aus $C^1([a, b], \mathbb{R})$, so gilt

$$\int_a^b f(t)g'(t)dt = f(b)g(b) - f(a)g(a) - \int_a^b f'(t)g(t)dt.$$

Beweis:
Da die Funktionen $t \mapsto f(t)g'(t)$ und $t \mapsto f'(t)g(t)$ beide stetig sind, sind beide in der Behauptung auftretenden Integrale sinnvoll. Wir können die Behauptung damit auch notieren als

$$\int_a^b (f(t)g'(t) + f'(t)g(t))dt = f(b)g(b) - f(a)g(a).$$

Mit $h(t) := f(t)g(t)$ ist dies nach der Produktregel für die Differentiation aber gleichbedeutend mit

$$\int_a^b h'(t)dt = h(b) - h(a),$$

was nach Satz 5.5 richtig ist. □

Meist wird partielle Integration angewandt, um kompliziertere Integrale zu vereinfachen. Dazu ein Beispiel:
Sei $\int_0^\pi t \sin(t)dt$ zu berechnen. In diesem Fall ist $f(t) = t$ und $g'(t) = \sin(t)$, wobei man g als eine Stammfunktion zu sin leicht angeben kann durch $g(t) = -\cos(t)$. Damit erhält man durch partielle Integration, wenn man die weit verbreitete Notation

$$(f(t)g(t))|_{t=a}^{t=b} = f(b)g(b) - f(a)g(a)$$

verwendet,

$$\int_0^\pi t \sin(t)dt = (-t \cos(t))|_{t=0}^{t=\pi} + \int_0^\pi \cos(t)dt.$$

Wegen $\cos(\pi) = -1$ liefern die Randterme $(-t\cos(t))|_{t=0}^{t=\pi} = \pi$ und $\int_0^\pi \cos(t)dt$ kann man wegen $(d/dt)\sin(t) = \cos(t)$ direkt angeben durch $\sin(t)|_{t=0}^{t=\pi} = 0$. Somit erhält man

$$\int_0^\pi t\sin(t)dt = \pi.$$

Man arbeitet aber auch mit partieller Integration, wenn es darum geht, zu einer gegebenen Funktion eine Stammfunktion zu finden. Sei die Funktion h von der Form $h(x) = f(x)g'(x)$, wobei f ebenfalls differenzierbar sei, und es sei eine Stammfunktion zu h gesucht, d.h. eine Funktion H mit $H'(x) = h(x)$. Auch hier kann es durchaus nützlich sein, dies darauf zurück zu führen, eine Stammfunktion der Funktion $\varphi : x \mapsto f'(x)g(x)$ zu finden. Dies folgt wieder direkt aus der Produktregel für die Differentiation. Ist Φ eine Stammfunktion zu φ, so gilt ja

$$\frac{d}{dx}(H(x) + \Phi(x)) = f(x)g'(x) + f'(x)g(x) = \frac{d}{dx}(f(x)g(x))$$

und damit mit einer Konstanten $C \in \mathbb{R}$

$$H(x) + \Phi(x) = f(x)g(x) + C.$$

(Stammfunktionen sind immer nur bis auf eine frei wählbare Konstante bestimmt, wie Korollar 4.3 zeigt.)
Meist schreibt man dies in der Notation *unbestimmter Integrale* in der Form

$$\int f(x)g'(x)dx = f(x)g(x) - \int f'(x)g(x)dx.$$

Dabei steht allgemein $\int \psi(x)dx$ für die Menge aller Stammfunktionen zu ψ.
Ist etwa entsprechend zum soeben behandelten Beispiel eine Stammfunktion zu $x \mapsto x\sin x$ gesucht, so erhält man nun mit partieller Integration und der Notation des unbestimmten Integrals

$$\int x\sin x dx = -x\cos x + \sin x + C$$

mit einer noch freien Konstanten $C \in \mathbb{R}$.

Ein interessantes Beispiel ist auch die Aufgabe, eine Stammfunktion zur Logarithmusfunktion zu finden. Hier kann man unter Verwendung von partieller Integration rechnen

$$\int \log x dx = \int 1 \cdot \log x dx = x\log x - \int x \cdot \frac{1}{x} dx = x\log x - x + C.$$

Aber auch eine zweite wichtige Regel zur Berechnung von Ableitungen, nämlich die Kettenregel, setzt man häufig ein zur Berechnung von Integralen, und zwar in der Form der ***Substitutionsformel***. Schon bei der Formulierung greifen wir dabei auf die früher bewiesene Tatsache zurück, dass eine stetige reellwertige Funktion ein abgeschlossenes beschränktes Intervall wieder in eine abgeschlossenes beschränktes Intervall überführt.

Satz 5.8

Sei $[\alpha, \beta] \subset \mathbb{R}$ ein beschränktes abgeschlossenes Intervall, sei $\varphi \in C^1([\alpha,\beta],\mathbb{R})$, sei $a = \varphi(\alpha)$ und $b = \varphi(\beta)$ mit $a \neq b$. Dann gilt: Ist $f : \varphi([\alpha,\beta]) \to \mathbb{R}$ stetig, so gilt

$$\int_a^b f(t)dt = \int_\alpha^\beta (f \circ \varphi)(s)\varphi'(s)ds.$$

Beweis:
Man beachte, dass beide in der Behauptung auftretenden Integrale sinnvoll sind, denn wegen $a = \varphi(\alpha)$ und $b = \varphi(\beta)$ ist ja, wenn wir zunächst $a < b$ annehmen, sicherlich $[a,b] \subset \varphi([\alpha,\beta])$. Auch ist $(f \circ \varphi) \cdot \varphi'$ stetig auf $[\alpha,\beta]$.
Wir betrachten nun die Funktion $F(t) := \int_a^t f(\tau)d\tau$ für $t \in [a,b]$. Es gilt dann nach Satz 5.4 $F'(t) = f(t)$ und die Funktion $G := F \circ \varphi$ ist auf $[\alpha,\beta]$ ebenfalls differenzierbar mit der Ableitung

$$G'(s) = F'(\varphi(s))\varphi'(s) = (f \circ \varphi)(s)\varphi'(s) \quad \text{für} \quad s \in [\alpha,\beta].$$

Damit gilt nach Satz 5.5 aber

$$\int_\alpha^\beta (f \circ \varphi)(s)\varphi'(s)ds = G(\beta) - G(\alpha) = F(b) - F(a) = \int_a^b f(\tau)d\tau.$$

Ist nun aber $b < a$, so betrachtet man $F(t) := \int_b^t f(\tau)d\tau$ und erhält mit genau den gleichen Schlüssen zuletzt $G(\beta) - G(\alpha) = F(b) - F(a) = -\int_b^a f(\tau)d\tau = \int_a^b f(\tau)d\tau$. □

Praktisch läuft die Verwendung der Substitutionsregel in der Form eines Rezeptes so ab, dass man zur Berechnung von $\int_a^b f(t)dt$ die Substitution $t = \varphi(s)$ vornimmt, formal $dt = \varphi'(s)ds$ setzt und die Integrationsgrenzen umrechnet entsprechend $a = \varphi(\alpha)$, $b = \varphi(\beta)$.

Sei der Einsatz der Substitutionsregel an Hand eines Beispiels demonstriert, das auch deutlich zeigt, dass Integrieren in gewissem Sinn eine Kunst ist, (die heute wegen der Computer-Algebra-Programme nicht mehr so wichtig wie früher ist). Sei das Integral $\int_0^{\pi/2} (\sin\tau)^5 d\tau$ zu berechnen. Schreibt man zunächst

$$\int_0^{\pi/2} (\sin\tau)^5 d\tau = \int_0^{\pi/2} (1 - \cos^2 s)^2 \sin s\, ds,$$

so sieht man, dass hier der Integrand $(1 - \cos^2 s)^2 \sin s$ eigentlich die Form $f(\varphi(s))\varphi'(s)$ hat. Dies legt es nahe, die oben notierte Substitutionsregel sozusagen rückwärts zu lesen, was bedeutet, dass $t = \cos s$ zu setzen ist. Integriert man bei s über $[0, \pi/2]$, so liegt nun offenbar der oben betrachtete Fall $b = \cos(\pi/2) < 1 = \cos 0 = a$ vor. Damit erhält man wegen $dt = -\sin s\, ds$

$$\int_0^{\pi/2} (1 - \cos^2 s)^2 \sin s\, ds = -\int_1^0 (1 - t^2)^2 dt = \int_0^1 (1 - t^2)^2 dt.$$

Das letzte Integral kann man nun aber leicht berechnen, weil eine Stammfunktion zu $f(t) = (1-t^2)^2$ sofort angegeben werden kann. Mit $F(t) = t - (2/3)t^3 + (1/5)t^5$ gilt $F'(t) = 1 - 2t^2 + t^4$. Damit gilt

$$\int_0^1 (1-t^2)^2 dt = F(1) - F(0) = 1 - \frac{2}{3} + \frac{1}{5}.$$

Es ist zu erwarten, dass man die Substitutionsformel grundsätzlich auch zur Berechnung von Stammfunktionen, d.h. zur Berechnung von unbestimmten Integralen einsetzen können sollte. Hierbei muss man jedoch etwas beachten, das beim Ergebnis von Satz 5.8 keine Rolle spielt. Schreibt man zunächst wie bei Satz 5.8, wenn $t = \varphi(s)$ und $a = \varphi(\alpha)$ ist,

$$\int_a^t f(\tau)d\tau = \int_\alpha^s (f \circ \varphi)(\sigma)\varphi'(\sigma)d\sigma,$$

so erhält man, wenn man das Integral rechts ausrechnet, eine Funktion von s, man möchte aber natürlich als Stammfunktion von f eine Funktion von t haben. Das bedeutet, dass man hier noch s durch t ersetzen muss, d.h. man muss mit der Umkehrfunktion zu φ arbeiten können, um $s = \varphi^{-1}(t)$ setzen zu können. Damit kommt man dann allerdings auch zum Ziel, ohne direkt die Integrationsgrenzen berücksichtigen zu müssen. Dazu wieder das Beispiel von oben, bei dem zu cos bekanntlich tatsächlich auf passenden Intervallen die Umkehrfunktion arccos existiert. Setzt man $t = \arccos s$, so kann man damit rechnen

$$\int (1-\cos^2 t)^2 \sin t dt = -\int (1-s^2)^2 ds = -s + \frac{2}{3}s^3 - \frac{1}{5}s^5 = -\cos t + \frac{2}{3}\cos^3 t - \frac{1}{5}\cos^5 t.$$

Beim Berechnen von komplizierteren Integralen braucht man Erfahrung und Phantasie, um geschickt auf besser zu behandelnde Integrale zu kommen. Systematisch kann man allerdings vorgehen, wenn man sogenannte rationale Funktionen zu integrieren hat, das sind Funktionen, die durch einen Quotienten von zwei Polynomfunktionen gegeben sind. Grundlage für die Möglichkeit, hierbei systematisch vorzugehen, bildet dabei die sogenannte ***Partialbruchzerlegung***. Es sei dies zuerst an einem einfachen Beispiel demonstriert.
Es sei eine Stammfunktion zur Funktion

$$f(x) := \frac{x^2-2}{x^3-x}$$

zu bestimmen. Es ist also f Quotient der zwei Polynomfunktionen $p(x) := x^2 - 2$ und $q(x) := x^3 - x$. Die Polynomfunktion q kann man leicht als Produkt von *Linearfaktoren* schreiben, denn offenbar gilt

$$q(x) = x(x^2-1) = x(x+1)(x-1).$$

Dies ermöglicht es nun, die rationale Funktionen p/q mit geeigneten Koeffizienten $a, b, c \in \mathbb{R}$ in der Form einer 'Partialbruchzerlegung'

$$\frac{p(x)}{q(x)} = \frac{a}{x} + \frac{b}{x+1} + \frac{c}{x-1}$$

zu schreiben. Dies gilt offenbar für alle $x \notin \{0,-1,1\}$, wenn

$$p(x) = a(x+1)(x-1) + bx(x-1) + cx(x+1)$$

gilt. Es soll also

$$x^2 - 2 = (a+b+c)x^2 + (c-b)x - a$$

gelten. Dies führt auf $a = 2$, $c - b = 0$ und $a+b+c = 1$, so dass geeignete Koeffizienten b und c noch aus den zwei Gleichungen

$$b - c = 0, \quad b + c = -1$$

zu bestimmen sind. Es folgt $b = c = -\frac{1}{2}$ und somit

$$f(x) = \frac{1}{2}\left(\frac{4}{x} - \frac{1}{x+1} - \frac{1}{x-1}\right).$$

Zu den hier auftretenden drei Summanden kann man aber leicht Stammfunktionen unter Benützung der Logarithmusfunktion angeben.

Allgemein stellt nun das folgende Lemma die wesentliche Grundlage für Partialbruchzerlegungen dar. Wir werden beim Beweis dieses Lemmas die Tatsache benützen, dass man, wenn man eine Nullstelle einer Polynomfunktion hat, einen entsprechenden Linearfaktor abspalten kann. Dies ist ein bekanntes Resultat aus der Algebra, wir werden es aber später noch ganz einfach im Zuge der Diskussion von Taylor-Polynomen erhalten.

Lemma 5.9

Seien h und k Polynomfunktionen, sei $\alpha \in \mathbb{C}$ mit $k(\alpha) \neq 0$, sei $m \in \mathbb{N}$. Dann gibt es eine Polynomfunktion h_1, so dass für alle x mit $(x-\alpha)^m k(x) \neq 0$ gilt

$$\frac{h(x)}{(x-\alpha)^m k(x)} = \frac{h(\alpha)}{k(\alpha)} \frac{1}{(x-\alpha)^m} + \frac{h_1(x)}{(x-\alpha)^{m-1} k(x)}.$$

Beweis:
Für beliebiges $a \in \mathbb{C}$ gilt natürlich

$$\frac{h(x)}{(x-\alpha)^m k(x)} = \frac{a}{(x-\alpha)^m} + \frac{h(x) - ak(x)}{(x-\alpha)^m k(x)}. \tag{5.10}$$

Ist nun speziell $a = h(\alpha)/k(\alpha)$, so ist offenbar α eine Nullstelle der Polynomfunktion $h - ak$, so dass man mit einem Polynom h_1 schreiben kann

$$h(x) - \frac{h(\alpha)}{k(\alpha)} k(x) = (x-\alpha) h_1(x).$$

Setzt man dies in (5.10) ein, so erhält man unmittelbar die Behauptung. □

Ist nun eine rationale Funktion r gegeben in der Form

$$r(x) = \frac{p(x)}{(x-\alpha_1)^{\mu_1} \cdot \ldots \cdot (x-\alpha_m)^{\mu_m}},$$

wobei die α_j alle verschieden (und i.a. komplexe Zahlen) sind, so kann man nach Lemma 5.9 offenbar sukzessiv Summanden $a(x-\alpha_j)^{-k}$ abspalten, beginnend mit $a(x-\alpha_1)^{-\mu_1}$ und zunächst die Nullstelle α_1 'abarbeitend', bis im Nenner kein Linearfaktor mit α_1 mehr auftaucht, sodann mit der Nullstelle α_2 so fortfahrend usw. Man erhält dadurch die Partialbruchzerlegung

$$r(x) = \sum_{j=1}^{m} \sum_{k=1}^{\mu_j} \frac{a_{j,k}}{(x-\alpha_j)^k} + p_0(x),$$

wobei p_0 wieder eine Polynomfunktion ist und die Koeffizienten $a_{j,k}$ auch dann, wenn r reellwertig ist, i.a. komplex sind, weil ja ein Polynom mit reellen Koeffizienten keine reellen Nullstellen haben muss. Allerdings kann man in so einem Fall eine Darstellung finden, bei der keine komplexen Zahlen auftreten, wenn man berücksichtigt, dass bei einem Polynom mit reellen Koeffizienten die komplexen Nullstellen paarweise konjugiert komplex sein müssen. (Hat p reelle Koeffizienten, so gilt ja $p(\overline{z}) = \overline{p(z)}$ für alle $z \in \mathbb{C}$.) Linearfaktoren zu konjugiert komplexen Nullstellen, etwa $x-\alpha$ und $x-\overline{\alpha}$ kann man aber zu einem Polynom zweiten Grades mit reellen Koeffizienten zusammenfassen. Man kann sich überlegen, dass man damit insgesamt bei einer reellwertigen rationalen Funktion zu einer Darstellung der Form

$$r(x) = \sum_{j=1}^{\sigma} \sum_{k=1}^{\mu_j} \frac{a_{j,k}}{(x-\alpha_j)^k} + \sum_{j=1}^{\tau} \sum_{k=1}^{\mu_j} \frac{\lambda_{j,k}(x)}{(x^2+a_j x+b_j)^k} + p_0(x) \qquad (5.11)$$

kommen kann, wobei die $\lambda_{j,k}$ reelle Polynome vom Grad ≤ 1 sind und alle auftretenden Größen reell sind.

Die Darstellung (5.11) zeigt, dass man zur Berechnung einer Stammfunktion zu r, also zur Berechnung des Integrals $\int r(x)dx$ nur vier Typen von Integralen kennen muss, nämlich $\int p(x)dx$, wobei p eine Polynomfunktion ist, $\int (x-\alpha)^{-k}dx$, $\int (x^2+ax+b)^{-k}dx$ und $\int x(x^2+ax+b)^{-k}dx$, wobei das Polynom x^2+ax+b keine reelle Nullstelle hat. Diese vier Typen von Integralen lassen sich aber recht einfach behandeln, entsprechende Formeln findet man in vielen Büchern.

5.4 Uneigentliche Integrale, Gammafunktion

Bei sogenannten 'uneigentlichen' Integralen geht es um die Integration von Funktionen, die entweder über einem beschränkten Intervall die geforderte Beschränktheitsbedingung nicht erfüllen, oder für die man das Integral über ein unbeschränktes Intervall, etwa $[0,\infty)$, noch sinnvoll definieren möchte.

Ein einfaches Beispiel zeigt bereits, wie man dabei vorgehen kann. Sei $f:(0,1] \to \mathbb{R}$ definiert durch $f(x) := x^{-1/2}$. Offenbar kann man $\int_0^1 f(x)dx$ in diesem Fall nicht wie bisher definieren, weil $f(x) \to \infty$ für $x \to 0$ gilt. Man kann aber für beliebiges $h \in (0,1)$ das Integral $\int_h^1 f(x)dx$ bilden, und es ist daher naheliegend, zu versuchen, dem Integral $\int_0^1 f(x)dx$ einen Sinn zu geben durch den Grenzwert $\lim_{h\to 0+0} \int_h^1 f(x)dx$, sofern dieser Grenzwert existiert. Dabei bedeutet bekanntlich $h \to 0{+}0$, dass man nur Folgen $(h_n)_{n\in\mathbb{N}}$ mit $h_n > 0$ für alle n und $h_n \to 0$ für $n \to \infty$ betrachtet. Man beachte, dass dies kompatibel ist mit den bisher betrachteten Situationen, weil für eine beschränkte Riemann-integrierbare Funktion $g : [0,1] \to \mathbb{R}$ immer gilt $\lim_{h\to 0+} \int_h^1 g(x)dx = \int_0^1 g(x)dx$, da nach Satz 5.3 die Funktion $h \mapsto \int_h^1 g(x)dx$ stetig ist. Diese Vorgangsweise ist bei der Funktion $f(x) = x^{-1/2}$ nun tatsächlich sinnvoll, denn es gilt

$$\int_h^1 x^{-1/2}dx = [2x^{1/2}]_{x=h}^{x=1} = 2(1-h^{1/2}).$$

Damit kann man definieren

$$\int_0^1 x^{-1/2}dx := \lim_{h\to 0+0} \int_h^1 x^{-1/2}dx = 2.$$

Im Gegensatz dazu 'konvergiert' aber das uneigentliche Integral $\int_0^1 x^{-1}dx$ nicht, denn es gilt ja

$$\int_h^1 x^{-1}dx = \log x|_{x=h}^{x=1} = -\log h \to \infty \quad \text{für} \quad h \to 0+0.$$

Es ist nun klar, wie man allgemein bei unbeschränkten reellwertigen Funktionen solche uneigentlichen Integrale definieren wird. Es ist offenbar auch konsequent, im Fall, dass so ein uneigentliches Integral existiert, von der Konvergenz des uneigentlichen Integrals zu sprechen. Damit ist es aber auch naheliegend, von ***absoluter Konvergenz*** des uneigentlichen Integrals $\int_a^b f(x)dx$ zu sprechen, wenn sogar das Integral $\int_a^b |f(x)|dx$ existiert.

Wie bei unendlichen Reihen folgt aus der absoluten Konvergenz des uneigentlichen Integrals immer die Konvergenz. Um dies zu sehen, muss man sich nur überlegen, dass aus der Tatsache, dass für eine Folge $(h_n)_{n\in\mathbb{N}}$ mit $h_n \to 0$ die Folge $(\int_{a+h_n}^b |f(x)|dx)_{n\in\mathbb{N}}$ eine Cauchy-Folge ist, auch folgt, dass die Folge $(\int_{a+h_n}^b f(x)dx)_{n\in\mathbb{N}}$ eine Cauchy-Folge ist. Dies zeigt aber sofort die Abschätzung, (bei der zur Vereinfachung $h_m > h_n$ angenommen sei),

$$\left|\int_{a+h_n}^{a+h_m} f(x)dx\right| \le \int_{a+h_n}^{a+h_m} |f(x)|dx.$$

Es ist vorteilhaft, die absolute Konvergenz eines uneigentlichen Integrals nachzuweisen, weil man dabei ähnlich wie bei unendlichen Reihen mit Majoranten arbeiten kann, d.h. weiß man, dass mit einer positiven Funktion g gilt $|f(x)| \le g(x)$ für alle $x \in (a,b)$, so folgt aus der Konvergenz von $\int_a^b g(x)dx$ die absolute Konvergenz von $\int_a^b f(x)dx$, weil man ja wieder abschätzen kann

$$\int_{a+h_n}^{a+h_m} |f(x)|dx \le \int_{a+h_n}^{a+h_m} g(x)dx.$$

So weiß man nun z.B., dass das bei $x = 0$ uneigentliche Integral $\int_0^1 f(x)dx$ sicher konvergiert, wenn es ein $M > 0$ gibt mit $x^{1/2}|f(x)| \le M$ für $x \in (0,1)$.

Ganz ähnlich behandelt man uneigentliche Integrale, bei denen das Integrationsintervall unbeschränkt ist. So definiert man, sofern der Grenzwert existiert, für eine in $[a,\infty)$ lokal integrierbare Funktion f

$$\int_a^\infty f(x)dx := \lim_{\xi\to\infty} \int_a^\xi f(x)dx.$$

Auch in diesem Zusammenhang spricht man von Konvergenz und absoluter Konvergenz, wobei man auch mit Majoranten arbeiten kann.

Ein einfaches Beispiel für so ein Integral wird gegeben durch $\int_0^\infty e^{-x}dx$. Da bekanntlich $\int_0^\xi e^{-x}dx = -e^{-\xi} + 1$ gilt, erhält man $\int_0^\infty e^{-x}dx = 1$.

Dieses uneigentliche Integral ist ein Spezialfall eines allgemeineren Integrals, das man benützt, um eine wichtige Funktion, die sogenannte ***Gammafunktion*** zu definieren. Und zwar definiert man für $x > 0$

$$\Gamma(x) := \int_0^\infty e^{-t}t^{x-1}dt.$$

Ist $x = 1$, so erhält man offenbar das soeben betrachtete Integral; ist $x > 1$, so liegt ebenfalls ein uneigentliches Integral wegen des nichtkompakten Integrationsintervalls vor, ist aber $x < 1$, so ist zusätzlich noch der Integrand für $t \to 0$ nicht beschränkt, so dass man in diesem Fall das Integral als Summe zweier uneigentlicher Integrale in der Form

$$\int_0^\infty e^{-t}t^{x-1}dt = \int_0^1 e^{-t}t^{x-1}dt + \int_1^\infty e^{-t}t^{x-1}dt \tag{5.12}$$

auffassen muss. Auf den Nachweis der Konvergenz dieser zwei Teilintegrale sei später eingegangen. Zunächst sei kurz diskutiert, wieso die Gammafunktion wichtig ist. Entscheidend ist, dass die Gammafunktion der folgenden Funktionalgleichung genügt:

$$\Gamma(x+1) = x\Gamma(x) \quad \text{für} \quad x > 0. \tag{5.13}$$

Dies sieht man unter Verwendung von partieller Integration. Danach gilt für $0 < \alpha < \beta < \infty$ und $x > 0$

$$\int_\alpha^\beta e^{-t}t^x dt = [-e^{-t}t^x]_{t=\alpha}^{t=\beta} + x\int_\alpha^\beta e^{-t}t^{x-1}dt.$$

Daraus folgt dann (5.13), indem man die Grenzübergänge $\alpha \to 0$ bzw. $\beta \to \infty$ durchführt. Dabei ergibt sich $\lim_{t\to\infty} e^{-t}t^x = 0$ aus der für $t > 0$ und alle $m \in \mathbb{N}$ geltenden Ungleichung

$$0 \le \frac{t^m}{e^t} \le \frac{t^m}{((m+1)!)^{-1}t^{m+1}} = \frac{(m+1)!}{t}.$$

Aus der Funktionalgleichung (5.13) kann man rasch erschließen, dass

$$\Gamma(n+1) = n! \quad \text{für} \quad n \in \mathbb{N}_0 \tag{5.14}$$

gilt. Wie wir oben gesehen haben, gilt ja $\Gamma(1) = \int_0^\infty e^{-t}dt = 1$. Davon ausgehend erhält man (5.14) durch einen Induktionsschluss. Denn es ist ja nach (5.13)

$$\Gamma(n+2) = (n+1)\Gamma(n+1) = (n+1)(n!) = (n+1)!.$$

Es ist also gewissermaßen die Gammafunktion eine kontinuierliche Fortsetzung der zunächst nur für $n \in \mathbb{N}_0$ definierten Fakultätsfunktion. Tatsächlich lässt sich noch eine weitere Fortsetzung vornehmen, und zwar sogar auf die Menge $\mathbb{C} \setminus \{-\mathbb{N}_0\}$, wobei sogar die Gültigkeit der Funktionalgleichung $\Gamma(z+1) = z\Gamma(z)$ erhalten bleibt. Einzelheiten dazu findet man etwa in Amann-Escher [1].

Doch nun zur Konvergenz der zwei uneigentlichen Integrale in (5.12).

Die sogar absolute Konvergenz des Integrals $\int_0^1 e^{-t}t^{x-1}dt$ folgt wegen der Abschätzung $0 < t^{x-1}e^{-t} < t^{x-1}$ für $0 < t \le 1$, wenn man weiß, dass das Integral $\int_0^1 t^{x-1}dt$ für alle $x \in (0,1)$ konvergent ist. Nun gilt aber für $a \in (0,1)$

$$\int_a^1 t^{x-1}dt = \frac{1}{x}t^x|_{t=a}^{t=1} = \frac{1}{x}(1 - a^x)$$

und $1 - a^x = 1 - \exp(x \log a) \to 1$ für $a \to 0$.

Die Konvergenz des Integrals $\int_1^\infty e^{-t}t^{x-1}dt$ liefert die folgende Überlegung:

Wegen $\lim_{t\to\infty} e^{-t}t^{x+1} = 0$ gibt es sicher ein $t_0 > 1$ mit $e^{-t}t^{x+1} < 1$ für $t > t_0$. Damit gilt aber $e^{-t}t^{x-1} < t^{-2}$ für $t > t_0$ und die Konvergenz des Integrals folgt, wenn das Integral $\int_{t_0}^\infty t^{-2}dt$ konvergent ist. Wegen

$$\int_{t_0}^a t^{-2}dt = -t^{-1}|_{t=t_0}^{t=a} = t_0^{-1} - a^{-1}$$

ist dies aber der Fall.

Zum Abschluss dieses Abschnitts sei noch eine Möglichkeit diskutiert, die Konvergenz von Reihen zu untersuchen unter Verwendung von uneigentlichen Integralen. Wir beginnen mit folgendem einfachen Lemma:

Lemma 5.10

Sei $[a, b] \subset \mathbb{R}$ ein kompaktes Intervall, sei $f : [a, b] \to \mathbb{R}$ monoton wachsend. Dann ist f Riemann-integrierbar.

Beweis:
Zunächst ist zu bemerken, dass f wegen $f(a) \leq f(t) \leq f(b)$ für alle $t \in [a, b]$ beschränkt ist. Wir zeigen nun, dass es zu jedem $\varepsilon > 0$ eine Zerlegung Z des Intervalls $[a, b]$ gibt mit $\sigma(Z, f) < \varepsilon$. Sei also $\varepsilon > 0$ gegeben, sei dazu $n \in \mathbb{N}$ so gewählt, dass

$$(f(b) - f(a))(b - a) < n\varepsilon$$

gilt. Ist dann Z eine äquidistante Zerlegung von $[a, b]$ mit $t_k - t_{k-1} = (b - a)/n$ für $k = 1, \ldots, n$, so gilt wegen der Monotonie von f

$$\begin{aligned}\sigma(Z, f) &= \sum_{k=1}^{n}(t_k - t_{k-1})(f(t_k) - f(t_{k-1})) \\ &= \frac{b-a}{n}\sum_{k=1}^{n}(f(t_k) - f(t_{k-1})) = \frac{b-a}{n}(f(b) - f(a)) < \varepsilon.\end{aligned}$$

Damit ist also bereits eine passende Zerlegung Z gefunden. □

Da sich das Resultat sofort auf monoton fallende Funktionen übertragen lässt, ist nun klar, dass man es im folgenden Satz mit einer lokal Riemann-integrierbaren Funktion zu tun hat.

Satz 5.9

Sei $f : [1, \infty) \to \mathbb{R}$ monoton fallend und es gelte $f(t) \geq 0$ für alle $t \in [1, \infty)$, sei $a_n := f(n)$ für $n \in \mathbb{N}$. Dann gilt:
Die Reihe $\sum_{n=1}^{\infty} a_n$ ist genau dann konvergent, wenn das uneigentliche Integral $\int_1^{\infty} f(t)dt$ konvergiert.

Beweis:
Sei $k \in \mathbb{N}$ beliebig gewählt. Dann gilt aufgrund der Monotonie von f

$$f(k+1) \leq \int_k^{k+1} f(t)dt \leq f(k).$$

Daraus folgt für beliebiges $n \in \mathbb{N} \setminus \{1\}$

$$\sum_{k=2}^{n+1} a_k = \sum_{k=1}^{n} f(k+1) \leq \int_1^{n+1} f(t)dt \leq \sum_{k=1}^{n} f(k) = \sum_{k=1}^{n} a_k.$$

Wegen $a_k \geq 0$ für alle k zeigt nun die linke Hälfte dieser Abschätzung, dass aus der Konvergenz des Integrals $\int_1^{\infty} f(t)dt$ die Konvergenz der Reihe $\sum_{k=1}^{\infty} a_k$ folgt. Entsprechend zeigt die rechte Hälfte, dass aus der Konvergenz der Reihe die Konvergenz des

Integrals $\int_1^\infty f(t)dt$ folgt. Denn da ja sogar $\int_1^m f(t)dt < \sum_{k=1}^\infty a_k$ für alle $m \in \mathbb{N}$ gilt, ist die wegen $f(t) \geq 0$ für alle t monoton wachsende Funktion $x \in [1, \infty) \mapsto \int_1^x f(t)dt$ nach oben beschränkt. Daraus folgt aber die Existenz des Grenzwerts $\lim_{x\to\infty} \int_1^x f(t)dt$ und somit die Konvergenz des uneigentlichen Integrals aufgrund des im folgenden Lemma notierten allgemeinen Resultats. □

Lemma 5.11

Sei $a \in \mathbb{R}$, sei $f : [a, \infty) \to \mathbb{R}$ monoton wachsend und nach oben beschränkt. Dann existiert $\lim_{x\to\infty} f(x)$.

Beweis:
Nach Voraussetzung existiert $\sup_{x\in[a,\infty)} f(x) =: s$. Es reicht zu zeigen, dass für jede Folge $(x_n)_{n\in\mathbb{N}}$ in $[a, \infty)$ mit $x_n \to \infty$ für $n \to \infty$ gilt $f(x_n) \to s$ für $n \to \infty$. Das wird indirekt erledigt. Wir nehmen an, dass es eine solche Folge (x_n) geben würde, so dass zu einem $\varepsilon > 0$ zu jedem $m \in \mathbb{N}$ ein $n_m \geq m$ existiert mit $s - f(x_{n_m}) \geq \varepsilon$. Zu diesem $\varepsilon > 0$ gibt es aber ein $b > a$, so dass $s - f(b) < \varepsilon$ gilt. Wegen der Monotonie von f gilt dann sogar $s - f(x) < \varepsilon$ für alle $x \geq b$. Da aber für genügend großes m wegen $n_m \geq m$ sicher $x_{n_m} > b$ gilt, ist damit ein Widerspruch erreicht. □

Wir wissen bereits, dass die Reihe $\sum_{k=1}^\infty k^{-1}$ divergent, die Reihe $\sum_{k=1}^\infty k^{-2}$ aber konvergent ist. Mit Hilfe von Satz 5.9 ist nun leicht zu sehen, dass sogar alle Reihen $\sum_{k=1}^\infty k^{-(1+\varepsilon)}$ mit $\varepsilon > 0$ konvergent sind. Dazu ist offenbar nur zu zeigen, dass das uneigentliche Integral $\int_1^\infty t^{-(1+\varepsilon)}dt$ konvergent ist. Dies ergibt sich aber sofort aus

$$\int_1^\tau t^{-(1+\varepsilon)}dt = -\frac{1}{\varepsilon}t^{-\varepsilon}|_{t=1}^{t=\tau} = \frac{1}{\varepsilon}(1 - \tau^{-\varepsilon}).$$

Zu diesem Resultat gibt es interessante Verfeinerungen unter Benützung des *iterierten Logarithmus*, von denen hier aber nur der einfachste Fall diskutiert sei. Bekanntlich gilt ja $k < e^k$ für $k \in \mathbb{N}$. Damit gilt auch $\log k < k$ für $k \in \mathbb{N}$. Damit ist es auch verständlich, dass die Reihe $\sum_{k=2}^\infty (k \log k)^{-1}$ im Gegensatz zur Reihe $\sum_{k=1}^\infty k^{-2}$ divergent ist. Dies zeigt auch wieder Satz 5.9. Denn nach der Kettenregel gilt

$$\frac{d}{dx}(\log(\log x)) = \frac{1}{x \log x} \quad \text{für} \quad x > 1$$

und somit gilt

$$\int_2^\tau \frac{1}{t \log t}dt = \log(\log t)|_{t=2}^{t=\tau} \to \infty \quad \text{für} \quad \tau \to \infty.$$

Die Reihe $\sum_{k=2}^\infty \frac{1}{k(\log k)^a}$ ist jedoch für jedes $a > 1$ wieder konvergent! Denn es gilt

$$\frac{d}{dx}(\log x)^{1-a} = \frac{1-a}{x(\log x)^a}$$

und $(\log \tau)^{1-a} \to 0$ für $\tau \to \infty$, wenn $a > 1$ ist. Für die erwähnten weiteren Verfeinerungen sei etwa auf Heuser [5] verwiesen.

Aufgaben

1. Sei $a \in \mathbb{R} \setminus \{-1\}$ und $r > 1$. Man berechne $\int_1^r t^a dt$ unter Verwendung von Riemannschen Summen. (Man arbeite mit einer nicht-äquidistanten Zerlegung von $[1, r]$.)

2. Sei $f : \mathbb{R} \to \mathbb{R}$ stetig und seien $\varphi : \mathbb{R} \to \mathbb{R}$ und $\psi : \mathbb{R} \to \mathbb{R}$ differenzierbar mit $\varphi(x) \leq \psi(x)$ für alle x. Man zeige, dass die für $x \in \mathbb{R}$ durch
$$g(x) := \int_{\varphi(x)}^{\psi(x)} f(t)dt$$
definierte Funktion $g : \mathbb{R} \to \mathbb{R}$ differenzierbar ist, und bestimme ihre Ableitung.

3. Man berechne $c_n := \int_0^{\pi/2} (\cos t)^n dt$ für $n \in \mathbb{N}$ durch Gewinnung einer Rekursionsformel der Art $c_n = a_n c_{n-2}$.

4. Sei $b \geq 2$. Man berechne die Integrale
(i) $\int_0^b \frac{\sin t}{\sqrt{2+\cos t}} dt$, (ii) $\int_2^b \frac{1}{\sqrt{t^2-1}} dt$, (iii) $\int_2^b \frac{t^2-t+1}{(t-1)^3} dt$.

5. Man ermittle eine Stammfunktion zu $f(x) = \frac{x^3+4x^2-6x+3}{\sqrt{-x^2+6x+5}}$.

6. (a) Sei $f : [0, \infty) \to \mathbb{R}$ lokal integrierbar und es gelte $f(t) \to \eta$ für $t \to \infty$. Man zeige, dass dann
$$\frac{1}{t} \int_0^t f(\tau) d\tau \to \eta$$
für $t \to \infty$ gilt.
(b) Seien $f : [0, \infty) \to \mathbb{R}$ und $g : [0, \infty) \to \mathbb{R}$ stetig und es gelte $f(t) \to \eta$, $g(t) \to \xi$ für $t \to \infty$. Man zeige, dass dann
$$\frac{1}{t} \int_0^t f(\tau) g(t-\tau) d\tau \to \eta\xi$$
für $t \to \infty$ gilt.

7. Sei $f : [0, \infty) \to \mathbb{R}$ definiert durch
$$f(0) := 1, \quad f(x) := \frac{1}{x} \sin x \quad \text{für} \quad x > 0.$$
Man zeige, dass das uneigentliche Integral $\int_0^\infty f(x)dx$ konvergent, aber nicht absolut konvergent ist.

8. Man zeige, dass der Grenzwert $\lim_{r\to\infty} \int_{-r}^r \frac{2x}{1+x^2} dx$ existiert, die zwei uneigentlichen Integrale $\int_{-\infty}^0 \frac{2x}{1+x^2} dx$ unf $\int_0^\infty \frac{2x}{1+x^2} dx$ aber nicht konvergent sind.

9. Die Riemannsche Zetafunktion ist für $s > 1$ definiert durch

$$\zeta(s) := \sum_{n=1}^{\infty} \frac{1}{n^s}.$$

Man zeige, dass

$$\zeta(s) = s \int_1^{\infty} \frac{[x]}{x^{s+1}} dx$$

gilt. (Dabei ist $[x] = \max\{k \in \mathbb{Z} : k \leq x\}$.)

10. Seien $a, b \in \mathbb{R}$ mit $a < b$, seien $f : [a, b] \to \mathbb{R}$ und $p : [a, b] \to \mathbb{R}$ stetig und es gelte $p(t) \geq 0$ für $t \in [a, b]$. Man zeige, dass es ein $\tau \in [a, b]$ gibt mit

$$\int_a^b f(t)p(t)dt = f(\tau) \int_a^b p(t)dt.$$

6 Differenzierbarkeit II

Die Diskussion von verschiedenen Aspekten der Differenzierbarkeit von Abbildungen soll nun fortgesetzt werden. Insbesondere werden dabei im zweiten Abschnitt auch Fragen der Differenzierbarkeit von Abbildungen in einem allgemeineren Rahmen, der auch Funktionen mehrerer reeller Variabler umfassen wird, behandelt.

6.1 Ableitungen höherer Ordnung, Taylorformel

Bekanntlich kann man, wenn eine auf einem Intervall $I \subset \mathbb{R}$ definierte Funktion $f : I \to \mathbb{R}$ differenzierbar ist, jedem $x \in I$ die Ableitung $f'(x) \in \mathbb{R}$ zuordnen und damit eine Funktion $f' : I \to \mathbb{R}$ definieren. Diese Funktion muss jedoch keineswegs stetig sein. Dazu das folgende Beispiel:
Sei $f : \mathbb{R} \to \mathbb{R}$ definiert durch

$$f(x) := x^2 \sin(1/x) \quad \text{für} \quad x \neq 0, \quad f(0) := 0.$$

Es ist nach unseren Ergebnissen klar, dass f in allen Punkten $x \neq 0$ differenzierbar ist, und dass man unter Verwendung der Produktregel und der Kettenregel erhält

$$f'(x) = 2x \sin(1/x) - \cos(1/x) \quad \text{für} \quad x \neq 0.$$

Die Funktion f ist jedoch auch im Punkt $x = 0$ differenzierbar und es gilt $f'(0) = 0$. Denn wegen $|\sin t| \leq 1$ für alle $t \in \mathbb{R}$ gilt $|x \sin(1/x)| \leq |x|$ für alle $x \in \mathbb{R} \setminus \{0\}$ und somit

$$\lim_{x \to 0} \frac{1}{x}(f(x) - f(0)) = \lim_{x \to 0} x \sin(1/x) = 0.$$

Die damit gegebene Funktion $f' : \mathbb{R} \to \mathbb{R}$ ist aber im Punkt $x = 0$ nicht folgenstetig und somit nicht stetig. Denn betrachtet man die durch $x_n := (2\pi n)^{-1}$ definierte Folge $(x_n)_{n \in \mathbb{N}}$, so gilt natürlich $x_n \to 0$ für $n \to \infty$, es gilt aber auch

$$f'(x_n) = \frac{1}{\pi n} \sin(2\pi n) - \cos(2\pi n) = -1 \quad \text{für alle} \quad n \in \mathbb{N}$$

und somit konvergiert die Folge $(f'(x_n))_{n \in \mathbb{N}}$ nicht gegen $f'(0)$.

Andererseits ist es aber möglich, dass die Funktion f' selber sogar wieder differenzierbar ist. Man denke nur etwa an die Exponentialfunktion, bei der man diesen Prozess des wiederholten Differenzierens beliebig fortsetzen kann. Differenziert man ein zweites Mal, so verwendet man dafür die Notation f'', allgemeiner aber beim k-ten Differenzieren die Notation $f^{(k)}$. Man schreibt aber auch $(d/dx)^n f$ oder $d^n f/dx^n$. Es ist nun üblich, in Verallgemeinerung einer bereits benützten Notation für $k \in \mathbb{N}$ zu definieren

$$C^k(I,\mathbb{R}) := \{f : I \to \mathbb{R} \,:\, f^{(j)} : I \to \mathbb{R} \quad \text{existiert für} \quad j = 1,\ldots,k \text{ und } f^{(k)} \text{ ist stetig}\}.$$

(Man beachte, dass aus $f \in C^k(I,\mathbb{R})$ folgt, dass alle Ableitungen $f^{(j)}$ mit $j = 1,\ldots,k$ und f selber stetig sein müssen.) Entsprechend definiert man noch

$$C(I,\mathbb{R}) := \{f : I \to \mathbb{R} \,:\, f \quad \text{ist stetig}\}$$

und

$$C^\infty(I,\mathbb{R}) := \{f : I \to \mathbb{R} \,:\, f^{(j)} : I \to \mathbb{R} \quad \text{existiert für alle} \quad j \in \mathbb{N}\}.$$

Um einheitlicher notieren zu können, verwendet man häufig auch die Schreibweise $C^0(I,\mathbb{R})$ für $C(I,\mathbb{R})$. Trivialerweise gilt damit $C^k(I,\mathbb{R}) \subset C^j(k,\mathbb{R})$ für $j \leq k$ und

$$C^\infty(I,\mathbb{R}) = \bigcap_{k=0}^{\infty} C^k(I,\mathbb{R}).$$

Es ist aufgrund der Rechenregeln für stetige und für differenzierbare Funktionen klar, dass die Mengen $C^k(I,\mathbb{R})$ für $k \in \mathbb{N}_0$ und $k = \infty$ wie üblich mit einer Vektorraumstruktur versehen werden können, indem man definiert

$$(f+g)(x) := f(x) + g(x), \quad (\alpha f)(x) := \alpha f(x) \quad \text{für} \quad f,g \in C^k(I,\mathbb{R}),\ \alpha \in \mathbb{R},\ x \in \mathbb{R}.$$

Zusätzlich ist aber auch das entsprechend punktweise definierte Produkt $f \cdot g$ zweier Funktionen aus $C^k(I,\mathbb{R})$ wieder aus $C^k(I,\mathbb{R})$. Dies folgt daraus, dass in Verallgemeinerung der Produktregel für Ableitungen höherer Ordnung die sogenannte ***Leibnizsche Formel*** gilt:

$$(f \cdot g)^{(k)} = \sum_{j=0}^{k} \binom{k}{j} f^{(k-j)} \cdot g^{(j)}.$$

Im Fall $k = 1$ ist dies offenbar genau die Produktregel, für $k > 1$ kann man es durch einen Induktionsschluss leicht beweisen.

Aus unseren Ergebnissen zur gliedweisen Differentiation von Potenzreihen ergibt sich nun sofort eine wichtige Folgerung:

Korollar 6.1

Ist $f : (-r,r) \to \mathbb{R}$ darstellbar durch eine Potenzreihe, gilt also $f(x) = \sum_{k=0}^{\infty} a_k x^k$ für $x \in (-r,r)$, so ist $f \in C^\infty(I,\mathbb{R})$ und es gilt

$$f^{(n)}(x) = \sum_{k=n}^{\infty} a_k \left(\prod_{j=0}^{n-1}(k-j)\right) x^{k-n} \quad \text{für} \quad n \in \mathbb{N},\ x \in (-r,r).$$

Beweis:
Ist $f(x) = \sum_{k=0}^{\infty} a_k x^k$ für $x \in (-r, r)$, so haben wir bereits gezeigt, dass

$$f'(x) = \sum_{k=1}^{\infty} a_k k x^{k-1}$$

für $x \in (-r, r)$ gilt. Auf f' ist aber nun dieses Resultat auch anwendbar usw. Dies führt offenbar zur Behauptung. □

Es stellt sich nun natürlich die Frage, ob vielleicht die lokal durch eine Potenzreihe darstellbaren Funktionen die einzigen sind, die beliebig oft differenzierbar sind. Wir werden uns nun davon überzeugen, dass die Antwort auf diese Frage negativ ist, wenn wir Funktionen einer reellen Variablen betrachten. Und zwar ist es nicht schwierig, dies durch ein geeignetes Beispiel zu zeigen. Es reicht, die Funktion $f : \mathbb{R} \to \mathbb{R}$ zu definieren durch

$$f(x) := \exp(-\frac{1}{x}) \quad \text{für} \quad x > 0, \quad f(x) := 0 \quad \text{für} \quad x \leq 0. \tag{6.1}$$

Setzt man $f_1 := f|_{(-\infty,0]}$ und $f_2 := f|_{(0,\infty)}$, so gilt nach unseren bisherigen Ergebnissen $f_1 \in C^\infty((-\infty, 0], \mathbb{R})$ und $f_2 \in C^\infty((0, \infty), \mathbb{R})$. Dabei ist natürlich $f_1^{(k)}(x) = 0$ für alle $x \leq 0$ und $k \in \mathbb{N}_0$. Bei f_2 sind die Verhältnisse offenbar komplizierter. Zunächst ist nach der Kettenregel

$$f_2'(x) = \frac{1}{x^2} \exp(-\frac{1}{x}) \quad \text{für} \quad x > 0.$$

Zur Berechnung von f_1'' muss man nun die Produktregel und die Kettenregel einsetzen. Dies liefert

$$f_2''(x) = (-\frac{2}{x^3} + \frac{1}{x^4}) \exp(-\frac{1}{x}) \quad \text{für} \quad x > 0.$$

Durch einen Induktionsschluss ergibt sich nun, dass allgemein $f_2^{(k)}$ für $k \geq 1$ von der Form

$$f_2^{(k)}(x) = p_k(\frac{1}{x}) \exp(-\frac{1}{x}) \quad \text{für} \quad x > 0$$

ist, wobei p_k eine Polynomfunktion vom Grad $2k$ ist. Für $k = 1$ und $k = 2$ haben wir uns bereits davon überzeugt; der Schluss von k auf $k+1$ ist Routine: Nach der Produkt- und Kettenregel können wir rechnen

$$f^{(k+1)}(x) = (f^{(k)})'(x) = p_k'(\frac{1}{x})(-\frac{1}{x^2}) \exp(-\frac{1}{x}) + p_k(\frac{1}{x})(\frac{1}{x^2}) \exp(-\frac{1}{x})$$

und da p_k' eine Polynomfunktion vom Grad $2k - 1$ ist, erhält man durch

$$p_{k+1}(t) := -t^2(p_k'(t) - p_k(t))$$

eine Polynomfunktion vom Grad $2k + 2 = 2(k + 1)$.

Diese Überlegungen zeigen, dass $f \in C^\infty(\mathbb{R}, \mathbb{R})$ sein wird, wenn wir zeigen können, dass für jedes feste $n \in \mathbb{N}_0$ die durch

$$\psi_n(x) := \frac{1}{x^n} \exp(-\frac{1}{x}) \quad \text{für} \quad x > 0, \quad \psi_n(x) := 0 \quad \text{für} \quad x \leq 0 \tag{6.2}$$

definierte Funktion an der Stelle $x = 0$ differenzierbar ist, (wobei offenbar nur $\psi_n'(0) = 0$ in Frage kommt.) Tatsächlich kann man dies bestätigen, indem man über die linksseitige und rechtsseitige Differenzierbarkeit im Punkt $x = 0$ schließt. Dazu noch einige Vorarbeiten.

Betrachtet man die Funktion $f : x \in \mathbb{R} \mapsto |x| \in \mathbb{R}$, so ist diese bekanntlich im Punkt $x = 0$ nicht differenzierbar.
Ist aber $(x_n)_{n\in\mathbb{N}}$ eine beliebige Folge mit $x_n > 0$ für alle n und $x_n \to 0$, so existiert $\lim_{n\to\infty}(1/x_n)(f(x_n) - f(0))$, denn es ist ja stets $(1/x_n)(f(x_n) - f(0)) = 1$. Damit existiert die rechtsseitige Ableitung $D_+f(0)$ und es gilt $D_+f(0) = 1$. Entsprechend findet man die linksseitige Ableitung, wenn man nur Folgen $(x_n)_{n\in\mathbb{N}}$ betrachtet mit $x_n < 0$ und $x_n \to 0$. Da dann $f(x_n) = |x_n| = -x_n$ ist, erhält man für die linksseitige Ableitung $D_-f(0) = -1$.

Ist nun $I \subset \mathbb{R}$ ein offenes Intervall, $\xi \in I$ und $f : I \to \mathbb{R}^m$ gegeben, so kann man ganz entsprechend linksseitige und rechtsseitige Ableitungen im Punkt ξ betrachten, und es ist nun wichtig, dass gilt:

Existieren $D_-f(\xi)$ und $D_+f(\xi)$ und gilt $D_+f(\xi) = D_-f(\xi)$, so ist f im Punkt ξ differenzierbar und es gilt $f'(\xi) = D_+f(\xi) = D_-f(\xi)$.

Um dies nachzuweisen, gehen wir davon aus, dass, (dies ergibt sich aus den bisherigen Überlegungen zur Differenzierbarkeit), linksseitige Differenzierbarkeit gleichbedeutend damit ist, dass es eine Funktion $r_- : \{h \in \mathbb{R} : h \leq 0 \wedge \xi + h \in I\} \to \mathbb{R}^m$ gibt, die im Punkt $h = 0$ stetig ist und $r_-(0) = 0$ erfüllt, so dass

$$f(\xi + h) = f(\xi) + hD_-f(\xi) + hr_-(h)$$

für alle $h \leq 0$ mit $\xi + h \in I$ gilt.
Entsprechend ist die Situation bei rechtsseitiger Differenzierbarkeit. Es gibt eine Funktion $r_+ : \{h \in \mathbb{R} : h \geq 0 \wedge \xi + h \in I\} \to \mathbb{R}^m$, die im Punkt $h = 0$ stetig ist und $r_+(0) = 0$ erfüllt, so dass $f(\xi + h) = f(\xi) + hD_+f(\xi) + hr_+(h)$ für alle $h \geq 0$ mit $\xi + h \in I$ gilt. Um die Differenzierbarkeit im Punkt ξ nachzuweisen, definieren wir nun $r : \{h \in \mathbb{R} : \xi + h \in I\} \to \mathbb{R}^m$ durch

$$r(h) := r_-(h) \quad \text{falls} \quad h < 0, \qquad r(h) = r_+(h) \quad \text{falls} \quad h \geq 0.$$

Trivialerweise gilt dann auch $r(0) = 0$, es ist aber auch r im Punkt $h = 0$ stetig. Denn ist $\varepsilon > 0$ gegeben, so gibt es dazu ein $\delta_- > 0$ mit $\|r_-(h)\| < \varepsilon$ für alle $h < 0$ mit $|h| < \delta_-$ und ein $\delta_+ > 0$ mit $\|r_+(h)\| < \varepsilon$ für alle $h > 0$ mit $h < \delta_+$. Damit gilt aber $\|r(h)\| < \varepsilon$ für alle h mit $|h| < \min(\delta_-, \delta_+)$. Außerdem gilt, wenn wir $Df(\xi) := D_-f(\xi) = D_+f(\xi)$ setzen,

$$f(\xi + h) = f(\xi) + hDf(\xi) + hr(h)$$

für alle $h \in \mathbb{R}$ mit $\xi + h \in I$. Damit existiert $f'(\xi)$ und es ist $f'(\xi) = D_+f(\xi) = D_-f(\xi)$.

Damit können wir nun zeigen, dass die durch (6.2) definierte Funktion ψ_n an der Stelle $x = 0$ differenzierbar ist. Offenbar müssen wir nur zeigen, dass ψ_n an der Stelle $x = 0$ rechtsseitig differenzierbar ist und $D_+\psi_n(0) = 0$ gilt. Sei also $(x_k)_{k\in\mathbb{N}}$ eine Folge mit $x_k > 0$ für alle k und $x_k \to 0$ für $k \to \infty$. Schätzt man nun ab

$$x_k^{n+1} \exp(\frac{1}{x_k}) \geq x_k^{n+1} \frac{1}{x_k^{n+2}(n+2)!} = \frac{1}{(n+2)!}\frac{1}{x_k},$$

so sieht man, dass

$$\lim_{k\to\infty} \frac{1}{x_k^{n+1}\exp(1/x_k)} = 0$$

gilt. Damit gilt aber

$$\lim_{k\to\infty} \frac{1}{x_k}(\psi_n(x_k) - \psi_n(0)) = \lim_{k\to\infty} \frac{1}{x_k^{n+1}} \exp(-\frac{1}{x_k}) = 0,$$

und somit $D_+\psi_n(0) = 0$.

Damit ist gezeigt, dass die durch (6.1) definierte Funktion f tatsächlich aus $C^\infty(\mathbb{R},\mathbb{R})$ ist, wobei offenbar $f^{(n)}(0) = 0$ für alle $n \in \mathbb{N}$ gelten muss. Es kann aber kein Intervall $(-r, r)$ geben, so dass f in diesem Intervall als Potenzreihe $f(x) = \sum_{k=0}^\infty b_k(x^k/k!)$ darstellbar ist. Man beachte, dass die hier nun gewählte Form der Potenzreihe keine Einschränkung der Allgemeinheit ist, weil man ja durch $b_k = k!a_k$ zur üblichen Form einer Potenzreihe kommen kann. Wir nehmen dazu an, dass wir so eine Potenzreihendarstellung hätten und zeigen, dass dies zu einem Widerspruch führt.
Wir wissen, dass wir eine Potenzreihe beliebig oft gliedweise differenzieren dürfen. Wegen

$$\frac{d}{dx}\frac{x^k}{k!} = \frac{kx^{k-1}}{k!} = \frac{x^{k-1}}{(k-1)!}$$

gilt $f'(x) = \sum_{k=1}^\infty b_k(x^{k-1}/(k-1)!) = \sum_{k=0}^\infty b_{k+1}(x^k/k!)$. Durch Induktion folgt daraus sofort

$$f^{(n)}(x) = \sum_{k=0}^\infty b_{k+n}\frac{x^k}{k!} \quad \text{für} \quad n \in \mathbb{N}_0.$$

Setzt man nun hier $x = 0$, so folgt $b_n = 0$ für alle $n \in \mathbb{N}_0$. Dies impliziert aber $f(x) = 0$ für alle $x \in (-r, r)$, was offenbar für positive x nicht sein kann.

Die letzte Überlegung hat uns gezeigt, dass, wenn eine beliebig oft differenzierbare Funktion f in einem Intervall $(-r, r)$ durch eine Potenzreihe $\sum_{k=0}^\infty b_k(x^k/k!)$ dargestellt werden kann, immer $b_n = f^{(n)}(0)$ für alle $n \in \mathbb{N}_0$ gelten muss. Damit ist es naheliegend, zur Klärung der Frage, wann so eine Darstellung möglich ist, die Folge der Partialsummen der entsprechend gebildeten Reihe, also die ***Taylorpolynome***

$$p_n(x) := \sum_{k=0}^n \frac{f^{(k)}(0)}{k!}x^k$$

zu untersuchen. Von Interesse ist dabei offenbar, die Differenz $f(x) - p_n(x)$ geeignet abschätzen zu können. Wir beginnen die Diskussion mit einem Spezialfall.

Lemma 6.1

Sei $n \in \mathbb{N}_0$ und $g \in C^{n+1}([0, 1])$. Dann gilt

$$g(1) = \sum_{k=0}^n \frac{1}{k!}g^{(k)}(0) + \int_0^1 \frac{1}{n!}(1-t)^n g^{(n+1)}(t)dt. \tag{6.3}$$

Beweis:
Im Fall $n = 0$ ist offenbar nichts zu beweisen, denn dann ist die Behauptung identisch mit $g(1) = g(0) + \int_0^1 g'(t)dt$. In den Fällen $n > 0$ beweisen wir (6.3), indem wir das in (6.3) auftretende Integral mehrfach mit Hilfe von partieller Integration umformen. So gilt

$$\int_0^1 \frac{1}{n!}(1-t)^n g^{(n+1)}(t)dt = \left[g^{(n)}(t)\frac{1}{n!}(1-t)^n\right]_{t=0}^{t=1} + \int_0^1 \frac{1}{(n-1)!}(1-t)^{n-1}g^{(n)}(t)dt.$$

Ist $n = 1$, so sind wir damit bereits wieder fertig, denn es ist in diesem Fall

$$\left[g^{(n)}(t)\frac{1}{n!}(1-t)^n\right]_{t=0}^{t=1} = -g'(0) \quad \text{und} \quad \int_0^1 \frac{1}{(n-1)!}(1-t)^{n-1}g^{(n)}(t)dt = g(1) - g(0).$$

Ist aber $n > 1$, so integrieren wir sukzessive partiell weiter, und zwar, bis im verbleibenden Integral nur noch g' auftritt. Es ergibt sich dabei

$$\int_0^1 \frac{1}{n!}(1-t)^n g^{(n+1)}(t)dt = -\sum_{k=1}^{n} \frac{1}{k!}g^{(k)}(0) + \int_0^1 g'(t)dt,$$

was sofort wieder die Behauptung liefert. □

Damit können wir nun schon die sogenannte ***Taylorformel*** für Funktionen aus C^{n+1} beweisen.

Satz 6.1

Sei $I \subset \mathbb{R}$ ein Intervall, sei $n \in \mathbb{N}_0$, sei $f \in C^{n+1}(I, \mathbb{R})$, seien $x_0 \in I$ und $x \in I$. Dann gilt

$$f(x) = \sum_{k=0}^{n} \frac{1}{k!}f^{(k)}(x_0)(x-x_0)^k + \int_0^1 \frac{1}{n!}(1-t)^n f^{(n+1)}(x_0+t(x-x_0))(x-x_0)^{n+1}dt. \tag{6.4}$$

Beweis:
Da I ein Intervall ist, sind auch alle Punkte $x_0 + t(x - x_0)$ mit $t \in [0,1]$ in I. Wir können daher $g : [0,1] \to \mathbb{R}$ definieren durch $g(t) := f(x_0 + t(x - x_0))$ für $t \in [0,1]$. Nach der Kettenregel ist $g \in C^{n+1}([0,1])$ und es gilt $g^{(k)}(t) = (x - x_0)^k f^{(k)}(x_0 + t(x - x_0))$ für $k = 1, \ldots, n+1$. Nach Lemma 6.1 gilt daher

$$g(1) = \sum_{k=0}^{n} \frac{1}{k!}(x-x_0)^k f^{(k)}(x_0) + \int_0^1 \frac{1}{n!}(1-t)^n (x-x_0)^{n+1} f^{(n+1)}(x_0+t(x-x_0))dt.$$

Das ist aber genau (6.4). □

Für das ***Restglied***

$$R_n(f, x_0, x) := \int_0^1 \frac{1}{n!}(1-t)^n f^{(n+1)}(x_0 + t(x - x_0))(x - x_0)^{n+1} dt \tag{6.5}$$

kann man leicht noch andere Darstellungen finden. Dies kann, wie wir sehen werden, von Bedeutung sein, wenn man für eine gegebene Funktion die Frage der lokalen Darstellbarkeit in Form einer *Taylor-Reihe* durch Abschätzung des Restgliedes klären möchte. Führt man beim Integral in (6.5) die Variablensubstitution $\tau = x_0 + t(x - x_0)$ durch, so ist ja $t = (\tau - x_0)/(x - x_0)$ und $1 - t = (x - \tau)/(x - x_0)$ und die Substitutionsformel liefert

$$R_n(f, x_0, x) = \int_{x_0}^x \frac{1}{n!}(x - \tau)^n f^{(n+1)}(\tau) d\tau.$$

Daraus kann man weiter eine 'integralfreie' Form des Restgliedes erhalten, wenn man den Mittelwertsatz der Integralrechnung einsetzt. Danach gibt es ja ein $\xi \in (x_0, x)$ oder $\xi \in (x, x_0)$ mit

$$\int_{x_0}^x \frac{1}{n!}(x - \tau)^n f^{(n+1)}(\tau) d\tau = \frac{1}{n!}(x - \xi)^n f^{(n+1)}(\xi)(x - x_0).$$

Häufig schreibt man dies mit $x = x_0 + h$ und $\xi = x_0 + \vartheta h$, wobei $\vartheta \in (0,1)$ ist, in der als ***Restglied von Cauchy*** bekannten Form

$$R_n(f, x_0, x_0 + h) = \frac{1}{n!}(1 - \vartheta)^n h^{n+1} f^{(n+1)}(x_0 + \vartheta h).$$

Sehr häufig findet man eine andere auf ***Lagrange*** zurückgehende Form des Restglieds, die sich bei anderen Gewinnung des Resultats von Satz 6.1 ergibt, bei der man mit etwas schwächeren Voraussetzungen an f auskommt:

Satz 6.2

Sei $I \subset \mathbb{R}$ ein Intervall, sei $n \in \mathbb{N}_0$, sei $f \in C^n(I, \mathbb{R})$ und sei $f^{(n)}$ noch differenzierbar auf I. Dann gilt: Sind x_0 und $x_0 + h$ aus I, so gibt es ein $\vartheta \in (0,1)$, so dass

$$f(x_0 + h) = \sum_{k=0}^n \frac{1}{k!} f^{(k)}(x_0) h^k + \frac{1}{(n+1)!} f^{(n+1)}(x_0 + \vartheta h) h^{n+1} \tag{6.6}$$

gilt.

Beweis:
Sei J das aus den Punkten x_0 und $x_0 + h$ gebildete abgeschlossene Intervall, also ja nach $h > 0$ oder $h < 0$ $J = [x_0, x_0 + h]$ oder $J = [x_0 + h, x_0]$. Für $t \in J$ sei

$$\psi(t) := f(x_0+h) - \sum_{k=0}^n \frac{1}{k!} f^{(k)}(t)(x_0+h-t)^k - \alpha \frac{1}{(n+1)!}(x_0+h-t)^{n+1}, \tag{6.7}$$

wobei α so gewählt sei, dass $\psi(x_0) = 0$ gilt. Da trivialerweise $\psi(x_0 + h) = 0$ gilt, gibt es nach dem Satz von Rolle ein $\vartheta \in (0,1)$ mit $\psi'(x_0 + \vartheta h) = 0$. Nun gilt aber, (wobei die Summen $\sum_{k=1}^{n}$ nur auftreten, wenn $n > 0$ ist),

$$\begin{aligned}\psi'(t) = &- f'(t) - \sum_{k=1}^{n} \frac{1}{k!} f^{(k+1)}(t)(x_0 + h - t)^k \\ &+ \sum_{k=1}^{n} \frac{1}{(k-1)!} f^{(k)}(t)(x_0 + h - t)^{k-1} + \alpha \frac{1}{n!}(x_0 + h - t)^n,\end{aligned}$$

was sich zu

$$\psi'(t) = -\frac{1}{n!} f^{(n+1)}(t)(x_0 + h - t)^n + \alpha \frac{1}{n!}(x_0 + h - t)^n$$

reduziert. Dies liefert mit $\psi'(x_0 + \vartheta h) = 0$

$$\alpha = f^{(n+1)}(x_0 + \vartheta h).$$

Setzt man in (6.7) nun $t = x_0$, so erhält man (6.6). □

Bemerkung: Im Fall $n = 0$ geht offenbar (6.6) in den Mittelwertsatz der Differentialrechnung über.

Diese Ergebnisse sind nun geeignet, für wichtige Funktionen die Darstellbarkeit in Form einer Potenzreihe nachzuweisen. Offenbar kommt es dabei an, nachzuweisen, dass $R_n(f, x_0, x) \to 0$ für $n \to \infty$ gilt.
Sei dies an Hand der Logarithmusfunktion diskutiert. Dabei ist es ja nicht möglich, $x_0 = 0$ zu wählen. Um trotzdem auf diese einfache Situation zu kommen, betrachten wir die Funktion $f : x \mapsto \log(1 + x)$ für $x > -1$. Es ist dann $f'(x) = \frac{1}{1+x}$ und damit weiter

$$f^{(n)}(x) = (-1)^{n-1} \frac{(n-1)!}{(1+x)^n} \quad \text{für} \quad n \in \mathbb{N},\ x > -1,$$

wie man sofort mit Hilfe von Induktion nachweisen kann. Wir können daher unter Berücksichtigung von $\log 1 = 0$ für $n \in \mathbb{N}$ notieren

$$\log(1 + x) = \sum_{k=1}^{n} \frac{(-1)^{k-1}}{k} x^k + R_n(f, 0, x) \quad \text{für} \quad x > -1.$$

Dass $R_n(f, 0, x) \to 0$ für $n \to \infty$ gilt, kann man nun unter Benützung des Restgliedes von Lagrange für $x \in [0,1]$ rasch sehen: Es gilt

$$|R_n(f, 0, x)| \le \left| \frac{x^{n+1}}{(n+1)(1 + \vartheta x)^{n+1}} \right| \le \frac{1}{n+1} \quad \text{für} \quad x \in [0,1],\ n \in \mathbb{N}.$$

Für $x \in (-1, 0)$ ist diese einfache Abschätzung nicht möglich, man kommt in diesem Fall aber zum Ziel unter Verwendung der Cauchyschen Form des Restgliedes: Es ist

$$R_n(f, 0, x) = \frac{1}{n!}(1 - \vartheta)^n x^{n+1} f^{(n+1)}(\vartheta x) = (-1)^n \frac{(1 - \vartheta)^n x^{n+1}}{(1 + \vartheta x)^{n+1}}.$$

Damit gilt

$$|R_n(f,0,x)| \leq \left|\frac{x}{1+\vartheta x}\right| \left|\frac{x-\vartheta x}{1+\vartheta x}\right|^n .$$

Da man für $x \in (-1,0)$ abschätzen kann

$$\left|\frac{x}{1+\vartheta x}\right| \leq \frac{|x|}{1-|x|}$$

und wegen $\vartheta x - x = \vartheta x + 1 - (x+1)$

$$\left|\frac{x-\vartheta x}{1+\vartheta x}\right| = \frac{\vartheta x - x}{1+\vartheta x} = 1 - \frac{x+1}{1+\vartheta x} < 1-(x+1) = -x < 1,$$

folgt $|R_n(f,0,x)| \to 0$ für $n \to \infty$.
Damit können wir festhalten

$$\log(1+x) = \sum_{k=1}^{\infty} \frac{(-1)^{k-1}}{k} x^k \quad \text{für} \quad x \in (-1,1].$$

Interessant ist dabei insbesondere der Spezialfall $x = 1$, denn dieser liefert uns nun den Wert der alternierenden harmonischen Reihe:

$$\log 2 = \sum_{k=1}^{\infty} (-1)^{k-1} \frac{1}{k}.$$

Man beachte, dass bei der früher diskutierten durch (6.1) definierten Funktion die ***Taylor-Reihe*** $\sum_{k=0}^{\infty}(f^{(k)}(0)/k!)x^k$ auch konvergent ist, aber in keinem Intervall $(-r,r)$ die Funktion darstellt. Es ist daher sinnvoll, zu definieren:

Eine C^∞-Funktion $f : I \to \mathbb{R}$ nennt man im offenen Intervall I ***reell analytisch***, wenn es zu jedem $x_0 \in I$ ein $\delta > 0$ gibt mit $(x_0 - \delta, x_0 + \delta) \subset I$, so dass die Taylor-Reihe $\sum_{k=0}^{\infty} \frac{1}{k!} f^{(k)}(x_0)(x-x_0)^k$ für $x \in (x_0-\delta, x_0+\delta)$ konvergiert und dort f darstellt, d.h. dass

$$f(x) = \sum_{k=0}^{\infty} \frac{1}{k!} f^{(k)}(x_0)(x-x_0)^k \quad \text{für} \quad x \in (x_0-\delta, x_0+\delta)$$

gilt.

Ein hinreichendes Kriterium, das dazu geeignet ist, festzustellen, ob eine gegebene Funktion reell analytisch ist, wird durch folgenden Satz gegeben:

Satz 6.3

Sei $I \subset \mathbb{R}$ ein offenes Intervall, sei $f \in C^\infty(I,\mathbb{R})$ und es gebe Konstanten $M > 0$ und $r > 0$, so dass für $x \in I$ und $n \in \mathbb{N}_0$ gilt

$$|f^{(n)}(x)| \leq n! \frac{M}{r^n}.$$

Dann ist f in I reell analytisch.

Beweis:
Es reicht, zu zeigen, dass es zu jedem $x_0 \in I$ ein $\delta > 0$ mit $(x_0 - \delta, x_0 + \delta) \subset I$ gibt, so dass für $|h| < \delta$ für das Restglied von Lagrange gilt $R_n(f, x_0, x_0 + h) \to 0$ für $n \to \infty$. Da I offen ist, ist dabei $(x_0 - \delta, x_0 + \delta) \subset I$ immer durch genügend kleines δ realisierbar. Es ist

$$R_n(f, x_0, x_0 + h) = \frac{1}{(n+1)!} f^{(n+1)}(x_0 + \vartheta h) h^{n+1},$$

wobei $\vartheta \in (0,1)$ ist. Die geforderte Abschätzung für $|f^{(n)}(x)|$ liefert damit, wenn $|h| < \delta$ ist,

$$|R_n(f, x_0, x_0 + h)| \leq \frac{M}{r^{n+1}} \delta^{n+1}.$$

Ist nun noch $\frac{\delta}{r} < 1$, so folgt $R_n(f, x_0, x_0 + h) \to 0$ für $n \to \infty$. □

Mit diesem Kriterium sieht man z.B. sofort, dass die trigonometrischen Funktionen $\sin : \mathbb{R} \to \mathbb{R}$ und $\cos : \mathbb{R} \to \mathbb{R}$ reell analytisch sind. Denn die Ableitungen ergeben ja bis auf Vorzeichen wiederum diese trigonometrischen Funktionen, die betragsmäßig durch Eins abgeschätzt werden können. Ist nun $r > 0$ beliebig gegeben, so gilt ja bekanntlich $\frac{n!}{r^n} \to \infty$ für $n \to \infty$. Damit gilt aber $\frac{n!}{r^n} \geq 1$ für $n \geq n_0$ und wählt man $M > 1$ so, dass $M \frac{n!}{r^n} \geq 1$ für $n = 0, \ldots, n_0 - 1$ gilt, so kann man offenbar abschätzen

$$|f^{(n)}(x)| \leq 1 \leq n! \frac{M}{r^n} \quad \text{für alle} \quad n \in \mathbb{N}_0 \quad \text{und} \quad x \in \mathbb{R}.$$

Man sieht auch sofort, dass die Taylor-Reihen zum Punkt $x_0 = 0$ genau die bekannten Potenzreihendarstellungen der trigonometrischen Funktionen ergeben. Mit Hilfe des Restglieds von Lagrange kann man damit auch leicht abschätzen, welchen Fehler man macht, wenn man etwa $\sin 1$ berechnet, indem man die ersten drei Terme der Sinus-Reihe verwendet, das entspricht den Termen der Taylor-Reihe bis zur sechsten Ableitung, also

$$\sin x = x - \frac{x^3}{6} + \frac{x^5}{120} + R_6(\sin, 0, x).$$

Dabei ist $R_6(\sin, 0, x) = -\frac{x^7}{7!} \cos(\vartheta x)$ mit $\vartheta \in (0,1)$. Damit ist

$$\sin 1 = 1 - \frac{1}{6} + \frac{1}{120} + R \quad \text{mit} \quad 0 > R > -\frac{1}{7!} = -\frac{1}{5040}.$$

Die Taylorformel ist aber nicht nur von Interesse in Hinblick auf Potenzreihendarstellungen von Funktionen, sondern man kann nun auch gründlicher diskutieren, in welchen Punkten ein lokales Extremum einer mehrfach differenzierbaren reellwertigen Funktion vorliegt. Bisher kennen wir dafür ja nur eine notwendige Bedingung.

Satz 6.4

Sei $I \subset \mathbb{R}$ ein offenes Intervall, sei $n \in \mathbb{N}$ mit $n \geq 2$ und $f \in C^n(I, \mathbb{R})$. Sei $\xi \in I$ mit $f^{(k)}(\xi) = 0$ für $k = 1, \ldots, n-1$ und $f^{(n)}(\xi) \neq 0$. Dann gilt:
(a) Ist n gerade, so liegt im Punkt ξ ein lokales Extremum von f vor. Ist $f^{(n)}(\xi) > 0$,

so handelt es sich um eine lokales Minimum, ist $f^{(n)}(\xi) < 0$, so handelt es sich um ein lokales Maximum.
(b) Ist n ungerade, so liegt im Punkt ξ kein Extremwert von f vor, es handelt sich um einen Wendepunkt, d.h. es gibt ein $\delta > 0$, so dass im Intervall $(\xi - \delta, \xi + \delta)$ eine der folgenden zwei Möglichkeiten vorliegt:
(i) $f''(x) < 0$ für $x \in (\xi - \delta, \xi)$ und $f''(x) > 0$ für $x \in (\xi, \xi + \delta)$.
(ii) $f''(x) > 0$ für $x \in (\xi - \delta, \xi)$ und $f''(x) < 0$ für $x \in (\xi, \xi + \delta)$.

Beweis:
Nach Satz 6.2 gibt es zu jedem $x \in I$ mit $x \neq \xi$ ein η zwischen x und ξ, so dass

$$f(x) = f(\xi) + \frac{1}{(n-1)!} f^{(n-1)}(\eta)(x - \xi)^{n-1} \tag{6.8}$$

gilt. Dies verwenden wir nun zum Nachweis von beiden Aussagen des Satzes.
Zu (a): Sei also n gerade. Sei zuerst der Fall betrachtet, dass $f^{(n)}(\xi) > 0$ ist. Wegen $f^{(n-1)}(\xi) = 0$ muss es dann ein $\varepsilon > 0$ geben, so dass $f^{(n-1)}(x) < 0$ gilt für $x \in (\xi - \varepsilon, \xi)$. Dies zeigen wir indirekt, d.h. wir nehmen an, dass es kein solches ε geben würde. Dann könnte man offenbar eine Folge $(x_m)_{m\in\mathbb{N}}$ finden mit $x_m < \xi$ für alle m, $x_m \to \xi$ für $m \to \infty$ und $f^{(n-1)}(x_m) \geq 0$ für alle m. Daraus würde folgen

$$0 \geq \frac{1}{x_m - \xi} f^{(n-1)}(x_m) = \frac{1}{x_m - \xi}\left(f^{(n-1)}(x_m) - f^{(n-1)}(\xi)\right) \quad \text{für} \quad m \in \mathbb{N}.$$

Da $\frac{1}{x_m-\xi}(f^{(n-1)}(x_m) - f^{(n-1)}(\xi)) \to f^{(n)}(\xi)$ für $m \to \infty$ gilt, wäre damit $f^{(n)}(\xi) \leq 0$ im Widerspruch zur Annahme. Mit einem ganz entsprechenden Argument kann man sehen, dass es auch ein Intervall $(\xi, \xi + \varepsilon')$ geben muss mit $f^{(n-1)}(x) > 0$ für $x \in (\xi, \xi + \varepsilon')$. Ist nun $x \in (\xi - \varepsilon, \xi)$, so folgt, wenn η zwischen x und ξ liegt, $f^{(n-1)}(\eta)(x - \xi)^{n-1} > 0$, (denn es ist ja $x - \xi < 0$ und $n - 1$ ungerade). Damit ergibt sich aber aus (6.8), dass $f(x) > f(\xi)$ sein muss. Entsprechend ergibt sich auch $f(x) > f(\xi)$, wenn $x \in (\xi, \xi + \varepsilon')$ ist. Damit liegt aber tatsächlich im Punkt ξ ein lokales Minimum vor.
Ist n gerade und $f^{(n)}(\xi) < 0$, so geht man einfach zur Funktion $g := -f$ über und erhält, dass bei dieser im Punkt ξ ein lokales Minimum vorliegt, somit bei f ein lokales Maximum.
Zu (b): Da n ungerade sein soll, muss $n \geq 3$ sein. Da nun $n - 1$ gerade ist, erhält man im Fall $f^{(n)}(\xi) > 0$ mit den gleichen Argumenten wie bei Teil (a), dass es ein Intervall $(\xi - \varepsilon, \xi)$ geben muss mit $f(x) < f(\xi)$ für $x \in (\xi - \varepsilon, \xi)$, und ein Intervall $(\xi, \xi + \varepsilon')$ mit $f(x) > f(\xi)$ für $x \in (\xi, \xi + \varepsilon')$. Auf diese Weise ergibt sich, dass im Punkt ξ kein lokales Extremum vorliegen kann.
Damit ist noch zu zeigen, dass (i) oder (ii) gelten muss. Im Fall $n = 3$ ist dies offenbar bereits in der bisher geführten Argumentation enthalten. Ist aber $n > 3$, so verwendet man die Taylorformel für f'', d.h. man schreibt

$$f''(x) = f''(\xi) + \frac{1}{(n-3)!} f^{(n-1)}(\eta)(x - \xi)^{n-3},$$

wobei wieder η zwischen x und ξ liegt. Da nun auch $n-3$ gerade ist, erhält man mit den gleichen Argumenten wie soeben Aussagen über das Vorzeichen von $f^{(n-1)}(\eta)(x-\xi)^{n-3}$, die direkt (i) bzw. (ii) liefern. □

Die Taylorformel liefert auch einen Zugang zu den Regeln von de l'Hospital. Dies sei mit dem nächsten Satz gezeigt.

Satz 6.5

Sei $I \subset \mathbb{R}$ ein Intervall, sei $n \in \mathbb{N}$ und seien $f, g \in C^n(I, \mathbb{R})$. Ist dann $x_0 \in I$, so dass $f^{(k)}(x_0) = 0$ und $g^{(k)}(x_0) = 0$ für $k = 0, \ldots, n-1$, jedoch $g^{(n)}(x_0) \neq 0$ gilt, so existiert der Grenzwert $\lim_{x \to x_0}(f(x)/g(x))$ und es gilt

$$\lim_{x \to x_0} \frac{f(x)}{g(x)} = \frac{f^{(n)}(x_0)}{g^{(n)}(x_0)}.$$

Beweis:
Nach der Taylorformel gilt für $h \in \mathbb{R}$ mit $x_0 + h \in I$

$$f(x_0 + h) = \frac{1}{n!} f^{(n)}(x_0 + \vartheta h) h^n, \quad g(x_0 + h) = \frac{1}{n!} g^{(n)}(x_0 + \theta h) h^n,$$

wobei $\vartheta, \theta \in (0,1)$ sind. Da die Funktion $g^{(n)}$ stetig ist und $g^{(n)}(x_0) \neq 0$ ist, ist sicher für genügend kleines $|h|$ auch $g^{(n)}(x_0 + \theta h) \neq 0$. Damit können wir für kleines $|h|$ mit $h \neq 0$ notieren

$$\frac{f(x_0 + h)}{g(x_0 + h)} = \frac{f^{(n)}(x_0 + \vartheta h)}{g^{(n)}(x_0 + \theta h)}.$$

Daraus ergibt sich durch den Grenzübergang $h \to 0$ direkt die Behauptung. □

Ein einfaches Beispiel dazu liegt vor, wenn $f(x) := x - \sin(x)$, $g(x) := x^3$ für $x \in \mathbb{R}$ ist und der Grenzwert $\lim_{x \to 0} f(x)/g(x)$ gesucht ist.
Dann ist $f'(x) = 1 - \cos(x)$, $g'(x) = 3x^2$, $f''(x) = \sin(x)$, $g''(x) = 6x$ und somit $f^{(k)}(0) = 0$ und $g^{(k)}(0) = 0$ für $k = 0, 1, 2$. Da aber $f'''(0) = 1$ und $g'''(0) = 6$ gilt, folgt

$$\lim_{x \to 0} \frac{1}{x^3}(x - \sin(x)) = \frac{1}{6}.$$

Auf die Taylorformel kommt man in der Analysis immer wieder zurück, im Moment seien aber keine weiteren Beispiele dazu behandelt, sondern wir greifen wie angekündigt die allgemeine Diskussion der Differenzierbarkeit von Abbildungen wieder auf.

6.2 Fréchet-Ableitung

Auch bei Abbildungen zwischen Banachräumen wird Differenzierbarkeit lokale Approximierbarkeit durch eine lineare Abbildung bedeuten. Es ist daher zweckmäßig, zuerst einige Dinge über lineare Abbildungen bereit zu stellen.

6.2.1 Einiges über lineare Abbildungen

Lineare Abbildungen $f : \mathbb{R} \to \mathbb{R}$ sind von der Form $f(x) = ax$ mit einem $a \in \mathbb{R}$ und sind damit offenbar stetig. Dies ist nun bei linearen Abbildungen $f : X \to Y$ keineswegs immer so, wenn X und Y irgendwelche normierte Räume sind. Es ist daher das folgende, (im Grunde sehr einfache), Resultat sehr wichtig, bei dem X und Y reelle oder komplexe Vektorräume sein können.

Satz 6.6

Für jede lineare Abbildung $T : X \to Y$ zwischen normierten Räumen $(X, \| \|_X)$ und $(Y, \| \|_Y)$ sind die folgenden Aussagen äquivalent:
(1) T ist stetig im Punkt 0.
(2) T ist in allen Punkten $x \in X$ stetig.
(3) T ist gleichmäßig stetig.
(4) Es gibt ein $C > 0$, so dass $\|Tx\|_Y \leq C\|x\|_X$ für alle $x \in X$ gilt.

Beweis:
Es ist klar, dass (3) $\Rightarrow$ (2) $\Rightarrow$ (1) gilt. Wir zeigen daher noch (4) $\Rightarrow$ (3) und (1) $\Rightarrow$ (4).
(4) $\Rightarrow$ (3): Gilt (4), so können wir wegen der Linearität von T für $x, x' \in X$ notieren

$$\|Tx - Tx'\|_Y = \|T(x - x')\|_Y \leq C\|x - x'\|_X,$$

und daraus folgt sofort die gleichmäßige Stetigkeit der Abbildung T.
Denn ist $x' \in X$ beliebig gewählt und $\varepsilon > 0$, so folgt danach $\|Tx - Tx'\|_Y < \varepsilon$, wenn nur $\|x - x'\|_X < C^{-1}\varepsilon$ ist.
(1) $\Rightarrow$ (4): Aufgrund der Stetigkeit im Punkt $x = 0$ gibt es, da ja $T(0) = 0$ gilt, ein $\delta > 0$, so dass $\|Tx\|_Y < 1$ gilt für alle $x \in X$ mit $\|x\|_X < \delta$. Sei nun $\eta \in (0, \delta)$ beliebig gewählt. Ist dann $x \in X \setminus \{0\}$, so sei $x' := \eta\|x\|_X^{-1}x$ gesetzt. Da dann $\|x'\|_X < \delta$ gilt, folgt $\|Tx'\|_Y < 1$. Aufgrund der Linearität von T können wir damit weiter notieren

$$\frac{\eta}{\|x\|_X}\|Tx\|_Y = \|Tx'\|_Y < 1.$$

Daraus folgt $\|Tx\|_Y < \eta^{-1}\|x\|_X$ für $x \neq 0$, und da $\|T0\|_Y \leq \eta^{-1}\|0\|_X$ trivialerweise richtig ist, gilt damit (4) mit $C := \eta^{-1}$. □

Mit Hilfe dieses Satzes kann man nun sowohl nachweisen, dass lineare Abbildungen zwischen endlichdimensionalen normierten Räumen immer stetig sind, als auch sehen, dass es im allgemeinen Fall unstetige lineare Abbildungen geben kann. Der Begriff der Basis und der Dimension eines Vektorraums wird hier als aus der linearen Algebra bekannt vorausgesetzt. Ist ein $\mathbb{K}$-Vektorraum X endlichdimensional, gilt also etwa $\dim X = n$, so gibt es danach eine linear unabhängige Menge von Vektoren $\{v_1, \ldots, v_n\}$, so dass sich jeder Vektor $v \in X$ als Linearkombination $V = \sum_{k=1}^{n} \alpha_k v_k$ mit eindeutig bestimmten $\alpha_k \in \mathbb{K}$ darstellen lässt. Die Menge $\{v_1, \ldots, v_n\}$ wird bekanntlich als Basis bezeichnet. Diese Dinge werden wir beim Beweis der nächsten wichtigen Folgerung aus Satz 6.6 einsetzen.

Satz 6.7

Ist $(X, \| \|_X)$ ein endlichdimensionaler normierter Raum und $(Y, \| \|_Y)$ ein beliebiger normierter Raum, so ist jede lineare Abbildung $T : X \to Y$ stetig.

Beweis:
Wir zeigen, dass, wenn X endlichdimensional ist, immer eine Abschätzung wie in (4) von Satz 6.6 möglich ist. Dazu nützen wir aus, dass die gegebene Norm $\| \|_X$ zu einer mit Hilfe einer beliebigen Basis von X definierten Norm $\| \|_0$ äquivalent ist. Sei also $\{x_1, \ldots, x_n\}$ eine Basis von X und mit $x = \sum \alpha_k(x)x_k$ für $x \in X$ definiert

$$\|x\|_0 = \sum_{k=1}^{n} |\alpha_k(x)|.$$

Es ist dies tatsächlich eine Norm. Klar ist, dass stets $\|x\|_0 \geq 0$ gilt. Ist $\|x\|_0 = 0$, so gilt $\alpha_k(x) = 0$ für alle k und somit $x = 0$. Andererseits muss ja wegen der eindeutigen Darstellung im Fall $x = 0$ gelten $\alpha_k(x) = 0$ für alle k und somit $\|x\|_0 = 0$. Ist $\lambda \in \mathbb{K}$, so gilt ja $\lambda x = \sum_{k=1}^{n} \lambda\alpha_k(x)x_k$ und somit

$$\|\lambda x\|_0 = \sum_{k=1}^{n} |\lambda| \, |\alpha_k(x)| = |\lambda| \|x\|_0.$$

Die Dreiecksungleichung ergibt sich schließlich aus

$$\|x + y\|_0 = \sum_{k=1}^{n} |\alpha_k(x) + \alpha_k(y)| \leq \sum_{k=1}^{n} (|\alpha_k(x)| + |\alpha_k(y)|) = \|x\|_0 + \|y\|_0.$$

Es gilt für $x \in X$

$$\begin{aligned} \|x\|_X = \| \sum \alpha_k(x)x_k\|_X &\leq \sum |\alpha_k(x)| \, \|x_k\|_X \\ &\leq (\max_{k=1,\ldots,n} \|x_k\|_X) \sum |\alpha_k(x)| = M\|x\|_0, \end{aligned}$$

wenn man $M := \max \|x_k\|_X$ setzt.
Für die andere für die Äquivalenz der Normen $\| \|_X$ und $\| \|_0$ erforderliche Abschätzung betrachten wir die durch

$$\Phi(\alpha) := \| \sum_{k=1}^{n} \alpha_k x_k \|_X \quad \text{für} \quad \alpha \in \mathbb{K}^n$$

definierte Abbildung $\Phi : \mathbb{K}^n \to \mathbb{R}$. Diese Abbildung ist stetig, denn für $\alpha, \beta \in \mathbb{K}^n$ gilt, wenn M wie oben definiert ist,

$$\begin{aligned} |\Phi(\alpha) - \Phi(\beta)| &= | \| \sum \alpha_k x_k \|_X - \| \sum \beta_k x_k \|_X | \\ &\leq \| \sum (\alpha_k - \beta_k) x_k \|_X \leq M \sum_{k=1}^{n} |\alpha_k - \beta_k|. \end{aligned}$$

(Hierbei wurde verwendet, dass für jede Norm auf einem Vektorraum die umgekehrte Dreiecksungleichung $|\|x\| - \|y\|| \leq \|x - y\|$ für $x, y \in X$ gilt.)

Die Menge $K := \{\alpha \in \mathbb{K}^n : \sum_{k=1}^n |\alpha_k| = 1\}$ ist, wenn $\mathbb{K}^n$ mit der üblichen Topologie versehen ist, beschränkt und abgeschlossen, also kompakt. (Dies folgt aus der in Satz 2.12 notierten Äquivalenz der Normen auf $\mathbb{K}^n$.) Die Funktion $\Phi|_K : K \to \mathbb{R}$ nimmt also auf K ihr Minimum an. Dieses muss größer als Null sein, weil $\Phi(\alpha) > 0$ für alle $\alpha \in K$ gelten muss. Dies sieht man folgendermaßen:

Klar ist, dass $\Phi(\alpha) \geq 0$ für alle $\alpha \in \mathbb{K}^n$ sein muss. Wäre nun $\xi \in K$ mit $\Phi(\xi) = 0$, so wäre ja $\| \sum \xi_k x_k \|_X = 0$, somit, (da eine Norm vorliegt), $\sum \xi_k x_k = 0$. Daraus würde aber $\xi_1 = \ldots = \xi_n = 0$ folgen im Widerspruch zu $\sum |\xi_k| = 1$.

Damit gibt es ein $N > 0$ mit $\Phi(\alpha) \geq 1/N$ für alle $\alpha \in K$, d.h. mit

$$\| \sum_{k=1}^n \alpha_k x_k \|_X \geq \frac{1}{N}, \text{ falls } \sum |\alpha_k| = 1.$$

Damit kann man offenbar auch notieren, dass

$$\|x\|_X \geq \frac{1}{N} \quad \text{für alle} \quad x \in X \quad \text{mit} \quad \|x\|_0 = 1$$

gelten muss. Ist nun $x \in X \setminus \{0\}$ beliebig gegeben, so gehen wir zu $y := \|x\|_0^{-1} x$ über. Wegen $\|y\|_0 = 1$ gilt dann $\|y\|_X \geq 1/N$ und somit $\|x\|_X \geq (1/N)\|x\|_0$. Damit gilt aber sogar für alle $x \in X$ die Abschätzung $\|x\|_0 \leq N\|x\|_X$.

Da die Abbildung T linear ist, gilt $Tx = \sum_{k=1}^n \alpha_k(x) T x_k$ für alle $x \in X$ und man kann mit $\mu := \max\{\|Tx_k\|_Y : k = 1, \ldots, n\}$ abschätzen

$$\|Tx\|_Y \leq \sum_{k=1}^n |\alpha_k(x)| \, \|Tx_k\|_Y \leq \mu \|x\|_0.$$

Wegen der Gültigkeit der Abschätzung $\|x\|_0 \leq N\|x\|_X$ folgt weiter $\|Tx\|_Y \leq \mu M \|x\|_X$ für $x \in X$. □

Im Fall einer linearen Abbildung $T : \mathbb{R}^n \to \mathbb{R}^m$ kann man die soeben gezeigte Stetigkeit auch rasch auf andere Weise erschließen. Ausgangspunkt sind dabei die aus der linearen Algebra wohlbekannten üblichen Basen $e_1, \ldots, e_n$ und $e_1, \ldots, e_m$ des $\mathbb{R}^n$ bzw. des $\mathbb{R}^m$, die aus den Vektoren e_k bestehen, deren Komponenten alle gleich Null sind mit Ausnahme der $k-$ten Komponente, die gleich Eins ist. Dann sind die Vektoren des $\mathbb{R}^n$ ja alle darstellbar als $\sum_{k=1}^n x_k e_k$, und eine entsprechende Darstellung gilt für die Vektoren des $\mathbb{R}^m$.

Ist nun $T : \mathbb{R}^n \to \mathbb{R}^m$ eine lineare Abbildung, so gilt ja $Tx = \sum_{k=1}^n x_k T e_k$ für alle $x \in \mathbb{R}^n$ und somit kennt man alle Bilder Tx, wenn man alle Vektoren $Te_k \in \mathbb{R}^m$ kennt. Sei also $Te_k = \sum_{j=1}^m a_{jk} e_j$ für $k = 1, \ldots, n$. Dann folgt

$$Tx = \sum_{k=1}^n \sum_{j=1}^m a_{jk} x_k e_j = \sum_{j=1}^m \left(\sum_{k=1}^n a_{jk} x_k \right) e_j. \tag{6.9}$$

Daraus folgt, wenn $x, \xi \in \mathbb{R}^n$ sind, für die j−ten Komponenten der Bilder

$$|(Tx)_j - (T\xi)_j| = \left|\sum_{k=1}^{n} a_{jk}(x_k - \xi_k)\right| \leq \sum_{k=1}^{n} |a_{jk}|\,|x_k - \xi_k|.$$

Mit den euklidischen Normen $\|Tx - T\xi\|$ und $\|x - \xi\|$ ergibt sich daraus wegen $|x_k - \xi_k| \leq \|x - \xi\|$ für $k = 1, \ldots, n$ die Abschätzung

$$\|Tx - T\xi\| \leq \left(\sqrt{n} \max_{j=1,\ldots,n} \sum_{k=1}^{n} |a_{jk}|\right) \|x - \xi\|. \tag{6.10}$$

Setzt man hier speziell $\xi = 0$, so hat man damit eine Abschätzung wie bei Aussage (4) von Satz 6.6 erhalten. Man kann aus (6.10) aber auch unmittelbar ablesen, dass T folgenstetig ist. Auch sieht man, dass T sogar gleichmäßig stetig ist.

In (6.9) steckt offenbar die in der linearen Algebra ausgiebig verwendete Möglichkeit, eine lineare Abbildung zwischen zwei endlichdimensionalen Vektorräumen durch eine Matrix darzustellen; in diesem Fall wurde T durch die Matrix (a_{jk}) dargestellt, deren Elemente a_{jk} mit dem Zeilenindex j und dem Spaltenindex k offenbar m Zeilen und n Spalten bilden. Von dieser Möglichkeit der Darstellung von linearen Abbildungen werden wir bei der Diskussion der Differenzierbarkeit von Abbildungen von $\mathbb{R}^n$ in den $\mathbb{R}^m$ noch ausführlichen Gebrauch machen.

Zunächst sei aber an Hand eines Beispiels gezeigt, dass bei der Aussage von Satz 6.7 die Voraussetzung, dass X endlichdimensional ist, wesentlich ist. Wir werden also einen unendlichdimensionalen normierten Raum X und eine unstetige lineare Abbildung $T : X \to \mathbb{R}$ angeben.
Wir betrachten dazu die Funktionen

$$\eta_m(x) := \frac{1}{m!} x^m \quad \text{für} \quad x \in [-1, 1],$$

wobei $m \in \mathbb{N} \cup \{0\}$ sei. Ist $n \in \mathbb{N} \cup \{0\}$ beliebig gewählt und sind $\alpha_m \in \mathbb{R}$ so gegeben, dass

$$\sum_{m=0}^{n} \alpha_m \eta_m(x) = 0 \quad \text{für} \quad x \in [-1, 1]$$

gilt, so ist die Funktion $g := \sum_{m=0}^{n} \alpha_m \eta_m$ gleich der Nullfunktion. Da alle Funktionen η_m beliebig oft differenzierbar sind, ist auch g beliebig oft differenzierbar und wir können notieren, dass $g^{(k)}(0) = 0$ für alle $k \in \mathbb{N} \cup \{0\}$ gilt. Es gilt aber $\eta_m^{(k)}(x) = \frac{1}{(m-k)!} x^{m-k}$ für $k = 0, 1, \ldots, m$ und damit

$$g^{(k)}(x) = \sum_{m=k}^{n} \alpha_m \eta_{m-k}(x) \quad \text{für} \quad k = 0, \ldots, n, \ x \in (-1, 1).$$

Wegen $g(0) = 0$ folgt daraus $\alpha_0 = 0$, sodann wegen $g'(0) = 0$ weiter $\alpha_1 = 0$ und sukzessive weiter, (genauer arbeitet man mit einem Induktionsschluss), $\alpha_m = 0$ für $m = 0, 1, \ldots, n$.

Dies zeigt nun, dass für beliebiges n die Menge $M_n := \{\eta_0, \ldots, \eta_n\}$ eine linear unabhängige Menge sein wird, wenn man sie als Teilmenge eines passenden $\mathbb{R}$-Vektorraums von Funktionen auffasst. Passend ist etwa der Raum $C^1([-1,1],\mathbb{R})$. Da dieser alle Mengen M_n umfasst, kann der Vektorraum $C^1([-1,1],\mathbb{R})$ nicht endlichdimensional sein. Den Vektorraum $C^1([-1,1],\mathbb{R})$ kann man mit der ***Supremumsnorm***

$$\|u\|_\infty := \sup\{|u(x)| : x \in [-1,1]\}$$

versehen. Für alle $u \in C^1([-1,1],\mathbb{R})$ ist sicher $\|u\|_\infty \in \mathbb{R}$, da ja $[-1,1]$ ein kompaktes Intervall und u stetig ist. Man kann sich leicht davon überzeugen, dass die Abbildung $\|\,\|_\infty : C^1([-1,1],\mathbb{R}) \to \mathbb{R}$ alle Eigenschaften einer Norm hat. Offenbar kann man den Vektorraum $C([-1,1],\mathbb{R})$ ebenfalls mit Hilfe der Supremumsnorm zu einem normierten Raum machen. Sei nun die Abbildung $D : C^1([-1,1],\mathbb{R}) \to C([-1,1],\mathbb{R})$ definiert durch

$$Du := u' \quad \text{für} \quad u \in C^1([-1,1],\mathbb{R}).$$

Die bekannten Rechenregeln für Ableitungen zeigen, dass D eine lineare Abbildung ist; sie ist jedoch nicht stetig, wenn man beide Räume mit der Supremumsnorm versieht. Denn es kann kein $M > 0$ geben, so dass eine Abschätzung $\|Du\|_\infty \leq M\|u\|_\infty$ für alle $u \in C^1([-1,1],\mathbb{R})$ gilt. Dies sieht man mit Hilfe der Funktionen $v_n(x) := x^n$ für $n \in \mathbb{N}$, $x \in [-1,1]$. Offenbar gilt stets $v_n \in C^1([-1,1],\mathbb{R})$ und $\|v_n\|_\infty = 1$, aber $(Dv_n)(x) = nx^{n-1}$ und somit $\|Dv_n\|_\infty = n$ für $n \in \mathbb{N}$. Würde eine Abschätzung $\|Du\|_\infty \leq M\|u\|_\infty$ für alle $u \in C^1([-1,1],\mathbb{R})$ gelten, so müsste also $n \leq M$ für alle n gelten, was nicht möglich ist.

Diese Möglichkeit der Unstetigkeit einer linearen Abbildung bedingt nun, dass man im folgenden Abschnitt bei der Definition der Differenzierbarkeit von der approximierenden linearen Abbildung explizit die Stetigkeit fordert.

6.2.2 Fréchet-Ableitung, partielle Ableitungen

Für Abbildungen $f : M \to \mathbb{R}$, wobei M eine offene Teilmenge eines Banachraumes ist, wurde in Abschnitt 4.3 der Begriff der Richtungsableitung eingeführt. Dieser erweist sich jedoch als unzureichend, um bei solchen Abbildungen die lokale Approximierbarkeit durch stetige lineare Abbildungen in einer Weise sicherzustellen, die dem entspricht, was wir in Abschnitt 4.1 für Funktionen einer reellen Variablen gefordert haben.

Das folgende recht einfache Beispiel lässt bereits die auftretenden Probleme sichtbar werden, wenn man die Anschauung im $\mathbb{R}^3$ zu Hilfe nimmt:
Sei $f : \mathbb{R}^2 \to \mathbb{R}$ definiert durch

$$f(x,y) := \frac{x^2 y}{x^2+y^2} \quad \text{für} \quad (x,y) \neq (0,0), \quad f(0,0) := 0. \tag{6.11}$$

Im Punkt $(0,0)$ existieren dann Richtungsableitungen in beliebige Richtungen. Ist ein Vektor $v := (\xi,\eta) \in \mathbb{R}^2$ mit $|v| \neq 0$ gegeben, so gilt ja

$$D_v f(0,0) = \lim_{t\to 0} \frac{1}{t}(f(t\xi, t\eta) - f(0,0)) = \lim_{t\to 0} \frac{1}{t} \cdot \frac{t^3\xi^2\eta}{t^2(\xi^2+\eta^2)} = f(\xi,\eta).$$

Trotzdem kann sich ganz anschaulich keine durch den Punkt $(0,0,0) \in \mathbb{R}^3$ verlaufende Ebene an den Graphen $\{(x,y,f(x,y)) : (x,y) \in \mathbb{R}^2\} \subset \mathbb{R}^3$ der Funktion anschmiegen. Denn es ist $f(0,y) = 0$ für alle $y \in \mathbb{R}$ und bei beliebigem $a \in \mathbb{R}$

$$f(x, ax) = \frac{a}{1+a^2}x \quad \text{für} \quad x \in \mathbb{R}.$$

Die Mengen $\{(t, at, a(1+a^2)^{-1}t) : t \in \mathbb{R}\} \subset \mathbb{R}^3$ mit $a \in \mathbb{R}$ und $\{(0,y,0) : y \in \mathbb{R}\}$ sind nun anschaulich Geraden im Raum und eine durch den Punkt $(0,0,0) \in \mathbb{R}^3$ verlaufende sich an den Graphen anschmiegende Ebene müsste alle diese Geraden umfassen, was von der Anschauung her unmöglich erscheint. Denn die Ebene wäre bereits durch die Geraden $\{(x,0,0) : x \in \mathbb{R}\}$ und $\{(0,y,0) : y \in \mathbb{R}\}$ festgelegt, würde somit keine Punkte (x,y,z) mit $z \neq 0$ enthalten, was es unmöglich macht, dass sie eine Gerade $\{(t, at, a(1+a^2)^{-1}t) : t \in \mathbb{R}\} \subset \mathbb{R}^3$ mit $a \neq 0$ enthält.
Wir werden später nach der präzisen Definition der Differenzierbarkeit auf diese Situation noch einmal eingehen und ausgehend von dieser Definition begründen, warum trotz der Existenz von Richtungsableitungen in beliebige Richtungen die Differenzierbarkeit im Punkt $(0,0)$ nicht gegeben ist.

Wir definieren also nun in Verallgemeinerung der Begriffsbildung von Abschnitt 4.1:
Seien X und Y Banachräume, sei $M \subset X$ offen. Eine Abbildung $f : M \to Y$ heißt im Punkt $\xi \in M$ ***Fréchet-differenzierbar****, wenn es eine stetige lineare Abbildung $T_\xi : X \to Y$ gibt mit*

$$\lim_{x \to \xi} \frac{1}{\|x-\xi\|}(f(x) - f(\xi) - T_\xi(x-\xi)) = 0. \tag{6.12}$$

Die Forderung, dass T_ξ eine *stetige* lineare Abbildung sein soll, ist dabei im unendlichdimensionalen Fall wichtig, da dann ja lineare Abbildungen nicht automatisch stetig sind, und die Stetigkeit von T_ξ wieder implizieren wird, dass aus der Differenzierbarkeit die Stetigkeit von f folgt, (was sehr wünschenswert ist).

Man sieht wieder rasch, dass es höchstens eine lineare Abbildung T_ξ geben kann, so dass (6.12) gilt:
Ist auch noch $A_\xi : X \to Y$ linear mit

$$\lim_{x \to \xi} \frac{1}{\|x-\xi\|}(f(x) - f(\xi) - A_\xi(x-\xi)) = 0,$$

so folgt ja

$$\lim_{x \to \xi}(A_\xi - T_\xi)(\frac{1}{\|x-\xi\|}(x-\xi)) = 0.$$

Daraus kann man aber folgern, dass $(A_\xi - T_\xi)v = 0$ gelten muss für alle $v \in X$. Denn ist $v \neq 0$ beliebig gegeben, so gilt für die Folge

$$x_n := \xi + \frac{1}{n\|v\|}v \quad \text{für} \quad n \in \mathbb{N}$$

offenbar $x_n \to \xi$ für $n \to \infty$ und somit

$$\lim_{n\to\infty}(A_\xi - T_\xi)(\frac{1}{\|x_n-\xi\|}(x_n-\xi)) = \lim_{n\to\infty}(A_\xi - T_\xi)(\frac{1}{\|v\|}v) = 0.$$

Damit ist aber $(A_\xi - T_\xi)v = 0$.

Es ist daher wieder gerechtfertigt, die lineare Abbildung T_ξ als die ***Fréchet-Ableitung*** im Punkt ξ zu bezeichnen. Im wichtigen Spezialfall $X = \mathbb{R}^n$ und $Y = \mathbb{R}^m$ verzichtet man i.a. auf 'Fréchet' und spricht wieder von der Differenzierbarkeit, wobei es auch üblich ist, in diesem Fall davon zu sprechen, dass f im Punkt ξ *total differenzierbar* ist. (Der Sinn dieser Sprechweise wird erst später klar werden, wenn wir auch *partielle Ableitungen* einführen.)

Analog zu früheren Resultaten gilt:

Korollar 6.2

(a) Ist $f : M \subset X \to Y$ im Punkt $\xi \in M$ differenzierbar mit Ableitung T_ξ, so gibt es eine Abbildung $r_\xi : M \to Y$ mit $r_\xi(\xi) = 0$, die im Punkt ξ stetig ist, so dass

$$f(x) = f(\xi) + T_\xi(x-\xi) + \|x-\xi\| r_\xi(x) \quad \text{für} \quad x \in M \tag{6.13}$$

gilt.
(b) Ist $f : M \subset X \to Y$ im Punkt $\xi \in M$ differenzierbar, so ist f im Punkt ξ stetig.

Beweis:
Zu (a): Es sei $r_\xi : M \to Y$ definiert durch

$$r_\xi(x) := \frac{1}{\|x-\xi\|}(f(x) - f(\xi) - T_\xi(x-\xi)) \quad \text{für} \quad x \in M \setminus \{\xi\},$$

und $r_\xi(\xi) := 0$. Aus der Differenzierbarkeit von f folgt dann sofort die Stetigkeit von r_ξ im Punkt ξ. Die Gültigkeit von (6.13) folgt sofort aus der Definition von r_ξ.
Zu (b): Da nach Voraussetzung T_ξ eine stetige lineare Abbildung ist, ergibt sich die Stetigkeit von f im Punkt ξ sofort aus (6.13), weil ja auch r_ξ im Punkt ξ stetig ist. □

Sind die Richtungsableitungen so wie bisher definiert, also

$$D_v f(\xi) = \lim_{t\to 0}\frac{1}{t}(f(\xi+tv) - f(\xi)),$$

so ist leicht zu sehen, dass die Fréchet-Differenzierbarkeit die Existenz von Richtungsableitungen in beliebige Richtungen $v \in X \setminus \{0\}$ impliziert:

Lemma 6.2

Sei $f : M \subset X \to Y$ im Punkt $\xi \in M$ Fréchet-differenzierbar mit Ableitung T_ξ. Dann existiert $D_v f(\xi)$ für alle $v \in X \setminus \{0\}$ und es gilt $D_v f(\xi) = T_\xi v$.

Beweis:
Sei $v \in X \setminus \{0\}$ beliebig gewählt und dazu $t \in \mathbb{R}$ so klein, dass $\xi + tv \in M$ ist. Dann gilt nach (6.13)

$$f(\xi + tv) = f(\xi) + T_\xi((\xi + tv) - \xi) + \|(\xi + tv) - \xi\| r_\xi(\xi + tv).$$

Aufgrund der Linearität von T_ξ folgt für $t \neq 0$

$$\frac{1}{t}(f(\xi + tv) - f(\xi)) = T_\xi(v) + \frac{|t|}{t}\|v\| r_\xi(\xi + tv).$$

Da $\lim_{t\to 0} r_\xi(\xi + tv) = 0$ gilt, folgt $D_v f(\xi) = T_\xi v$. □

Damit können wir nun präzise begründen, dass die durch (6.11) definierte Funktion $f : \mathbb{R}^2 \to \mathbb{R}$ im Punkt $(0,0)$ nicht differenzierbar ist, obwohl Richtungsableitungen in beliebige Richtungen existieren. (Dies zeigt, dass es keine Umkehrung zum Resultat von Lemma 6.2 gibt.) Wäre f im Punkt $(0,0)$ differenzierbar mit der linearen Abbildung $T : \mathbb{R}^2 \to \mathbb{R}$ als Ableitung, so würde nach Lemma 6.2 gelten $D_v f(0,0) = Tv$ für alle $v = (\xi, \eta) \in \mathbb{R}^2 \setminus \{(0,0)\}$. Wir haben aber gesehen, dass $D_v f(0,0) = f(\xi, \eta)$ gilt. Damit würde $f(\xi, \eta) = T((\xi, \eta))$ für alle $(\xi, \eta) \in \mathbb{R}^2 \setminus \{(0,0)\}$ gelten. Dies ist aber nicht möglich, weil die Abbildung f nicht linear ist: Es ist $f((1,1)) = 1/2$, $f((-1,1)) = 1/2$ und damit $f((1,1) + (-1,1)) = f((0,2)) = 0 \neq f((1,1)) + f((-1,1))$.

Bei Abbildungen $f : M \subset \mathbb{R}^m \to \mathbb{R}$ sind die Richtungsableitungen in Richtung der bereits in Abschnitt 6.2.1 erwähnten Standard-Basisvektoren $e_1, \ldots, e_m$ von besonderem Interesse. Man bezeichnet sie als ***partielle Ableitungen*** und notiert

$$\frac{\partial}{\partial x_k} f(\xi) = D_{e_k} f(\xi) = \lim_{t \to 0} \frac{1}{t}(f(\xi + te_k) - f(\xi)).$$

Offenbar kann man, wenn die offene Kugel $U(\xi, r) \subset M$ ist, die partielle Ableitung $(\partial/\partial x_1) f(\xi)$ erhalten, indem man die Ableitung der durch

$$g(y) := f(y, \xi_2, \ldots, \xi_m) \quad \text{für} \quad |y - \xi_1| < r$$

definierten Abbildung $g : (\xi_1 - r, \xi_1 + r) \to \mathbb{R}$ im Punkt $y = \xi_1$ berechnet. Entsprechendes gilt für die anderen partiellen Ableitungen. Nach dem bereits diskutierten Beispiel ist klar, dass aus der Existenz aller partiellen Ableitungen $(\partial/\partial x_k) f(\xi)$ i.a. nicht die Differenzierbarkeit im Punkt ξ folgt. Man kann sogar zeigen, dass daraus nicht einmal die Stetigkeit von f im Punkt ξ folgen muss. Die durch

$$f(x,y) := \frac{2xy^2}{x^2 + y^4} \quad \text{für} \quad (x,y) \neq (0,0), \quad f(0,0) := 0$$

definierte Funktion $f : \mathbb{R}^2 \to \mathbb{R}$ ist ein Beispiel dafür. Man sieht unmittelbar, dass $(\partial/\partial x) f(0,0) = 0$ und $(\partial/\partial y) f(0,0) = 0$ gilt. Es ist jedoch f im Punkt $(0,0)$ nicht folgenstetig: Betrachtet man die Nullfolge $((n^{-2}, n^{-1}))_{n \in \mathbb{N}}$, so gilt ja $f(n^{-2}, n^{-1}) = 1$ für alle n, somit gilt $\lim_{n\to\infty} f(n^{-2}, n^{-1}) = 1 \neq f(0,0)$.

Mit Hilfe von partiellen Ableitungen kann man allgemein bei differenzierbaren Abbildungen $f : M \subset \mathbb{R}^m \to \mathbb{R}^n$ die Ableitung $f'(\xi) := T_\xi$ in einem Punkt $\xi \in M$

beschreiben. Und zwar ist ja entsprechend der Definition $f'(\xi)$ eine lineare Abbildung von $\mathbb{R}^m$ nach $\mathbb{R}^n$, die sich wie in Abschnitt 6.2.1 bereits kurz erwähnt bezüglich der Standard-Basen in $\mathbb{R}^m$ und $\mathbb{R}^n$ durch eine Matrix aus n Zeilen und m Spalten darstellen lässt. Sei also demnach $f'(\xi) = (a_{jk})$, (mit $j = 1, \dots, n$ und $k = 1, \dots, m$). Ist dann $f = (f_1, \dots, f_n)$, (wobei die f_j Abbildungen $f_j : M \subset \mathbb{R}^m \to \mathbb{R}$ sind), so sind die Abbildungen f_j ebenfalls im Punkt ξ differenzierbar. Dies wird sich daraus ergeben, dass Konvergenz im $\mathbb{R}^n$ gleichbedeutend ist mit komponentenweiser Konvergenz. Die Ableitung $f_j'(\xi)$ lässt sich nun bezüglich der Standard-Basen in $\mathbb{R}^m$ und $\mathbb{R}^1$ ebenfalls mit Hilfe der a_{jk} darstellen: Es ist $f_j'(\xi)$ gleich dem Zeilenvektor $(a_{jk})_{k=1,\dots,m}$.
Dies sieht man folgendermaßen: Es ist ja $f'(\xi)$ dadurch definiert, dass

$$\lim_{x\to\xi} \frac{1}{\|x-\xi\|}(f(x) - f(\xi) - f'(\xi)(x-\xi)) = 0$$

gilt. Da Konvergenz im $\mathbb{R}^n$ identisch mit komponentenweiser Konvergenz ist, muss für $j = 1, \dots, n$ gelten

$$\lim_{x\to\xi} \frac{1}{\|x-\xi\|}(f_j(x) - f_j(\xi) - (f'(\xi)(x-\xi))_j) = 0.$$

Dies zeigt einerseits die Differenzierbarkeit von f_j im Punkt ξ, aber auch, dass

$$f_j'(\xi)(x-\xi) = \sum_{k=1}^{m} a_{jk}(x-\xi)_k \tag{6.14}$$

gilt. Damit ist aber $f_j'(\xi)$ bezüglich der Standard-Basen in $\mathbb{R}^m$ und $\mathbb{R}^1$ dargestellt durch den Zeilenvektor $(a_{jk})_{k=1,\dots,m}$.
Nun zeigt (6.14) aber auch, dass $f_j'(\xi)e_p = a_{jp}$ für $j = 1, \dots, n$ und $p = 1, \dots, m$ gilt. Damit können wir notieren

$$\frac{\partial}{\partial x_k} f_j(\xi) = a_{jk} \quad \text{für} \quad j = 1, \dots, n,\ k = 1, \dots, m.$$

Für die Matrix $((\partial/\partial x_k) f_j)$ ist die Bezeichnung ***Jacobi-Matrix*** oder auch ***Funktionalmatrix*** üblich.

Kann man also mit Hilfe der partiellen Ableitungen $\frac{\partial}{\partial x_k} f_j(\xi)$ die Ableitung $f'(\xi)$ darstellen, so ist aber zu beachten, dass man nicht allein aus der Existenz aller partiellen Ableitungen $\frac{\partial}{\partial x_k} f_j(\xi)$ auf die Differenzierbarkeit der Abbildung f im Punkt ξ schließen kann! Dies haben die Beispiele deutlich gezeigt.

Zur Darstellung der Ableitung mit Hilfe der Jacobi-Matrix gibt es zwei einfache, und doch wichtige Spezialfälle:
Sei zunächst $f : \mathbb{R}^m \to \mathbb{R}^n$ mit einer Matrix A gegeben durch $f(x) := Ax$ für $x \in \mathbb{R}^m$. Dabei ist, (wie man in der linearen Algebra ausführlich diskutiert), der Vektor Ax gegeben durch die Komponenten

$$(Ax)_j = \sum_{k=1}^{m} a_{jk} x_k, \quad j = 1, \dots, n.$$

Da f eine lineare Abbildung ist, kann sie natürlich lokal in einem Punkt $\xi \in \mathbb{R}^m$ bestens durch eine lineare Abbildung $T_\xi : \mathbb{R}^m \to \mathbb{R}^n$ approximiert werden, indem man auch $T_\xi x := Ax$ wählt, d.h. aber, dass f in allen Punkten $x \in \mathbb{R}^m$ differenzierbar ist, und es wird, wenn man $f'(x)$ für beliebiges $x \in \mathbb{R}^m$ durch die Jacobi-Matrix darstellt, dabei genau die Matrix A auftreten. Dies kann man natürlich auch sehen, indem man die partiellen Ableitungen ausrechnet. Wie bereits notiert wurde, ist ja $f(x) = (f_j(x))_{j=1,\dots,n}$ mit $f_j(x) = \sum_{k=1}^m a_{jk}x_k$ und somit $(\partial/\partial x_k f_j)(x) = a_{jk}$.

Der zweite Spezialfall betrifft Abbildungen $f : M \subset \mathbb{R}^m \to \mathbb{R}$. In diesem Fall besteht die Jacobi-Matrix ja nur aus einer Zeile, d.h. man kann sie mit dem Vektor

$$\left(\frac{\partial}{\partial x_1}f, \dots, \frac{\partial}{\partial x_m}f\right)$$

identifizieren. Diesen Vektor bezeichnet man als ***Gradientenvektor*** und man notiert ihn meist als $\mathrm{grad}f$ oder auch als ∇f. Mit Hilfe des Gradientenvektors lassen sich nun, wenn man noch das Ergebnis von Lemma 6.2 heranzieht, Richtungsableitungen $D_v f$ besonders suggestiv schreiben. Nach Lemma 6.2 gilt ja $D_v f(\xi) = T_\xi v$, wobei T_ξ wieder die Ableitung im Punkt ξ ist. Ist aber $v = (v_1, \dots, v_m) \in \mathbb{R}^m$, so können wir ja mit Hilfe der Jacobi-Matrix schreiben

$$T_\xi v = \sum_{k=1}^m \left(\frac{\partial}{\partial x_k}f\right)(\xi)v_k.$$

Ist $\langle\ ,\ \rangle$ das übliche euklidische Skalarprodukt auf dem $\mathbb{R}^m$, so können wir also notieren

$$D_v f(\xi) = \langle \mathrm{grad}f(\xi), v\rangle. \tag{6.15}$$

Man beachte, dass all diese Überlegungen direkt darauf basierten, dass wir den $\mathbb{R}^m$ mit der euklidischen Standard-Basis und dem euklidischen Skalarprodukt versehen haben.

Die Darstellung (6.15) für die Richtungsableitung ermöglicht es, wenn $\mathrm{grad}f(\xi) \neq 0$ ist, zu diskutieren, in welcher Richtung $v \in \mathbb{R}^m$ mit $\|v\| = 1$ die Richtungsableitung $D_v f(\xi)$ ihren größten Wert annimmt, man spricht auch von der *Richtung des steilsten Anstiegs.* Denn die Cauchy-Schwarzsche Ungleichung liefert ja für jeden Vektor $v \in \mathbb{R}^m$ mit $\|v\| = 1$ die Abschätzung

$$|D_v f(\xi)| \leq \|\mathrm{grad}f(\xi)\|\,\|v\| = \|\mathrm{grad}f(\xi)\|.$$

Es kann also $D_v f(\xi)$ maximal den Wert $\|\mathrm{grad}f(\xi)\|$ annehmen, und dieser Wert wird tatsächlich auch angenommen, wenn $v = \|\mathrm{grad}f(\xi)\|^{-1}\mathrm{grad}f(\xi)$ ist. Da in der Cauchy-Schwarzschen Ungleichung $|\langle x, y\rangle| \leq \|x\|\,\|y\|$ das Gleichheitszeichen genau dann gilt, wenn die Vektoren x und y linear abhängig sind, (dies zeigt man in der linearen Algebra), ist dies auch die einzige Richtung mit maximaler Richtungsableitung.

Hatten wir für die Hintereinanderausführung von zwei differenzierbaren Abbildungen $f : I \subset \mathbb{R} \to \mathbb{R}$ und $g : f(I) \subset \mathbb{R} \to \mathbb{R}$ die Kettenregel für die Berechnung von $(g \circ f)'$ bewiesen, so stellt sich nun natürlich die Frage, wie es mit der Berechnung der Ableitung von $g \circ f$ steht, wenn f eine Abbildung $f : M \subset \mathbb{R}^m \to \mathbb{R}^n$ und g eine Abbildung $g : f(M) \subset \mathbb{R}^n \to \mathbb{R}^p$ ist. Tatsächlich lässt sich das frühere Ergebnis auf diese Situation verallgemeinern, sogar, wenn statt $\mathbb{R}^m$, $\mathbb{R}^n$ und $\mathbb{R}^p$ beliebige Banachräume auftreten, wobei dann wieder die Ableitung der Hintereinanderausführung durch Hintereinanderausführung der zwei approximierenden linearen Abbildungen zustande kommt.

Satz 6.8

Seien X, Y und Z Banachräume, seien $A \subset X$ und $B \subset Y$ offen und seien $f : A \to Y$ und $g : B \to Z$ differenzierbar, wobei $f(A) \subset B$ sei. Dann ist auch $g \circ f : A \to Z$ differenzierbar und es gilt $(g \circ f)'(x) = g'(f(x)) \circ f'(x)$ für $x \in A$.

Beweis:
Sei $\xi \in A$ beliebig gewählt. Nach (6.13) gibt es dann eine Abbildung $r : A \to Y$ mit $r(\xi) = 0$, die im Punkt ξ stetig ist, so dass

$$f(x) = f(\xi) + f'(\xi)(x - \xi) + \|x - \xi\| r(x) \quad \text{für} \quad x \in A$$

gilt. Entsprechend gibt es eine Abbildung $s : B \to Z$ mit $s(f(\xi)) = 0$, die im Punkt $f(\xi)$ stetig ist, so dass

$$g(y) = g(f(\xi)) + g'(f(\xi))(y - f(\xi)) + \|y - f(\xi)\| s(y) \quad \text{für} \quad y \in B$$

gilt. Damit erhält man

$$\begin{aligned} g(f(x)) = g(f(\xi)) \; &+ \; g'(f(\xi))(f'(\xi)(x - \xi) + \|x - \xi\| r(x)) \\ &+ \; \|f'(\xi)(x - \xi) + \|x - \xi\| r(x)\| s(f(x)). \end{aligned}$$

Da $g'(f(\xi))$ eine lineare Abbildung ist, folgt daraus

$$\begin{aligned} g(f(x)) = \; & g(f(\xi)) + (g'(f(\xi)) \circ f'(\xi))(x - \xi) \\ & + g'(f(\xi))(\|x - \xi\| r(x)) + \|f'(\xi)(x - \xi) + \|x - \xi\| r(x)\| s(f(x)). \end{aligned}$$

Daraus ergibt sich weiter die Behauptung, wenn man noch zeigen kann, dass man durch

$$\Phi(x) := \frac{1}{\|x - \xi\|}(g'(f(\xi))(\|x - \xi\| r(x)) + \|f'(\xi)(x - \xi) + \|x - \xi\| r(x)\| s(f(x)))$$

für $x \neq \xi$ eine Abbildung definieren kann, für die $\lim_{x \to \xi} \Phi(x) = 0$ gilt. (Denn dann kann ja Φ durch $\Phi(\xi) := 0$ zu einer im Punkt ξ stetigen Abbildung $\Phi : A \to Z$ ergänzt werden.)
Da $g'(f(\xi))$ und $f'(\xi)$ stetige lineare Abbildungen sind, kann man nach Satz 6.6 mit einer Konstanten $C > 0$ abschätzen

$$\|\Phi(x)\| \leq \frac{1}{\|x - \xi\|} C(\|x - \xi\| \, \|r(x)\| + \|x - \xi\| \, \|s(f(x))\| + \|x - \xi\| \, \|r(x)\| \, \|s(f(x))\|).$$

Da f im Punkt ξ stetig sein muss, gilt $f(x) \to f(\xi)$ für $x \to \xi$ und somit $\|s(f(x))\| \to 0$ für $x \to \xi$. Da auch $\|r(x)\| \to 0$ für $x \to \xi$ gilt, folgt daraus aber $\lim_{x \to \xi} \|\Phi(x)\| = 0$ und somit $\lim_{x \to \xi} \Phi(x) = 0$. □

Häufig muss man auf dies Ergebnis zurückgreifen in der Situation, dass $X = \mathbb{R}$, $Y = \mathbb{R}^m$ und $Z = \mathbb{R}$, also $f : A \subset \mathbb{R} \to \mathbb{R}^m$ und $g : B \subset \mathbb{R}^m \to \mathbb{R}$ ist. Es ist also die Ableitung einer Funktion $h : M \subset \mathbb{R} \to \mathbb{R}$ zu bestimmen, die von der Art

$$h(t) = g(f_1(t), \ldots, f_m(t)) \quad \text{für} \quad t \in M$$

ist. In diesem Fall lässt sich ja g' als Matrix durch den Gradientenvektor darstellen und f' durch den Spaltenvektor $(f_k')_{k=1,\ldots,m}$. Damit liefert aber Satz 6.8 unter Berücksichtigung der in der linearen Algebra zu diskutierenden Tatsache, dass der Hintereinanderausführung von linearen Abbildungen die Multiplikation der darstellenden Matrizen entspricht, dass man h' erhält, indem man die beiden 'Matrizen' grad$g$ und f' miteinander multipliziert. d.h.

$$h'(t) = \sum_{k=1}^{m} \frac{\partial g}{\partial x_k}(f_1(t), \ldots, f_m(t)) f_k'(t).$$

Von Interesse ist, dass man dieses Resultat auch zur Berechnung von partiellen Ableitungen einsetzen kann. Ist etwa

$$u(t,s) = g(f_1(t,s), \ldots, f_m(t,s)),$$

so berechnet man ja die partielle Ableitung $(\partial/\partial t)u$, die man übrigens auch häufig in der kürzeren Form u_t notiert, indem man s als fest betrachtet und dann die Funktion $t \mapsto g(f_1(t,s), \ldots, f_m(t,s))$ differenziert. Dabei kann man offenbar das soeben gewonnene Resultat einsetzen und erhält

$$\frac{\partial u}{\partial t}(t,s) = \sum_{k=1}^{m} \frac{\partial g}{\partial x_k}(f_1(t,s), \ldots, f_m(t,s)) \frac{\partial f_k}{\partial t}(t,s).$$

Da allein die Existenz aller partiellen Ableitungen nicht ausreicht, um die (totale) Differenzierbarkeit sicherzustellen, ist es wichtig, zu wissen, dass man auf die Differenzierbarkeit schließen kann, wenn man noch zusätzliche Informationen über die partiellen Ableitungen hat. Dazu der nächste wichtige Satz:

Satz 6.9

Sei $\Omega \subset \mathbb{R}^m$ offen, sei $f : \Omega \to \mathbb{R}$ eine Abbildung, für die für alle $x \in \Omega$ und für $k = 1, \ldots, m$ die partiellen Ableitungen $(\partial/\partial x_k)f(x)$ existieren. Dann gilt: Sind die Funktionen $x \in \Omega \mapsto (\partial/\partial x_k)f(x) \in \mathbb{R}$ alle stetig, so ist f in Ω differenzierbar.

Beweis:
Sei $x \in \Omega$ und $\varepsilon > 0$ beliebig gewählt. Da Ω offen ist und alle Funktionen $(\partial/\partial x_k)f$ stetig sind, gibt es ein $\delta > 0$, so dass $U(x,\delta) \subset \Omega$ und

$$|(\partial/\partial x_k)f(y) - (\partial/\partial x_k)f(x)| < \frac{\varepsilon}{m} \quad \text{für} \quad y \in U(x,\delta),\ k = 1, \ldots, m$$

gilt. Zum Nachweis der Differenzierbarkeit von f an der Stelle x ist nun der Ausdruck $|f(x+h) - f(x) - \sum_{k=1}^{m} h_k(\partial/\partial x_k)f(x)|$ geeignet abzuschätzen, wobei es ausreicht, kleine $\|h\|$ zu betrachten. Dazu definieren wir zunächst Vektoren $v_0, \ldots, v_m$ durch

$$v_0 := 0,\ v_k := v_{k-1} + h_k e_k \quad \text{für} \quad k = 1, \ldots, m.$$

Da offenbar $v_k = (h_1, \ldots, h_k, 0, \ldots, 0)$ für $1 \leq k < m$ und $v_m = h$ gilt, ist auch $x + v_k \in \Omega$ für $k = 0, \ldots, m$ und wir können notieren

$$f(x+h) - f(x) = \sum_{k=1}^{m} (f(x+v_k) - f(x+v_{k-1})).$$

Da sich $x + v_k$ und $x + v_{k-1}$ nur durch einen Zuwachs in der $k$ten Komponente unterscheiden, können wir für die Differenz $f(x+v_k) - f(x+v_{k-1})$ auf den Mittelwertsatz zurückgreifen. Dieser liefert, dass mit einem $\theta_k \in (0,1)$ gilt

$$f(x+v_k) - f(x+v_{k-1}) = h_k \frac{\partial}{\partial x_k} f(x + v_{k-1} + \theta_k h_k e_k).$$

Ist $\|h\| < \delta$, so ist aber auch $x + v_{k-1} + \theta_k h_k e_k \in U(x, \delta)$ und damit gilt

$$\left| h_k \frac{\partial}{\partial x_k} f(x + v_{k-1} + \theta_k h_k e_k) - h_k \frac{\partial}{\partial x_k} f(x) \right| \leq |h_k| \frac{\varepsilon}{m}$$

für $k = 1, \ldots, m$. Damit erhält man insgesamt

$$\left| f(x+h) - f(x) - \sum_{k=1}^{m} h_k \frac{\partial}{\partial x_k} f(x) \right|$$

$$\leq \sum_{k=1}^{m} \left| h_k \frac{\partial}{\partial x_k} f(x + v_{k-1} + \theta_k h_k e_k) - h_k \frac{\partial}{\partial x_k} f(x) \right| \leq \|h\| \varepsilon,$$

wenn $\|h\| < \delta$ ist. Damit ist aber f an der Stelle x differenzierbar. □

Die im Satz vorausgesetzte Stetigkeit aller partiellen Ableitungen hat nun sogar noch eine weitere Konsequenz: Die Zuordnung $x \in \Omega \to \operatorname{grad} f(x) \in \mathbb{R}^m$ ist stetig, wenn man dabei wie üblich den $\mathbb{R}^m$ mit der euklidischen Norm versieht. Nun ist es aber der Auffassung, dass die Ableitung $f'(x)$ einer Abbildung $f : \Omega \subset \mathbb{R}^m \to \mathbb{R}^n$ in einem Punkt $x \in \Omega$ eine lineare Abbildung $f'(x) : \mathbb{R}^m \to \mathbb{R}^n$ ist, angemessener, f' mit der sogenannten Operatornorm zu versehen. Dazu nun einige Zwischenbemerkungen.

Sind X und Y normierte Räume und ist $T : X \to Y$ eine stetige lineare Abbildung, so gibt es ja ein $K > 0$ mit $\|Tx\| \leq K\|x\|$ für alle $x \in X$. Damit ist aber die Menge $\{\|x\|^{-1}\|Tx\| : x \in X \setminus \{0\}\}$ nach oben beschränkt und somit existiert

$$\|T\| := \sup\{\|Tx\| : x \in X \text{ mit } \|x\| = 1\}.$$

Man nennt $\|T\|$ die ***Operatornorm*** von T, denn damit kann der Vektorraum aller *stetigen* linearen Abbildungen von X nach Y tatsächlich zu einem normierten Raum gemacht werden. Dass die Operatornorm alle Eigenschaften einer Norm hat, ist dabei leicht zu sehen: Trivialerweise ist stets $\|T\| \geq 0$. Ist aber $\|T\| = 0$, so gilt ja $Tx = 0$ für alle $x \in X$ mit $\|x\| = 1$, woraus sofort folgt, dass sogar $Tx = 0$ für alle $x \in X$ gelten muss. Dass $\|\alpha T\| = |\alpha|\|T\|$ gilt, folgt sofort aus $\|(\alpha T)(x)\| = \|\alpha(Tx)\| = |\alpha|\|Tx\|$. Schließlich folgt die Dreiecksungleichung $\|T + S\| \leq \|T\| + \|S\|$ sofort aus

$$\|(T + S)x\| = \|Tx + Sx\| \leq \|Tx\| + \|Sx\|.$$

Im Fall des Raumes aller stetigen linearen Abbildungen von $\mathbb{R}^m$ nach $\mathbb{R}^n$ nimmt man ja eine Identifizierung mit einem Raum von Matrizen vor, und diesen können wir jetzt auch mit der Operatornorm versehen. Sei dieser normierte Raum mit $B(\mathbb{R}^m, \mathbb{R}^n)$ bezeichnet.

Ist nun $f : \Omega \subset \mathbb{R}^m \to \mathbb{R}^n$ differenzierbar, so haben wir damit auch eine Abbildung $f' : \Omega \to B(\mathbb{R}^m, \mathbb{R}^n)$ gegeben und es kann sein, dass diese Abbildung stetig ist. In Anlehnung an die früher diskutierte Situation im Fall einer Variablen bezeichnen wir f als stetig differenzierbar, wenn diese Abbildung stetig ist, und verwenden dafür die Notation $f \in C^1(\Omega, \mathbb{R}^n)$.

Ist nun $f \in C^1(\Omega, \mathbb{R}^n)$, so sind für $j = 1, \ldots, n$, $k = 1, \ldots, m$ auch die Abbildungen $x \in \Omega \to (\partial/\partial x_k) f_j(x) \in \mathbb{R}$ wohldefiniert. Ist nun $J(x)$ die zu $x \in \Omega$ gehörende Jacobi-Matrix, so gilt ja $(\partial/\partial x_k) f_j(x) = (J(x)e_k)_j$, (wobei mit $(J(x)e_k)_j$ die j-te Komponente des Vektors $J(x)e_k$ bezeichnet wird). Da wegen $\|e_k\| = 1$ nach der Definition der Operatornorm gilt $\|J(x)e_k\| \leq \|J(x)\|$, erhalten wir damit die Abschätzung

$$|(\partial/\partial x_k) f_j(x) - (\partial/\partial x_k) f_j(\xi)| \leq \|J(x)e_k - J(\xi)e_k\| \leq \|J(x) - J(\xi)\| \quad \text{für} \quad x, \xi \in \Omega.$$

Dies zeigt, dass aus der Stetigkeit der Abbildung $x \mapsto J(x) \in B(\mathbb{R}^m, \mathbb{R}^n)$ die Stetigkeit aller Abbildungen $x \in \Omega \to (\partial/\partial x_k) f_j(x) \in \mathbb{R}$ folgt.

Wir haben nun mit Satz 6.9 zunächst für den Fall $n = 1$ bereits gezeigt, dass aus der Stetigkeit aller partiellen Ableitungen die Differenzierbarkeit folgt, und wir können die Argumentation noch weiterführen, um zu zeigen, dass dann sogar die Abbildung $f' : \Omega \to B(\mathbb{R}^m, \mathbb{R})$ stetig ist:

Ist $y \in \mathbb{R}^m$ mit $\|y\| = 1$, so ist $J(x)y = \sum_{k=1}^m y_k (\partial/\partial x_k) f(x)$ und man kann für $x, \xi \in \Omega$ wegen $|y_k| \leq 1$ für alle k abschätzen

$$|(J(x) - J(\xi))y| \leq m \max\{|(\partial/\partial x_k) f(x) - (\partial/\partial x_k) f(\xi)| : k = 1, \ldots, m\}.$$

Daraus folgt aber wegen der Stetigkeit der Abbildungen $x \mapsto (\partial/\partial x_k) f(x)$, dass es zu jedem fest gewählten $x \in \Omega$ und jedem $\varepsilon > 0$ ein $\delta > 0$ gibt mit $\|J(x) - J(\xi)\| < \varepsilon$, wenn $\|x - \xi\| < \delta$ ist.

Die Ausdehnung dieser Ergebnisse auf den Fall von Abbildungen $f : \Omega \subset \mathbb{R}^m \to \mathbb{R}^n$ ist nun einfach:

Korollar 6.3

Sei $\Omega \subset \mathbb{R}^m$ offen, sei $f : \Omega \to \mathbb{R}^n$ eine Abbildung, für die für alle $x \in \Omega$ und für $k = 1, \ldots, m$, $j = 1, \ldots, n$ die partiellen Ableitungen $(\partial/\partial x_k) f_j(x)$ existieren. Dann gilt: Sind die Funktionen $x \in \Omega \mapsto (\partial/\partial x_k) f_j(x) \in \mathbb{R}$ alle stetig, so ist $f \in C^1(\Omega, \mathbb{R}^n)$.

Beweis:
Da Konvergenz im $\mathbb{R}^n$ gleichbedeutend mit komponentenweiser Konvergenz ist, ist die Differenzierbarkeit von f im Punkt x gleichbedeutend mit der Differenzierbarkeit aller Komponentenfunktionen f_j im Punkt x. Für die Funktionen f_j sind aber die Voraussetzungen von Satz 6.9 erfüllt. Damit gilt $f_j \in C^1(\Omega, \mathbb{R})$ für $j = 1, \dots, n$. Somit ist f in allen Punkten $x \in \Omega$ differenzierbar und es ist nur noch zu überlegen, dass aus der Stetigkeit aller partiellen Ableitungen die Stetigkeit von $x \mapsto J(x) \in B(\mathbb{R}^m, \mathbb{R}^n)$ folgt. Dies ergibt sich aber mit den gleichen Überlegungen wie soeben. Denn für Vektoren $y \in \mathbb{R}^m$ mit $\|y\| = 1$ kann man auch nun $\|J(x) - J(\xi)\|$ abschätzen durch const.max$\{|(\partial/\partial x_k)f_j(x) - (\partial/\partial x_k)f_j(\xi)| : k = 1, \dots, m, j = 1, \dots, n\}$. □

Da man bei der Bildung von partiellen Ableitungen ja letztlich nur Funktionen einer reellen Variablen betrachtet, kann man bei Funktionen $f : \mathbb{R}^m \to \mathbb{R}$ eventuell auch partielle Ableitungen höherer Ordnung bilden, also etwa $(\partial/\partial x_2)(\partial/\partial x_1)f$ usw. Dabei kann es sein, dass etwa $(\partial/\partial x_2)(\partial/\partial x_1)f$ existiert, die Ableitung $(\partial/\partial x_1)(\partial/\partial x_2)f$ aber nicht; es kann aber sogar vorkommen, dass diese beiden Ableitungen existieren, jedoch verschieden sind. Für diese Problematik ist der folgende Satz von großer Bedeutung, der als ***Satz von Schwarz*** bekannt ist.

Satz 6.10

Sei $\Omega \subset \mathbb{R}^2$ offen, sei $\xi \in \Omega$ und die Funktion $f : \Omega \to \mathbb{R}$ habe die folgenden Eigenschaften: Es gibt ein $\delta > 0$ mit $U(\xi, \delta) \subset \Omega$, so dass die Ableitungen $(\partial/\partial x_1)f$, $(\partial/\partial x_2)f$, $\partial/\partial x_2(\partial/\partial x_1 f)$ und $\partial/\partial x_1(\partial/\partial x_2 f)$ in $U(\xi, \delta)$ existieren, wobei die Ableitungen $\partial/\partial x_2(\partial/\partial x_1 f)$ und $\partial/\partial x_1(\partial/\partial x_2 f)$ im Punkt ξ stetig sind. Dann gilt

$$\frac{\partial}{\partial x_2}\left(\frac{\partial}{\partial x_1} f\right)(\xi) = \frac{\partial}{\partial x_1}\left(\frac{\partial}{\partial x_2} f\right)(\xi).$$

Beweis:
Es gibt ein $\varepsilon > 0$, so dass $(\xi_1 + h_1, \xi_2 + h_2) \in U(\xi, \delta)$ gilt für alle Vektoren h mit $|h_1| < \varepsilon$ und $|h_2| < \varepsilon$. Sei (η_1, η_2) mit $\eta_1\eta_2 \neq 0$ und $|\eta_1| < \varepsilon$ und $|\eta_2| < \varepsilon$ fest, aber beliebig gewählt. Damit definieren wir nun auf dem Intervall $I := [\xi_1, \xi_1 + \eta_1]$ bzw. $I = [\xi + \eta_1, \xi]$, wenn $\eta_1 < 0$ ist, die Funktion φ durch

$$\varphi(t) := f(t, \xi_2 + \eta_2) - f(t, \xi_2) \quad \text{für} \quad t \in I.$$

Zur Vereinfachung schreiben wir bei den weiteren Überlegungen $\partial_{x_j} f$ statt $(\partial/\partial x_j)f$. Wegen der Existenz der Ableitung $\partial_{x_1} f$ in $U(\xi, \delta)$ erfüllt dann die Funktion φ auf I die Voraussetzungen des Mittelwertsatzes der Differentialrechnung, somit gilt

$$\varphi(\xi_1 + \eta_1) - \varphi(\xi_1) = \eta_1\varphi'(\tau) = \eta_1((\partial_{x_1} f)(\tau, \xi_2 + \eta_2) - (\partial_{x_1} f)(\tau, \xi_2))$$

mit einem $\tau \in (\xi_1, \xi_1 + \eta_1)$, (bzw. $\tau \in (\xi_1 + \eta_1, \xi_1)$). Da auch $\partial_{x_2}(\partial_{x_1} f)$ in $U(\xi, \delta)$ existiert, ist auch für die Differenz $(\partial_{x_1} f)(\tau, \xi_2 + \eta_2) - (\partial_{x_1} f)(\tau, \xi_2)$ der Mittelwertsatz der Differentialrechnung einsetzbar, d.h. es gilt

$$(\partial_{x_1} f)(\tau, \xi_2 + \eta_2) - (\partial_{x_1} f)(\tau, \xi_2) = \eta_2 \partial_{x_2}(\partial_{x_1} f)(\tau, \sigma)$$

mit einem $\sigma \in (\xi_2, \xi_2 + \eta_2)$ bzw. $\sigma \in (\xi_2 + \eta_2, \xi_2)$. Wir haben damit insgesamt erhalten

$$\varphi(\xi_1 + \eta_1) - \varphi(\xi_1) = \eta_1\eta_2(\partial_{x_2}\partial_{x_1} f)(\tau, \sigma).$$

Ganz analog sieht man, dass man, wenn man von der Funktion

$$\psi(s) := f(\xi_1 + \eta_1, s) - f(\xi_1, s)$$

ausgeht, mit einem $\tau^* \in (\xi_1, \xi_1 + \eta_1)$ und $\sigma^* \in (\xi_2, \xi_2 + \eta_2)$ (bzw. ...) schreiben kann

$$\psi(\xi_2 + \eta_2) - \psi(\xi_2) = \eta_1\eta_2(\partial_{x_1}\partial_{x_2} f)(\tau^*, \sigma^*).$$

Nun gilt aber

$$\varphi(\xi_1+\eta_1)-\varphi(\xi_1) = f(\xi_1+\eta_1, \xi_2+\eta_2)-f(\xi_1+\eta_1, \xi_2)-f(\xi_1, \xi_2+\eta_2)+f(\xi_1, \xi_2)$$

und entsprechend

$$\psi(\xi_2+\eta_2)-\psi(\xi_2) = f(\xi_1+\eta_1, \xi_2+\eta_2)-f(\xi_1, \xi_2+\eta_2)-f(\xi_1+\eta_1, \xi_2)+f(\xi_1, \xi_2),$$

so dass wir notieren können

$$(\partial_{x_2}\partial_{x_1} f)(\tau, \sigma) = (\partial_{x_1}\partial_{x_2} f)(\tau^*, \sigma^*). \tag{6.16}$$

Stellen wir uns nun (η_1, η_2) wieder frei wählbar vor, so können wir natürlich die Terme $(\partial_{x_2}\partial_{x_1} f)(\tau, \sigma)$ und $(\partial_{x_1}\partial_{x_2} f)(\tau^*, \sigma^*)$ für $(\eta_1, \eta_2) \to (0, 0)$ betrachten. Offenbar folgt aus $(\eta_1, \eta_2) \to (0, 0)$ aber $(\tau, \sigma) \to (\xi_1, \xi_2)$ und $(\tau^*, \sigma^*) \to (\xi_1, \xi_2)$. Da nach Voraussetzung aber die Ableitungen $\partial_{x_2}\partial_{x_1} f$ und $\partial_{x_1}\partial_{x_2} f$ im Punkt (ξ_1, ξ_2) stetig sind, folgt aus (6.16) $\partial_{x_2}(\partial_{x_1} f)(\xi) = \partial_{x_1}(\partial_{x_2} f)(\xi)$. □

Wir haben bisher nur partielle Ableitungen der Ordnung 2 betrachtet. Wenn es möglich ist, kann man aber durchaus auch partielle Ableitungen höherer Ordnung betrachten. Ist $\alpha := (\alpha_1, \ldots, \alpha_m) \in \mathbb{N}_0^m$, so ist, wenn wir wieder die soeben eingeführte abkürzende Notation für die partiellen Ableitungen verwenden,

$$\partial^\alpha f := \partial_{x_1}^{\alpha_1}\partial_{x_2}^{\alpha_2} \ldots \partial_{x_m}^{\alpha_m} f$$

eine partielle Ableitung der Ordnung $|\alpha| := \alpha_1 + \ldots + \alpha_m$. Hierbei wird α als ***Multiindex*** bezeichnet und entsprechend ist $\partial^\alpha f$ die Multiindex-Schreibweise für partielle Ableitungen. Die traditionelle und offenbar aufwendigere Schreibweise etwa für partielle Ableitungen der Ordnung 2 ist bei zwei Variablen

$$\frac{\partial^2 f}{\partial x \partial y} \quad \text{oder} \quad \frac{\partial^2 f}{\partial x^2}.$$

Man beachte, dass es nach dem Satz von Schwarz bei stetigen partiellen Ableitungen $\partial^\alpha f$ auf die Reihenfolge der Hintereinanderausführungen der einzelnen partiellen Ableitungen nicht ankommt. In Hinblick auf Korollar 6.3 definiert man nun, wenn $\Omega \subset \mathbb{R}^m$ offen ist, für $k \in \mathbb{N}$

$$C^k(\Omega, \mathbb{R}^n) := \{f : \Omega \to \mathbb{R}^n |\, \partial^\alpha f \text{ existiert und ist stetig in } \Omega \text{ für alle } \alpha \text{ mit } |\alpha| \leq k\}.$$

Wie früher ist dann $C^{\infty}(\Omega, \mathbb{R}^n) = \bigcap_{k \in \mathbb{N}_0} C^k(\Omega, \mathbb{R}^n)$.

Wir werden nun hier nicht der Frage nachgehen, ob $f \in C^k(\Omega, \mathbb{R}^n)$ im Fall $k > 1$ so wie im Fall $k = 1$ etwas mit mehrfacher totaler Differenzierbarkeit zu tun hat. Dies liegt daran, dass bei Abbildungen $f : \Omega \subset \mathbb{R}^m \to \mathbb{R}^n$ die auf Ω definierte Ableitung ja eine Abbildung $f' : \Omega \to B(\mathbb{R}^m, \mathbb{R}^n)$ ist. Man wird dann davon sprechen, dass f'' existiert, wenn diese Abbildung total differenzierbar ist. Definitionsgemäß ist dann $f''(x) \in B(\mathbb{R}^m, B(\mathbb{R}^m, \mathbb{R}^n))$. So wie es zweckmäßig ist, die Elemente von $B(\mathbb{R}^m, \mathbb{R}^n)$ als Matrizen aufzufassen, so ist es für das weitere Studium der Ableitungen höherer Ordnung sinnvoll, $B(\mathbb{R}^m, B(\mathbb{R}^m, \mathbb{R}^n))$ mit einem besser zu handhabenden Objekt zu identifizieren. Dies ist möglich und führt in den Bereich der multilinearen Algebra. Dies sei hier aber nicht weiter verfolgt, denn wir werden es bei den weiteren Untersuchungen nicht benötigen, weil Fragen der Taylorformel oder hinreichender Kriterien für lokale Extrema unter Benützung partieller Ableitungen höherer Ordnung erledigt werden können.

Vor der Diskussion dieser Dinge sei aber noch gezeigt, dass sich der Mittelwertsatz in der Variante einer Abschätzung, also in der Form von Satz 4.7 allgemeiner auf Abbildungen $f : \Omega \subset \mathbb{R}^m \to \mathbb{R}^n$ übertragen lässt.

Satz 6.11

Seien $m, n \in \mathbb{N}$, sei $\Omega \subset \mathbb{R}^m$ offen, seien $x, \xi \in \Omega$ mit $x \neq \xi$ so, dass

$$S(x, \xi) := \{y \in \mathbb{R}^m : \textit{Es gibt ein } t \in [0,1] \textit{ mit } y = x + t(\xi - x)\} \subset \Omega$$

gilt. Dann gilt: Ist $f : \Omega \to \mathbb{R}^n$ differenzierbar und

$$M := \sup\{\|f'(y)v\| : y \in S(x, \xi),\ v \in \mathbb{R}^m \textit{ mit } \|v\| = 1\} < \infty,$$

so gilt

$$\|f(x) - f(\xi)\| \leq M\|x - \xi\|. \tag{6.17}$$

Beweis:
Da $S(x, \xi) \subset \Omega$ gilt, (was geometrisch so zu interpretieren ist, dass die Verbindungsstrecke zwischen x und ξ ganz in der Menge Ω verläuft), kann man eine Abbildung $g : [0,1] \to \mathbb{R}^n$ definieren durch

$$g(t) := f(x + t(\xi - x)) \quad \text{für} \quad t \in [0,1].$$

Nach der Kettenregel ist g differenzierbar und es gilt, wenn $\psi(t) := x + t(\xi - x)$ ist,

$$g'(t)h = (f'(x + t(\xi - x)) \circ \psi'(t))h = f'(x + t(\xi - x))(\langle \xi - x, h\rangle) \quad \text{für} \quad h \in \mathbb{R}^m. \tag{6.18}$$

Wendet man nun die Abschätzung von Satz 4.7 auf die Abbildung g an, so ist dabei $g'(t)$ als ein Vektor im $\mathbb{R}^n$ zu interpretieren. Nach (6.18) ist dieser Vektor gegeben durch $f'(x + t(\xi - x))((\xi - x))$ und es gilt mit der Operatornorm von f'

$$\|f'(x + t(\xi - x))((\xi - x))\| \leq \|f'(x + t(\xi - x))\|\, \|\xi - x\|.$$

Damit erhält man nach Satz 4.7, (man beachte, dass Ω offen ist),

$$\|g(1) - g(0)\| \leq \left(\sup_{t \in [0,1]} \|f'(x + t(\xi - x))\| \right) \|\xi - x\|.$$

Bedenkt man, wie die Operatornorm definiert ist, so kann man mit der oben angegebenen Konstanten M abschätzen $\|g(1) - g(0)\| \leq M\|\xi - x\|$ und dies ist wegen $g(1) = f(\xi)$ und $g(0) = f(x)$ identisch mit (6.17). □

Unter Benützung des Hauptsatzes der Differential- und Integralrechnung kann man rasch eine andere Form des Mittelwertsatzes erhalten, wenn man etwas mehr von der Abbildung $f : \Omega \subset \mathbb{R}^m \to \mathbb{R}^n$ verlangt, nämlich, dass $f \in C^1(\Omega, \mathbb{R}^n)$ sei. Ist dann wieder die Funktion g wie im Beweis von Satz 6.11 definiert, so kann man unter dieser Voraussetzung notieren

$$f(\xi) - f(x) = g(1) - g(0) = \int_0^1 g'(\tau) d\tau = \int_0^1 f'(x + \tau(\xi - x))(\xi - x) d\tau.$$

Durch Abschätzung des hier auftretenden Integrals kann man daraus wiederum die Ungleichung (6.17) erhalten.

Von besonderem Interesse ist noch die Situation, dass die offene Menge $\Omega \subset \mathbb{R}^m$ ***konvex*** ist, d.h. dass mit zwei beliebigen Punkten $x, \xi \in \Omega$ die Verbindungsstrecke $S(x, \xi)$ in Ω liegt. Dann ist Satz 6.11 für beliebige Punkte x und ξ einsetzbar und dies liefert, wenn noch

$$\sigma := \sup_{y \in \Omega} \|f'(y)\| < \infty$$

gilt, die Abschätzung

$$\|f(x) - f(\xi)\| \leq \sigma \|x - \xi\| \quad \text{für} \quad x, \xi \in \Omega.$$

Unter diesen Voraussetzungen ist also f in Ω Lipschitz-stetig im Sinne der folgenden Definition:
Seien (X, d_X) und (Y, d_Y) metrische Räume. Eine Abbildung $f : X \to Y$ heißt ***Lipschitz-stetig***, wenn es eine Konstante $K > 0$ gibt, so dass

$$d_Y(f(x), f(\xi)) \leq K d_X(x, \xi)$$

für alle $x, \xi \in X$ gilt.

Es gibt übrigens stetige Funktionen, die nicht Lipschitz-stetig sind. Ein einfaches Beispiel dafür stellt die Funktion $f(t) := |t|^{1/2}$ für $t \in (-1, 1)$ dar. Es kann nämlich keine Konstante $K > 0$ geben, so dass $|t|^{1/2} \leq K|t|$ für alle $t \in (-1, 1)$ gilt. Ist nämlich $t_m := m^{-2}$ für $m \in \mathbb{N}$, so müsste, wenn so eine Abschätzung gelten sollte, $m^{-1} \leq K m^{-2}$, somit $m \leq K$ für alle $m \in \mathbb{N}$ gelten.

Andererseits sind stetige lineare Abbildungen zwischen zwei normierten Räumen immer Lipschitz-stetig, wie die Aussage (4) von Satz 6.6 zeigt. Danach gilt nämlich für $x, \xi \in X$

$$\|Tx - T\xi\|_Y = \|T(x - \xi)\|_Y \leq C\|x - \xi\|_X.$$

Wie die Definition der Operatornorm zeigt, könnte man dabei die Konstante C durch die Operatornorm ersetzen.

6.3 Taylorformel II

Aufbauend auf der Taylorformel für Funktionen einer Variablen kann man auch die Taylorformel für Funktionen mehrerer Variabler erhalten. Diese wird wiederum nützlich sein für die Diskussion lokaler Extrema.

Für die Diskussion der Taylorformel bei Funktionen mehrerer Variablen betrachten wir Funktionen $f \in C^n(\Omega, \mathbb{R})$, wobei $\Omega \subset \mathbb{R}^m$ offen sei. Es wird also die Existenz stetiger partieller Ableitungen bis zur Ordnung n verlangt. Ist $x_0 \in \Omega$ beliebig gewählt und $U(x_0, \delta) \subset \Omega$, so sind mit $x \in U(x_0, \delta)$ auch alle Punkte auf der Verbindungsstrecke von x_0 nach x, d.h. alle Punkte $y = x_0 + t(x - x_0)$ mit $t \in [0,1]$ in $U(x_0, \delta)$, (wie die Abschätzung $\|y - x\| = \|t(x - x_0)\| \leq \|x - x_0\| < \delta$ sofort zeigt). Damit sind für die Funktion

$$g(t) := f(x_0 + t(x - x_0)) \quad \text{für} \quad t \in [0,1]$$

die Voraussetzungen von Satz 6.2 erfüllt, wenn man bis zu Taylorpolynomen vom Grad $n - 1$ geht. Es gibt also ein $\tau \in (0,1)$ mit

$$f(x) = g(1) = \sum_{k=0}^{n-1} \frac{1}{k!} g^{(k)}(0) + \frac{1}{n!} g^{(n)}(\tau).$$

Dies müssen wir nun geeignet umschreiben zu einer Form, in der partielle Ableitungen von f auftreten. Nach der Kettenregel gilt zunächst

$$g'(t) = \sum_{j=1}^{m} (\partial_{x_j} f)(x_0 + t(x - x_0))(x - x_0)_j,$$

wobei wir mit $(x - x_0)_j$ wieder die j-te Komponente des Vektors $x - x_0$ bezeichnet haben. Damit können wir aber auch $g'(t)$ mit einer geeigneten Funktion $\varphi : \Omega \to \mathbb{R}$ in der Form $g'(t) = \varphi(x_0 + t(x - x_0))$ schreiben. Und zwar muss man offenbar nur setzen

$$\varphi(y) := \langle x - x_0, (\mathrm{grad} f)(y) \rangle \quad \text{für} \quad y \in \Omega.$$

Wegen

$$\partial_{y_k} \varphi(y) = \sum_{j=1}^{m} (\partial_{x_k} \partial_{x_j} f)((y)(x - x_0)_j$$

erhält man dann analog zu $g'(t)$

$$g''(t) = \sum_{k=1}^{m} (x - x_0)_k \sum_{j=1}^{m} (\partial_{x_k} \partial_{x_j})(x_0 + t(x - x_0))(x - x_0)_j.$$

Durch Induktion ergibt sich nun allgemeiner

$$g^{(k)}(t) = \sum_{j_1=1}^{m} \cdots \sum_{j_k=1}^{m} (\partial_{x_{j_1}} \ldots \partial_{x_{j_k}} f)(x_0 + t(x - x_0))(x - x_0)_{j_1} \cdot \ldots \cdot (x - x_0)_{j_k}. \quad (6.19)$$

Dies kann man nun viel suggestiver aufschreiben, wenn man die Multiindex-Schreibweise noch etwas ausbaut und verwendet, dass es bei den Ableitungen $\partial_{x_{j_1}} \dots \partial_{x_{j_k}} f$ auf die Reihenfolge der partiellen Ableitungen nicht ankommt.
Wir definieren dazu für einen Multiindex $\alpha \in \mathbb{N}_0^m$ und $x \in \mathbb{R}^m$

$$\alpha! := \prod_{k=1}^{m} \alpha_k! \quad \text{und} \quad x^\alpha := \prod_{k=1}^{m} x_k^{\alpha_k}$$

und zeigen, dass analog zum binomischen Lehrsatz für beliebige $a_1, \dots, a_m \in \mathbb{R}$ und $k \in \mathbb{N}$ gilt

$$(a_1 + \ldots + a_m)^k = \sum_{|\alpha|=k} \frac{k!}{\alpha!} a^\alpha. \tag{6.20}$$

Für $m = 2$ ist dies für beliebiges $k \in \mathbb{N}$ identisch mit dem binomischen Lehrsatz, (man muss nur $\alpha = (j, k-j)$ mit $j = 0, \dots, k$ setzen), man kann daher (6.20) beweisen, indem man annimmt, dass (6.20) für $m-1$ für beliebiges $k \in \mathbb{N}$ richtig sei, und dann vollständige Induktion bezüglich m durchführt, und zwar für beliebig gewähltes k. Notiert man zunächst

$$(a_1 + \ldots + a_m)^k = \sum_{j=0}^{k} \frac{k!}{j!(k-j)!} (a_1 + \ldots + a_{m-1})^{k-j} a_m^j,$$

so folgt aufgrund der Induktionsannahme mit $\beta \in \mathbb{N}_0^{m-1}$ und $b := (a_1, \dots, a_{m-1})$

$$(a_1 + \ldots + a_m)^k = \sum_{j=0}^{k} \sum_{|\beta|=k-j} \frac{k!}{j!(k-j)!} \frac{(k-j)!}{\beta!} b^\beta a_m^j. \tag{6.21}$$

Setzt man nun jeweils $\alpha := (\beta_1, \dots, \beta_{m-1}, j)$, so durchlaufen die Indizes α, wenn β alle Indizes mit $|\beta| = k - j$ und $j = 0, \dots, k$ durchläuft, sicher alle Indizes $\alpha \in \mathbb{N}_0^m$ mit $|\alpha| = k$ und es gilt $\alpha! = j!\beta!$. Außerdem ist $b^\beta a_m^j = a^\alpha$. Damit geht (6.21) aber direkt in (6.20) über.
Was (6.20) für (6.19) nützt, sieht man, wenn man bedenkt, dass man beim zunächst ganz 'naiven' Ausmultiplizieren von $(a_1 + \ldots + a_m)^k$ erhält

$$(a_1 + \ldots + a_m)^k = \sum_{j_1=1}^{m} \cdots \sum_{j_k=1}^{m} a_{j_1} \cdot \ldots \cdot a_{j_m}.$$

Durch Zusammenfassen gleicher Terme, (man beachte die Assoziativität und Kommutativität der Multiplikation), kommt man dann zu (6.20). Da man auch bei der Hintereinanderausführung $\partial_{x_{j_1}} \dots \partial_{x_{j_k}}$ beliebig umordnen kann, muss aus (6.19) durch Zusammenfassen gleicher Terme ein entsprechender Ausdruck wie bei (6.20) entstehen, d.h. man kann notieren

$$g^{(k)}(t) = \sum_{|\alpha|=k} \frac{k!}{\alpha!} (\partial^\alpha f)(x_0 + t(x - x_0))(x - x_0)^\alpha.$$

Damit ist aber

$$\frac{1}{k!}g^{(k)}(0) = \sum_{|\alpha|=k} \frac{1}{\alpha!}(\partial^\alpha f)(x_0)(x-x_0)^\alpha.$$

Offenbar erhält man damit in Analogie zum eindimensionalen Fall die Taylorformel

$$f(x) = \sum_{k=0}^{n-1}\sum_{|\alpha|=k} \frac{1}{\alpha!}(\partial^\alpha f)(x_0)(x-x_0)^\alpha + \sum_{|\alpha|=n} \frac{1}{\alpha!}(\partial^\alpha f)(x_0+\tau(x-x_0))(x-x_0)^\alpha,$$

wobei $\tau \in (0,1)$ ist.

Auch im Fall einer Abbildung $f : \Omega \subset \mathbb{R}^m \to \mathbb{R}$, (es sei wieder Ω offen), können wir nun ausgehend von der Taylorformel genauer diskutieren, was für eine Situation in *kritischen Punkten*, d.h. in Punkten $\xi \in \Omega$ mit $f'(\xi) = 0$, vorliegt. Insbesondere kann man wieder ein hinreichendes Kriterium für das Auftreten eines lokalen Minimums (oder Maximums) im Punkt ξ gewinnen. (Man beachte, dass nach Satz 4.5 bei differenzierbaren Funktionen nur in Punkten mit $f'(\xi) = 0$ ein lokales Extremum vorliegen kann.) Dabei betrachten wir nun Funktionen $f \in C^2(\Omega, \mathbb{R})$. Ist dann $\xi \in \Omega$ mit $f'(\xi) = 0$, so verwenden wir die Taylorformel für $n = 2$ und erhalten

$$f(x) = f(\xi) + \frac{1}{2}\sum_{k=1}^{m}\sum_{j=1}^{m}(\partial_{x_k}\partial_{x_j} f)(\xi+\tau(x-\xi))(x-\xi)_k(x-\xi)_j. \qquad (6.22)$$

Offenbar wird hier nun die symmetrische Matrix der zweiten partiellen Ableitungen von f eine wesentliche Rolle spielen, wenn es darum geht, ob im Punkt ξ ein lokales Minimum oder Maximum vorliegt. Diese Matrix wird als ***Hesse-Matrix*** bezeichnet, wir notieren

$$H(x) := (\partial_{x_j}\partial_{x_k} f(x))_{j,k=1\dots,m}$$

für $x \in \Omega$.

Hier muss nun ein wenig an Dinge aus der linearen Algebra erinnert werden:
Einer symmetrischen (m,m)-Matrix A ist auf natürliche Weise eine quadratische Form zugeordnet, das ist die Abbildung $x \in \mathbb{R}^m \mapsto x^T Ax \in \mathbb{R}$, wobei $x \in \mathbb{R}^m$ ein Spaltenvektor und x^T der zugehörige durch Transponieren entstandene Zeilenvektor ist. So eine quadratische Form, bzw. auch die zugehörige Matrix A, bezeichnet man als ***positiv definit***, wenn $x^T Ax > 0$ für alle $x \neq 0$ gilt, man nennt sie entsprechend ***negativ definit***, wenn $x^T Ax < 0$ für alle $x \neq 0$ ist. Schließlich spricht man davon, dass die quadratische Form ***indefinit*** ist, wenn sie sowohl positive als auch negative Werte annehmen kann.

Ein Blick auf (6.22) zeigt nun, dass das Verhalten von $f(x) - f(\xi)$ bestimmt ist durch das Verhalten der der Hesse-Matrix zugeordneten quadratischen Form, denn die doppelte Summe ist genau von der Bauart wie diese quadratische Form.

Satz 6.12

Sei $\Omega \subset \mathbb{R}^m$ offen, sei $f \in C^2(\Omega, \mathbb{R})$ und $\xi \in \Omega$ mit $f'(\xi) = 0$. Dann gilt:
(a) Ist die der Hesse-Matrix $H(\xi)$ zugeordnete quadratische Form positiv definit, so liegt im Punkt ξ ein lokales Minimum vor.
(b) Ist die der Hesse-Matrix $H(\xi)$ zugeordnete quadratische Form negativ definit, so liegt im Punkt ξ ein lokales Maximum vor.
(c) Ist die der Hesse-Matrix $H(\xi)$ zugeordnete quadratische Form indefinit, so liegt im Punkt ξ kein lokales Extremum vor.

Beweis:
Zu (a): Im ersten Schritt müssen wir uns überlegen, dass, wenn $y^T H(\xi) y > 0$ für alle $y \in \mathbb{R}^m \setminus \{0\}$ gilt, dies auch noch in einer Umgebung von ξ gilt, d.h. dass es ein $\varepsilon > 0$ gibt mit $y^T H(x) y > 0$ für alle $y \in \mathbb{R}^m \setminus \{0\}$ und alle x mit $\|x - \xi\| < \varepsilon$. Wir benützen, dass eine stetige Funktion $g : \{y \in \mathbb{R}^m : \|y\| = 1\} \to \mathbb{R}$ ihr Minimum annehmen muss, weil die Menge $\{y \in \mathbb{R}^m : \|y\| = 1\} \subset \mathbb{R}^m$ ja kompakt ist. Da nach Voraussetzung aber $Q(\xi, y) := y^T H(\xi) y > 0$ für alle $y \in \mathbb{R}^m$ mit $\|y\| = 1$ gilt, gibt es also ein $\gamma > 0$ mit $Q(\xi, y) \geq \gamma$ für alle $y \in \mathbb{R}^m$ mit $\|y\| = 1$. Für $\|y\| = 1$ und $x \in \Omega$ können wir ja abschätzen

$$|Q(x,y) - Q(\xi, y)| = |\sum_{j,k} (\partial_{x_k}\partial_{x_j} f(x) - \partial_{x_k}\partial_{x_j} f(\xi)) y_k y_j| \leq \sum_{j,k} |\partial_{x_k}\partial_{x_j} f(x) - \partial_{x_k}\partial_{x_j} f(\xi)|.$$

Da die Funktionen $\partial_{x_k}\partial_{x_j} f$ alle stetig sind, gibt es ein $\varepsilon > 0$ mit $|Q(x,y) - Q(\xi, y)| < \gamma/2$ für $\|y\| = 1$ und $\|x - \xi\| < \varepsilon$. Damit ist aber $Q(x,y) \geq \gamma/2$ für $\|y\| = 1$ und $\|x - \xi\| < \varepsilon$. Daraus folgt aber für $v \in \mathbb{R}^m \setminus \{0\}$

$$Q(x, v) = \|v\|^2 Q(x, \|v\|^{-1} v) \geq \|v\|^2 \frac{\gamma}{2} > 0,$$

wenn $\|x - \xi\| < \varepsilon$ ist. Damit gilt also $y^T H(x) y > 0$ für alle $y \in \mathbb{R}^m \setminus \{0\}$ und alle x mit $\|x - \xi\| < \varepsilon$, wobei wir annehmen dürfen, dass die Kugel $U(\xi, \varepsilon)$ in Ω liegt. Für $x \neq \xi$ und $\|x - \xi\| < \varepsilon$ gilt dann

$$\frac{1}{2}(x - \xi)^T H(\xi + \tau(x - \xi))(x - \xi) > 0 \quad \text{für} \quad \tau \in (0, 1).$$

Wegen (6.22) gilt damit aber $f(x) > f(\xi)$ für $x \neq \xi$ mit $\|x - \xi\| < \varepsilon$, es liegt also ein lokales Minimum vor.
Zu (b): Durch Übergehen zur Funktion $-f$ erreicht man den Fall (a).
Zu (c): Nach Voraussetzung gibt es ein $y \in \mathbb{R}^m$ mit $Q(\xi, y) > 0$ und ein $\eta \in \mathbb{R}^m$ mit $Q(\xi, \eta) < 0$. Definiert man nun für kleines $|t|$ die Funktionen φ und ψ durch

$$\varphi(t) := f(\xi + ty), \quad \psi(t) := f(\xi + t\eta),$$

so sind sicher beide Funktionen zweimal differenzierbar. Und zwar gilt nach der Kettenregel

$$\varphi'(t) = \sum_{k=1}^{m} (\partial_{x_k} f)(\xi + ty) y_k, \quad \varphi''(t) = \sum_k \sum_j (\partial_{x_k}\partial_{x_j} f)(\xi + ty) y_k y_j,$$

somit $\varphi''(0) = Q(\xi, y) > 0$. Damit hat aber die Funktion φ an der Stelle $t = 0$ ein lokales Minimum. Entsprechend kann man erschließen, dass die Funktion ψ an der Stelle $t = 0$ ein lokales Maximum hat. Damit gibt es aber in jeder Kugel $U(\xi, r) \subset \Omega$ Punkte x, in denen $f(x) > f(\xi)$ gilt, und Punkte x, in denen $f(x) < f(\xi)$ gilt. □

Ein typisches Beispiel für die in (c) vorliegende Situation wird gegeben durch die Funktion $f(x, y) := x^2 - y^2$ für $(x, y) \in \mathbb{R}^2$. Da $f(x, 0) = x^2$ für $x \in \mathbb{R}$ und $f(0, y) = -y^2$ für $y \in \mathbb{R}$ ist, hat der Graph dieser Funktion bei $(0, 0)$ die Form eines *Sattels*. Man spricht daher in solchen Fällen auch davon, dass ein ***Sattelpunkt*** vorliegt.

Auch bei der Taylorformel für Funktionen mehrerer Variabler stellt sich natürlich die Frage, ob eine Darstellung der Funktion in Form einer Taylor-Reihe möglich ist. Hierbei kommen dann offenbar Fragen in den Vordergrund, die bisher kaum sichtbar wurden, nämlich die Konvergenz von Reihen, die man als mehrdimensional bezeichnen kann. Man erinnere sich dazu an die Diskussion des Cauchyprodukts von Reihen, das ja etwas mit $\sum_{j,k} a_j b_k$ zu tun hat. Ohne weitere Diskussion dieser Fragen kann man aber recht rasch das folgende Ergebnis gewinnen, bei dem die mehrdimensionale Reihe auf eine ganz bestimmte Weise *summiert* wird.

Satz 6.13

Sei $a = (a_1, \ldots, a_m) \in \mathbb{R}^m$, $r_k > 0$ für $k = 1, \ldots, m$ und

$$R := \{x \in \mathbb{R}^m : |x_k - a_k| < r_k \quad \text{für} \quad k = 1, \ldots, m\}$$

Dann gilt: Gibt es zu $f \in C^\infty(R, \mathbb{R})$ ein $K > 0$, so dass

$$|\partial^\alpha f(x)| r^\alpha \leq \alpha! K \quad \text{für} \quad \alpha \in \mathbb{N}_0^m \quad \text{und} \quad x \in R$$

gilt, so gilt

$$f(x) = \sum_{k=0}^{\infty} \sum_{|\alpha|=k} \frac{1}{\alpha!} (\partial^\alpha f)(a)(x - a)^\alpha \quad \text{für} \quad x \in R.$$

Beweis:
Es ist wie bei Funktionen einer Variablen zu zeigen, dass unter den gegebenen Voraussetzungen an f das Restglied in der Taylor-Formel für $n \to \infty$ gegen Null geht. Zunächst kann man offenbar abschätzen

$$\left| \sum_{|\alpha|=n} \frac{1}{\alpha!} (\partial^\alpha f)(a + \tau(x - a))(x - a)^\alpha \right| \leq K \sum_{|\alpha|=n} (r_1^{-1}|x_1 - a_1|)^{\alpha_1} \cdot \ldots \cdot (r_m^{-1}|x_m - a_m|)^{\alpha_m}.$$

Damit reicht es aber aus, zu zeigen, dass, wenn $\delta_k \in [0, 1)$ für $k = 1, \ldots, m$ ist, gilt $\sum_{|\alpha|=n} \delta^\alpha \to 0$ für $n \to \infty$. Nun wissen wir aber, dass, weil $\sum_{k=0}^\infty \delta_1^k$ und $\sum_{k=0}^\infty \delta_2^k$ absolut konvergent sind, auch die Reihe $\sum_{k=0}^\infty c_k$ absolut konvergent ist, bei der man c_k definiert durch $c_k = \sum_{j=0}^k \delta_1^j \delta_2^{k-j}$. Damit muss aber $\sum_{k \geq n} c_k$ für $n \to \infty$ gegen

Null gehen. Insbesondere gilt damit $\sum_{|(\alpha_1,\alpha_2)|=n} \delta_1^{\alpha_1}\delta_2^{\alpha_2} \to 0$ für $n \to \infty$. Das ist das gewünschte Resultat im Fall $m = 2$. Durch weiteres sukzessives Bilden von Cauchyprodukten kommt man zum Resultat für beliebiges m. □

Aufgaben

1. Sei $f \in C^2([0,\infty),\mathbb{R})$ und seien f und f'' beschränkt. Mit $\| \; \|_\infty$ sei die Supremumsnorm bezeichnet.

   (a) Man zeige, dass für alle $x \in [0,\infty)$ und alle $h > 0$ gilt

   $$|f'(x)| \leq \frac{2}{h}\|f\|_\infty + \frac{h}{2}\|f''\|_\infty.$$

   (b) Man beweise die Gültigkeit der Ungleichung

   $$\|f'\|_\infty \leq 2(\|f\|_\infty)^{1/2}(\|f''\|_\infty)^{1/2}.$$

2. (a) Man zeige, dass es eine Funktion $\psi \in C^\infty(\mathbb{R},\mathbb{R})$ gibt mit $\psi(x) > 0$ für $|x| < 2$ und $\psi(x) = 0$ für $|x| \geq 2$.

   (b) Man gebe eine Folge $(\varphi_n)_{n\in\mathbb{N}}$ von Funktionen $\varphi_n \in C^\infty(\mathbb{R},\mathbb{R})$ an, für die gilt:
   (i) $\varphi_n(x) = 0$ für $|x| > n+1$ und für $|x| < n-1$,
   (ii) $\sum_{n=1}^\infty \varphi_n(x) = 1$ für alle $x \in \mathbb{R}$.

3. Man gewinne eine Potenzreihendarstellung $f(x) = \sum_{k=0}^\infty a_k x^k$ für die folgenden zwei Funktionen:

   (i) $f(x) = \frac{1}{2x+3}$, (ii) $f(x) = \int_0^x \exp(-t^2)dt$.

4. Man zeige, dass jede Funktion $f \in C^2(\mathbb{R},\mathbb{R})$, die der Gleichung $f''(x) + f(x) = 0$ für $x \in \mathbb{R}$ genügt, reell analytisch ist.

5. Sei $x \geq 0$ und $y \geq 0$ und seien $p > 1$, $q > 1$ mit $\frac{1}{p} + \frac{1}{q} = 1$. Man zeige, dass gilt

   $$xy \leq \frac{x^p}{p} + \frac{y^q}{q}.$$

   Wann gilt in dieser Ungleichung das Gleichheitszeichen?

6. Eine Funktion $f : \mathbb{R}^N \to \mathbb{R}$ heißt *homogen* vom Grad $m \in \mathbb{N}_0$, wenn $f(\lambda x) = \lambda^m f(x)$ für alle $\lambda \in \mathbb{R}$ und alle $x \in \mathbb{R}^N$ gilt.
   Sei die Funktion $f : \mathbb{R}^N \to \mathbb{R}$ homogen vom Grad m und die Funktion $g : \mathbb{R}^N \to \mathbb{R}$ homogen vom Grad n, wobei $g(x) \neq 0$ für $x \neq 0$ gelte. Mit diesen Funktionen sei $F : \mathbb{R}^N \to \mathbb{R}$ definiert durch

   $$F(0) := 0, \quad F(x) := \frac{f(x)}{g(x)} \quad \text{für} \quad x \neq 0.$$

   Man diskutiere, wann Richtungsableitungen von F im Punkt 0 existieren.
   Unter der Annahme, dass F stetig ist, gebe man eine hinreichende Bedingung für die Differenzierbarkeit von F im Punkt 0 an.

7. Sei $f : \mathbb{R}^n \to \mathbb{R}$ homogen vom Grad $m \in \mathbb{N}_0$ und m-mal stetig differenzierbar. Man zeige, dass es zu $\alpha \in \mathbb{N}_0^n$ mit $|\alpha| = m$ Zahlen $a_\alpha \in \mathbb{R}$ gibt, so dass $f(x) = \sum_{|\alpha|=m} a_\alpha x^\alpha$ für $x \in \mathbb{R}^n$ gilt.

8. Seien $f, g \in C^m((a,b), \mathbb{R})$. Man zeige die Gültigkeit der Leibnizschen Formel

$$(f \cdot g)^{(k)} = \sum_{j=0}^{k} \binom{k}{j} f^{(k-j)} \cdot g^{(j)} \quad \text{für} \quad k \leq m.$$

9. Sei $f : \mathbb{R}^2 \to \mathbb{R}$ definiert durch

$$f(0,0) := 0, \quad f(x,y) := xy\frac{x^2 - y^2}{x^2 + y^2} \quad \text{für} \quad (x,y) \neq (0,0).$$

Man zeige, dass alle partiellen Ableitungen $\partial^\alpha f$ mit $|\alpha| \leq 2$ existieren und dass $\partial_x(\partial_y f)(0,0) \neq \partial_y(\partial_x f)(0,0)$ gilt.

10. Seien $f : \mathbb{R}^2 \to \mathbb{R}$, sowie $g : \mathbb{R}^N \to \mathbb{R}$ und $\varphi : [0,1] \to \mathbb{R}^2$ differenzierbar und es gelte $\varphi([0,1]) = g^{-1}(\{0\})$. Im Punkt $\tau \in (0,1)$ liege ein lokales Extremum von $f \circ \varphi$ vor und es sei $\varphi'(\tau)$ von der Nullabbildung verschieden. Man zeige, dass dann $\operatorname{grad} f(\varphi(\tau))$ und $\operatorname{grad} g(\varphi(\tau))$ linear abhängig sein müssen.

11. Sei $f \in C^2(\mathbb{R}^2, \mathbb{R})$, sei $y \in \mathbb{R}^n$ und $H(y)$ die Hesse-Matrix von f im Punkt y. Sei mit einem Vektor $v \in \mathbb{R}^n \setminus \{0\}$ die Funktion $g : \mathbb{R} \to \mathbb{R}$ definiert durch $g(t) := f(y + tv)$. Man zeige, dass $g''(0) = v^T H(y) v$ gilt.

12. Man untersuche die folgenden Funktionen auf lokale Extrema:
(a) $f(x,y) := xy(x + y + 1)$ für $(x,y) \in \mathbb{R}^2$,
(b) $f(x,y) = y^2(x-1) + x^2(x+1)$ für $(x,y) \in \mathbb{R}^2$.

13. Sei $\Omega \subset \mathbb{R}^n$ offen, für $u \in C^2(\Omega, \mathbb{R})$ sei der *Laplace-Operator* Δ definiert durch

$$\Delta u := \sum_{k=1}^{n} \partial_{x_k}^2 u.$$

Sei $v : \mathbb{R}^2 \setminus \{0\} \to \mathbb{R}$ definiert durch $v(x) := \log \|x\|$ und $w : \mathbb{R}^n \setminus \{0\} \to \mathbb{R}$ im Fall $n \geq 3$ definiert durch $w(x) := \|x\|^{2-n}$.
Man zeige, dass $\Delta v(x) = 0$ und $\Delta w(x) = 0$ für $x \neq 0$ gilt.

7 Banachscher Fixpunktsatz, Anwendungen

Schon in Abschnitt 3.4 wurde auf die Bedeutung eines Resultats zur Existenz von Fixpunkten gewisser Abbildungen hingewiesen, das als *Banachscher Fixpunktsatz* bekannt ist. Dieses Resultat wird nun behandelt, weil es eine Möglichkeit bieten wird, Ergebnisse zur lokalen Umkehrbarkeit bei Funktionen mehrerer Variabler zu gewinnen. Es ist dies aber nur eine der vielen Anwendungen dieses Fixpunktsatzes, es sollen daher exemplarisch noch andere Anwendungen vorgestellt werden.

7.1 Banachscher Fixpunktsatz

Es ist zweckmäßig, diesen Satz für Abbildungen eines vollständigen metrischen Raumes in sich zu formulieren, denn das erlaubt es, diesen Satz bei vielen Problemen einzusetzen.

Satz 7.1

Sei (X, d) ein vollständiger metrischer Raum, sei $T : X \to X$ eine Abbildung, zu der es ein $\rho \in (0, 1)$ gibt, so dass

$$d(T(x), T(y)) \leq \rho d(x, y) \quad \text{für alle} \quad x, y \in X \tag{7.1}$$

gilt. Dann gibt es genau ein $x^* \in X$ mit $T(x^*) = x^*$.
Definiert man ausgehend von einem beliebigen $x_0 \in X$ die Folge $(x_n)_{n \in \mathbb{N}_0}$ durch

$$x_{n+1} := T(x_n) \quad \text{für} \quad n \in \mathbb{N}_0, \tag{7.2}$$

so gilt $x_n \to x^*$ für $n \to \infty$, und für $d(x_n, x^*)$ gilt die Fehlerabschätzung

$$d(x_n, x^*) \leq \frac{\rho^n}{1-\rho} d(x_0, T(x_0)) \quad \text{für} \quad n \in \mathbb{N}.$$

Beweis:
Es sei zunächst gezeigt, dass es höchstens einen Fixpunkt von T in X geben kann. Sei also angenommen, dass $x = Tx$ und $x' = Tx'$ gilt. (Wir schreiben ab jetzt kürzer Tx statt $T(x)$.) Dann folgt unter Verwendung der *Kontraktionsbedingung* (7.1)

$$d(x, x') = d(Tx, Tx') \leq \rho d(x, x') \leq d(x, x'),$$

wobei immer $\rho d(x,x') < d(x,x')$ gilt, wenn $d(x,x') > 0$ ist. Dies zeigt aber, dass $d(x,x') = 0$ und somit $x = x'$ sein muss.
Zum Nachweis der Existenz eines Fixpunktes zeigen wir, dass die durch (7.2) definierte Folge in X konvergent sein muss und ihr Grenzwert Fixpunkt von T ist. Beginnen wir mit dem Fall, dass bereits $Tx_0 = x_0$ ist, dann ist ja bereits x_0 Fixpunkt und es gilt aber auch $x_n = x_0$ für alle n, so dass trivialerweise die Folge (x_n) gegen den Fixpunkt konvergiert. Die Fehlerabschätzung ist dann auch trivialerweise richtig. Sei nun also angenommen, dass $Tx_0 \neq x_0$ ist. Damit ist aber $d(Tx_0, x_0) > 0$. Da X ein vollständiger metrischer Raum sein soll, folgt die Konvergenz der Folge $(x_n)_{n\in\mathbb{N}_0}$, wenn wir gezeigt haben, dass die Folge $(x_n)_{n\in\mathbb{N}_0}$ eine Cauchy-Folge ist. Zunächst gilt

$$d(x_2, x_1) = d(Tx_1, Tx_0) \leq \rho d(x_1, x_0) = \rho d(Tx_0, x_0).$$

Dies dient nun als Induktionsanfang, um mit vollständiger Induktion zu zeigen, dass

$$d(x_{n+1}, x_n) \leq \rho^n d(Tx_0, x_0) \quad \text{für} \quad n \in \mathbb{N}$$

gilt. Der Induktionsschritt ist dabei ganz einfach:

$$d(x_{n+2}, x_{n+1}) = d(Tx_{n+1}, Tx_n) \leq \rho d(x_{n+1}, x_n) \leq \rho^{n+1} d(Tx_0, x_0).$$

Unter Benützung von $(1-\rho)\sum_{j=0}^{k-1} \rho^j = 1 - \rho^k$ für $k \in \mathbb{N}$ erhält man für $n, k \in \mathbb{N}$ weiter

$$\begin{aligned} d(x_{n+k}, x_n) &\leq d(x_{n+k}, x_{n+k-1}) + \ldots + d(x_{n+1}, x_n) \\ &\leq (\rho^{n+k-1} + \ldots + \rho^n) d(Tx_0, x_0) = \rho^n \frac{1-\rho^k}{1-\rho} d(Tx_0, x_0). \end{aligned} \tag{7.3}$$

Wegen $\rho^n \to 0$ für $n \to \infty$ und $0 < 1 - \rho^k \leq 1$ für $k \in \mathbb{N}$ zeigt diese Abschätzung, dass die Folge (x_n) eine Cauchy-Folge in X ist. (Aus dieser Abschätzung wird auch noch die behauptete Fehlerabschätzung folgen.)
Sei nun $x^* := \lim_{n\to\infty} x_n$. Wir zeigen, dass man dann für jedes $k \in \mathbb{N}$ abschätzen kann $d(Tx^*, x^*) \leq 1/k$, woraus $d(Tx^*, x^*) = 0$ und somit $Tx^* = x^*$ folgt. Dazu schätzen wir für beliebiges $n \in \mathbb{N}$ ab

$$\begin{aligned} d(Tx^*, x^*) &\leq d(x^*, x_n) + d(x_n, Tx^*) = d(x^*, x_n) + d(Tx_{n-1}, Tx^*) \\ &\leq d(x^*, x_n) + \rho d(x_{n-1}, x^*). \end{aligned}$$

Ist dann $k \in \mathbb{N}$ gegeben, so gibt es ja ein $n \in \mathbb{N}$ mit $d(x^*, x_n) \leq (2k)^{-1}$ und $\rho d(x_{n-1}, x^*) \leq (2k)^{-1}$, woraus sofort $d(Tx^*, x^*) \leq 1/k$ folgt.
Damit ist noch die behauptete Fehlerabschätzung zu beweisen. Nach (7.3) können wir für beliebiges n und $k \in \mathbb{N}$ notieren

$$d(x_n, x^*) \leq d(x_n, x_{n+k}) + d(x_{n+k}, x^*) \leq \rho^n \frac{1-\rho^k}{1-\rho} d(Tx_0, x_0) + d(x_{n+k}, x^*).$$

Setzt man nun für festes $n \in \mathbb{N}$

$$a_k := d(x_n, x^*) \quad \text{und} \quad b_k := \rho^n \frac{1-\rho^k}{1-\rho} d(Tx_0, x_0) + d(x_{n+k}, x^*)$$

für $k \in \mathbb{N}$, so gilt für die Folgen (a_k) und (b_k) stets $a_k \leq b_k$ und somit muss, wenn $\lim_{k\to\infty} b_k$ existiert, gelten $d(x_n, x^*) = \lim_{k\to\infty} a_k \leq \lim_{k\to\infty} b_k$. Nun gilt aber $d(x_{n+k}, x^*) \to 0$ für $k \to \infty$ und $\rho^n(1-\rho^k)(1-\rho)^{-1} \to \rho^n(1-\rho)^{-1}$ für $k \to \infty$, woraus sofort die Fehlerabschätzung folgt. □

Im Beweis wurde schon die Bedingung (7.1) als Kontraktionsbedingung bezeichnet, was ja auch unmittelbar einleuchtend ist. Man bezeichnet daher auch Abbildungen, für die (7.1) gilt, als ***kontrahierend***. Da die durch (7.2) rekursiv definierte Folge (x_n) Näherungswerte für den gesuchten Fixpunkt liefert, spricht man man auch davon, dass man mit ***sukzessiver Approximation*** arbeitet.

In Korollar 3.1 war ein Resultat zur Existenz einer Lösung einer Gleichung $f(x) = x$ als Folgerung aus dem Zwischenwertsatz enthalten. Als eine erste Anwendung des Banachschen Fixpunktsatzes werden wir nun zeigen, dass sich unter geeigneten Voraussetzungen Näherungswerte zu einer Lösung von $f(x) = x$ durch sukzessive Approximation gewinnen lassen.

Korollar 7.1

Sei $M \subset \mathbb{R}$ und zu $f : M \to \mathbb{R}$ gebe es ein $\rho \in (0,1)$ mit

$$|f(x) - f(y)| \leq \rho|x-y| \quad \text{für} \quad x, y \in M. \tag{7.4}$$

Sei $x_0 \in M$ so, dass es ein $a > 0$ gibt mit

$$[x_0 - a, x_0 + a] \subset M \quad \text{und} \quad |f(x_0) - x_0| \leq (1-\rho)a.$$

Dann kann man rekursiv die Folge $(x_n)_{n\in\mathbb{N}_0}$ definieren durch $x_{n+1} := f(x_n)$ für $n \in \mathbb{N}_0$ und diese konvergiert gegen einen Fixpunkt ξ von f.

Beweis:
Sei $I := [x_0 - a, x_0 + a]$, Wir zeigen zunächst, dass $f(I) \subset I$ ist. Sei $x \in I$ beliebig gewählt. Dann gilt

$$\begin{aligned} |f(x) - x_0| &\leq |f(x) - f(x_0)| + |f(x_0) - x_0| \\ &\leq \rho|x - x_0| + (1-\rho)a \leq \rho a + (1-\rho)a = a. \end{aligned}$$

Damit ist $f(x) \in I$. Wir fassen nun $f|_I$ als eine Abbildung des vollständigen metrischen Raumes I, (man beachte, dass I abgeschlossen ist), in sich auf. Diese ist wegen der Forderung (7.4) kontrahierend und es gibt also nach Satz 7.1 ein $\xi \in I$ mit $f(\xi) = \xi$. Nach Satz 7.1 findet man ξ als Grenzwert der durch $x_{n+1} = f(x_n)$ definierten Folge $(x_n)_{n\in\mathbb{N}_0}$. □

Dieses Ergebnis wiederum werden wir nun einsetzen zum Nachweis, dass unter passenden Voraussetzungen das sogenannte ***Newton-Verfahren*** geeignet ist, Nullstellen von reellen Funktionen näherungsweise zu berechnen.
Das Newton-Verfahren beruht darauf, bei einer differenzierbaren Funktion näherungsweise eine Nullstelle zu bestimmen, indem man die Nullstelle der aufgrund der Differenzierbarkeit gegebenen approximierenden linearen Funktion betrachtet. Man geht also

folgendermaßen vor:
Ist $f(a,b) \to \mathbb{R}$ gegeben und weiß man, (z.B. aufgrund des Zwischenwertsatzes), dass im Intervall (a,b) eine Nullstelle von f liegen muss, so wählt man ein $x_0 \in (a,b)$ als Näherungswert für die gesuchte Nullstelle und ersetzt f durch die lineare Funktion $g_1(x) := f(x_0) + f'(x_0)(x - x_0)$. Diese hat eine Nullstelle, wenn $f'(x_0) \neq 0$ ist. Man löst also in diesem Fall die Gleichung $g_1(x) = 0$ und erhält als Lösung $x_1 := x_0 - f(x_0)/f'(x_0)$. Man hofft nun, durch Iteration dieses Verfahrens näher an die gesuchte Nullstelle von f heranzurücken. Man betrachtet somit, sofern dies sinnvoll möglich ist, im nächsten Schritt die Funktion $g_2(x) := f(x_1) + f'(x_1)(x - x_1)$ und erhält als Nullstelle dieser Funktion x_2. Fortschreitend erhält man eine Folge $(x_n)_{n\in\mathbb{N}_0}$, die rekursiv definiert ist durch

$$x_{n+1} := x_n - \frac{f(x_n)}{f'(x_n)}.$$

An Hand von ganz einfachen Beispielen sieht man, dass dieses Verfahren tatsächlich eine gegen die Nullstelle konvergierende Folge (x_n) liefern kann, dies aber keineswegs immer so sein muss.

Sei etwa mit einem $a > 0$ die Funktion f gegeben durch $f(x) := x^2 - a$ für $x > 0$. Ist $x_0 > 0$ beliebig gewählt, so ist dann

$$x_1 = x_0 - \frac{x_0^2 - a}{2x_0} = \frac{1}{2}\left(x_0 + \frac{a}{x_0}\right).$$

Offenbar erhält man weiter als Folge der Näherungswerte genau die Folge, die beim babylonischen Wurzelziehen, (siehe Satz 2.7), auftrat. Damit wissen wir aber bereits, dass in diesem Fall die Folge (x_n) gegen die Nullstelle $\xi = \sqrt{a}$ der Funktion f konvergiert.
Sei nun $f : (-2,2) \to \mathbb{R}$ definiert durch

$$f(x) := -x^2 + 3x \quad \text{für} \quad x \in [0,2), \quad f(x) := -f(-x) \quad \text{für} \quad x \in (-2,0).$$

Ist dann $x_0 = 1$ gewählt, so ist $f(x_0) = f(1) = 2$, $f'(1) = 1$ und somit $x_1 = -1$. Wegen $f(-1) = -f(1) = -2$ und $f'(-1) = f'(1) = 1$ folgt $x_2 = 1$. Dies zeigt, dass $x_{2k-1} = -1$ und $x_{2k} = 1$ für alle $k \in \mathbb{N}$ gilt. Die Folge (x_n) konvergiert damit nicht gegen die Nullstelle $x = 0$.

Diese Beispiele machen deutlich, dass man, um ein allgemeineres Resultat zum Newton-Verfahren zu erhalten, neben der gewissermaßen natürlichen Voraussetzung, dass die Ableitung der Funktion nicht verschwinden soll, (denn sonst könnte die rekursive Bildung der x_n zusammenbrechen), noch weitere Voraussetzungen an die Funktion benötigen wird. Der nächste Satz enthält so ein allgemeineres Resultat. Die beschriebene Situation ist dabei so gewählt, dass der Beweis leicht als Anwendung von Korollar 7.1, (d.h. letztlich als Anwendung des Banachschen Fixpunktsatzes), geführt werden kann.

Satz 7.2

Seien $a > 0$, $x_0 \in \mathbb{R}$ und $f \in C^2([x_0 - a, x_0 + a], \mathbb{R})$, wobei $f'(x) \neq 0$ sei für $x \in [x_0 - a, x_0 + a]$. Auch gelte mit einem $\rho \in (0,1)$

$$\left|\frac{f(x_0)}{f'(x_0)}\right| \leq (1-\rho)a \quad \text{und} \quad \frac{|f(x)f''(x)|}{(f'(x))^2} \leq \rho \quad \text{für} \quad x \in [x_0 - a, x_0 + a].$$

Dann gibt es genau ein $\xi \in [x_0 - a, x_0 + a]$ mit $f(\xi) = 0$ und die durch

$$x_{n+1} := x_n - \frac{f(x_n)}{f'(x_n)} \quad \text{für} \quad n \in \mathbb{N}_0 \tag{7.5}$$

definierte Folge $(x_n)_{n\in\mathbb{N}_0}$ konvergiert gegen ξ.

Beweis:
Sei $I := [x_0 - a, x_0 + a]$. Wegen $f'(x) \neq 0$ für $x \in I$ können wir $g(x) := x - f(x)(f'(x))^{-1}$ für $x \in I$ definieren. Dann gilt

$$g'(x) = 1 - \frac{f'(x)^2 - f(x)f''(x)}{f'(x)^2} = \frac{f(x)f''(x)}{f'(x)^2},$$

und aufgrund unserer Voraussetzungen gilt somit $|g'(x)| \leq \rho$ für $x \in I$. Unter Benützung des Mittelwertsatzes der Differentialrechnung folgt weiter

$$|g(x) - g(y)| \leq \rho|x - y| \quad \text{für} \quad x, y \in I.$$

Damit erfüllt g die Voraussetzung (7.4) von Korollar 7.1. Es gilt aber auch

$$|g(x_0) - x_0| = |f(x_0)||f'(x_0)|^{-1} \leq (1 - \rho)a.$$

Damit erfüllt g alle Voraussetzungen von Korollar 7.1 und somit gibt es ein $\xi \in I$ mit $g(\xi) = \xi$, d.h. mit $f(\xi)(f(\xi))^{-1} = 0$, somit also $f(\xi) = 0$. Auch konvergiert die durch $x_{n+1} := g(x_n)$ definierte Folge $(x_n)_{n\in\mathbb{N}}$ gegen ξ. Die Iterationsvorschrift $x_{n+1} = g(x_n)$ ist aber identisch mit (7.5). Dass im Intervall I höchstens eine Nullstelle von f liegen kann, folgt sofort aus dem Satz von Rolle, denn zwischen zwei Nullstellen müsste danach eine Stelle mit verschwindender Ableitung liegen. □

7.2 Lokale Umkehrbarkeit von Abbildungen, implizite Funktionen

Satz 4.4 hatte gezeigt, dass bei differenzierbaren Funktionen $f : (a, b) \to \mathbb{R}$ im Fall $f'(x) > 0$ für alle $x \in (a, b)$ eine differenzierbare Umkehrfunktion $f^{-1} : f((a, b)) \to (a, b)$ existiert. Zu diesem Ergebnis kann es im Fall von Funktionen mehrerer Variabler kein unmittelbares Gegenstück geben, wie das folgende Beispiel zeigt:

Sei $f : \mathbb{R}^2 \to \mathbb{R}^2$ definiert durch

$$f(x_1, x_2) := \begin{pmatrix} e^{x_1} \cos x_2 \\ e^{x_1} \sin x_2 \end{pmatrix} \quad \text{für} \quad \begin{pmatrix} x_1 \\ x_2 \end{pmatrix} \in \mathbb{R}^2.$$

Es ist sicher $f \in C^1(\mathbb{R}^2, \mathbb{R}^2)$ mit der als Jacobi-Matrix geschriebenen Ableitung

$$f'(x_1, x_2) = \begin{pmatrix} \exp(x_1) \cos x_2 & -\exp(x_1) \sin x_2 \\ \exp(x_1) \sin x_2 & \exp(x_1) \cos x_2 \end{pmatrix}.$$

Es ist stets $\det f'(x_1, x_2) = \exp(2x_1) > 0$ und damit ist letztlich, wie wir zeigen werden, für jeden Bildpunkt $\eta \in \mathbb{R}^2$ lokale Umkehrbarkeit gegeben, und zwar jeweils auf der Grundlage, dass ein $\xi \in \mathbb{R}^2$ mit $f(\xi) = \eta$ gewählt wird und die Umkehrabbildung auf eine Umgebung dieses gewählten Punktes ξ abbildet.
Die Schwierigkeit bei der Frage der Umkehrbarkeit von f ist, dass dieses ξ global gesehen keineswegs eindeutig durch η bestimmt sein muss. Global ist sogar tatsächlich bei dieser Abbildung die Injektivität schwer gestört und damit global die Existenz einer Umkehrabbildung nicht gegeben:
Ist $\eta \in \mathbb{R}^2 \setminus \{(0,0)\}$ beliebig gegeben, so gibt es ja aufgrund der Beschreibbarkeit mit Polarkoordinaten ein $r > 0$ und ein $\varphi \in [0, 2\pi)$ mit $\eta_1 = r\cos\varphi$ und $\eta_2 = r\sin\varphi$. Nun gibt es aber auch ein $\rho \in \mathbb{R}$ mit $r = e^\rho$, nämlich $\rho = \log r$. Damit ist dann $\eta = f(\rho, \varphi)$. Wegen der Periodizität der trigonometrischen Funktionen gilt aber auch $\eta = f(\rho, \varphi + k2\pi)$ für alle $k \in \mathbb{Z}$. Jeder Punkt $\eta \in \mathbb{R}^2 \setminus \{(0,0)\}$ tritt also sogar unendlich oft als Bildpunkt unter f auf.

Die Diskussion der lokalen Umkehrbarkeit beginnen wir mit einer einfachen Situation, die eine technisch unkomplizierte Argumentation ermöglicht.

Lemma 7.1

Sei $\Omega \subset \mathbb{R}^n$ offen, sei $0 \in \Omega$ und $f \in C^1(\Omega, \mathbb{R}^n)$ mit $f(0) = 0$ und $f'(0) = \mathrm{id}_{\mathbb{R}^n}$. Dann gibt es eine offene Umgebung $U \subset \Omega$ von $0 \in \Omega$, so dass $V := f(U)$ eine offene Umgebung von $0 \in \mathbb{R}^n$ ist, die lineare Abbildung $f'(x)$ für alle $x \in U$ invertierbar ist und zur Abbildung $f|_U : U \to V$ eine stetige Umkehrabbildung $f^{-1} : V \to U$ existiert.

Beweis:
Es soll möglich sein, im Fall, dass $\|y\|$ klein ist, zur Gleichung $f(x) = y$ eine eindeutig bestimmte Lösung x_y anzugeben, mit der dann natürlich $f^{-1}(y) = x_y$ gelten muss. Dazu ordnen wir jedem solchen y die Abbildung

$$h_y(x) := x - f(x) + y \quad \text{für} \quad x \in \Omega$$

zu. Kann man einen Fixpunkt von h_y finden, also ein x_y mit $h_y(x_y) = x_y$, so gilt dann ja $x_y - f(x_y) + y = x_y$ und somit wie gewünscht $f(x_y) = y$. Zum Nachweis der Existenz eines (dann sogar eindeutig bestimmten) Fixpunktes x_y von h_y setzen wir den Banachschen Fixpunktsatz ein.
Da $f \in C^1(\Omega, \mathbb{R}^n)$ ist, gibt es ein $r > 0$, so dass

$$\|f'(x) - \mathrm{id}_{\mathbb{R}^n}\| \leq \frac{1}{2} \quad \text{für} \quad \|x\| \leq r \tag{7.6}$$

gilt. (Dabei ist $\|\,.\,\|$ die Operatornorm.)
Da $h'_y(x) = \mathrm{id}_{\mathbb{R}^n} - f'(x)$ gilt, folgt aus Satz 6.11

$$\|h_y(x) - h_y(\xi)\| \leq \frac{1}{2}\|x - \xi\| \quad \text{für} \quad \|x\| \leq r, \ \|\xi\| \leq r. \tag{7.7}$$

Wegen $f(0) = 0$ gilt $h_y(0) = y$ und somit $h_y(x) = h_y(x) - h_y(0) + y$. Daher folgt, wenn $\|y\| < \frac{r}{2}$ ist,

$$\|h_y(x)\| \leq \|h_y(x) - h_y(0)\| + \|y\| \leq \frac{1}{2}\|x\| + \|y\| < r \quad \text{für} \quad \|x\| \leq r.$$

Ist $K := \{x \in \mathbb{R}^n : \|x\| \leq r\}$, so gilt also $h_y(K) \subset U(0, r) \subset K$, wenn $\|y\| < r/2$ ist. Da K eine abgeschlossene Teilmenge des $\mathbb{R}^n$ ist, ist K versehen mit der euklidischen Metrik ein vollständiger metrischer Raum und die Abbildung h_y wegen (7.7) eine kontrahierende Abbildung dieses Raumes in sich. Nach dem Banachschen Fixpunktsatz gibt es daher, wenn $\|y\| < r/2$ ist, genau ein $x_y \in K$ mit $h_y(x_y) = x_y$, also $f(x_y) = y$.
Setzt man $V := U(0, r/2) \subset \mathbb{R}^n$, so kann man damit $g(y) := x_y$ für $y \in V$ definieren. Es gilt dann $f(g(y)) = y$ für alle $y \in V$ und $g(f(x)) = g(x_{f(x)}) = x$ für alle $x \in f^{-1}(V) \cap U(0, r)$, (da ja $h_{f(x)}(x) = x$ gilt). Dies zeigt, dass g die Umkehrabbildung zu $f : f^{-1}(V) \cap U(0, r) \to V$ ist. Da wegen $f(0) = 0$ ja $0 \in f^{-1}(V) \cap U(0, r)$ ist, erhält man mit $U := f^{-1}(V) \cap U(0, r)$ eine offene Umgebung von $0 \in \mathbb{R}^n$. Denn U ist offen, weil V offen ist, damit aufgrund der Stetigkeit von f auch die Menge $f^{-1}(V)$ offen ist, und $U(0, r)$ offen ist.
Es ist noch zu zeigen, dass die Abbildung g stetig ist. Da nach Definition $h_0(x) = x - f(x)$ für $x \in \Omega$ gilt, können wir für $y, \eta \in V$ notieren

$$g(y) - g(\eta) = x_y - x_\eta = h_0(x_y) + f(x_y) - h_0(x_\eta) - f(x_\eta).$$

Mit (7.7) folgt

$$\|g(y) - g(\eta)\| \leq \frac{1}{2}\|x_y - x_\eta\| + \|f(x_y) - f(x_\eta)\|.$$

Wegen $x_y = g(y),\ x_\eta = g(\eta),\ f(x_y) = y$ und $f(x_\eta) = \eta$ folgt daraus

$$\|g(y) - g(\eta)\| \leq 2\|y - \eta\|,$$

somit ist g sogar Lipschitz-stetig.
Die letzte Behauptung, dass $f'(x)$ sogar für alle $x \in U$ invertierbar ist, ergibt sich aus (7.6). Da dies eine Abschätzung für die Operatornorm ist, gilt ja zunächst für jeden Vektor $w \in \mathbb{R}^n$ mit $\|w\| = 1$ die Abschätzung $\|(f'(x) - \mathrm{id}_{\mathbb{R}^n})w\| \leq \frac{1}{2}$. Ist $v \neq 0$ ein beliebiger Vektor, so gilt damit $\|(f'(x) - \mathrm{id}_{\mathbb{R}^n})(\|v\|^{-1}v)\| \leq \frac{1}{2}$. Wir können daher notieren

$$\|(f'(x) - \mathrm{id}_{\mathbb{R}^n})v\| \leq \frac{1}{2}\|v\| \quad \text{für} \quad v \in \mathbb{R}^n, \tag{7.8}$$

wenn $\|x\| < r$ ist. Ist nun v aus dem Kern der linearen Abbildung $f'(x)$, gilt also $f'(x)v = 0$, so geht (7.8) in die Abschätzung $\|v\| \leq \frac{1}{2}\|v\|$ über, die offenbar nur im Fall $v = 0$ erfüllt sein kann. Damit ist aber die lineare Abbildung $f'(x)$ invertierbar, wenn $x \in U \subset U(0, r)$ ist. □

Der Schritt zu allgemeineren Situationen ist nun nicht mehr schwierig.

Satz 7.3

Sei $\Omega \subset \mathbb{R}^n$ offen, sei $f \in C^1(\Omega, \mathbb{R}^n)$ und $\xi \in \Omega$ mit $f'(\xi)$ invertierbar. Dann gibt es eine offene Umgebung $U \subset \Omega$ von ξ, so dass $V := f(U)$ eine offene Umgebung von $f(\xi)$ ist und zur Abbildung $f|_U : U \to V$ eine stetige Umkehrabbildung $f^{-1} : V \to U$ existiert. Außerdem ist $f'(x)$ invertierbar für alle $x \in U$.

Beweis:
Sei $\Omega_\xi := \{x \in \mathbb{R}^n : \text{Es gibt ein } y \in \Omega \text{ mit } x = y - \xi\}$ und

$$\varphi(x) := f(x + \xi) - f(\xi) \quad \text{für} \quad x \in \Omega_\xi.$$

Setzt man noch $\psi := (f'(\xi))^{-1} \circ \varphi$, so erfüllt die Abbildung $\psi : \Omega_\xi \to \mathbb{R}^n$ alle Voraussetzungen von Lemma 7.1. Denn es ist $0 = \xi - \xi \in \Omega_\xi$ und, da $\varphi(0) = 0$ gilt und $(f'(\xi))^{-1}$ eine lineare Abbildung ist,

$$\psi(0) = (f'(\xi))^{-1}(\varphi(0)) = (f'(\xi))^{-1}(0) = 0.$$

Nach der Kettenregel ist ψ differenzierbar und es gilt

$$\psi'(x) = (f'(\xi))^{-1} \circ \varphi'(x) = (f'(\xi))^{-1} \circ f'(x + \xi).$$

Damit gilt tatsächlich

$$\psi'(0) = (f'(\xi))^{-1} \circ f'(\xi) = \mathrm{id}_{\mathbb{R}^n}.$$

Es existiert somit eine offene Umgebung U_0 von $0 \in \mathbb{R}^n$, so dass alle Aussagen von Lemma 7.1 zur lokalen Umkehrbarkeit von ψ gelten. Damit gelten aber auch die entsprechenden Aussagen für die Abbildung φ.
Setzt man $U := \{x \in \mathbb{R}^n : \text{Es gibt ein } y \in U_0 \text{ mit } x = y + \xi\}$, so überträgt sich alles ohne Schwierigkeiten auf die Abbildung f, denn es gilt ja $f(x) = \varphi(x - \xi) + f(\xi)$ für $x \in U$. □

Bemerkenswert ist eine einfache Folgerung aus den bisher gewonnenen Resultaten:

Korollar 7.2

Sei $\Omega \subset \mathbb{R}^n$ offen, sei $f \in C^1(\Omega, \mathbb{R}^n)$ und es sei $f'(x)$ für alle $x \in \Omega$ invertierbar. Dann ist $f(\Omega) \subset \mathbb{R}^n$ offen.

Beweis:
Nach Satz 7.3 gibt es zu jedem $x \in \Omega$ eine offene Umgebung U_x von x, so dass $f(U_x)$ eine offene Umgebung von $f(x)$ ist. Da trivialerweise $f(\Omega) = \bigcup_{x \in \Omega} U_x$ gilt, ist $f(U)$ offen. □

Bisher haben wir nur die Stetigkeit der lokal existierenden Umkehrabbildung bewiesen, der folgende Satz zeigt jedoch, dass sie sogar ebenfalls stetig differenzierbar ist.

Satz 7.4

Seien U, $V \subset \mathbb{R}^n$ offen und sei $f \in C^1(U, \mathbb{R}^n)$ mit $f(U) = V$ so, dass eine stetige Umkehrabbildung $f^{-1} : V \to U$ existiert und $f'(x)$ für alle $x \in U$ invertierbar ist. Dann ist auch f^{-1} eine C^1-Abbildung.

Beweis:
Es wird zunächst gezeigt, dass f^{-1} in jedem Punkt $y \in V$ differenzierbar ist. Dazu ist $f^{-1}(y+h) - f^{-1}(y)$ zu betrachten, wobei $h \in U(y,r) \subset V$ sei. Sei $x := f^{-1}(y)$ und $\xi := f^{-1}(y+h) - f^{-1}(y)$. (Damit gilt $x + \xi = f^{-1}(y+h)$.)
Wegen der Differenzierbarkeit von f im Punkt x gilt

$$f(x+\xi) = f(x) + f'(x)\xi + \rho(\xi),$$

wobei $\lim_{\xi \to 0} \frac{1}{\|\xi\|}\rho(\xi) = 0$ gilt. Notiert man dies als

$$\xi = f'(x)^{-1}(f(x+\xi) - f(x) - \rho(\xi)),$$

so folgt

$$f^{-1}(y+h) - f^{-1}(y) = f'(x)^{-1}(h) - f'(x)^{-1}(\rho(f^{-1}(y+h) - f^{-1}(y))). \tag{7.9}$$

Offenbar wird nun

$$(f^{-1})'(y) = (f'(f^{-1}(y)))^{-1} \tag{7.10}$$

gelten, wenn wir noch

$$\lim_{h \to 0} \frac{1}{\|h\|} f'(x)^{-1}(\rho(f^{-1}(y+h) - f^{-1}(y))) = 0 \tag{7.11}$$

zeigen können.
Zur Abkürzung setzen wir $\mu := \|f'(x)^{-1}\|$, (wobei hier wieder die Operatornorm der linearen Abbildung $f'(x)^{-1}$ verwendet wird). Da $\|\xi\|^{-1}\rho(\xi) \to 0$ für $\xi \to 0$ gilt und f^{-1} stetig ist, gibt es ein $r > 0$ und ein $\delta > 0$, so dass

$$\|\rho(\xi)\| \leq \frac{1}{2\mu}\|\xi\| \quad \text{für} \quad \|\xi\| < r$$

und

$$\|\xi\| = \|f^{-1}(y+h) - f^{-1}(y)\| < r \quad \text{für} \quad \|h\| < \delta$$

gilt. Es folgt für $\|h\| < \delta$

$$\|f'(x)^{-1}(\rho(f^{-1}(y+h) - f^{-1}(y)))\| \leq \frac{1}{2}\|f^{-1}(y+h) - f^{-1}(y)\|.$$

Damit erhält man aus (7.9) für $\|h\| < \delta$

$$\|f^{-1}(y+h) - f^{-1}(y)\| \leq \mu\|h\| + \frac{1}{2}\|f^{-1}(y+h) - f^{-1}(y)\|,$$

also

$$\|f^{-1}(y+h) - f^{-1}(y)\| \leq 2\mu\|h\|.$$

Für $0 < \|h\| < \delta$ kann man also mit $\xi = f^{-1}(y+h) - f^{-1}(y)$ abschätzen

$$\begin{aligned}\frac{1}{\|h\|}\|f'(x)^{-1}(\rho(f^{-1}(y+h) - f^{-1}(y)))\| &\leq \frac{\mu}{\|h\|}\|f^{-1}(y+h) - f^{-1}(y)\|\frac{1}{\|\xi\|}\|\rho(\xi)\| \\ &\leq 2\mu^2\frac{1}{\|\xi\|}\|\rho(\xi)\|.\end{aligned}$$

Wegen der Stetigkeit von f^{-1} gilt aber auch $\xi \to 0$ für $h \to 0$. Damit gilt tatsächlich (7.11) und die Ableitung von f^{-1} ist durch (7.10) gegeben.
Zum abschließenden Nachweis, dass f^{-1} sogar eine C^1-Abbildung ist, sei gezeigt, dass sämtliche partiellen Ableitungen stetig sein müssen. Dazu nützen wir (7.10) aus. Die Jacobi-Matrix zu $(f^{-1})'(y)$ ist danach bekanntlich gleich der Inversen zur Jacobi-Matrix von $f'(f^{-1}(y)) =: J(f^{-1}(y))$. Nun ist f^{-1} stetig und alle partiellen Ableitungen von f sind stetig, somit sind sämtliche Einträge in der Matrix $J(f^{-1}(y))$ stetige Funktionen. Bedenkt man, wie man mit Hilfe von Determinanten die Inverse zu einer gegebenen Matrix berechnen kann, so sieht man, dass dann auch in der Jacobi-Matrix zu $(f^{-1})'(y)$ nur stetige Funktionen auftreten. □

Meist werden die nun gewonnenen Ergebnisse zusammengefasst unter Verwendung des Begriffes Diffeomorphismus:

Seien $U, V \subset \mathbb{R}^n$ offen und sei $f : U \to V$ eine bijektive Abbildung. Man nennt f einen C^1- ***Diffeomorphismus****, wenn $f \in C^1(U, V)$ und $f^{-1} \in C^1(V, U)$ gilt.*

Damit kann man den *Satz über die Umkehrabbildung* folgendermaßen formulieren:

Satz 7.5

Sei $\Omega \subset \mathbb{R}^n$ offen und $f \in C^1(\Omega, \mathbb{R}^n)$. Dann gibt es zu jedem $\xi \in \Omega$ mit $f'(\xi)$ invertierbar eine offene Umgebung $U \subset \Omega$ von ξ, so dass $V := f(U)$ eine offene Umgebung von $f(\xi)$ ist und die Abbildung $f|_U : U \to V$ ein C^1-Diffeomorphismus ist. Dabei gilt (7.10) für $y \in V$.

Wir werden dieses Ergebnis nun einsetzen, um zu klären, in welcher Weise man mit Hilfe von Gleichungen *implizit Funktionen definieren* kann. Es sei die Situation zunächst an Hand eines einfachen Beispiels erläutert:

Ist $y(x) = \sqrt{r^2 - x^2}$ mit $x \in [-r, r] \subset \mathbb{R}$, $(r > 0)$, so gilt ja $x^2 + y(x)^2 - r^2 = 0$, d.h. die Funktion $x \mapsto y(x)$ ist in gewisser Weise implizit festgelegt durch die Gleichung $f(x, y) = 0$ mit $f(x, y) = x^2 + y^2 - r^2$. Bekanntlich kann man aber die Gleichung $x^2 + y^2 - r^2 = 0$ bei gegebenem $x \in (-r, r)$ nicht eindeutig nach y auflösen, da die quadratische Gleichung zwei verschiedene Lösungen hat. Die Funktion $y(x) = \sqrt{r^2 - x^2}$ wird also nur dann eindeutig als stetige Funktion durch diese Gleichung festgelegt, wenn man etwa noch $y(0) = r$ fordert. Man beachte, dass dann für $f(x, y) = x^2 + y^2 - r^2$ gilt $\partial_y f(0, r) = 2r \neq 0$.

Dieses Nichtverschwinden der partiellen Ableitung nach y werden wir im eine allgemeinere Situation beschreibenden ***Satz über implizite Funktionen*** wiederfinden in der Forderung der Invertierbarkeit einer entsprechenden Jacobi-Matrix.

Für den Beweis des Satzes wird das folgende einfache Lemma nützlich sein.

Lemma 7.2

Seien $U \subset \mathbb{R}^m$ und $V \subset \mathbb{R}^n$ offen, sei $f : U \times V \to \mathbb{R}^n$ stetig differenzierbar, sei $(\xi, \eta) \in U \times V$ beliebig gewählt.
Dann sind auch die Abbildungen $g_1 : x \in U \mapsto f(x, \eta)$, $g_2 : y \in V \mapsto f(\xi, y)$ und die Abbildung

$$F : (x, y) \in U \times V \mapsto (x, f(x, y)) \in \mathbb{R}^{m+n}$$

stetig differenzierbar. Es gilt

$$F'(\xi, \eta)(v, w) = (v, g_1'(\xi)v + g_2'(\eta)w) \quad \text{für} \quad (v, w) \in \mathbb{R}^m \times \mathbb{R}^n. \tag{7.12}$$

Beweis:
Bei allen drei Abbildungen kann man sich sofort davon überzeugen, dass sie, wenn f stetige partielle Ableitungen besitzt, ebenfalls stetige partielle Ableitungen besitzen und damit stetig differenzierbar sind.
Für den Nachweis von (7.12) zeigen wir zunächst, dass die lineare Abbildung $v \in \mathbb{R}^m \mapsto f'(\xi, \eta)(v, 0)$ die Ableitung von g_1 im Punkt ξ ist. Es gilt ja für geeignete Vektoren $(h, k) \in \mathbb{R}^m \times \mathbb{R}^n$

$$f(\xi + h, \eta + k) = f(\xi, \eta) + f'(\xi, \eta)(h, k) + \rho((h, k))$$

mit $\|(h, k)\|^{-1}\rho((h, k)) \to 0$ für $(h, k) \to 0 \in \mathbb{R}^m \times \mathbb{R}^n$.
Betrachtet man die Frage der Differenzierbarkeit von g_1 im Punkt ξ, so hat man es ja mit Differenzen $g_1(\xi + h, \eta) - g_1(\xi, \eta)$, also mit Differenzen $f(\xi + h, \eta + k) - f(\xi, \eta)$ mit speziell $k = 0$ zu tun. Daran sieht man sofort, dass

$$g_1'(\xi)h = f'(\xi, \eta)(h, 0)$$

gilt. Bei der Abbildung g_2 kann man offenbar analog argumentieren und erhält dann $g_2'(\eta)k = f'(\xi, \eta)(0, k)$.
Nach der Definition der Abbildung F gilt

$$\begin{aligned} F(\xi + h, \eta + k) - F(\xi, \eta) &= (\xi + h - \xi, f(\xi + h, \eta + k) - f(\xi, \eta)) \\ &= (h, f'(\xi, \eta)(h, k)) + (0, \rho((h, k))). \end{aligned}$$

Daran kann man, wenn man $(h, k) = (h, 0) + (0, k)$ bedenkt, die Gültigkeit von (7.12) unmittelbar ablesen. □

Beim Satz über implizite Funktionen betrachtet man nun entsprechend zur soeben diskutierten Situation Abbildungen $f : U \times V \to \mathbb{R}^n$ und möchte erreichen, dass man ausgehend von der Gleichung $f(x, y) = 0$ wenigstens lokal eine Abbildung $x \mapsto y(x)$ definieren kann, die $f(x, y(x)) = 0$ für alle x aus ihrem Definitionsbereich erfüllt.

Satz 7.6

Seien $U \subset \mathbb{R}^m$ und $V \subset \mathbb{R}^n$ offen, sei $f : U \times V \to \mathbb{R}^n$ stetig differenzierbar und sei $(\xi, \eta) \in U \times V$ mit $f(\xi, \eta) = 0$. Dann gilt:
Gehört zur Abbildung $y \in V \mapsto f(\xi, y)$ im Punkt η eine invertierbare Jacobi-Matrix, so gibt es eine Umgebung $U(\xi, \rho) = \{x \in \mathbb{R}^m : \|x - \xi\| < \rho\} \subset U$ von ξ und eine Umgebung $U(\eta, \sigma) = \{y \in \mathbb{R}^n : \|y - \eta\| < \sigma\} \subset V$ von η und genau eine stetig differenzierbare Abbildung $\varphi : U(\xi, \rho) \to U(\eta, \sigma)$ mit $\varphi(\xi) = \eta$ und $f(x, \varphi(x)) = 0$ für alle $x \in U(\xi, \rho)$. Für jedes $x \in U(\xi, \rho)$ ist dabei $\varphi(x)$ sogar die einzige in $U(\eta, \sigma)$ liegende Lösung der Gleichung $f(x, y) = 0$.

Beweis:
Seien $F : U \times V \to \mathbb{R}^n$ und $g_2 : V \to \mathbb{R}^n$ wie in Lemma 7.2 definiert. Nach Voraussetzung ist die Ableitung $g_2'(\eta)$ eine invertierbare lineare Abbildung. Die Darstellung (7.12) von $F'(\xi, \eta)$ zeigt, dass dann auch $F'(\xi, \eta)$ invertierbar ist. Denn setzt man

$$\Phi(v, w) := (v, g_2'(\eta)^{-1}(w - g_1'(\xi)v))$$

für $(v, w) \in \mathbb{R}^m \times \mathbb{R}^n$, so gilt $F'(\xi, \eta)(\Phi(v, w)) = (v, w)$ und $\Phi(F'(\xi, \eta)(v, w)) = (v, w)$. Damit ist aber Satz 7.5 für die Abbildung F einsetzbar und es gibt eine offene Umgebung $A \subset U \times V$ von (ξ, η) und eine offene Umgebung $B \subset \mathbb{R}^{m+n}$ von $F(\xi, \eta) = (\xi, f(\xi, \eta)) = (\xi, 0)$, so dass $F : A \to B$ ein C^1-Diffeomorphismus ist. Die Definition von F zeigt, dass die (lokale) Umkehrabbildung F^{-1} auch von der Form $F^{-1}(x, y) = (x, h(x, y))$ mit einer C^1-Abbildung h sein muss.
Offenbar gilt für $(x, y) \in A$ genau dann $F(x, y) = (x, 0)$, wenn $f(x, y) = 0$ ist. Es gilt aber auch genau dann $F(x, y) = (x, 0)$, wenn $F^{-1}(x, 0) = (x, y)$ gilt, also, wenn $y = h(x, 0)$ gilt. Da $f(\xi, \eta) = 0$ gilt, können wir somit $h(\xi, 0) = \eta$ notieren. Da h stetig ist, gibt es Umgebungen $U(\xi, \rho)$ von ξ und $U(\eta, \sigma)$ von η, so dass $h(x, 0) \in U(\eta, \sigma)$ gilt für alle $x \in U(\xi, \rho)$. Definieren wir also $\varphi(x) := h(x, 0)$ für $x \in U(\xi, \rho)$, so gilt $\varphi(\xi) = \eta$ und $f(x, \varphi(x)) = 0$. Somit ist mit φ eine Abbildung mit den im Satz geforderten Eigenschaften gefunden.
Da $f(x, y) = 0$ genau dann gilt, wenn $y = h(x, 0)$ gilt, ist auch die behauptete Eindeutigkeit bewiesen. □

Ausgehend von der Gleichung $f(x, \varphi(x)) = 0$ kann man unter Verwendung der Kettenregel auch die Ableitung der Abbildung φ gewinnen. Sei dies hier für den wichtigen Spezialfall $n = 1$ notiert. In diesem Fall notieren wir die partielle Ableitung von $f : U \times V \to \mathbb{R}$ nach y als $\partial_{m+1} f$ und nach den Ergebnissen von Abschnitt 6.2 gilt dann für $k = 1, \ldots, m$

$$\partial_k f(x, \varphi(x)) = \partial_k f(x, \varphi(x)) + \partial_{m+1} f(x, \varphi(x)) \partial_k \varphi(x) = 0.$$

Damit gilt

$$\partial_k \varphi(x) = -(\partial_{m+1} f(x, \varphi(x)))^{-1} \partial_k f(x, \varphi(x)) \quad \text{für} \quad k = 1, \ldots m$$

in einer Umgebung von ξ. (Man beachte, dass in dieser Situation die Invertierbarkeit der Jacobi-Matrix zur Abbildung $y \in V \mapsto f(\xi, y)$ identisch mit dem Nichtverschwinden der Ableitung $\partial_{m+1} f$ ist.)

Die Bedeutung des Satzes über implizite Funktionen lässt sich gut demonstrieren bei der Diskussion der Frage, wie die Nullstellen einer Polynomfunktion, deren Koeffizienten von einem Parameter abhängen, von diesem Parameter abhängen. Die Problematik, die mit dieser Frage verbunden ist, wird gut sichtbar bei folgendem einfachen Beispiel:

Sei die Funktion $p : \mathbb{R} \times \mathbb{R} \to \mathbb{R}$ definiert durch

$$p(\lambda, t) := t^2 - 3\lambda t + 2\lambda^2.$$

Bei festem $\lambda \in \mathbb{R}$ hat die Polynomfunktion $t \mapsto p(\lambda, t)$ die zwei, (im Fall $\lambda \neq 0$ verschiedenen), Nullstellen $t_1(\lambda) = \lambda$ und $t_2(\lambda) = 2\lambda$, (wie Einsetzen sofort zeigt). Es sind also sicher t_1 und t_2 stetig differenzierbare Funktionen des Parameters λ.
Die Funktionen $\lambda \mapsto t_j(\lambda)$ sind offenbar implizit durch die Gleichung $p(\lambda, t) = 0$ bestimmt. Somit müsste der Satz über implizite Funktionen geeignet sein, die Information zu liefern, dass t_1 und t_2 stetig differenzierbare Funktionen des Parameters λ sind. Tatsächlich gelingt dies auch lokal, wenn $\lambda = \lambda_0 \neq 0$ ist, (also wenn zwei einfache Nullstellen vorliegen). In diesem Fall kann man ja, wenn man $t_1(\lambda_0) = \lambda_0$ vorgibt, lokal die Gleichung $p(\lambda, t) = 0$ nach t auflösen. Denn es greift der Satz über implizite Funktionen, weil $\partial_t p(\lambda, t) = 2t - 3\lambda$ und somit $\partial_t p(\lambda_0, \lambda_0) = -\lambda_0 \neq 0$ gilt. Analog kann man argumentieren, wenn man $t_2(\lambda_0) = 2\lambda_0$ vorgibt.
Nicht erhalten kann man die zwei Funktionen t_1 und t_2 unter Verwendung des Satzes über implizite Funktionen in einer Umgebung des Punktes $\lambda_0 = 0$. Denn dann ist ja $\partial_t p(0, 0) = 0$ und eine wesentliche Voraussetzung des Satzes über implizite Funktionen ist nicht erfüllt. Dieses Versagen ist aber auch gut verständlich, weil der Satz über implizite Funktionen ja mit der implizit definierten Funktion φ alle Nullstellen von f in einer Umgebung des Punktes (ξ, η) beschreibt. Da aber in jeder Umgebung von $(0, 0)$ sowohl Punkte $(\lambda, t_1(\lambda))$ als auch Punkte $(\lambda, t_2(\lambda))$ liegen, ist die Menge aller Nullstellen von p lokal um $(0, 0)$ nicht durch eine einzige implizit definierte Funktion beschreibbar.

Diese Diskussion zeigt bereits, wie der folgende Satz sich als Spezialfall aus dem Satz über implizite Funktionen ergibt.

Satz 7.7

Sei $n \in \mathbb{N}$, seien $a_k \in C^1(\mathbb{R}, \mathbb{R})$ für $k = 1, \ldots, n$, sei

$$p(x, t) := t^n + \sum_{k=1}^{n} a_k(x) t^{n-k} \quad \text{für} \quad (x, t) \in \mathbb{R}^2.$$

Sei $(x_0, t_0) \in \mathbb{R}^2$ mit $p(x_0, t_0) = 0$ und $(\partial/\partial t) p(x_0, t_0) \neq 0$. Dann gibt es ein Intervall $(x_0 - \delta, x_0 + \delta)$ und eine stetig differenzierbare Funktion $\varphi : (x_0 - \delta, x_0 + \delta) \to \mathbb{R}$, so dass $\varphi(x_0) = t_0$ und $p(x, \varphi(x)) = 0$ für $x \in (x_0 - \delta, x_0 + \delta)$ gilt.

Die Einsetzbarkeit des Banachschen Fixpunktsatzes für ganz verschiedene Probleme soll im nächsten Abschnitt dadurch demonstriert werden, dass er zur Diskussion eines zunächst ganz anders gearteten Problems, nämlich der Frage der Existenz von Lösungen gewisser Differentialgleichungsprobleme, benützt wird.

7.3 Zum Anfangswertproblem bei gewöhnlichen Differentialgleichungen

Differentialgleichungen werden häufig als mathematische Modelle zur Beschreibung von physikalischen Vorgängen, (aber keineswegs nur von solchen), verwendet. Hängt dabei eine physikalische Größe etwa von allen drei Raumkoordinaten x, y, z und der Zeit t ab, so treten dabei i.a. partielle Ableitungen der gesuchten Funktion nach x, y, z und t auf und es liegt somit eine ***partielle Differentialgleichung*** vor. Kann man aber etwa den Vorgang beschreiben, indem man nur den zeitlichen Verlauf einer Größe kennt, so werden nur Ableitungen nach dieser einen Variablen t auftreten und es liegt eine ***gewöhnliche Differentialgleichung*** vor. Es sei zur Einführung ein einfaches physikalisches Problem behandelt, bei dem eine gewöhnliche, aber bereits nichtlineare Differentialgleichung auftritt.

Es sei die Bewegung eines Autos unter gewissen idealisierten Bedingungen diskutiert. Wir nehmen an, dass das Auto zur Zeit $t = 0$ startet, von da ab aber immer mit konstanter Antriebskraft gegen einen konstanten Rollwiderstand und gegen den natürlich mit der Geschwindigkeit anwachsenden Luftwiderstand beschleunigt. Ist $u(t)$ der Ort des Autos zur Zeit t, so interessiert uns nun der Verlauf der Funktion $t \mapsto u(t)$ für $t \geq 0$. Offenbar dürfen wir dabei annehmen, dass $u(0) = 0$ sei. Da $u'(t)$ die Geschwindigkeit des Autos zur Zeit t ist, müssen wir noch von $u'(0) = 0$ ausgehen. Da der Luftwiderstand quadratisch mit der Geschwindigkeit ansteigt, erhalten wir unter Verwendung von bekannten physikalischen Prinzipien, dass die Funktion $t \mapsto u(t)$ der Differentialgleichung

$$mu''(t) = K - \alpha(u'(t))^2 \quad \text{für} \quad t \geq 0 \tag{7.13}$$

genügen muss, wobei in der Konstanten K die konstante Antriebskraft vermindert um den konstanten Rollwiderstand und im nichtlinearen Term $\alpha(u'(t))^2$ der Luftwiderstand steckt. (Alle Konstanten m, K, α sind positiv). Es handelt sich offenbar um eine nichtlineare Differentialgleichung *zweiter Ordnung*, weil Ableitungen der gesuchten Funktion bis zur zweiten Ordnung in der Gleichung auftreten. Zu dieser Differentialgleichung kommen noch die zwei *Anfangsbedingungen*

$$u(0) = 0, \;\; u'(0) = 0 \tag{7.14}$$

hinzu. Falls wir damit tatsächlich ein sinnvolles Modell für die Bewegung des Autos haben, so sollte natürlich die Funktion u für $t \geq 0$ eindeutig durch die Differentialgleichung (7.13) und die Anfangsbedingungen (7.14) festgelegt sein. Es stellt sich also außer der Frage nach der Existenz auch sofort die Frage nach der Eindeutigkeit der Lösung.

Bei der konkret gegebenen Differentialgleichung (7.13) ist es möglich, die Diskussion des Anfangswertproblems (7.13), (7.14) auf die Diskussion eines einfacheren Problems bei einer Differentialgleichung erster Ordnung zurückzuführen. In der Differentialgleichung (7.13) tritt ja die gesuchte Funktion u selber gar nicht auf. Damit erhält man aber, wenn u Lösung von (7.13), (7.14) ist und man $v(t) := u'(t)$ setzt, für die Funktion v das Anfangswertproblem

$$v'(t) = k - \beta(v(t))^2 \quad \text{für} \quad t \geq 0, \quad v(0) = 0, \tag{7.15}$$

wobei wir offenbar $k := K/m$ und $\beta := \alpha/m$ gesetzt haben. Interessanter ist für uns aber nun der umgekehrte Schluss, nämlich, dass man, wenn man eine Lösung v von (7.15) hat, man daraus auch rasch eine Lösung des ursprünglichen Problems (7.13), (7.14) gewinnen kann. Dies ist auch tatsächlich möglich: Ist $v \in C^1([0,\rho))$, (es kann auch $\rho = \infty$ sein), eine Lösung von (7.15), so muss man nur noch das Problem

$$u'(t) = v(t) \quad \text{für} \quad t \in [0,\rho), \quad u(0) = 0, \tag{7.16}$$

lösen. Ist $u \in C^1([0,\rho))$ Lösung dieses Problems, so ist u tatsächlich Lösung von (7.13), (7.14). Denn da v stetig differenzierbar ist und $u' = v$ gilt, ist natürlich u sogar zweimal stetig differenzierbar, (bei $t = 0$ nur einseitig), und es gilt

$$mu''(t) = mv'(t) = K - \alpha(v(t))^2 = K - \alpha(u'(t))^2.$$

Außerdem gilt $u(0) = 0$, $u'(0) = v(0) = 0$. Eine Lösung von (7.16) kann man aber bei gegebenem v sofort angeben, wenn man nur weiß, dass v stetig ist. Und zwar ist offenbar

$$u(t) := \int_0^t v(\tau)d\tau \quad \text{für} \quad t \geq 0$$

eine Lösung von (7.16). Bei diesem einfachen Problem ist auch sofort zu sehen, dass dies die einzige stetig differenzierbare Lösung ist. Denn ist $y \in C^1([0,\rho))$ eine weitere Lösung von (7.16), so gilt ja für die Differenz $w := u - y$ offenbar $w'(t) = 0$ für $t \geq 0$ und $w(0) = 0$, woraus sofort $w(t) = 0$ für alle $t \geq 0$, folgt, weil ja aus $w'(t) = 0$ folgt, dass w konstant sein muss.

Aber auch eine Lösung von (7.15) lässt sich relativ leicht finden, weil die Differentialgleichung trotz der Nichtlinearität von einfacher Struktur ist. Wegen $v(0) = 0$ muss für jede stetig differenzierbare Lösung des Anfangswertproblems in einem Intervall $[0,\tau)$ gelten $v(t)^2 < k/\beta$. Damit erfüllt die Lösung in diesem Intervall die Gleichung

$$\frac{v'(t)}{k - \beta(v(t))^2} = 1.$$

Beide Seiten dieser Gleichung sind stetige Funktionen und damit folgt

$$\int_0^t \frac{v'(s)}{k - \beta(v(s))^2} ds = \int_0^t ds = t \quad \text{für} \quad t \in [0,\tau). \tag{7.17}$$

Das verbleibende Integral kann man aber ausrechnen, wenn man notiert, dass

$$\frac{1}{k - \beta v^2} = \frac{1}{2}\frac{1}{\sqrt{\beta k}}\left(\frac{1}{(k/\beta)^{1/2} - v} + \frac{1}{(k/\beta)^{1/2} + v}\right)$$

gilt. (Es ist dies offenbar eine Partialbruchzerlegung.) Nach der Kettenregel gilt, wenn man noch $\gamma := (k/\beta)^{1/2}$ setzt,

$$\frac{d}{dt}\log(\gamma + v(t)) = \frac{v'(t)}{\gamma + v(t)} \quad \text{und} \quad \frac{d}{dt}(-\log(\gamma - v(t))) = \frac{v'(t)}{\gamma - v(t)},$$

(sofern $0 \le v(t) < \gamma$ ist). Damit folgt aus (7.17) unter Berücksichtigung von $v(0) = 0$

$$\frac{1}{2\beta\gamma}(\log(\gamma + v(t)) - \log(\gamma - v(t))) = t.$$

diese Gleichung kann man aber nach $v(t)$ auflösen und erhält

$$v(t) = \gamma \frac{1 - e^{-2\beta\gamma t}}{1 + e^{-2\beta\gamma t}},$$

wobei hier offenbar sogar $t \in [0, \infty)$ sinnvoll ist, weil dann stets $0 \le v(t) < \gamma$ ist.
Da $v(t)$ die Geschwindigkeit des Autos zum Zeitpunkt t ist, zeigt dieses Resultat, dass die Geschwindigkeit des Autos trotz konstanter Antriebskraft nicht unbeschränkt zunimmt, was offenbar durch den wachsenden Luftwiderstand bedingt ist. Durch den Wert γ wird dabei offenbar die Grenzgeschwindigkeit gegeben, der sich die Geschwindigkeit des Autos für $t \to \infty$ nähert.

Wir konnten also bei diesem Beispiel das System von zwei gewöhnlichen Differentialgleichungen erster Ordnung

$$\begin{aligned} u'(t) &= v(t) \\ v'(t) &= k - \beta(v(t))^2 \end{aligned}$$

zusammen mit der Anfangsbedingung $u(0) = 0$, $v(0) = 0$ lösen. Dass dies so explizit durchgeführt werden konnte, lag offenbar am sehr speziellen Aufbau des Systems. Bei komplizierteren Systemen stellt sich aber die Frage, ob überhaupt eine (bei Modellen für physikalische Vorgänge möglichst eindeutig bestimmte) Lösung so eines Anfangswertproblems existiert. Es ist nun das Ziel der weiteren Überlegungen, zu zeigen, dass unter geeigneten Voraussetzungen eine positive Antwort auf diese Frage gegeben werden kann.

Da dabei eine Variante des Banachschen Fixpunktsatzes eingesetzt werden wird und damit die Vollständigkeit eines metrischen Raumes wesentlich sein wird, zeigen wir zunächst, dass der Vektorraum der stetigen Funktionen über einem kompakten Intervall, versehen mit der Supremumsnorm, ein Banachraum ist.
Betrachtet man den Vektorraum $F_b([a, b], \mathbb{R})$, (das ist der Vektorraum aller beschränkten Funktionen $u : [a, b] \to \mathbb{R}$), versehen mit der Supremumsnorm, so ist dieser nach Satz 2.11 ein Banachraum. Da alle stetigen Funktionen über einem kompakten Intervall beschränkt sind, ist $C([a, b], \mathbb{R})$ ein Untervektorraum von $F_b([a, b], \mathbb{R})$. Ist nun $(u_n)_{n\in\mathbb{N}}$ eine Cauchy-Folge in $(C([a, b], \mathbb{R}), \| \ \|_\infty)$, so existiert dazu ein Grenzwert $u \in F_b([a, b], \mathbb{R})$. Können wir zeigen, dass dieser Grenzwert schon wieder im Untervektorraum $C([a, b], \mathbb{R})$ liegen muss, so ist der normierte Raum $(C([a, b], \mathbb{R}), \| \ \|_\infty)$ vollständig, also ein Banachraum. Dass der Grenzwert ebenfalls wieder stetig sein muss, folgt aber aus den Ergebnissen von Abschnitt 5.2. Damals hatten wir im Zuge des Beweises von Satz 5.6 gesehen, dass die Grenzfunktion einer gleichmäßig konvergenten Folge stetiger Funktionen ebenfalls stetig sein muss.

Zur Behandlung von Systemen gewöhnlicher Differentialgleichungen benötigen wir das entsprechende Resultat für den Raum $(C([a, b], \mathbb{R}^m), \| \ \|_\infty)$, wobei nun die Norm $\| \ \|_\infty$

mit der euklidischen Norm $\|u(x)\|$ definiert ist durch

$$\|u\|_\infty := \sup\{\|u(x)\| : x \in [a,b]\}.$$

(Dies ist sinnvoll, weil aus der Stetigkeit der Abbildung $x \mapsto u(x) \in \mathbb{R}^m$ auch die Stetigkeit der Funktion $x \mapsto \|u(x)\| \in \mathbb{R}$ folgt.) Die Vollständigkeit von $(C([a,b],\mathbb{R}^m), \|\ \|_\infty)$ ergibt sich aber letztlich aus der Vollständigkeit des Raumes $(C([a,b],\mathbb{R}), \|\ \|_\infty)$.
Denn ist $(u_n)_{n\in\mathbb{N}}$ eine Cauchy-Folge in $(C([a,b],\mathbb{R}^m), \|\ \|_\infty)$ mit $m > 1$, so gilt ja für $k, j \in \mathbb{N}$, $r \in \{1,\ldots,m\}$ und $t \in [a,b]$

$$|u_{k,r}(t) - u_{j,r}(t)| \leq \|u_k(t) - u_j(t)\| \leq \|u_k - u_j\|_\infty,$$

was zeigt, dass für jedes $r \in \{1,\ldots,m\}$ die Folge $(u_{n,r})_{n\in\mathbb{N}}$ ein Cauchy-Folge im Raum $(C([a,b],\mathbb{R}), \|\ \|_\infty)$ ist. Damit existiert ein $g_r \in C([a,b],\mathbb{R})$ mit $\|u_{n,r} - g_r\|_\infty \to 0$ für $n \to \infty$. Ist nun $\varepsilon > 0$, so gibt es bekanntlich ein $n_0 \in \mathbb{N}$ mit $\|u_{n,r} - g_r\|_\infty < \varepsilon$ für $n \geq n_0$ und alle $r \in \{1,\ldots,m\}$. Setzt man nun $g := (g_1,\ldots,g_m)$, so ist $g \in C([a,b],\mathbb{R}^m)$ und es gilt für $n \geq n_0$

$$\|u_n - g\|_\infty = \sup\{\|u_n(t) - g(t)\| : t \in [a,b]\} < m^{1/2}\varepsilon.$$

Damit ist aber die Vollständigkeit von $(C([a,b],\mathbb{R}^m), \|\ \|_\infty)$ gezeigt.

Wie angekündigt stellen wir nun eine Variante des Banachschen Fixpunktsatzes bereit, durch die es möglich sein wird, unnötige zusätzliche Voraussetzungen beim angestrebten Existenzbeweis zum Anfangswertproblem bei Systemen gewöhnlicher Differentialgleichungen zu vermeiden.
Dabei betrachten wir nun angepasst an die später zu betrachtende Situation Abbildungen, die auf abgeschlossenen Teilmengen eines Banachraumes definiert sind. (Solche Teilmengen sind dann wieder vollständige metrische Räume.) Wir schreiben dabei T^n für die n-fache Hintereinanderausführung der Abbildung T.

Satz 7.8

Sei $(X, \|\ \|)$ ein Banachraum, sei $U \subset X$ nichtleer und abgeschlossen, sei $(\alpha_n)_{n\in\mathbb{N}}$ eine Folge in $\mathbb{R}$ mit $\alpha_n > 0$ für alle n, so dass die Reihe $\sum_{n=1}^\infty \alpha_n$ konvergent ist. Dann gilt: Gelten für die Abbildung $T : U \to U$ die Abschätzungen

$$\|T^n(u) - T^n(v)\| \leq \alpha_n \|u - v\| \quad \text{für} \quad u, v \in U \quad \text{und} \quad n \in \mathbb{N},$$

so gibt es genau ein $u^* \in U$ mit $T(u^*) = u^*$. Ist $u_0 \in U$ beliebig gewählt, so konvergiert die Folge $(T^n(u_0))_{n\in\mathbb{N}}$ gegen u^*. Es gilt die Fehlerabschätzung

$$\|u^* - T^n(u_0)\| \leq \left(\sum_{k=n}^\infty \alpha_k\right) \|T(u_0) - u_0\| \quad \text{für} \quad n \in \mathbb{N}.$$

Beweis:
Die einzelnen Beweisschritte sind ganz analog zum Beweis des Banachschen Fixpunktsatzes.

Eindeutigkeit: Sind $u \in U$ und $v \in U$ Fixpunkte von T, so gilt sogar $T^n(u) = u$ und $T^n(v) = v$ für alle $n \in \mathbb{N}$ und wir können abschätzen

$$\|u - v\| = \|T^n(u) - T^n(v)\| \leq \alpha_n \|u - v\| \quad \text{für} \quad n \in \mathbb{N}.$$

Da die Reihe $\sum \alpha_n$ konvergent sein soll, muss die Folge $(\alpha_n)_{n\in\mathbb{N}}$ eine Nullfolge sein, somit folgt $\|u - v\| = 0$ und $u = v$.
Existenz: Wir betrachten wieder die durch $u_n := T^n(u_0)$ definierte Folge und zeigen, dass sie eine Cauchy-Folge ist. Es ist

$$\|u_{n+1} - u_n\| = \|T^n(Tu_0) - T^n(u_0)\| \leq \alpha_n \|T(u_0) - u_0\| \quad \text{für} \quad n \in \mathbb{N}.$$

Daraus folgt für $n, k \in \mathbb{N}$

$$\|u_{n+k} - u_n\| \leq \|u_{n+k} - u_{n+k-1}\| + \ldots + \|u_{n+1} - u_n\| \leq \sum_{j=n}^{n+k-1} \alpha_j \|T(u_0) - u_0\|. \quad (7.18)$$

Da die Reihe $\sum \alpha_n$ konvergent ist, zeigt dies, dass die Folge $(u_n)_{n\in\mathbb{N}}$ eine Cauchy-Folge ist. Diese ist in X konvergent, und da U abgeschlossen ist, liegt ihr Grenzwert in U. Sei $u^* := \lim_{n\to\infty} u_n$. Die Abschätzung

$$\|u_{n+1} - T(u^*)\| = \|T(u_n) - T(u^*)\| \leq \alpha_1 \|u_n - u^*\|$$

zeigt dann, dass auch $u_n \to T(u^*)$ für $n \to \infty$ gilt, somit muss $Tu^* = u^*$ gelten.
Fehlerabschätzung: Offenbar muss man nur bei der Abschätzung (7.18) den Grenzübergang $k \to \infty$ durchführen. □

Diesen Fixpunktsatz werden wir einsetzen zum Nachweis der Existenz einer Lösung einer Integralgleichung, die äquivalent zum Anfangswertproblem bei einem System von Differentialgleichungen erster Ordnung ist. Diese Äquivalenz sei im nächsten Lemma festgehalten:

Lemma 7.3

Sei $t_0 \in \mathbb{R}$, $\rho > 0$, sei $f : [t_0 - \rho, t_0 + \rho] \times \mathbb{R}^m \to \mathbb{R}^m$ stetig und $\alpha \in \mathbb{R}^m$. Dann gilt: Eine Funktion $u \in C([t_0 - \rho, t_0 + \rho], \mathbb{R}^m)$ ist genau dann eine Lösung der Integralgleichung

$$u(t) = \alpha + \int_{t_0}^{t} f(\tau, u(\tau))d\tau, \quad \text{für} \quad t \in [t_0 - \rho, t_0 + \rho], \quad (7.19)$$

wenn u stetig differenzierbar und Lösung des Anfangswertproblems

$$u'(t) = f(t, u(t)) \quad \text{für} \quad t \in [t_0 - \rho, t_0 + \rho], \quad u(t_0) = \alpha \quad (7.20)$$

ist.

Beweis:
Sei zuerst angenommen, dass $u \in C^1([t_0-\rho, t_0+\rho], \mathbb{R}^m)$ ist und (7.20) erfüllt. Nach Satz 5.5 gilt dann für $t \in [t_0-\rho, t_0+\rho]$

$$\int_{t_0}^{t} u'(\tau)d\tau = u(t) - u(t_0) = u(t) - \alpha = \int_{t_0}^{t} f(\tau, u(\tau))d\tau,$$

woraus sofort (7.19) folgt.
Sei nun angenommen, dass $u \in C([t_0-\rho, t_0+\rho], \mathbb{R}^m)$ Lösung von (7.19) ist. Da aufgrund unserer Voraussetzungen auch die Funktion $\tau \mapsto f(\tau, u(\tau))$ stetig ist, folgt nach Satz 5.4, dass u sogar differenzierbar ist und $u'(t) = f(t, u(t))$ für $t \in [t_0 - \rho], t_0 + \rho]$ gilt. Damit ist aber u sogar stetig differenzierbar. Schließlich zeigt die Integralgleichung sofort, dass $u(t_0) = \alpha$ gilt. Somit ist u Lösung des Anfangswertproblems (7.20). □

Im folgenden Satz, der unter der Bezeichnung ***Satz von Picard-Lindelöf*** bekannt ist, werden wir bei der Formulierung der Anfangswertproblems nicht mehr voraussetzen, dass $f(t,u)$ für $(t,u) \in [t_0-\rho, t_0+\rho] \times \mathbb{R}^m$, sondern nur, dass $f(t,u)$ für u aus einem Bereich $[\alpha_1-\delta, \alpha_1+\delta] \times \ldots \times [\alpha_m-\delta, \alpha_m+\delta] \subset \mathbb{R}^m$ definiert ist. Offenbar ist aber die Argumentation des soeben geführten Beweises auch durchführbar, wenn nur sichergestellt ist, dass man $u(t)$ in $f(t, .)$ einsetzen kann.

Satz 7.9

Seien $a, b > 0$, sei $(t_0, \alpha) \in \mathbb{R} \times \mathbb{R}^m$, sei $W := [\alpha_1 - b, \alpha_1 + b] \times \ldots \times [\alpha_m - b, \alpha_m + b]$ und $R := [t_0 - a, t_0 + a] \times W$, sei $f : R \to \mathbb{R}^m$ stetig, nicht identisch Null und es gelte mit einem $K > 0$

$$\|f(t,y) - f(t,\eta)\| \leq K\|y-\eta\| \quad \text{für} \quad (t,y), (t,\eta) \in R. \tag{7.21}$$

Mit $M := \max\{\|f(t,y)\| : (t,y) \in R\}$ sei $\rho := \min\{a, b/M\}$. Dann gilt:
Das Anfangswertproblem $u'(t) = f(t, u(t))$, $u(t_0) = \alpha$ besitzt genau eine Lösung $u \in C^1([t_0-\rho, t_0+\rho], \mathbb{R}^m)$. Ist

$$v_0 \in \{v \in C([t_0-\rho, t_0+\rho], \mathbb{R}^m) : v(t) \in W \text{ für alle } t \in [t_0-\rho, t_0+\rho]\}$$

beliebig gewählt, und davon ausgehend die Folge $(v_n)_{n\in\mathbb{N}}$ rekursiv definiert durch

$$v_n(t) := \alpha + \int_{t_0}^{t} f(s, v_{n-1}(s))ds \quad \text{für} \quad t \in [t_0-\rho, t_0+\rho],\ n \in \mathbb{N},$$

so gilt $v_n(t) \to u(t)$ gleichmäßig in $t \in [t_0-\rho, t_0+\rho]$.
Dabei gilt die Fehlerabschätzung

$$\|u(t) - v_n(t)\| \leq \left(\sum_{j=n}^{\infty} \frac{1}{j!}(\rho K)^j\right) \max_{t\in[t_0-\rho, t_0+\rho]} \|v_1(t) - v_0(t)\|$$

für $t \in [t_0-\rho, t_0+\rho]$, $n \in \mathbb{N}$.

Beweis:
Entsprechend Lemma 7.3 wird die Integralgleichung

$$u(t) = \alpha + \int_{t_0}^{t} f(s, u(s))ds$$

als Fixpunktproblem im Raum $(C([t_0 - \rho, t_0 + \rho], \mathbb{R}^m), \| \|_\infty)$ behandelt. Die Abbildung $T : u \mapsto \alpha + \int_{t_0}^{t} f(s, u(s))ds$ ist dabei aber, (man beachte die Voraussetzungen von Satz 7.8), nicht auf dem ganzen Raum definiert, sondern nur auf

$$U := \{u \in C([t_0 - \rho, t_0 + \rho], \mathbb{R}^m) : u(t) \in W \quad \text{für alle} \quad t \in [t_0 - \rho, t_0 + \rho]\}.$$

(Man beachte, dass man auch nur Funktionen aus U unproblematisch in $f(s, u(s))$ einsetzen kann, weil ja $f(t, y)$ nur für $y \in W$ definiert ist.) Die Menge U ist sicher nicht leer, denn die konstante Funktion $t \mapsto \alpha$ liegt in U, sie ist aber auch wie in Satz 7.8 gefordert eine abgeschlossene Teilmenge des Raumes $(C([t_0 - \rho, t_0 + \rho], \mathbb{R}^m), \| \|_\infty)$. Denn ist $(u_n)_{n\in\mathbb{N}}$ eine Folge in U mit $u_n \to u \in C([t_0 - \rho, t_0 + \rho], \mathbb{R}^m)$, so liegt ja gleichmäßige Konvergenz vor, aus der die punktweise Konvergenz folgt. Aus der für alle $n \in \mathbb{N}$ und alle Komponenten $u_{n,j}$ und α_j von u_n und α geltenden Bedingung $|u_{n,j}(t) - \alpha_j| \leq b$ folgt dann aber auch $|u_j(t) - \alpha| \leq b$ für alle $t \in [t_0 - \rho, t_0 + \rho]$, somit ist $u \in W$. Damit ist aber noch zu überlegen, dass die Abbildung T auch U in sich abbildet. Dies folgt aber aus der Abschätzung, (man beachte (5.5)),

$$\|(Tu)(t) - \alpha\| = \left\| \int_{t_0}^{t} f(s, u(s))ds \right\| \leq M|t - t_0| \leq b \quad \text{für} \quad t \in [t_0 - \rho, t_0 + \rho],$$

denn es gilt ja für alle Komponenten $|(Tu)_j(t) - \alpha_j| \leq \|(Tu)(t) - \alpha\|$. Die in Satz 7.8 geforderten Abschätzungen für $\|T^n u - T^n v\|$ ergeben sich nun unter Verwendung der für f geltenden *Lipschitzbedingung* (7.21).
Es gilt für $u, v \in U$ und $t \in [t_0 - \rho, t_0 + \rho]$

$$\|(Tu)(t) - (Tv)(t)\| = \left\| \int_{t_0}^{t} (f(s, u(s)) - f(s, v(s)))ds \right\| \leq K\|u - v\|_\infty |t - t_0|$$

und weiter, wenn wir zur technischen Vereinfachung nun $t \geq t_0$ annehmen,

$$\begin{aligned} \|(T^2u)(t) - (T^2v)(t)\| &= \left\| \int_{t_0}^{t} (f(s, (Tu)(s)) - f(s, (Tv)(s)))ds \right\| \\ &\leq K \cdot K\|u - v\|_\infty \left| \int_{t_0}^{t} (s - t_0)ds \right| = (K^2/2)(t - t_0)^2 \|u - v\|_\infty. \end{aligned}$$

(Den Fall $t < t_0$ kann man mit kleinen Änderungen analog erledigen.)
Daraus gewinnt man durch einen einfachen Induktionsschluss für $n \in \mathbb{N}$ und für alle $t \in [t_0 - \rho, t_0 + \rho]$ die Abschätzung

$$\|(T^n u)(t) - (T^n v)(t)\| \leq \frac{1}{n!}(K|t - t_0|)^n \|u - v\|_\infty.$$

Damit gilt für $n \in \mathbb{N}$

$$\|T^n u - T^n v\|_\infty \leq \frac{1}{n!}(K\rho)^n \|u - v\|_\infty.$$

Da die Reihe $\sum_{n=1}^{\infty} \frac{1}{n!}(K\rho)^n$ bekanntlich konvergent ist, erfüllt die Abbildung T also alle Voraussetzungen von Satz 7.8 und es existiert ein Fixpunkt $u \in U$, somit eine Lösung des Anfangswertproblems. Alle weiteren Aussagen folgen sofort aus Satz 7.8. □

Die Existenz- und Eindeutigkeitsaussage von Satz 7.9 wurde unter Benützung der von f geforderten Lipschitzbedingung (7.21) bewiesen. Es ist also die Gültigkeit so einer Lipschitzbedingung hinreichend für lokale Existenz und Eindeutigkeit der Lösung des Anfangswertproblems. Sowohl für die Existenz- als auch für die Eindeutigkeitsfrage ist sie jedoch nicht notwendig. So kann lokale Existenz bewiesen werden, ohne dass eine Lipschitzbedingung von f gefordert wird. Allerdings wird dann auch bei lokaler Betrachtungsweise i.a. keine eindeutige Lösbarkeit mehr vorliegen. Klar ist auch, dass dann die sukzessive Approximation des Banachschen Fixpunktsatzes nicht zum Existenzbeweis herangezogen werden kann, weil der Banachsche Fixpunktsatz ja immer eine Eindeutigkeitsaussage mit einschließt. Man muss dann andere Beweismethoden einsetzen, die man z.B. in Walter [8] findet.

Neben den Anfangswertproblemen sind auch Probleme wichtig, bei denen man an die gesuchte Lösung der Differentialgleichung Forderungen an beiden Enden des Existenzintervalls stellt. Auf so eine Fragestellung werden wir im nächsten Kapitel exemplarisch stoßen, wenn wir eine Methode diskutieren, ein Problem bei einer partiellen Differentialgleichung zu lösen, das als ein Modell für die sich verändernde Temperaturverteilung in einem homogenen Stab dient. Dabei wird es sich zeigen, dass es sinnvoll sein kann, Funktionen als sogenannte *Fourier-Reihen* darzustellen.

Aufgaben

1. Sei $f : \mathbb{R} \to \mathbb{R}$ definiert durch $f(x) := x + \frac{\pi}{2} - \arctan x$.
   Man zeige, dass $|f(x) - f(y)| < |x - y|$ für $x, y \in \mathbb{R}$ mit $x \neq y$ gilt, die Abbildung jedoch keinen Fixpunkt besitzt.

2. Man diskutiere die Frage der eindeutigen Lösbarkeit des Gleichungssystems

   $$x_j = \sum_{k=1}^{n} \sin(a_{jk} x_k) + b_j, \quad j = 1, \ldots, n.$$

   (Es seien $a_{jk}, b_j \in \mathbb{R}$.)

3. Sei (X, d) ein vollständiger metrischer Raum und sei $T : X \to X$ eine Abbildung.
   Man zeige:
   (a) Gibt es ein $m \in \mathbb{N}$, so dass die Abbildung T^m kontrahierend ist, so besitzt die Abbildung T genau einen Fixpunkt.
   (b) Muss T kontrahierend sein, wenn es ein $m > 1$ gibt, so dass T^m kontrahierend ist?

4. Sei $\rho > 0$, $[a,b] \subset \mathbb{R}$ ein kompaktes Intervall und $K : [a,b] \times [a,b] \times [-\rho,\rho] \longrightarrow \mathbb{R}$ stetig, sei $f : [a,b] \longrightarrow \mathbb{R}$ stetig mit $\|f\|_\infty \leq \frac{\rho}{2}$.
   Man zeige: Erfüllt K eine Lipschitzbedingung
   $$|K(t,s,u) - K(t,s,v)| \leq L|u-v| \quad \text{für} \quad (t,s) \in [a,b] \times [a,b], \; u,v \in [-\rho,\rho]$$
   und erfüllt $\lambda \in \mathbb{R}$ die Bedingungen
   $$|\lambda| \leq \frac{\rho}{2\|K\|_\infty(b-a)} \wedge |\lambda| < \frac{1}{L(b-a)},$$
   so existiert genau eine Lösung $u \in C([a,b])$ der Integralgleichung
   $$u(t) = \lambda \int_a^b K(t,s,u(s))ds + f(t) \quad \text{für} \quad t \in [a,b].$$

5. Sei (X,d) ein vollständiger metrischer Raum, sei $T : X \longrightarrow X$ eine Abbildung, für die
   $$d(T(x),T(y)) < d(x,y) \quad \text{für alle} \quad x,y \in X \quad \text{mit} \quad x \neq y$$
   gilt. Man zeige: Ist $T(X)$ folgenkompakt, so existiert genau ein Fixpunkt von T.

6. Man zeige, dass es eine Umgebung $U \subset \mathbb{R}$ von $0 \in \mathbb{R}$ und eine stetige Funktion $F : U \longrightarrow \mathbb{R}^2$ gibt, so dass das Gleichungssystem
   $$\begin{aligned} x^3z + y + z^2 &= 0 \\ yz^2 + z - xy^3 &= 0 \end{aligned}$$
   für $x \in U$ und $(y,z) = F(x)$ erfüllt ist.

7. Man zeige, dass das Gleichungssystem
   $$\begin{aligned} 3x + y - z + u^2 &= 0 \\ x - y + 2z + u &= 0 \\ 2x + 2y - 3z + 2u &= 0 \end{aligned}$$
   nach x,y,u in Abhängigkeit von z, nach x,z,u in Abhängigkeit von y, nach y,z,u in Abhängigkeit von x, aber nicht nach x,y,z in Abhängigkeit von u aufgelöst werden kann.

8. Man zeige, dass es genau eine Funktion $u \in C^1((-1,1),\mathbb{R})$ gibt, so dass $u'(t) = t(u(t))^2$ für $t \in (-1,1)$ und $u(0) = 1$ gilt.

8 Einiges über Fourier-Reihen

8.1 Ein Wärmeleitungsproblem

Der Begriff *Fourier-Reihen* hat entsprechend der historischen Entwicklung eine enger und eine weiter gefasste Bedeutung. Im engeren Sinn wird er verwendet für die Darstellung von Funktionen in der Form einer Reihenentwicklung nach dem System der trigonometrischen Funktionen, d.h. für Reihenentwicklungen der Form

$$f(x) = \text{const.} + \sum_{n=1}^{\infty}(a_n \sin(nx) + b_n \cos(nx)), \tag{8.1}$$

im weiteren Sinn für die Darstellung von Elementen eines Hilbertraumes mit Hilfe eines Orthonormalsystems. Der Begriff des Hilbertraumes wird im nächsten Abschnitt erläutert werden, in diesem Abschnitt soll ein Wärmeleitungsproblem diskutiert werden, das bei der Behandlung mit ganz klassischen Methoden auf die Frage einer Darstellung von Funktionen in der Form (8.1) führt.

Ist ein dünner homogener Stab der Länge a gegeben, der an den Längsseiten isoliert und in den Endpunkten immer auf der Temperatur Null gehalten wird, so führen physikalische Überlegungen dazu, dass man die zeitliche und räumliche Temperaturverteilung in diesem Stab mit dem folgenden mathematischen Modell beschreiben können sollte. Gesucht ist eine Funktion $u : \{t \in \mathbb{R} : t \geq 0\} \times [0, a] \to \mathbb{R}$, die die Differentialgleichung

$$u_t(t, x) = c u_{xx}(t, x) \quad \text{für} \quad t > 0,\ x \in (0, a)$$

und die Randbedingungen

$$u(t, 0) = u(t, a) = 0 \quad \text{für} \quad t \geq 0$$

erfüllt, wobei wir die weit verbreitete Notation $u_t := (\partial/\partial t)u$ und dementsprechend $u_{xx} = (u_x)_x = \partial_x^2 u$ verwendet haben. Hierbei soll offenbar $u(t, x)$ die Temperatur des Stabes zur Zeit t an der Stelle x sein, (der Stab ist dabei mit dem Intervall $[0, a]$ identifiziert), und die Konstante $c > 0$ ist durch das Material des Stabes bestimmt. Es ist wohl nicht zu erwarten, dass man die Temperaturverteilung zu einem Zeitpunkt $t > 0$ eindeutig berechnen kann, wenn man nicht die Temperaturverteilung im Stab zu irgendeinem früheren Zeitpunkt kennt. Dies führt dazu, dass wir unserem Differentialgleichungsproblem noch die Anfangsbedingung

$$u(0, x) = f(x) \quad \text{für} \quad x \in [0, a]$$

hinzufügen müssen, wobei $f : [0, a] \to \mathbb{R}$ eine gegebene Funktion ist, für die natürlich $f(0) = f(a) = 0$ gelten soll.

Da uns hier der Einfluss von c nicht weiter interessiert, setzen wir, um Schreibarbeit zu sparen, $c = 1$. Aus dem gleichen Grund nehmen wir an, dass $a = \pi$ sei. Es ist ein schon lange bekanntes und in der Physik häufig verwendetes Verfahren, eine Lösung des damit gegebenen ***Anfangs-Randwertproblems*** zu suchen, indem man zunächst versucht, Lösungen der partiellen Differentialgleichung $U_t = U_{xx}$ zu finden, die von der Form $U(t,x) = v(t)w(x)$ sind. Aus naheliegenden Gründen spricht man dann davon, dass man mit einem ***Separationsansatz*** arbeitet. (Man beachte, dass man dabei im allgemeinen nicht erwarten kann, mit einer einzigen so aufgebauten Lösung schon eine Lösung des gegebenen Anfangs-Randwertproblems finden zu können. Erst durch eine Superposition möglichst vieler Lösungen dieser speziellen Form wird es möglich sein, das Anfangs-Randwertproblem für relativ allgemeines f zu lösen). Nehmen wir an, dass die Funktion v einmal und die Funktion w zweimal stetig differenzierbar ist, und setzen $U = vw$ in die Differentialgleichung $U_t = U_{xx}$ ein, so erhalten wir

$$v'(t)w(x) = v(t)w''(x) \quad \text{für} \quad t > 0,\ x \in (0,\pi).$$

Da wir selbstverständlich annehmen, dass es ein $\tau > 0$ gibt mit $v(\tau) \neq 0$, erhalten wir, dass für alle $x \in (0,\pi)$ gelten muss $w''(x) = (v'(\tau)/v(\tau))w(x)$ für $x \in (0,\pi)$. Es kommen für uns also nur solche Funktionen w in Frage, für die mit einer Konstanten $\mu \in \mathbb{R}$ gilt $w''(x) + \mu w(x) = 0$ für $x \in (0,\pi)$. Da wir auch von der Funktion w annehmen, dass sie nicht identisch Null ist, erhalten wir weiter, dass auch $v'(t) + \mu v(t) = 0$ für $t > 0$ gelten muss.

Da wir natürlich versuchen werden, schon $U = vw$ möglichst an die Randbedingungen anzupassen, werden wir w als Lösung des Randwertproblems

$$w''(x) + \mu w(x) = 0, \quad w(0) = w(\pi) = 0 \tag{8.2}$$

suchen. Dieses Randwertproblem hat offenbar immer die triviale Lösung $w(x) = 0$ für $x \in [0,\pi]$. Da wir aber an nicht identisch verschwindenden Lösungen interessiert sind, handelt es sich dabei genauer um ein Eigenwertproblem, denn nur für gewisse Werte von μ existieren nichttriviale Lösungen von (8.2). Es werden solche Eigenwertprobleme ausführlich diskutiert, wenn man sich intensiver mit gewöhnlichen Differentialgleichungen beschäftigt, (siehe etwa wieder Walter [8]). Wir kommen hier aber damit aus, festzuhalten, dass zu allen Werten $\mu_n = n^2$ des Parameters μ mit $n \in \mathbb{N}$ nichttriviale Lösungen existieren, die μ_n also Eigenwerte sind und die Funktionen $w_n(x) := \sin(nx)$ zugehörige 'Eigenfunktionen' sind. Tatsächlich kann man sich durch Einsetzen sofort davon überzeugen, dass w_n Lösung von (8.2) mit $\mu = n^2$ ist.

Damit müssen wir aber für die Bestimmung von v auch nur noch die Differentialgleichung $v'(t) + n^2 v(t) = 0$ betrachten. Wir erhalten damit passend zu w_n die Funktion $v_n(t) := c_n \exp(-n^2 t)$, wobei $c_n \in \mathbb{R}$ noch beliebig wählbar ist. (Auch hier kann man sich durch einfaches Einsetzen sofort davon überzeugen, dass v_n die Differentialgleichung erfüllt.) Insgesamt haben wir also durch den Separationsansatz Lösungen

$$U_n(t,x) := c_n e^{-n^2 t} \sin(nx),\ n \in \mathbb{N}$$

erhalten, wobei c_n noch nicht festgelegt ist. Wie oben bereits erwähnt wurde, versucht man nun, eine Lösung des Anfangs-Randwertproblems durch Superposition dieser

Lösungen zu finden. (Dies ist sinnvoll, weil es sich um ein lineares Problem handelt). Wir werden also eine Lösung des Anfangs-Randwertproblems in der Form

$$u(t,x) = \sum_{n=1}^{\infty} c_n e^{-n^2 t} \sin(nx) \tag{8.3}$$

suchen. Da, wenn die Reihe für $t > 0$ und $x \in [0, \pi]$ konvergent ist, trivialerweise $u(t, 0) = u(t, \pi) = 0$ für alle $t > 0$ gilt, bleibt außer der Konvergenzproblematik noch die Aufgabe, die noch freien Koeffizienten c_n so zu wählen, dass die Anfangsbedingung $u(0, x) = f(x)$ für $x \in [0, \pi]$ erfüllt wird. Dies führt auf die Bedingung

$$f(x) = \sum_{n=1}^{\infty} c_n \sin(nx), \quad \text{für} \quad x \in [0, \pi] \tag{8.4}$$

also auf eine punktweise Darstellung von f, die ganz der in (8.1) notierten Darstellung entspricht.

Leider ist die Frage, welche Funktionen nun tatsächlich in der Form (8.4) punktweise dargestellt werden können, gar nicht so einfach zu diskutieren. Auch für stetige Funktionen f ist eine punktweise Darstellung in dieser Form im allgemeinen nicht möglich. Wir werden daher zunächst bei diesen einleitenden Überlegungen nur die Situation betrachten, dass die die Anfangs-Temperaturverteilung beschreibende Funktion f bereits durch eine Reihe wie in (8.4) gegeben sei, wobei für die Koeffizientenfolge $(c_n)_{n\in\mathbb{N}}$ gelte $\sum |c_n| < \infty$. In diesem Fall sieht man sofort, dass die Reihe $\sum c_n \sin(nx)$ für $x \in [0, \pi]$ sogar gleichmäßig konvergent ist. (Denn man kann ja abschätzen $|sin(nx)| \leq 1$ für alle x.) Daraus folgt, dass die durch $f(x) := \sum c_n \sin(nx)$ auf $[0, \pi]$ definierte Funktion stetig ist. Außerdem gilt natürlich $f(0) = f(\pi) = 0$.

Definiert man nun in dieser Situation die Funktion u wie in (8.3) für $t \geq 0,\ x \in [0, \pi]$, so erhält man dadurch auch eine stetige Funktion, (für die natürlich $u(t, 0) = u(t, \pi) = 0$ für alle $t \geq 0$ gilt). Denn wegen $0 < \exp(-n^2 t) < 1$ für $t > 0$ und $n \in \mathbb{N}$ ist auch die Reihe $\sum c_n \exp(-n^2 t) \sin(nx)$ für $(t, x) \in [0, \infty) \times [0, \pi]$ gleichmäßig konvergent. Die Funktion u ist aber sogar aus $C^\infty((0, \infty) \times (0, \pi))$, wobei sämtliche partiellen Ableitungen durch gliedweises Differenzieren der Reihe gewonnen werden können. Dies ergibt sich aus Korollar 5.6. Denn für beliebiges $k \in \mathbb{N}$ und beliebiges fest gewähltes $\tau > 0$ sind auch die beim gliedweisen Differenzieren auftretenden Reihen $\sum c_n n^k \exp(-n^2 t) \sin(nx)$ und $\sum c_n n^k \exp(-n^2 t) \cos(nx)$ für $(t, x) \in [\tau, \infty) \times [0, \pi]$ gleichmäßig konvergent. Denn für $t \in [\tau, \infty)$ und $n \in \mathbb{N}$ ist $\exp(-n^2 t) \leq \exp(-n^2 \tau)$ und es gilt $n^k \exp(-n^2 \tau) \to 0$ für $n \to \infty$. Denn man kann ja abschätzen

$$0 \leq \frac{n^k}{\exp(n^2 \tau)} \leq \frac{n^k}{(k!)^{-1} n^{2k} \tau^k} = \frac{k! \tau^{-k}}{n^k}$$

und die Folge $(1/n^k)_{n\in\mathbb{N}}$ ist eine Nullfolge. Damit gibt es ein $m \in \mathbb{N}$, so dass man für $(t, x) \in [\tau, \infty) \times [0, \pi]$ abschätzen kann

$$\sum_{n=m}^{\infty} |c_n| n^k \exp(-n^2 t) |\sin(nx)| \leq \sum_{n=m}^{\infty} |c_n| < \infty.$$

Eine analoge Abschätzung gilt natürlich für die Reihe mit den Cosinusfunktionen. Da die früher gewonnenen Funktionen U_n alle Lösungen von $U_t = U_{xx}$ waren, gilt damit auch $u_t(t,x) = u_{xx}(t,x)$ für $t > 0,\ x \in (0,\pi)$. Somit haben wir in der nun betrachteten speziellen Situation durch (8.3) tatsächlich eine Lösung des Anfangs-Randwertproblems zum Anfangswert f gefunden.

Dass bei unseren Überlegungen die Funktionen $\sin(n.)$, nach denen entsprechend (8.4) die Anfangsfunktion f entwickelt sein sollte, als Eigenfunktionen zum Eigenwertproblem (8.2) aufgetreten sind, hat übrigens eine unmittelbare Konsequenz für die ganz zu Anfang erwähnte Orthogonalität, die wie in der linearen Algebra sich auf ein bestimmtes Skalarprodukt bezieht.
Denn danach gilt für $n \neq m$, wenn wir wieder $w_k(x) = \sin(kx)$ setzen, zunächst

$$\int_0^\pi (n^2 - m^2) w_n(x) w_m(x) dx = -\int_0^\pi (w_n{}''(x) w_m(x) - w_n(x) w_m{}''(x)) dx.$$

Bedenkt man aber, dass

$$(d/dx)(w_n{}'(x) w_m(x) - w_n(x) w_m{}'(x)) = w_n{}''(x) w_m(x) - w_n(x) w_m{}''(x)$$

gilt, so folgt wegen $w_k(0) = w_k(\pi) = 0$

$$\int_0^\pi (n^2 - m^2) w_n(x) w_m(x) dx = -\int_0^\pi (d/dx)(w_n{}'(x) w_m(x) - w_n(x) w_m{}'(x)) dx = 0.$$

Da $n^2 - m^2 \neq 0$ ist, gilt also

$$\int_0^\pi \sin(nx)\sin(mx) dx = 0 \quad \textit{für} \quad n \neq m. \tag{8.5}$$

Dies ist aber genau die Orthogonalität bezüglich eines wichtigen Skalarprodukts auf dem Vektorraum $C([0,\pi],\mathbb{R})$. Und zwar definiert man für $f, g \in C([0,\pi],\mathbb{R})$ das sogenannte ***L^2-Skalarprodukt*** durch

$$\langle f, g \rangle := \int_0^\pi f(x) g(x) dx.$$

Offensichtlich ist damit (8.5) identisch mit $\langle \sin(n.), \sin(m.) \rangle = 0$ für $n \neq m$. Die Überlegungen von oben zeigen übrigens, dass man nicht erwarten kann, dass diese Funktionen über einem beliebigen Intervall $[a,b] \subset \mathbb{R}$ bei analog definiertem Skalarprodukt orthogonal sind.

Eine einfache Überlegung zeigt bereits die Wichtigkeit dieser Orthogonalität. Wenn wir annehmen, dass (8.4) gelte, wobei die Reihe gleichmäßig konvergent sei, so können wir sehr rasch sehen, dass die Koeffizienten c_n in recht einfacher Weise eindeutig durch die (stetige) Funktion f bestimmt sind. Und zwar bilden wir dazu mit $k \in \mathbb{N}$ das Integral $\int_0^\pi f(x)\sin(kx)dx$ und benützen, dass wir wegen der gleichmäßigen Konvergenz der Reihe bei der Berechnung dieses Integrals die Reihe gliedweise integrieren dürfen. Aufgrund von (8.5) folgt dann

$$\int_0^\pi f(x)\sin(kx) dx = c_k \int_0^\pi (\sin(kx))^2 dx.$$

Unter Benützung von

$$\int_0^\pi (\sin(kx))^2 dx = (1/2)\int_0^\pi (1-\cos(2kx))dx = (1/2)\Big(x - \frac{1}{2k}\sin(2kx)\Big)_{x=0}^{x=\pi} = \frac{\pi}{2}$$

erhalten wir also

$$c_k = \frac{2}{\pi}\int_0^\pi f(x)\sin(kx)dx \quad \text{für} \quad k \in \mathbb{N}.$$

Die der Funktion f zugeordneten ***Fourierkoeffizienten*** c_k kann man also mit Hilfe des Skalarprodukts schreiben als $c_k = \langle f, \frac{2}{\pi}\sin(k.)\rangle$. Wie dies in einem allgemeineren Rahmen einzuordnen ist, werden wir im nächsten Abschnitt sehen.

8.2 Zur Orthogonalität

8.2.1 Zum trigonometrischen System

Betrachtet man im Raum $C([0,\pi],\mathbb{R})$ das System $(u_n)_{n\in\mathbb{N}}$ der für $x \in [0,\pi]$ durch $u_n(x) := \sqrt{\frac{2}{\pi}}\sin(nx)$ definierten Funktionen, so bildet dieses sicher ebenfalls ein Orthogonalsystem bezüglich des L^2-Skalarprodukts, es bildet aber sogar ein ***Orthonormalsystem***, denn es gilt offenbar $\langle u_n, u_n\rangle = 1$ für alle $n \in \mathbb{N}$. Ist wie üblich dem Skalarprodukt eine Norm zugeordnet durch

$$\|u\| := \sqrt{\langle u, u\rangle},$$

so gilt also $\|u_n\| = 1$ für alle $n \in \mathbb{N}$. Orthonormalsysteme spielen eine wichtige Rolle in den bereits früher erwähnten Hilberträumen. Bevor wir dies genauer diskutieren, sei aber zunächst noch das System der Funktionen $\sin(n\,.)$ als System im Raum $C([0,2\pi],\mathbb{R})$ aufgefasst.

Setzen wir wie im vorigen Abschnitt wieder $w_n(x) := \sin(nx)$, so erhält man wegen $w_n(0) = w_n(2\pi) = 0$ offenbar wie früher unter Benützung der Differentialgleichung $w_n''(x) + n^2 w_n(x) = 0$

$$\int_0^{2\pi} (n^2 - m^2)w_n(x)w_m(x)dx = -\int_0^{2\pi} (d/dx)(w_n'(x)w_m(x) - w_n(x)w_m'(x))dx = 0.$$

Es gilt also auch

$$\int_0^{2\pi} \sin(nx)\sin(mx)dx = 0 \quad \text{für} \quad n \neq m.$$

Da nun aber

$$\int_0^{2\pi} (\sin(kx))^2 dx = (1/2)\Big(x - \frac{1}{2k}\sin(2kx)\Big)_{x=0}^{x=2\pi} = \pi$$

gilt, erhält man im Raum $C([0,2\pi],\mathbb{R})$ mit dem L^2-Skalarprodukt ein Orthonormalsystem, wenn man von den Funktionen w_n zum Funktionensystem $(\frac{1}{\sqrt{\pi}}\sin(n\,.))_{n\in\mathbb{N}}$ übergeht. Dieses Orthonormalsystem lässt sich nun aber noch leicht zu einem größeren Orthonormalsystem in $C([0,2\pi],\mathbb{R})$ erweitern.

Um dies zu sehen, gehen wir aus von der Feststellung, dass die Funktionen w_n für $n\in\mathbb{N}$ auch Eigenfunktionen zum Eigenwertproblem

$$w''(x)+\mu w(x)=0,\;\; w(0)=w(2\pi),\;\; w'(0)=w'(2\pi),$$

und zwar wieder jeweils zu den Eigenwerten $\mu_n=n^2$, sind. Zu jedem dieser Eigenwerte gibt es nun aber noch eine weitere linear unabhängige Eigenfunktion, nämlich die Funktionen $W_n:=\cos(n\,.)$. Zusätzlich ist aber bei diesen anderen Randbedingungen auch $\mu=0$ ein Eigenwert, zu dem offenbar die durch $W_0(x):=1$ für alle $x\in[0,2\pi]$ definierte Funktion W_0 als Eigenfunktion gehört. Da nun aufgrund der Randbedingungen sowohl

$$\int_0^{2\pi}(n^2-m^2)w_n(x)W_m(x)dx=-\int_0^{2\pi}(d/dx)(w_n{}'(x)W_m(x)-w_n(x)W_m{}'(x))dx=0$$

als auch

$$\int_0^{2\pi}(n^2-m^2)W_n(x)W_m(x)dx=-\int_0^{2\pi}(d/dx)(W_n{}'(x)W_m(x)-W_n(x)W_m{}'(x))dx=0$$

gilt, gilt für $n\neq m$ sowohl $\langle w_n,W_m\rangle=0$ als auch $\langle W_n,W_m\rangle=0$. Es gilt aber auch noch $\langle w_n,W_n\rangle=0$ für alle $n\in\mathbb{N}$. Dies folgt aus $\sin(nx)\cos(nx)=(1/2)\sin(2nx)$, was offenbar $\int_0^{2\pi}\sin(nx)\cos(nx)dx=0$ impliziert.

Das aus allen Eigenfunktionen w_n und W_n gebildete System der trigonometrischen Funktionen $\{1,\sin,\cos,\sin(2\,.),\cos(2\,.),\ldots\}$ bildet daher ein Orthogonalsystem im Vektorraum $C([0,2\pi],\mathbb{R})$ mit dem Skalarprodukt $\langle u,v\rangle=\int_0^{2\pi}u(x)v(x)dx$. Man beachte, dass das System der Funktionen $1,\cos,\cos(2\,.),\ldots$ für sich auch in $C([0,\pi],\mathbb{R})$ ein Orthogonalsystem ist, weil diese Funktionen alle die Randbedingungen $w'(0)=w'(\pi)=0$ erfüllen. Das gesamte System der trigonometrischen Funktionen ist jedoch kein Orthogonalsystem in $C([0,\pi],\mathbb{R})$, denn es gilt ja etwa $\int_0^{\pi}\sin x dx=2$.

Um vom Orthogonalsystem $\{1,\sin,\cos,\sin(2.),\cos(2.),\ldots\}$ zu einem Orthonormalsystem in $C([0,2\pi],\mathbb{R})$ zu kommen, muss man nun noch die Normen $\|\cos(n.)\|$ für $n\in\mathbb{N}_0$ berechnen. Offenbar ist $\|1\|^2=2\pi$ und unter Benützung von $(\cos(nx))^2=1-(\sin(nx))^2$ und dem früheren Resultat für $\sin(nx)$ erhält man $\|\cos(n.)\|=\sqrt{\pi}$ für $n\in\mathbb{N}$. Damit ist das System

$$\{\frac{1}{\sqrt{2\pi}},\frac{1}{\sqrt{\pi}}\sin(.),\frac{1}{\sqrt{\pi}}\cos(.),\frac{1}{\sqrt{\pi}}\sin(2.),\frac{1}{\sqrt{\pi}}\cos(2.),\ldots\} \tag{8.6}$$

ein Orthonormalsystem im Raum $C([0,2\pi],\mathbb{R})$ mit dem L^2-Skalarprodukt. Wegen der 2π-Periodizität der Funktionen des Systems (8.6) ist klar, dass diese Funktionen auch ein Orthonormalsystem über jedem Intervall $[a-\pi,a+\pi]$, $(a\in\mathbb{R})$, mit dem entsprechenden Skalarprodukt bilden.

Durch eine einfache Variablentransformation erhält man auch sofort ein Orthonormalsystem über einem Intervall $[0, 2\rho]$, ($\rho > 0$ beliebig gewählt). Setzt man nämlich $x = \frac{\pi}{\rho}t$, so entspricht $x \in [0, 2\pi]$ natürlich $t \in [0, 2\rho]$. Damit erhält man über $[0, 2\rho]$ das Orthogonalsystem der Funktionen $\cos(\frac{n\pi}{\rho}t)$, $\sin(\frac{n\pi}{\rho}t)$. Durch Normierung erhält man daraus dann ein Orthonormalsystem. (Dieses tritt z.B. bei Separationsansätzen häufig auf, wenn man über allgemeinen Intervallen arbeitet).

Da die Funktionen des Systems (8.6) alle reellwertig sind, bilden sie auch ein Orthonormalsystem im komplexen Vektorraum $C([0, 2\pi], \mathbb{C})$, bei dem, (man erinnere sich an die lineare Algebra), das L^2-Skalarprodukt durch

$$\langle u, v\rangle := \int_0^{2\pi} u(x)\overline{v(x)}dx$$

zu definieren ist.

Im Raum $C([0, 2\pi], \mathbb{C})$ ist es nun zweckmäßig, ein anderes Orthonormalsystem aus komplexwertigen Funktionen zu betrachten, das in einem einfachen Zusammenhang mit dem reellwertigen trigonometrischen System steht. Aufgrund der Periodizität der trigonometrischen Funktionen und der Gültigkeit von $e^{ix} = \cos x + i \sin x$ für $x \in \mathbb{R}$ sieht man sofort, dass

$$\langle \exp(in\,.), \exp(im\,.)\rangle = \int_0^{2\pi} e^{i(n-m)x}dx = 0 \quad \text{für alle} \quad n, m \in \mathbb{Z} \quad \text{mit} \quad n \neq m$$

gilt. Da offenbar $\langle \exp(in\,.), \exp(in\,.)\rangle = 2\pi$ für alle $n \in \mathbb{Z}$ gilt, bildet das System der Funktionen

$$\left(\frac{1}{\sqrt{2\pi}} \exp(in.)\right)_{n\in\mathbb{Z}} \tag{8.7}$$

ein Orthonormalsystem im Raum $C([0, 2\pi], \mathbb{C})$ mit dem L^2-Skalarprodukt.
Wegen $\cos x = \frac{1}{2}(e^{ix} + e^{-ix})$ und $\sin x = \frac{1}{2i}(e^{ix} - e^{-ix})$ liefern offenbar die Systeme (8.6) und (8.7) die gleiche lineare Hülle. Dies ist natürlich von Bedeutung, wenn es darum geht, eine gegebene Funktion durch eine Linearkombination von Funktionen aus einem Orthonormalsystem zu approximieren. Wir werden sehen, dass es auch von Bedeutung ist, wenn man sogar Reihenentwicklungen nach den Funktionen des Orthonormalsystems betrachtet. Die weiteren Überlegungen dazu werden wir nun in einem allgemeineren Rahmen durchführen, weil wir dabei von speziell gegebenen Orthonormalsystemen abstrahieren können und damit die wesentliche Struktur klarer hervortritt.

8.2.2 Orthonormalsysteme in Prä-Hilberträumen bzw. Hilberträumen

Sei also nun X ein beliebiger $\mathbb{C}$-Vektorraum mit Skalarprodukt $\langle\, , \,\rangle$, (so wie es in der linearen Algebra abstrakt definiert wird). Dem Skalarprodukt ist wie üblich durch $\|v\| := \sqrt{\langle v, v\rangle}$ eine Norm zugeordnet. Wir stellen dabei zunächst keine Vollständigkeitsforderung an den dadurch entstehenden normierten Raum und bezeichnen dann

$(X, \langle\, ,\, \rangle)$ als ***Prä-Hilbertraum***. (Ein Beispiel ist der Raum $C([0, 2\pi], \mathbb{C})$ mit dem L^2-Skalarprodukt). Ist der entstehende normierte Raum sogar vollständig, so bezeichnet man $(X, \langle\, ,\, \rangle)$ als ***Hilbertraum***.
Wir nehmen an, dass in diesem Raum ein Orthonormalsystem $(x_n)_{n\in\mathbb{N}}$ gegeben sei. Es gelte also $\langle x_n, x_m\rangle = \delta_{nm}$ für alle $(n, m) \in \mathbb{N} \times \mathbb{N}$, wobei $\delta_{nm} = 0$ ist für $n \neq m$ und $\delta_{nm} = 1$ ist, wenn $n = m$ ist. Ist dann $x \in X$ beliebig gegeben, so können wir diesem Element die Folge $(\langle x, x_n\rangle)_{n\in\mathbb{N}}$ zuordnen. Denkt man an die im Rahmen des Raumes $C([0, \pi])$ definierten Fourierkoeffizienten bezüglich des Systems der Funktionen $\sin(k\,.)$, so ist es naheliegend, diese Folge ebenfalls als Folge der ***Fourierkoeffizienten zu x*** zu bezeichnen. Der nächste Satz gibt uns nun schon in diesem allgemeinen Rahmen wichtige Informationen über die Fourierkoeffizienten. Dabei sei gleich darauf hingewiesen, dass die Resultate unverändert richtig bleiben, wenn man einen reellen Prä-Hilbertraum vorliegen hat. Dies wird man am Beweis unmittelbar ablesen können.

Satz 8.1

Sei $(X, \langle\, ,\, \rangle)$ ein Prä-Hilbertraum und $(x_n)_{n\in\mathbb{N}}$ ein Orthonormalsystem in X. Dann gilt für alle $x \in X$ und $m \in \mathbb{N}$:

(1) $\|x - \sum_{n=1}^m \langle x, x_n\rangle x_n\| = \min\{\|x - y\| : y \in \operatorname{span}\{x_1, \dots, x_m\}\}$

(2) $\sum_{n=1}^m |\langle x, x_n\rangle|^2 \leq \|x\|^2$

(3) Die Reihe $\sum_{n=1}^\infty |\langle x, x_n\rangle|^2$ ist konvergent und es gilt die ***Besselsche Ungleichung***

$$\sum_{n=1}^\infty |\langle x, x_n\rangle|^2 \leq \|x\|^2.$$

Beweis:
Nach früher diskutierten Ergebnissen über monoton wachsende Folgen ist klar, dass (3) aus (2) folgt. Der Beweis von (1) und (2) wird sich rasch aus der folgenden Rechnung ergeben. Aufgrund der Orthonormalität des Systems (x_n) erhält man zunächst für beliebige $\alpha_n \in \mathbb{C}$ unter Benützung der Eigenschaften eines Skalarprodukts

$$\langle x - \sum_{n=1}^m \alpha_n x_n, x - \sum_{n=1}^m \alpha_n x_n\rangle = \|x\|^2 - \sum_{n=1}^m \overline{\alpha_n}\langle x, x_n\rangle - \sum_{n=1}^m \alpha_n\langle x_n, x\rangle + \sum_{n=1}^m |\alpha_n|^2.$$

Daraus folgt weiter

$$\begin{aligned}
&\|x - \sum_{n=1}^m \alpha_n x_n\|^2 = \\
&= \|x\|^2 + \sum_{n=1}^m (|\langle x, x_n\rangle|^2 - \overline{\alpha_n}\langle x, x_n\rangle - \alpha_n\overline{\langle x, x_n\rangle} + |\alpha_n|^2) - \sum_{n=1}^m |\langle x, x_n\rangle|^2 \\
&= \|x\|^2 + \sum_{n=1}^m |\langle x, x_n\rangle - \alpha_n|^2 - \sum_{n=1}^m |\langle x, x_n\rangle|^2.
\end{aligned}$$

Die letzte Gleichung zeigt sofort, dass $\|x - \sum_{n=1}^{m} \alpha_n x_n\|^2$ genau dann minimal werden wird, wenn die α_n gemäß $\alpha_n = \langle x, x_n \rangle$ gewählt sind. Damit ist (1) bewiesen. Sind die α_n so gewählt, so zeigt diese Gleichung wegen $\|x - \sum_{n=1}^{m} \alpha_n x_n\|^2 \geq 0$ aber auch sofort die Gültigkeit von (2). □

Aus der Besselschen Ungleichung folgt natürlich sofort, dass die Folge der Fourierkoeffizienten eine Nullfolge sein muss. Daraus folgt speziell für das trigonometrische System:

Korollar 8.1

Sind für $f \in C([0, 2\pi])$ die Folgen $(a_n)_{n\in\mathbb{N}}, (b_n)_{n\in\mathbb{N}}$ und $(c_n)_{n\in\mathbb{Z}}$ definiert durch

$$a_n := \frac{1}{\pi} \int_0^{2\pi} f(x) \cos(nx) dx \quad \text{für} \quad n \in \mathbb{N}_0,$$

$$b_n := \frac{1}{\pi} \int_0^{2\pi} f(x) \sin(nx) dx \quad \text{für} \quad n \in \mathbb{N},$$

$$c_n := \frac{1}{2\pi} \int_0^{2\pi} f(x) \exp(-inx) dx \quad \text{für} \quad n \in \mathbb{Z},$$

so gilt $a_n \to 0$, $b_n \to 0$, $c_n \to 0$ und $c_{-n} \to 0$ für $n \to \infty$.

Beweis:
Man beachte, dass $a_n = \frac{1}{\sqrt{\pi}} \langle f, \frac{1}{\sqrt{\pi}} \cos(n\,.) \rangle$, $b_n = \frac{1}{\sqrt{\pi}} \langle f, \frac{1}{\sqrt{\pi}} \sin(n\,.) \rangle$ für $n \in \mathbb{N}$ und $c_n = \frac{1}{\sqrt{2\pi}} \langle f, \frac{1}{\sqrt{2\pi}} e^{in\,\cdot} \rangle$ für $n \in \mathbb{Z}$ gilt. □

Die Zahlen a_n, b_n und c_n werden im engeren Sinn als Fourierkoeffizienten von f bezeichnet. Dass ihre Einführung in dieser Form sinnvoll ist, ergibt sich daraus, dass für $m \in \mathbb{N}$ und $x \in [0, 2\pi]$

$$\langle f, \frac{1}{\sqrt{2\pi}} \rangle \frac{1}{\sqrt{2\pi}} + \sum_{n=1}^{m} (\langle f, \frac{1}{\sqrt{\pi}} \cos(n.) \rangle \frac{1}{\sqrt{\pi}} \cos(nx) + \langle f, \frac{1}{\sqrt{\pi}} \sin(n.) \rangle \frac{1}{\sqrt{\pi}} \sin(nx))$$

$$= \frac{a_0}{2} + \sum_{n=1}^{m} (a_n \cos(nx) + b_n \sin(nx))$$

und analog

$$\sum_{n=-m}^{m} \langle f, \frac{1}{\sqrt{2\pi}} \exp(in.) \rangle \frac{1}{\sqrt{2\pi}} \exp(inx) = \sum_{n=-m}^{m} c_n \exp(inx)$$

gilt. Die Notationen $\frac{a_0}{2} + \sum (a_n \cos(nx) + b_n \sin(nx))$ und $\sum c_n \exp(inx)$ sind nun die gebräuchlichsten, wenn es um die Darstellung einer Funktion als (klassische) Fourier-Reihe geht. (Beim Problem der punktweisen Darstellung setzt man dabei aus naheliegenden Gründen meist voraus, dass die Funktion f auf ganz $\mathbb{R}$ definiert und 2π-periodisch ist.)

Wissen wir nun einerseits in der allgemeinen Prä-Hilbertraum-Situation, dass für jedes (abzählbare) Orthonormalsystem die Besselsche Ungleichung gilt, andererseits aber im Spezialfall des euklidischen $\mathbb{R}^n$, dass, wenn wie üblich mit e_k die Vektoren der Standard-Basis bezeichnet werden, für jeden Vektor $x \in \mathbb{R}^n$ sogar $\|x\|^2 = \sum_{k=1}^{n} \langle x, e_k \rangle^2$, also die Gleichheit in der Besselschen Ungleichung, gilt, so stellt sich nun die Frage, wann eine entsprechende Aussage auch im allgemeinen Fall richtig ist. Der nächste Satz gibt darauf eine Antwort.

Satz 8.2

Sei $(X, \langle\, ,\, \rangle)$ ein Prä-Hilbertraum und $(x_n)_{n\in\mathbb{N}}$ ein Orthonormalsystem in X. Dann sind die folgenden Aussagen äquivalent:

(1) Zu jedem $x \in X$ und jedem $\varepsilon > 0$ gibt es ein $m \in \mathbb{N}$ und $(\alpha_1, \ldots, \alpha_m) \in \mathbb{C}^m$ mit $\|x - \sum_{k=1}^{m} \alpha_k x_k\| < \varepsilon$.

(2) Für alle $x \in X$ gilt $x = \sum_{n=1}^{\infty} \langle x, x_n \rangle x_n$.

(3) Für alle $x, y \in X$ gilt $\langle x, y \rangle = \sum_{n=1}^{\infty} \langle x, x_n \rangle \overline{\langle y, x_n \rangle}$.

(4) Für alle $x \in X$ gilt die ***Parsevalsche Gleichung*** $\|x\|^2 = \sum_{n=1}^{\infty} |\langle x, x_n \rangle|^2$.

Beweis:
Aus (1) folgt (2): Sei $x \in X$ beliebig gewählt. Nach (1) gibt es dann eine Folge $(y_k)_{k\in\mathbb{N}}$ von Vektoren, die Linearkombinationen von Vektoren des Orthonormalsystems sind, so dass $\|y_k - x\| \leq \frac{1}{k}$ für alle $k \in \mathbb{N}$ gilt. Definiert man für $m \in \mathbb{N}$ $X_m :=\text{span}\{x_1, \ldots, x_m\}$, wobei die Bezeichnung 'span' für die Bildung der linearen Hülle, also die Bildung des von der Menge $\{x_1, \ldots, x_m\}$ erzeugten Untervektorraums verwendet wird, so gibt es natürlich zu jedem $k \in \mathbb{N}$ ein $m(k) \in \mathbb{N}$ mit $y_k \in X_{m(k)}$. Nach Satz 8.1 gilt nun für alle $k \in \mathbb{N}$

$$\|x - \sum_{n=1}^{m(k)} \langle x, x_n \rangle x_n\| \leq \|x - y_k\| \leq \frac{1}{k}.$$

Daraus erschließen wir nun, dass die Folge $(\sum_{n=1}^{m} \langle x, x_n \rangle x_n)_{m\in\mathbb{N}}$ gegen x konvergieren muss. Da wegen $X_m \subset X_{m+1}$ natürlich

$$\inf\{\|x - y\| : y \in X_{m+1}\} \leq \inf\{\|x - y\| : y \in X_m\}$$

gilt, muss auch

$$\|x - \sum_{n=1}^{m+p} \langle x, x_n \rangle x_n\| \leq \|x - \sum_{n=1}^{m} \langle x, x_n \rangle x_n\|$$

für alle $p \in \mathbb{N}$ gelten. Ist also $\varepsilon > 0$ gegeben, so gibt es zunächst ein $k \in \mathbb{N}$ mit $\frac{1}{k} \leq \varepsilon$. Nach oben gilt dann $\|x - \sum_{n=1}^{m(k)} \langle x, x_n \rangle x_n\| \leq \frac{1}{k} \leq \varepsilon$. Wählt man $m(\varepsilon) := m(k)$, so folgt damit weiter $\|x - \sum_{n=1}^{m} \langle x, x_n \rangle x_n\| \leq \varepsilon$ für alle $m \geq m(\varepsilon)$. Damit ist (2) gezeigt.

Aus (2) folgt (3): Nach (2) gilt auch $\|\sum_{n=1}^{m} \langle x, x_n \rangle x_n\| \to \|x\|$ für $m \to \infty$. Damit ergibt sich (3) aber sofort aus der folgenden Abschätzung, bei der wesentlich die Orthonormalität der x_n sowie zum Schluss die Schwarzsche Ungleichung für Skalarprodukte benützt wird:

$$|\langle x, y\rangle - \sum_{n=1}^{m} \langle x, x_n\rangle \overline{\langle y, x_n\rangle}| = |\langle x, y\rangle - \langle \sum_{n=1}^{m} \langle x, x_n\rangle x_n, \sum_{n=1}^{m} \langle y, x_n\rangle x_n\rangle|$$

$$\leq |\langle x, y\rangle - \langle \sum_{n=1}^{m} \langle x, x_n\rangle x_n, y\rangle| + |\langle \sum_{n=1}^{m} \langle x, x_n\rangle x_n, y\rangle - \langle \sum_{n=1}^{m} \langle x, x_n\rangle x_n, \sum_{n=1}^{m} \langle y, x_n\rangle x_n\rangle|$$

$$\leq \|x - \sum_{n=1}^{m} \langle x, x_n\rangle x_n\| \, \|y\| + \|\sum_{n=1}^{m} \langle x, x_n\rangle x_n\| \, \|y - \sum_{n=1}^{m} \langle y, x_n\rangle x_n\|.$$

Der Grenzübergang $m \to \infty$ liefert offenbar (3).

Aus (3) folgt (4): Setzt man in (3) speziell $x = y$, so geht (3) in (4) über.

Aus (2) folgt (1): Gilt (2), so ist der Vektor x Grenzwert der Partialsummen, damit gilt aber (1).

Aus (4) folgt (2): Nach dem Beweis von Satz 8.1 gilt für alle $m \in \mathbb{N}$

$$\|x - \sum_{n=1}^{m} \langle x, x_n\rangle x_n\|^2 = \|x\|^2 - \sum_{n=1}^{m} |\langle x, x_n\rangle|^2.$$

Gilt (4), so folgt daraus mit $m \to \infty$ sofort (2). □

Von besonderer Bedeutung ist für uns natürlich die Gültigkeit der Aussage (2), denn sie bedeutet ja, dass jeder Vektor von X als ***Fourier-Reihe*** nach dem Orthonormalsystem (x_n) dargestellt werden kann. Man beachte, dass dabei die Konvergenz der Reihe bezüglich der Norm im Prä-Hilbertraum stattfindet, also etwa bei der Betrachtung eines Orthonormalsystems im Raum $C([0, 2\pi])$ mit dem L^2-Skalarprodukt nicht von punktweiser Konvergenz ausgegangen werden kann.

Wichtig ist noch, dass (2) nur richtig sein kann, wenn das Orthonormalsystem (x_n) nicht zu einem größeren Orthonormalsystem erweitert werden kann. Es ist also in gewissem Sinn vollständig. Dies sieht man folgendermaßen:
Sei $x \in X$ ein Vektor, der zu allen Vektoren x_n orthogonal ist, für den also $\langle x, x_n\rangle = 0$ für alle $n \in \mathbb{N}$ gilt. Gilt nun (2), so folgt daraus offenbar $x = 0$. Damit ist aber x sicher nicht zur Erweiterung des Orthonormalsystems geeignet.
Leider gilt in einem Prä-Hilbertraum im allgemeinen nicht die umgekehrte Richtung, es kann also nicht allgemein aus der Tatsache, dass das Orthonormalsystem nicht erweiterbar ist, auf die Gültigkeit der äquivalenten Aussagen (1) bis (4) geschlossen werden. Daher bezeichnet man in einem Prä-Hilbertraum ein Orthonormalsystem als ***vollständig***, wenn eine der äquivalenten Aussagen (1) bis (4) gilt. In Hilberträumen ist allerdings die umgekehrte Richtung richtig, so dass in einem Hilbertraum ein Orthonormalsystem genau dann vollständig ist, wenn es maximal ist. Um dies zeigen zu können, müssen wir noch ein wenig Vorarbeit leisten.

Lemma 8.1

Sei $(X, \langle\,,\,\rangle)$ ein Hilbertraum und $(x_n)_{n\in\mathbb{N}}$ ein Orthonormalsystem in X. Dann ist für jedes $x \in X$ die Reihe $\sum_{n=1}^{\infty}\langle x, x_n\rangle x_n$ in X konvergent und für alle $m \in \mathbb{N}$ gilt $\langle x - \sum_{n=1}^{\infty}\langle x, x_n\rangle x_n, x_m\rangle = 0$.

Beweis:
Sei $x \in X$ beliebig gewählt. Dann ist nach Satz 8.1 die Folge $(\sum_{n=1}^{m}|\langle x, x_n\rangle|^2)_{m\in\mathbb{N}}$ eine Cauchy-Folge in $\mathbb{R}$. Daraus folgt aber, dass die Folge $(\sum_{n=1}^{m}\langle x, x_n\rangle x_n)_{m\in\mathbb{N}}$ eine Cauchy-Folge in X ist. Denn aufgrund der Orthonormalität der x_n gilt für $k < m$

$$\|\sum_{n=1}^{m}\langle x, x_n\rangle x_n - \sum_{n=1}^{k}\langle x, x_n\rangle x_n\|^2 = \langle \sum_{n=k+1}^{m}\langle x, x_n\rangle x_n, \sum_{n=k+1}^{m}\langle x, x_n\rangle x_n\rangle = \sum_{n=k+1}^{m}|\langle x, x_n\rangle|^2.$$

Da X vollständig ist, existiert also $y := \sum_{n=1}^{\infty}\langle x, x_n\rangle x_n$ in X. Setzen wir nun zur Vereinfachung der Schreibarbeit

$$y_m := \sum_{n=1}^{m}\langle x, x_n\rangle x_n,$$

so erhält man zunächst unter Benützung der Schwarzschen Ungleichung für $k \leq m$

$$|\langle x-y, x_k\rangle| \leq |\langle x-y_m, x_k\rangle| + |\langle y_m - y, x_k\rangle| \leq |\langle x-y_m, x_k\rangle| + \|y_m - y\|\,\|x_k\|.$$

Wegen der Orthonormalität der x_n gilt aber

$$|\langle x - y_m, x_k\rangle| = |\langle x, x_k\rangle - \sum_{n=1}^{m}\langle\langle x, x_n\rangle x_n, x_k\rangle| = 0.$$

Da damit also $|\langle x-y, x_k\rangle| \leq \|y_m - y\|\,\|x_k\|$ gilt, folgt, wenn man k beliebig fest gewählt hat, wegen $\|y_m - y\| \to 0$ für $m \to \infty$ tatsächlich $\langle x - y, x_k\rangle = 0$. □

Damit können wir wie angekündigt beweisen:

Korollar 8.2

Sei $(X, \langle\,,\,\rangle)$ ein Hilbertraum und $(x_n)_{n\in\mathbb{N}}$ ein Orthonormalsystem in X. Dann sind folgende Aussagen äquivalent:

(a) Für alle $x \in X$ gilt: Ist $\langle x, x_n\rangle = 0$ für alle $n \in \mathbb{N}$, so ist $x = 0$.

(b) Für alle $x \in X$ gilt $x = \sum_{n=1}^{\infty}\langle x, x_n\rangle x_n$.

Beweis:
Wir müssen nur noch zeigen, dass aus der Aussage (a) die Aussage (b) folgt. Nach Lemma 8.1 existiert $y := \sum_{n=1}^{\infty}\langle x, x_n\rangle x_n$ in X und es gilt $\langle x-y, x_n\rangle = 0$ für alle $n \in \mathbb{N}$. Nach (a) folgt daraus aber $x - y = 0$, was offenbar identisch mit (b) ist. □

Im Fall des Prä-Hilbertraumes $C([0,2\pi])$, (dieser ist, wie man zeigen kann, kein Hilbertraum), ist es möglich, die Vollständigkeit des trigonometrischen Systems unter Benützung der Aussage (1) von Satz 8.2 zu beweisen. Wir werden dabei auf das folgende einfache Lemma zurückgreifen, bei dem wir, um Missverständnisse zu vermeiden, $\|\ \|_{L^2}$ für die vom L^2-Skalarprodukt kommende Norm schreiben.

Lemma 8.2

Sei $f \in C([0,2\pi],\mathbb{C})$ und sei dazu die Funktionenfolge $(f_n)_{n\in\mathbb{N}}$ definiert durch $f_n(x) := f(x)$ für $x \in [0,2\pi - \frac{1}{n}]$, $f_n(x) := f(0) + (2\pi - x)n(f(2\pi - \frac{1}{n}) - f(0))$ für $x \in (2\pi - \frac{1}{n}, 2\pi]$. Dann gilt $\|f - f_n\|_{L^2} \to 0$ für $n \to \infty$.

Beweis:
Man sieht sofort, dass die Funktionen f_n ebenfalls stetig sind. (Außerdem gilt, was wir nicht in diesem Beweis, aber anschließend benötigen, $f_n(2\pi) = f_n(0)$). Setzt man nun $g_n(x) := (2\pi - x)n(f(2\pi - \frac{1}{n}) - f(0))$ für $x \in [0,2\pi]$ und $\chi_n(x) := 1$ für $x \in [2\pi - \frac{1}{n}, 2\pi]$, $\chi_n(x) := 0$ sonst, so gilt

$$\|f - f_n\|_{L^2} = \|(f - f_n)\chi_n\|_{L^2} \le \|(f - f(0))\chi_n\|_{L^2} + \|g_n\chi_n\|_{L^2}2.$$

Ist wie üblich $\|\ \|_\infty$ die Supremumsnorm auf $C([0,2\pi])$, so gilt

$$\|(f - f(0))\chi_n\|_{L^2} \le n^{-1/2}\|f - f(0)\|_\infty$$

und wegen $|(2\pi - x)| \le \frac{1}{n}$ für $x \in [2\pi - \frac{1}{n}, 2\pi]$ entsprechend $\|g_n\chi_n\|_2 \le n^{-1/2}\|f - f(0)\|_\infty$. Daraus ergibt sich sofort die Behauptung. □

Wie bereits notiert wurde, gilt stets $f_n(2\pi) = f_n(0)$. Damit wissen wir jetzt, dass jedes $f \in C([0,2\pi])$ bezüglich $\|\ \|_{L^2}$ beliebig genau durch Funktionen aus dem Vektorraum

$$C_{2\pi} := \{u \in C([0,2\pi],\mathbb{C}) : u(0) = u(2\pi)\}$$

approximiert werden kann. Um die Vollständigkeit des Orthonormalsystems $(e^{in\,\cdot})_{n\in\mathbb{Z}}$ unter Verwendung von Aussage (1) von Satz 8.2 zu zeigen, reicht es daher wegen der Dreiecksungleichung aus, nachzuweisen, dass sich jede Funktion aus $C_{2\pi}$ bezüglich $\|\ \|_{L^2}$ beliebig genau durch Funktionen aus $\operatorname{span}\{\exp(in.) : n \in \mathbb{Z}\}$ approximieren lässt.
Da jede Funktion $u \in \operatorname{span}\{\exp(in\,.) : n \in \mathbb{Z}\}$ von der Form $u(x) = \sum_{n=-m}^{m} c_n \exp(inx)$ ist, bezeichnet man die Elemente von $\operatorname{span}\{\exp(in\,.) : n \in \mathbb{Z}\}$ als ***trigonometrische Polynome***. Mit dieser Begriffsbildung sei auch der folgende Satz formuliert.

Satz 8.3

Sei $f \in C_{2\pi}$. Dann gibt es zu jedem $\varepsilon > 0$ ein trigonometrisches Polynom P mit $\|f - P\|_{L^2} < \varepsilon$.

Beweis:
Jede Funktion $f \in C_{2\pi}$ kann man auf natürliche Weise zu einer stetigen Funktion mit

der Periode 2π auf ganz $\mathbb{R}$ fortsetzen. Diese sei ebenfalls mit f bezeichnet. Da auch jedes trigonometrische Polynom P als auf ganz $\mathbb{R}$ definierte 2π-periodische Funktion aufgefasst werden kann, gilt dann für beliebiges $a \in \mathbb{R}$

$$\int_a^{a+2\pi} |f(x) - P(x)|^2 dx = \int_0^{2\pi} |f(x) - P(x)|^2 dx. \tag{8.8}$$

Es sei dies hier nur für den Fall $a < 0$ explizit bewiesen. In diesem Fall gilt, wenn man $h(x) := |f(x) - P(x)|^2$ setzt, $\int_a^{a+2\pi} h(x)dx = \int_a^0 h(x)dx + \int_0^{2\pi} h(x)dx - \int_{a+2\pi}^{2\pi} h(x)dx$. Da aufgrund der Periodizität von h aber $\int_a^0 h(x)dx = \int_{a+2\pi}^{2\pi} h(y-2\pi)dy = \int_{a+2\pi}^{2\pi} h(y)dy$ gilt, folgt daraus sofort (8.8).
Setzt man in (8.8) $a = -\pi$, so folgt

$$\left(\int_0^{2\pi} |f(x) - P(x)|^2 dx\right)^{1/2} \leq \sqrt{2\pi}\sup\{|f(x) - P(x)| : x \in [-\pi, \pi]\}.$$

Daher genügt es, die Approximierbarkeit von f durch trigonometrische Polynome bezüglich der Supremumsnorm über dem Intervall $[-\pi, \pi]$ nachzuweisen.
Sei dazu zunächst für $k \in \mathbb{N}$ definiert

$$g_k(x) := c_k \left(\frac{1}{2}(1 + \cos x)\right)^k,$$

wobei die Konstante $c_k > 0$ so gewählt sei, dass $\int_{-\pi}^{\pi} g_k(x)dx = 1$ gilt. Man beachte, dass wegen $\cos x \geq -1$ für alle $x \in \mathbb{R}$ sicherlich $g_k(x) \geq 0$ für alle $x \in \mathbb{R}$ gilt. Wir zeigen nun als Zwischenergebnis, dass für jedes fest gewählte $\delta \in (0, \pi)$ gilt

$$\lim_{k\to\infty} (\sup\{g_k(x) : x \in [-\pi, -\delta] \cup [\delta, \pi]\}) = 0. \tag{8.9}$$

Dazu schätzen wir zunächst die Konstante c_k ab. Da für g_k gilt $g_k(-x) = g_k(x)$, gilt

$$\begin{aligned} 1 = \int_{-\pi}^{\pi} g_k(x)dx &= 2c_k \int_0^{\pi} (\frac{1}{2}(1 + \cos x))^k dx \\ &\geq 2c_k \int_0^{\pi} (\frac{1}{2}(1 + \cos x))^k \sin x dx = \frac{4c_k}{k+1}, \end{aligned}$$

somit $c_k \leq \frac{k+1}{4}$. Da g_k auf $[0, \pi]$ monoton fallend ist, folgt damit, wenn $0 < \delta \leq |x| \leq \pi$ ist, $g_k(x) \leq g_k(\delta) \leq \frac{k+1}{4}(\frac{1}{2}(1 + \cos\delta))^k$. Da aus $\delta > 0$ aber $\frac{1}{2}(1 + \cos\delta) < 1$ folgt, folgt daraus weiter (8.9).
Mit der Funktion g_k sei nun für $k \in \mathbb{N}$ und $x \in \mathbb{R}$ definiert

$$P_k(x) := \int_{-\pi}^{\pi} f(x-t)g_k(t)dt.$$

Da die P_k die gesuchten approximierenden trigonometrischen Polynome sein werden, sei zuerst gezeigt, dass dies tatsächlich trigonometrische Polynome sind. Dazu stellen wir zunächst P_k etwas anders dar. Setzt man $x - t = y$, so erhält man, wenn man noch das Ergebnis von (8.8) sinngemäß berücksichtigt,

$$\int_{-\pi}^{\pi} f(x-t)g_k(t)dt = \int_{x-\pi}^{x+\pi} f(y)g_k(x-y)dy = \int_{-\pi}^{\pi} f(y)g_k(x-y)dy.$$

Schreibt man nun $g_k(x) = \sum_{n=-m_k}^{m_k} a_{n,k}e^{inx}$, so folgt

$$P_k(x) = \sum_{n=-m_k}^{m_k} a_{n,k}e^{inx} \int_{-\pi}^{\pi} f(y)e^{-iny}dy = \sum_{n=-m_k}^{m_k} c_{n,k}e^{inx}.$$

Es sind also alle P_k trigonometrische Polynome.
Nach der Wahl der Konstanten c_k gilt nun für $x \in [-\pi, \pi]$

$$P_k(x) - f(x) = \int_{-\pi}^{\pi} (f(x-t) - f(x))g_k(t)dt.$$

Da aber $g_k(t) \geq 0$ für alle t gilt, folgt weiter

$$|P_k(x) - f(x)| \leq \int_{-\pi}^{\pi} |f(x-t) - f(x)|g_k(t)dt.$$

Sei nun $\varepsilon > 0$ gegeben. Da f sogar auf ganz $\mathbb{R}$ gleichmäßig stetig ist, gibt es ein $\delta > 0$, so dass $|f(y) - f(\eta)| \leq \varepsilon$ gilt für alle y, η mit $|y - \eta| \leq \delta$. Damit ist dann auch

$$\int_{-\delta}^{\delta} |f(x-t) - f(x)|g_k(t)dt \leq \varepsilon \int_{-\delta}^{\delta} g_k(t)dt \leq \varepsilon \int_{-\pi}^{\pi} g_k(t)dt = \varepsilon.$$

Es sind damit noch die zwei Integrale

$$\int_{-\pi}^{-\delta} |f(x-t) - f(x)|g_k(t)dt \qquad \text{und} \qquad \int_{\delta}^{\pi} |f(x-t) - f(x)|g_k(t)dt$$

abzuschätzen.
Berücksichtigt man (8.9), so sieht man, dass, wenn man $|f(x-t) - f(x)| \leq 2\|f\|_\infty$ abschätzt, beide Integrale für $k \to \infty$ gleichmäßig in x gegen Null gehen. Es gibt damit ein $k_0 \in \mathbb{N}$, so dass $|P_k(x) - f(x)| \leq 2\varepsilon$ gilt für $k \geq k_0$ und alle $x \in [-\pi, \pi]$. □

Damit gelten also im Raum $C([0, 2\pi])$ mit dem L^2-Skalarprodukt für das trigonometrische System die Aussagen (2), (3) und (4) von Satz 8.2. Wir werden sehen, dass dies uns schon die Gewinnung erster Resultate zur punktweisen Darstellung von Funktionen als klassische Fourier-Reihen nach dem trigonometrischen System ermöglicht. Vorher sei noch festgehalten, wie die soeben erwähnten Aussagen für die in Korollar 8.1 eingeführten *klassischen Fourierkoeffizienten* a_n und b_n zu notieren sind.

Korollar 8.3

Ist $f \in C([0, 2\pi])$ und sind $(a_n)_{n\in\mathbb{N}_0}$ und $(b_n)_{n\in\mathbb{N}}$ die wie in Korollar 8.1 definierten Fourierkoeffizienten, so gilt:

(1) $\int_0^{2\pi} |f(x) - \frac{a_0}{2} - \sum_{k=1}^n (a_k \cos(kx) + b_k \sin(kx))|^2 dx \to 0$ für $n \to \infty$.

(2) $\int_0^{2\pi} |f(x)|^2 dx = \pi \left(\frac{|a_0|^2}{2} + \sum_{n=1}^\infty (|a_n|^2 + |b_n|^2) \right)$.

Außerdem gilt, wenn $(A_n)_{n\in\mathbb{N}_0}$ und $(B_n)_{n\in\mathbb{N}}$ entsprechend die Fourierkoeffizienten von $g \in C([0, 2\pi])$ sind,

(3) $\int_0^{2\pi} f(x)\overline{g(x)} dx = \pi \left(\frac{1}{2} a_0 \overline{A_0} + \sum_{n=1}^\infty (a_n \overline{A_n} + b_n \overline{B_n}) \right)$.

Beweis:
Wegen $e^{inx} = \cos(nx) + i \sin(nx)$ folgt aus Satz 8.3, dass auch das Orthonormalsystem der Sinus- und Cosinusfunktionen im Raum $C([0, 2\pi], \mathbb{C})$ mit dem L^2-Skalarprodukt vollständig ist. Bedenkt man nun, wie die a_n und die b_n definiert sind, so folgen (1), (2) und (3) in dieser Reihenfolge sofort aus den Aussagen (2), (4) und (3) von Satz 8.2. □

Ein erstes Resultat zur punktweisen Darstellung von Funktionen aus $C_{2\pi}$ als klassische Fourier-Reihe ist nun rasch zu erhalten.

Korollar 8.4

Sei $f \in C_{2\pi}$, seien a_n und b_n die in Korollar 8.1 definierten Fourierkoeffizienten von f. Dann gilt: Ist die Reihe $\frac{a_0}{2} + \sum_{n=1}^\infty (a_n \cos(nx) + b_n \sin(nx))$ für $x \in [0, 2\pi]$ gleichmäßig konvergent, so gilt

$$f(x) = \frac{a_0}{2} + \sum_{n=1}^{\infty} (a_n \cos(nx) + b_n \sin(nx)) \quad \text{für} \quad x \in [0, 2\pi].$$

Beweis:
Da die Reihe $\frac{a_0}{2} + \sum_{n=1}^\infty (a_n \cos(nx) + b_n \sin(nx))$ gleichmäßig konvergent ist, können wir durch

$$g(x) := \frac{a_0}{2} + \sum_{n=1}^{\infty} (a_n \cos(nx) + b_n \sin(nx)) \quad \text{für} \quad x \in [0, 2\pi]$$

eine Funktion $g \in C_{2\pi}$ definieren. Seien A_n und B_n die Fourierkoeffizienten von g. Da man gleichmäßig konvergente Reihen gliedweise integrieren darf, folgt dann aufgrund der Orthogonalität der trigonometrischen Funktionen, dass $A_n = a_n$ für alle $n \in \mathbb{N}_0$ und $B_n = b_n$ für alle $n \in \mathbb{N}$ gilt. Die Funktion $h := f - g$ hat damit aber lauter verschwindende Fourierkoeffizienten, woraus nach Aussage (2) von Korollar 8.3 $h = 0$ folgt. Damit stimmen f und g punktweise überein. □

8.2.3 Zum Wärmeleitungsproblem II

Unter Verwendung von Korollar 8.4 können wir nun schon ein erstes Ergebnis zum Anfangs-Randwertproblem bei der Wärmeleitungsgleichung gewinnen.

Bei der Diskussion in Abschnitt 8.1 hatte sich das Problem ergeben, die über $[0,\pi]$ gegebene (mindestens stetige) Anfangsfunktion f, (für die noch $f(0)=f(\pi)$ gilt), punktweise in der Form $f(x)=\sum_{n=1}^{\infty} b_n \sin(nx)$ darzustellen. Dieses Problem lässt sich aber sofort umschreiben in ein Problem der Darstellung einer über $[0,2\pi]$ gegebenen Funktion durch ihre Fourier-Reihe bezüglich des trigonometrischen Systems.
Dazu setzen wir f zu einer Funktion $g\in C([0,2\pi])$ fort durch $g(x):=f(x)$ für $x\in[0,\pi]$ und $g(x):=-f(2\pi-x)$ für $x\in(\pi,2\pi]$. (Die Funktion g bezeichnet man dann auch als 'ungerade bezüglich des Punktes $x=\pi$ '.) Man sieht nun leicht, dass bei der Funktion g alle Fourierkoeffizienten a_n verschwinden. Denn es gilt für $n\in\mathbb{N}_0$

$$a_n=\frac{1}{\pi}\int_0^{2\pi} g(x)\cos(nx)dx=\frac{1}{\pi}\left(\int_0^{\pi} g(x)\cos(nx)dx+\int_{\pi}^{2\pi} g(x)\cos(nx)dx\right)$$

und man sieht rasch, dass

$$\int_{\pi}^{2\pi} g(x)\cos(nx)dx=-\int_0^{\pi} g(x)\cos(nx)dx$$

gilt. Und zwar zeigt dies die einfache Rechnung

$$\int_{\pi}^{2\pi} g(x)\cos(nx)dx=-\int_{\pi}^{2\pi} f(2\pi-x)\cos(nx)dx=\int_{\pi}^{0} f(y)\cos(n(2\pi-y))dx,$$

weil ja $\cos(n(2\pi-y))=\cos(ny)$ gilt.
Eine entsprechende Rechnung zeigt übrigens, dass für alle $n\in\mathbb{N}$ gilt

$$b_n=\frac{2}{\pi}\int_0^{\pi} g(x)\sin(nx)dx=\frac{2}{\pi}\int_0^{\pi} f(x)\sin(nx)dx.$$

Damit müssen wir uns nur noch mit der Frage beschäftigen, ob wir Bedingungen angeben können, die sicherstellen, dass eine bezüglich des Punktes $x=\pi$ ungerade Funktion $g\in C([0,2\pi])$, für die noch $g(0)=g(2\pi)$ gilt, punktweise durch ihre Fourier-Reihe bezüglich des trigonometrischen Systems dargestellt werden kann. Korollar 8.4 zeigt, dass wir nur wissen müssen, dass die Reihe $\sum b_n\sin(nx)$ für $x\in[0,2\pi]$ gleichmäßig konvergent ist. Das ist natürlich der Fall, wenn die Reihe $\sum|b_n|$ konvergent ist. Das zeigt, dass wir noch Informationen über die Fourierkoeffizienten b_n benötigen. Ist nun g nicht nur stetig, sondern sogar zweimal stetig differenzierbar, so kann man sich solche Informationen recht leicht beschaffen. Dies zeigt das folgende Lemma, wobei zu beachten ist, dass für eine bezüglich $x=\pi$ ungerade Funktion $g\in C^1([0,2\pi])$ immer $g'(0)=g'(2\pi)$ gelten muss. Da nämlich für $x\in[\pi,2\pi]$ gilt $g(x)=-g(2\pi-x)$, folgt $g'(x)=g'(2\pi-x)$ für $x\in[\pi,2\pi]$.

Lemma 8.3

Sei $f \in C^2([0, 2\pi])$ mit $f(0) = f(2\pi)$ und $f'(0) = f'(2\pi)$. Dann gibt es Konstanten $C_1 > 0$ und $C_2 > 0$, so dass für $n \in \mathbb{N}$

$$|a_n| \leq \frac{C_1}{n^2} \quad \text{und} \quad |b_n| \leq \frac{C_2}{n^2}.$$

gilt.

Beweis:
Partielle Integration liefert für $n \in \mathbb{N}$

$$\int_0^{2\pi} f(x)\cos(nx)dx = \left(f(x)\frac{1}{n}\sin(nx)\right)_{x=0}^{x=2\pi} - \frac{1}{n}\int_0^{2\pi} f'(x)\sin(nx)dx,$$

woraus mit erneuter partieller Integration unter Berücksichtigung von $f'(0) = f'(2\pi)$ weiter folgt

$$\int_0^{2\pi} f(x)\cos(nx)dx = -\frac{1}{n^2}\int_0^{2\pi} f''(x)\cos(nx)dx.$$

Daraus folgt offenbar

$$|a_n| \leq \left(\frac{1}{\pi}\int_0^{2\pi} |f''(x)|dx\right)\frac{1}{n^2}.$$

Die behauptete Abschätzung für die b_n erhält man ganz entsprechend mit zweimaliger partieller Integration, wobei nun aber die Voraussetzung $f(0) = f(2\pi)$ schon bei der ersten partiellen Integration für das Verschwinden der Randterme benötigt wird. □

Damit wissen wir nun, dass wir eine Lösung des Anfangs-Randwertproblems bei der Wärmeleitungsgleichung in der Form (8.3) finden können, wenn die aus der Anfangsfunktion f gewonnene Funktion g sogar zweimal stetig differenzierbar ist. Dies ist keineswegs das beste erreichbare Ergebnis. Eine Verbesserung kann man erzielen, indem man die Fourierkoeffizienten etwas raffinierter abschätzt.

Wesentlich ist dabei, dass man bei C^1-Funktionen die Fourierkoeffizienten der Ableitung u' durch die Fourierkoeffizienten von u ausdrücken kann. Wir verwenden dafür nun die Notation $a_{u,n}$ und $b_{u,n}$ für die Fourierkoeffizienten von u und $a_{du,n}$ und $b_{du,n}$ für die Fourierkoeffizienten von u'. Es liefert partielle Integration unter Berücksichtigung von $u(0) = u(2\pi)$ für $n \in \mathbb{N}$

$$\begin{aligned}\int_0^{2\pi} u'(t)\cos(nt)dt &= (u(t)\cos(nt))_{t=0}^{t=2\pi} + n\int_0^{2\pi} u(t)\sin(nt)dt\\ &= n\int_0^{2\pi} u(t)\sin(nt)dt,\end{aligned}$$

woraus mit der vereinbarten Notation sofort

$$a_{du,n} = nb_{u,n}$$

für $n \in \mathbb{N}$ folgt. Wegen $u(0) = u(2\pi)$ gilt aber auch noch $a_{du,0} = 0$. Denn man kann sofort rechnen

$$a_{du,n} = \frac{1}{\pi} \int_0^{2\pi} u'(t)dt = \frac{1}{\pi}(u(2\pi) - u(0)) = 0.$$

Ganz analog sieht man mit partieller Integration, dass $b_{du,n} = -na_{u,n}$ für $n \in \mathbb{N}$ gilt. Wir können also für die weiteren Überlegungen von

$$a_{du,0} = 0, \quad a_{du,n} = nb_{u,n}, \quad b_{du,n} = -na_{u,n}$$

ausgehen.
Wegen $(|b_{du,n}| - \frac{1}{n})^2 \geq 0$ für alle $n \in \mathbb{N}$ gilt aber $|b_{du,n}|^2 + \frac{1}{n^2} \geq 2n^{-1}|b_{du,n}|$, so dass aus $a_{u,n} = -\frac{1}{n}b_{du,n}$ weiter folgt

$$|a_{u,n}| \leq \frac{1}{2}|b_{du,n}|^2 + \frac{1}{2n^2} \qquad \text{für} \qquad n \in \mathbb{N}.$$

Ganz entsprechend erhält man natürlich

$$|b_{u,n}| \leq \frac{1}{2}|a_{du,n}|^2 + \frac{1}{2n^2} \qquad \text{für} \qquad n \in \mathbb{N}.$$

Da $u' \in C([0, 2\pi])$ ist, gilt nach Korollar 8.3 (2) aber $\sum_{n=1}^{\infty}(|a_{du,n}|^2 + |b_{du,n}|^2) < \infty$. Insgesamt erhält man damit, dass

$$\sum_{n=1}^{\infty}(|a_{u,n}| + |b_{u,n}|) < \infty$$

gilt. Damit ist aber die Fourier-Reihe $\frac{a_{u,0}}{2} + \sum_{n=1}^{\infty}(a_{u,n}\cos(nx) + b_{u,n}\sin(nx))$ sicher für $x \in [0, 2\pi]$ gleichmäßig konvergent und nach Korollar 8.4 ist also die Funktion u punktweise durch ihre Fourier-Reihe darstellbar.

Wir können damit eine Lösung des Anfangs-Randwertproblems zur Wärmeleitungsgleichung in der Form (8.3) erhalten, wenn wir von der Anfangsfunktion f nur wissen, dass sie eine C^1-Funktion ist.

8.3 Der Satz von Fejér

Es wurde bereits erwähnt, dass eine stetige 2π-periodische Funktion i.a. nicht punktweise durch die zugeordnete Fourier-Reihe dargestellt werden kann. Dies ändert sich jedoch, wenn man nicht mit dem Grenzwert der Partialsummen der Fourier-Reihe arbeitet, sondern mit dem Grenzwert der arithmetischen Mittel der Partialsummen, die auch als ***Cesaro-Mittel*** bezeichnet werden.

Tatsächlich ist allgemeiner der Übergang zu den arithmetischen Mitteln der Partialsummen eine Möglichkeit, noch gewissen Reihen, für die die Folge der Partialsummen nicht konvergent ist, einen Wert zuweisen zu können. Dies zeigt bereits das folgende einfache Beispiel:
Die Reihe $\sum_{k=1}^{\infty}(-1)^{k-1}$ ist bekanntlich nicht konvergent, weil ihre Partialsummen bei wachsender Zahl der Summanden abwechselnd den Wert 1 und 0 haben. Betrachtet man nun aber, wenn $s_n := \sum_{k=1}^{n}(-1)^{k-1}$ ist, die Folge $(\sigma_n)_{n\in\mathbb{N}}$, die definiert ist durch

$$\sigma_n := \frac{1}{n}(s_1 + \ldots + s_n),$$

so ist $\sigma_{2m} = \frac{1}{2}$ und $\sigma_{2m-1} = \frac{m}{2m-1}$ für $m \in \mathbb{N}$. Damit gilt $\lim_{n\to\infty}\sigma_n = \frac{1}{2}$. Es erscheint nun keineswegs unsinnig, diesen Grenzwert der Reihe $\sum_{k=1}^{\infty}(-1)^{k-1}$ als Wert zuzuordnen. Man spricht daher davon, dass die Reihe zwar nicht im Cauchyschen Sinn konvergent, aber ***Cesaro-summierbar*** ist.

Der folgende Satz ist nun von größter Bedeutung für diesen Summierbarkeitsbegriff, denn er besagt, dass Reihen, die schon im bisherigen Cauchyschen Sinn konvergent sind, auch in diesem neuen Sinn summierbar sind und die Cesaro-Summe sich nicht vom üblichen Wert der Reihe unterscheidet. Damit kann also durch diesen neuen Summierbarkeitsbegriff bei schon im bisherigen Sinn konvergenten Reihen der Reihe kein zweiter verschiedener Wert zugewiesen werden.

Satz 8.4

Seien $a_k \in \mathbb{C}$ für $k \in \mathbb{N}_0$ und sei die Reihe $\sum_{k=0}^{\infty} a_k$ Cauchy-konvergent, seien s_n die Partialsummen dieser Reihe. Dann gilt:

$$\lim_{n\to\infty}\frac{1}{n+1}\sum_{m=0}^{n}\left(\sum_{k=0}^{m} a_k\right) = \lim_{n\to\infty} s_n. \tag{8.10}$$

Beweis:
Sei zur Abkürzung $s := \lim_{n\to\infty} s_n$ gesetzt. Da die Reihe im üblichen Sinn konvergent sein soll, gibt es zu jedem $\varepsilon > 0$ ein n_0 mit $|s_n - s| < \varepsilon/2$ für $n \geq n_0$. Setzt man nun noch $\sigma_n := \frac{1}{n+1}(s_0 + \ldots + s_n)$, so folgt für $n \geq n_0$

$$|\sigma_n - s| = \frac{1}{n+1}\left|\sum_{k=0}^{n}(s_k - s)\right| \leq \frac{1}{n+1}\sum_{k=0}^{n_0-1}|s_k - s| + \frac{1}{n+1}\sum_{k=n_0}^{n}|s_k - s|.$$

Setzt man $m(n_0) := \max\{|s_k - s| : k = 0, 1, \ldots, n_0 - 1\}$, so gilt für $n \geq n_0$ also

$$|\sigma_n - s| \leq \frac{1}{n+1}n_0 m(n_0) + \frac{\varepsilon}{2}.$$

Da es aber ein $n_1 \geq n_0$ gibt, so dass $(n+1)^{-1}n_0 m(n_0) \leq \varepsilon/2$ gilt für $n \geq n_1$, folgt $|\sigma_n - s| \leq \varepsilon$ für $n \geq n_1$. Damit gilt aber (8.10). □

Es ist nun unser Ziel, zu zeigen, dass im Fall stetiger Funktionen immer die Cesaro-Summierbarkeit der Fourier-Reihe gegeben ist. Wir werden dabei die folgenden Notationen benützen:
Es sei $C_{2\pi} = \{f \in C(\mathbb{R}, \mathbb{C}) : f \text{ ist } 2\pi\text{-periodisch}\}$. Jedem $f \in C_{2\pi}$ ist die früher definierte Folge $(c_k(f))_{k\in\mathbb{Z}}$ der Fourierkoeffizienten zugeordnet, damit kann man für jedes $n \in \mathbb{N}_0$ die Partialsumme der Fourier-Reihe zu f

$$s_n(f,x) := \sum_{k=-n}^{n} c_k(f)e^{ikx} \quad \text{für} \quad x \in \mathbb{R}$$

definieren. Für die mit diesen Partialsummen gebildeten ***Cesaro-Mittel*** werden wir die Bezeichnung

$$\sigma_n(f,x) := \frac{1}{n+1} \sum_{m=0}^{n} s_m(f,x)$$

verwenden.
Wesentlich für die weiteren Überlegungen ist die in folgendem Lemma festgehaltene Darstellung für diese Cesaro-Mittel. Dabei notieren wir einfach $2\pi\mathbb{Z}$ für die Menge aller ganzzahligen Vielfachen von 2π.

Lemma 8.4

Sei für $n \in \mathbb{N}_0$ die Funktion $K_n : \mathbb{R} \to \mathbb{R}$ definiert durch

$$K_n(t) := \frac{1}{n+1} \frac{1-\cos((n+1)t)}{1-\cos t} \quad \text{für} \quad t \notin 2\pi\mathbb{Z},$$

$$K_n(t) := n+1 \quad \text{für} \quad t \in 2\pi\mathbb{Z}.$$

Dann gilt für $f \in C_{2\pi}$, $n \in \mathbb{N}_0$ und $x \in \mathbb{R}$

$$\sigma_n(f,x) = \frac{1}{2\pi} \int_{-\pi}^{\pi} f(x-t)K_n(t)dt.$$

Beweis:
Wir beginnen mit der Gewinnung einer Darstellung für die Partialsummen $s_n(f,x)$.
Da $c_k(f) = (1/2\pi)\int_{-\pi}^{\pi} f(t)e^{-ikt}dt$ für $k \in \mathbb{Z}$ gilt, können wir notieren

$$s_n(f,x) = \frac{1}{2\pi} \int_{-\pi}^{\pi} f(t)D_n(x-t)dt, \tag{8.11}$$

wenn der sogenannte ***Dirichlet-Kern*** D_n definiert ist durch

$$D_n(x) := \sum_{k=-n}^{n} e^{ikx} \quad \text{für} \quad x \in \mathbb{R}. \tag{8.12}$$

Wichtig ist nun, dass man D_n noch anders schreiben kann, und zwar als

$$D_n(x) = \frac{\sin((n+\frac{1}{2})x)}{\sin(\frac{x}{2})}, \tag{8.13}$$

wobei im Fall $\sin(x/2) = 0$, (also falls $x = 2m\pi$ ist), die Regel von de l'Hospital heranzuziehen ist. Diese liefert in diesen Fällen den Wert $2n+1$ für den Bruch, was offenbar im Einklang mit (8.12) steht. Damit ist (8.13) noch im Fall $\sin(x/2) \neq 0$ nachzuweisen. Zunächst folgt aus (8.12)

$$\begin{aligned}(e^{ix}-1)D_n(x) &= \sum_{k=-n}^{n} e^{i(k+1)x} - \sum_{k=-n}^{n} e^{ikx} \\ &= \sum_{k=-n+1}^{n+1} e^{ikx} - \sum_{k=-n}^{n} e^{ikx} = e^{i(n+1)x} - e^{-inx}.\end{aligned}$$

Multiplikation mit $e^{-\frac{ix}{2}}$ liefert weiter

$$(e^{\frac{ix}{2}} - e^{-\frac{ix}{2}})D_n(x) = e^{i(n+\frac{1}{2})x} - e^{-i(n+\frac{1}{2})x},$$

woraus offenbar sofort (8.13) folgt.
Aus (8.11) folgt zunächst, wenn man $x - t = \tau$ setzt,

$$s_n(f,x) = \frac{1}{2\pi}\int_{x-\pi}^{x+\pi} f(x-\tau)D_n(\tau)d\tau = \frac{1}{2\pi}\int_{-\pi}^{\pi} f(x-\tau)D_n(\tau)d\tau.$$

Daher können wir schreiben

$$\sigma_n(f,x) = \frac{1}{2\pi}\int_{-\pi}^{\pi} f(x-t)\frac{1}{n+1}\sum_{m=0}^{n} D_m(t)dt.$$

Damit müssen wir nur noch zeigen, dass $K_n(t) = \frac{1}{n+1}\sum_{m=0}^{n} D_m(t)$ gilt. Da die Funktionen D_n alle für $t \in \mathbb{R}$ stetig waren, müssen wir dies nur für $t \notin 2\pi\mathbb{Z}$ zeigen und dann nachprüfen, dass K_n durch die gegebene Definition für $t \in 2\pi\mathbb{Z}$ stetig ergänzt wurde. Sei also $t \notin 2\pi\mathbb{Z}$. Gehen wir von der bekannten Formel

$$2\sin((m+\frac{1}{2})t)\sin(\frac{1}{2}t) = \cos(mt) - \cos((m+1)t)$$

aus, so erhalten wir aufgrund von (8.13)

$$\begin{aligned}&\frac{1}{n+1}\sum_{m=0}^{n} D_m(t) = \frac{1}{n+1}\sum_{m=0}^{n}\frac{\sin((m+\frac{1}{2})t)}{\sin(\frac{1}{2}t)} = \\ &= \left(2(n+1)\sin^2(\frac{1}{2}t)\right)^{-1}\sum_{m=0}^{n}(\cos(mt) - \cos((m+1)t)).\end{aligned}$$

Da nun aber die letzte Summe offenbar $1-\cos((n+1)t)$ ergibt und $2\sin^2(\frac{1}{2}t) = 1-\cos t$ gilt, folgt daraus sofort $\frac{1}{n+1}\sum_{m=0}^{n} D_m(t) = K_n(t)$ für $t \notin 2\pi\mathbb{Z}$.
Um zu zeigen, dass die Funktion K_n in den Punkten $t \in 2\pi\mathbb{Z}$ stetig ergänzt wurde, gehen wir von der Darstellung

$$K_n(t) = \frac{1}{n+1}\left(\frac{\sin((n+1)(t/2))}{\sin(t/2)}\right)^2 \quad \text{für} \quad t \notin 2\pi\mathbb{Z}$$

aus, die man sofort aus der gegebenen Definition erhält. Da nämlich bekanntlich

$$\left(\frac{\sin((n+1)(t/2))}{\sin(t/2)}\right)^2 \to (n+1)^2 \quad \text{für} \quad t \to t_0 \in 2\pi\mathbb{Z}$$

gilt, folgt $K_n(t) \to n+1$ für $t \to t_0 \in 2\pi\mathbb{Z}$. □

Die Definition des ***Fejér-Kerns*** K_n zeigt unmittelbar, dass

$$K_n(t) \geq 0 \quad \text{für alle} \quad t \in \mathbb{R}$$

gilt. Da nun stets $\frac{1}{2\pi}\int_{-\pi}^{\pi} D_n(t)dt = 1$ gilt, (weil ja $\int_{-\pi}^{\pi} e^{ikt}dt = 0$ für $k \in \mathbb{N}$ ist), folgt aus $K_n(t) = \frac{1}{n+1}\sum_{m=0}^{n} D_m(t)$ sofort

$$\frac{1}{2\pi}\int_{-\pi}^{\pi} K_n(t)dt = 1 \quad \text{für} \quad n \in \mathbb{N}_0.$$

Da einerseits immer $1-\cos((n+1)t) \leq 2$ und andererseits für $0 < \delta \leq |t| \leq \pi$ wegen der Monotonie der Cosinusfunktion über den betrachteten Intervallen $1 - \cos t \geq 1 - \cos\delta$ gilt, können wir auch noch für $n \in \mathbb{N}_0$ notieren

$$K_n(t) \leq \frac{2}{(n+1)(1-\cos\delta)} \quad \text{für} \quad 0 < \delta \leq |t| \leq \pi.$$

Setzen wir $M_n(\delta) := \max_{t\in[\delta,\pi]} K_n(t)$, so gilt also $M_n(\delta) \to 0$ für $n \to \infty$.

Um den folgenden ***Satz von Fejér*** für mehr Funktionen einsetzen zu können, werden wir dabei die bisherige Voraussetzung $f \in C_{2\pi}$ etwas abschwächen. Wir werden zulassen, dass f stetig ist bis auf Sprungstellen, von denen in jedem kompakten Intervall höchstens endlich viele liegen sollen. Bei solchen Sprungstellen ξ sollen die Grenzwerte $\lim_{x\to\xi+0} f(x) =: f(\xi+0)$ und $\lim_{x\to\xi-0} =: f(\xi-0)$ existieren und wir nehmen an, dass

$$f(\xi) = \frac{1}{2}(f(\xi+0) + f(\xi-0)) \tag{8.14}$$

gilt. Die Menge dieser Funktionen sei mit $F_{2\pi}$ bezeichnet. Klar ist, dass für Funktionen aus $F_{2\pi}$ die Fourierkoeffizienten $c_k(f)$ wie bisher definiert werden können. Damit ist auch $\sigma_n(f,x)$ sinnvoll. Ein Blick auf den Beweis von Lemma 8.4 zeigt, dass die dort gegebene Darstellung von $\sigma_n(f,x)$ mit Hilfe des Fejér-Kerns unverändert erhalten bleibt.

Satz 8.5

Ist $f \in F_{2\pi}$, so gilt $\lim_{n\to\infty} \sigma_n(f,x) = f(x)$ für alle $x \in \mathbb{R}$.

Beweis:
Wir zeigen zunächst, dass wir für $x_0 \in \mathbb{R}$ schreiben können

$$\sigma_n(f,x_0) - f(x_0) = \frac{1}{2\pi}\int_0^{\pi} (f(x_0+t) + f(x_0-t) - 2f(x_0))K_n(t)dt. \quad (8.15)$$

Dazu nützen wir aus, dass $(1/2\pi)\int_{-\pi}^{\pi} f(x_0)K_n(t)dt = f(x_0)$, also, da $K_n(-t) = K_n(t)$ gilt, (d.h. K_n ist eine *gerade Funktion*),

$$f(x_0) = (1/2\pi)\int_0^{\pi} 2f(x_0)K_n(t)dt$$

gilt. Außerdem können wir ja notieren

$$\int_{-\pi}^{0} f(x_0-t)K_n(t)dt = \int_0^{\pi} f(x_0+t)K_n(t)dt.$$

Damit folgt (8.15) aus der in Lemma 8.4 notierten Darstellung von $\sigma_n(f,x_0)$.
Sei nun $g(t) := f(x_0+t)+f(x_0-t)-2f(x_0)$ für $t \in \mathbb{R}$. Wegen (8.14), (das trivialerweise auch in allen Stetigkeitspunkten erfüllt ist), gilt dann $g(t) \to 0$ für $t \to 0$. Es gibt also zu jedem $\varepsilon > 0$ ein $\delta \in (0,\pi)$ mit $|g(t)| \leq \varepsilon$ für $|t| \leq \delta$. Damit können wir aber mit $M_n(\delta)$ wie oben abschätzen

$$\begin{aligned}|\sigma_n(f,x_0) - f(x_0)| &\leq \frac{1}{2\pi}\int_0^{\delta} |g(t)|K_n(t)dt + \frac{1}{2\pi}\int_{\delta}^{\pi} |g(t)|K_n(t)dt \\ &\leq \frac{\varepsilon}{2\pi}\int_0^{\pi} K_n(t)dt + \frac{1}{2\pi}M_n(\delta)\int_0^{\pi} |g(t)|dt.\end{aligned}$$

Da aber einerseits immer $\int_0^{\pi} K_n(t)dt = \pi$, und andererseits $M_n(\delta) \to 0$ für $n \to \infty$ gilt, gibt es damit ein n_0, so dass $|\sigma_n(f,x_0) - f(x_0)| < \varepsilon$ für $n \geq n_0$ gilt. □

Die punktweise Konvergenz der Cesaro-Mittel ist sogar gleichmäßig auf kompakten Intervallen, die in einem Stetigkeitsbereich von f liegen:

Satz 8.6

Sei $f \in F_{2\pi}$ und sei f im Intervall $(a,b) \subset \mathbb{R}$ stetig. Dann gilt für jedes Intervall $[a',b'] \subset (a,b)$

$$\sigma_n(f,x) \to f(x) \quad \text{für} \quad n \to \infty \quad \text{gleichmäßig in} \quad x \in [a',b'].$$

Beweis:
Da wir nun die Konvergenzfrage nicht nur in einem festen Punkt x_0 zu diskutieren haben, führen wir die Notation

$$g(x,t) := f(x+t) + f(x-t) - 2f(x)$$

ein und gehen entsprechend zu (8.15) aus von

$$\sigma_n(f,x) - f(x) = \frac{1}{2\pi}\int_0^\pi g(x,t)K_n(t)dt \quad \text{für} \quad x \in [a',b'].$$

Da f noch auf einem Intervall $[a'-\rho, b'+\rho] \subset (a,b)$ gleichmäßig stetig ist, gibt es zu $\varepsilon > 0$ ein $\delta \in (0,\pi]$ mit $|g(x,t)| \leq \varepsilon$ für $|t| \leq \delta$ und $x \in [a',b']$. Damit können wir wie am Ende des Beweises von Satz 8.5 abschätzen

$$|\sigma_n(f,x) - f(x)| \leq \frac{\varepsilon}{2\pi}\int_0^\pi K_n(t)dt + \frac{1}{2\pi}M_n(\delta)\int_0^\pi |g(x,t)|dt \quad \text{für} \quad x \in [a',b'].$$

Wegen $M_n(\delta) \to 0$ für $n \to \infty$ werden wir daraus sofort die gewünschte Gleichmäßigkeitsaussage erhalten, wenn es ein $A > 0$ gibt mit $\int_0^\pi |g(x,t)|dt \leq A$ für alle $x \in [a',b']$. Die Abschätzung

$$\begin{aligned}\int_0^\pi |g(x,t)|dt &\leq \int_0^\pi |f(x+t)|dt + \int_0^\pi |f(x-t)|dt + 2\int_0^\pi |f(x)dt \\ &= \int_x^{x+\pi} |f(\tau)|d\tau + \int_{x-\pi}^x |f(\tau)|d\tau + 2\pi|f(x)| \\ &\leq \int_{-\pi}^\pi |f(\tau)|d\tau + 2\pi \max_{x\in[a',b']} |f(x)|\end{aligned}$$

zeigt dies aber. □

Die letzten zwei Sätze haben zwei wichtige Konsequenzen:

Korollar 8.5

Ist $f \in C_{2\pi}$, so gilt $\sigma_n(f,x) \to f(x)$ für $n \to \infty$ gleichmäßig in $x \in \mathbb{R}$.

Beweis:
Die Gleichmäßigkeitsaussage von Satz 8.6 gilt für $f \in C_{2\pi}$ auf jedem kompakten Intervall der Länge 2π. Dies reicht wegen der 2π-Periodizität aus. □

Korollar 8.6

Sei $f \in F_{2\pi}$ und $x_0 \in \mathbb{R}$. Dann gilt: Ist die Folge $(s_n(f,x_0))_{n\in\mathbb{N}}$ konvergent, so gilt $s_n(f,x_0) \to f(x_0)$ für $n \to \infty$.

Beweis:
Nach Satz 8.4 gilt $\lim \sigma_n(f,x_0) = \lim s_n(f,x_0)$. Da nach Satz 8.5 $\lim \sigma_n(f,x_0) = f(x_0)$ gilt, folgt daraus sofort die Behauptung. □

Dieses Resultat geht offenbar über das Resultat von Korollar 8.4 hinaus. Sei als nächstes ein einfaches Beispiel zu diesem Resultat behandelt.

Definiert man $f : \mathbb{R} \to \mathbb{R}$ durch

$$f(x) := \frac{1}{2}(\pi - x) \quad \text{für} \quad x \in (0, 2\pi), \quad f(0) := 0, \quad f(x + 2\pi) = f(x) \quad \text{für} \quad x \in \mathbb{R},$$

so ist $f \in F_{2\pi}$. Ihre Fourierkoeffizienten lassen sich leicht berechnen. Da f auf $[-\pi, \pi]$ eine (bezüglich $x_0 = 0$) ungerade Funktion ist, verschwinden alle Fourierkoeffizienten a_k. Die b_k erhält man unter Verwendung von partieller Integration durch die folgende Rechnung:

$$\begin{aligned} b_k &= \frac{1}{\pi} \int_0^\pi (\pi - x) \sin(kx) dx \\ &= \frac{1}{\pi} \left(-(\pi - x) \frac{1}{k} \cos(kx) \right)_0^\pi - \frac{1}{\pi} \int_0^\pi \frac{1}{k} \cos(kx) dx \\ &= \frac{1}{k} - \left(\frac{1}{\pi k^2} \sin(kx) \right)_0^\pi = \frac{1}{k}. \end{aligned}$$

Es wird somit die punktweise Darstellung

$$f(x) = \sum_{k=1}^{\infty} \frac{1}{k} \sin(kx) \quad \text{für} \quad x \in \mathbb{R}$$

gelten, wenn die Reihe $\sum k^{-1} \sin(kx)$ für alle $x \in \mathbb{R}$ konvergent ist.
Dies wird sich aber aus dem folgenden Resultat zur Konvergenz von Reihen ergeben:

Lemma 8.5

Sei $(c_k)_{k\in\mathbb{N}}$ eine streng monoton fallende Nullfolge, sei $(a_k)_{k\in\mathbb{N}}$ eine Folge in $\mathbb{C}$, für die die zugehörige Folge $(s_n)_{n\in\mathbb{N}}$ der Partialsummen $s_n := \sum_{k=1}^n a_k$ beschränkt ist. Dann ist die Reihe $\sum_{k=1}^\infty a_k c_k$ konvergent.

Beweis:
Der Beweis beruht auf *partieller Summation.* Offenbar passt diese Bezeichnung auf die folgende Vorgangsweise:

$$\begin{aligned} \sum_{k=n+1}^{m} (s_k - s_{k-1}) c_k &= \sum_{k=n+1}^{m} s_k c_k - \sum_{k=n}^{m-1} s_k c_{k+1} \\ &= s_m c_m - s_n c_n + \sum_{k=n}^{m-1} s_k (c_k - c_{k+1}). \end{aligned}$$

Wegen $s_k - s_{k-1} = a_k$ können wir damit abschätzen

$$\left| \sum_{k=n+1}^{m} a_k c_k \right| \le |s_m| c_m + |s_n| c_n + \sum_{k=n}^{m-1} |s_k| (c_k - c_{k+1}).$$

Nach Voraussetzung gibt es ein $M > 0$ mit $|s_n| \leq M$ für alle n. Ist $\varepsilon > 0$ gegeben und dazu $n_0 \in \mathbb{N}$ so gewählt, dass $c_n < \varepsilon(2M)^{-1}$ für $n > n_0$ gilt, so folgt

$$\left|\sum_{k=n+1}^{m} a_k c_k\right| \leq M(c_m + c_n + \sum_{k=n}^{m-1}(c_k - c_{k+1})) = 2Mc_n < \varepsilon$$

für $m > n > n_0$. Damit bilden die Partialsummen der Reihe $\sum a_k c_k$ eine Cauchy-Folge, somit ist die Reihe konvergent. □

Mit diesem Ergebnis können wir rasch die Konvergenz von $\sum k^{-1}\sin(kx)$ für $x \in \mathbb{R}$ erschließen. Für $x = 2m\pi$ mit $m \in \mathbb{Z}$ ist offenbar nichts zu zeigen. Sei also $x \in (0, 2\pi)$. Wählt man nun in Hinblick auf das Lemma die durch $a_k := e^{ikx}$ und $c_k := k^{-1}$ definierten Folgen, so erfüllen diese tatsächlich die Voraussetzungen des Lemmas. Bei der Folge (c_k) ist dies klar, bei der Folge (a_k) müssen wir nur für $n \geq 1$ abschätzen

$$\left|\sum_{k=1}^{n} e^{ikx}\right| = |e^{ix}|\left|\frac{e^{inx}-1}{e^{ix}-1}\right| \leq \frac{2}{|e^{ix}-1|}.$$

Somit ist die Reihe $\sum_{k=1}^{\infty}\frac{1}{k}e^{ikx}$ für $x \in \mathbb{R}$ konvergent. Da $\sum \frac{1}{k}\sin(kx) = \mathrm{Im}(\sum \frac{1}{k}e^{ikx})$ gilt, ist damit aber auch die Reihe $\sum \frac{1}{k}\sin(kx)$ konvergent.

Abschließend sei nun noch gezeigt, dass ein häufig gebrauchter Satz zur Approximation von stetigen Funktionen durch Polynomfunktionen, der sogenannte ***Approximationssatz von Weierstraß***, für den es etliche verschiedene Beweise gibt, als eine Folgerung aus dem Satz von Fejér erhalten werden kann.
Ausgangspunkt ist dabei das folgende einfache Lemma:

Lemma 8.6

Für alle $n \in \mathbb{N}_0$ gibt es ein Polynom T_n vom Grad n mit reellen Koeffizienten, so dass $\cos(nx) = T_n(\cos x)$ für $n \in \mathbb{N}_0$ und $x \in \mathbb{R}$ gilt.

Beweis:
Setzt man $T_0(x) := 1$ und $T_1(x) := x$ für $x \in \mathbb{R}$, so ist die Behauptung für $n = 0$ und $n = 1$ sicher erfüllt. Davon ausgehend definieren wir nun die Polynome T_n für $n \geq 2$ durch die Rekursionsformel

$$T_n(x) := 2xT_{n-1}(x) - T_{n-2}(x).$$

Es ist klar, dass damit alle T_n eindeutig bestimmt sind, und dass sie Polynome vom Grad n mit reellen Koeffizienten sind. Die Behauptung des Lemmas ergibt sich nun daraus, dass aufgrund der bekannten Additionstheoreme für die trigonometrischen Funktionen für $n \geq 2$ gilt

$$\cos(nx) = 2\cos x\cos((n-1)x) - \cos((n-2)x).$$

Ersetzt man nämlich in der die T_n definierenden Rekursionsformel x durch $\cos x$, so gilt ja

$$T_n(\cos x) = 2(\cos x)T_{n-1}(\cos x) - T_{n-2}(\cos x),$$

so dass, wenn man annimmt, dass bekannt ist, dass $T_{n-1}(\cos x) = \cos((n-1)x)$ und $T_{n-2}(\cos x) = \cos((n-2)x)$ gilt, sofort $T_n(\cos x) = \cos(nx)$ folgt. Damit ist klar, dass die Behauptung mit einem Induktionsschluss folgt. □

Die Polynome T_n sind als ***Tschebyscheff-Polynome*** bekannt. Mit ihnen erhält man nun den Weierstraßschen Approximationssatz in der folgenden Form:

Satz 8.7

Sei $f \in C([-1,1])$, sei α_k für $k \in \mathbb{N}_0$ definiert durch

$$\alpha_k := \frac{2}{\pi}\int_0^\pi f(\cos t)\cos(kt)dt.$$

Dann gibt es zu jedem $\varepsilon > 0$ ein $n \in \mathbb{N}$, so dass für $x \in [-1,1]$ gilt

$$\left| f(x) - \frac{\alpha_0}{2} - \sum_{k=1}^{n}(1 - \frac{k}{n+1})\alpha_k T_k(x)\right| \leq \varepsilon.$$

Beweis:
Die Definition der α_k zeigt bereits, wie beim Beweis vorzugehen ist. Man betrachtet die Funktion $g(t) := f(\cos t)$ für $t \in \mathbb{R}$. Trivialerweise ist g auf ganz $\mathbb{R}$ stetig, 2π-periodisch und sogar eine (bezüglich $x = 0$) gerade Funktion. Nach Korollar 8.5 gibt es also zu $\varepsilon > 0$ ein $n \in \mathbb{N}_0$ mit $|g(t) - \sigma_n(g,t)| \leq \varepsilon$ für alle $t \in \mathbb{R}$. Da g eine gerade Funktion ist, haben dabei die Cesaro-Mittel $\sigma_n(g,t)$ mit den üblichen Fourierkoeffizienten a_k von g die Form

$$\begin{aligned}\sigma_n(g,t) &= \frac{1}{n+1}(s_0(g,t) + \cdots + s_n(g,t))\\ &= \frac{1}{n+1}\left(\frac{a_0}{2} + \sum_{k=1}^{n}\left(\frac{a_0}{2} + \sum_{j=1}^{k} a_j\cos(jt)\right)\right).\end{aligned}$$

Nach der Definition von g gilt ja $a_k = \alpha_k$ für alle k, weshalb wir nun nur noch die notierte Darstellung von $\sigma_n(g,t)$ in die im Satz angegebene Linearkombination der Tschebyscheff-Polynome umformen müssen. Zunächst schreiben wir

$$\frac{1}{n+1}\left(\frac{a_0}{2} + \sum_{k=1}^{n}\left(\frac{a_0}{2} + \sum_{j=1}^{k} a_j\cos(jt)\right)\right) = \frac{a_0}{2} + \frac{1}{n+1}\sum_{j=1}^{n}\sum_{k=j}^{n} a_j\cos(jt).$$

Da nun aber $\sum_{j=1}^n \sum_{k=j}^n a_j\cos(jt) = \sum_{j=1}^n (n-j+1)a_j\cos(jt)$ gilt, folgt

$$\sigma_n(g,t) = \frac{a_0}{2} + \sum_{j=1}^{n}(1 - \frac{j}{n+1})a_j\cos(jt).$$

Berücksichtigt man die Definition von g und Lemma 8.6, so haben wir damit erhalten

$$\left| f(\cos t) - \frac{\alpha_0}{2} - \sum_{k=1}^{n}(1 - \frac{k}{n+1})\alpha_k T_k(\cos t) \right| \leq \varepsilon$$

für alle $t \in \mathbb{R}$. Daraus folgt offenbar sofort die Behauptung des Satzes. □

Aufgaben

1. Seien die Funktionen $r_k : [0,1] \to \mathbb{R}$ für $k \in \mathbb{N}_0$ definiert durch

$$r_0(x) = 1, \quad r_k(x) = \operatorname{sign}(\sin(2^k \pi x)), \quad (k \in \mathbb{N}).$$

Man zeige, dass
(a) die Funktionen r_k ein Orthogonalsystem (bezüglich des L^2-Skalarprodukts) bilden.
(b) Es eine nicht identisch verschwindende stetige Funktion $f : [0,1] \to \mathbb{R}$ gibt mit $\langle f, r_k \rangle = 0$ für alle $k \in \mathbb{N}_0$.

2. Sei die charakteristische Funktion $\chi_{(a,b)}$ eines Intervalls (a,b) definiert durch $\chi_{(a,b)}(x) := 1$, falls $x \in (a,b)$, und $\chi_{(a,b)}(x) := 0$, falls $x \notin (a,b)$.
Damit seien für $n \in \mathbb{N}_0$ und $k \in \{1, \ldots, 2^n\}$ die Funktionen $h_{n,k} : [0,1] \to \mathbb{R}$ definiert durch

$$h_{n,k} = 2^{n/2}\chi_{(2^{-n}(k-1),2^{-n}(k-(1/2)))} - 2^{n/2}\chi_{(2^{-n}(k-(1/2)),2^{-n}k)}.$$

Außerdem sei $h_{0,0}(x) = 1$ für alle $x \in [0,1]$.
(a) Man zeige, dass das durch diese Funktionen gegebene System ein Orthonormalsystem bezüglich des L^2-Skalarprodukts ist.
(b) Man zeige: Ist $f \in C([0,1], \mathbb{R})$ mit $\langle h_{n,k}, f \rangle = 0$ für alle n und k, so ist $f = 0$. (Hinweis: Ist f orthogonal zu allen Funktionen des Systems, so argumentiere man mit der Funktion $F(x) := \int_0^x f(t)dt$.)

3. Man beweise

$$\sum_{k=1}^{\infty} \frac{1}{k^2} = \frac{\pi^2}{6}.$$

(Hinweis: Man gehe von der Funktion $f(x) := \frac{1}{2}(\pi - x)$ für $x \in [0, 2\pi]$ aus und berechne ihre Fourierkoeffizienten.)

4. Seien $r_1, r_2, \ldots, r_k \in \mathbb{Z} \setminus \{0\}$. Man zeige, dass die Ungleichung

$$\frac{1}{2\pi} \int_0^{2\pi} |1 + e^{ir_1 x} + \ldots + e^{ir_k x}| dx \leq \sqrt{k+1}$$

gilt.

5. Sei $f \in C^1([0,2\pi],\mathbb{R})$ mit $f(0) = f(2\pi)$. Sein a_n und b_n die Fourierkoeffizienten von f und A_n und B_n die Fourierkoeffizienten von f'.
Sei $s_n(f,x) = \frac{a_0}{2} + \sum_{k=1}^{n}(a_k \cos(kx) + b_k \sin(kx))$. Man zeige:
(a) Es gilt für $n < m$

$$\sum_{k=n+1}^{m} (|a_k| + |b_k|) \leq \left(2 \sum_{k=n+1}^{m} \frac{1}{k^2}\right)^{1/2} \left(\sum_{k=n+1}^{m} (|A_k|^2 + |B_k|^2)\right)^{1/2}.$$

(b) Es gilt $\sup\{|f(x) - s_n(f,x)| : x \in [0,2\pi]\} = o(n^{-\frac{1}{2}})$.

6. Sei $f \in C([-1,1],\mathbb{C})$. Man zeige: Ist $\int_{-1}^{1} f(x)x^n dx = 0$ für alle $n \in \mathbb{N}_0$, so ist $f(x) = 0$ für alle $x \in [-1,1]$.

7. Man zeige, dass gilt:

$$|x| = \frac{\pi}{2} - \frac{4}{\pi}\sum_{n=1}^{\infty} \frac{1}{(2n-1)^2}\cos((2n-1)x) \quad \text{für} \quad x \in [-\pi,\pi], \tag{8.16}$$

$$|\sin x| = \frac{2}{\pi} - \frac{4}{\pi}\sum_{n=1}^{\infty} \frac{1}{4n^2-1}\cos(2nx) \quad \text{für} \quad x \in [-\pi,\pi]. \tag{8.17}$$

Unter Benützung von (8.16) zeige man, dass

$$\frac{\pi^3}{32} = \sum_{n=1}^{\infty} \frac{(-1)^{n-1}}{(2n-1)^3} \tag{8.18}$$

gilt.

8. Sei $\alpha \in \mathbb{R}$ mit $|\alpha| > 1$. Welche Funktionen werden durch die Reihen

$$\sum_{n=0}^{\infty} \alpha^{-n}\cos(nx) \quad \text{und} \quad \sum_{n=1}^{\infty} \alpha^{-n}\sin(nx)$$

dargestellt?

9. Man überlege sich, dass man den Weierstraßschen Approximationssatz beweisen kann, indem man zuerst durch trigonometrische Polynome und diese dann durch Taylorpolynome approximiert.

9 Integration II

Möchte man die Vorgangweise, die wir in Kapitel 5 bei der Einführung des Riemann-Integrals für Abbildungen $f : [a, b] \to X$ verwendet haben, auf Funktionen mehrerer Variabler übertragen, so bietet sich dies zunächst nur für Funktionen an, die auf einem *achsenparallelen Quader* $[a_1, b_1] \times \ldots \times [a_n, b_n] \subset \mathbb{R}^n$ definiert sind. Dies ist jedoch sicher nicht ausreichend, wenn man etwa mit Hilfe des Integrals Volumina von komplizierteren dreidimensionalen Körpern berechnen möchte. Dass ja schon im $\mathbb{R}^2$ ganz anschaulich eine Teilmenge sehr kompliziert aussehen kann, ist ein wesentlicher Grund dafür, dass die Behandlung der Integration im mehrdimensionalen Fall einen relativ hohen Aufwand erfordert, wenn man nicht zu speziell arbeiten will. Letztlich erweist sich dabei das Lebesgue-Integral als der angemessene Integralbegriff, der jedoch in dieser Einführung nicht behandelt werden wird. Wir werden daher zunächst speziell beginnen und dann einzelne Schritte zu größerer Allgemeinheit gehen, wobei wir aber schließlich auf die Durchführung mehr technisch geprägter Details verzichten werden.

9.1 Integration über Quader, iterierte Integrale

Hat man eine beschränkte Funktion $f : [a, b] \times [c, d] \to \mathbb{R}$ gegeben, wobei $[a, b]$ und $[c, d]$ kompakte Intervalle sind, so entspricht es offenbar der im Fall einer Funktion einer Variablen diskutierten Aufgabe, wenn man das Volumen des Bereichs im $\mathbb{R}^3$ berechnen möchte, der zwischen dem Rechteck $[a, b] \times [c, d]$ in der $x - y$-Ebene und dem Graphen der Funktion f liegt. Man kann nun diese Aufgabe ganz analog zu früher anpacken, indem man das Rechteck $[a, b] \times [c, d]$ in Teilrechtecke zerlegt, die dadurch entstehen, dass man wie im eindimensionalen Fall die Intervalle $[a, b]$ und $[c, d]$ zerlegt, also etwa $a = x_0 < x_1 < \ldots < x_{n-1} < x_n = b$ und $c = y_0 < y_1 < \ldots < y_{m-1} < y_m = d$, und dann die Rechtecke $R_{j,k} := [x_j, x_{j-1}] \times [y_k, y_{k-1}]$ mit $j \in \{1, \ldots, n\}$, $k \in \{1, \ldots, m\}$ bildet. Das gesuchte Volumen sollte sich dann wieder als Grenzwert von Riemann-Summen

$$S(Z, f, \xi, \eta) := \sum_{j=1}^{n} \sum_{k=1}^{m} (x_j - x_{j-1})(y_k - y_{k-1}) f(\xi_j, \eta_k)$$

ergeben, wobei $(\xi_j, \eta_k) \in R_{j,k}$ ist. Wie in Abschnitt 5.1 sieht man, dass es dabei entscheidend auf das Verhalten der Größe

$$\sigma(Z, f) := \sum_{j=1}^{n} \sum_{k=1}^{m} (x_j - x_{j-1})(y_k - y_{k-1}) \sup\{|f(x, y) - f(\xi, \eta)| : (x, y), (\xi, \eta) \in R_{j,k}\}$$

ankommt.

Es wird daher entsprechend eine beschränkte Funktion $f : [a, b] \times [c, d] \to \mathbb{R}$ als Riemann-integrierbar bezeichnet, wenn es zu jedem $\varepsilon > 0$ eine Zerlegung Z von $[a, b] \times [c, d]$ in

Teilrechtecke $R_{j,k}$ gibt, für die $\sigma(Z,f) \leq \varepsilon$ gilt. Ist f Riemann-integrierbar, so notiert man häufig das Integral in der Form

$$\int_{[a,b]\times[c,d]} f(x,y)d(x,y).$$

In einer sehr einfachen Situation kann man die Frage nach der Riemann-Integrierbarkeit einer Funktion $f : [a,b]\times[c,d] \to \mathbb{R}$ sofort mit Hilfe des eindimensionalen Falls beantworten. Beim folgenden Lemma betrachten wir dazu eine entsprechende höherdimensionale Situation, bei der mit ganz analogen Begriffsbildungen der Arbeitsaufwand der gleiche ist wie im zweidimensionalen Fall. Dabei schreiben wir auch einfach $\int_P f(x)dx$, wenn $P \subset \mathbb{R}^m$ ein achsenparalleler Quader und $f : P \to \mathbb{R}$ Riemann-integrierbar ist.

Lemma 9.1

Sei $P = [a_1,b_1] \times \cdots \times [a_p,b_p] \subset \mathbb{R}^p$, $Q = [c_1,d_1] \times \cdots \times [c_q,d_q] \subset \mathbb{R}^q$ und seien $g : P \to \mathbb{R}$ und $h : Q \to \mathbb{R}$ Riemann-integrierbar. Dann ist auch die durch

$$f(x,y) := g(x)\cdot h(y) \quad \text{für} \quad (x,y) \in P \times Q$$

definierte Funktion $f : P \times Q \to \mathbb{R}$ Riemann-integrierbar und es gilt

$$\int_{P\times Q} f(x,y)d(x,y) = \left(\int_P g(x)dx\right)\left(\int_Q h(y)dy\right). \tag{9.1}$$

Beweis:
Sei $M > 0$ so gewählt, dass $|g(x)| \leq M$ für $x \in P$ und $|h(y)| \leq M$ für $y \in Q$ gilt, (da g und h Riemann-integrierbar sein sollen, sind sie ja beschränkt). Dann kann man für $(x,y),(\xi,\eta) \in P \times Q$ abschätzen

$$\begin{aligned} |f(x,y) - f(\xi,\eta)| &\leq |g(x)h(y) - g(\xi)h(y)| + |g(\xi)h(y) - g(\xi)h(\eta)| \\ &\leq M(|g(x) - g(\xi)| + |h(y) - h(\eta)|). \end{aligned}$$

Ist Z_P eine beliebige Zerlegung von P in Teilquader und Z_Q eine Zerlegung von Q in Teilquader, so erhält man eine Zerlegung Z von $P \times Q$, wenn man alle Quader $A \times B$ mit $A \in Z_P$ und $B \in Z_Q$ betrachtet. Man kann dann abschätzen, wenn Z genau m Quader

$$R_k := [\alpha_{k,1},\beta_{k,1}) \times \cdots \times [\alpha_{k,p},\beta_{k,p}] \times [\gamma_{k,1},\delta_{k,1}] \times \cdots \times [\gamma_{k,q},\delta_{k,q}]$$

umfasst und $V(R_k)$ das Volumen so eines Quaders ist,

$$\begin{aligned} \sigma(Z,f) &= \sum_{k=1}^{m} V(R_k)\sup\{|f(x,y) - f(\xi,\eta)| : (x,y),(\xi,\eta) \in R_k\} \\ &\leq M\sum_{k=1}^{m} V(R_k)\sup\{|g(x) - g(\xi)| + |h(y) - h(\eta)| : (x,y),(\xi,\eta) \in R_k\} \\ &\leq M(V(Q)S(Z_P,g) + V(P)S(Z_Q,h)). \end{aligned}$$

Ist nun $\varepsilon > 0$ gegeben, so gibt es eine Zerlegung Z_P von P mit $\sigma(Z_P, g) \leq (2MV(Q))^{-1}\varepsilon$ und eine Zerlegung Z_Q von Q mit $\sigma(Z_Q, h) \leq (2MV(P))^{-1}\varepsilon$. Es folgt dann mit der aus diesen Zerlegungen gebildeten Zerlegung Z von $P \times Q$ aufgrund unserer Abschätzung $\sigma(Z, f) \leq \varepsilon$. Somit ist f Riemann-integrierbar.
Damit ist noch die Behauptung zu den Integralen zu zeigen. Wir gehen dabei davon aus, dass man die Integrale als Grenzwerte von Riemann-Summen erhalten kann, die zu immer feiner werdenden Zerlegungen der entsprechenden Quader gehören. Sind nun S_P und S_Q Riemann-Summen zum Integral über P bzw. über Q, also

$$S_P(Z_P, g, \xi) = \sum_{j=1}^{n} V(P_j) g(\xi_j),$$

wobei die P_j die Teilquader von P sind mit Volumen $V(P_j)$ und jeweils $\xi_j \in P_j$ ist, und entsprechend

$$S_Q(Z_Q, h, \eta) = \sum_{k=1}^{m} V(Q_k) h(\eta_k),$$

so erhält man durch das Produkt $S_P(Z_P, g, \xi) \cdot S_Q(Z_Q, h, \eta)$ offenbar eine Riemann-Summe zum Integral über $P \times Q$. Denn es ist ja $V(P_j) \cdot V(Q_k)$ gleich dem Volumen des Teilquaders $P_j \times Q_k$ von $P \times Q$ und alle Quader $P_j \times Q_k$ zusammen bilden eine Zerlegung von $P \times Q$. Dabei werden die dadurch gegeben Zerlegungen von $P \times Q$ immer feiner, wenn die Zerlegungen Z_P und Z_Q immer feiner werden. Die Gültigkeit von (9.1) ergibt sich damit durch einen Grenzübergang. □

Da man wie im eindimensionalen Fall sieht, dass für $\alpha \in \mathbb{R}$ einerseits $\int_Q \alpha h(y)dy = \alpha \int_Q h(y)dy$ und andererseits $\int_P \alpha g(x)dx = \alpha \int_P g(x)dx$ gilt, kann man die rechte Seite in (9.1) auch als ***iteriertes Integral*** schreiben:

$$\left(\int_P g(x)dx\right)\left(\int_Q h(y)dy\right) = \int_P \left(\int_Q f(x,y)dy\right) dx.$$

Denn man kann ja schrittweise rechnen:

$$\begin{aligned}\int_P \left(\int_Q f(x,y)dy\right) dx &= \int_P \left(\int_Q g(x)h(y)dy\right) dx \\ &= \int_P g(x) \left(\int_Q h(y)dy\right) dx = \left(\int_Q h(y)dy\right)\left(\int_P g(x)dx\right).\end{aligned}$$

Damit erweist sich (9.1) als ein Spezialfall des ***Satzes von Fubini***, der allgemeiner die Berechnung von Integralen mit Hilfe von iterierten Integralen sicherstellt. Häufig wird dieser Satz für Lebesgue-Integrale benötigt, aber auch die folgende Variante ist nützlich bei der Berechnung von Volumina. Wir werden sehen, dass sie insbesondere bei stetigen Funktionen einsetzbar ist.

Satz 9.1

Seien $P \subset \mathbb{R}^p$ und $Q \subset \mathbb{R}^q$ kompakte achsenparallele Quader, sei $f : P \times Q \to \mathbb{R}$ Riemann-integrierbar und sei für jedes feste $x \in P$ die Funktion $y \in Q \mapsto f(x,y) \in \mathbb{R}$ Riemann-integrierbar. Dann ist auch die durch

$$F(x) := \int_Q f(x,y)dy \quad \text{für} \quad x \in P$$

definierte Funktion $F : P \to \mathbb{R}$ Riemann-integrierbar und es gilt

$$\int_P F(x)dx = \int_P \left(\int_Q f(x,y)dy \right) dx = \int_{P\times Q} f(x,y)d(x,y). \tag{9.2}$$

Beweis:
Wir zeigen zuerst die Integrierbarkeit von F, indem wir nachweisen, dass es zu jedem $\varepsilon > 0$ eine Zerlegung Z_P von P gibt mit $\sigma(Z_P, F) \leq \varepsilon$.
Wir gehen dabei davon aus, dass, wenn Z_Q eine beliebige Zerlegung von Q mit den Teilquadern $Q_1, \ldots, Q_m$ ist, gilt

$$F(x) = \sum_{k=1}^{m} \int_{Q_k} f(x,y)dy.$$

Dies zeigt man mit ähnlichen Überlegungen wie im eindimensionalen Fall. Damit können wir aber unter Benützung der Linearität des Integrals, (die man ebenfalls wie im eindimensionalen Fall sieht), für $x, x' \in P$ notieren

$$F(x) - F(x') = \sum_{k=1}^{m} \int_{Q_k} (f(x,y) - f(x',y))dy.$$

Ist nun Z_P eine Zerlegung von P mit Teilquadern $P_1, \ldots P_n$, so kann man für $x, x' \in P_j$ abschätzen

$$\left| \int_{Q_k} (f(x,y) - f(x',y))dy \right| \leq V(Q_k) \sup\{|f(x,y) - f(\xi,\eta)| : (x,y), (\xi,\eta) \in P_j \times Q_k\}.$$

Mit $\delta(f, P_j \times Q_k) := \sup\{|f(x,y) - f(\xi,\eta)| : (x,y), (\xi,\eta) \in P_j \times Q_k\}$ gilt daher, wenn Z die aus den Teilquadern $P_j \times Q_k$ bestehende Zerlegung von $P \times Q$ ist,

$$\sigma(Z_P, F) \leq \sum_{j=1}^{n} \sum_{k=1}^{m} V(P_j)V(Q_k)\delta(f, P_j \times Q_k) = \sigma(Z, f). \tag{9.3}$$

Da nach Voraussetzung $f : P \times Q \to \mathbb{R}$ Riemann-integrierbar ist, gibt es zu jedem $\varepsilon > 0$ eine Zerlegung Z von $P \times Q$ in Teilquader $P_j \times Q_k$, so dass $\sigma(Z, f) \leq \varepsilon$ gilt. Ist dann Z_P die aus den Teilquadern P_j bestehende Zerlegung von P, so folgt aus (9.3), dass $\sigma(Z_P, F) \leq \varepsilon$ gilt.
Damit ist nun noch die Gültigkeit von (9.2) nachzuweisen. Dabei können wir aber

davon ausgehen, dass entsprechend zu Satz 5.1 für jede Zerlegung Z_P von P und jede zugehörige Riemann-Summe $S(Z_P, F, \xi)$ gilt

$$\left|S(Z_P, F, \xi) - \int_P F(x)dx\right| \leq \sigma(Z_P, F).$$

Bei dieser Ungleichung kann man dann unter Verwendung von (9.3) weiter abschätzen. Setzt man nun in (9.1) speziell $g(x) = 1$ für $x \in P$ und $h(y) = f(\xi_j, y)$ für $y \in Q$, wobei $\xi_j \in P_j$ zur Riemann-Summe $S(Z_P, F, \xi)$ gehört, so erhält man

$$\int_{P_j \times Q} f(\xi_k, y)dy = V(P_j) \int_Q f(\xi_j, y)dy = V(P_j)F(\xi_j).$$

Summation über j liefert weiter

$$\sum_j \int_{P_j \times Q} f(\xi_j, y)d(x, y) = S(Z_P, F, \xi).$$

Damit gilt, wenn wieder die Q_k eine Zerlegung von Q bilden,

$$\sum_j \sum_k \int_{P_j \times Q_k} f(\xi_j, y)d(x, y) = S(Z_P, F, \xi).$$

Unter Benützung von

$$\int_{P \times Q} f(x, y)d(x, y) = \sum_j \sum_k \int_{P_j \times Q_k} f(x, y)d(x, y)$$

erhält man damit die Abschätzung

$$\begin{aligned}\left|S(Z_P, F, \xi) - \int_{P \times Q} f(x, y)d(x, y)\right| &\leq \sum_{j,k} \int_{P_j \times Q_k} |f(\xi_j, y) - f(x, y)|d(x, y) \\ &\leq \sum_{j,k} V(P_j \times Q_k)\delta(f, P_j \times Q_k) = \sigma(Z, f).\end{aligned}$$

Ist nun $(Z^{(n)})_{n \in \mathbb{N}}$ eine Folge von Zerlegungen von $P \times Q$ mit $\sigma(Z^{(n)}, f) \leq n^{-1}$, so gilt sowohl

$$\left|S(Z_P^{(n)}, F, \xi) - \int_{P \times Q} f(x, y)d(x, y)\right| \leq \frac{1}{n}$$

als auch

$$\left|S(Z_P^{(n)}, F, \xi) - \int_P F(x)dx\right| \leq \sigma(Z^{(n)}, f) \leq \frac{1}{n}$$

für alle $n \in \mathbb{N}$. Daraus folgt offenbar (9.2). □

Ist $f : Q \to \mathbb{R}$, wobei wieder $Q \subset \mathbb{R}^n$ ein achsenparalleler Quader ist, stetig, so sieht man wie bei Lemma 5.2, dass f Riemann-integrierbar ist. Damit kann man aber Satz 9.1 für stetige Funktionen einsetzen. Dabei gilt sogar in Verschärfung der Aussage von Satz 9.1 zur Funktion F:

Lemma 9.2

Seien $a, b \in \mathbb{R}$ mit $a < b$ und sei $P \subset \mathbb{R}^p$ ein achsenparalleler Quader, sei die Funktion $f : P \times [a, b] \to \mathbb{R}$ stetig und $F : P \to \mathbb{R}$ für $x \in P$ definiert durch $F(x) := \int_a^b f(x, y)dy$, dann ist F stetig.

Beweis:
Ist $\xi \in P$ beliebig gewählt, so sei für geeignetes $h \in \mathbb{R}^p$ die Differenz

$$F(\xi + h) - F(\xi) = \int_a^b (f(\xi + h, y) - f(\xi, y))dy$$

betrachtet. Da f sogar gleichmäßig stetig ist auf kompakten Quadern $A \times [a, b]$, ($A \subset P$ ein kompakter Quader), gibt es zu $\varepsilon > 0$ ein $\delta > 0$, so dass

$$|f(\xi + h, y) - f(\xi, y)| < \varepsilon(b - a)^{-1}$$

gilt für alle h mit $|h| < \delta$ und alle $y \in [a, b]$. Die übliche Abschätzung zeigt damit aber, dass $|F(\xi + h) - F(\xi)| < \varepsilon$ gilt für alle geeigneten h mit $|h| < \delta$. Das ist die Stetigkeit von F im Punkt ξ. □

Dies erlaubt es offenbar, bei einer stetigen Funktion f ein Integral über einen Quader $Q = [a_1, b_1] \times \cdots \times [a_n, b_n]$ als ein iteriertes Integral zu schreiben, in dem nur 'eindimensionale Integrationen' auftreten:

$$\int_Q f(x)dx = \int_{a_1}^{b_1} \left(\int_{a_2}^{b_2} \left(\cdots \int_{a_n}^{b_n} f(x_1, \ldots, x_n)dx_n \ldots \right) dx_2 \right) dx_1.$$

Bei geschickter Vorgangsweise ist es unter Verwendung dieses Resultats schon möglich, das Volumen einer Kugel im $\mathbb{R}^3$ zu berechnen.
Wir betrachten dazu eine Kugel mit Mittelpunkt im Ursprung und Radius R. Offenbar reicht es, das Volumen des im Oktanten $x \geq 0 \wedge y \geq 0 \wedge z \geq 0$ gelegenen Teils der Kugel zu berechnen. Dazu betrachten wir die Funktion f, die für $(x, y) \in [0, R] \times [0, R]$ definiert ist durch

$$f(x, y) := \sqrt{R^2 - x^2 - y^2} \quad \text{falls} \quad x^2 + y^2 \leq R^2,$$

und

$$f(x, y) := 0 \quad \text{für} \quad x^2 + y^2 > R^2.$$

Diese ist offenbar stetig, und das Integral $\int_{[0,R] \times [0,R]} f(x, y)d(x, y)$ wird das Volumen des erwähnten Teils der Kugel ergeben. Schreibt man nun

$$\int_{[0,R] \times [0,R]} f(x, y)d(x, y) = \int_0^R \left(\int_0^R f(x, y)dy \right) dx,$$

so ist zunächst für festes $x \in [0, R]$ aufgrund der Definition der Funktion f das Integral

$$\int_0^{\sqrt{R^2 - x^2}} \sqrt{R^2 - x^2 - y^2}dy$$

zu berechnen. Setzt man $\rho(x) := \sqrt{R^2 - x^2}$, so ist also $\int_0^{\rho(x)} \sqrt{\rho(x)^2 - y^2} dy$ zu berechnen, was man am einfachsten mit Hilfe der Substitution $y = \rho(x) \cos \varphi$ erledigen kann, wobei offenbar $\varphi \in [0, \pi/2]$ sein muss. Man erhält zunächst

$$\int_0^{\rho(x)} \sqrt{\rho(x)^2 - y^2} dy = \int_0^{\pi/2} \rho(x)^2 (\sin \varphi)^2 d\varphi.$$

Mit $\sin^2 \varphi = \frac{1}{2}(1 - \cos(2\varphi))$ liefert dies

$$\int_0^{\rho(x)} \sqrt{\rho(x)^2 - y^2} dy = \rho(x)^2 \frac{1}{2} \left[\varphi - \frac{1}{2} \sin(2\varphi) \right]_{\varphi=0}^{\varphi=\pi/2} = \frac{1}{4} \pi \rho(x)^2.$$

Damit können wir nun notieren

$$\int_{[0,R] \times [0,R]} f(x,y) d(x,y) = \int_0^R \frac{1}{4} \pi (R^2 - x^2) dx.$$

Das hier noch auftretende Integral kann man aber ganz einfach berechnen:

$$\int_0^R (R^2 - x^2) dx = \left[R^2 x - \frac{1}{3} x^3 \right]_{x=0}^{x=R} = \frac{2}{3} R^3.$$

Ein Achtel der Kugel mit Radius R hat also das Volumen $\frac{\pi}{2 \cdot 3} R^3$, somit erhält man für die gesamte Kugel das bekannte Ergebnis $V = \frac{4}{3} R^3 \pi$.

Die verwendete Substitution legt es nun nahe, zu versuchen, das Resultat vielleicht rascher direkt unter Verwendung von Polarkoordinaten zu erhalten. Dass dies aber nicht ganz einfach erledigt werden kann, sieht man schon exemplarisch bei der Aufgabe der Berechnung des Volumens des Zylinders der Höhe Eins über dem Kreis $x^2 + y^2 \leq R^2$ in der $x, y-$Ebene. Offenbar sollte man dabei als Volumen den Wert $R^2 \pi$ erhalten. Beschreibt man nun den Kreis in Polarkoordinaten durch $x = r \cos \varphi$, $y = r \sin \varphi$ mit $r \in [0, R]$ und $\varphi \in [0, 2\pi]$, so kann man nicht einfach zum iterierten Integral $\int_0^R \left(\int_0^{2\pi} 1 d\varphi \right) dr$ zur Berechnung des Volumens des Zylinders übergehen. Denn damit erhält man nicht den erwarteten Wert, sondern offenbar $2\pi R$. In dieser naiven Weise konnte man allerdings schon bei Variablensubstitutionen im eindimensionalen Fall nicht vorgehen; in der Substitutionsformel von Satz 5.8 tauchte ja schon der Faktor $\varphi'(s)$ auf. Es wird noch zu klären sein, was für ein Faktor bei Variablensubstitutionen im Fall höherer Dimensionen auftreten muss.

9.2 Integration über allgemeinere Bereiche

Bei der Berechnung des Volumens einer Kugel waren wir so vorgegangen, dass wir die zunächst auf dem Kreis $x^2 + y^2 \leq R^2$ definierte Funktion $f(x, y) = \sqrt{R^2 - x^2 - y^2}$ durch Null auf ein Quadrat fortgesetzt haben. Dadurch konnten wir die bisher erzielten Resultate zur Integration über Quader einsetzen. Wesentlich war dabei offenbar, dass

die fortgesetzte Funktion ebenfalls stetig war. Wären wir analog vorgegangen bei einer Funktion g, die nicht in allen Punkten des Randes des Kreises verschwindet, so hätte man bei der Fortsetzung durch Null eine unstetige Funktion erhalten. In der eindimensionalen Situation hatten wir in Abschnitt 5.1 gesehen, dass endlich viele Unstetigkeitspunkte beim Riemann-Integral nicht störten. Hier könnten aber nun alle Punkte des Randes des Kreises Unstetigkeitspunkte sein und wir werden nun zeigen, dass auch dies nicht stört.
Wesentlich ist dabei das folgende Resultat, bei dem wir wieder die Notation $V(Q)$ für das Volumen eines achsenparallelen Quaders Q verwenden. Das Volumen eines offenen Quaders $\Omega = (a_1, b_1) \times \ldots \times (a_n, b_n)$ ist dabei ebenfalls als $V(\Omega) = \prod_{\nu=1}^{n}(b_\nu - a_\nu)$ anzusetzen.

Satz 9.2

Sei $Q = [a_1, b_1] \times \cdots \times [a_n, b_n] \subset \mathbb{R}^n$, sei $A \subset Q$ mit der Eigenschaft, dass es zu jedem $\varepsilon > 0$ ein $k \in \mathbb{N}$ und offene achsenparallele Quader Ω_j, $j = 1, \ldots, m$, gibt mit $A \subset \bigcup_{j=1}^{k} \Omega_j$ und $\sum_{j=1}^{k} V(\Omega_j) < \varepsilon$.

Dann gilt: Ist $f : Q \to \mathbb{R}$ beschränkt und in allen Punkten $x \in Q \setminus A$ stetig, so ist f Riemann-integrierbar.

Beweis:
Wir zeigen, dass es zu jedem $\varepsilon > 0$ eine Zerlegung Z von Q gibt mit $\sigma(Z, f) < \varepsilon$. Ist $|f(x)| \leq M$ für alle $x \in Q$, so überdecken wir zunächst A durch endlich viele offene Quader Ω_k mit einem Gesamtvolumen $\sum_k V(\Omega_k) < \frac{\varepsilon}{4M}$. Die Seitenflächen der Quader Ω_k sind nun Teile von Hyperebenen im $\mathbb{R}^n$, die alle zusammen den Quader Q in endlich viele Teilquader Q_j zerlegen. $Q_j \cap A \neq \emptyset$ impliziert, dass es ein Ω_k geben muss mit $Q_j \cap \Omega_k \neq \emptyset$, und da die Ω_k offen sind, kann dies nicht durch reines Berühren an einer Seitenfläche eintreten. Dies zeigt, dass auch gilt

$$\sum_{Q_j \cap A \neq \emptyset} V(Q_j) < \frac{\varepsilon}{4M}.$$

Sei nun $K := \bigcup_{Q_j \cap A = \emptyset} Q_j$. Es ist dann f auf der kompakten Menge K sogar gleichmäßig stetig, es gibt also ein $\delta > 0$ mit

$$|f(x) - f(\xi)| < \frac{\varepsilon}{2V(Q)} \quad \text{für} \quad x, \xi \in K \ \text{ mit } \ \|x - \xi\| < \delta.$$

Falls notwendig wird nun die durch die Q_j gegebene Zerlegung von Q durch Hinzunahme weiterer Hyperebenen so verfeinert, dass für alle Quader P_i dieser neuen Zerlegung Z gilt $\|x - x'\| < \delta$ für $x, x' \in P_i$. Sei

$$K_1 := \bigcup_{P_i \cap A = \emptyset} P_i, \quad K_2 := \bigcup_{P_i \cap A \neq \emptyset} P_i.$$

Damit kann man nun $\sigma(Z, f)$ abschätzen, indem man die Summe der Anteile, die zu allen P_i mit $P_i \subset K_1$ gehören, und die Summe der Anteile, die zu den P_i mit $P_i \subset K_2$

gehören, getrennt abschätzt. Die zweite Summe kann man einfach durch

$$2M \sum_{P_i \subset K_2} V(P_i) < 2M \frac{\varepsilon}{4M} = \varepsilon/2$$

und die erste Summe durch

$$\frac{\varepsilon}{2V(Q)} \sum_{P_i \subset K_1} V(P_i) < \varepsilon/2$$

abschätzen. Damit ist $\sigma(Z, f) < \varepsilon$. □

Eine Menge $A \subset \mathbb{R}^n$, die die in Satz 9.2 von der Menge A geforderte Eigenschaft hat, bezeichnet man auch als eine Menge *vom Inhalt Null*. Wir werden dafür die Notation $I_n(A) = 0$ verwenden.
Einfache Beispiele für solche Mengen lassen sich leicht angeben:
Sind $n, p \in \mathbb{N}$ mit $p < n$ und ist

$$E_p := \{(x_1, \ldots, x_n) \in \mathbb{R}^n : x_k \in [0,1] \text{ für } k \leq p \text{ und } x_k = 0 \text{ für } k > p\},$$

so gilt $I_n(E_p) = 0$.
Denn ist $\varepsilon > 0$ gegeben, so muss man nur mit einem genügend kleinen $\sigma > 0$ den offenen Quader

$$\Omega_{\rho,\sigma} := \{x \in \mathbb{R}^n : x_k \in (-\rho, 1+\rho) \text{ für } k \leq p,\ x_k \in (-\sigma, \sigma) \text{ für } k > p\}$$

betrachten. Offenbar gilt dann $E_p \subset \Omega_{\rho,\sigma}$ und $V(\Omega_{\rho,\sigma}) = (1+2\rho)^p(2\sigma)^{n-p}$. Man kann daher durch geeignete Wahl von σ erreichen, dass $V(\Omega_{\rho,\sigma}) < \varepsilon$ wird.

Wichtig ist noch das folgende Resultat:

Satz 9.3

Sei $n \in \mathbb{N}$ und $n \geq 2$, sei $K \subset \mathbb{R}^{n-1}$ kompakt und $\varphi \in C(K, \mathbb{R})$. Für den Graphen von φ

$$\operatorname{graph}\varphi = \{(x, \varphi(x)) \in \mathbb{R}^{n-1} \times \mathbb{R} : x \in K\}$$

gilt dann $I_n(\operatorname{graph}\varphi) = 0$.

Beweis:
Da $K \subset \mathbb{R}^{n-1}$ kompakt ist, gibt es ein $r > 0$ mit $K \subset [-r, r]^{n-1}$. Ist $\varepsilon > 0$ gegeben, so sei zunächst $\eta > 0$ so bestimmt, dass $4\eta(2r)^{n-1} < \varepsilon$ gilt. Da φ auf K gleichmäßig stetig ist, gibt es dazu ein $\delta > 0$, so dass $|\varphi(x) - \varphi(\xi)| < \eta$ gilt für alle $x, \xi \in K$ mit $\|x - \xi\| < \delta$. Nun unterteilen wir jede Kante des Würfels $W := [-r, r]^{n-1}$ äquidistant, etwa in p Teile, was zu einer Zerlegung von W in p^{n-1} kongruente abgeschlossene Würfel W_j führt. Durch Wahl eines genügend großen p können wir erreichen, dass $\|x - x'\| < \delta$ gilt für alle $x, x' \in W_j$. Bezeichnen wir nun mit ξ_j den Mittelpunkt des Würfels W_j, so sei Q_j der Quader

$$Q_j := W_j \times (\varphi(\xi_j) - \eta, \varphi(\xi_j) + \eta).$$

Offenbar ist dann sichergestellt, dass graph$\varphi \subset \bigcup_j Q_j$ gilt. Außerdem gilt für die Volumina $V(Q_j)$ aufgrund der Konstruktion $\sum_j V(Q_j) = 2\eta(2r)^{n-1} < \varepsilon/2$. Damit sind wir aber schon fast fertig. Was noch stört, ist, dass die Quader Q_j nicht als offene Quader konstruiert sind. Offenbar muss man aber nur zu etwas größeren offenen Quadern $Q'_j \supset Q_j$ übergehen und dabei sicherstellen, dass noch $\sum_j V(Q'_j) < \varepsilon$ gilt. □

Unter Benützung dieses Resultats kann man erschließen, dass im $\mathbb{R}^2$ die Kreislinie $\{(x,y) \in \mathbb{R}^2 : x^2 + y^2 = 1\}$ vom Inhalt Null ist. Eine kleine Schwierigkeit ist dabei offenbar noch, dass sich die gesamte Kreislinie nur jeweils zur Hälfte, (obere Hälfte, bzw. untere Hälfte), als Graph einer Funktion $\varphi : [-1,1] \to \mathbb{R}$ schreiben lässt, und zwar durch $\varphi_1((x) = \sqrt{1-x^2}$ und $\varphi_2(x) = -\sqrt{1-x^2}$. Man könnte aber natürlich auch die linke und die rechte Hälfte entsprechend darstellen. Dies reicht für unsere Zwecke, denn es gilt sogar allgemeiner:

Korollar 9.1

Die kompakte Menge $M \subset \mathbb{R}^n$ habe die Eigenschaft, dass es zu jedem $x_0 \in M$ eine abgeschlossene Kugel $K(x_0, r)$ gibt, so dass die Menge $M \cap K(x_0, r)$ Graph einer stetigen reellwertigen Funktion ist. Dann gilt $I_n(M) = 0$.

Beweis:
Nach Voraussetzung existiert eine Familie offener Kugeln $(U(x, r(x))_{x \in M}$, zu denen lokale Darstellungen als Graphen stetiger Funktionen gehören. Diese Kugeln bilden eine offene Überdeckung von M, zu der eine endliche Teilüberdeckung mit Kugeln $U(x_1, r_1), \ldots, U(x_m, r_m)$ existiert. Ist nun $\varepsilon > 0$ gegeben, so gibt es nach Satz 9.3 zu jedem $k \in \{1, \ldots, m\}$ eine Überdeckung von $M \cap K(x_k, r_k)$ durch endlich viele offene Quader, deren Volumen-Summe kleiner als ε/m ist. Wirft man die zu den einzelnen k gehörenden Quader alle zusammen, so erhält man eine Überdeckung von ganz K durch endlich viele offene Quader mit einem Gesamtvolumen kleiner als ε. □

Damit ist nun schon der Weg klar, den man beschreiten wird, um für gewisse beschränkte Mengen $M \subset \mathbb{R}^n$ und stetige Funktionen $f : M \to \mathbb{R}$ das Integral $\int_M f dx$ zu erklären. Man wird f durch Null auf ganz $\mathbb{R}^n$ fortsetzen, wobei allerdings dann im allgemeinen eine Funktion mit Unstetigkeiten entsteht. Diese Unstetigkeiten können aber nur in solchen Punkten $x \in \mathbb{R}^n$ auftreten, zu denen es weder eine Kugel $U(x,r)$ gibt, die in M enthalten ist, noch eine Kugel $U(x,r)$ gibt, die in $\mathbb{R}^n \setminus M$ liegt. Für Unstetigkeiten kommen also nur solche Punkte $x \in \mathbb{R}^n$ in Frage, bei denen für jede Kugel $U(x,r)$ sowohl $U(x,r) \cap M \neq \emptyset$, als auch $U(x,r) \cap (\mathbb{R}^n \setminus M) \neq \emptyset$ gilt. Es sind dies die ***Randpunkte*** von M, und man definiert den ***Rand*** ∂M genau mit dieser Eigenschaft:

$$\partial M := \{x \in \mathbb{R}^n : U(x,r) \cap M \neq \emptyset \wedge U(x,r) \cap (\mathbb{R}^n \setminus M) \neq \emptyset \text{ für alle } r > 0\}.$$

Ist nun ein Würfel $W = (-a,a) \times \ldots (-a,a) \subset \mathbb{R}^n$ gegeben mit $(M \cup \partial M) \subset W$, so kann man die fortgesetzte Funktion f über den Würfel $[-a,a]^n$ integrieren, wenn $I_n(\partial M) = 0$ ist. Es ist leicht einzusehen, das es dabei auf die Größe des Würfels nicht ankommt, entscheidend ist nur $(M \cup \partial M) \subset W$. Damit kann man auf diese Weise das

Integral $\int_M f dx$ definieren.
Unsere Ergebnisse über Mengen, die vom Inhalt Null sind, zeigen damit, dass im $\mathbb{R}^2$ sogenannte ***Normalbereiche*** Mengen sind, über die man stetige Funktionen integrieren kann. Solche Normalbereiche sind gegeben in der Form

$$M = \{(x, y) \in \mathbb{R}^2 : x \in [a, b],\ \varphi(x) \le y \le \psi(x)\}, \tag{9.4}$$

wobei $[a, b] \subset \mathbb{R}$ ein kompaktes Intervall ist und $\varphi : [a, b] \to \mathbb{R}$ und $\psi : [a, b] \to \mathbb{R}$ stetige Funktionen sind mit $\varphi(x) \le \psi(x)$ für alle $x \in [a, b]$. Eine entsprechende Situation kann auch bezüglich der y-Achse vorliegen, d.h. M wird dann durch die Ungleichungen $\varphi(y) \le x \le \psi(y)$ mit $y \in [a, b]$ beschrieben. Nach dem Satz von Fubini gilt dann, wenn M wie in (9.4) gegeben ist, für eine stetige Funktion $f : M \to \mathbb{R}$

$$\int_M f(x, y) d(x, y) = \int_a^b \left(\int_{\varphi(x)}^{\psi(x)} f(x, y) dy \right) dx. \tag{9.5}$$

Wir können nach diesen Ergebnissen noch einen anderen Zugang zur Berechnung des Volumens einer Kugel im $\mathbb{R}^3$ wählen, denn wir können jetzt ja eine konstante Funktion über eine Kugel integrieren und somit das Integral $\int_{K(0,R)} d(x, y, z)$ berechnen. Man erhält zunächst

$$\int_{K(0,R)} d(x, y, z) = \int_{-R}^{R} \left(\int_{-\sqrt{R^2-x^2}}^{\sqrt{R^2-x^2}} \left(\int_{-\sqrt{R^2-x^2-y^2}}^{\sqrt{R^2-x^2-y^2}} dz \right) dy \right) dx.$$

Die weitere Berechnung führt dann wiederum auf die gleichen Schritte wie die frühere Rechnung am Ende des letzten Abschnitts. Denn es ist

$$\int_{-\sqrt{R^2-x^2-y^2}}^{\sqrt{R^2-x^2-y^2}} dz = 2\sqrt{R^2 - x^2 - y^2}$$

und somit ist weiter das iterierte Integral

$$2 \int_{-R}^{R} \left(\int_{-\sqrt{R^2-x^2}}^{\sqrt{R^2-x^2}} \sqrt{R^2 - x^2 - y^2}\, dy \right) dx$$

zu berechnen, was genauso wie damals zu erledigen ist.

Bei der Berechnung des Integrals über einen Normalbereich, d.h. bei (9.5), tritt eine besondere Situation ein, wenn es eine stetig differenzierbare Funktion F gibt mit $\partial_y F(x, y) = f(x, y)$ für $x \in M$. Dann gilt ja

$$\int_{\varphi(x)}^{\psi(x)} f(x, y) dy = \int_{\varphi(x)}^{\psi(x)} \partial_y F(x, y) dy = F(x, \psi(x)) - F(x, \varphi(x))$$

und somit

$$\int_M f(x, y) d(x, y) = \int_a^b F(x, \psi(x)) dx - \int_a^b F(x, \varphi(x)) dx.$$

Dieses Resultat kann man nun als ein zweidimensionales Gegenstück zum Hauptsatz der Differential- und Integralrechnung ansehen, denn man hat auf der rechten Seite zwei Integrale stehen, in die nur Werte von F in Punkten des Randes ∂M, und zwar auf den zwei 'Randkurven' $\{(x, \psi(x)) : x \in [a, b]\}$ und $\{(x, \varphi(x)) : x \in [a, b]\}$ eingehen. Man kann dies aber bei geeigneter Interpretation sogar als ein Integral über den gesamten Rand von M schreiben, wenn man diesen als *parametrisierte Kurve* schreibt, etwa in der folgenden Form:
Sei $\gamma : [0, 4] \to \mathbb{R}^2$ definiert durch

$$\gamma(t) := \begin{cases} (a + t(b-a), \varphi(a + t(b-a)), & t \in [0,1], \\ (b, \varphi(b) + (t-1)(\psi(b) - \varphi(b)), & t \in [1,2], \\ (b - (t-2)(b-a), \psi(b - (t-2)(b-a)), & t \in [2,3], \\ (a, \psi(a) - (t-3)(\psi(a) - \varphi(a)), & t \in [3,4]. \end{cases}$$

Schreibt man $\gamma(t) = (\gamma_1(t), \gamma_2(t))$, so ist, wenn man die Substitution $x = a + t(b-a)$ verwendet,

$$\int_0^1 F(\gamma_1(t), \gamma_2(t))\gamma_1'(t)dt = \int_a^b F(x, \varphi(x))dx$$

und entsprechend

$$\int_2^3 F(\gamma_1(t), \gamma_2(t))\gamma_1'(t)dt = -\int_a^b F(x, \psi(x))dx.$$

Da $\gamma_1(t)$ für $t \in [1,2]$ und $t \in [3,4]$ konstant ist, ist offenbar

$$\int_1^2 F(\gamma_1(t), \gamma_2(t))\gamma_1'(t)dt = \int_3^4 F(\gamma_1(t), \gamma_2(t))\gamma_1'(t)dt = 0.$$

Damit haben wir insgesamt erhalten

$$\int_M f(x,y)d(x,y) = -\int_0^4 F(\gamma_1(t), \gamma_2(t))\gamma_1'(t)dt.$$

Das Integral über M ist also in diesem Fall reduziert auf ein *Wegintegral* oder *Kurvenintegral* über den ganzen Rand von M, (wobei dieser hier im Gegenuhrzeigersinn durchlaufen wurde). Da in diesem Wegintegral wesentlich die die x-Koordinate der Punkte des Weges γ parametrisierende Funktion γ_1 auftaucht, schreibt man dieses Integral auch kürzer als $\int_{\partial M} F dx$. Damit können wir notieren

$$\int_M \partial_y F d(x,y) = -\int_{\partial M} F dx.$$

Es ist dies ein erster sehr einfacher Spezialfall des in allgemeineren Situationen gültigen *Gaußschen Integralsatzes.*
Eine ganz entsprechende Überlegung kann man durchführen, wenn M ein Normalbereich bezüglich der $y-$Achse ist. In diesem Fall erhält man ja zunächst

$$\int_M f(x,y)d(x,y) = \int_a^b \left(\int_{\varphi(y)}^{\psi(y)} f(x,y)dx \right) dy.$$

Dies zeigt, dass man nun analog zu oben weiter schließen kann, wenn $f(x, y) = \partial_x F(x, y)$ ist. Man erhält dann, wenn γ wieder die entsprechend zu oben parametrisierte im Gegenuhrzeigersinn durchlaufene Randkurve ist,

$$\int_M f(x, y) d(x, y) = \int_0^4 F(\gamma_1(t), \gamma_2(t)) \gamma_2'(t) dt.$$

Hier tritt im Gegensatz zu oben kein Minuszeichen vor dem rechts stehenden Integral auf, weil nun im Unterschied zu oben die Teile der Randkurve, die zu den Parameterintervallen $[0, 1]$ und $[2, 3]$ gehören, im Vergleich zur Richtung der $y-$Achse gerade in der anderen Richtung als früher im Vergleich zur $x-$Achse durchlaufen werden. Damit können wir in diesem Fall notieren

$$\int_M \partial_x F(x, y) d(x, y) = \int_{\partial M} F dy.$$

Es gibt nun durchaus Mengen $M \subset \mathbb{R}^2$, die bezüglich der $x-$Achse und bezüglich der $y-$Achse Normalbereiche sind. Ein Beispiel ist etwa ein Kreis mit Mittelpunkt im Ursprung. In diesem Fall kann man offenbar beide Resultate einsetzen und damit notieren

$$\int_M \left(\frac{\partial G}{\partial x} - \frac{\partial F}{\partial y} \right) d(x, y) = \int_{\partial M} F dx + G dy. \tag{9.6}$$

In dieser Form findet man häufig den *Gaußschen Integralsatz in der Ebene*, es werden mit diesem Resultat aber auch die Namen *Stokes* und *Green* verbunden.

Zu (9.6) gibt es einen sehr interessanten Spezialfall, nämlich, wenn $G(x, y) = x$ und $F(x, y) = -y$ für $(x, y) \in M$ ist. Dann erhält man $2 \int_M d(x, y) = \int_{\partial M} x dy - y dx$. Damit ergibt sich aber folgende letztlich auf Kepler, aber auch auf Leibniz zurückgehende Formel für die von einer geschlossenen anschaulich hinreichend glatten Kurve γ in der Ebene eingeschlossene Fläche $F(\gamma)$

$$F(\gamma) = \frac{1}{2} \int_\gamma x dy - y dx. \tag{9.7}$$

Ist γ parametrisiert durch $\gamma(t) = (\varphi_1(t), \varphi_2(t))$ mit $t \in [a, b]$, (wobei, wenn die Kurve geschlossen sein soll, $\gamma(a) = \gamma(b)$ gelten muss), so ist dabei nach unseren Überlegungen von oben das Kurvenintegral $\int_\gamma x dy - y dx$ definiert durch

$$\int_\gamma x dy - y dx = \int_a^b (\varphi_1(t) \varphi_2'(t) - \varphi_2(t) \varphi_1'(t)) dt.$$

Da ja die eingeschlossene Fläche von der zufällig gewählten Parametrisierung unabhängig sein muss, ist klar, dass dieses Kurvenintegral den gleichen Wert liefern muss, wenn man anders parametrisiert, (sofern man weiterhin die Kurve im Gegenuhrzeigersinn durchläuft). Davon kann man sich aber an Hand der Substitutionsformel für Integrale leicht überzeugen. Ist $t = \psi(s)$ mit $s \in [\alpha, \beta]$, so erhält man ja zunächst

$$\int_a^b (\varphi_1(t) \varphi_2'(t) - \varphi_2(t) \varphi_1'(t)) dt = \int_\alpha^\beta (\varphi_1(\psi(s)) \varphi_2'(\psi(s)) - \varphi_2(\psi(s)) \varphi_1'(\psi(s))) \psi'(s) ds.$$

Bedenkt man, dass $(d/ds)(\varphi_j(\psi(s)) = \varphi_j'(\psi(s))\psi'(s)$ ist, so erhält man also mit der neuen Parametrisierung $s \mapsto (\sigma_1(s), \sigma_2(s))$, wobei $\sigma_j(s) = \varphi_j(\psi(s))$ ist,

$$\int_a^b (\varphi_1(t)\varphi_2'(t) - \varphi_2(t)\varphi_1'(t))dt = \int_\alpha^\beta (\sigma_1(s)\sigma_2'(s) - \sigma_2(s)\sigma_1'(s))ds.$$

Sei als Beispiel gezeigt, dass man mit der Formel (9.7) sehr einfach die Fläche eines Kreises erhalten kann. Sei also $\varphi_1(t) = r\cos(t)$ und $\varphi_2(t) = r\sin(t)$, wobei $r > 0$ gegeben ist und $t \in [0, 2\pi]$ ist. Dann ist

$$\int_\gamma x dy - y dx = \int_0^{2\pi} r^2(\cos^2(t) + \sin^2(t))dt = 2\pi r^2,$$

somit die Fläche des Kreises wie bekannt gleich $r^2\pi$.
Recht einfach kann man aber auch die Fläche eines Kreissektors erhalten, die, wenn der Sektor durch den Winkel 2α mit $\alpha \in (0, \pi]$ gegeben ist, etwa mit

$$S := \{(x, y) \in \mathbb{R}^2 : x = r\cos\varphi,\ y = r\sin\varphi \text{ mit } r \in [0, R],\ \varphi \in [\pi/2 - \alpha, \pi/2 + \alpha]\}$$

als Integral $\int_S d(x, y)$ anzusetzen ist. (Man überlege sich, dass man dafür (9.7) einsetzen darf.) Der Rand ∂S besteht in diesem Fall aus drei Teilen, zwei Geradenstücken durch den Ursprung, die durch die Winkel $\varphi = \pi/2 - \alpha$ und $\varphi = \pi/2 + \alpha$ festgelegt sind, und einem Stück der Kreislinie $x^2 + y^2 = R^2$. Parametrisiert man wieder so, dass der Rand im Gegenuhrzeigersinn durchlaufen wird, so hat man mit den drei Abbildungen

$$\gamma_1(s) := (s\cos(\pi/2 - \alpha), s\sin(\pi/2 - \alpha)), \quad s \in [0, R],$$

$$\gamma_2(\varphi) := (R\cos\varphi, R\sin\varphi), \quad \varphi \in [\pi/2 - \alpha, \pi/2 + \alpha],$$

$$\gamma_3(s) := ((R - s)\cos(\pi/2 + \alpha), (R - s)\sin(\pi/2 + \alpha)), \quad s \in [0, R],$$

zu arbeiten. Dies führt dann auf die drei Integrale

$$\int_0^R (s\cos(\frac{\pi}{2} - \alpha)\sin(\frac{\pi}{2} - \alpha) - s\sin(\frac{\pi}{2} - \alpha)\cos(\frac{\pi}{2} - \alpha))ds = 0,$$

$$\int_{\frac{\pi}{2}-\alpha}^{\frac{\pi}{2}+\alpha} (R^2\cos^2\varphi + R^2\sin^2\varphi)d\varphi = 2R^2\alpha,$$

$$\int_0^R (-(R - s)\cos(\frac{\pi}{2} + \alpha)\sin(\frac{\pi}{2} + \alpha) + (R - s)\sin(\frac{\pi}{2} + \alpha)\cos(\frac{\pi}{2} + \alpha))ds = 0.$$

Damit erhält man als Fläche des Sektors $F(S) = R^2\alpha$.

Dieses Ergebnis werden wir nun einsetzen, um die Problematik der Berechnung des Volumens eines kreisförmigen Zylinders der Höhe Eins mit Hilfe von Polarkoordinaten wieder aufzugreifen. Entscheidend ist dabei, wenn man den Satz von Fubini berücksichtigt, ja nur das Integral der konstanten Funktion Eins über die Kreisfläche, die die Grundfläche des Zylinders darstellt. Beschreibt man den Kreis $K((0, 0), 1)$ mit Hilfe von Polarkoordinaten, so sollte man $\int_{K((0,0),1)} 1 d(x, y)$ auch erhalten, indem man von

Riemann-Summen ausgeht, die sich durch eine den Polarkoordinaten angepasste Zerlegung des Kreises ergeben. Dazu teilt man etwa das Intervall $[0,1]$ und das Intervall $[0,2\pi]$ äquidistant in Teilintervalle ein. Zu den Teilintervallen $[r_{j-1}, r_j] \subset [0,1]$ und $[\varphi_{k-1}, \varphi_k] \subset [0,2\pi]$ gehört dann eine Teilfläche $M_{j,k}$ des Kreises, die durch die zwei Kreise mit Radius r_{j-1} und r_j und die zwei Winkel φ_{k-1} und φ_k begrenzt wird. Bedenkt man, wie man so eine Menge $M_{j,k}$ als Differenz zweier Sektoren erhalten kann, so sieht man unter Verwendung der oben berechneten Fläche eines Sektors, dass diese Mengen $M_{j,k}$ die Fläche

$$F(M_{j,k}) = \frac{1}{2}(r_j^2 - r_{j-1}^2)(\varphi_k - \varphi_{k-1})$$

haben. Berücksichtigt man

$$\frac{1}{2}(r_j^2 - r_{j-1}^2) = \frac{1}{2}(r_j + r_{j+1})(r_j - r_{j-1}),$$

so wird man also für das Integral $\int_{K((0,0),1)} 1d(x,y)$ mit einer Riemann-Summe

$$\sum_{j=0}^{m} \sum_{k=0}^{n} \frac{1}{2}(r_j + r_{j-1})(r_j - r_{j-1})(\varphi_k - \varphi_{k-1})$$

arbeiten. Dies ist aber als Riemann-Summe zum Integral

$$\int_{[0,R]\times[0,2\pi]} rd(r,\varphi).$$

anzusehen. Denn es ist $\rho_j := \frac{1}{2}(r_j + r_{j-1}) \in [r_{j-1}, r_j]$ ein Wert, wie man ihn bei einer üblichen Riemann-Summe als Funktionswert des Integranden $f(r) = r$ wählen kann. Wir können also zum Übergang von kartesischen Koordinaten zu Polarkoordinaten schreiben

$$\int_{K((0,0),1)} 1d(x,y) = \int_{[0,R]\times[0,2\pi]} rd(r,\varphi).$$

Berechnet man das Integral $\int_{[0,R]\times[0,2\pi]} rd(r,\varphi)$ als iteriertes Integral, so erhält man

$$\int_0^R \left(\int_0^{2\pi} rd\varphi \right) dr = R^2\pi,$$

also das erwartete Resultat.

Man hat also, wenn man bei einem mehrdimensionalen Integral von kartesischen Koordinaten zu anderen Koordinaten, etwa Polarkoordinaten übergeht, zu berücksichtigen, dass dann bei einer zu den neuen Koordinaten passenden Zerlegung i.a. keine Rechteckflächen mehr auftreten. Dies hat man bei der Koordinatentransformation durch einen geeigneten Faktor zu berücksichtigen. Es zeigt sich, dass es dabei, weil man ja von kleinen Teilflächen bei der Zerlegung ausgehen darf, ausreicht, nicht die Transformation selbst, sondern ihre lineare Näherung, d.h. ihre Ableitung geeignet einzubringen. Man beachte, dass ja auch im eindimensionalen Fall bei der Substitutionsformel die Ableitung der bei der Substitution verwendeten Funktion eingegangen ist. Es ist allerdings nun im mehrdimensionalen Fall die Transformationsformel ungleich schwieriger zu beweisen. Klar ist allerdings bereits, dass im Fall höherer Dimensionen die Ableitung nicht als solche als Faktor im Integral auftauchen kann, weil diese ja eine lineare Abbildung ist, die etwa als Jacobi-Matrix vorliegt. Was in der Transformationsformel auftritt, ist aber die Determinante der Jacobi-Matrix, die sogenannte ***Funktionaldeterminante***.

Man sieht rasch, dass die Funktionaldeterminante im Fall des Übergangs zu Polarkoordinaten tatsächlich den oben bereits diskutierten Faktor r liefert:
Ist $x = f_1(r, \varphi) = r \cos \varphi$, $y = f_2(r, \varphi) = r \sin \varphi$, so gilt ja

$$\partial_r f_1 = \cos \varphi, \quad \partial_\varphi f_1 = -r \sin \varphi, \quad \partial_r f_2 = \sin \varphi, \quad \partial_\varphi f_2 = r \cos \varphi,$$

somit erhält man als Funktionaldeterminante

$$\det J(r, \varphi) = r \cos^2 \varphi + r \sin^2 \varphi = r.$$

Da speziell Physiker häufig mit Kugelkoordinaten im $\mathbb{R}^3$ arbeiten, sei auch für diese Situation die Funktionaldeterminante berechnet.
Bei Kugelkoordinaten beschreibt man einen Punkt im $\mathbb{R}^3$ mit Hilfe seines Abstands vom Ursprung, der wieder mit r notiert wird, und zwei Winkeln, die meist als φ und ϑ notiert werden. Der Winkel ϑ gibt dabei den Winkel zwischen der in Richtung positiver z-Werte betrachteten z-Achse und der Verbindung zwischen dem Ursprung und dem Punkt an. Damit sind Werte $\vartheta \in [0, \pi]$ möglich. Der Winkel φ ist der von den Polarkoordinaten gewohnte Winkel, der zu dem Punkt der x-y-Ebene gehört, den man erhält, wenn man den Punkt (x, y, z) senkrecht auf die x-y-Ebene projiziert. Damit sind Werte $\varphi \in [0, 2\pi]$ möglich.
Projiziert man den Punkt (x, y, z) senkrecht auf die x-y-Ebene, so hat der projizierte Punkt unter Verwendung des oben beschriebenen Winkels ϑ bekanntlich den Abstand $\|(x, y, z)\| \sin \vartheta$ vom Ursprung. Damit erhält man wie bei den Polarkoordinaten die x- und die y-Koordinate in der Form $x = r \sin \vartheta \cos \varphi$, $y = r \sin \vartheta \sin \varphi$. Die z-Koordinate ist schließlich durch $z = r \cos \vartheta$ gegeben.

Der Übergang von kartesischen Koordinaten zu Kugelkoordinaten wir also durch die Gleichungen

$$x = r \sin \vartheta \cos \varphi, \ y = r \sin \vartheta \sin \varphi, \ z = r \cos \vartheta$$

beschrieben. Damit erhält man für die Jacobi-Matrix

$$\begin{pmatrix} \sin \vartheta \cos \varphi & r \cos \vartheta \cos \varphi & -r \sin \vartheta \sin \varphi \\ \sin \vartheta \sin \varphi & r \cos \vartheta \sin \varphi & r \sin \vartheta \cos \varphi \\ \cos \vartheta & -r \sin \vartheta & 0 \end{pmatrix}.$$

Die Determinante dieser Matrix berechnet man am einfachsten durch Entwicklung nach der letzten Zeile. Dies liefert

$$\det J = r^2 (\cos \vartheta)^2 \sin \vartheta + r^2 (\sin \vartheta)^3 = r^2 \sin \vartheta.$$

Tatsächlich ergibt sich wieder das bei der früheren Berechnung erhaltene Ergebnis zum Volumen einer Kugel im $\mathbb{R}^3$, wenn man das Integral

$$\int_{[0,R]\times[0,\pi]\times[0,2\pi]} r^2 \sin\vartheta \, d(r,\vartheta,\varphi)$$

berechnet. Dies ist einfach, wenn man mit dem iterierten Integral arbeitet:

$$\int_0^{2\pi}\left(\int_0^{\pi}\left(\int_0^R r^2 sin\vartheta dr\right)d\vartheta\right)d\varphi = \frac{R^3}{3}\cdot 2\cdot 2\pi = \frac{4}{3}R^3\pi.$$

Damit können wir nun schon notieren, wie die der in Satz 5.8 bewiesenen Substitutionsformel

$$\int_a^b f(t)dt = \int_\alpha^\beta (f\circ\varphi)(s)\varphi'(s)ds$$

entsprechende ***Transformationsformel*** im höherdimensionalen Fall aussehen sollte. Bei einer C^1-Transformation $x = \Phi(y)$ sollte die Umrechnung der Integrale entsprechend

$$\int_{\Phi(M)} f(x)dx = \int_M (f\circ\Phi)(y)|\det J(y)|dy \tag{9.8}$$

erfolgen.

Der Nachweis der Gültigkeit dieser Formel in genügend allgemeinen Situationen ist mühsam und langwierig. Wir werden daher darauf verzichten, zum hier gewählten Rahmen passende Beweise findet man etwa in Blatter [2] und Hildebrandt [6], Bd. 2. Es sollen nur noch einige Aspekte der Formel (9.8) angesprochen werden, so ist es ja z.B. für die Gültigkeit dieser Formel wichtig, zu wissen, dass man sowohl über die Menge M als auch über die Menge $\Phi(M)$ integrieren kann. Offenbar ist das folgende Resultat in diesem Zusammenhang von Interesse:

Lemma 9.3

Sei $A \subset \mathbb{R}^n$ mit $I_n(A) = 0$ und sei $g : A \to \mathbb{R}^n$ Lipschitz-stetig. Dann gilt auch $I_n(g(A)) = 0$.

Beweis:
Wir arbeiten bei diesem Beweis nicht mit der euklidischen Norm, sondern mit der Maximumsnorm auf dem $\mathbb{R}^n$, d.h. es sei in diesem Beweis stets $\|x\| = \max(|x_1|,\ldots,|x_n|)$. Da g Lipschitz-stetig sein soll, gibt es ein $L > 0$ mit $\|g(x) - g(x')\| \leq L\|x - x'\|$ für alle $x, x' \in A$. Sei $\varepsilon > 0$. Dann gibt es Quader $Q_1,\ldots,Q_m$ mit $A \subset \bigcup_{k=1}^m Q_k$ und $\sum_{k=1}^m V(Q_k) < (2L)^{-n}\varepsilon$. Es ist dann $g(A) = \bigcup_{k=1}^m g(A\cap Q_k)$ und jede Menge $g(A\cap Q_k)$ ist, wenn Q_k die maximale Kantenlänge η_k hat, sicher in einem Würfel der Kantenlänge $2L\eta_k$ enthalten. Denn ist $\xi \in g(A\cap Q_k)$ beliebig gewählt, so sei $\xi = g(y)$, und da für alle $x \in A\cap Q_k$ trivialerweise gilt $\|x - y\| \leq \eta_k$, folgt $\|g(x) - \xi\| \leq L\eta_k$ für alle $x \in A\cap Q_k$, somit für $g(x)$, $g(x') \in g(A\cap Q_k)$

$$\|g(x) - g(x')\| \leq \|g(x) - \xi\| + \|\xi - g(x')\| \leq 2L\eta_k.$$

Damit wird aber $g(A)$ sicher überdeckt durch m Würfel mit einem Gesamtvolumen $\sum_{k=1}^{m}(2L\eta_k)^n = (2L)^n \sum_{k=1}^{m} V(Q_k) < \varepsilon$. Somit ist $I_n(g(A)) = 0$. □

Da wir es beim Transformationssatz so wie bei der Substitutionsformel mit stetig differenzierbaren Abbildungen zu tun haben, ist die hier verlangte Lipschitz-Stetigkeit in diesem Zusammenhang keine zusätzliche Forderung. Dies zeigt Satz 6.11.
Offenbar kommt es aber, um sicherzustellen, dass man auch über $\Phi(M)$ integrieren kann, wenn man über M integrieren kann, nun noch darauf an, zu wissen, dass unter passenden Voraussetzungen durch eine Abbildung Φ der Rand von M auf den Rand von $\Phi(M)$ abgebildet wird.

Lemma 9.4

Seien $A \subset \mathbb{R}^m$ und $B \subset \mathbb{R}^m$ offen, sei $\psi : A \to B$ bijektiv und in beiden Richtungen stetig. Dann gilt $\partial(\psi(K)) = \psi(\partial K)$ für jede kompakte Menge $K \subset A$.

Beweis:
Bekanntlich ist, da ψ stetig ist, auch $\psi(K)$ kompakt, somit abgeschlossen, und es gilt daher $\partial(\psi(K)) \subset \psi(K)$. Wir zeigen im nächsten Schritt, dass $\partial(\psi(K)) \subset \psi(\partial K)$ gilt. Dazu betrachten wir einen beliebigen Punkt $y \in \partial(\psi(K))$. Es gibt dann eine Folge $(y_n)_{n\in\mathbb{N}}$ in $B \setminus \psi(K)$ mit $y_n \to y$ für $n \to \infty$, aber auch eine Folge $(v_n)_{n\in\mathbb{N}}$ in $\psi(K)$ mit $v_n \to y$ für $n \to \infty$. Aus der Stetigkeit von ψ^{-1} folgt $\psi^{-1}(y_n) \to \psi^{-1}(y)$ und $\psi^{-1}(v_n) \to \psi^{-1}(y)$. Ist $y_n \notin \psi(K)$, so ist aber auch $\psi^{-1}(y_n) \notin K$, entsprechend ist aber $\psi^{-1}(v_n) \in K$. Dies zeigt, dass $\psi^{-1}(y) \in \partial K$, somit $y \in \psi(\partial K)$ ist.
Im letzten Schritt ist noch zu zeigen, dass $\psi(\partial K) \subset \partial(\psi(K))$ gilt. Sei also nun $y \in \psi(\partial K)$ beliebig gewählt. Dann ist $\psi^{-1}(y) \in \partial K$, es gibt also eine Folge $(x_n)_{n\in\mathbb{N}}$ in $A \setminus K$ mit $x_n \to \psi^{-1}(y)$ und eine Folge $(w_n)_{n\in\mathbb{N}}$ in K mit $w_n \to \psi^{-1}(y)$ für $n \to \infty$. Da ψ stetig ist, folgt $\psi(x_n) \to y$ und $\psi(w_n) \to y$ für $n \to \infty$, was wegen $\psi(x_n) \notin \psi(K)$ und $\psi(w_n) \in \psi(K)$ zeigt, dass $y \in \partial(\psi(K))$ ist. □

Es soll nun noch besser begründet werden, wieso bei der Transformationsformel die Funktionaldeterminante wesentlich auftritt. Man arbeitet dabei mit der lokalen Approximation einer differenzierbaren Abbildung mit Hilfe der Ableitung, oder in der Matrixdarstellung der Jacobi-Matrix. Entscheidend ist nun, wie sich das Volumen eines Quaders $Q \subset \mathbb{R}^n$ verändert, wenn man ihn einer linearen Abbildung $T : \mathbb{R}^n \to \mathbb{R}^n$ unterwirft, d.h. es kommt auf das Verhältnis $V(Q)$ zu $V(T(Q))$ an. (Dabei wird man natürlich davon ausgehen, dass T invertierbar ist.) Dies kann man nun relativ leicht klären unter Verwendung der sogenannten *Polarzerlegung* von Automorphismen eines endlichdimensionalen euklidischen Vektorraums. Es sei hier ein eng damit verwandtes Lemma kurz bewiesen, wobei wir auf einige Dinge aus der linearen Algebra zurückgreifen.

Lemma 9.5

Zu jeder invertierbaren reellen $n \times n$-Matrix A gibt es orthogonale Matrizen S_1 und S_2 und eine Diagonalmatrix D =diag$(\lambda_1, \ldots, \lambda_m)$ mit $\lambda_j > 0$ für $j = 1, \ldots, n$, so dass $A = S_2 D S_1$ gilt.

Beweis:
Sei mit A^T die transponierte Matrix bezeichnet. Bildet man die Matrix $B := A^T A$, so ist diese symmetrisch und positiv definit. Denn es gilt ja $B^T = (A^T A)^T = A^T(A^T)^T = A^T A = B$ und $x^T Bx = (x^T A^T)Ax = (Ax)^T Ax = \|Ax\| \geq 0$ für $x \in \mathbb{R}^n$, wobei aber wegen der Injektivität der Abbildung $x \mapsto Ax$ das Gleichheitszeichen nur für $x = 0$ auftreten kann. Die symmetrische Matrix B ist diagonalisierbar, d.h. es gibt eine orthogonale Matrix S mit $S^T BS = \text{diag}(\mu_1, \ldots, \mu_n) := D_\mu$. Ist nun s_k die $k-$te Spalte der Matrix S, so gilt ja $s_k^T Bs_k = \mu_k$, somit sind alle $\mu_k > 0$. Sei nun $\lambda_k = \sqrt{\mu_k}$ für $k = 1, \ldots, n$ und $D := \text{diag}(\lambda_1, \ldots, \lambda_n)$. Dann gilt natürlich $DD = D_\mu$ und $D^{-1} = \text{diag}(\lambda_1^{-1}, \ldots, \lambda_n^{-1})$. Es folgt

$$E = D^{-1}DDD^{-1} = D^{-1}S^T BSD^{-1} = D^{-1}S^T A^T ASD^{-1}.$$

Setzt man also $S_2 := ASD^{-1}$, so gilt ja $S_2^T = D^{-1}S^T A^T$ und somit $S_2^T S = E$. Dies zeigt, dass S_2 orthogonal ist. Aus $S_2 = ASD^{-1}$ folgt aber $S_2 DS^T = A$, was genau eine Darstellung wie im Lemma behauptet ist. □

Orthogonale lineare Abbildungen S erhalten nun bekanntlich Längen und Winkel, d.h. aber, dass für einen Quader Q gelten muss $V(S(Q)) = V(Q)$. Damit kann sich bei einer bijektiven linearen Abbildung T, deren Matrix ja nun eine Zerlegung $A = S_2 DS_1$ zulässt, nur dadurch etwas am Volumen ändern, dass die zur Diagonalmatrix D gehörende lineare Abbildung das Volumen verändert. Offenbar kommt es dabei aber nur zu einer Multiplikation des Volumens mit dem Faktor $\lambda_1 \cdot \ldots \cdot \lambda_n$. Somit gilt dann $V(T(Q)) = (\prod_{k=1}^n \lambda_k)V(Q)$. Bedenkt man aber, dass

$$\det A = \det S_2 \det D \det S_1 = \det S_2 \left(\prod_{k=1}^n \lambda_k \right) \det S_1$$

und $\det S_j = \pm 1$ gilt, so erhält man

$$V(T(Q)) = |\det A| V(Q).$$

Denkt man an die Argumentation, die wir beim Übergang zu Polarkoordinaten geführt haben, so ist nun das Auftreten der Funktionaldeterminante in (9.8) verständlich.

Zum Abschluss seien die in diesem Abschnitt behandelten Dinge noch eingesetzt zur Berechnung eines wichtigen uneigentlichen Integrals. Der Wert des auch als *Gaußsches Fehlerintegral* bezeichneten Integrals

$$\int_{-\infty}^{\infty} \exp(-x^2)dx := \lim_{R\to 0} \int_{-R}^{R} \exp(-x^2)dx \tag{9.9}$$

wird in der Analysis immer wieder benötigt. Es ist also $\int_{-R}^{R} \exp(-x^2)dx$ für $R \to \infty$ zu diskutieren. Dazu verwenden wir, dass für $R > 0$ gilt

$$\begin{aligned} \int_{[-R,R]\times[-R,R]} \exp(-x^2 - y^2)d(x,y) &= \int_{-R}^{R} \left(\int_{-R}^{R} \exp(-x^2)\exp(-y^2)dx \right) dy \\ &= \left(\int_{-R}^{R} \exp(-t^2)dt \right)^2. \end{aligned}$$

Damit reicht es, sich mit $\int_{[-R,R]\times[-R,R]} \exp(-x^2-y^2)d(x,y)$ für $R \to \infty$ zu beschäftigen. Wegen $K(0,R) \subset [-R,R]\times[-R,R] \subset K(0,\sqrt{2}R)$ gilt mit $E(x,y) := \exp(-x^2-y^2)$

$$\int_{K(0,R)} E(x,y)d(x,y) \le \int_{[-R,R]\times[-R,R]} E(x,y)d(x,y) \le \int_{K(0,\sqrt{2}R)} E(x,y)d(x,y).$$

Das Integral $\int_{K(0,R)} E(x,y)d(x,y)$ kann man aber leicht mit Hilfe von Polarkoordinaten berechnen. Danach ist

$$\int_{K(0,R)} E(x,y)d(x,y) = \int_0^{2\pi}\left(\int_0^R \exp(-r^2)rdr\right)d\varphi,$$

und wegen $(d/dr)\exp(-r^2) = -2r\exp(-r^2)$ gilt

$$\int_0^{2\pi}\left(\int_0^R \exp(-r^2)rdr\right)d\varphi = \left[-\pi\exp(-r^2)\right]_{r=0}^{r=R} = \pi(1-\exp(-R^2)).$$

Zusammenfassend ergibt sich damit die Abschätzung

$$\pi(1-\exp(-R^2)) \le \left(\int_{-R}^R \exp(-t^2)dt\right)^2 \le \pi(1-\exp(-2R^2)).$$

Da hier die links und rechts stehenden Terme für $R\to\infty$ gegen π gehen, erhält man damit für (9.9)

$$\int_{-\infty}^{\infty} \exp(-x^2)dx = \sqrt{\pi}.$$

9.3 Zum Gaußschen Integralsatz

Eine erste Variante des Gaußschen Integralsatzes, (und zwar in der Ebene, d.h. im $\mathbb{R}^2$), haben wir ja schon im letzten Abschnitt kennengelernt. Es sollen nun zunächst zwei wichtige Spezialfälle für Integrale im $\mathbb{R}^3$ diskutiert werden.

9.3.1 Zwei Spezialfälle

Sei im $\mathbb{R}^3$ der Quader $Q := [a_1,b_1]\times[a_2,b_2]\times[a_3,b_3]$ gegeben. Gibt es dann zur stetigen Funktion $f : Q \to \mathbb{R}$ eine Funktion F mit $f = \partial_x F$, so kann man rechnen

$$\int_{a_3}^{b_3}\int_{a_2}^{b_2}\int_{a_1}^{b_1} f(x,y,z)dxdydz = \int_{a_3}^{b_3}\int_{a_2}^{b_2} F(b_1,y,z)dydz - \int_{a_3}^{b_3}\int_{a_2}^{b_2} F(a_1,y,z)dydz.$$

Die letzten Integrale kann man aber offenbar ansehen als Integrale über zwei Randflächen des Quaders, nämlich

$$\Gamma_{a_1} := \{a_1\}\times[a_2,b_2]\times[a_3,b_3] \quad \text{und} \quad \Gamma_{b_1} := \{b_1\}\times[a_2,b_2]\times[a_3,b_3].$$

Analoge Ergebnisse erhält man offenbar, wenn $f = \partial_y F$ bzw. $f = \partial_z F$ ist, wobei dann die entsprechenden anderen Paare von Randflächen auftreten.

Besonders interessant ist nun die Situation, wenn es Funktionen F_1, F_2 und F_3 gibt mit $f = \partial_x F_1 + \partial_y F_2 + \partial_z F_3 =: \mathrm{div} F$, wobei $F(x,y,z) = (F_1(x,y,z), F_2(x,y,z), F_3(x,y,z))$ ist. Allgemein ist unter passenden Differenzierbarkeitsvoraussetzungen für ein ***Vektorfeld*** $F : M \subset \mathbb{R}^n \to \mathbb{R}^n$ die ***Divergenz*** definiert durch

$$\mathrm{div} F = \sum_{k=1}^{n} \partial_{x_k} F_k.$$

In diesem Fall folgt aus unseren Ergebnissen offenbar

$$\begin{aligned}\int_{a_3}^{b_3}\int_{a_2}^{b_2}\int_{a_1}^{b_1} \mathrm{div} F\, dx dy dz &= \int_{\Gamma_{b_1}} F_1 dy dz - \int_{\Gamma_{a_1}} F_1 dy dz \\ &+ \int_{\Gamma_{b_2}} F_2 dx dz - \int_{\Gamma_{a_2}} F_2 dx dz \\ &+ \int_{\Gamma_{b_3}} F_3 dx dy - \int_{\Gamma_{a_3}} F_3 dx dy.\end{aligned}$$

Die sechs Integrale über die sechs Randflächen des Quaders kann man nun noch zusammenfassend schreiben als ein Integral über den gesamten Rand des Quaders. Dazu ist offenbar in sinnvoller Weise das unterschiedliche Vorzeichen bei den sechs Integralen zu berücksichtigen. Dies ist sehr einfach, wenn man die ins Äußere des Quaders gerichteten Einheits-Normalenvektoren an die sechs Teilflächen betrachtet. Offenbar gilt, wenn diese entsprechend mit ν_{a_1} als Normalenvektor zu Γ_{a_1} etc. bezeichnet werden,

$$\begin{aligned}\nu_{a_1} &= (-1,0,0), \quad \nu_{b_1} = (1,0,0), \\ \nu_{a_2} &= (0,-1,0), \quad \nu_{b_2} = (0,1,0), \\ \nu_{a_3} &= (0,0,-1), \quad \nu_{b_3} = (0,0,1),\end{aligned}$$

Damit ist dann, wenn allgemein ν der nach außen gerichtete Normalenvektor an ∂Q ist, mit dem üblichen Skalarprodukt $\langle\ ,\ \rangle$

$$-\int_{\Gamma_{a_1}} F_1 dy dz = \int_{\Gamma_{a_1}} \langle F, \nu\rangle dy dz,$$

und entsprechend für die anderen Teilflächen. Wir können also zusammenfassend notieren

$$\int_Q \mathrm{div} F\, dx dy dz = \int_{\partial Q} \langle F, \nu\rangle dS, \tag{9.10}$$

wobei das letzte Integral ein Integral über eine Fläche im $\mathbb{R}^3$ ist, also für allgemeinere Randflächen bis jetzt noch gar nicht definiert ist. Für die Betrachtung von allgemeineren

Situationen geht es daher insbesondere darum, zu klären, für welche Mengen $M \subset \mathbb{R}^n$ ein (9.10) entsprechendes Resultat gilt. Der passenden Definition eines *Oberflächenintegrals*, oder kürzer *Flächenintegrals*, kommt dabei offenbar wesentliche Bedeutung zu. Auch muss es möglich sein, jedem (oder wenigstens in gewissem Sinn fast jedem, man denke nur an die Kanten des oben betrachteten Quaders), Punkt der Fläche einen Normalenvektor zuzuordnen. Da Normalenvektoren so definiert sein sollten, dass sie auf der Tangentialebene senkrecht stehen, sollte dazu die Randfläche in passender Weise eine differenzierbare Struktur haben.

Sei als zweiter Spezialfall $\int_{K(0,R)} \operatorname{div} F d(x,y,z)$ betrachtet, wobei $K(0,R)$ eine Kugel im $\mathbb{R}^3$ ist.
Wir gehen dabei davon aus, dass eine offene Menge $\Omega \subset \mathbb{R}^3$ mit $K(0,R) \subset \Omega$ und eine Funktion $f \in C^1(\Omega, \mathbb{R})$ gegeben sei. Integrieren wir nun die stetige Funktion $\partial f/\partial z$ über die ganze Kugel $K := K(0,R)$, so können wir mit den Bezeichnungen

$$K_0 := \{(x,y) \in \mathbb{R}^2 : x^2 + y^2 \leq R^2\}, \quad \zeta(x,y) := (R^2 - x^2 - y^2)^{1/2} \quad \text{für} \quad (x,y) \in K_0$$

schreiben

$$\int_K \frac{\partial f}{\partial z} d(x,y,z) = \int_{K_0} \left(\int_{-\zeta(x,y)}^{\zeta(x,y)} \frac{\partial f}{\partial z} dz \right) d(x,y).$$

Bekanntlich gilt

$$\int_{-\zeta(x,y)}^{\zeta(x,y)} \frac{\partial f}{\partial z} dz = f(x,y,\zeta(x,y)) - f(x,y,-\zeta(x,y)).$$

Damit ist also noch das Integral

$$\int_{K_0} (f(x,y,\zeta(x,y)) - f(x,y,-\zeta(x,y)))d(x,y) \tag{9.11}$$

zu berechnen. Dazu ist es zweckmäßig, zur Beschreibung von K_0 Polarkoordinaten zu verwenden, d.h.

$$x = r\cos\varphi, \quad y = r\sin\varphi \quad \text{mit} \quad r \in [0,R], \ \varphi \in [0, 2\pi).$$

Rechnet man dann das Integral um, so erhält man

$$\int_K \frac{\partial f}{\partial z} d(x,y,z) =$$

$$= \int_0^{2\pi} \int_0^R \Big(f(r\cos\varphi, r\sin\varphi, (R^2 - r^2)^{1/2}) - f(r\cos\varphi, r\sin\varphi, -(R^2 - r^2)^{1/2}) \Big) r dr d\varphi.$$

Beim inneren Integral über r führen wir nun die Substitution $r = R\sin\vartheta$ durch, wobei offenbar $\vartheta \in [0, \pi/2]$ sein muss. Dies liefert das neue innere Integral

$$\int_0^{\pi/2} (f(R\sin\vartheta\cos\varphi, R\sin\vartheta\sin\varphi, R\cos\vartheta) - f(R\sin\vartheta\cos\varphi, R\sin\vartheta\sin\varphi, -R\cos\vartheta)) \cdot$$

$$\cdot R^2 \sin\vartheta\cos\vartheta d\vartheta.$$

Verwendet man nun noch beim Integral

$$\int_0^{\pi/2} f(R\sin\vartheta\cos\varphi, R\sin\vartheta\sin\varphi, -R\cos\vartheta))R^2\sin\vartheta\cos\vartheta d\vartheta$$

die Substitution $\eta = \vartheta + \frac{\pi}{2}$, so erhält man

$$-\int_0^{\pi/2} f(R\sin\vartheta\cos\varphi, R\sin\vartheta\sin\varphi, -R\cos\vartheta))R^2\sin\vartheta\cos\vartheta d\vartheta =$$

$$= \int_{\pi/2}^{\pi} f(R\sin\eta\cos\varphi, R\sin\eta, \sin\varphi, R\cos\eta)R^2\sin\eta\cos\eta d\eta.$$

Zusammenfassend können wir damit schreiben

$$\int_K \frac{\partial f}{\partial z} d(x,y,z) = \int_0^{2\pi}\int_0^{\pi} f(R\sin\vartheta\cos\varphi, R\sin\vartheta\sin\varphi, R\cos\vartheta)R^2\sin\vartheta\cos\vartheta d\vartheta d\varphi. \tag{9.12}$$

Das letzte Integral kann man aber als ein Integral über die mit Kugelkoordinaten parametrisierte Kugeloberfläche auffassen, denn es gilt ja, wenn man mit Kugelkoordinaten arbeitet, $(R\sin\vartheta\cos\varphi, R\sin\vartheta\sin\varphi, R\cos\vartheta) \in \partial K$ für alle $\varphi \in [0, 2\pi]$ und $\vartheta \in [0, \pi]$. Denkt man an (9.10), so sollte sich dies auch schreiben lassen mit dem Integranden $f\nu_z$, wobei ν_z die z-Komponente des auf Eins normierten nach außen gerichteten Normalenvektors an die Kugeloberfläche ist.
Nun hat dieser Normalenvektor in einem Punkt $(x,y,z) \in \partial K$ anschaulich die gleiche Richtung wie der Vektor (x,y,z), ist aber auf die Länge Eins zu normieren. Da in Kugelkoordinaten gilt $(x,y,z) = (R\sin\vartheta\cos\varphi, R\sin\vartheta\sin\varphi, R\cos\vartheta)$, ist dann der Normalvektor gegeben durch $\nu = (\sin\vartheta\cos\varphi, \sin\vartheta\sin\varphi, \cos\vartheta)$ und somit $\nu_z = \cos\vartheta$. Dies zeigt, dass der in (9.12) auftretende Faktor $R^2\sin\vartheta$ zur Definition des Oberflächenintegrals gehören muss.
Geht man nun von $\int_K \partial_x f d(x,y,z)$ oder von $\int_K \partial_y f d(x,y,z)$ aus, so erhält man auf die gleiche Weise ein (9.12) entsprechendes Ergebnis, wenn man den Nordpol der Kugelkoordinaten auf die $x-$ bzw. die $y-$Achse legt. Das bedeutet aber, dass dann beim Integral über ∂K die $x-$ bzw. die $y-$Komponente des Normalenvektors eingehen wird.

Dies zeigt, dass ein (9.10) entsprechendes Resultat gelten wird, wenn man $\int_{\partial K}\langle F, \nu\rangle dS$ passend definiert. Dies soll im nächsten Abschnitt diskutiert werden.

9.3.2 Zum Oberflächenintegral

Die Parametrisierung der Kugeloberfläche ∂K mit Hilfe von Kugelkoordinaten ist ja eine Abbildung $G : [0, 2\pi] \times [0, \pi] \to \mathbb{R}^3$. Denkt man an die Überlegungen zum Integral über den mit Polarkoordinaten parametrisierten Kreis, so wird es auch, wenn man nun unter Verwendung dieser Parametrisierung eine auf ∂K definierte Funktion über ∂K integrieren möchte, darauf ankommen, welche Teile der Kugeloberfläche man bei dieser Abbildung G bekommt, wenn man das Rechteck $[0, 2\pi] \times [0, \pi]$ in Teilrechtecke zerlegt. Da es auch dabei auf eine zunehmende Verfeinerung der Zerlegung ankommt, wird man näherungsweise ein Bild von den zugehörigen Teilen der Kugeloberfläche bekommen, wenn man die Abbildung G näherungsweise ersetzt durch die lineare Abbildung G'.

Wir beginnen daher die Überlegungen mit der Situation, dass eine lineare Abbildung $A : \mathbb{R}^{n-1} \to \mathbb{R}$ einen Quader $Q \subset \mathbb{R}^{n-1}$ abbildet. Wir nehmen zuerst an, dass speziell $A(\mathbb{R}^{n-1}) \subset \{x \in \mathbb{R}^n : x_n = 0\}$ gelte. Zu so einer linearen Abbildung gehört dann eine Matrix A mit $n-1$ Spalten und n Zeilen, wobei die letzte Zeile aber nur aus Nullen besteht. Sei B die quadratische Matrix, die aus den ersten $n-1$ Zeilen von A gebildet ist. Denkt man an die Überlegungen zur Transformationsformel, so wird man, wenn man $A(Q)$ als Teilmenge des $\mathbb{R}^{n-1}$ auffasst, das Volumen von $A(Q)$ ansetzen müssen als $|\det B| V(Q)$. Durch einen kleinen Trick lässt sich aber $\det B$ mit Hilfe von A ausdrücken, (man beachte, dass man ja nicht die Determinante von A bilden kann). Es ist bekanntlich, wenn B^T die transponierte Matrix bezeichnet,

$$\det(B^T B) = \det B^T \det B = (\det B)^2.$$

Nun gilt aber $A^T A = B^T B$ und somit kann man $(\det A^T A)^{1/2} V(Q)$ für nun besser, (weil man ja $A(Q) \subset \mathbb{R}^n$ haben möchte), den *Flächeninhalt* von $A(Q)$ notieren.
Bewegt man nun in einem zweiten Schritt noch $A(Q)$ aus der Koordinatenebene $x_n = 0$ heraus, indem man mit einer orthogonalen linearen Abbildung $S : \mathbb{R}^n \to \mathbb{R}^n$ zu $S(A(Q))$ kommt, so ändert sich ja nichts an der Fläche. Es gilt aber

$$(SA)^T SA = A^T S^T SA = A^T A$$

und somit kann man mit der gesamten linearen Abbildung $C := SA$ die Fläche des Bildes von Q notieren als $(\det C^T C)^{1/2} V(Q)$.

Damit ist bereits klar, wie das Integral über ein durch eine C^1–Parametrisierung beschriebenes 'Flächenstück' im $\mathbb{R}^n$ zu definieren sein wird. Ist $Q \subset \mathbb{R}^{n-1}$ und $G : Q \to \mathbb{R}^n$ so eine Abbildung, die eine Parametrisierung des Flächenstücks Γ darstellt, so wird man für eine Funktion f, für die das rechts stehende Integral sinnvoll ist, definieren

$$\int_\Gamma f dS := \int_Q f(G(u))(\det G'(u)^T G'(u))^{1/2} du.$$

(Es sei darauf verzichtet, allgemein zu zeigen, dass die hier auftretende *Gramsche* Determinante immer nichtnegativ ist, denn in wichtigen speziellen Situationen werden wir dies explizit sehen. Für eine Diskussion der Gramschen Determinante im Rahmen des Determinanten-Multiplikationstheorems siehe etwa Fischer [3].)
Diese Definition ist natürlich nur dann wirklich sinnvoll, wenn sie bei verschiedenen Parametrisierungen des gleichen Flächenstücks Γ das gleiche Ergebnis liefert. Das kann man aber unter Benützung der Transformationsformel zeigen.

Nun in Hinblick auf die Diskussionen im letzten Abschnitt zum Oberflächenintegral für den Spezialfall von Flächen im $\mathbb{R}^3$. Sei also $G : Q \subset \mathbb{R}^2 \to \mathbb{R}^3$ gegeben. Es ist dann G' eine Matrix aus drei Zeilen und zwei Spalten und das Produkt $G'^T G'$ liefert, wenn man $G_{u_1} := (\partial_{u_1} G_1, \partial_{u_1} G_2, \partial_{u_1} G_3)$ und entsprechend G_{u_2} definiert, die Matrix

$$\begin{pmatrix} \|G_{u_1}\|^2 & \langle G_{u_1}, G_{u_2} \rangle \\ \langle G_{u_1}, G_{u_2} \rangle & \|G_{u_2}\|^2 \end{pmatrix}.$$

Somit ist

$$\det G'(u)^T G'(u) = \|G_{u_1}\|^2 \|G_{u_2}\|^2 - \langle G_{u_1}, G_{u_2}\rangle^2,$$

und die Schwarzsche Ungleichung zeigt, dass tatsächlich $\det G'(u)^T G'(u) \geq 0$ ist.
Damit kann man nun etwa die Oberfläche einer Kugel vom Radius R im $\mathbb{R}^3$ berechnen. Die Punkte auf der Kugeloberfläche seien wieder mit Hilfe von Kugelkoordinaten beschrieben durch

$$(x, y, z) = (R \cos\varphi \sin\vartheta, R \sin\varphi \sin\vartheta, R \cos\vartheta)$$

mit $(\varphi, \vartheta) \in [0, 2\pi] \times [0, \pi]$. Es ist dann $G_\varphi = (-R \sin\varphi \sin\vartheta, R \cos\varphi \sin\vartheta, 0)$ und $G_\vartheta = (R \cos\varphi \cos\vartheta, R \sin\varphi \cos\vartheta, -R \sin\vartheta)$ und man erhält leicht $\langle G_\varphi, G_\vartheta\rangle = 0$ sowie $\|G_\varphi\|^2 \|G_\vartheta\|^2 = R^4 \sin^2\vartheta$. Offenbar haben wir hier nun den schon im letzten Abschnitt aufgetretenen Faktor $R^2 \sin\vartheta$ erhalten!
Die Kugeloberfläche ergibt sich nun rasch:

$$\int_0^\pi \int_0^{2\pi} R^2 \sin\vartheta d\varphi d\vartheta = 2\pi R^2 \int_0^\pi \sin\vartheta d\vartheta = 4\pi R^2.$$

Ist eine Fläche im $\mathbb{R}^3$ speziell gegeben als Graph einer stetig differenzierbaren Funktion, also in der gewohnten Form $z = \varphi(x, y)$, so entspricht dies ja einer Parametrisierung $G(u) = (u_1, u_2, \varphi(u_1, u_2))$. Damit vereinfacht sich die Darstellung von $\det G'(u)^T G'(u)$ aber noch einmal. Es ist ja dann $\|G_{u_j}\|^2 = 1 + (\partial_{u_j}\varphi)^2$ für $j = 1, 2$ und $\langle G_{u_1}, G_{u_2}\rangle = (\partial_{u_1}\varphi)(\partial_{u_2}\varphi)$. Damit folgt

$$\begin{aligned} \|G_{u_1}\|^2 \|G_{u_2}\|^2 - \langle G_{u_1}, G_{u_2}\rangle^2 &= (1 + (\partial_{u_1}\varphi)^2)(1 + (\partial_{u_2}\varphi)^2) - (\partial_{u_1}\varphi)^2 (\partial_{u_2}\varphi)^2 \\ &= 1 + (\partial_{u_1}\varphi)^2 + (\partial_{u_2}\varphi)^2. \end{aligned}$$

Damit tritt also in diesem Fall im Oberflächenintegral der Faktor

$$\sqrt{1 + (\partial_{u_1}\varphi)^2 + (\partial_{u_2}\varphi)^2}$$

auf. Dies lässt sich entsprechend auch im höherdimensionalen Fall nachweisen.

9.3.3 Über Mannigfaltigkeiten im $\mathbb{R}^n$

Um mit dem im Gaußschen Integralsatz auftretenden Integral $\int_{\partial M} \langle F, \nu\rangle dS$ arbeiten zu können, müssen wir noch die Möglichkeit diskutieren, Punkten des Randes ∂M eine nach außen gerichtete Normale zuzuordnen. Wie bereits erwähnt, werden wir dazu Flächen betrachten, denen man eine Tangentialebene zuordnen kann.
Bei der folgenden Definition orientieren wir uns dabei daran, dass man z.B. die Oberfläche der Kugel $K(0, 1)$ im $\mathbb{R}^3$ als Menge aller Punkte beschreiben kann, die der Gleichung $x^2 + y^2 + z^2 - 1 = 0$ genügen. Wir definieren also:
Seien $r, n \in \mathbb{N}$ mit $1 \leq r < n$, sei $\emptyset \neq M \subset \mathbb{R}^n$. M heißt ***r-dimensionale Mannigfaltigkeit*** der Klasse C^1, wenn es zu jedem $\xi \in M$ eine Umgebung $U(\xi) \subset \mathbb{R}^n$ und eine Abbildung $\Phi \in C^1(U(\xi), \mathbb{R}^{n-r})$ gibt mit $\operatorname{rang} \Phi'(x) = n - r$ für alle $x \in U(\xi)$, so dass gilt

$$M \cap U(\xi) = \{x \in U(\xi) : \Phi(x) = 0\}.$$

Für uns werden speziell die $(n-1)$-dimensionalen Mannigfaltigkeiten von Bedeutung sein; dann wird offenbar gefordert, dass sich M lokal als Menge der Nullstellen einer stetig differenzierbaren Funktion $\Phi : U(\xi) \to \mathbb{R}$ darstellen lässt. Da die Jacobi-Matrix ja in diesem Fall gleich dem Gradientenvektor ist, bedeutet $\operatorname{rang} \Phi'(x) = n - r = 1$ in diesem Fall, dass in jedem Punkt von $U(\xi)$ mindestens eine der partiellen Ableitungen $\partial_{x_k}\Phi$, $(k \in \{1, \ldots, n\})$, von Null verschieden sein soll. Ein einfaches Beispiel für so eine $(n-1)$-dimensionale Mannigfaltigkeit im $\mathbb{R}^n$ ist die $(n-1)$-Sphäre

$$M = \{x \in \mathbb{R}^n : \|x\| = 1\}.$$

Die für $x \in \mathbb{R}^n$ mit $1/2 < \|x\| < 2$ durch $\Phi(x) := \sum_{k=1}^n x_k^2 - 1$ definierte Funktion erfüllt nämlich alle in der Definition gestellten Forderungen, und zwar für jeden Punkt $\xi \in M$. Man muss ja nur als Umgebung $U(\xi)$ die Kugel $U(\xi, 1/2)$ nehmen, und die Bedingung $\operatorname{rang} \Phi'(x) = 1$ für $x \in U(\xi)$ ist erfüllt, weil $\Phi'(x) = (2x_1, \ldots, 2x_n))$ und für alle $x \in U(\xi)$ ja $x \neq 0$ gilt.

Man kann nun tatsächlich jedem Punkt einer $(n-1)$-dimensionalen Mannigfaltigkeit der Klasse C^1 sinnvoll Normalenvektoren zuordnen. Dazu führen wir zuerst den Begriff des *Tangentialraums* ein, und zwar sogar für $r-$dimensionale Mannigfaltigkeiten.
Die folgende Definition lehnt sich dabei an die Vorstellung an, dass eine Tangentialebene durch Vektoren aufgespannt wird, die Tangenten an Kurven sind, die auf der Fläche verlaufen:

Sei $M \subset \mathbb{R}^n$ eine $r-$dimensionale Mannigfaltigkeit der Klasse C^1, sei $\xi \in M$. Dann nennt man die Menge aller Vektoren $h \in \mathbb{R}^n$, zu denen es ein $\delta > 0$ und eine Abbildung $\psi \in C^1((-\delta, \delta), \mathbb{R}^n)$ gibt mit $\psi((-\delta, \delta)) \subset M$ und $\psi(0) = \xi$ sowie $\psi'(0) = h$, den ***Tangentialraum*** an M im Punkt ξ.

Für den Tangentialraum an M im Punkt ξ verwenden wir die Notation $T_\xi M$. Die Bezeichnung *Tangentialraum* legt es nun schon nahe, dass es sich dabei um einen Vektorraum handeln wird. Tatsächlich gilt immer $T_\xi M = \ker \Phi'(\xi)$, was auch impliziert, dass dieser Vektorraum die Dimension r haben muss. (Nach der Dimensionsformel für lineare Abbildungen gilt ja $\dim \mathbb{R}^n = \dim \operatorname{Im} \Phi'(\xi) + \dim \ker \Phi'(\xi)$, woraus wegen $\operatorname{rang} \Phi'(\xi) = n - r$ folgt $\dim \ker \Phi'(\xi) = r$). Wir zeigen dies nun für den für die weiteren Dinge wichtigen Fall $r = n - 1$.

Satz 9.4

Sei $M \subset \mathbb{R}^n$ $(n-1)$-dimensionale Mannigfaltigkeit der Klasse C^1, sei $\xi \in M$ und dazu U eine Umgebung von ξ, so dass eine Darstellung $M \cap U = \{x \in U : \Phi(x) = 0\}$ gegeben ist. Dann gilt $T_\xi M = \ker \Phi'(\xi)$ und somit $\dim T_\xi M = n - 1$.

Beweis:
Nach der Vorbemerkung zur Dimension ist nur noch zu zeigen, dass $T_\xi M \subset \ker \Phi'(\xi)$ und $\ker \Phi'(\xi) \subset T_\xi M$ gilt.
Beim ersten Teil werden wir gar nicht auf die Voraussetzung, dass die Mannigfaltigkeit $(n-1)$-dimensional ist, zurückgreifen müssen. Sei also $h \in T_\xi M$. Sei dazu entsprechend der Definition des Tangentialraums $\psi \in C^1((-\delta, \delta), \mathbb{R}^n)$ mit $\psi((-\delta, \delta)) \subset M$,

$\psi(0) = \xi$ und $\psi'(0) = h$. Aus $\psi((-\delta,\delta)) \subset M$ folgt $\Phi(\psi(t)) = 0$ für $t \in (-\delta,\delta)$, somit aber $(d/dt)\Phi(\psi(t)) = 0$ für $t \in (-\delta,\delta)$. Nach der Kettenregel gilt $(d/dt)\Phi(\psi(t)) = \Phi'(\psi(t))\psi'(t)$. Aus $\psi(0) = \xi$ und $\psi'(0) = h$ folgt damit $0 = \Phi'(\psi(0))\psi'(0) = \Phi'(\xi)h$, d.h. $h \in \ker\Phi'(\xi)$.
Sei nun für die umgekehrte Inklusion angenommen, dass $h \in \ker\Phi'(\xi)$ sei. Wie dürfen ohne Einschränkung der Allgemeinheit annehmen, dass $\partial_{x_n}\Phi(\xi) \neq 0$ ist. (Man kann ja einfach die Koordinaten im $\mathbb{R}^n$ umnummerieren). Der Satz über implizite Funktionen sichert uns damit, dass es eine Umgebung W von $(\xi_1,\ldots,\xi_{n-1})$ und eine Abbildung $g : W \to \mathbb{R}$ gibt mit $g(\xi_1,\ldots,\xi_{n-1}) = \xi_n$ und $\Phi(\xi_1,\ldots,\xi_{n-1},g(\xi_1,\ldots,\xi_{n-1})) = 0$ für alle $(\xi_1,\ldots,\xi_{n-1}) \in W$. Dabei ist sogar $g \in C^1(W,\mathbb{R})$. Seien nun zur Vereinfachung die Notationen $\xi' := (\xi_1,\ldots,\xi_{n-1})$ und $h' := (h_1,\ldots,h_{n-1})$ verwendet. Es gibt ein $\delta > 0$, so dass $\xi' + th' \in W$ für $t \in (-\delta,\delta)$ gilt. Sei für $t \in (-\delta,\delta)$ definiert $\psi(t) := (\xi' + th', g(\xi' + th'))$. Es gilt dann $\psi(t) \in M$, so dass die Funktion ψ geeignet erscheint, nachzuweisen, dass $h \in T_\xi M$ ist. Tatsächlich ist ja $\psi(0) = \xi$, so dass wir nur noch zeigen müssen, dass $\psi'(0) = h$ gilt. Nun gilt für die Komponenten $\psi'(t)_k$ des Spaltenvektors $\psi'(t)$ nach der Kettenregel $\psi'(t)_k = h_k$ für $k = 1,\ldots,n-1$ und

$$\psi'(t)_n = \sum_{j=1}^{n-1}(\partial_{x_k}g)(\xi' + th')h_j.$$

Damit ist noch zu zeigen, dass $\sum_{j=1}^{n-1}(\partial_{x_k}g)(\xi')h_j = h_n$ gilt.
Aus $\Phi(\psi(t)) = 0$ folgt aber wie oben $\Phi'(\psi(0))\psi'(0) = \Phi'(\xi)\psi'(0) = 0$. Mit der Notation $g'(\xi)h' := \sum_{j=1}^{n-1}\partial_{x_k}g(\xi')h_j$ und $(h', g'(\xi)h') = (h_1,\ldots,h_{n-1},g'(\xi)h')$ können wir also festhalten $\Phi'(\xi)(h',g'(\xi)h')^T = 0$. Andererseits gilt aber mit einer entsprechenden Notation auch $\Phi'(\xi)(h',h_n)^T = 0$, somit $\Phi'(\xi)(0,g'(\xi)h' - h_n)^T = 0$. Wegen $(\partial_{x_n}\Phi)(\xi) \neq 0$ folgt daraus $g'(\xi)h' - h_n = 0$. □

Damit wissen wir nun, dass das orthogonale Komplement $T_\xi M^\perp$ zum $(n-1)$-dimensionalen Untervektorraum $T_\xi M$ des $\mathbb{R}^n$ die Dimension Eins hat. Es ist naheliegend, dass man die Vektoren $\nu \in T_\xi M^\perp$ als ***Normalenvektoren*** an M im Punkt ξ bezeichnet. Es gilt nun:

Korollar 9.2

Sei $M \subset \mathbb{R}^n$ $(n-1)$-dimensionale Mannigfaltigkeit, sei $\xi \in M$ und dazu U eine Umgebung von ξ, so dass eine Darstellung $M \cap U = \{x \in U : \Phi(x) = 0\}$ gegeben ist. Dann ist $\{\operatorname{grad}\Phi(\xi)\}$ eine Basis für den Raum der Normalenvektoren im Punkt ξ.

Beweis:
Sei $\nu \in T_\xi M^\perp$, also $\nu \perp h$ für alle $h \in T_\xi M$. Das bedeutet $\langle h,\nu\rangle = 0$ für alle h mit $\Phi'(\xi)h = 0$. Der Vektor $\nu = \operatorname{grad}\Phi(\xi)$ erfüllt dies auf triviale Weise, ist also ein Normalenvektor. Da er nach Voraussetzung verschieden vom Nullvektor sein muss, bildet er bereits eine Basis des eindimensionalen Raums der Normalenvektoren. □

Mit diesen Kenntnissen können wir nun rasch den Gaußschen Integralsatz für Kugeln $K(0,R) \subset \mathbb{R}^n$ beweisen.

Satz 9.5

Sei $K(0,R) \subset \mathbb{R}^n$, $\Omega \subset \mathbb{R}^n$ offen mit $K(0,R) \subset \Omega$ und $F \in C^1(\Omega, \mathbb{R}^n)$. Dann gilt

$$\int_{K(0,R)} \operatorname{div} F dx = \int_{\partial K(0,R)} \langle F, \nu \rangle dS.$$

Beweis:
Wir werden zeigen, dass

$$\int_{K(0,R)} \frac{\partial F_n}{\partial x_n} dx = \int_{\partial K(0,R)} F_n \nu_n dS$$

gilt. Der Beweis wird zeigen, dass man ganz entsprechend mit den zu den anderen Komponenten von F gehörenden Termen arbeiten könnte, und somit ergibt sich dann die Behauptung durch Summation der Einzelergebnisse für die Komponenten.
Sei $y := (x_1, \ldots, x_{n-1})$ und $\varphi(y) := \sqrt{R^2 - \|y\|^2}$, (wobei $\| \ \|$ die euklidische Norm auf dem $\mathbb{R}^{n-1}$ sei). Dann können wir, wenn wir die Notation $K_0 := \{y \in \mathbb{R}^{n-1} : \|y\| \leq R\}$ verwenden, schreiben

$$\int_{K(0,R)} \frac{\partial F_n}{\partial x_n} dx = \int_{K_0} \left(\int_{-\varphi(y)}^{\varphi(y)} \frac{\partial F_n}{\partial x_n} dx_n \right) dy.$$

Damit ist noch zu zeigen, dass

$$\int_{K_0} (F_n(y, \varphi(y))dy - F_n(y, -\varphi(y)))dy = \int_{\partial K(0,R)} F_n \nu_n dS \tag{9.13}$$

gilt. Dazu berechnen wir den nach außen gerichteten Normalenvektor der Länge Eins an $\partial K(0,R)$. In den Punkten $x \in \partial K(0,R)$ mit $x_n > 0$ ist ja die Kugeloberfläche, (also die $(n-1)$-dimensionale Mannigfaltigkeit), beschrieben durch die Gleichung $\Phi(x) = x_n - \varphi(y) = 0$. Damit ist aber

$$v := (-\partial_{x_1}\varphi(y), \ldots, -\partial_{x_{n-1}}\varphi(y), 1)$$

ein Normalenvektor im Punkt x. Dieser Vektor ist als nach außen gerichtet anzusehen. Denn betrachtet man mit $\lambda > 0$ einen Punkt $\xi := x + \lambda v$, so ist $\xi_n = x_n + \lambda > x_n$ und für alle Punkte in $U(0,R)$ gilt ja $x_n^2 + \|y\|^2 < R^2$, somit, wenn $x_n > 0$ ist, $x_n < \varphi(y)$. Damit ist also der gesuchte Normalenvektor ν gegeben durch

$$\nu = \frac{1}{(1 + \|\mathrm{grad}\varphi(y)\|^2)^{1/2}} (-\partial_{x_1}\varphi(y), \ldots, -\partial_{x_{n-1}}\varphi(y), 1).$$

Somit ist $\nu_n = (1 + \|\mathrm{grad}\varphi\|^2)^{-1/2}$. Da die bezüglich x_n obere Hälfte der Kugeloberfläche durch die Gleichung $x_n = \varphi(y)$ beschrieben ist, tritt im zugehörigen Oberflächenintegral der Faktor $\sqrt{1 + \|\mathrm{grad}\varphi(y)\|^2}$ auf. Damit können wir aber, wenn ∂K_+ dieser obere Teil von $\partial K(0,R)$ ist, notieren

$$\int_{\partial K_+} F_n \nu_n dS = \int_{K_0} (F_n(y,\varphi(y))(1+\|\mathrm{grad}\varphi\|^2)^{-1/2}(1+\|\mathrm{grad}\varphi\|^2)^{1/2}dy$$
$$= \int_{K_0} (F_n(y,\varphi(y))dy.$$

Führt man eine entsprechende Überlegung für den unteren Teil der Kugeloberfläche aus, so erhält man nach Summation genau (9.13). □

Mit diesem Ergebnis beenden wir die Diskussion zur Formulierung und zum Beweis des Gaußschen Integralsatzes, da eine für viele Zwecke genügend allgemeine Formulierung einen relativ großen technischen Aufwand erfordert. Einen Zugang, der gut an die hier gegebene Darstellung anschließt, findet man in Hildebrandt [6], Bd. 2. Es muss aber noch bemerkt werden, dass der passende Rahmen für verschiedene *Integralsätze* durch den *Differentialformenkalkül* gegeben wird, für den in dieser Einführung kein Raum ist.

9.3.4 Einige Folgerungen und Anwendungen

Der Begriff der Divergenz eines Vektorfeldes wurde in Abschnitt 9.3.1 unter rein mathematischen Gesichtspunkten eingeführt. Die Divergenz eines Vektorfeldes hat aber durchaus auch eine physikalische Bedeutung. Wendet man den Gaußschen Integralsatz an auf ein Vektorfeld $F:\Omega\to\mathbb{R}^n$, für das für in einer geeigneten Menge G gilt $\mathrm{div}F(x)=0$, so folgt offenbar $\int_{\partial G}\langle F,\nu\rangle dS=0$. Dies zeigt bereits, warum man davon spricht, dass div $F=0$ bedeutet, dass das Vektorfeld *quellenfrei* ist. Allgemeiner kann man sogar $\mathrm{div}F(x)$ als die Ergiebigkeit einer Quelle im Punkt x ansehen, wie das folgende Ergebnis zeigt, das ebenfalls eine einfache Folgerung aus dem Gaußschen Integralsatz ist.

Korollar 9.3

Sei $\Omega\subset\mathbb{R}^n$ offen und $F\in C^1(\Omega,\mathbb{R}^n)$. Dann gilt für $x\in\Omega$

$$\mathrm{div}F(x)=\lim_{r\to 0}\frac{1}{V(K(x,r))}\int_{\partial K(x,r)}\langle F,\nu\rangle dS,$$

wobei mit $V(K(x,r))$ das Volumen der Kugel $K(x,r)$ bezeichnet wird.

Beweis:
Nach dem Gaußschen Integralsatz gilt

$$\frac{1}{V(K(x,r))}\int_{\partial K(x,r)}\langle F,\nu\rangle dS=\frac{1}{V(K(x,r))}\int_{K(x,r)}\mathrm{div}F dy.$$

Damit ist zu zeigen, dass $\lim_{r\to 0}\frac{1}{V(K(x,r))}\int_{K(x,r)}\mathrm{div}F(y)dy=(\mathrm{div}F)(x)$ gilt. Da hier beide Seiten aus einer Summe bestehen, reicht es, für ein beliebiges $j\in\{1,\dots,n\}$ zu zeigen, dass

$$\lim_{r\to 0}\frac{1}{V(K(x,r))}\int_{K(x,r)}(\partial_{x_j}F)(y)dy=(\partial_{x_j}F)(x)$$

gilt. Dies folgt aber daraus, dass sogar für jede beliebige Funktion $f\in C(\mathbb{R}^n,\mathbb{R})$ gilt

$$\lim_{r\to 0}\frac{1}{V(K(x,r))}\int_{K(x,r)}f(y)dy=f(x). \tag{9.14}$$

Dies ergibt sich aber sofort aus der Stetigkeit. Ist $\varepsilon>0$ gegeben, so gibt es ein $\delta>0$ mit $|f(y)-f(x)|<\varepsilon$ für $\|y-x\|<\delta$. Für $0<r<\delta$ kann man damit abschätzen

$$\begin{aligned}\left|V(K(x,r))f(x)-\int_{K(x,r)}f(y)dy\right| &= \left|\int_{K(x,r)}(f(x)-f(y))dy\right|\\ &\le \int_{K(x,r)}|f(x)-f(y)|dy<\varepsilon V(K(x,r)).\end{aligned}$$

Daraus folgt offenbar sofort (9.14). □

Ein Beispiel für die vielfältige Einsetzbarkeit des Gaußschen Integralsatzes ist auch die Möglichkeit, einen einfachen Zusammenhang zwischen dem Flächeninhalt der Oberfläche einer Kugel im $\mathbb{R}^n$ und ihrem Volumen herstellen zu können, ohne eine dieser beiden Größen berechnen zu müssen.
Betrachtet man das Vektorfeld $F(x):=x$ für $x\in\mathbb{R}^n$, so gilt ja $\mathrm{div}F(x)=n$ für alle $x\in\mathbb{R}^n$. Damit gilt aber für $r>0$

$$V(K(0,r))=\frac{1}{n}\int_{\|x\|=r}\langle x,\nu(x)\rangle dS.$$

Nun gilt aber nach unseren früheren Überlegungen $\nu(x)=\frac{1}{\|x\|}x=\frac{1}{r}x$ für alle Punkte $x\in\partial K(0,r)$ und somit $\langle x,\nu(x)\rangle=r$. Daraus folgt, wenn wir mit $F(\partial K(0,r))$ die Fläche der Kugeloberfläche bezeichnen,

$$V(K(0,r))=\frac{r}{n}F(\partial K(0,r)).$$

Der Gaußsche Integralsatz ermöglicht es, auch bei Funktionen mehrerer Variabler mit partieller Integration zu arbeiten. Nehmen wir zur Vereinfachung an, dass $u\in C^1(\mathbb{R}^n,\mathbb{R})$ und $F\in C^1(\mathbb{R}^n,\mathbb{R}^n)$ sei, so können wir für eine Menge $G\subset\mathbb{R}^n$, für die man den Gaußschen Integralsatz einsetzen darf, erschließen, dass

$$\int_G u\,\mathrm{div}F dx=\int_{\partial G}\langle uF,\nu\rangle dS-\int_G\langle \mathrm{grad}u,F\rangle dx \tag{9.15}$$

gilt. Denn zunächst liefert die Produktregel ja $\mathrm{div}(uF)=\langle\mathrm{grad}u,F\rangle+u\mathrm{div}F$. Damit gilt

$$\int_G u\,\mathrm{div}F dx=\int_G \mathrm{div}(uF)dx-\int_G\langle\mathrm{grad}u,F\rangle dx$$

und (9.15) folgt unter Benützung von

$$\int_G \operatorname{div}(uF)dx = \int_{\partial G} \langle uF, \nu\rangle dS.$$

Ganz offensichtlich wird die Analogie zur gewohnten partiellen Integration, wenn man den Spezialfall $F = (\varphi, 0, \ldots, 0)$ betrachtet, wobei $\varphi|_{\partial G} = 0$ ist. Dann geht nämlich (9.15) über in

$$\int_G u\partial_{x_1}\varphi dx = -\int_G (\partial_{x_1}u)\varphi dx.$$

Dieses 'Hinüberschieben' von Ableitungen spielt eine ganz wichtige Rolle bei der Behandlung von partiellen Differentialgleichungen.

Wichtig sind bei der Behandlung von partiellen Differentialgleichungen, und zwar insbesondere bei der Diskussion der ***Potentialgleichung*** $\Delta u = 0$ auch die sogenannten *Greenschen Formeln.* Dabei ist Δ der ***Laplace-Operator***

$$\Delta = \sum_{k=1}^{n} \partial_{x_k}^2.$$

Ist das im Gaußschen Integralsatz auftretende Vektorfeld F selber durch Gradientenbildung aus einer skalaren Funktion entstanden, gibt es also eine C^2–Funktion f, so dass $F = (\partial_{x_1}f, \ldots, \partial_{x_n}f)$ gilt, so erhält man zunächst

$$\operatorname{div}F = \sum_{k=1}^{n} \partial_{x_k}^2 f = \Delta f, \quad \text{und} \quad \langle F, \nu\rangle = \langle \mathrm{gradf}, \nu\rangle = D_\nu f,$$

(wobei wieder mit $D_\nu f$ die Richtungsableitung bezeichnet wird). Häufig findet man für die Richtungsableitung auch die Notation $\frac{\partial f}{\partial \nu}$. Damit erhält dann der Gaußsche Integralsatz in dieser speziellen Situation die Form

$$\int_G \Delta f dx = \int_{\partial G} \frac{\partial f}{\partial \nu} dS.$$

Ganz analog kommt man zu den erwähnten Greenschen Formeln, wenn man den Fall betrachtet, dass es eine C^1-Funktion u und eine C^2-Funktion v gibt mit

$$F = u\,\mathrm{grad}v.$$

Dann gilt offenbar $\langle F, \nu\rangle = u(\partial v/\partial \nu)$ und aufgrund der Produktregel für die Ableitungen folgt

$$\operatorname{div}(u\,\mathrm{grad}v) = u\Delta v + \langle \mathrm{grad}u, \mathrm{grad}v\rangle.$$

Damit erhält man die sogenannte ***erste Greensche Formel***

$$\int_G (u\Delta v + \langle \mathrm{gradu}, \mathrm{gradv}\rangle)dx = \int_{\partial G} u(\partial v/\partial \nu)dS.$$

Sind nun sogar u und v C^2-Funktionen, so gilt diese Formel auch, wenn man die Rollen von u und v vertauscht. Durch Subtraktion der zwei Gleichungen erhält man dann die ***zweite Greensche Formel***

$$\int_G (u\Delta v - v\Delta u)dx = \int_{\partial G} (u(\partial v/\partial \nu) - v(\partial u/\partial \nu))dS.$$

Es ist schon lange bekannt, dass man mit Hilfe dieser Formeln wichtige Informationen über harmonische Funktionen, (das sind die Lösungen der Potentialgleichung), gewinnen kann.

Hier sei abschließend noch gezeigt, dass man unter Verwendung der früher diskutierten zweidimensionalen Form des Gaußschen Integralsatzes, in der Kurvenintegrale auftreten, auch rasch zu einem interessanten Ergebnis über Lösungen der ***Wellengleichung*** kommen kann.

Als n-dimensionale Wellengleichung wird die Differentialgleichung

$$\partial_t^2 u(x,t) = c^2 \sum_{k=1}^{n} \partial_{x_k}^2 u(x,t)$$

bezeichnet, die zur Beschreibung von Vorgängen benützt wird, die etwas mit der Ausbreitung von Wellen zu tun haben. Die Konstante $c > 0$ spielt dabei die Rolle der Ausbreitungsgeschwindigkeit und t steht für die Zeit. Wir beschäftigen uns nun mit dem einfachsten Fall $n = 1$ und zur technischen Vereinfachung sei $c = 1$.

Wir betrachten also den Differentialoperator $L := \partial_x^2 - \partial_t^2$ und Lösungen von $Lu = 0$. Seien $a, b \in \mathbb{R}$ mit $a < b$ und seien damit im $\mathbb{R}^2$ die drei Punkte $A := (2a, 0)$, $B := (2b, 0)$ und $C := (a + b, b - a)$ gegeben. Da $a + b = (2a + 2b)/2$ und $b - a = (2b - 2a)/2$ gilt, bilden diese drei Punkte ein gleichseitiges Dreieck mit den Eckpunkten A und B auf der $x-$Achse und Steigung der Seite AC von 45 Grad. Ist nun D die entsprechende Dreiecksfläche, so erhält man unter Verwendung der früher gewonnenen zweidimensionalen Variante des Gaußschen Integralsatzes

$$\int_M (\partial_x G - \partial_y F)d(x,y) = \int_{\partial M} F dx + G dy,$$

(wobei rechts ein Kurvenintegral steht),

$$\int_D Lu\, d(x,t) = \int_D (\partial_x(\partial_x u) - \partial_t(\partial_t u))d(x,t) = \int_{\partial D} (\partial_t u)dx + (\partial_x u)dt. \tag{9.16}$$

Das Kurvenintegral zerfällt in drei Integrale über die drei Seiten des Dreiecks, wobei darauf zu achten ist, dass man dabei im Gegenuhrzeigersinn fortschreitet. Die Seite AB ist somit parametrisiert durch $x = 2a + s,\ t = 0$ mit $s \in [0, 2(b-a)]$, die Seite BC durch $x = 2b - s,\ t = s$ mit $s \in [0, b - a]$ und die Seite CA durch $x = a + b - s,\ t = b - a - s$

mit $s \in [0, b-a]$. Damit erhält man

$$\begin{aligned}\int_{\partial D} (\partial_t u)dx + (\partial_x u)dt = &\int_0^{2(b-a)} (\partial_t u)(2a+s,0)ds \\ &+ \int_0^{b-a} (-(\partial_t u)(2b-s,s) + (\partial_x u)(2b-s,s))ds \\ &+ \int_0^{b-a} (-(\partial_t u)(a+b-s,b-a-s) - (\partial_x u)(a+b-s,b-a-s))ds.\end{aligned}$$

Nun ist aber

$$-(\partial_t u)(2b-s,s) + (\partial_x u)(2b-s,s) = \frac{d}{ds}(-u(2b-s,s))$$

und

$$-(\partial_t u)(a+b-s,b-a-s) - (\partial_x u)(a+b-s,b-a-s) = \frac{d}{ds}u(a+b-s,b-a-s).$$

Damit kann man die letzten zwei Integrale ausrechnen und erhält

$$\int_{\partial D} (\partial_t u)dx + (\partial_x u)dt = \int_0^{2(b-a)} (\partial_t u)(2a+s,0)ds + u(A) + u(B) - 2u(C).$$

Bringt man dies in (9.16) ein, so sieht man, dass für eine C^2-Funktion u, die in einer offenen Menge Ω, die das (abgeschlossene) Dreieck D umfasst, Lösung der Wellengleichung ist, also $(Lu)(x,t) = 0$ erfüllt gilt,

$$u(C) = \frac{1}{2}(u(A) + u(B)) + \frac{1}{2}\int_{2a}^{2b} (\partial_t u)(x,0)dx. \tag{9.17}$$

Dieses Ergebnis zeigt, dass eine Lösung u der Wellengleichung eindeutig festgelegt ist durch die Werte von u und u_t zum Zeitpunkt $t = 0$. Es ist dies also ein Eindeutigkeitsresultat zum *Anfangswertproblem*. Man kann aber (9.17) sogar zur Gewinnung eines Existenzresultats verwenden; in etwas anderer Form findet man dies üblicherweise als Lösungsformel von d'Alembert.

Aufgaben

1. Sei $f : [-1,1]^3 \to \mathbb{R}$ definiert durch

$$f(x,y,z) := (x+y)^2 - (y-z)^2 + (z+x)^2.$$

Man zeige, dass f Riemann-integrierbar ist und berechne $\int_{[-1,1]^3} f(x,y,z)d(x,y,z)$.

2. Seien $a > 0,\ b > 0,\ c > 0$. Man berechne das Volumen des Ellipsoids

$$M = \{(x,y,z) \in \mathbb{R}^3 : \frac{x^2}{a^2} + \frac{y^2}{b^2} + \frac{z^2}{c^2} \le 1\}.$$

3. Sei $a \in \mathbb{R}$, sei $Q \subset \mathbb{R}^n$ ein achsenparalleler Quader und seien die Funktionen $f : Q \times \mathbb{R} \to \mathbb{R}$ und $g : Q \to \mathbb{R}$ stetig. Für $x \in Q$ sei

$$F(x) := \int_a^{g(x)} f(x,y)dy.$$

Man zeige, dass F stetig ist.

4. Man überlege sich, dass man über die folgenden Mengen stetige Funktionen integrieren kann:

(a) $A := \{(x,y) \in [-3,3]^2 : y \le e^x \wedge y \le e^{-x}\}$.

(b) $B := f([-1,1]^3)$, wobei die Abbildung $f : \mathbb{R}^3 \to \mathbb{R}^3$ definiert ist durch $f(x,y,z) = (e^y, e^z, e^x)$.

5. Man berechne das Volumen V und den Schwerpunkt

$$S := \frac{1}{V}\left(\int_T xd(x,y,z), \int_T yd(x,y,z), \int_T zd(x,y,z)\right)$$

des schiefen Turms

$$T := \{(x,y,z) \in \mathbb{R}^3 : z \in [0,10], (x - \frac{1}{10}z)^2 + (y - \frac{1}{10}z)^2 \le 1\}.$$

6. Man berechne die zwei iterierten Integrale

$$I := \int_1^\infty \left(\int_1^\infty \frac{y-x}{(x+y)^3}dy\right) dx, \quad J := \int_1^\infty \left(\int_1^\infty \frac{y-x}{(x+y)^3}dx\right) dy.$$

Wie ist das Ergebnis zu interpretieren?

7. Die Abbildung $t \in [-\pi/2, \pi/2] \mapsto (\cos t, \sin t \cos t) \in \mathbb{R}^2$ parametrisiert eine geschlossene Kurve in der Ebene. Man berechne den Flächeninhalt des von dieser Kurve umschlossenen Bereichs.

8. Sei $\Omega \subset \mathbb{R}^3$ offen und sei $K(0,R) \subset \Omega$. Man zeige: Ist $u \in C^2(\Omega)$ Lösung von $\Delta u(x) = f(x)$ und $v \in C^1(\Omega)$ mit $v(x) = u(x)$ für $\|x\| = R$, so gilt

$$\frac{1}{2}\int_{K(0,R)} \|\text{grad}u\|^2 dx + \int_{K(0,R)} fudx \le \frac{1}{2}\int_{K(0,R)} \|\text{grad}v\|^2 dx + \int_{K(0,R)} fvdx.$$

(Hinweis: Man arbeite mit der ersten Greenschen Formel, angewandt auf die Funktionen $v - u$ und u.)

Literaturverzeichnis

[1] Amann, Herbert, Escher, Joachim: *Analysis II*, Birkhäuser Verlag, Basel, (1999)

[2] Blatter, Christian: *Analysis 2*, Springer Verlag, Berlin, (1992).

[3] Fischer, Gerd: *Lineare Algebra*, Vieweg Verlag, Braunschweig, (1995)

[4] Grauert, Hans, Grunau, Hans-Christoph: *Lineare Algebra und Analytische Geometrie*, Oldenbourg Verlag, München, (1999)

[5] Heuser, Harro: *Lehrbuch der Analysis Teil 1*, Teubner Verlag, Stuttgart, (1980).

[6] Hildebrandt, Stefan: *Analysis 1, Analysis 2*, Springer Verlag, Berlin, (2002, 2003).

[7] Rudin, Walter: *Analysis*, Oldenbourg Verlag, München, (2005).

[8] Walter, Wolfgang: *Gewöhnliche Differentialgleichungen*, Springer Verlag, Berlin, (2000).

Index